"十三五"江苏省高等学校重点教材

编号：2018-1-035

表面活性剂、胶体与界面化学 基础

第二版

Fundamentals of Surfactants, Colloids, and Interface Chemistry

崔正刚　主编

化学工业出版社

本书由江南大学、武汉大学、齐鲁工业大学联合编写，内容以"表面活性剂的溶液化学"为主，着重阐述表面活性剂的作用原理，同时涉及与表面活性剂相关的胶体化学、界面化学内容。全书内容包括：表（界）面张力、弯曲界面、自溶液的吸附、双电层以及单分子层等溶液表面化学的基本概念和相关理论；表面活性剂溶液化学；胶体的性质、理论以及典型含水胶体如乳状液、微乳液、纳米乳液、泡沫及悬浮液体系；表面活性剂在传统领域及高新技术领域中的应用原理等。

本书立足于培养表面活性剂专业人才，注重基础理论，同时兼顾表面活性剂在各领域的应用。可供轻工院校、工科院校、师范院校等高等院校的本科生和研究生作教材使用，也可供使用表面活性剂的日化、纺织、食品、医药、农药、涂料、建筑、选矿、采油、电子、金属加工、化工、造纸、制革、环保以及纳米材料制备、生命科学等行业和技术领域的科技人员参考。

图书在版编目（CIP）数据

表面活性剂、胶体与界面化学基础/崔正刚主编.
—2版．—北京：化学工业出版社，2019.8（2024.8重印）
ISBN 978-7-122-34178-5

Ⅰ.①表…　Ⅱ.①崔…　Ⅲ.①表面活性剂-研究
②胶体化学-研究③表面化学-研究　Ⅳ.①TQ423
②O648

中国版本图书馆 CIP 数据核字（2019）第 055015 号

责任编辑：李晓红　　　　　　　　　　　　装帧设计：关　飞
责任校对：宋　夏

出版发行：化学工业出版社（北京市东城区青年湖南街 13 号　邮政编码 100011）
印　　装：北京盛通数码印刷有限公司
787mm×1092mm　1/16　印张 24½　字数 623 千字　2024 年 8 月北京第 2 版第 5 次印刷

购书咨询：010-64518888　　　　　　　　　售后服务：010-64518899
网　　址：http://www.cip.com.cn
凡购买本书，如有缺损质量问题，本社销售中心负责调换。

定　　价：88.00 元

前　言

　　本书第 1 版于 2013 年出版，作为教材受到许多学生和读者的喜爱。由于各种原因，在第 1 版第 1 次印刷中存在一些错误，经过作者和编辑的共同努力，在第 2 次印刷时纠正了绝大多数错误。一些读者也给作者发来了邮件，指出书中的错误之处，作者在此向他们表示衷心的感谢。

　　经过 6 年来的使用，本书于 2018 年入选"十三五"江苏省高等学校重点教材，为此作者在第 1 版的基础上做了进一步的修订，以体现近年来胶体与界面化学领域的一些新成果。主要修订内容包括：

　　（1）在第 1 章中增加了测定表面张力的气泡最大压力法；

　　（2）在第 2 章中更换了一些理论公式；

　　（3）在第 5 章增加了开关型或刺激响应型表面活性剂的内容；

　　（4）在第 10 章中增加了开关型或刺激响应型乳状液/泡沫等智能体系内容，以及超低浓度离子型表面活性剂与相同电荷纳米颗粒协同稳定新型乳状液等相关内容；

　　（5）在第 10 章中增加了纳米乳液一节；

　　（6）在第 11 章中增加了表面活性剂与纳米技术一节；

　　（7）在各章的结尾给出了一些思考题，以帮助读者掌握要点和进一步理解相关内容。但本书未给出思考题答案，以期望读者通过自己的阅读来理解和回答相关问题。

　　其中，表面活性剂与纳米技术一节由江南大学化学与材料工程学院裴晓梅博士编写，纳米乳液一节由崔正刚教授编写。限于编者的水平，书中疏漏之处仍在所难免，如蒙读者不吝指正，本人将不胜感激。

崔正刚

2019 年 2 月 28 日

第一版前言 ▶▶▶

表面活性剂素有"工业味精"之美誉，不仅在日用化工以及其他众多的传统工业和技术领域有广泛的应用，而且在材料、能源以及生命科学等高技术领域也觅得用武之地。江南大学(前身为无锡轻工业学院)是全国最早从事表面活性剂/洗涤剂教学和科研的高等院校之一，已故的夏纪鼎教授于 1980 年左右在无锡轻工业学院化工系首次开设了"表面化学"课程，但一直没有出版过教材。早期的教学内容主要参照北京大学赵国玺教授编著的《表面活性剂物理化学》和美国 M. J. Rosen 教授编写的《Surfactants and Interfacial Phenomena》等著作的有关内容。作为夏纪鼎教授的学生，本人自 1996 以来为本科生主讲该课程，并编写了《溶液表面化学》讲义作为教材，迄今已使用近 15 年。近年来，随着教改和课程建设的推进，正式出版一部教材被提上议事日程，而随着自身科研经历的丰富以及教学经验的积累，个人也认为编辑出版教材的时机已成熟，于是在 2008 年由江南大学立项，联合本校的部分教师和武汉大学、山东轻工业学院等高校的相关教师合作编写了本教材。

在教材内容上，本书仍以"表面活性剂的溶液化学"为主，着重阐述表面活性剂的作用原理，同时涉及与表面活性剂相关的胶体化学、界面化学内容。因此本书与经典的《胶体化学》《胶体与表(界)面化学》《应用胶体化学》等教材或著作在选材上有所区别，例如有关胶体的内容仅限于含水的胶体体系，如气-液、液-液、固-液分散体系，而气-固分散体系和固体表面化学等则不在本书内容之列。此外限于篇幅，除微乳液以外的表面活性剂浓体系也不在内容之列。对所选定的教学内容，本书共分为十一章。其中第 1～4 章为基础部分，介绍了表(界)面张力、弯曲界面、自溶液的吸附、双电层以及单分子层等溶液表面化学的基本概念和相关理论；第 5～8 章为表面活性剂(稀)溶液化学部分，涉及吸附、自组装(胶团化)和增溶、协同效应及润湿等；第 9、10 章为胶体化学部分，介绍了胶体的一般性质和经典的胶体稳定理论如 DLVO 理论，以及典型含水胶体体系如乳状液、微乳液、泡沫及悬浮液体系；最后在第 11 章，系统介绍了表面活性剂在个人用品和工业及技术领域中的应用和作用原理。

本书的编写充分贯彻了理解科学(understand the science)的宗旨，力求从分子水平上阐述表面活性剂的作用原理以及相关的胶体与界面化学原理，尤其对 Gibbs 过剩、双电层的排斥效应、表面活性剂的自组装(胶团化)机理、质点间范德华相互作用等给予了深入的诠释，使得书名中的"基础"两字名副其实。全书的理论公式相对较多，但除了极少数经典公式如 Gibbs 公式、Langmuir 方程、Szyskowski 公式以及 Young 方程、Laplace 方程、Kelvin 方程等以外，学生并无必要记住所有方程，而是力求理解。但如果缺少这些方程，则难以达到理解科学的目的。作者认为，本科生在修完物理化学、掌握热力学基本理论的基础上，完全有能力读懂本书的内容。此外与讲义相比，本书增加了表面活性纳米颗粒（surface active, nanoparticles）、双亲性高分子自组装、Mie 散射理论、固体表面能的测定、空缺絮凝（depletion flocculation）等新内容，充实了表面活性剂在固/液界面的吸附等内容，并在本书的附录中列出了有关实用数据，例如测定表（界）面张力所需的校正因子、常见表面活性剂的临界胶束浓度（cmc）、胶束聚集数、π_{cmc}、pc_{20}、饱和吸附量、分子截面积、HLB 值以及乳化油相所需要的 HLB 值等数据，使本书不仅可以作为教材供相关专业的本科生和研究生使用，也可以作为一本专业参考书供有关技术人员参考。在单位制方面，本书力求使用国际单位（SI）制。众所周知，当使用不同的单位制例如 CGS-ESU 单位制时，同一公式或物理化学常数将会以不同的形式或数值出现，从而可能引起误解。对一些著名的公式和常数，当出现这种情况时本书给出了必要的解释，并在附录中给出了常用物理化学常数和单位换算表。本书在编写过程中参考了大量的国内外书籍和期刊，由于大多涉及基本概念，因此除少数内容在当页给出了参考文献以外，其他都没有逐条列出参考文献，而是在书后一并列出了相关的参考书籍目录。编者在此向所有被引用文献的作者表示诚挚的谢意。

本书由江南大学、武汉大学和山东轻工业学院编写。江南大学刘学民（第 1 章）、齐丽云（第 2、4 章）、崔正刚（第 3、5～10 章）、刘雪峰（第 5、6 章）、刘晓亚（第 6 章，双亲性高分子的自组装）等老师和武汉大学董金凤（第 6 章）老师，山东轻工业学院周国伟、吴月（第 11 章）等老师参与了编写。全书由本人统稿，在此对参与编写的各位同仁表示衷心的感谢，当然也对书中可能存在的错误负责。本书的编写在立项时得到江南大学化学与材料工程学院方云院长和陈明清院长等领导的大力支持和帮助，并得到化学工业出版社的大力支持和精心编辑，在此一并致谢。

限于编者的水平，书中错误之处在所难免，如蒙读者不吝指正，本人将不胜感激。

崔正刚

2012 年 12 月 18 日

目 录

第6章 溶液中的自组装 / 88

第7章 多组分体系中的相互作用和协同效应 / 126

第 8 章　润湿／155

第9章 胶体分散体系及其稳定性 / 182

第10章 液/液、气/液和固/液分散体系 / 238

第1章

表面张力
及相关的界面现象

任何两个不同的物质之间都存在着分界面，例如把一块石头放入水中，让一块玻璃暴露于空气中，或者煮汤时把食用油加入水中等。这种分界面即界面。如果组成界面的两种物质中一种是另一种物质的蒸气或其中一种是空气，则分界面被称为表面，例如水/空气界面称为水的表面，固体/空气界面称为固体表面，而油与水的分界面则称油/水界面。显然界面是广义的，表面是界面的特例。

在日常生活中，我们往往会碰到很多似乎"反常"的现象。例如常压下纯水的温度低于零度甚至零下十几度仍未见结冰，高至 100℃ 以上仍未见沸腾；土壤中的水会自动上升至地面；在风浪较大的水面上倒些油就会使水面平静等。这些现象粗看起来似乎各不相同，但仔细分析一下即可发现，它们都具有一个共同点，即发生在物体表面或发生在尺寸很小的微粒上，如晶粒、液滴、气泡、孔隙等，而这些微粒与周围介质之间形成了巨大的比表面积（单位质量或体积的物质所具有的界面面积）。

研究表明，同一物质的界面性质与体相性质往往不同，而自然界中的许多现象是与物质的界面性质密切相关的。因此了解和掌握物质的界面性质，对于了解自然，认识客观世界，尤其是对于研究那些比表面积巨大的体系如胶体分散体系，具有重要意义。

本章将首先讨论最基本的界面性质：表面张力和界面张力，以及由此导致的一些界面现象，如毛细现象、弯曲界面的压力差和蒸汽压、液滴的形状、润湿和接触角等。而更重要的界面吸附等内容将自第 2 章起开始讨论。

1.1 表 面 张 力

那么比表面积很大的体系为什么会有上述"反常"现象呢？这是因为物体表面的性质与内部很不相同。从分子水平来看，内部分子所处的力场是均匀的，而表面分子所处的力场则是不均匀的。因此这两类分子所具有的能量及其他各种性质就产生了差异。在一般情况下，体系所具有的比表面积相当小，表面的特殊性质可不予考虑。但当体系的比表面积很大时，表面分子所占的比例很大，于是表面性质成为体系的主体，从而使体系表现出各种"反常"

现象。而这种表面特殊性质的具体体现就是表面张力。

1.1.1 范德华引力和表面张力

物质分子间存在多种类型的相互作用，因此分子间存在相互作用力。通常用分子间相互作用势能来描述分子间相互作用，以正的势能表示排斥，负的势能表示吸引。分子间势能是分子间距离的函数，通常与距离的负指数幂成正比关系，不同类型的相互作用，幂指数不同（参见第 9 章）。

永久偶极子之间的相互作用力为静电力（Keesom 力），永久偶极子与诱导偶极子之间的相互作用力为诱导力（Debye 力），诱导偶极子之间的相互作用力为色散力（London 力），这三种力构成了人们通常所称的范德华（van der Waals）力。范德华力是一种吸引力，与距离的六次方成反比，它是产生各种界面现象的根源。

范德华引力虽然只是分子间的引力，但它具有加和性，其合力足以穿越相界面而起作用，其中又以色散力的加和尤为重要。胶态范围内的宏观质点间也存在相互作用力，这种相互作用力实质上就是这些分子间相互作用力的合力。由于这种力能在较长的距离内起作用，因而又称为长程力，显然长程力也是吸引力。

1.1.2 表面张力的热力学本质——表面过剩自由能

既然分子间存在范德华引力，那么分子所受到的作用力必与分子所处的环境有关。以液体表面（气/液界面）为例，液体内部的分子在各个方向上所受到的作用力相互抵消，分子所受合力为零。但对表面分子而言，由于气体分子对它的吸引力较小，它所受到的来自各个方向的作用力就不能完全抵消，于是形成了一个垂直指向液体内部的合力，称为净吸力，如图 1-1 所示。由于这个净吸力的存在，致使液体表面的分子有被拉入液体内部的倾向，即表面上的分子总要千方百计地往液体内部钻，宏观上表现为液体具有自动收缩表面的倾向。

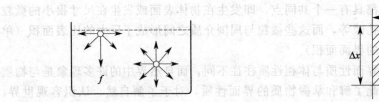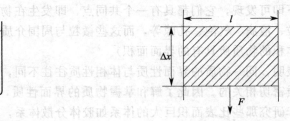

图 1-1　液体内部分子和表面分子的受力情形　　图 1-2　作用于液膜的力

用一个 U 形金属框和一根活动金属滑丝制备液膜（图 1-2）时，为了把液体拉成液膜，必须在滑丝上施加一个外力 F，其方向与液面相切，与滑丝垂直。当液膜处于平衡时，必有一个与 F 大小相等，方向相反的力作用于滑丝，这个力就是表面张力。设滑丝的长度为 l，以 γ 表示表面张力，考虑到液膜有两个面，则 γ 与 F 有下列关系：

$$F = 2l\gamma \tag{1-1}$$

$$\gamma = \frac{F}{2l} \tag{1-2}$$

式(1-2)表明，表面张力是作用于金属丝框单位长度上的力，其方向与液面相切。

另一方面也可以从能量的角度来考察表面张力。当增加液体的表面积时，等于将液体内部分子搬到液体表面，这个过程要克服液体内部分子的吸引力，因而要消耗外功，于是表面张力可以定义为增加单位面积所需提供的可逆功：

$$\gamma = \frac{-W_r}{A} \tag{1-3}$$

按照能量守恒定律，外界所提供的功将以能量的形式储存于表面，成为表面分子所具有的一种额外能量。

仍以图 1-2 所示的液膜为例，在外力 F 作用下活动金属丝移动的距离为 Δx，于是有：

$$-W_r = F\Delta x \tag{1-4}$$

所产生的表面积为：

$$A = 2\Delta x l \tag{1-5}$$

代入式(1-3)得到：

$$\gamma = \frac{-W_r}{A} = \frac{F\Delta x}{2\Delta x l} = \frac{F}{2l} \tag{1-6}$$

因此，无论以单位长度上的力或单位面积上的过剩能量来描述表面张力，结果都一样。γ 的常用单位为 $N \cdot m^{-1}$ 或 $mN \cdot m^{-1}$，而单位面积上的能量单位通常用 $J \cdot m^{-2}$，两者本质上也是一致的：$\dfrac{N}{m} \times \dfrac{m}{m} = \dfrac{J}{m^2}$。显然这是对同一事物从不同角度提出的两个物理量。通常在考虑界面热力学问题时，用表面过剩能量（Gibbs 自由能）比较恰当；而在分析各种界面交接时的相互作用以及它们的平衡关系时，采用表面张力则比较方便。

下面将从热力学角度进一步讨论 γ 的物理意义。

对于一个包含表面的敞开体系，当体系发生某个微小变化时，包含了界面面积 A（容量性质）和强度性质 γ（表面张力）的变化。于是与一般敞开体系相比，增加了一种能量传递形式——表面功 γdA。因此将热力学第一、第二定律应用于包含表面的体系得到下列热力学基本方程：

$$dU = dU^b + dU^s = TdS - pdV + \sum \mu_i dn_i + \gamma dA \tag{1-7}$$

$$dH = dH^b + dH^s = TdS - Vdp + \sum \mu_i dn_i + \gamma dA \tag{1-8}$$

$$dF = dF^b + dF^s = -SdT - pdV + \sum \mu_i dn_i + \gamma dA \tag{1-9}$$

$$dG = dG^b + dG^s = -SdT + Vdp + \sum \mu_i dn_i + \gamma dA \tag{1-10}$$

式中，上标 b 和 s 分别代表体相和表面相；U，H，F 和 G 分别为内能、焓、Helmholtz 自由能和 Gibbs 自由能；S，T，p 分别为熵、温度和压力；μ_i 和 n_i 为 i 组分的化学势（或化学位）和物质的量。平衡时，表面相与体相的 T、p 以及化学势 μ_i 皆相等，于是有：

$$\gamma = \left(\frac{\partial U}{\partial A}\right)_{S,V,n_i} = \left(\frac{\partial H}{\partial A}\right)_{S,p,n_i} = \left(\frac{\partial F}{\partial A}\right)_{T,V,n_i} = \left(\frac{\partial G}{\partial A}\right)_{T,p,n_i} \tag{1-11}$$

式(1-11)表明了 γ 的物理意义。它表明 γ 为不同条件下体系增加单位表面积时体系的内能，焓，Helmholtz 自由能和 Gibbs 自由能的增加。由于恒温恒压下的变化最为常见，于是通常将 γ 理解为增加单位表面积时体系 Gibbs 自由能的增加。

由于恒温恒压下单纯增加表面积并不导致体系内部自由能的变化，因此上述体系自由能的增加必与表面相的形成有关。

当仅考虑表面相时，式(1-10)变为：

$$dG^s = -S^s dT + V^s dp + \sum \mu_i dn_i^s + \gamma dA \tag{1-12}$$

在恒温恒压恒 γ 条件下，积分上式得：

$$G^s = \sum \mu_i n_i^s + \gamma A \tag{1-13}$$

将式(1-13)两边除以面积 A，即得单位面积上的表面自由能：

$$g^s = \frac{G^s}{A} = \frac{\sum \mu_i n_i^s}{A} + \gamma \tag{1-14}$$

重排上式得到：

$$\gamma = g^s - \frac{\sum \mu_i n_i^s}{A} \tag{1-15}$$

g^s 即为单位面积表面的 Gibbs 自由能，即表面自由能。显然 γ 并非表面自由能，它与表面自由能相差 $\dfrac{\sum \mu_i n_i^s}{A}$，而这一项正是表面分子如同处于内部的分子一样所具有的自由能（表面分子与内部分子具有相同的化学势）。由此可知，γ 实际上为这些处于表面上的分子与它们处于内部时相比所具有的自由能过剩值，即表面过剩自由能。

另一方面，当仅考虑体相，不考虑表面相时，式(1-10)变为：

$$dG^b = -SdT + Vdp + \sum \mu_i dn_i^b \tag{1-16}$$

在恒温恒压条件下，积分上式得：

$$G^b = \sum \mu_i n_i^b \tag{1-17}$$

比较式（1-13）和式(1-17)，若 $n_i^s = n_i^b$，且表面分子与内部分子的化学势相等，则 $\gamma = \dfrac{G^s - G^b}{A}$。可见，表面张力 γ 也可理解为单位面积上的 Gibbs 过剩自由能或比表面 Gibbs 过剩自由能。

综上所述，分子间力引起了净吸力，净吸力引起了表面张力，表面张力与液体表面相切，与净吸力相垂直。表面张力为等温等压下封闭体系增加单位表面积时体系自由能的增加，其本质为单位面积上的表面过剩自由能。

1.1.3 影响表面张力的因素

既然表面张力起源于净吸力，而净吸力又起因于范德华引力，因此表面张力取决于物质分子间相互作用力的大小，即取决于物质本身的性质。例如，水的极性很大，分子间相互作用很强，常压下 20℃时的表面张力高达 $72.75\,mN \cdot m^{-1}$，而相同条件下非极性的正己烷的表面张力只有 $18.4\,mN \cdot m^{-1}$。水银分子间存在金属键作用，具有强大的内聚力，因此室温下其表面张力在所有液体中为最大，达到 $485\,mN \cdot m^{-1}$。

(1) 温度

表面张力的温度系数可以从热力学公式求得，并且从温度系数还可以说明一些热力学现象。

在式(1-9)和式(1-10)中，由于 dF 和 dG 是全微分，必有下列 Maxwell 关系：

$$-\left(\frac{\partial S}{\partial A}\right)_{T,V,n_i} = \left(\frac{\partial \gamma}{\partial T}\right)_{A,V,n_i} \tag{1-18}$$

$$-\left(\frac{\partial S}{\partial A}\right)_{T,p,n_i} = \left(\frac{\partial \gamma}{\partial T}\right)_{A,p,n_i} \tag{1-19}$$

根据 γ 的定义式(1-11)得：

$$\gamma = \left(\frac{\partial F}{\partial A}\right)_{T,V,n_i} = \left(\frac{\partial U}{\partial A}\right)_{T,V,n_i} - T\left(\frac{\partial S}{\partial A}\right)_{T,V,n_i} = \left(\frac{\partial U}{\partial A}\right)_{T,V,n_i} + T\left(\frac{\partial \gamma}{\partial T}\right)_{A,V,n_i} \tag{1-20}$$

类似地可得：

$$\gamma = \left(\frac{\partial H}{\partial A}\right)_{T,p,n_i} + T\left(\frac{\partial \gamma}{\partial T}\right)_{A,p,n_i} \tag{1-21}$$

将式(1-20)和式(1-21)改写成：

$$\left(\frac{\partial U}{\partial A}\right)_{T,V,n_i} = \gamma - T\left(\frac{\partial \gamma}{\partial T}\right)_{A,V,n_i} \tag{1-22}$$

$$\left(\frac{\partial H}{\partial A}\right)_{T,p,n_i} = \gamma - T\left(\frac{\partial \gamma}{\partial T}\right)_{A,p,n_i} \tag{1-23}$$

对单组分体系，上两式可简化为：

$$\left(\frac{\partial U}{\partial A}\right)_{T,V} = \gamma - T\left(\frac{\partial \gamma}{\partial T}\right)_{A,V} \tag{1-24}$$

$$\left(\frac{\partial H}{\partial A}\right)_{T,p} = \gamma - T\left(\frac{\partial \gamma}{\partial T}\right)_{A,p} \tag{1-25}$$

由于可逆过程的热效应为 $\Delta Q = T\mathrm{d}S$，由式(1-18)和式(1-19)可知式(1-24)和式(1-25)中的 $-T\left(\frac{\partial \gamma}{\partial T}\right)_{A,V}$ 和 $-T\left(\frac{\partial \gamma}{\partial T}\right)_{A,p}$ 即为恒温条件下可逆地增加单位表面积时体系的热效应。由于表面张力的温度系数为负值，因此该热效应为正值，即体系从环境吸热。于是式(1-24)和式(1-25)表明，在指定条件下增加单位表面积时，体系内能或焓的增加分别为两部分之和。一部分为环境对体系所做的表面功 γ，另一部分是体系为维持恒温从环境吸收的热量。换句话说，如果过程是绝热的，增加表面积将导致体系温度下降。这一点已为实验所证实。

实验中观察到随着温度的上升，一般液体的表面张力都降低。这不难理解，因为温度升高时，液体体积膨胀，分子间距离增大，吸引力减小。当温度升高至接近临界温度时，液/气界面消失，表面张力趋向于零。

对非缔合液体，表面张力与温度的关系基本上是线性的，可表示为：

$$\gamma_T = \gamma_0 [1 - k(T - T_0)] \tag{1-26}$$

式中，γ_T 和 γ_0 分别为温度 T 和 T_0 时的表面张力；k 为表面张力的温度系数。

由于接近临界温度时，液/气界面即行消失，表面张力趋近于零，因此根据对应态原理，Eotvos 提出如下的关系式：

$$\gamma \overline{V}^{2/3} = k(T_c - T) \tag{1-27}$$

式中，$\overline{V}$ 为液体的摩尔体积；T_c 为临界热力学温度；k 为常数。对非极性液体，k 约为 $2.2 \times 10^{-7} \mathrm{J \cdot K^{-1}}$；对极性液体，$k$ 值要小得多。

由于观察到大多数液体在低于临界温度约 6.0K 时，界面即行消失，因此为使计算结果更符合实验值，以 $T_c - 6.0$ 代替 T_c，并做校正，可得到下列关系式(Ramsay 和 Shields)：

$$\gamma \overline{V}^{2/3} = k(T_c - T - 6.0) \tag{1-28}$$

另外，van der Waals 从热力学角度提出另一经验式：

$$\gamma_T = \gamma_0 \left(1 - \frac{T}{T_c}\right)^n \tag{1-29}$$

式中，γ_0 是将 γ_T 的实验值外推至 $T = 0\mathrm{K}$ 时的值，对大多数液体来说 $n = 11/9$。

(2) 压力

从式(1-10)可得：

$$\left(\frac{\partial \gamma}{\partial p}\right)_{T,A,n_i} = \left(\frac{\partial V}{\partial A}\right)_{T,p,n_i} \tag{1-30}$$

对单组分体系，上式变为：

$$\left(\frac{\partial \gamma}{\partial p}\right)_{T,A} = \left(\frac{\partial V}{\partial A}\right)_{T,p} \tag{1-31}$$

式(1-31)表明压力对表面张力的影响与增加表面积时体系摩尔体积的变化有关。

实验结果表明，水和苯的表面张力都随压力增加而减小。如 20℃、0.098MPa（一个大气压）压力下两者的表面张力分别为 72.82mN·m^{-1} 和 28.85mN·m^{-1}，但当压力增加到 9.8MPa（100atm）时分别降至 66.43mN·m^{-1} 和 21.58mN·m^{-1}。

然而不能据此推论摩尔体积随表面积增加而减小，因为在研究压力对表面张力的影响时，由于纯物质的蒸气压在一定温度下保持不变，必须用空气或惰性气体来改变压力。而在高压下空气或惰性气体将溶于液体并为液体所吸附，由此测得的表面张力不再是纯液体的表面张力，所以式(1-30)和式(1-31)并无多大实际意义。

当体系溶有溶质时，表面张力将发生显著变化。如果引入另一组分的气体使液体表面上的压力增加，这时单位表面积中体积变化 ΔV 包括两个部分：①表面相与体相密度差引起的体积变化 ΔV^s；②另一组分气体在表面被吸附而引起的体积变化 ΔV_a。这已超出单一体系范围，将在后面的章节中述及。

$$\left(\frac{\partial \gamma}{\partial p}\right)_{T,A} = \Delta V_a + \Delta V^s \tag{1-32}$$

ΔV_a 可由式(1-33) 计算：

$$\Delta V_a = -\Gamma \frac{RT}{p} \tag{1-33}$$

式中，Γ 是单位表面积吸附的气体的量（mol/cm^2）。压力对表面张力的影响由 ΔV_a 和 ΔV^s 的相对值决定。若 ΔV_a 占优势，则压力增加，表面张力减小；反之，若 ΔV^s 占优势，则压力增加，表面张力增大。

1.2 与表面张力相关的表面现象

1.2.1 弯曲液面两侧压力差与 Laplace 方程

在实践中我们观察到下列现象：从一小管吹出一个肥皂泡，当停止吹气并让另一端连接大气时，肥皂泡将自动缩小，表明气泡内外存在压力差。将一根毛细管插入液体，若液体能润湿毛细管，则液面呈凹形，液体在管内将上升一段距离。反之液面呈凸形，液体在管内下降。这表明弯曲液面两侧也存在压力差，而且此压力差与弯曲液面的形状有关。下面就来讨论这种压力差与液面形状及液体表面张力的关系。

图 1-3(a) 表示一个半径为 R 的球形液滴（l）处于气相（g）中，两相的界面为 S，厚度为 δ，且有 $R \gg \delta$。在此界面是弯曲（球状）的，设界面两侧的压力分别为 p_l 和 p_g，恒温条件下使球形液滴的体积增加 dV，则相应的表面积增加 dA，在此过程中环境为克服表面张力所消耗的体积功等于球形液滴表面过剩自由能的增加：

$$(p_g - p_l)dV = \gamma dA \tag{1-34}$$

因为是球面，由球面积公式和球体积公式分别得到 $dA = 8\pi R \, dR$，$dV = 4\pi R^2 \, dR$，代入上式得：

$$(p_g - p_l) = \Delta p = \frac{2\gamma}{R} \tag{1-35}$$

式(1-35)表示：①在数值上，Δp 与 γ 成正比，与 R 成反比，γ 越大，R 越小，则 Δp 越大；②在方向上，Δp 与液面的形状有关。

对凸液面，定义 $R > 0$，例如图 1-3(b) 所示的空气中的液滴，得到 $\Delta p > 0$，即 $p_l < p_g$，表示液相内部压力低于外部（气相）压力，附加压力指向液体内部。对凹面，定义 $R < 0$，

例如图 1-3(c) 所示的气泡在水中，得到 $\Delta p < 0$，即 $p_g < p_1$，表示气泡内部压力小于外部压力，这时附加压力的方向指向气泡。对于平液面，$R \to \infty$，$\Delta p = 0$。

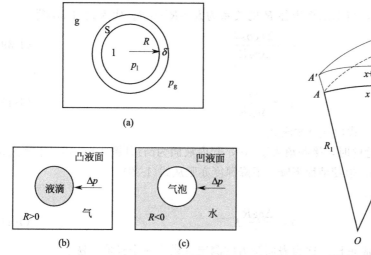

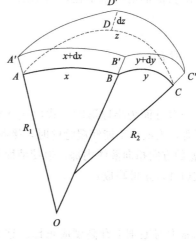

图 1-3　球状液滴的内外压差与半径

图 1-4　非球形曲面

显然，对于弯曲界面，凹面一侧的压力总是大于凸面一侧的压力。因此如果将图 1-3(c) 中的气泡与大气连通，则气泡会自动缩小。气泡越小，受到的附加压力越大。例如在 25℃ 时水的表面张力 $\gamma = 72\text{mN} \cdot \text{m}^{-1}$，则一个半径为 100 nm 的气泡在水中受到的附加压力 $\Delta p = 1.44 \times 10^6$ Pa，即 14.7atm。若以平液面为参比，则当高度相同时凸面下液体的压力大于平面下液体的压力，而凹面下液体的压力小于平面下液体的压力。

对任意非球形曲面（图 1-4），平衡时使其扩张无限小量，即 $x \to x+dx$，$y \to y+dy$，$z \to z+dz$，则体积增加 $dV = xydz$，扩大表面积所需之功为 $\Delta p(xydz)$，表面积增加 $dA = d(xy)$，表面过剩自由能的增加为 $\gamma d(xy)$，两者应相等：$\Delta p(xydz) = \gamma d(xy) = \gamma(ydx + xdy)$。由三角形 AOB 和三角形 $A'OB'$ 的相似性可得：$(x+dx)/(R_1+dz) = x/R_1$，解得 $dx = xdz/R_1$；同理可得 $dy = ydz/R_2$。于是有：$\Delta pxy(dz) = \gamma(xydz/R_1 + xydz/R_2)$，简化即得：

$$\Delta p = \gamma\left(\frac{1}{R_1} + \frac{1}{R_2}\right) \tag{1-36}$$

式(1-36)即为著名的 Laplace 方程，它表示弯曲液面两侧的压力差与表面张力和曲率半径的关系。显然当 $R_1 = R_2$ 时，曲面即为球面，式(1-36)还原为式(1-35)。

1.2.2　毛细上升与下降现象

现在可以方便地用 Laplace 方程来解释前面提到的毛细上升和下降现象。如图 1-5 所示，将毛细管插入液面，当液体润湿管壁时，液面为凹形［图 1-5(a)］，θ 称为接触角且 $\theta < 90°$。由 Laplace 方程得 $p_g < p_1$，Δp 的方向指向凹面上的气体。在此 Δp 的作用下，液面上升至某一高度 h，使液柱的静压与此 Δp 相平衡。若忽略弯月面部分液体的重量，则有：

$$\Delta p \approx \Delta \rho g h \tag{1-37}$$

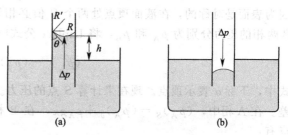

图 1-5　毛细上升和下降

式中，$\Delta\rho$ 为两相的密度差；g 为重力加速度。代入 Laplace 公式有：

$$\frac{2\gamma}{R'} \approx \Delta\rho g h \tag{1-38}$$

式中，R' 为液面的曲率半径，与毛细管半径 R 的关系为 $R = R'\cos\theta$。代入式(1-38)得：

$$h = \frac{2\gamma\cos\theta}{\Delta\rho g R} \tag{1-39}$$

当 $\theta = 0°$ 时有：

$$h = \frac{2\gamma}{\Delta\rho g R} \tag{1-40}$$

即只有当弯月面为半球形时，式(1-40)才成立。

同理，当液体不能润湿管壁时，接触角大于 $90°$，管内液面为凸形[图 1-5(b)]，于是 $p_g >$ p_1，Δp 的方向指向液体内部，迫使液面下降，下降深度亦服从式(1-39)。

式(1-40)亦可写成：

$$\gamma = \frac{\Delta\rho g R}{2} h \tag{1-41}$$

即表面张力与毛细上升高度成正比。这为表面张力的测定提供了一个经典方法。

1.2.3　液滴的形状

在重力场中，由于重力的影响，一个液滴的弯曲面上各处的曲率半径往往不相同，因此表面两侧的压力差将随位置而异。对一个处于固体上的液滴，当达到机械平衡时，表面的形状与表面张力有关，因此研究某些特定的表面形状与表面张力的关系可以获得测定表面张力的方法。其中最令人感兴趣的是躺滴（sessile drop）或弯月面的形状。

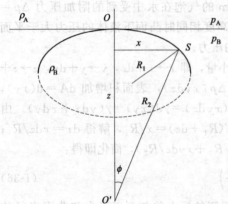

图 1-6　描述躺滴外形的坐标系

以图 1-6 代表这两种情形下的一部分表面，如实线可代表躺滴表面，虚线则可代表弯月面，将它们绕 OO' 对称轴旋转一周即得到实际表面。选择如图所示的坐标系，S 点的两个曲率半径分别定义为：R_1 处在图的平面内，它描述图中画出的外形的曲率半径，R_2 为在 O' 点沿 z 轴引出的矢量，它与对称轴间的夹角为 ϕ，若 x 为 S 点距 z 轴的距离，则有：

$$x = R_2\sin\phi \tag{1-42}$$

因为表面是对称的，在液面顶点处两个 R 值必相等。若以 b 代表该位置上的曲率半径，A、B 两相的压力分别为 p_A 和 p_B，将 Laplace 公式应用于顶点有：

$$(p_A)_o - (p_B)_o = \frac{2\gamma}{b} \tag{1-43}$$

式中，下标 o 表示顶点。现在来计算 S 点的压力。S 点处的 Δp 值应等于各相中该点压力之差。在 A 相中，$(p_A)_S = (p_A)_o + \rho_A g z$，在 B 相中，$(p_B)_S = (p_B)_o + \rho_B g z$，所以在 S 点有：

$$(\Delta p)_S = (p_A)_S - (p_B)_S = (p_A)_o - (p_B)_o + (\rho_A - \rho_B)g z = (\Delta p)_o + \Delta\rho g z \tag{1-44}$$

将式(1-43)和式(1-44)相结合得：

$$(\Delta p)_S = \frac{2\gamma}{b} + \Delta\rho g z \tag{1-45}$$

将 Laplace 公式应用于 S 点：

$$(\Delta p)_S = \gamma\left(\frac{1}{R_1} + \frac{1}{R_2}\right) = \gamma\left(\frac{1}{R_1} + \frac{\sin\phi}{x}\right) \tag{1-46}$$

合并式(1-45)和式(1-46)得：

$$\gamma\left(\frac{1}{R_1} + \frac{\sin\phi}{x}\right) = \frac{2\gamma}{b} + \Delta\rho g z \tag{1-47}$$

上式称为 Bashforth-Adams 方程。它表示液体表面张力与液面形状的基本关系。为方便起见，通常写成无因次方程：

$$\frac{\sin\phi}{x/b} + \frac{1}{R_1/b} = 2 + \frac{\Delta\rho g b^2}{\gamma} \cdot \frac{z}{b} \tag{1-48}$$

令：$\dfrac{\Delta\rho g b^2}{\gamma} = \beta$，即为表征不同液面形状的因子，称为形状因子，于是得到：

$$\frac{\sin\phi}{x/b} + \frac{1}{R_1/b} = 2 + \beta\frac{z}{b} \tag{1-49}$$

显然，若 $\rho_A > \rho_B$，则 β 为正值，液体本身的重量趋向于使表面变平，液滴呈扁椭球体状。若 $\rho_A < \rho_B$，则液滴受到浮力的作用，使液滴在垂直方向上有较大的伸长，这时 β 为负值。而 $\beta = 0$ 则对应于球形表面，在重力场中，这种情况只有在 $\Delta\rho = 0$ 时才能出现。实际情形中 $\beta > 0$ 对应于气体或轻液环境中的液体躺滴和液体环境中的气体或轻液躺滴，而 $\beta < 0$ 则对应于液体在气体或轻液中的悬滴（pendant drop）或液体环境中气体或轻液的悬滴，如图 1-7 所示。

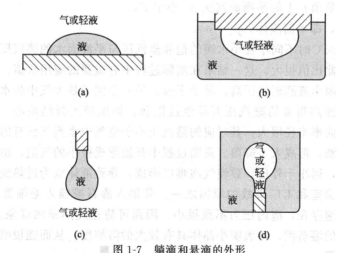

图 1-7　躺滴和悬滴的外形

1.2.4　弯曲液面上的饱和蒸汽压与 Kelvin 方程

一定温度下的液体具有一定的饱和蒸汽压，既然弯曲液面上的压力不同于平面上的压力，那么弯曲液面上的蒸汽压是否也不同于平面上的蒸汽压呢？

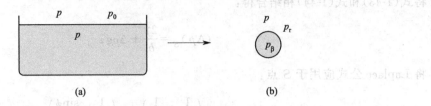

图 1-8　平面和弯曲界面液体

考察一个半径为 r 的小液珠，并和平液面对比（图 1-8）。平面 [图 1-8(a)] 两侧压力皆为 p，但液珠 [图 1-8(b)] 内侧的压力不等于 p，设其为 p_β。这里液珠相当于图 1-3(a) 中的 1 相，由 Laplace 公式得到 $\Delta p = p - p_\beta = 2\gamma/r$。考虑在恒温下把 1mol 液体自水平液面转变成半径为 r 的液珠，则该过程的自由能变化为：

$$\Delta G = \mu_r - \mu_0 = V\Delta p = \frac{M}{\rho}\frac{2\gamma}{r} \tag{1-50}$$

式中，V，M 和 ρ 分别为液体的摩尔体积，分子量以及密度；μ_r 和 μ_0 分别为液珠和平面液体的化学势。设平面液体的饱和蒸汽压为 p_0，相应的液珠的饱和蒸汽压为 p_r，汽/液平衡时，蒸汽和液体的化学势相等，由气体的化学势表达式可得：

$$\Delta G = \mu_r - \mu_0 = RT\ln\frac{p_r}{p_0} \tag{1-51}$$

结合式(1-50)和式(1-51)得：

$$\ln\frac{p_r}{p_0} = \frac{2\gamma M}{RT\rho r} \tag{1-52}$$

即著名的 Kelvin 方程。它表示：

① 凸面（r 为正值）上的平衡蒸汽压 p_r 大于 p_0，液滴半径越小，与之相平衡的蒸汽压就越大；

② 凹面（r 为负值）上的平衡蒸汽压 p_r 小于 P_0；

③ 当 $r\to\infty$ 时，即平面液体，$p_r = p_0$。

表 1-1 列出了 20℃时不同半径小水滴的饱和蒸汽压与平液面水的蒸汽压的比值。可见当水滴半径很小时，此比值很大。这一结果在实际过程中有重要的应用价值。如喷雾干燥中将液体喷成小液滴，因小液滴蒸汽压高，易于干燥。另一个例子是大气中的水蒸气开始凝结成水时，需要比平液面高得多的蒸汽压而导致过饱和。如果撒入凝结核心（如 AgI 小晶粒）使凝结水滴的初始曲率半径增大，其对应的蒸汽压小于空气中水蒸气已有的蒸汽压，于是水蒸气迅速凝结成水滴，形成人工降雨。蒸馏过程中开始形成极小的气泡，由于 r 为负值，泡内饱和蒸汽压极低，远小于外压，致使气泡难以形成，导致液体成为过热液体。而过热易发生暴沸，是导致实验室和工厂事故的原因之一。若加入沸石或插入毛细管，因沸石的多孔性，已有较大的气泡存在，泡内压力不致很小，因而可防止过热暴沸现象。此外 Kelvin 公式还可应用于晶体的溶解度，并表明小晶体具有较大的溶解度，从而能说明溶液的过饱和以及液体的过冷现象等。

表 1-1　水滴半径与相对蒸汽压的关系

水滴半径/cm	p_r/p_0	水滴半径/cm	p_r/p_0
10^{-4}	1.001	10^{-6}	1.111
10^{-5}	1.011	10^{-7}	2.95

1.2.5 润湿、接触角与 Young 方程

将一滴水滴在干净的玻璃上,水滴会铺展开来,呈一薄层覆盖在玻璃表面,原来与玻璃接触的空气被水取代了。但如果将一滴水银滴在玻璃表面,则水银呈球状,不能铺开。

我们将表面上一种流体被另一种流体所取代的过程称为润湿。润湿过程至少涉及三个相,其中至少两个相为流体。一般狭义的润湿专指固体表面上的气体被液体取代的过程。润湿有三种基本类型:

(1) 沾湿

这种润湿过程指液体与固体表面接触,以液(l)/固(s)界面取代原来的气(g)/固界面,如图 1-9 所示。设接触面为单位面积,则此过程的自由能下降为:

$$W_a = -\Delta G = \gamma_{sg} + \gamma_{lg} - \gamma_{sl} \quad (1-53)$$

它向外做的功 W_a 称为黏附功。显然 W_a 越大,体系越稳定,液/固界面结合得越牢。因此沾湿的条件是 $W_a \geq 0$,即:

$$\gamma_{sg} + \gamma_{lg} - \gamma_{sl} \geq 0 \quad (1-54)$$

若将上述固体换成同样面积的液体,类似地有:

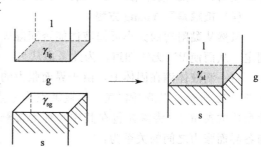

图 1-9 沾湿过程

$$W_c = \gamma_{lg} + \gamma_{lg} - 0 = 2\gamma_{lg} \quad (1-55)$$

式中,W_c 称为内聚功,反映了液体自身间结合的牢固程度,是液体分子间相互作用力大小的表征。由于一般液体的表面张力皆大于零,所以 $W_c \geq 0$,即内聚过程总是自发的。

(2) 浸湿

如图 1-10 所示,将一固体浸入液体中,原有的固/气界面消失而新形成固/液界面,当浸入面积为单位面积时,过程的自由能变化为:

$$W_i = -\Delta G = \gamma_{sg} - \gamma_{sl} \quad (1-56)$$

W_i 称为浸湿功。恒温恒压下浸湿发生的条件为 $W_i \geq 0$,即:

$$\gamma_{sg} - \gamma_{sl} \geq 0 \quad (1-57)$$

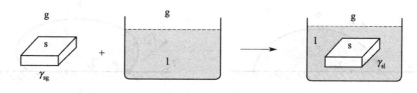

图 1-10 浸湿过程

(3) 铺展

将液体滴在固体表面上,若液体能在固体表面展开,则此过程称为铺展。与沾湿、浸湿不同的是,铺展过程中除固/液界面取代了固/气界面外,还新形成了液/气界面,如图 1-11 所示,因此过程的自由能变化为:

$$S = -\Delta G = \gamma_{sg} - \gamma_{sl} - \gamma_{lg} \quad (1-58)$$

式中,S 称为铺展系数。恒温恒压下 $S \geq 0$ 为铺展发生的条件。应用黏附功和内聚功的概

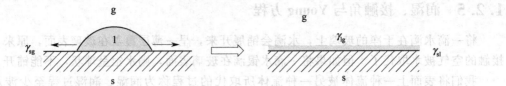

图 1-11 液体在固体表面上的铺展

念，上式可写成：

$$S = \gamma_{sg} - \gamma_{sl} + \gamma_{lg} - 2\gamma_{lg} = W_a - W_c \tag{1-59}$$

上式表明，当固/液黏附功大于液体内聚功时，液体能自行铺展于固体表面。

(4) 接触角和 Young 方程

虽然从黏附功的大小可知液体能否润湿固体，但因固/气界面的自由能或界面张力难以测定，从而使 W_a 无法知道，为此考虑从另一个角度来考察润湿。

将一滴液体滴在固体上，由于界面张力的作用，达到机械平衡时液滴具有一定的形状，如图 1-12 所示。以液/固/气三相接触点为原点，沿液/气界面画一切线，此切线与液/固界面所成的夹角 θ（将液体包在其中）称为接触角（contact angle），也叫润湿角。平衡时，θ 与各界面张力之间的关系为：

$$\gamma_{sg} - \gamma_{sl} = \gamma_{lg}\cos\theta \tag{1-60a}$$

或者：

$$\cos\theta = \frac{\gamma_{sg} - \gamma_{sl}}{\gamma_{lg}} \tag{1-60b}$$

此式即著名的 Young 方程，亦称润湿方程。将润湿方程代入式(1-53)和式(1-58)分别可得：

$$W_a = \gamma_{sg} + \gamma_{lg} - \gamma_{sl} = \gamma_{lg}(1+\cos\theta) \tag{1-61}$$

$$S = \gamma_{sg} - \gamma_{lg} - \gamma_{sl} = \gamma_{lg}(\cos\theta-1) \tag{1-62}$$

因此，测定出接触角即可计算出黏附功 W_a 和铺展系数 S。不难看出，接触角是很好的润湿判断标准，接触角越小，润湿性越好。通常当接触角≤90°时，称固体能被液体润湿（wetting），当接触角＞90°时，称固体不能被液体润湿（dewetting），而当接触角≤0°时，称液体能在固体表面铺展（spreading）。

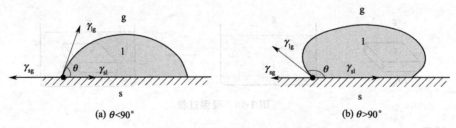

(a) $\theta < 90°$ (b) $\theta > 90°$

图 1-12 液体在固体表面上的接触角

Young 方程是由 Thomas Young 于 1805 年定性地提出来的，可以看成是三相交界处三个界面张力平衡的结果。此关系只适合于平的、均匀的、固/液相间无相互作用的理想平衡体系。由于固/气界面张力无法测定，而实际界面又多是粗糙不平的，Young 方程的实验验证至今仍是难题。但由于 Young 方程亦可从多种热力学途径导出，实际上已获得广泛承认和采用。有关润湿的更详细内容将在第 8 章中讨论。

1.3 界 面 张 力

1.3.1 界面张力与表面张力的相关性

表面张力是指液体与其蒸气或空气之间的界面张力。与表面相比，界面是更为广义的。当两相中没有气体相时，就不再称表面，而称为界面，相应的表面张力也改称为界面张力。因此表面张力只是界面张力的特殊情形。界面张力主要有液/液、液/固和气/固界面张力，而后两个通常难以测定，因此只有液/液界面张力最令人感兴趣。

前已述及，表面张力系由分子间相互作用所引起，显然界面张力亦起源于分子间相互作用。当两个凝聚相相接触时，相界面两侧的不同分子间也存在相互作用，这种相互作用力即前面所提到的长程力，主要是色散力，能在较大的分子间距内起作用。

如图 1-1 所示，在气/液界面，表面张力的产生是由于气相分子对液相分子的吸引力小于液相分子间的吸引力，导致产生一个垂直指向液体内部的净吸力所致。显然，当气体被另一个凝聚相取代时，则两个凝聚相分子间的吸引力一般比气体-凝聚相分子间的吸引力要大得多。例如水/油两相接触，油分子对水分子的吸引力就要比气体分子对水分子的吸引力大得多，于是界面上水分子受到的净吸力减小，相应的界面张力比表面张力减小。在定量方面，如果表面张力与净吸力成正比，则界面张力应等于两个凝聚相的表面张力之差，即有 $\gamma_{AB}=\gamma_A-\gamma_B$（当 $\gamma_A>\gamma_B$ 时），然而实际测定结果虽然总体趋势符合，但在数值上有较大偏差。研究表明，导致偏差的原因是两个液相相互接触后，两相间有一定的互溶度，正是这种"互溶"改变了原先两相的表面张力。因此当用两个液相相互饱和时的表面张力 γ' 来代替纯液相的表面张力 γ 时，界面张力等于两相的表面张力之差确实成立：

$$\gamma_{AB}=\gamma'_A-\gamma'_B \quad （当 \gamma'_A>\gamma'_B 时） \tag{1-63}$$

上式被称为 Antonow 法则。表 1-2 列出了一些有机液体与水的界面张力。

表 1-2 一些有机液体与水的界面张力　　　　单位：$mN \cdot m^{-1}$

液体	表面张力			界面张力（γ_{AB}）		温度/℃
	水相 γ'_A	有机液相 γ'_B	纯有机液相 γ	计算值	测量值	
苯	63.2	28.8	28.4	34.4	34.4	19
乙醚	28.1	17.5	17.7	10.6	10.6	18
氯仿	59.8	26.4	27.2	33.4	33.3	18
四氯化碳	70.9	43.2	43.4	27.7	27.7	18
戊醇	26.3	21.6	24.4	4.7	4.8	18
戊醇/苯(5/95)	41.4	28.0	26.0	13.4	16.1	17

另一种表征界面张力与表面张力的相互关系的方法是表面张力成分分解法。由于分子间相互作用有多种，因此可以将表面张力表示为各种相互作用对 γ 的贡献之和：

$$\gamma=\gamma^d+\gamma^h+\gamma^m+\gamma^p+\gamma^i=\gamma^d+\gamma^{sp} \tag{1-64}$$

式中，上标的意义分别为：d—色散力，h—氢键作用，m—金属键作用，p—电子作用，i—离子作用。在一切分子间都起作用的只有色散力成分，即 γ^d，其他特殊成分的存在与否取决于物质性质，以 γ^{sp} 表示，例如，水（W）的表面张力由色散成分和氢键作用成分构成：

$$\gamma_W=\gamma_W^d+\gamma_W^h \tag{1-65}$$

而烃（H）的表面张力被认为只有色散力成分：

$$\gamma_H = \gamma_H^d \tag{1-66}$$

对于汞（Hg），表面张力则包括色散力成分和金属键作用两部分：

$$\gamma_{Hg} = \gamma_{Hg}^d + \gamma_{Hg}^m \tag{1-67}$$

当 A、B 两个凝聚相形成界面时，γ^d 将穿越相界面而起作用，由此减小了分子从体相内部迁移到界面所需之功。这使得可以将界面张力和两相的表面张力相关联。

Fowkes 假定由于两相间的色散力作用使分子从体相内部迁移到界面所需之功的减少（ΔE^S）等于两凝聚相表面张力色散成分的几何平均值：

$$\Delta E^S = \sqrt{\gamma_A^d \cdot \gamma_B^d} \tag{1-68}$$

这样对单位面积界面，将分子从体相内部迁移到界面所需的功分别为：

$$W_A = \gamma_A - (\Delta E^S)_A = \gamma_A - \sqrt{\gamma_A^d \cdot \gamma_B^d} \tag{1-69}$$

$$W_B = \gamma_B - (\Delta E^S)_B = \gamma_B - \sqrt{\gamma_A^d \cdot \gamma_B^d} \tag{1-70}$$

总功为：

$$\gamma_{AB} = W_A + W_B = \gamma_A + \gamma_B - 2\sqrt{\gamma_A^d \cdot \gamma_B^d} \tag{1-71}$$

通过对特殊体系的应用，可以检验式(1-71)的正确性。例如对于汞/烃界面，上式可写成：

$$\gamma_{Hg/H} = \gamma_{Hg} + \gamma_H - 2\sqrt{\gamma_{Hg}^d \cdot \gamma_H^d} \tag{1-72}$$

式中除 γ_{Hg}^d 外的另三项都可直接测量，于是经测定各种烃对汞的界面张力得到 γ_{Hg}^d 为 $(200 \pm 7)\ mN \cdot m^{-1}$（表1-3）。

同样将式(1-71)应用于水/烃界面得：

$$\gamma_{W/H} = \gamma_W + \gamma_H - 2\sqrt{\gamma_W^d \cdot \gamma_H^d} \tag{1-73}$$

计算得 γ_W^d 为 $(21.8 \pm 0.7)\ mN \cdot m^{-1}$。再将式(1-71)应用于汞/水界面：

$$\gamma_{Hg/w} = \gamma_W + \gamma_{Hg} - 2\sqrt{\gamma_W^d \cdot \gamma_{Hg}^d} \tag{1-74}$$

表 1-3　20℃时 γ_H，$\gamma_{W/H}$ 和 $\gamma_{Hg/H}$ 的实验值　　　单位：$mN \cdot m^{-1}$

烃类	γ_H	汞（$\gamma_{Hg}=484$）		水（$\gamma_W=72.8$）	
		$\gamma_{Hg/H}$	γ_{Hg}^d	$\gamma_{W/H}$	γ_W^d
正己烷	18.4	378	210	51.1	21.8
正庚烷	18.4	—	—	50.2	22.6
正辛烷	21.8	375	199	50.8	22.0
正壬烷	22.8	372	199	—	—
正癸烷	23.9	—	—	51.2	21.6
正十四烷	25.6	—	—	52.2	20.8
环己烷	25.5	—	—	50.1	22.7
十氢化萘	29.9	—	—	51.4	22.0
苯	28.85	363	194	—	—
甲苯	28.5	359	208	—	—
邻二甲苯	30.1	359	200	—	—
间二甲苯	28.9	357	211	—	—
对二甲苯	28.4	361	203	—	—
正丙苯	29.0	363	194	—	—
正丁苯	29.2	363	193	—	—
—	—	平均　200 ± 7		平均　21.8 ± 0.7	

代入求出的 γ_W^d 和 γ_{Hg}^d 计算得 $\gamma_{Hg/w}$ 为 $425\ mN \cdot m^{-1}$，实测值为 $426\ mN \cdot m^{-1}$，十分吻合。

这里 γ_W^d 和 γ_{Hg}^d 只是从不同体系得到的略带发散的平均值,因此在某种意义上 γ^d 类似于物理化学中的平均键能。有关界面张力和表面张力关系的更多理论将在第 8 章中介绍。

1.3.2　表(界)面张力的测定

表(界)面张力的测定有很多种方法。不同方法具有各自的特点,但也有各自的缺点,应用场合也不同。本节将主要介绍目前广泛应用的几种经典方法。

毛细上升法是最为经典的方法之一,可用于测定静态平衡表面张力。但其缺点是对不能完全润湿管壁的液体需要估算接触角,程序复杂,此外需要用专门的测高仪,因此目前的应用并不普遍。

作为商品表(界)面张力测定仪,其依据的基本原理分为:测力法(如 Whilhemy 吊片法和 Du Noüy 环法),体积测定法(滴体积法),图像分析法(滴外形法,旋转液滴法)以及最大气泡压力法等。下面分别简单介绍。

(1) Whilhemy 吊片法

前已述及,表面张力是作用于单位长度上的力。这一原理可直接用于表面张力的测量。将一长度为 l,厚度为 l' 的薄片(Whilhemy plate)浸入液面,当拉起此薄片时,沿其周边将受到表面张力的作用,如图 1-13 所示。设液体对此薄片的接触角为 θ,若拉破液面所需的力为 F,则 F 必与表面张力平衡:$F = 2\gamma\cos\theta(l+l')$,于是有:

$$\gamma = \frac{F}{2\cos\theta(l+l')} \tag{1-75}$$

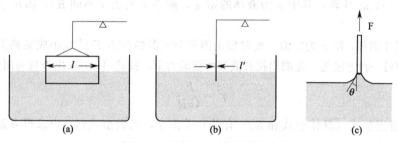

图 1-13　Whilhemy 吊片法示意图

然而准确地测定接触角并非易事。通常用很薄的铂片,云母片或玻璃片作为吊片,并将表面打毛以增加对液体的润湿性,使液体的接触角尽可能为零。并且 l' 相对于 l 可忽略不计。于是式(1-75)简化为:

$$\gamma = \frac{F}{2l} \tag{1-76}$$

吊片法是迄今商品表面张力仪所采用的经典方法,当 θ 为零时,无需任何校正。其缺点是对 θ 不为零的液体,需要知道 θ,这一点很困难。

该法也可用于测定油/水界面张力,方法是在水层上加油,即用油取代液体上面的空气,形成油/水界面,然后将吊片放到界面以下再拉起。需要注意的是油层应足够厚,以保证在拉起液膜时吊片边缘不露出油层。

(2) Du Noüy 环法

如果用一铂金圆环代替吊片,同样可以测定表面张力,此法称为 Du Noüy 环法。如图 1-14(a) 所示。设环的内半径为 R',环丝半径为 r,则环的内外周长分别为 $2\pi R'$ 和 $2\pi(R'+2r)$。当环被拉起时,环的内周和外周都受到表面张力的作用。若液体完全润湿圆环,而环被拉起时液膜呈理想状态 [图 1-14(b)],则拉力 F 与表面张力有如下关系:

$$F=\gamma[2\pi R'+2\pi(R'+2r)]=4\pi\gamma(R'+r) \tag{1-77}$$

令 $R=R'+r$ 为圆环的平均半径，上式变为：

$$F=4\pi R\gamma \tag{1-78}$$

然而实际情况远非如此理想 [图 1-14(c)]。为使式(1-78)成立，需要引入校正因子 f，即：

$$\gamma=fF/(4\pi R) \tag{1-79}$$

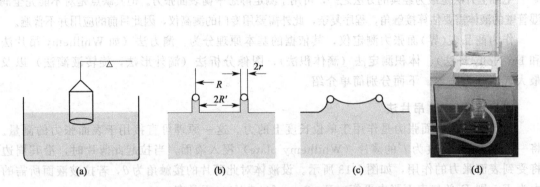

图 1-14 Du Noüy 吊环法测表面张力示意图

研究表明，校正因子 f 是 R/r 及 R^3/V 的函数，这里 V 为圆环带起来的液体的体积，可由 $F=mg=V\rho g$ 计算，其中 ρ 为液体的密度。附录Ⅰ列出了不同 R/r 和 R^3/V 下的校正因子 f 值。

对一定尺寸的环，R/r 为定值，此时校正因子与实测的拉力 F 的大小成某种关系。因此获得校正因子的另一种方法是，先测出拉开液膜所需的力 F，按式(1-80)求出表观表面张力 γ'：

$$\gamma'=\frac{F}{4\pi R} \tag{1-80}$$

再将 γ' 代入适当公式（具体公式和 R/r 有关）求出 f，然后由式(1-81)求得表面张力：

$$\gamma=\gamma' f \tag{1-81}$$

例如国内常用的一种铂金环，直径 $R\approx1\text{cm}$，$r\approx0.03\text{cm}$，实验得到校正因子 f 与 γ' 的关系为：

$$f=0.7250+\sqrt{\frac{0.01452\gamma'}{C^2\Delta\rho}+0.04534-\frac{1.679}{R/r}} \tag{1-82}$$

式中，C 为圆环的平均周长($2\pi R$)；$\Delta\rho$ 为两相的密度差。当测定液体的表面张力时，气相的密度可忽略不计，$\Delta\rho$ 即为液相的密度。

类似于吊片法，该法也可用于测定油/水界面张力，计算时 $\Delta\rho$ 为水相和油相的密度差。

当没有商品表面张力仪时，可以利用电子天平自制表面张力仪 [图 1-14(d)]。方法是选用一台万分之一精度(分辨率 0.0001g)的电子天平，放在一个平台上。通常天平的底部有一个挂钩，在平台上开一个孔，对准挂钩，用一根金属丝一头连接挂钩，另一头挂上 Whilhemy 吊片或 Du Noüy 环，在平台下面放一个升降台，升降台上放一个玻璃夹套，与一个恒温水浴相连，将测定杯放在夹套内，上升升降台，使吊片或吊环浸入被测溶液，然后使升降台缓慢下降，观察将液膜拉破所需的最大重量，将重量转换成力 F，再根据吊片或吊环的周长转换成单位长度上的力，查出校正因子或计算校正因子，即可计算出表面张力。使用 $R=1\text{cm}$ 左右的吊环测定纯水的表面张力时，最大重量约为 1g，因此测量精度可达 $0.01\text{mN}\cdot\text{m}^{-1}$。在正式测定前通常先测定纯水或其他标准液体的表面张力，以检验仪器的可靠性。

采用吊片法虽然无需校正，但灵敏度不如吊环法。例如使用长度为 2.5cm 的吊片测定纯水的表面张力，拉破液膜时的重量仅为 0.37g 左右。对表面活性剂溶液，拉破液膜时的重量则更低。显然吊环法具有更高的灵敏度。

(3) 滴体积法

当液体从一个毛细管管口滴落时，落滴大小与管口半径及液体表面张力有关。表面张力越大，液滴越大。若液滴自管口完全脱落，则落滴质量 m 与表面张力 γ 有如下关系：

$$mg = 2\pi R\gamma \qquad (1\text{-}83)$$

式中，g 为重力加速度；π 为圆周率；R 为毛细管口半径（cm），当液体能润湿端面时，R 指端头的外径，反之为内径。然而液滴自管口滴落总是有一些残留，如图 1-15 所示，残留液体有时可多达整体液滴的 40%，因此式（1-83）必须修正后方可应用。将式（1-83）改写成：

$$mg = k\,2\pi R\gamma \qquad (1\text{-}84)$$

$$\gamma = \frac{1}{2\pi k} \cdot \frac{mg}{R} = F \cdot \frac{mg}{R} \qquad (1\text{-}85)$$

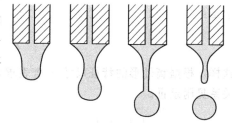

图 1-15　滴体积法落滴示意图

式中，$F = 1/(2\pi k)$ 为校正因子。研究表明，F 是 V/R^3 的函数（V 为落滴的体积），而与滴管材料、液体密度、液体黏度等因素无关。根据测得的落滴体积和管口半径，查 $F\text{-}V/R^3$ 表即可获得 F 值（见附录Ⅱ），再代入液体密度 ρ，即可计算表面张力：

$$\gamma = F \cdot \frac{V\rho g}{R} \qquad (1\text{-}86)$$

该法亦可演变为滴重法，连续滴 n 滴，用天平称出质量 m，则 $m = nV\rho$。

滴体积法的特点是简单易行。用一根 0.2mL 的移液管，将锥形部分切割掉一块，使断面的直径达到 0.2～0.4cm，用砂纸蘸水磨平，再用细砂纸蘸水磨光，即可用来测定。测定时将被测溶液放入一个 100mL 的量筒中，量筒置于一个恒温缸中，用一个与量筒大小匹配的软木塞或橡皮塞，使滴管穿过塞子，另一头与一个针筒相连。将滴管头部插入液面以下，用针筒吸入液体至最大刻度，然后将滴管提至液面上，滴下一滴液体以清除管壁外侧所带的液体，接着将管口残留液体全部拉入管内，读出液面的起始刻度。控制针筒使管内液滴慢慢滴下，读出最终刻度。根据刻度差和液滴的滴数计算每滴的体积，查出校正因子，即可计算出表面张力。该法也可用于测定油/水界面张力。当需要使油在水中成滴时要采用 U 形弯管。

滴体积法所测表面张力具有一定的动态特性，因为液滴滴落时总有一部分表面是新形成的。对表面活性剂体系，平衡时间的长短会显著影响表面张力的大小，因此为了获得静态平衡表面张力，应使液滴的体积尽量达到其最大体积，并给予充分的平衡时间，尤其对低浓度体系，不过手工控制有一定的难度。

目前已有基于滴体积原理的商品界面张力仪，测定达到了自动化，尤其是通过采用特定的管口形状设计，使得液滴滴落时没有残留，因此无需校正，同时平衡时间也可以自动控制，可应用于测定动态和平衡表（界）面张力。

(4) 滴外形法

前已述及，液滴的形状与表面张力有关。最令人感兴趣的液滴外形为躺滴和悬滴，如果能获得躺滴或悬滴的外形，例如照片或图像，即可用于测定表（界）面张力。

① 悬滴法　图 1-16 为一悬挂于固体表面上的悬滴，其外形和表面张力的关系由 Bashforth-Adams 方程中的形状因子 β 表达式 $\beta = \Delta\rho g b^2 / \gamma$ 所确定，式中 $\Delta\rho$ 为两相的密度差，g 为重力加速度，γ 为界面张力，b 为悬滴顶点的曲率半径。对图 1-16 所示的悬滴，可以方便地测出其赤道直径 d_e 和距顶点 d_e 处的直径 d_s，并令：

$$S = d_s / d_e \tag{1-87}$$

为了克服求取 b 值的困难，将 β 和 b 合成为一个新的参数 H：

$$H = \beta \left(\frac{d_e}{b} \right)^2 \tag{1-88}$$

于是：

$$\gamma = \frac{\Delta\rho g b^2}{\beta} = \frac{\Delta\rho g d_e^2}{H} \tag{1-89}$$

这样，根据滴外形的特征尺寸 S 查表求得相应的 $(1/H)$，即可计算出表面张力。S-$(1/H)$ 关系见附录Ⅲ。

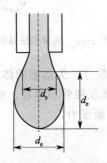
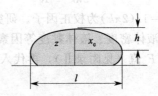

　图 1-16　悬滴示意图及其特征尺寸　　　　　图 1-17　躺滴示意图及其特征尺寸

② 躺滴法　图 1-17 为液体于另一低密度液（气）相中在固体表面上的躺滴，亦称无柄液滴（sessile drop）。对这种液滴，容易测量的参数是赤道半径 x_e 和赤道至顶点的距离 h，而 b 值难以测定。为此 Bashforth-Adams 表中给出 x_e/b 作为 β 的函数，于是：

$$\gamma = \frac{\Delta\rho g x_e^2}{\beta \left[f(\beta) \right]^2} \tag{1-90}$$

式中：

$$f(\beta) = \frac{x_e}{b} \tag{1-91}$$

x_e 可以精确测定，问题回到如何求 β。方法之一是将液滴照片的形状与一系列已知 β 值的理论图形相比较，以求出 β 值。一旦确定了 β，即可查出 $f(\beta)$ 值，进而从式(1-89)求出表面张力。

滴外形法是测定平衡表面张力的理想方法，其测量精度可达 0.1%。目前已有商品仪器，通过摄像头获得悬滴或躺滴的图像，计算机自动处理数据给出界面张力值。

(5) 最大气泡压力法（the maximum bubble-pressure method）
最大气泡压力法（简称最大泡压法）是测量静态和动态表面张力的常用方法之一，尤其适合测定表面张力随时间的变化，可以测量出表面年龄在 0.001s 到数分钟的表面张力。
原理上，最大气泡压力法是基于弯曲界面的压力差，即 Laplace 方程：

$$\Delta p = \frac{2\gamma}{R} \tag{1-92}$$

式中，Δp 为附加压力；γ 为液体的表面张力；R 为气泡的曲率半径。于是，当表面张力一定时，附加压力与形成的气泡的曲率半径有关，当 R 值最小时达到最大。

在具体的实验装置中，将气体通入一个半径为 r_c 的毛细管中，如图 1-18 所示。由于毛细管半径很小，形成的气泡可看作是球形。当气泡开始形成时，表面几乎是平的，这时曲率半径 R 最大 (r_1)；随着气泡的形成，曲率半径 R 逐渐变小，直到形成半球形，这时曲率半径 R 和毛细管半径 r_c 相等，曲率半径达最小值 (r_c)，附加压力达到最大值。随着气泡的进一步长大，R 又变大，附加压力则变小，直到气泡逸出。通过压力传感器可以动态监测气泡压力的变化，取最大压力来计算表面张力 γ，计算公式为：

$$\gamma = \frac{\Delta p_{max} r_c}{2} = \frac{(p_{max} - p_0) r_c}{2} \tag{1-93}$$

式中，p_{max} 对应于 $R = r_c$ 时的压力；p_0 对应于液面为平面时的压力。计算过程中注意单位换算。一般输入适当参数后，仪器将直接计算出表面张力。通过仪器控制气泡的产生速度，逐渐增加气泡达到最小曲率半径的时间，则可以得到表面张力随时间的变化曲线，获得分子在气液界面的吸附速率及在液相中的扩散情况。

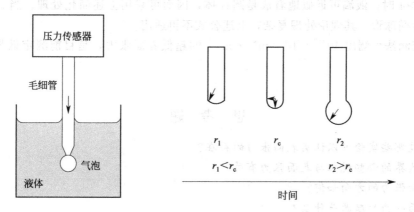

图 1-18　最大气泡压力法实验装置（左）和测试原理（右）示意图

(6) 旋转液滴法（spinning drop method）

该法适用于测定非常低的液/液界面张力，在微乳液和提高石油采收率的研究中特别重要。

如图 1-19 所示，一轻相液滴 A 悬浮在含另一液体 B 的管中，当管子转动时，轻相液滴运动至中心。界面张力趋向于使液滴成球状，但随着转速的增加，离心力克服界面张力使液滴拉长，直至在一定转速下达到平衡。在高界面张力、低转速情形下，液滴近似地为椭球，但在低界面张力、高转速情形下，液滴近似地为细长的圆柱状。后一种情况使 γ 的计算变得简单。

设管子的转速为 ω（角速度），两相的密度差为 $\Delta\rho$，则微小体积元受到的离心力为 $\omega^2 r \Delta\rho$，其中 r 为距转动轴心的距离。在 r 处的势能为 $\omega^2 r^2 \Delta\rho/2$，而长度为 l、半径为 r_0 的圆柱的总势能为：

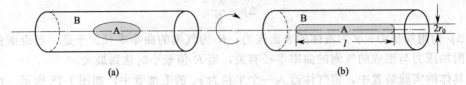

图 1-19　旋转液滴法测定界面张力

$$U = l \int_0^{r_0} \omega^2 r^2 \frac{\Delta \rho}{2} 2\pi r \mathrm{d}r = l\pi\omega^2 \Delta\rho \frac{r_0^4}{4} \tag{1-94}$$

圆柱的界面过剩自由能为 $2\pi r_0 l\gamma$，于是体系的总自由能为：

$$G = l\pi\omega^2 \Delta\rho \frac{r_0^4}{4} + 2\pi r_0 l\gamma = \frac{V}{4}\omega^2 \Delta\rho r_0^2 + 2V\frac{\gamma}{r_0} \tag{1-95}$$

式中，V 为圆柱状液滴的体积（$V = \pi r_0^2 l$）。平衡时有：

$$\frac{\mathrm{d}G}{\mathrm{d}r_0} = 0 \tag{1-96}$$

于是得到：

$$\gamma = \frac{\omega^2 \Delta\rho r_0^3}{4} \tag{1-97}$$

根据实测的一定转速下的 r_0，即可由式(1-97)计算界面张力。通常当液滴的长宽比 $[l/(2r_0)] > 4$ 时，液滴可近似地看成是圆柱体，因而可采用上述简化处理。当 $l/(2r_0) < 4$ 时，液滴为椭球形，其理论处理复杂，上述公式不再适用。

旋转液滴法可测出 $10^{-3} \sim 10^{-5}\,\mathrm{mN \cdot m^{-1}}$ 的超低界面张力，是目前测定低界面张力的主要方法。

思　考　题

1. 通过哪些实验可以证实表面张力的存在？
2. 自然界的哪些现象与表面张力有关？
3. 表面张力的方向如何？
4. 表面张力的起源是什么？
5. 表面张力的量纲是什么？
6. 表面张力的热力学本质是什么？
7. 哪些因素会影响纯物质的表面张力？
8. 表面张力和界面张力之间有什么相关性？
9. 测定表面张力和界面张力的方法有哪些？

第2章

自溶液的吸附

固体和液体表面层的分子处于不对称力场环境中，与体相分子相比具有过剩自由能，并表现为表面张力。而任何体系总是趋向于降低自身的自由能，因此液体有自动缩小表面积的趋势，而固体表面不能像液体表面那样自行收缩，于是采取另一种方式来降低表面自由能：通过富集气体或溶液中的溶质以减小表面分子受力不对称的程度，这就是固体表面上发生物理吸附的由来。另一方面，对大体积液体而言其表面积也不易改变，因此当液体中溶有溶质时，溶质也可能吸附于液体表面从而导致液体表面张力发生改变。由于液体表面张力易于测定，据此可以方便地研究溶液表面的吸附及其与表面张力变化之间的关系。本章将讨论自溶液的吸附，主要是在流体界面（气/液界面和液/液界面）的吸附，并导出溶液表面化学中的一个极其重要的方程式——Gibbs 吸附公式。有关固/液界面的吸附将在润湿一章中讨论，而固/气界面上的物理吸附则不在本书的讨论之列，读者可参考有关的专著。

2.1 表面过剩和 Gibbs 吸附等温式

2.1.1 溶液的表面张力

在一定的温度和压力下，纯液体的表面张力由液体的本性决定，是一个定值。但当有溶质存在形成了溶液时，溶质分子可能在界面富集或者反富集，从而导致溶液的表面张力发生变化。对稀水溶液，不同溶质的存在导致水的表面张力的变化大致可归结为三种类型，如图 2-1 所示。

第一类（曲线 1）：溶液表面张力随溶质浓度增加而缓慢升高，大致呈线性关系。多数无机电解质和多羟基化合物属于这类溶质，其离子或分子对溶剂水有强烈的亲和力，因而形成溶液表面比形成纯水表面需要提供更多的能量。

第二类（曲线 2）：溶液表面张力随溶质浓度增加缓慢降低。低分子量的极性有机物（如短碳链的醇、

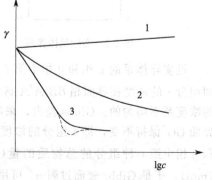

图 2-1　几种典型溶质水溶液的表面张力

醛、酸、酯、胺及其衍生物等）均属于这类溶质。这类分子中亲水基的亲水作用一般较弱，在水中的溶解度随烷基链长的增加而减小，而降低表面张力的能力则相应增加。如果用浓度趋向于零时的负微商$-(d\gamma/dc)_{c\to 0}$来表征该类溶质降低表面张力的能力，则对同系物而言，每增加一个CH_2，$-(d\gamma/dc)_{c\to 0}$约增大3倍，这一规则称为Traube规则。

第三类（曲线3）：当溶质浓度很低时，溶液表面张力随溶质浓度增加急剧下降，而当溶质浓度达到一定值后，表面张力基本趋于一恒定值。当溶质不够纯时，曲线往往有一个最低点。属于这一类的物质主要是含有8个碳原子以上的双亲有机化合物（如烷基羧酸盐、烷基硫酸酯盐、烷基苯磺酸盐、烷基季铵盐、烷基酚聚氧乙烯醚等）。Traube规则对此类体系一般也适用。这类物质通常称为表面活性物质或表面活性剂（surfactants），而所谓的表面活性（surface activity）则是指其降低水的表面张力的性质。

2.1.2 Gibbs划分面和表面过剩

在第1章中已经述及，对纯溶剂，表面层的分子与体相分子相比受到不对称的引力作用，因而具有过剩自由能，导致了表面张力。那么当溶质存在时，溶质分子在表面相和体相（bulk phase）是否是均匀分布的？溶液表面张力的上升或下降与溶质的存在及其分布是否相关？Gibbs运用表面热力学解决了这一问题。

可以想象，一个溶液（例如水溶液）与另一个不相混溶的体相（例如空气或油）相接触时所形成的分界面是一个界限不十分清楚的薄层，此薄层可能具有一个、两个甚至几个分子大小的厚度，更重要的是，此薄层的组成和性质与界面两边的体相可能有很大差异。我们把这一薄层称为界面相，当另一相为气体时，则称为表面相。于是实际相界面如图2-2所示：两个不同的流体相α相和β相彼此接触，两相的接触区域$AA'B'B$构成界面相。显然，讨论溶质在各相的分布需要确定界面相的厚度，而这是一件十分困难的事。为了解决这一难题，Gibbs提出了一个理想化相界面体系，如图2-3所示，即α相和β相被一个厚度为零的几何平面GG'面隔开。

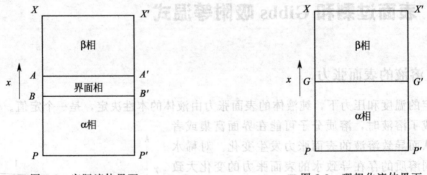

图 2-2 实际流体界面　　　　　　图 2-3 理想化流体界面

设实际体系的α相和β相中第i种组分的浓度分别为c_i^α和c_i^β。由于c_i^α通常不等于c_i^β，即组分i的浓度在界面相$BB'A'A$区域必须从c_i^α过渡到c_i^β，显然界面相中沿x方向i组分的浓度是不均匀的。Gibbs提出，采用理想化体系，假定α相和β相中各组分的浓度直至分界面GG'保持不变，即i组分的浓度分别为c_i^α和c_i^β。以n_i^α和n_i^β分别代表理想化体系α相和β相中第i种组分的总物质的量(mol)，以n_i^t代表实际体系中第i组分的总物质的量(mol)，于是Gibbs表面过剩n_i^x可用下式定义：

$$n_i^x = n_i^t - (n_i^\alpha + n_i^\beta) \tag{2-1}$$

若界面面积为 A，则：

$$\Gamma_i^x = n_i^x / A \tag{2-2}$$

Γ_i^x 称为单位面积上第 i 组分的 Gibbs 表面过剩，亦称 "吸附量"，通常以 $\mathrm{mol \cdot cm^{-2}}$ 为单位。由于 c_i^α 通常不等于 c_i^β，因此，对给定的实际体系（n_i^t 保持不变），$n_i^\alpha + n_i^\beta$ 取决于划分面 GG' 面的位置，当其沿 x 轴方向移动时，将给出不同的数值，即可小于、等于或大于 n_i^t，相应的 Gibbs 表面过剩 n_i^x 可为正、零或负值。

类似地，可定义其他 Gibbs 过剩量。

Gibbs 过剩内能：

$$U^x = U^t - (U^\alpha + U^\beta) \tag{2-3}$$

Gibbs 过剩自由能：

$$G^x = G^t - (G^\alpha + G^\beta) \tag{2-4}$$

Gibbs 过剩熵：

$$S^x = S^t - (S^\alpha + S^\beta) \tag{2-5}$$

显然这些 Gibbs 过剩量也都是取决于 GG' 面位置的不确定量。

2.1.3 界面热力学和 Gibbs 吸附等温式

对实际体系，当内能发生微小、可逆变化时有：

$$dU^t = TdS^t - (p^\alpha dV^\alpha + p^\beta dV^\beta) + \gamma dA + \sum \mu_i dn_i^t \tag{2-6}$$

式中，V^α 和 V^β 分别为 α 相和 β 相的体积；p^α 和 p^β 分别为两相的压力；γ 为界面张力；μ_i 为 i 组分的化学势。因为界面相的厚度为零，所以 $V^t = V^\alpha + V^\beta$。若界面是平的，则基于机械平衡有 $p^\alpha = p^\beta = p$，且 $p^\alpha dV^\alpha + p^\beta dV^\beta = pdV$，这里 p 为体系的压力。

对理想化体系，类似地有：

$$dU^\alpha = TdS^\alpha - p^\alpha dV^\alpha + \sum \mu_i dn_i^\alpha \tag{2-7}$$

$$dU^\beta = TdS^\beta - p^\beta dV^\beta + \sum \mu_i^\beta dn_i^\beta \tag{2-8}$$

将式(2-7)和式(2-8)代入式(2-6)得：

$$d(U^t - U^\alpha - U^\beta) = Td(S^t - S^\alpha - S^\beta) + \gamma dA + \sum \mu_i d(n_i^t - n_i^\alpha - n_i^\beta) \tag{2-9}$$

或：

$$dU^x = TdS^x + \gamma dA + \sum \mu_i dn_i^x \tag{2-10}$$

保持强度性质 T，γ，μ_i 不变，积分上式得：

$$U^x = TS^x + \gamma A + \sum \mu_i n_i^x \tag{2-11}$$

对式(2-11)全微分得：

$$dU^x = TdS^x + \gamma dA + \sum \mu_i dn_i^x + S^x dT + Ad\gamma + \sum n_i^x d\mu_i \tag{2-12}$$

比较式(2-10)和式(2-12)可得：

$$-Ad\gamma = S^x dT + \sum n_i^x d\mu_i \tag{2-13}$$

令 s_σ^x 为单位面积上的过剩熵（$s_i^x = S_i^x / A$），并应用式(2-2)，上式变为：

$$-d\gamma = s_\sigma^x dT + \sum \Gamma_i^x d\mu_i \tag{2-14}$$

在等温条件下，上式又简化为：

$$-d\gamma = \sum \Gamma_i^x d\mu_i \tag{2-15}$$

式(2-15)即为著名的 Gibbs 方程，它表明表面张力和表面过剩及体相化学势相关。

对二组分体系，若以组分 1 代表溶剂，组分 2 代表溶质，则 Gibbs 公式(2-15)可写成：

$$-d\gamma = \Gamma_1^x d\mu_1 + \Gamma_2^x d\mu_2 \tag{2-16}$$

图 2-4 表明了 i 组分在界面相的非均匀分布。它们既可能均匀地从 c_i^α 过渡到 c_i^β（如图 2-4 中组分 1），也可能在界面富集，即在界面相的浓度显著大于 c_i^α 和 c_i^β（如图 2-4 中组分 2）。

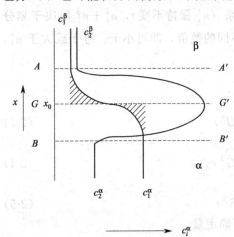

■ 图 2-4　使组分 1 的过剩量
为零的 Gibbs 划分面

前已述及，表面过剩 Γ_i^x 取决于 GG' 平面的位置，如果这一位置不确定，Γ_i^x 就没有意义。Gibbs 提出，将 GG' 平面置于图 2-4 所示的 x_0 处，使组分 1 浓度曲线两侧的阴影面积相等，则组分 1 的过剩量将为零，于是式（2-15）又简化为：

$$-d\gamma = \Gamma_2^1 d\mu_2 \tag{2-17}$$

此平面称为 Gibbs 划分面，而 Γ_2^1 则为采用 Gibbs 划分面使组分 1 的过剩量为零时组分 2 的过剩量，通常称为 Gibbs 相对过剩。当然，也可选择划分面使 $\Gamma_2^x = 0$，于是式（2-16）变成：

$$-d\gamma = \Gamma_1^2 d\mu_1 \tag{2-18}$$

对二组分体系，通常考虑溶质的过剩量，所以式（2-17）被广泛采用。但 Γ_2^1 和 Γ_1^2 并非相互独立，而是有内在联系的。

对多组分体系，选择 Gibbs 划分面，使组分 1（溶剂）的表面过剩为零，则 Gibbs 公式可写成：

$$-d\gamma = \sum_{i=2}^{n} \Gamma_i^1 d\mu_i \tag{2-19}$$

2.1.4　Gibbs 相对过剩和界面相绝对浓度

以 Gibbs 过剩作为溶质的吸附量巧妙地解决了界面相厚度这一问题，但随之产生的一个问题是，Gibbs 过剩与溶质在界面相的实际浓度究竟有怎样的关系？Gibbs 过剩能作为吸附量吗？下面将深入讨论这一问题。

对理想化体系，其 Gibbs-Duhem 方程可写成：

$$-V^\alpha dp + S^\alpha dT + \sum n_i^\alpha d\mu_i^\alpha = 0 \tag{2-20}$$

$$-V^\beta dp + S^\beta dT + \sum n_i^\beta d\mu_i^\beta = 0 \tag{2-21}$$

平衡时，两相的温度、压力和各组分的化学势皆相等。将式（2-20）与式（2-21）相结合，在等温下消去 dp 得：

$$-d\mu_1 = \frac{c_2^\alpha - c_2^\beta}{c_1^\alpha - c_1^\beta} d\mu_2 + \cdots + \frac{c_i^\alpha - c_i^\beta}{c_1^\alpha - c_1^\beta} d\mu_i \tag{2-22}$$

将式（2-22）代入式（2-15）得：

$$-d\gamma = \left(\Gamma_2^x - \Gamma_1^x \frac{c_2^\alpha - c_2^\beta}{c_1^\alpha - c_1^\beta} \right) d\mu_2 + \cdots + \left(\Gamma_i^x - \Gamma_1^x \frac{c_i^\alpha - c_i^\beta}{c_1^\alpha - c_1^\beta} \right) d\mu_i \tag{2-23}$$

比较式（2-23）和式（2-19）得：

$$\Gamma_2^1 = \Gamma_2^x - \Gamma_1^x \frac{c_2^\alpha - c_2^\beta}{c_1^\alpha - c_1^\beta} \tag{2-24}$$

$$\Gamma_i^1 = \Gamma_i^x - \Gamma_1^x \frac{c_i^\alpha - c_i^\beta}{c_1^\alpha - c_1^\beta} \tag{2-25}$$

式中 Γ_i^x 取决于 GG' 平面的位置，是一个不确定量，但相对过剩 Γ_i^1 具有固定的数值。这表明，不论 GG' 平面的位置在界面相如何变化，式(2-24)和式(2-25)右边的差皆为恒定值。

现在考察总浓度和相对过剩的关系，以进一步证明 Γ_i^1 是一个确定的量。对理想化体系，根据 $V^t=V^\alpha+V^\beta$，式(2-1)可写成：

$$n_i^x=n_i^t-(n_i^\alpha+n_i^\beta)=n_i^t-c_i^\alpha V^\alpha-c_i^\beta V^\beta$$
$$=n_i^t-c_i^\alpha V^t-V^\beta(c_i^\alpha-c_i^\beta) \tag{2-26}$$

于是有：

$$n_1^x=n_1^t-c_1^\alpha V^t-V^\beta(c_1^\alpha-c_1^\beta) \tag{2-27}$$

从式(2-26)和式(2-27)中消去 V^β 再除以面积 A 得：

$$\frac{1}{A}\left(n_i^x-n_1^x\frac{c_i^\alpha-c_i^\beta}{c_1^\alpha-c_1^\beta}\right)=\frac{1}{A}\left(n_i^t-n_1^t\frac{c_i^\alpha-c_i^\beta}{c_1^\alpha-c_1^\beta}\right)-\frac{V^t}{A}\left(c_i^\alpha-c_1^\alpha\frac{c_i^\alpha-c_i^\beta}{c_1^\alpha-c_1^\beta}\right) \tag{2-28}$$

将式(2-2)和式(2-25)相结合再与上式比较得：

$$\Gamma_i^1=\frac{1}{A}\left(n_i^t-n_1^t\frac{c_i^\alpha-c_i^\beta}{c_1^\alpha-c_1^\beta}\right)-\frac{V^t}{A}\left(c_i^\alpha-c_1^\alpha\frac{c_i^\alpha-c_i^\beta}{c_1^\alpha-c_1^\beta}\right) \tag{2-29}$$

由于式(2-29)中右边所有的项都是实际体系的确定量，因此 Γ_i^1 是一个确定的量。

对水溶性溶质在水/空气界面、水/固体界面或水/油界面的吸附，若以 α 相代表水相，β 相代表另一相，则有 $c_i^\alpha \gg c_i^\beta$，于是式(2-29)简化为：

$$\Gamma_i^1=\frac{1}{A}\left(n_i^t-n_1^t\frac{n_i^\alpha}{n_1^\alpha}\right) \tag{2-30}$$

令 $i=2$ 得到：

$$\Gamma_2^1=\frac{1}{A}\left(n_2^t-n_1^t\frac{n_2^\alpha}{n_1^\alpha}\right)=\frac{n_1^t}{A}\left(\frac{n_2^t}{n_1^t}-\frac{n_2^\alpha}{n_1^\alpha}\right) \tag{2-31}$$

若以 m_2^t 代表组分 2 的总质量摩尔浓度（1000g 溶剂中溶质的物质的量），m_2 代表在界面吸附后 α 相中组分 2 的浓度，则 n_2^t/n_1^t 和 n_2^α/n_1^α 分别等于 $m_2^t M_1/1000$ 和 $m_2 M_1/1000$，M_1 为组分 1（溶剂）的分子量。于是式(2-31)可写成：

$$\Gamma_2^1=\frac{1}{A}\left[\frac{W_1^t}{1000}(m_2^t-m_2)\right] \tag{2-32}$$

式中，$W_1^t=M_1 n_1^t$，为组分 1 的总质量。对溶质的稀水溶液，m_2^t，m_2 和 W_1^t 可分别以浓度和总体积代之（水的密度近似地为 1），于是式(2-32)还可写成：

$$\Gamma_2^1=\frac{V^t}{A}(c_2^t-c_2) \tag{2-33}$$

式中，V^t 的单位为升(L)。

对固/液和液/液界面的吸附，通过测定吸附前后溶质浓度的变化即可计算吸附量。值得注意的是式(2-33)正是这种计算的分析式。因此表面过剩在某种程度上可以近似地看作是表面吸附量。

以上所给 Γ_i^1 的表达式对理解实际体系的定量分析是有用的，但这些表达式并未给出非均匀的界面相的任何有用的信息。为此尚需继续讨论 Gibbs 相对过剩和界面相绝对组成的关系。

设 i 组分在实际界面相 $AA'BB'$ 中的物质的量为 Δn_i，显然 Δn_i 可以为零或正值，但绝不会为负值。而 Γ_i^1 不仅可以为零或正值，也可以为负值，这是两者的区别。体系中 i 组分的总物质的量 n_i^t 和 Δn_i 有如下关系：

$$n_i^t = n_i^\alpha + n_i^\beta + \Delta n_i = c_i^\alpha V_i^\alpha + c_i^\beta V_i^\beta + \Delta n_i \qquad (2\text{-}34)$$

式中，n_i^α 和 n_i^β 分别为 α 相和 β 相中 i 组分的物质的量；V_i^α 和 V_i^β 分别为两相的体积。对组分 1 有：

$$n_1^t = c_1^\alpha V_1^\alpha + c_1^\beta V_1^\beta + \Delta n_1 \qquad (2\text{-}35)$$

与表面过剩不同，Δn_i 并不取决于理想化体系中划分面 GG' 的位置。将式(2-34)和式(2-35)代入式(2-29)，忽略界面相的体积，即取 $V^t = V_i^\alpha + V_i^\beta$ 得到：

$$\Gamma_i^1 = \frac{1}{A}\left(\Delta n_i - \Delta n_1 \frac{c_i^\alpha - c_i^\beta}{c_1^\alpha - c_1^\beta}\right) \qquad (2\text{-}36)$$

当 $c_i^\alpha \gg c_i^\beta$，$c_1^\alpha \gg c_1^\beta$ 时，上式简化为：

$$\Gamma_i^1 = \frac{1}{A}\left(\Delta n_i - \Delta n_1 \frac{n_i^\alpha}{n_1^\alpha}\right) \qquad (2\text{-}37)$$

式(2-37)建立了可测量的 Γ_i^1 与界面相绝对组成 Δn_i 之间的关系。由此可以来解释表面过剩的物理意义：如果 $\Delta n_1 (\text{mol})$ 的组分 1 存在于体相（α 相），它将伴有 $\left(\Delta n_1 \dfrac{n_i^\alpha}{n_1^\alpha}\right)$ (mol) 的组分 i，但在面积为 A 的界面上 $\Delta n_1 (\text{mol})$ 的组分 1 实际伴有 $\Delta n_i (\text{mol})$ 的组分 i，则差值 $\Delta n_i - \left(\Delta n_1 \dfrac{n_i^\alpha}{n_1^\alpha}\right)$ 表示在界面相伴随 $\Delta n_1 (\text{mol})$ 的组分 1 的 i 组分的过剩量。相应地 Γ_i^1 为单位面积上的过剩量。或者可以这样说：自 1cm^2 的溶液表面上和溶液内部各取一部分溶液，其中溶剂的分子数相同，则取自表面部分的溶液中所包含的溶质 i 比取自内部的溶液所包含的溶质 i 多 $\Gamma_i^1 (\text{mol})$，这里 Γ_i^1 可正，可负或为零。

对二组分体系，从式(2-24)，式(2-30)和式(2-37)可得到 Γ_2^1 的三种表达式：

$$\Gamma_2^1 = \Gamma_2^x - \Gamma_1^x \frac{n_2^\alpha}{n_1^\alpha} \qquad (2\text{-}38)$$

$$\Gamma_2^1 = \frac{1}{A}\left(n_2^t - n_1^t \frac{n_2^\alpha}{n_1^\alpha}\right) \qquad (2\text{-}39)$$

$$\Gamma_2^1 = \frac{1}{A}\left(\Delta n_2 - \Delta n_1 \frac{n_2^\alpha}{n_1^\alpha}\right) \qquad (2\text{-}40)$$

但如果将划分面 GG' 放在使 $\Gamma_2^x = 0$ 的位置，类似地可以得到：

$$\Gamma_1^2 = \Gamma_1^x - \Gamma_2^x \frac{n_1^\alpha}{n_2^\alpha} \qquad (2\text{-}41)$$

$$\Gamma_1^2 = \frac{1}{A}\left(n_1^t - n_2^t \frac{n_1^\alpha}{n_2^\alpha}\right) \qquad (2\text{-}42)$$

$$\Gamma_1^2 = \frac{1}{A}\left(\Delta n_1 - \Delta n_2 \frac{n_1^\alpha}{n_2^\alpha}\right) \qquad (2\text{-}43)$$

显然由这两组公式可以得到：

$$n_1^\alpha \Gamma_2^1 + n_2^\alpha \Gamma_1^2 = 0 \qquad (2\text{-}44)$$

$$\Gamma_1^2 = -\frac{n_1^\alpha}{n_2^\alpha}\Gamma_2^1 \qquad (2\text{-}45)$$

$$\Gamma_1^2 = -\frac{x_1^\alpha}{x_2^\alpha}\Gamma_2^1 \qquad (2\text{-}46)$$

式中，x_1^α 和 x_2^α 为 α 相中组分 1 和组分 2 的摩尔分数。这表明 Γ_2^1 和 Γ_1^2 并不是相互独立的量，而是两个呈线性关系的量。若一个量已知，则可利用式(2-44)～式(2-46)求出另一个量。式(2-43)还表明，以 Γ_1^2 对 $\dfrac{n_1^\alpha}{n_2^\alpha}$ 或 $\dfrac{x_1^\alpha}{x_2^\alpha}$ 作图可得一直线，直线的斜率为 $-\dfrac{\Delta n_2}{A}$，截距为 $\dfrac{\Delta n_1}{A}$。

对水/乙醇，水/甲醇，水/异丙醇，水/吡啶，水/丙酮等二组分体系的研究表明，Γ_1^2 对 $\dfrac{x_1^\alpha}{x_2^\alpha}$ 作图的确为直线。

2.1.5 多组分体系中的表面过剩和 Gibbs 吸附等温式

在实际工作中常常遇到多组分体系。例如，单一离子型溶质溶于水，由于溶质在水中电离成离子，实际上成为多组分体系。另一个例子是，表面活性剂体系中常常加入无机盐，或几种表面活性剂复配使用。因此，研究多组分体系中的吸附具有实际意义。

对双亲分子在水/空气界面或油/水界面的吸附，水作为一个体相相对于溶质大大过量，因此水被看作是溶剂。在以下的公式中，以 W 代表水，用 1，2，3，…分别代表 i 种溶质。即不再以组分 1 代表水。由式(2-37)可得：

$$\Gamma_i^{\mathrm{W}} = \frac{1}{A}\left(\Delta n_i - \Delta n_{\mathrm{W}}\frac{x_i}{x_{\mathrm{W}}}\right) = \frac{1}{A}\Delta n_i\left(1 - \frac{\Delta n_{\mathrm{W}}}{\Delta n_i}\frac{x_i}{x_{\mathrm{W}}}\right) \tag{2-47}$$

式中，x_{W} 和 x_i 分别为溶剂和各溶质的摩尔分数。将划分面置于使 $\Gamma_i^{\mathrm{W}} = 0$ 的位置，则 Γ_i^{W} 为相对于溶剂过剩量为零的相对过剩量，以下略去上标，以 Γ_i 表示之。对于表面活性剂，在很低的浓度时即能使表面张力大大降低，式(2-47)右边括号中的值约等于 1。因此 Γ_i 可以近似地看作是界面相的绝对浓度。如果溶质是表面活性剂并且体系中含有无机电解质，则无机离子的相对过剩可能为正或负，取决于离子电荷和表面电荷的性质。

多组分体系中 i 组分的化学势 μ_i 可表示为：

$$\mu_i = \mu_i^{\ominus} + RT\ln f_i c_i \tag{2-48}$$

式中，$\mu_i^{\ominus}$、f_i 和 c_i 分别为体相中 i 组分的标准化学势、活度系数和浓度。对上式微分得：

$$\mathrm{d}\mu_i = RT(\mathrm{d}\ln f_i + \mathrm{d}\ln c_i) \tag{2-49}$$

对稀溶液体系，尤其是表面活性剂稀溶液体系，各组分的活度系数可以看作是 1，于是有：

$$\mathrm{d}\ln f_i = 0 \tag{2-50}$$

于是对一个含有 i 种组分的多组分体系，Gibbs 吸附等温式为：

$$-\mathrm{d}\gamma = \Gamma_1\mathrm{d}\mu_1 + \Gamma_2\mathrm{d}\mu_2 + \cdots + \Gamma_i\mathrm{d}\mu_i = RT\sum\Gamma_i\mathrm{d}\ln c_i \tag{2-51}$$

对只含有一种非离子溶质的体系，上式还原为：

$$\Gamma_1 = -\frac{1}{RT}\frac{\mathrm{d}\gamma}{\mathrm{d}\ln c_1} \tag{2-52}$$

下面将式(2-51)应用于常见的多组分体系。

(1) 非电解质混合物

对于由 i 种溶质组成的多组分体系，当浓度不大时，各组分的活度系数可认为等于 1。若只改变其中一种溶质的浓度而其他溶质的浓度不变，则可由 $\gamma\text{-}\ln c_i$ 关系求得该组分的吸附量：

$$\Gamma_i = -\frac{1}{RT}\left(\frac{\partial\gamma}{\partial\ln c_i}\right)_{T,p,n_{j\neq i}} \tag{2-53}$$

依次可求出总共 i 种组分的吸附量。

另一种方法是将各组分按一定的比例复配，当浓度变化时，各组分的浓度按比例变化。即有：

$$k_1 c_1 = k_2 c_2 = \cdots = k_i c_i \tag{2-54}$$

式中，k_1，k_2，$\cdots$，k_i 为比例常数。按式(2-54)有：

$$\mathrm{d}\ln c_1 = \mathrm{d}\ln c_2 = \cdots = \mathrm{d}\ln c_i \tag{2-55}$$

$$c_t = c_1 + c_2 + \cdots + c_i = k_1 c_1 \left(\frac{1}{k_1} + \frac{1}{k_2} + \cdots + \frac{1}{k_i} \right) \tag{2-56}$$

$$\mathrm{d}\ln c_t = \mathrm{d}\ln c_1 = \mathrm{d}\ln c_2 = \cdots = \mathrm{d}\ln c_i \tag{2-57}$$

代入式(2-51)有：

$$-\mathrm{d}\gamma = RT(\Gamma_1 + \Gamma_2 + \cdots + \Gamma_i)\mathrm{d}\ln c_t$$
$$= RT(\sum \Gamma_i)\mathrm{d}\ln c_t = RT\Gamma_t \mathrm{d}\ln c_t \tag{2-58}$$

从式(2-58)可以求出总吸附量。从各组分的分吸附量亦可用加和规则计算出总吸附量，若两者相等，则称界面为理想界面。对同系物，两者通常相等，即同系物通常形成理想界面；但对非同系物，两者通常不相等，表明界面相的溶质彼此间存在相互作用，这样的界面称为非理想界面。

（2）有机电解质溶质

与非电解质不同，有机电解质如离子型表面活性剂在体相和界面相都电离成离子，并且在界面形成双电层结构。由于表面活性剂的双亲结构，表面活性离子在界面定向排列，其亲水基处于水相内，而亲油基处于气相或油相。这种定向排列使得吸附层带正电或负电，取决于表面活性离子的电荷性质。为保持界面相的电中性，相应的无机反离子的吸附量就不再是负值，而是正值。由于静电作用、热力作用以及其他专门或非专门力作用，反离子在界面相的分布可能是非均匀的。有关分布模型将在下章的双电层理论中阐述。

设有机电解质的分子结构为 RNa_z，无机电解质为 NaCl，则在水溶液中，它们将电离成离子：

$$RNa_z \longrightarrow R^{z-} + z Na^+ \tag{2-59}$$

$$NaCl \longrightarrow Na^+ + Cl^- \tag{2-60}$$

式中 z 为表面活性离子的价数，这里表面活性离子为阴离子。当然有机电解质也可以是 RCl_z，则表面活性离子为阳离子。

对 i 组分有：

$$n_i^t = n_i + \Delta n_i \tag{2-61}$$

式中，n_i^t，n_i 和 Δn_i 分别为 i 组分的总物质的量，在体相中的物质的量和吸附在界面相的物质的量。由于表面相和体相必须分别是电中性的，于是有：

$$z n_R + n_{Cl^-} = n_{Na^+} \tag{2-62}$$

$$z \Delta n_R + \Delta n_{Cl^-} = \Delta n_{Na^+} \tag{2-63}$$

代入式(2-61)得：

$$z n_R^t + n_{Cl^-}^t = n_{Na^+}^t \tag{2-64}$$

根据式(2-39)有：

$$\Gamma_R = \frac{1}{A}\left[n_R^t - n_W^t \frac{n_R}{n_W} \right] \tag{2-65}$$

$$\Gamma_{Na^+} = \frac{1}{A}\left[n^t_{Na^+} - n^t_W\frac{n_{Na^+}}{n_W}\right] \tag{2-66}$$

$$\Gamma_{Cl^-} = \frac{1}{A}\left[n^t_{Cl^-} - n^t_W\frac{n_{Cl^-}}{n_W}\right] \tag{2-67}$$

将上述三个式子与式(2-62)和式(2-64)相结合得：

$$z\Gamma_R + \Gamma_{Cl^-} = \Gamma_{Na^+} \tag{2-68}$$

式(2-68)即为界面相的电中性方程。这表明界面相也是电中性的，并且可以得到：

$$\frac{\Gamma_{Na^+}}{\Gamma_R} = \frac{z}{1 - \dfrac{\Gamma_{Cl^-}}{\Gamma_{Na^+}}} \tag{2-69}$$

$$\frac{\Gamma_{Cl^-}}{\Gamma_R} = \frac{z}{\dfrac{\Gamma_{Na^+}}{\Gamma_{Cl^-}} - 1} \tag{2-70}$$

将式(2-62)和式(2-64)两边分别除以 V 和 V^t 得：

$$zc_R + c_{Cl^-} = c_{Na^+} \tag{2-71}$$

$$zc^t_R + c^t_{Cl^-} = c^t_{Na^+} \tag{2-72}$$

式中，c^t_i 和 c_i 分别代表 i 组分的总浓度和在体相中的浓度。

对该多组分体系，Gibbs 公式为：

$$-d\gamma = \Gamma_{RNa_z}d\mu_{RNa_z} + \Gamma_{NaCl}d\mu_{NaCl} \tag{2-73}$$

式中：

$$\mu_{RNa_z} = \mu_R + z\mu_{Na^+} \tag{2-74}$$

$$\mu_{NaCl} = \mu_{Na^+} + \mu_{Cl^-} \tag{2-75}$$

$$\Gamma_{NaCl} = n^t_{NaCl} - n^t_W\frac{n_{NaCl}}{n_W} = n^t_{Cl^-} - n^t_W\frac{n_{Cl^-}}{n_W} = \Gamma_{Cl^-} \tag{2-76}$$

类似地有：

$$\Gamma_{RNa_z} = \Gamma_R \tag{2-77}$$

代入式(2-73)得到：

$$-d\gamma = \Gamma_R d\mu_R + \Gamma_{Na^+}d\mu_{Na^+} + \Gamma_{Cl^-}d\mu_{Cl^-} \tag{2-78}$$

式(2-78)中并未出现 z，因此，对一个多组分体系，不论离子价数如何，有下列一般 Gibbs 方程：

$$-d\gamma = \sum\Gamma_i d\mu_i \tag{2-79}$$

式中，μ_i 为 i 离子在体相中的化学位。代入式(2-48)，并考虑到各组分的活度系数接近于 1，可得：

$$-d\gamma = RT(\Gamma_R d\ln c_R + \Gamma_{Na^+}d\ln c_{Na^+} + \Gamma_{Cl^-}d\ln c_{Cl^-}) \tag{2-80}$$

下面分别考虑三种情形。

① 体相中无外加 NaCl 这时，$\Gamma_{Cl^-} = 0$，$\Gamma_R = \Gamma_{Na^+}$，$c_{Na^+} = c_R$。由式(2-80)得：

$$-d\gamma = 2RT\Gamma_R d\ln c_R \tag{2-81}$$

② 体相中加入相对于 RNa_z 大大过量的 NaCl 这时，c_{Na^+} 可近似地看作不变，即 $d\ln c_{Na^+} = 0$，且 $d\ln c_{Cl^-} = 0$。将这些条件代入式(2-80)得到：

$$-d\gamma = RT\Gamma_R d\ln c_R \tag{2-82}$$

③ 体相中加入与表面活性剂量相当的 NaCl　这种情况下不能忽略 c_{Na^+} 的变化，但 c_{Cl^-} 不变，即 $dlnc_{Cl^-}=0$，由式（2-80）得到：

$$-d\gamma=RT(\Gamma_R dlnc_R+\Gamma_{Na^+}dlnc_{Na^+}) \tag{2-83}$$

忽略 Cl^- 在界面的吸附，即视 $\Gamma_{Cl^-}=0$，于是 $\Gamma_R=\Gamma_{Na^+}$，再代入 $zdc_R=dc_{Na^+}$ 和 $c_{Na^+}=c_R+c_{NaCl}$ 得到：

$$-d\gamma=\left(1+z\frac{c_R}{c_R+c_{NaCl}}\right)RT\Gamma_R dlnc_R \tag{2-84}$$

对 1-1 型有机电解质，$z=1$，于是式（2-81）、式（2-82）和式（2-84）可合并写成：

$$-d\gamma=mRT\Gamma_R dlnc_R \tag{2-85}$$

式中：

$$m=1+\frac{c_R}{c_R+c_{NaCl}} \tag{2-86}$$

显然 $1\leqslant m\leqslant 2$，取决于体系中是否加入无机电解质及其加入量的多少。

(3) 两性有机电解质溶质

两性有机电解质，即两性表面活性物质，在溶液中可以有三种状态：阴离子型 R^-，阳离子型 R^+ 和两性型 $R^\pm$，取决于溶液的 pH 值。考虑到溶液中还存在 H^+ 和 OH^-，此体系的一般 Gibbs 公式为：

$$-\frac{d\gamma}{RT}=\Gamma_{R^-}dlnc_{R^-}+\Gamma_{R^+}dlnc_{R^+}+\Gamma_{R^\pm}dlnc_{R^\pm}+\Gamma_{H^+}dlnc_{H^+}+\Gamma_{OH^-}dlnc_{OH^-} \tag{2-87}$$

在 $R^\pm$ 和 R^+ 及 R^- 之间存在下列电离平衡：

$$R^+ \longrightarrow R^\pm + H^+$$
$$R^\pm \longrightarrow R^- + H^+$$

令 k_1 和 k_2 分别为 1 级和 2 级电离常数，则

$$k_1=\frac{c_{R^\pm}c_{H^+}}{c_{R^+}} \tag{2-88}$$

$$k_2=\frac{c_{R^-}c_{H^+}}{c_{R^\pm}} \tag{2-89}$$

由此得到：

$$dlnc_{R^\pm}+dlnc_{H^+}-dlnc_{R^+}=0 \tag{2-90}$$
$$dlnc_{R^-}+dlnc_{H^+}-dlnc_{R^\pm}=0 \tag{2-91}$$

考虑到水的电离常数 $k_W=c_{OH^-}c_{H^+}$ 有：

$$dlnc_{OH^-}+dlnc_{H^+}=0 \tag{2-92}$$

由界面相电中性原理可得：

$$\Gamma_{R^+}+\Gamma_{H^+}=\Gamma_{R^-}+\Gamma_{OH^-} \tag{2-93}$$

将式（2-91）、式（2-92）和式（2-93）与式（2-87）相结合得到：

$$-\frac{d\gamma}{RT}=(\Gamma_{R^-}+\Gamma_{R^+}+\Gamma_{R^\pm})dlnc_{R^\pm}=\Gamma_R dlnc_{R^\pm} \tag{2-94}$$

式中，Γ_R 为阳离子、阴离子和两性离子的总表面过剩。通常在恒定 pH 条件下进行试验，这时 $dlnc_{H^+}=0$，于是有：

$$dlnc_{R^\pm}=dlnc_R \tag{2-95}$$

式中：

$$c_R=c_{R^-}+c_{R^+}+c_{R^\pm} \tag{2-96}$$

于是式(2-94)变为最简单的形式：

$$-\frac{d\gamma}{RT}=\Gamma_R d\ln c_R \tag{2-97}$$

当体系中存在一定量 NaCl 时，因为 $d\ln c_{Cl^-}=0$，$d\ln c_{Na^+}=0$，上述关系式照常成立。

以上讨论了一系列常见多组分体系的 Gibbs 吸附公式。实际上这些所谓的多组分体系仍是简单的。当体系中含有两种以上表面活性离子时，体系才真正变得复杂。此时只要做具体分析，并给予一定的条件限制，仍可得到各种条件下的 Gibbs 吸附公式。

2.2 固/液界面上的吸附

固体自溶液中吸附溶质或某个组分是一种常见的现象，在工业过程和许多生物物理现象中十分重要，如吸附脱色，色谱分离，土壤现象，三次采油，生物膜，脂质体以及纤维蛋白的吸附等。上一节讨论液/气界面和液/液界面的吸附时，由于界面是均匀的，吸附是单分子层的，且界面张力易于测定，因此可通过 Gibbs 公式来计算吸附量（或表面过剩）。然而，固/液界面张力难以直接测定，因此不能直接应用 Gibbs 公式得到吸附量。此外固体表面通常是非均匀的，溶质的吸附不一定是单分子层的，并且除溶质外溶剂也可能产生吸附。但固/液界面的吸附量易于用化学分析方法直接测定，并且固/液界面的吸附一般为物理吸附，多是可逆的，因此仍可应用 Gibbs 吸附理论来处理。当然有时物理吸附和化学吸附会同时发生，使处理变得复杂。本节将讨论一些常见的固/液界面的吸附现象。而有关表面活性剂在固/液界面的吸附将在第 8 章中详细介绍。

2.2.1 固/液吸附的机理

固体表面具有过剩的自由能，当它处于溶液中时，将会吸附溶液中的某些组分。这种吸附较之固/气吸附复杂得多。因为固/液吸附中至少存在三种相互作用，即固体-溶质，固体-溶剂，溶质-溶剂相互作用。哪种组分易于吸附，取决于上述三种相互作用的相对强弱。

固/液界面上的吸附基本上都是物理吸附，即吸附是可逆的。因此当固体-溶质相互作用比固体-溶剂相互作用强时，溶质被吸附。例如，非极性吸附剂总是易于从极性溶剂中优先吸附非极性组分。而极性吸附剂总是易于从非极性溶剂中优先吸附极性组分。前者如炭自水溶液中吸附脂肪酸（图 2-5），后者如硅胶自甲苯中吸附脂肪酸（图 2-6）。两者皆反映出对同系物的吸附量随碳链增长而有规律的变化。图 2-5 中非极性炭对溶液中脂肪酸的吸附量随脂肪酸链长的增加而增加，此即为 Traube 规则，图 2-6 中的规律则相反，称为反 Traube 规则。

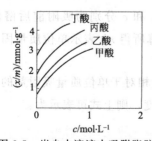

图 2-5　炭自水溶液中吸附脂肪酸

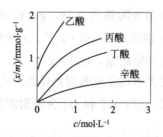

图 2-6　硅胶自甲苯中吸附脂肪酸

溶质-溶剂相互作用强弱亦影响固/液吸附。例如，同一溶质溶于不同的溶剂，则其溶解度越小，越易被固体吸附，此即所谓的溶解度规则。上述 Traube 规则和反 Traube 规则也可用溶解度规则来解释。

对于二元溶液混合物的吸附，还可从界面张力大小来考虑。事实上，固/液界面张力越低的物质越易在界面吸附。例如硅胶对甲苯-苯，苯-氯苯，甲苯-氯苯，甲苯-溴苯，氯苯-溴苯5个二元体系的优先吸附次序为：苯＞甲苯＞氯苯＞溴苯。此顺序即为其与硅胶间界面张力的反顺序。除了上述的一般物理吸附外，固/液吸附中也存在着一些化学作用，如：

① 离子交换吸附　离子交换剂对电解质的吸附，电解质中的离子被吸附剂中的离子所交换（图 2-7）。例如某阳离子交换剂 R_eNa 吸附溶液中 H^+ 时的交换反应为：

$$R_eNa + H^+ \longrightarrow R_eH + Na^+$$

② 离子晶体对电解质离子的选择性吸附　此种吸附亦称离子对吸附。一些带电晶体将优先吸附电解质溶液中带相反电荷的离子组分（图 2-8）。

③ 氢键吸附　固体表面的极性基团与被吸附组分能形成氢键。

④ 电子极化吸附　如含有富电子的芳香核物质易与吸附剂表面的强正电性位置相互吸引而发生吸附。

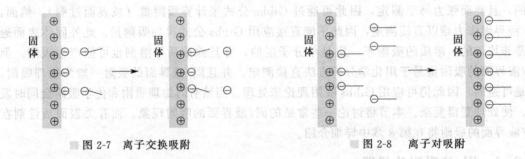

图 2-7　离子交换吸附　　　　　　图 2-8　离子对吸附

2.2.2　吸附量、表观吸附量、Gibbs 表面过剩和界面相绝对浓度

就溶液而言，可以分为两类。一类为固体溶质的溶液，相对于溶质，溶剂大大过量。另一类为互溶液体的混合物，如极性有机物与水的混合物。当一个组分的量相对很大时，可视为溶剂，其余为溶质。但当各组分的量相当时，溶剂、溶质的概念就不再适合。

(1) 固体对溶液中溶质的吸附

这种体系的吸附量可以直接测定。通常是将一定量固体与一定量已知浓度的溶液一同振摇，待达到吸附平衡后通过分析吸附前后溶液浓度的变化来求取吸附量：

$$n_2^s = \frac{x}{m} = \frac{V(c_0 - c)}{m} \tag{2-98}$$

式中，m 为吸附剂的质量，g；V 为溶剂的体积，L；c_0 和 c 分别为吸附前后溶液中溶质（组分 2）的浓度，$mol \cdot L^{-1}$；x 为吸附量，mol；则计算所得 n_2^s 表示单位质量固体吸附剂对组分 2 的吸附量，$mol \cdot g^{-1}$。

现考虑单位质量吸附剂体系。若以 v 和 w_1^t 分别代表相对于单位质量吸附剂的溶剂体积和总质量（g），m_2^0 和 m_2 为吸附前后溶质的质量摩尔浓度，则上式可表示为：

$$n_2^s = v(c_0 - c) \tag{2-99}$$

$$n_2^s = \frac{w_1^t}{1000}(m_2^0 - m_2) \tag{2-100}$$

再以 n_1^t 和 n_2^t 代表吸附前体系中溶剂和溶质的总物质的量（mol），以 n_1，n_2 代表吸附平衡时溶液中两组分的物质的量（mol），则式（2-100）中 w_1^t，m_2^0，m_2 分别为 $M_1 n_1^t$，$1000 n_2^t/(M_1 n_1^t)$，$1000 n_2/(M_1 n_1)$，这样式（2-100）可写成：

$$n_2^s = n_2^t - n_1^t \frac{x_2}{x_1} \tag{2-101}$$

式中，x_1 和 x_2 为吸附平衡时溶液中两组分的摩尔分数。显然 $x_2/x_1 = n_2/n_1$。与式（2-39）相比，式（2-101）中 n_2^s 显然是单位质量吸附剂上溶质的表面过剩。也以 Γ_2^1 表示：

$$\Gamma_2^1 = n_2^t - n_1^t \frac{x_2}{x_1} \tag{2-102}$$

实际上将式（2-98）直接与式（2-33）相比，亦可得出上述结论。将式（2-102）两边乘以 x_1/x_2 得：

$$-\Gamma_2^1 \frac{x_1}{x_2} = n_1^t - n_2^t \frac{x_1}{x_2} \tag{2-103}$$

若定义：

$$\Gamma_1^2 = -\Gamma_2^1 \frac{x_1}{x_2} \tag{2-104}$$

则有：

$$\Gamma_1^2 = n_1^t - n_2^t \frac{x_1}{x_2} \tag{2-105}$$

式中，Γ_1^2 代表溶剂的表面过剩，并有：

$$x_1 \Gamma_2^1 + x_2 \Gamma_1^2 = 0 \tag{2-106}$$

上式表明，**若溶质的表面过剩为正，则溶剂的表面过剩必为负**。因此若将在固体上优先吸附的组分定义为溶质，则通常所测得的吸附量即为 Gibbs 表面过剩。但需注意，这并不表示溶剂在固体表面的吸附量为负值。实际上溶剂在固体表面的吸附量可能大于零。

类似于液/气界面和液/液界面的吸附，对固/液界面的吸附也可写出下列方程：

$$n_1^t = n_1 + \Delta n_1 \tag{2-107}$$

$$n_2^t = n_2 + \Delta n_2 \tag{2-108}$$

式中，Δn_1 和 Δn_2 分别代表单位质量固体吸附剂的非均匀表面边缘相中组分 1 和组分 2 的物质的量；n_1 和 n_2 分别为吸附平衡时体相中两组分的物质的量。将式（2-107）和式（2-108）与式（2-102）式（2-105）相结合，即得到：

$$\Gamma_1^2 = \Delta n_1 - \Delta n_2 \frac{x_1}{x_2} \tag{2-109}$$

$$\Gamma_2^1 = \Delta n_2 - \Delta n_1 \frac{x_2}{x_1} \tag{2-110}$$

若 Γ_2^1-x_2/x_1 或 Γ_1^2-x_1/x_2 关系为线性关系，则可通过作图求出 Δn_2 和 Δn_1。

对通常所遇到的粉状固体，如炭、硅胶、三氧化二铝、硫酸钡等，其颗粒表面是刚性的，在吸附过程中比表面积可视为不变，溶液中的任一组分都不可能进入吸附剂体相，上述方程对这样的体系完全适用。

(2) 固体对二元液体混合物的吸附

对于两种互溶液体的混合溶液，在整个配比范围内根据式（2-100）来计算 Γ_2^1 或类似的式子计算 Γ_1^2 将遇到麻烦，因为对这种体系，质量摩尔浓度的定义不再适用。在此种情况下，可应用式（2-102）和式（2-105）来计算表面过剩。但通常采取如下所述的更为简便的方法。定

义表观吸附量 Γ_2^n 为：

$$\Gamma_2^n = (n_1^t + n_2^t)(x_2^t - x_2) \qquad (2\text{-}111)$$

式中，n_1^t 和 n_2^t 为二组分的总物质的量；x_2^t 和 x_2 分别为吸附前后组分 2 的摩尔分数。类似地可以定义：

$$\Gamma_1^n = (n_1^t + n_2^t)(x_1^t - x_1) \qquad (2\text{-}112)$$

这是以物质的量和摩尔分数定义的一种表观吸附量。同样可根据质量和质量分数来定义表观吸附量：

$$\Gamma_2^w = (m_1^t + m_2^t)(w_2^t - w_2) \qquad (2\text{-}113)$$

$$\Gamma_1^w = (m_1^t + m_2^t)(w_1^t - w_1) \qquad (2\text{-}114)$$

式中，m_1^t 和 m_2^t 为吸附前二组分的总质量，若吸附平衡时二组分的质量分别为 m_1 和 m_2，则相应的质量分数分别为 $w_2^t = m_2^t/(m_1^t + m_2^t)$，$w_2 = m_2/(m_1 + m_2)$，$w_1^t = m_1^t/(m_1^t + m_2^t)$ 和 $w_1 = m_1/(m_1 + m_2)$。下面将表明表观吸附量和 Gibbs 过剩量是有联系的。

式(2-111)可写成：

$$\Gamma_2^n = n_1^t x_1 \left(\frac{x_2^t - x_2}{x_1 x_1^t} \right) = n_1^t x_1 \left(\frac{x_1 - x_1^t}{x_1 x_1^t} \right) \qquad (2\text{-}115)$$

进一步简化得：

$$\Gamma_2^n = n_1^t x_1 \left[\left(\frac{1}{x_1^t} - 1 \right) - \left(\frac{1}{x_1} - 1 \right) \right] = n_1^t x_1 \left(\frac{n_2^t}{n_1^t} - \frac{n_2}{n_1} \right) = x_1 \left(n_2^t - n_1^t \frac{n_2}{n_1} \right) \qquad (2\text{-}116)$$

比较式(2-116)和式(2-102)可知：

$$\Gamma_2^n = x_1 \Gamma_2^1 \qquad (2\text{-}117)$$

同理可得：

$$\Gamma_1^n = x_2 \Gamma_1^2 \qquad (2\text{-}118)$$

并可得到：

$$\Gamma_1^n + \Gamma_2^n = 0 \qquad (2\text{-}119)$$

上述式子表达了表观吸附量与 Gibbs 过剩之间的关系，两者符号相同。

将式(2-110)，式(2-109)与式(2-117)和式(2-118)相结合得：

$$\Gamma_2^n = \Delta n_2 x_2 - \Delta n_1 x_2 \qquad (2\text{-}120)$$

$$\Gamma_1^n = \Delta n_1 x_2 - \Delta n_2 x_1 \qquad (2\text{-}121)$$

$$\Gamma_2^n = \Delta n_2 - (\Delta n_1 + \Delta n_2) x_2 \qquad (2\text{-}122)$$

$$\Gamma_1^n = \Delta n_1 - (\Delta n_1 + \Delta n_2) x_1 \qquad (2\text{-}123)$$

以 Γ_2^n 对 x_2 或 Γ_1^n 对 x_1 作图，若在某配比范围内得到线性关系，则 Δn_1 和 Δn_2 为常数，且可从截距和斜率求出。

类似地可以得到：

$$\Gamma_2^w = \Gamma_2^1 M_2 w_1 = M_2 \Delta n_2 - (M_1 \Delta n_1 + M_2 \Delta n_2) w_2 \qquad (2\text{-}124)$$

$$\Gamma_1^w = \Gamma_1^2 M_1 w_2 = M_1 \Delta n_1 - (M_1 \Delta n_1 + M_2 \Delta n_2) w_1 \qquad (2\text{-}125)$$

式中，M_1 和 M_2 分别为组分 1 和 2 的分子量。从 Γ_2^w-w_2 关系可求出 Δn_2 和 Δn_1。

以上讨论了固/液界面的吸附量，Gibbs 表面过剩，表观吸附量以及界面相绝对浓度之间的相互关系及其求算方法。下面将讨论固/液吸附的实验方面。

2.2.3 固/液吸附等温线

在等温条件下测定单位质量吸附剂吸附的溶质物质的量 x/m（mol·g^{-1}）随溶质的平

衡浓度 c 或相对浓度 c/c_0 的变化，即得到吸附等温线。在 2.2.2 节已经表明，x/m 为溶质的 Gibbs 过剩。

理论上固/液吸附等温线可以用 Freundlich 公式、Langmuir 单分子层吸附公式以及 BET 多分子层吸附公式来表示。以单分子层吸附理论为例，如果体系符合下列假定：

① 吸附是单分子层的；

② 吸附剂表面是均匀的；

③ 溶剂和溶质分子在表面上有相同的分子面积；

④ 溶液内部和表面相的性质皆为理想的，即无溶质-溶质或溶质-溶剂分子间相互作用。

则可导出单分子层吸附等温式，亦称 Langmuir 吸附公式：

$$\Gamma = \Gamma_m \frac{bc}{1+bc} \tag{2-126}$$

式中，Γ 和 Γ_m 分别为溶质的吸附量（Gibbs 过剩 Γ_2^1）和饱和吸附量；c 为溶质的平衡浓度；b 为常数。如十二烷基羧酸钠在 $BaSO_4$ 上的吸附（图 2-9）。当体系中存在两种或两种以上溶质时，则可能产生混合吸附。若吸附是单分子层的，则吸附等温式可用混合体系的 Langmuir 吸附公式表示：

$$\Gamma_i = \Gamma_m \frac{b_i c_i}{1+\sum b_i c_i} \tag{2-127}$$

且不同溶质的吸附量之比与其体相平衡浓度和吸附常数之间有如下关系：

$$\frac{\Gamma_i}{\Gamma_j} = \frac{b_i c_i}{b_j c_j} \tag{2-128}$$

因此若以 Γ_i/Γ_j 对 c_i/c_j 作图可得一直线。如 SiO_2-CCl_4-直链脂肪醇体系，无论是二元体系或三元体系。式(2-128)皆成立（图 2-10）。一般而言，固/液界面的吸附较为复杂，由于含有 Langmuir 模型中未顾及的因素，因此真正符合 Langmuir 吸附的体系甚少。尽管不少体系虽然也显示出单分子层吸附规律，但可能是几种因素相互抵消的结果。

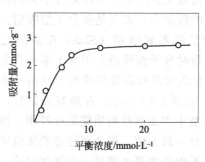

图 2-9 十二烷基羧酸钠
在 $BaSO_4$ 上的吸附

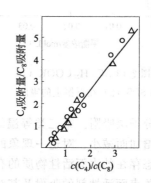

图 2-10 SiO_2 自 CCl_4 溶液中吸附混
合直链脂肪醇，Langmuir 型混合吸附
○ 正丁醇/正辛醇二元混合物
△ 正丁醇/正戊醇/正辛醇三元混合物

多分子层吸附在固/液吸附中也是普遍的。图 2-11 为硅胶自庚醇溶液中吸附水的等温线。可见无饱和吸附值，且当 $c/c_0 \rightarrow 1$ 时，吸附量急剧增加，表明吸附是多分子层的，且亦有类似于气体吸附中的毛细凝集现象——毛细相分离。这种等温线具有 S 形，可用 BET 三常数公式描述。炭黑和石墨自水溶液中吸附某些酸或醇（碳原子数≥4）亦表现为多分子层吸附，没有饱和值。当然还有许多固/液吸附等温线比较特殊，难以用某种理论来表述，这

主要是具体体系中存在不同的相互作用以及受其他因素的影响。

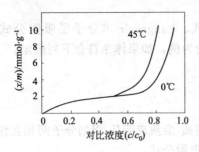

图 2-11 硅胶自庚醇
溶液中吸附水的等温线

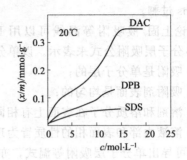

图 2-12 十二烷基硫酸钠（SDS）、十
二烷基溴化吡啶（DPB）、十二烷基氯
化铵（DAC）在氧化铝上的吸附等温线

2.2.4 常见的固/液吸附

(1) 表面活性剂的吸附

表面活性物质在固体表面的吸附在实际应用中具有重要意义，如润湿、洗涤、印染、分散等过程中都涉及这一现象。表面活性物质在固体表面上的吸附大致有三种类型。第一类为单分子层吸附，如图 2-9 所示的十二烷基羧酸钠在 $BaSO_4$ 上的吸附，还有如酚醚类非离子在 $CaCO_3$、炭黑上的吸附，十二烷基三甲基溴化铵在炭黑上的吸附等。但从实验结果得到的每个分子占据的面积远较分子本身的截面积为大。第二类吸附等温线如图 2-12 所示，其外形类似于 BET 多分子层吸附。对有些体系，由最大吸附量计算出的分子截面积皆小于分子本身的截面积，表明是多分子层吸附。但亦有体系如十二烷基硫酸钠（SDS）在炭黑上的吸附，最大吸附时分子面积仍大于分子本身直立时的截面积。因此仅仅从吸附等温线的形状尚不能完全确定是多分子层吸附。第三类等温线表现出最高点，如图 2-13 所示。在最高点以后，吸附量随浓度增加而减小。对这一现象的一种解释是，溶液中表面活性物质能形成胶团，因此以单分子状态存在的表面活性物质的有效活度（浓度）有一最大值。但是要注意胶团也可能被吸附。有关表面活性剂的吸附及其对固体表面性质的影响将在第 8 章进一步详细讨论。

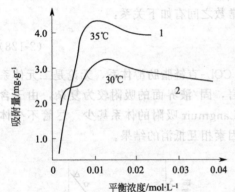

图 2-13 $C_{13}H_{27}COOK$（1）
和 SDS（2）在石墨上的吸附

(2) 高分子的吸附

非离子型天然和合成高分子被固体粉末吸附具有重要的实际应用，如染料（颜料）分散、附着、润滑、表面处理、膜技术等领域中常常遇到此类吸附。这类高分子多不溶于水而溶于极性较大的有机溶剂，如甲苯等。

由于高分子的巨大分子量和线状结构，其吸附不同于一般的低分子量溶质，而有其自身的一些特点：

① 多点吸附，脱附困难　图 2-14 为高分子在固/液界面吸附的构型示意图。因高分子体积大，视溶剂性质在溶液中可以呈带状（良性溶剂）或卷曲成团状（不良溶剂），因此吸

图 2-14　高分子在固/液界面的吸附示意图

附是多点的，且脱附困难。

② 分级吸附效应　通常高分子是多分散性的，而分子量不同的分子吸附性质有差异，类似于多组分中的吸附。因此吸附时会发生分级效应。

③ 达到吸附平衡慢　由于分子量大，扩散慢，高分子向固体内孔扩散困难，因此吸附达到平衡需要很长的时间。

高分子的吸附等温线通常表现为单分子层吸附。如图 2-15 所示的铁粉自 CCl_4 中吸附聚乙酸乙烯酯。

当高分子的分子量为未知时，吸附量通常用 Γ_2^w（式 2-113）来表示。对稀溶液，w_1（溶剂的质量分数）接近 1，由式(2-124)可得，Γ_2^w 等于 $\Gamma_2^1 M_2$。通常 $(\Gamma_2^w)_{max}$ 随分子量的增加而增加。

一般，高分子的吸附随温度升高而下降。但也有高分子呈现相反的吸附规律。此种体系中总熵增加是主要因素（高分子吸附导致熵降低，但溶剂脱附导致熵增加）。此外，溶剂的性质对吸附有重大影响。

(3) 电解质的吸附

固体对电解质的吸附包括离子交换吸附和离子晶体对电解质的选择性吸附。离子交换吸附是离子交换吸附剂吸附电解质溶液中的某种离子时，有等量的同电荷的离子从固体上交换出来，如某阳离子交换剂 $R_e Na$ 在溶液中吸附 H^+ 时，交换出 Na^+：

$$R_e Na + H^+ \longrightarrow R_e H + Na^+$$

这实际上是一种化学吸附（静电力引起），交换平衡符合质量作用定律。H^+ 和 Na^+ 的吸附量之比与两离子的浓度之比有关：

$$\frac{\Gamma_{H^+}}{\Gamma_{Na^+}} = K \frac{c_{H^+}}{c_{Na^+}} \tag{2-129}$$

$$K = \frac{\Gamma_{H^+}}{\Gamma_{Na^+}} \cdot \frac{c_{Na^+}}{c_{H^+}} \tag{2-130}$$

式中，K 为交换平衡常数。若以 Γ_m 表示固体的饱和吸附量，则有：

$$\Gamma_m = \Gamma_{Na^+} + \Gamma_{H^+} \tag{2-131}$$

于是式(2-130)可写成：

$$K = \frac{\Gamma_{H^+}}{(\Gamma_m - \Gamma_{H^+})} \frac{c_{Na^+}}{c_{H^+}} \tag{2-132}$$

或写成直线形式：

$$\frac{1}{\Gamma_{H^+}} = \frac{1}{\Gamma_m} + \frac{1}{K\Gamma_m} \frac{c_{Na^+}}{c_{H^+}} \tag{2-133}$$

以 $1/\Gamma_{H^+}$ 对 c_{Na^+}/c_{H^+} 作图即可求得 Γ_m 和 K 值。式(2-133)即为离子交换吸附公式。

典型的表面活性离子的离子交换吸附如图 2-16 所示。低浓度时为离子交换吸附，虚线部分相当于 Langmuir 吸附等温线。由于表面活性物质碳氢链间的内聚力很大，所以转折点后过渡到双层吸附（物理吸附），常常称为"半胶束"吸附（发生于浓度低于 cmc）。

离子交换吸附并不仅限于离子交换剂。一些黏土甚至硅胶都能进行离子交换吸附。在用表面活性剂进行三次采油时，一个大问题是岩石对表面活性剂的吸附，其中离子交换吸附使离子型表面活性剂大量损失。

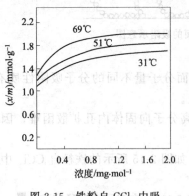
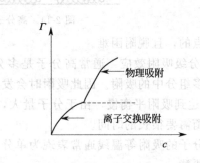

图 2-15　铁粉自 CCl_4 中吸　　　　　　图 2-16　表面活性离子
　　　　附聚乙酸乙烯酯　　　　　　　　　　　的离子交换吸附

利用土壤的离子交换作用可制造有机土（具有憎水性表面），在石油工业中有重要意义。利用硅胶和金属离子如 Fe^{3+}、Co^{2+}、Ni^{2+}、Cu^{2+} 或金属元素的配离子如 $Pt(NH_3)_4^{2+}$ 等进行交换，已成为制造金属负载催化剂的一种方法。

离子晶体可以从电解质溶液中选择性地吸附组成该晶体的离子。例如在 $AgNO_3$ 和 KBr 溶液中生成的 AgBr 晶体，当 KBr 过量时吸附 Br^-，而当 $AgNO_3$ 过量时吸附 Ag^+。反离子则分布在表面附近。这种吸附源于静电引力，也有其他特异性的化学作用力。吸附常常是 Langmuir 型的。

非极性吸附剂如活性炭通常不具有对离子的选择性吸附。但若吸附剂预先吸附了某种气体如 O_2 或 H_2，则由于表面的化学作用可使表面层变成极性的，从而可选择性地吸附强酸或强碱。在分析化学中，也常常用到离子吸附，如用 Fajans 吸附指示剂法分析卤化物。

(4) 二元液体混合物的吸附

二元液体混合物中的吸附量通常用表观吸附量 Γ_1^n、Γ_2^n［式(2-111)和式(2-112)］或 Γ_1^w，Γ_2^w［式(2-113)和式(2-114)］来表示。常见的此种体系的吸附等温线有五种，如图 2-17～图 2-21 所示。其共同点是具有最大吸附值（最高点），但最高点的位置因体系而异。Ⅰ型最高点出现于中等浓度附近，最高点不甚突出；Ⅱ型最高点较为突出，在较低浓度范围内达到，在高浓度区吸附量随 $w_1(x_1)$ 线性下降；Ⅲ型在低浓度区具有Ⅱ型的特征，但在中等浓度区吸附量逐步趋于零；Ⅳ型在低浓度区类似于Ⅱ型，但在高浓度区，吸附量变为零甚至负值，直至 $x_1=1$ 时再回到零；Ⅴ型类似于Ⅳ型，但等温线是非线性的。

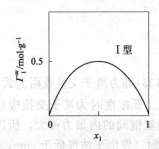
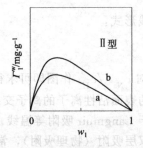

图 2-17　25℃时氧化铝凝胶对 1,2-二氯乙烷　　　图 2-18　25℃时氧化铝凝胶 (a) 和硅胶 (b)
　　　　（组分 1)-苯（组分 2）体系的吸附　　　　　　对苯（组分 1)-正庚烷（组分 2）体系的吸附

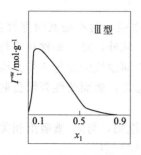

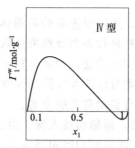

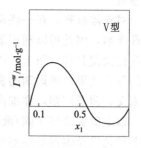

图 2-19　25℃时活性炭对乙醇
（组分 1）-水（组分 2）
体系的吸附

图 2-20　25℃时活性炭对苯
（组分 1）-乙醇（组分 2）
体系的吸附

图 2-21　25℃时活性炭对
1,2-二氯乙烷（组分 1）-
苯（组分 2）体系的吸附

Ⅳ型和Ⅴ型中吸附量为零的点称为共（恒）沸吸附。它并不表示绝对吸附量为零，而只是表示吸附层和体相组成相同。

影响固/液吸附的因素有很多，如温度、溶质和溶剂性质、吸附剂的表面状态和孔结构等。至于表面活性剂的吸附则还受表面活性剂本身结构，如亲水基种类、碳氢链长、聚氧乙烯链长，以及电解质的存在与否和溶液的酸碱性等多种因素的影响。读者可参考有关的专著。

2.3　吸附对固体表面性质的影响及其应用

由于溶质在固体表面的吸附，致使固体的表面性质发生了变化。此举可以改变固体与溶剂的相互作用。

表面活性物质在固体表面的吸附可以改变粉状固体的分散稳定性。例如炭黑是非极性的，在水中不能稳定分散。若水中存在 SDS 或其他表面活性剂，则表面活性离子或分子将吸附于固/液界面，使炭黑的表面从憎水性的变成亲水性的，从而可稳定地分散在水中。类似的，吸附可使亲水性表面变成憎水性表面。起这种作用的表面活性物质称为分散剂。

表面活性剂在固体表面的吸附还能改变固体表面的润湿性。由 Young 方程可知，液体在固体表面的接触角与界面张力有如下关系：

$$cos\theta = \frac{\gamma_{sg} - \gamma_{sl}}{\gamma_{lg}}$$

(2-134)

当溶液中存在表面活性剂时，其在固/液和气/液界面的吸附使得 γ_{sl} 和 γ_{lg} 大大下降，从而使接触角变小，即润湿性增加。当表面活性剂主要发挥这种作用时，它又被称为润湿剂。

在纺织品的印染过程中，采用与染料具有相同电荷的表面活性剂，则其将与染料分子竞争吸附于纺织品上，从而减小了染料在纺织品上的吸附速率，达到缓染，匀染的目的，在此表面活性剂作为匀染剂。

洗涤剂在固体表面上的吸附作用与洗涤作用密切相关。吸附改变了衣物的润湿性和污垢在水中的分散性，使污垢易于从衣物上脱离，并不易再沉积到衣物表面。

近年来一个发展很快的领域是通过吸附使表面改性。这方面的研究无论是理论上还是实践上都具有重要的意义。当然这里的吸附大多是化学吸附，因此通常是单分子层的，吸附层很稳定。

对粉体材料，在一些应用场合，显得很重要的是粉体的表面性质，而不是其内部性质，如珠光剂，因此可以利用廉价的原料进行表面处理来达到此目的。此外，对一些材料进行表面改性能使其具有防水、防火、防腐蚀功能；增强材料和填料的表面改性能改善其与其他材料的复合效果；吸附剂的表面改性则可以改变吸附剂的性能等。总之，表面改性领域目前方兴未艾，前景广阔，详细内容读者可参阅有关的专著。

以上简要介绍了固/液吸附现象，遵循由浅入深、由表及里的原则，与固/液吸附相关的润湿理论以及表面活性剂分子在固/液界面的吸附将在第8章中继续介绍。

思 考 题

1. 溶质分子在溶液体相和表面相的分布是否相同？如果不同，则如何表征其差异？
2. 什么是 Gibbs 过剩？什么是 Gibbs 相对过剩？
3. Gibbs 相对过剩的物理意义如何？
4. 表面活性剂在分子结构和性能上有哪些特征？
5. 固/液体系中的溶质会发生什么现象？
6. 如何测定溶质在固/液界面的吸附？
7. 什么是吸附等温线？
8. 有哪几种典型的理论吸附等温线？
9. 导致固/液界面吸附的原因是什么？

第3章

双 电 层

对离子型溶质，由于电离，吸附在界面的是离子而不是中性分子，于是吸附离子的一侧将带有净电荷。除了吸附以外，导致界面一侧带有净电荷的原因还有表面（通常是固体表面）基团的电离或离解，例如羧酸基团离解，放出一个质子，自身带负电（$—COOH \longrightarrow —COO^- + H^+$），或者离子交换，例如 Ca^{2+} 交换 COOH 或 COONa 中的 H^+ 或 Na^+。另一方面，根据电中性原理，必有等量的相反电荷，即通常所说的反离子，存在于界面的另一侧，通常是水相一侧，从而形成所谓的双电层。双电层的存在是电动电势或 zeta 电势以及双电层的排斥效应产生的基础，而 zeta 电势和双电层的排斥效应是分散体系的重要稳定因素。因此双电层理论是胶体和界面化学的重要理论基础。本章将首先介绍双电层理论，然后讨论电动现象和 zeta 电势，最后简单介绍双电层的排斥效应。

3.1 双电层理论

双电层理论主要讨论溶剂（水相）一侧反离子的分布规律以及由此导致的界面电势随距离的变化规律。有关双电层的模型已经提出了好几种，从早期的 Helmholtz 模型到 Gouy-Chapman 模型，再到 Stern 模型，逐渐演变完善。

3.1.1 Helmholtz 双电层理论

Helmholtz 提出了一个最简单的双电层模型——平行板电容器模型。以 1-1 型离子型表面活性剂 RNa 在空气/水或油/水界面的吸附为例，该模型认为，带负电的 R^- 定向排列于 AA' 面，而带相反电荷的反离子（Na^+）则定向排列于 BB' 面，如图 3-1(a) 所示。AA' 和 BB' 两平面之间的距离 δ 即为界面相的厚度，其大小为分子厚度级。AA' 面和 BB' 面上的电荷密度（单位面积上的电荷数）大小相等，符号相反，类似于平行板电容器。

按照该模型，AA' 面上的电荷密度 σ 和界面电势 ψ_0 之间的关系（采用 SI 单位制）由 Helmholtz 公式表达：

$$\sigma = \frac{\varepsilon_0 \varepsilon \psi_0}{\delta} \tag{3-1}$$

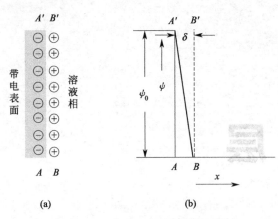

图 3-1 Helmholtz 双电层模型示意图
(a) 反离子在带电界面附近的分布；
(b) 界面电势随距离的变化

式中，ε 为 AA' 与 BB' 面之间的介质的介电常数；ε_0 为真空中的介电常数。沿 x 方向从 AA' 面到 BB' 面，界面电势 ψ 线性地急剧下降，从 AA' 面上的 ψ_0 下降到 BB' 面上的 0。对 RNa 自溶液中的吸附，由于 RNa 是高表面活性的，因此 Γ_R 和 Δn_R 之间的差别可忽略，即可认为 $\Gamma_R = \Delta n_R$，并且若体系中存在电解质 NaCl，按照 Helmholtz 模型，Cl^- 的吸附量将为零：

$$\Gamma_{Cl^-} = 0 \tag{3-2}$$

于是 Helmholtz 模型的电中性方程为：

$$\Gamma_{R^-} = \Gamma_{Na^+} \tag{3-3}$$

然而通过对带电固/液或液/液界面的研究表明，双电层的实际厚度较为宽广，并且 Γ_{Cl^-} 通常也不为零，即 Helmholtz 模型与实际双电层的结构有一定差异。为了修正 Helmholtz 模型，Gouy-Chapman 提出了扩散双电层理论。

由于热运动，反离子不可能排列在一个平面内，Γ_{Cl^-} 通常也不为零，即 Helmholtz 模型与实际双电层的结构有一定差异。为了修正 Helmholtz 模型，Gouy-Chapman 提出了扩散双电层理论。

3.1.2 Gouy-Chapman 扩散双电层理论

(1) 平界面上的 Gouy-Chapman 扩散双电层理论

由 Gouy 和 Chapman 提出的扩散双电层理论常常被用来处理涉及界面电荷和界面电势的实验数据。该模型的基本假设是：带电表面是无限大的平面，表面电荷分布均匀；扩散层中的离子为点电荷，服从 Boltzman 分布；界面附近溶剂的介电常数处处相等。为了简便起见，考虑 RNa 与对称电解质（正、负离子具有相同的价数 z，如 NaCl）共存的体系。由于 R^- 的吸附，AA' 面带负电，在 AA' 面施加的静电力和热运动（扩散力）的综合作用下，反离子（正离子）和无机负离子在界面区域呈非均匀分布，如图 3-2（a）所示。若以 n_i 代表靠近界面区域距 AA' 面 x 处溶液中第 i 种离子的浓度（单位体积内的离子数），则 n_i 服从 Boltzman 分布：

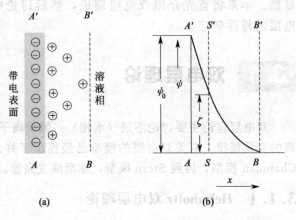

图 3-2 Gouy-Chapman 扩散双电层模型示意图
(a) 反离子在带电界面附近的分布；(b) 界面电势随距离的变化

$$n_i = n_{i0} \exp\left(-\frac{ze\psi}{kT}\right) \tag{3-4}$$

式中，n_{i0} 为距界面无限远处（体相）第 i 种离子的浓度；k 为 Boltzman 常数（1.381×10^{-23} J·K^{-1}）；T 为热力学温度；e 为电子电荷（1.602×10^{-19}C）；ψ 为界面电势，单位为伏特（V）；z 为离子的价数，正离子取正号，负离子取负号。显然 ψ 的绝对值随 x 增加而下降，在 AA' 面（$x=0$）达到最大值 ψ_0，在 BB' 面趋向于零。而 BB' 面至 AA' 面的距离不是分子厚度级，而是"相当远"。将 ψ 为负电荷代入式（3-4）即得，随着 x 的增加，反离子（如 Na^+）浓度呈指数函数下降，直至在 BB' 面趋向于体相正离子的浓度，而负离子（如 Cl^-）浓度则从零增加逐渐趋近于体相负离子浓度，如图 3-3 所示。

在 AA' 面和 BB' 面之间的某一位置上，设 ρ 为体积电荷密度：

$$\rho = ze \sum_i n_i = -zen_{i0}\left[\exp\left(\frac{ze\psi}{kT}\right) - \exp\left(\frac{-ze\psi}{kT}\right)\right]$$

$$= -ze \sum_i n_{i0} \sinh\left(\frac{ze\psi}{kT}\right) \qquad (3-5)$$

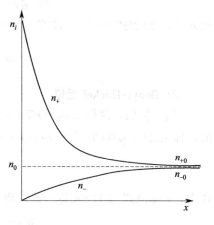

图 3-3　界面区域无机离子
浓度随距离的变化

这里，sinh 表示双曲正弦函数，$\sinh(x) = \frac{1}{2}(e^x - e^{-x})$。

则 ρ 与界面电势的关系可以用 Poisson 方程来表示（在这里界面是平的，因此只需考虑垂直于界面沿 x 方向 ψ 的变化）：

$$\frac{d^2\psi}{dx^2} = -\frac{\rho}{\varepsilon_0\varepsilon} \qquad (3-6)$$

式中，ε 为溶剂的介电常数（25℃时的水，$\varepsilon = 78.36 C^2 \cdot J^{-1} \cdot m^{-1}$）；$\varepsilon_0$ 为真空的介电常数（$8.854 \times 10^{-12} C^2 \cdot J^{-1} \cdot m^{-1}$）；$\rho$ 的单位为 $C \cdot cm^{-3}$。将式（3-5）代入式（3-6）得：

$$\frac{d^2\psi}{dx^2} = \frac{ze \sum_i n_{i0}}{\varepsilon_0\varepsilon} \sinh\left(\frac{ze\psi}{kT}\right) \qquad (3-7)$$

将上式两边乘以 $\left(\dfrac{d\psi}{dx}\right)dx$ 并在 $0 \sim \psi$ 范围积分，并考虑到当 $\psi \to 0$ 时，$d\psi/dx \to 0$，得：

$$\frac{d\psi}{dx} = -2\left(\frac{kT \sum_i n_{i0}}{\varepsilon_0\varepsilon}\right)^{1/2} \sinh\left(\frac{ze\psi}{2kT}\right) \qquad (3-8)$$

因为 ψ 随 x 增加而下降，因此 $d\psi/dx < 0$。式（3-8）的解为：

$$\gamma = \gamma_0 \exp(-\kappa x) \qquad (3-9)$$

其中：

$$\gamma = \frac{\exp[ze\psi/(2kT)] - 1}{\exp[ze\psi/(2kT)] + 1} \qquad (3-10)$$

$$\gamma_0 = \frac{\exp[ze\psi_0/(2kT)] - 1}{\exp[ze\psi_0/(2kT)] + 1} \qquad (3-11)$$

$$\kappa = \left(\frac{e^2 \sum_i z_i^2 n_{i0}}{kT\varepsilon_0\varepsilon}\right)^{1/2} \quad (m^{-1}) \qquad (3-12)$$

但无法将 ψ 表达为 x 的显函数。显然 κ^{-1} 具有长度量纲，称为"Debye length"。

如果在带电的 AA' 面上画一个单位面积的圆，则由于有机离子的吸附，该单位面积上获得的负电荷即代表表面电荷密度 σ。基于电中性原理，若画一个以该圆为底、垂直于 AA' 面的圆柱，则自该表面（$x = 0$）至无限远处（$x = \infty$），该圆柱内正、负离子的净电荷必等于 $-\sigma$，于是有：

$$-\sigma = \int_0^\infty \rho \, dx \qquad (3-13)$$

代入式(3-6)得：

$$\sigma = \varepsilon_0\varepsilon\int_0^\infty \frac{\mathrm{d}^2\psi}{\mathrm{d}x^2}\mathrm{d}x = \varepsilon_0\varepsilon\int_0^\infty \mathrm{d}\left(\frac{\mathrm{d}\psi}{\mathrm{d}x}\right) = -\varepsilon_0\varepsilon\left(\frac{\mathrm{d}\psi}{\mathrm{d}x}\right)_{x=0} \tag{3-14}$$

代入式(3-8)和式(3-12)，注意 $x=0$ 时，$\psi=\psi_0$，得到：

$$\sigma = \frac{2kT\kappa\varepsilon_0\varepsilon}{ze}\sinh\left(\frac{ze\psi_0}{2kT}\right) \tag{3-15}$$

(2) Debye-Hückel 近似

当 ψ_0 很低，使得 $ze\psi_0/(kT)\ll 1$（通常要求 $\psi_0<25\mathrm{mV}$）时，可采用 Debye-Hückel 近似，即 $\sinh[ze\psi/(kT)]\approx ze\psi/(kT)$，于是式(3-7)变为：

$$\frac{\mathrm{d}^2\psi}{\mathrm{d}x^2} = \kappa^2\psi \tag{3-16}$$

式中，κ 即由式(3-12)表达。若以离子的浓度 c_i 代替 n_{i0}，则有：

$$n_{i0} = 1000c_iN_0 \quad (\text{离子数}/\mathrm{m}^3) \tag{3-17}$$

式中，N_0 为 Avogadro 常数（$N_0=6.02\times10^{23}\ \mathrm{mol}^{-1}$）。则 κ 的表达式变为：

$$\kappa^{-1} = \left(\frac{RT\varepsilon_0\varepsilon}{1000N_0^2e^2\sum_i z_i^2c_i}\right)^{1/2} = \left(\frac{RT\varepsilon_0\varepsilon}{2000N_0^2e^2I}\right)^{1/2} \quad (\mathrm{m}) \tag{3-18}$$

式中，R 为通用气体常数（$8.314\mathrm{J}\cdot\mathrm{mol}^{-1}\cdot\mathrm{K}^{-1}$）；$I$ 称为离子强度：

$$I = \frac{1}{2}\sum z_i^2c_i \tag{3-19}$$

于是式(3-16)的解是：

$$\psi = \psi_0\exp(-\kappa x) \tag{3-20}$$

即 ψ 随距离 x 的增加呈指数函数下降。

由式(3-20)可得，当 $x=0$ 时，$\mathrm{d}\psi/\mathrm{d}x=-\psi_0\kappa$，代入式(3-14)得：

$$\sigma = \frac{\psi_0\varepsilon_0\varepsilon}{\kappa^{-1}} \tag{3-21}$$

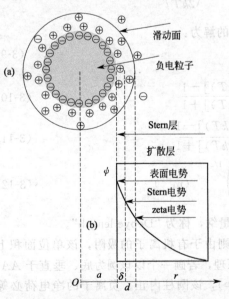

图 3-4 球状带电质点周围的扩散双电层
(a) 反离子在带电质点界面附近的分布；
(b) 界面电势沿质点半径方向的变化

与式(3-1)相比，可见当 ψ_0 不大时，扩散双电层相当于厚度为 κ^{-1} 的平行板电容器，所以 κ^{-1} 通常称为双电层的厚度。但请注意这只是"相当于"，实际上由式(3-20)可知，当 $x=\kappa^{-1}$ 时，$\psi=\psi_0/e$，并不等于零。只有当 x 相对于 κ^{-1} 很大时，才有 $\psi\to0$。

然而当界面电势 ψ_0 较大时，必须用式(3-9)，这表明随 x 呈指数下降的并非 ψ，而是一个复杂的量 γ。

(3) 球面上的界面电势

对实际胶体分散体系，分散相质点通常是球状的或类球状的。类似地，若质点带负电，则在质点周围将产生一个球壳状的双电层（图3-4），沿质点半径方向反离子呈非均匀分布。考虑球形非导体质点，以球坐标表示的 Poisson 公式 [式(3-6)] 为：

$$\frac{1}{r^2}\frac{\partial}{\partial r}\left(r^2\frac{\partial\psi}{\partial r}\right) = -\frac{\rho}{\varepsilon_0\varepsilon} \tag{3-22}$$

代入式(3-5)并应用 Debye-Hückel 近似可得：

$$\frac{1}{r^2}\frac{\partial}{\partial r}\left(r^2\frac{\partial \psi}{\partial r}\right)=\kappa^2\psi \tag{3-23}$$

式(3-23)的通解是：

$$\psi=\frac{A\exp(-\kappa r)}{r}+\frac{B\exp(\kappa r)}{r} \tag{3-24}$$

代入边界条件：$r\rightarrow\infty$ 时，$\psi\rightarrow 0$，得 $B=0$；$r=a$ 时，$\psi\rightarrow\psi_0$，得 $A=\psi_0 a\exp(\kappa a)$。代入上式得：

$$\psi=\psi_0\frac{a}{r}\exp[\kappa(a-r)] \tag{3-25}$$

显然，当 $r\rightarrow\infty$ 时，$\psi\rightarrow 0$，$d\psi/dx\rightarrow 0$。

(4) 电解质对双电层厚度的影响

现在来考察电解质对 κ^{-1} 的影响。由式(3-18)得，双电层的厚度 κ^{-1} 随溶液中离子强度 I 的增加而下降，即随电解质浓度和电解质价数的增加而下降。对 25℃时 1-1 型电解质如 NaCl 的水溶液，代入相应的常数得：

$$\kappa^{-1}=\frac{3.04\times 10^{-10}}{\sqrt{c_{NaCl}}}\quad(m) \tag{3-26}$$

相应地对 1-2 型电解质如 $CaCl_2$ 和 2-2 型电解质如 $MgSO_4$，式(3-26)变为：

$$\kappa^{-1}=\frac{1.76\times 10^{-10}}{\sqrt{c_{CaCl_2}}}\quad(m) \tag{3-27}$$

$$\kappa^{-1}=\frac{1.52\times 10^{-10}}{\sqrt{c_{MgSO_4}}}\quad(m) \tag{3-28}$$

表 3-1 给出了 25℃时不同 c 值下的 κ^{-1} 值，可见随 c 增加，κ^{-1} 迅速减小，高价电解质的影响更大。即电解质使双电层厚度减小，不仅其浓度，而且其价数是重要影响因素。

表 3-1 25℃时不同电解质浓度下的双电层厚度

c/mol·L^{-1}	κ^{-1}/nm		
	NaCl	CaCl$_2$	MgSO$_4$
1×10^{-4}	30.4	17.6	15.2
1×10^{-3}	9.61	5.57	4.81
1×10^{-2}	3.04	1.76	1.52
1×10^{-1}	0.961	0.557	0.481
1.00	0.304	0.176	0.152

(5) 电解质对界面电势的影响

Gouy-Chapman 方程的一个重要应用是计算界面电势。以 25℃ 1-1 型电解质如 NaCl 的水溶液体系为例，式(3-15)可写成：

$$\sigma=0.117\sqrt{c_{NaCl}}\sinh(\psi_0/0.0514) \tag{3-29}$$

对表面活性剂在液/气和液/液界面的吸附体系，吸附是单分子层的，则 σ 与吸附量 Γ_R 有如下关系：

$$\sigma=\Gamma_R N_0 e \tag{3-30}$$

式中，Γ_R 的单位用 $mol\cdot m^{-2}$。与式(3-29)相结合即得：

$$\psi_0=0.0514\sinh^{-1}\left[\frac{8.24\times 10^5\Gamma_R}{\sqrt{c_{NaCl}}}\right]\quad(V) \tag{3-31}$$

上式表明，界面电势 ψ_0 的绝对值随吸附量 Γ_R 的增加而增加，随电解质浓度的增加而减小。例如十二烷基硫酸钠（SDS）在空气/水界面的吸附量可达 $3.2 \times 10^{-6} \text{mol} \cdot \text{m}^{-2}$，若体相中存在 $0.1 \text{mol} \cdot \text{L}^{-1}$ NaCl，则应用上式计算得 $\psi_0 = -144.8 \text{mV}$（界面带负电荷），而当体相中 NaCl 浓度增加到 $1 \text{mol} \cdot \text{L}^{-1}$ 时，假设吸附量不变，则 ψ_0 下降到 -87.2mV。

对其他类型的电解质，不能得到式(3-15)，也就不能得到式(3-31)，需要重新建立电荷密度 σ 与界面电势 ψ_0 的关系式。

由式(3-4)对双电层中各离子浓度求和得到：

$$\sum_i n_i = \sum_i n_{i0} \exp\left(-\frac{z_i e \psi}{kT}\right) \tag{3-32}$$

微分上式并与式(3-5)、式(3-6)相结合得：

$$\frac{\mathrm{d}\sum\limits_i n_i}{\mathrm{d}x} = -\frac{z_i e}{kT} \sum_i n_{i0} \exp\left(\frac{-z_i e \psi}{kT}\right)\left(\frac{\mathrm{d}\psi}{\mathrm{d}x}\right) = \frac{\varepsilon_0 \varepsilon}{kT} \frac{\mathrm{d}\psi}{\mathrm{d}x}\left(\frac{\mathrm{d}^2\psi}{\mathrm{d}x^2}\right) = \frac{\varepsilon_0 \varepsilon}{2kT} \frac{\mathrm{d}}{\mathrm{d}x}\left(\frac{\mathrm{d}\psi}{\mathrm{d}x}\right)^2 \tag{3-33}$$

积分上式得到：

$$\sum_i n_{ix} - \sum_i n_{i0} = \int_\infty^x \mathrm{d}\sum_i n_i = \frac{\varepsilon_0 \varepsilon}{2kT} \int_\infty^x \mathrm{d}\left(\frac{\mathrm{d}\psi}{\mathrm{d}x}\right)^2 = +\frac{\varepsilon_0 \varepsilon}{2kT}\left(\frac{\mathrm{d}\psi}{\mathrm{d}x}\right)_x^2 \tag{3-34}$$

在界面(s)处，$x=0$，代入式(3-14)得到：

$$\sigma^2 = 2kT\varepsilon_0 \varepsilon \left(\sum_i n_{is} - \sum_i n_{i0}\right) = 2kT\varepsilon_0 \varepsilon \left\{\sum_i n_{i0} \exp[-ez_i \psi_0/(kT)] - \sum_i n_{i0}\right\} \tag{3-35}$$

式(3-35)称为 Grahame 方程，可用于计算固定电荷密度时的界面电势 ψ_0。例如当体系中含有 NaCl 时，展开上式得到：

$$\sigma^2 = 2kT\varepsilon_0 \varepsilon \{c_{Na^+}^\infty [\exp[-e\psi_0/(kT)] + \exp[+e\psi_0/(kT)] - 2]\}$$
$$= 2kT\varepsilon_0 \varepsilon \{c_{NaCl}[\exp[-e\psi_0/(kT)] + \exp[+e\psi_0/(kT)] - 2]\} \tag{3-36}$$

上式开方后还原为式(3-15)。

当体系中含有 $CaCl_2$ 时，上式变为：

$$\sigma^2 = 2kT\varepsilon_0 \varepsilon \{c_{Ca^{2+}}^\infty [\exp[-2e\psi_0/(kT)] + 2\exp[+e\psi_0/(kT)] - 3]\} \tag{3-37}$$

假设体系的电荷密度 $\sigma = 0.2 \text{C} \cdot \text{m}^{-2}$，电解质浓度为 $10^{-4} \text{mol} \cdot \text{L}^{-1}$，于是对 NaCl 体系计算得 $\psi_0 = 300 \text{mV}$，但对相同浓度的 $CaCl_2$ 体系计算得 $\psi_0 = 150 \text{mV}$，可见二价反离子对界面电势的影响较一价反离子要大得多。

(6) 无机离子在双电层中的分布

由式(3-35)可得：

$$\sum_i n_{is} = \sum_i n_{i0} + \frac{\sigma^2}{2kT\varepsilon_0 \varepsilon} \tag{3-38}$$

式(3-38)表明，界面处离子的总浓度仅仅取决于界面电荷密度和体相离子的总浓度，并且不可能低于 $\sigma^2/(2kT\varepsilon_0 \varepsilon)$。

类似地设电荷密度 $\sigma = 0.2 \text{C} \cdot \text{m}^{-2}$，相当于每个电荷占据 0.8nm^2，则在 $25 ℃$ 的水溶液中，$\sigma^2/(2kT\varepsilon_0 \varepsilon) = 0.2^2/(2 \times 1.381 \times 10^{-23} \times 298.15 \times 8.854 \times 10^{-12} \times 78.36) = 7 \times 10^{27} \text{m}^{-3} = 11.64 \text{mol} \cdot \text{L}^{-1}$。如果体系中存在 1-1 型电解质如 NaCl，则其表面浓度为：

$$c_{Na^+}^s + c_{Cl^-}^s = 11.64 + c_{Na^+}^\infty + c_{Cl^-}^\infty = 11.64 + 2c_{NaCl}$$

相应地，对 1-2 型电解质，如 $CaCl_2$，有：

$$c_{Ca^{2+}}^s + c_{Cl^-}^s = 11.64 + c_{Ca^{2+}}^\infty + c_{Cl^-}^\infty = 11.64 + 3c_{CaCl_2}$$

对 2-2 型电解质，如 $MgSO_4$，有：

$$c_{Mg^{2+}}^{s} + c_{SO_4^{2-}}^{s} = 11.64 + c_{Mg^{2+}}^{\infty} + c_{SO_4^{2-}}^{\infty} = 11.64 + 2c_{MgSO_4}$$

若界面电势 $\psi_0 = 100mV$，$c_{NaCl} = 0.1mol \cdot L^{-1}$，则由式（3-4）可得界面处 Cl^- 的浓度仅为 c_{NaCl} 的 2%，与 Na^+ 浓度相比可忽略不计，于是界面处的离子主要是反离子：

$$c_{Na^+}^{s} \approx 11.64 + 2c_{NaCl}$$

即无论体系中是否加入 NaCl，界面处 Na^+ 的浓度至少有 $11.64mol \cdot L^{-1}$，假定这些离子排列在厚度为 0.2nm 的紧密层中，则相当于每个 Na^+ 的面积为 $0.7\ nm^2$。

另一个值得注意的现象是，当 NaCl 和 $CaCl_2$ 共存于一个体系时，体系有固定的 ψ_0，若体相 Na^+ 和 Ca^{2+} 浓度相等，根据式（3-4）可得：

$$c_{Ca^{2+}}^{s} = c_{Na^+}^{s} \frac{\exp(77.8\psi_0)}{\exp(38.9\psi_0)} \tag{3-39}$$

当 $\psi_0 = 100mV$ 时，$c_{Ca^{2+}}^{s} / c_{Na^+}^{s} = 48.9$，即紧密层中二价反离子的浓度大约是一价反离子的 50 倍！可见高价反离子更容易为界面电荷所束缚。

（7）界面电势与 zeta 电势

界面电势 ψ_0 目前尚无法直接测定。实际测得的分散体系如固/液或液/液分散体系的电动电势叫作 zeta 电势，用字母 ζ 表示，通常小于 ψ_0，其原因是带电质点在电场作用下运动时，其滑动面（sliding plane）并非实际界面 AA' 面而是 SS' 面。因此双电层区域实际上分为两部分，从 AA' 面到 SS' 面称为紧密层，从 SS' 面至 BB' 面称为扩散层。紧密层的厚度约为几个水分子大小，其中分布有一定数量的反离子。由于存在强静电作用力，这一层随带电界面一起运动，因此实际测得的所谓电动电势是 SS' 面相对于 BB' 面的电势差，而不是 AA' 面相对于 BB' 面的电势差。由图 3-2(b) 和图 3-4(b) 可见，ζ 总是小于 ψ_0。不过滑动面的具体位置仍难以确定。

对球形带电质点，从图 3-4 可见，若滑动面距界面的距离为 d，则距离质点圆心的距离为 $a+d$，于是当 $r = a+d$ 时，$\psi = \zeta$，由式（3-25）可得 ψ_0 与 ζ 的关系为：

$$\psi_0 = \zeta \left(1 + \frac{d}{a}\right) \exp(\kappa d) \tag{3-40}$$

可见 ψ_0 与 ζ 成正比，电解质对两者的影响同步，而 ζ 是可以测定的。

当体相中的电解质浓度增加时，双电层的厚度将减小，即 BB' 面向带电的 AA' 面移动。如图 3-5 所示，当 BB' 面移到 b' 位置时，SS' 面相对于 b' 点的电势差明显小于 SS' 面相对于 BB' 面的电势差。当 BB' 面进一步移至 b'' 位置时，ζ 进一步减小。若电解质浓度很大，则足以使 BB' 面和 SS' 面重合，于是电动电势降为零。此时分散体系的稳定性极低。在极端情况下，电解质浓度的增加可使过量的反离子进入紧密层从而使 ζ 改变符号。

Gouy-Chapman 扩散双电层理论满意地解释了电动电势（ζ 电势）现象以及电解质对界面电势 ψ_0 和 ζ 电势的影响。其定量的结果是相当成功的。但是按照式（3-15）或式（3-35）计算电荷密度时，由于当 ψ_0 增加时，

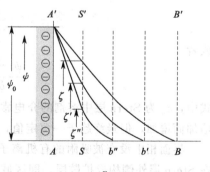

图 3-5 双电层厚度的减小对电动电势的影响

双曲正弦函数或指数函数急剧增加，计算出的电荷密度往往超过了实际可能值。得出这一结果的原因是 Gouy-Chapman 理论把离子看作是点电荷，离子不占体积。这一假设在低电解质浓度时是可以接受的，但在高电解质浓度时就与实际情况不符了。后来诞生的 Stern 双电

层模型对这种情况进行了修正。

3.1.3 Stern 双电层理论

如图 3-6 所示，在距吸附界面 AA' 面 δ 处画一个平面 HH'，称为 Stern 面，区域 AA' HH' 称为 Stern 层。假设界面因吸附阴离子而带

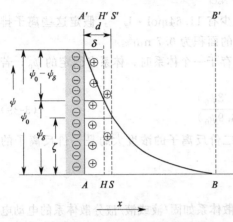

图 3-6 Stern 双电层模型示意图

负电，则在 Stern 层中，除吸附的阴离子以外还有一部分反离子（例如 Na^+）因静电作用而吸附于该层，称为特性吸附，被吸附的反离子称为束缚反离子。Stern 模型的核心是吸附于 Stern 层中的反离子不可能是无限的，其浓度（吸附量）Γ_{Na^+} 与体相中的反离子浓度 c_{Na^+} 之间符合 Langmuir 吸附公式：

$$\Gamma_{Na^+} = \frac{\Gamma_{Na^+}^{m} \{\exp[E_A + e\psi_\delta/(kT)]\}c_{Na^+}}{1 + \{\exp[E_A + e\psi_\delta/(kT)]\}c_{Na^+}}$$

$$= \frac{\Gamma_{Na^+}^{m} K c_{Na^+}}{1 + K c_{Na^+}} \tag{3-41}$$

式中

$$K = \exp[E_A + e\psi_\delta/(kT)] \tag{3-42}$$

$\Gamma_{Na^+}^{m}$ 为 Stern 层中可供给束缚反离子的最大电荷位数，ψ_δ 为 Stern 面上的电势，或叫扩散层电势，E_A 为反离子（Na^+）特征吸附能。于是 Stern 层中单位面积上的正电荷或电荷密度 σ^+ 为：

$$\sigma^+ = N_0 e \Gamma_{Na^+} \tag{3-43}$$

若饱和吸附时，正电荷密度为 $\sigma^{+,0}$，则：

$$\sigma^+/\sigma^{+,0} = \Gamma_{Na^+}/\Gamma_{Na^+}^{m} = \frac{K c_{Na^+}}{1 + K c_{Na^+}} \tag{3-44}$$

Stern 层与双电层的平行板电容器相类似，因此 Stern 层中的电位降可表示为：

$$\frac{d\psi}{dx} = \frac{\psi_0 - \psi_d}{\delta} = \frac{\sigma^+}{\varepsilon_0 \varepsilon_s} \tag{3-45}$$

或者

$$\frac{\psi_0 - \psi_d}{\delta} = \frac{\sigma^{+,0}}{\varepsilon_0 \varepsilon_s} \frac{K c_{Na^+}}{(1 + K c_{Na^+})} \tag{3-46}$$

式中，ε_s 为 Stern 层中溶剂的介电常数。上式表明 Stern 层中的电势降随束缚反离子浓度的增加而增加，但最终趋于一恒定值，此时 Stern 层中达到饱和吸附。

界面相中没有被吸附的有机离子束缚的反离子 Na^+ 和 Cl^- 因静电力和热力的综合作用在 Stern 层外侧构成扩散层，即区域 $HH'BB'$，其沿 x 方向的分布符合 Boltzman 分布。从图 3-6 可以看出，$\psi_\delta < \psi_0$，总电势 ψ_0 由扩散层电势 ψ_δ 和 Stern 层（紧密层）电势 $\psi_0 - \psi_\delta$ 组成。通常电动过程中的滑动面 SS' 距 AA' 面的距离 d 大于 δ，因此 ζ 电势往往又小于 ψ_δ。

与 Gouy-Chapman 扩散双电层不同的是，Stern 扩散层自 Stern 面开始，Boltzman 方程中的电势为 ψ_δ 而不是 ψ_0。因此对 Gouy-Chapman 理论中的有关公式，只要把 ψ_0 改成 ψ_δ，并且注意 x 自 Stern 面开始，就仍然适用。

Stern 模型虽然克服了 Gouy-Chapman 理论中表面电荷密度可能过大的缺点，但却难以定

量地应用。原因是该理论所引入的几个参数难以用实验方法测定，如 Stern 层中的介电常数 ε_s 和常数 K（其中的 E_A）。而在 Gouy-Chapman 理论中涉及的两个常数 κ^{-1} 和 ψ_0 都可以求得。在讨论分散体系的稳定性时，最令人感兴趣的是双电层的扩散部分。Gouy-Chapman 理论中关于这部分的处理仍然是行之有效的，特别是由于双电层内外分界面上的电势降低，使得 Gouy-Chapman 理论中的有关近似式的精度进一步提高，问题只是由于特性吸附，ψ_δ 的取值难以确定。

3.2 电泳与 ζ 电势

如果给带电的胶体分散体系施加一个外电场，则在此外电场作用下带电的胶体质点将向相反的电极移动，而扩散层向另一极移动，此种现象称为电泳（electrophoresis）。由于静电力的作用，紧密层中的束缚反离子将随带电界面一起运动。界面移动的速度取决于滑动面与介质间的电位差，即 ζ 电势，而带电胶体质点移动的速度可用微电泳法测出，进而可计算出 ζ 电势。

带正电和负电的胶体质点在电场作用下分别向负极和正极的迁移与溶液中的正、负离子在电场中的迁移是完全类似的。因此了解一下电场中离子的运动规律，对于分析胶体质点的运动具有重要的理论意义。

3.2.1 电场中离子的运动速度

一带电量为 q 的单独离子在电场强度为 E 的电场中受到的静电力 F_e 为：

$$F_e = qE \tag{3-47}$$

该力的方向指向与电荷符号相反的电极。若 q 的单位用 C（库仑），E 的单位用 V·m^{-1}，则 F_e 的单位为 N。同时，离子在溶液中受到的黏性阻力为：

$$F_r = fV \tag{3-48}$$

式中，V 为离子运动的速度；f 为阻力系数。当达到匀速运动时，这两个力相等，于是有：

$$V = qE/f \tag{3-49}$$

假定质点为球形，半径为 R，则 f 可用 Stokes 定律表示：

$$f = 6\pi\eta R \tag{3-50}$$

代入上式得：

$$V = \frac{qE}{6\pi\eta R} = \frac{zeE}{6\pi\eta R} \tag{3-51}$$

式中，z 为离子价数；e 为电子电荷；η 为介质的黏度。而离子在单位电场中的运动速度定义为淌度，以 u 来表示：

$$u = \frac{V}{E} = \frac{ze}{6\pi\eta R} \tag{3-52}$$

而离子淌度与其当量电导 λ_0 成正比：

$$u_i = F\lambda_0 \tag{3-53}$$

式中，$F = N_0 e$ 为 Faraday 常数。

3.2.2 胶体质点的 ζ 电势

有关离子在电场中运动的概念可以推广到胶体质点，而后者的运动可以直接用显微镜观察到。如果测出胶体质点的运动速度并已知电场强度，则可从式(3-52)求出胶体质点的淌度，在此专门称之为电泳淌度。

将式(3-49)推广到胶体质点，表面上看似乎可以从电泳淌度求出所带电量 q，但由于胶体质点周围环绕着双电层，胶体质点总是带着双电层的紧密层部分一起运动，因此实际上不可能根据电泳淌度来确定质点所带的电荷量。

根据双电层理论，滑动面上的电势，即 ζ 电势与界面电荷和离子氛即双电层的影响有关。因此可将 ζ 电势与电泳相联系，从而可根据电泳淌度来确定 ζ 电势。

讨论胶体质点在含有小离子的溶液中的迁移运动时，区别质点的大小是十分重要的。其中对两种极端情形（极小和极大），理论上可采用一些近似处理。κ^{-1} 是表征界面附近双电层厚度的一个重要参数，因此区分质点大小时，常以这一个量作为参比，即以 κR 乘积的大小来区别质点大小。下面将先讨论两种极端情形。

(1) 小 κR 值，低界面电势时胶体质点的 ζ 电势

假设：①质点是刚性的，在电场作用下不发生变形；②质点属于非导体，实际上由于质点周围存在双电层，对电流提供了强大的阻力，即使原本导电的质点在电泳过程中也变成了非导体；③质点在溶液中的运动处于层流状态，正常情况下质点所能达到的电泳淌度不足以导致湍流；④不考虑溶液体相沿器壁的电渗逆流，因为它总是可以从胶体质点的电泳淌度中分离出来；⑤胶体质点的布朗运动所造成的影响较小，亦不予考虑。

如图 3-7(a) 所示，对小质点环绕厚双电层的情形，即小 κR 值，质点运动时电场力线基本不受干扰。电泳发生时质点受到三个力的作用（图 3-8），即电场施加于质点所带电荷的静电作用力 F_1，流体力学阻力 F_2，以及带相反电荷的离子做反向运动时对质点施加的电泳摩擦阻力 F_3：

$$F_1 = qE \tag{3-54}$$
$$F_2 = -fv = -6\pi\eta Rv \tag{3-55}$$
$$F_3 = (4\pi\varepsilon_0\varepsilon\zeta R - q)E \tag{3-56}$$

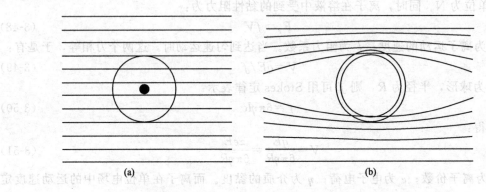

■ 图 3-7　小质点环绕厚双电层（小 κR），质点及其双电层基本上不干扰电场力线 (a)；
大质点环绕薄双电层（大 κR），电场力线受到质点的显著干扰 (b)

式中，q 为质点所带"有效"电荷；E 为电场强度；R 为质点的半径；η 为介质的黏度；v 为质点运动的速度；ε 为介质的介电常数；ε_0 为真空的介电常数。当质点保持匀速运动时，三个力互相抵消：

$$F_1 + F_2 + F_3 = 0 \tag{3-57}$$

代入式(3-54)～式(3-56)并取电泳淌度 $u = v/E$ 得：

$$u = \frac{2\varepsilon_0\varepsilon}{3\eta}\zeta \tag{3-58}$$

式(3-58)称为 Hückel 公式，严格的理论论证表明，当 $\kappa R < 0.1$ 时，式(3-58)严格成立。然

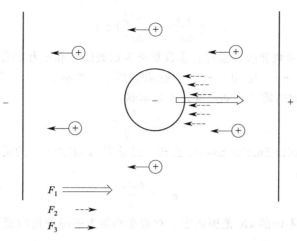

图 3-8　胶体质点电泳过程中受到三个力的作用

F_1 为电场施加于质点所带电荷的力，F_2 为质点运动时受到的流体力学摩擦阻力，

F_3 为带相反电荷的离子做反向运动时对质点施加的电泳摩擦阻力

而对于水为连续相的分散体系，对 $R=10\text{nm}$ 的质点，1-1 价电解质的浓度相应地约为 $10^{-5}\text{mol}\cdot\text{L}^{-1}$，而对于 $R=1\mu\text{m}$ 的质点，要求 $\kappa^{-1}>10^{-3}\text{cm}$，这是根本不可能的。因此式 (3-58)对于大多数水介质中的胶体分散体系并不适用。

（2）大 κR 值时的 ζ 电势

考虑图 3-7(b) 所示的情形，即双电层厚度 κ^{-1} 相对于质点半径要小得多。此种情形可以是 R 很大或 κ^{-1} 很小，例如电解质浓度较高时。这种情况下质点表面可视为平面，无需做其他假设，理论处理变得简单方便。

考虑溶液中一微小体积元，其面积为 A，厚度为 $\text{d}x$，距平面的距离为 x（图 3-9）。体积元与平面做相对运动，速度为 v，则作用于内侧平面的黏性力可表示为：

$$F_{\text{vis},x}=\eta A\left(\frac{\text{d}v}{\text{d}x}\right)_x \tag{3-59}$$

而作用于外侧平面上的黏性力为：

$$F_{\text{vis},x+\text{d}x}=\eta A\left(\frac{\text{d}v}{\text{d}x}\right)_{x+\text{d}x} \tag{3-60}$$

于是作用于此体积元上的净黏性力为：

$$F_{\text{vis}}=\eta A\left[\left(\frac{\text{d}v}{\text{d}x}\right)_{x+\text{d}x}-\left(\frac{\text{d}v}{\text{d}x}\right)_x\right]=\eta A\frac{\text{d}^2 v}{\text{d}x^2} \tag{3-61}$$

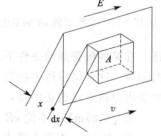

图 3-9　溶液中临近一平面壁的某一体积元位置

在稳定条件下，电场作用于此体积元中所有离子的力与 F_{vis} 大小相等，方向相反。此力等于电场强度 E 和体积元中总电荷量的乘积，而体积元中总电荷量等于其体积电荷密度 ρ 与体积元体积的乘积：

$$F_{\text{e}}=E\rho A\text{d}x \tag{3-62}$$

将 Poisson 公式(3-6)代入上式得：

$$F_{\text{e}}=-\frac{\text{d}^2\psi}{\text{d}x^2}EA\text{d}x\varepsilon_0\varepsilon \tag{3-63}$$

由 $F_{\text{e}}=F_{\text{vis}}$ 得：

$$\eta \frac{\mathrm{d}^2 v}{\mathrm{d}x^2} = -\frac{\mathrm{d}^2 \psi}{\mathrm{d}x^2} E \varepsilon_0 \varepsilon \tag{3-64}$$

积分上式并考虑下列参数和边界条件：①设靠近表面处的 η 和 ε 为常数；②离表面很大距离时（$x \to \infty$），$\mathrm{d}v/\mathrm{d}x \to 0$，$\mathrm{d}\psi/\mathrm{d}x \to 0$；③在剪切面 $\psi = \zeta$ 和 $v = 0$，而在双电层的边界处，$\psi = 0$ 和 v 等于观察到的质点移动速度，于是得到：

$$u = \frac{v}{E} = \frac{\varepsilon_0 \varepsilon}{\eta} \zeta \tag{3-65}$$

式(3-65)称为 Helmholtz-Smoluckowski 公式，已证明对 $\kappa R > 100$ 的情形成立。式(3-58)和式(3-65)可统一写成：

$$u = C \frac{\varepsilon_0 \varepsilon \zeta}{\eta} \tag{3-66}$$

式中，C 为常数，视不同的 κR 范围而定。对很小和很大的两种极端情形，C 与 κR 无关：

当 $\kappa R < 0.1$ 时，$C = \dfrac{2}{3}$；

当 $\kappa R > 100$ 时，$C = 1$；

而当 $0.1 < \kappa R < 100$ 时，C 值在 2/3 到 1 之间，如图 3-10 所示，对这个区域，Hückel 公式和 Helmholtz-Smoluckowski 公式皆不能用来自电泳淌度求算 ζ 电势值。后来 Henry 建立了一个一般式，适用于任何 κR 值，但相当复杂，其两个极限结果正是 Hückel 公式和 Helmholtz-Smoluckowski 公式，这里不再介绍。

C 值还与质点的形状有关，对定向垂直于电场的长柱状质点，在小 κR 时，C 值取 1/2，在大 κR 时，C 值取 1。而对定向平行于电场的长柱状质点，C 值一律取 1。除了受 κR 和质点形状影响外，C 值还与溶液中存在的各种离子的价数和迁移速度有关，并且与质点本身的 ζ 电势值的大小相关，尤其在 $0.1 < \kappa R < 100$ 范围内。

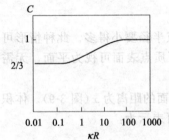

■ 图 3-10　常数 C 随 κR 的变化

此外，无论是 Hückel 公式还是 Helmholtz-Smoluckowski 公式以及 Henry 公式，都要求质点周围的双电层在质点运动时能保持其初始的对称性，不发生形变，但这一点常常不能保证。在某些极普通的条件下，电泳过程中质点周围的扩散双电层较质点本身更容易受到液体的影响，这一结果称为松弛效应（relaxation），它导致电泳淌度明显下降。研究表明，松弛效应可以被忽略的条件是：

① $\zeta < 25\mathrm{mV}$，不论 κR 值大小；

② $\kappa R \to 0$，不论 ζ 值大小；

③ $\kappa R \to \infty$，不论 ζ 值大小。

条件①满足时 ζ 较小，电泳淌度一般小于 $2\mu\mathrm{m} \cdot \mathrm{V}^{-1} \cdot \mathrm{s}^{-1} \cdot \mathrm{cm}$，而上述讨论的两种极端情形，$\kappa R < 0.1$ 和 $\kappa R > 100$，能满足条件②和③，分别对应很厚但不结实的双电层和很薄但很致密的双电层。

在所有其他情况下，即 $\zeta > 25\mathrm{mV}$，$0.1 < \kappa R < 100$，松弛效应显著影响电泳淌度，虽然有研究者推出了复杂的理论公式，但一般需要借助于计算机才能求得数值解。

(3) 由电泳淌度求取 ζ 电势

由于适用 Hückel 公式的实际胶体体系很少，因此从电泳淌度求取 ζ 电势主要应用 Helmholtz-Smoluckowski 公式：

$$\zeta = \frac{\eta}{\varepsilon_0 \varepsilon} u \tag{3-67}$$

式中，η 的单位用 P（泊，$1P = 10^{-1} Pa \cdot s) = 10^{-1} N \cdot s \cdot m^{-2}$，例如 25℃水介质中，$\eta = 0.008904P$，$\varepsilon = 78.36$，当 $u = 1\mu m \cdot s^{-1} \cdot V^{-1} \cdot cm$ 时：

$\zeta = 8.904 \times 10^{-4} N \cdot s \cdot m^{-2} \times 10^{-8} m^2 \cdot s^{-1} \cdot V^{-1} \div (8.854 \times 10^{-12}) C^2 \cdot J^{-1} \cdot m^{-1} \div 78.36$

$= 0.01285V = 12.85mV$

需要注意的是，如果单位使用厘米·克·秒（CGS）制，则式(3-67)变为：

$$\zeta = \frac{4\pi\eta}{\varepsilon} u \tag{3-68}$$

上式出现在许多（早期的）专著中，式中电场强度 E 和 ζ 的单位为静电单位电势差，而 1 静电单位电势差 = 1/300V，因此用式(3-68)计算 ζ 电势时，当 η 的单位用 P，u 的单位用 $cm^2 \cdot V^{-1} \cdot s^{-1}$ 时，则计算出的 ζ 需要乘以 90000 才转换为 V。以上述计算为例：

$\zeta = 90000 \times 4\pi \times 0.008904 \times 10^{-4} \div 78.36 = 0.01285V = 12.85mV$

对大多数实际体系，ζ 可能大于 25mV 并有 $0.1 < \kappa R < 100$，此时无论是用 Helmholtz-Smoluckowski 公式还是 Henry 公式，都不能准确地自淌度求出 ζ 值，这时实验结果还是直接以淌度表示为好。此外测定 ζ 电势的方法还有电渗法和流动电势法等，这里不一一介绍，读者可参阅相关参考书。

3.3 双电层的排斥作用

前两节分别讨论了界面电势和 ζ 电势。由于它们的存在，当具有双电层的质点相互靠近时，将产生排斥作用。对憎液胶体和 O/W 乳状液，此种排斥作用无疑增加了体系的稳定性，本节将主要讨论这种排斥作用与双电层的关系及其本质，而有关其对胶体稳定性的影响将在其他章节中讨论。

3.3.1 两个平行平面间的排斥作用

在 3.1 中讨论双电层的结构时已表明，双电层具有一定的厚度。当两个双电层相互靠近时，双电层将产生交叠或重叠，并导致产生排斥力。下面将讨论这种排斥力和双电层间距离的关系。首先考虑两个平表面的双电层之间的相互重叠。

如图 3-11 所示，在溶液中两块带电平表面的两侧皆形成双电层（图中仅画出了内侧双电层），自界面开始向溶液体相延伸，距表面不同距离处的电势如图中 ψ_x 所示。

设两板间的距离为 D，两板浸在容积无限大的电解质溶液中，电解质体相浓度为 n_0，在靠近界面处的浓度为 n_S，在双电层中的浓度为 n_x，两平板表面上的电势规定为 ψ_0。

现将两板间的溶液称为内区，其他部位的溶液称为外区。当板间距很大时（$x = \infty$），内区中两个双电层不出现交叠，界面电势符合式(3-9)或式(3-20)。随着板间距的缩小，内区中的两个双电层出现交叠，现在来考察双电层出现交叠后内区中附加压力 p 的变化。

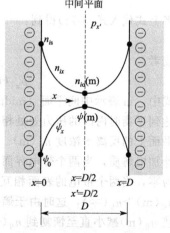

图 3-11 两带电平板距离为 D 时双电层的交叠示意图

在溶液中离子的化学位可由下式表达：

$$\mu_i = z_i e\psi + kT\ln n_i \tag{3-69}$$

结合式(3-4)可得内区中离子的化学位处处相等并等于 $kT\ln n_{i0}$。

首先考虑体系中未添加无机电解质的情形（$n_{i0}=0$），此时内区中仅有一种离子，即反离子，例如 Na^+，于是应用热力学方程式：

$$\left(\frac{\partial\mu}{\partial p}\right)_T = v = \frac{1}{n} \tag{3-70}$$

两边乘以 $(\partial p/\partial n)_t$ 得：

$$\left(\frac{\partial p}{\partial n}\right)_T = n\left(\frac{\partial\mu}{\partial n}\right)_T \tag{3-71}$$

代入式(3-70)得到：

$$\left(\frac{\partial p}{\partial x}\right)_T = \left(\frac{\partial p}{\partial n}\right)_T\left(\frac{\partial n}{\partial x}\right)_T = n\left(\frac{\partial\mu}{\partial n}\right)_T\left(\frac{\partial n}{\partial x}\right)_T = n\left(\frac{\partial\mu}{\partial x}\right)_T = nze\frac{\partial\psi}{\partial x} + kT\frac{\partial n}{\partial x} \tag{3-72}$$

考虑将两个带电平面从无限远处（$x'=\infty$）带到图 3-11 中所示的位置 $[x'=x(D)]$，此时内区 x' 处的附加压力 $p_{x'}$ 为：

$$p_{x'}(D) - p_{x'}(\infty) = \int_{x'=\infty}^{x'=D/2}\left[nze\left(\frac{d\psi}{dx}\right)_x dx' + kT dn_x\right] \tag{3-73}$$

应用 $\dfrac{d}{dx}\left(\dfrac{d\psi}{dx}\right)^2 = 2\left(\dfrac{d\psi}{dx}\right)\left(\dfrac{d^2\psi}{dx^2}\right)$，结合式(3-4)~式(3-6)得：

$$p_{x'}(D) - p_{x'}(\infty) = -\frac{1}{2}\varepsilon_0\varepsilon\left(\frac{d\psi}{dx}\right)_{x(D)}^2 + kTn_x(D) + \frac{1}{2}\varepsilon_0\varepsilon\left(\frac{d\psi}{dx}\right)_{x(\infty)}^2 - kTn_x(\infty)$$

$$= -\frac{1}{2}\varepsilon_0\varepsilon\left(\frac{d\psi}{dx}\right)_{x(D)}^2 + kTn_x(D) \tag{3-74}$$

因为体相不含有电解质，上式中的第三和第四项为零。上式表明，内区附加压力有两个来源：第一项，永为负值，即吸引力，来源于静电场作用能；第二项为正值，即排斥力，为离子熵或渗透压对压力的贡献。可见双电层的排斥作用并非静电排斥，本质上是反离子的熵效应或渗透压效应。将式(3-34)应用于单一反离子得：

$$n_0 = n_x + \frac{\varepsilon_0\varepsilon}{2kT}\left(\frac{d\psi}{dx}\right)_x^2 = \frac{1}{kT}\left[kTn_x + \frac{\varepsilon_0\varepsilon}{2}\left(\frac{d\psi}{dx}\right)_x^2\right] \tag{3-75}$$

将上式代入式(3-74)得到：

$$p_{x'}(D) = kTn_0(m) \tag{3-76}$$

或者：

$$p_{x'}(D) - p_{x'}(\infty) = kTn_0(m) - kTn_0(\infty) \tag{3-77}$$

式中，m 表示中间平面（midplane）；$n_0(m)$ 为中间平面上反离子的浓度，如图 3-11 所示。达到平衡时内区的压力处处相等，即等于 $p_{x'}$，而上式表明 $p_{x'}$ 与 x 无关，仅仅取决于中间平面上的反离子浓度 $n_0(m)$。于是关于双电层的排斥效应可以解释如下：如果体系中不含外加电解质，当两个带电界面在溶液中相距无限远时，其中间平面上反离子的浓度 $n_0(\infty)$ 为零，当两个带电的表面相互靠近至双电层发生重叠时，其中间平面上反离子的浓度变为 $n_0(m)>n_0(\infty)$，这时由于熵效应或渗透压效应，溶剂分子将自发地流向双电层的重叠区，使 $n_0(m)$ 减小直至恢复到 $n_0(\infty)$，这种溶剂分子向双电层重叠区的自发流动客观上导致两个相互接近的带电表面分开，如图 3-12 所示。

为了清楚起见，式(3-71)可写成下列一般式：

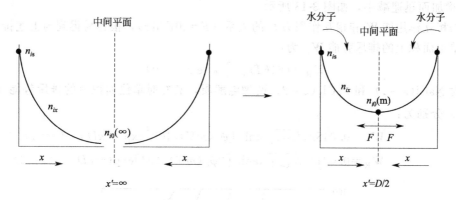

图 3-12　双电层的交叠以及由此产生的排斥力

$$p_x(D)=kT\left[n_{i\mathrm{m}}(D)-n_{i\mathrm{m}}(\infty)\right] \tag{3-78}$$

式中，D 表示在重叠区，两带电平面相距 D。当体相含有外加电解质时，将式(3-34)代入式(3-74)得到：

$$p_x(D)=kT\left[\sum_i n_{i\mathrm{m}}(D)-\sum_i n_{i\mathrm{m}}(\infty)\right] \tag{3-79}$$

式中，$\sum\limits_i n_{i\mathrm{m}}(D)$ 为重叠区中间平面上（$x=1/2D$）所有离子的总浓度。类似地，$p_x(D)$ 与 x 无关，不过是中间平面上的各种离子相对于体相离子的过剩渗透压。由于体相电解质浓度是已知的，因此只要求得中间界面上各离子的浓度，即可获得双电层排斥力大小。

对 1-1 型电解质，例如 NaCl，代入式(3-4)并认为中间平面上的电势 ψ_m 不大，得到：

$$p_x(D)=kTn_0\left[\exp\left(\frac{-e\psi_\mathrm{m}}{kT}\right)-1+\exp\left(\frac{+e\psi_\mathrm{m}}{kT}\right)-1\right]\approx\frac{e^2\psi_\mathrm{m}^2}{kT}n_0 \tag{3-80}$$

式中，ψ_m 可由式(3-9)求取：

$$\gamma_x=\frac{\exp\left[z_ie\psi_x/(2kT)\right]-1}{\exp\left[z_ie\psi_x/(2kT)\right]+1}=\gamma_0\exp(-\kappa x) \tag{3-81}$$

当 ψ_x 不大时有：

$$\frac{\exp\left[z_ie\psi_x/(2kT)\right]-1}{\exp\left[z_ie\psi_x/(2kT)\right]+1}=\tanh\left(\frac{z_ie\psi_x}{4kT}\right)\approx\frac{z_ie\psi_x}{4kT} \tag{3-82}$$

设重叠区中间平面上（$x=D/2$）处的电势为两个双电层电势的叠加，即 $\psi_\mathrm{m}=2\psi_{D/2}$，于是得到：

$$\psi_\mathrm{m}^2=64(kT/e)^2\gamma_0^2\exp(-\kappa D) \tag{3-83}$$

代入式(3-80)并以 F_R 代替 p 得到：

$$F_\mathrm{R}=64kTn_0\gamma_0^2\exp(-\kappa D)=1.59\times10^8c_{\mathrm{NaCl}}\gamma_0^2\exp(-\kappa D) \tag{3-84}$$

式中，c_{NaCl} 为体相 NaCl 的浓度，$\mathrm{mol\cdot L^{-1}}$；F_R 为排斥力，$\mathrm{N\cdot m^{-2}}$。γ_0 为：

$$\gamma_0=\frac{\exp\left[z_ie\psi_0/(2kT)\right]-1}{\exp\left[z_ie\psi_0/(2kT)\right]+1}=\tanh\left(\frac{z_ie\psi_0}{4kT}\right) \tag{3-85}$$

当 ψ_0 很大时，$\gamma_0\to1$，由于 κ^{-1} 随电解质浓度的增加急剧减小，因此 F_R 随电解质浓度和距

离 D 的增加而迅速减小，如图 3-13 所示。

根据相互作用能 W 和相互作用力 F 的关系（$F=dW/dx$），很容易得到与上述排斥力相对应的单位面积上的排斥势能 W_R 为：

$$W_R = (64kTn_0\gamma_0^2/\kappa)\exp(-\kappa D) \tag{3-86}$$

如对 $NaCl(z=1)$ 和 $CaCl_2(z=2)$ 两种电解质，25℃时单位面积上的排斥势能（单位：$J\cdot m^{-2}$）分别为：

$$W_R = 0.0482\sqrt{c_{NaCl}}\tanh^2[\psi_0(mV)/103]\exp(-\kappa D) \quad (z=1)$$

$$W_R = 0.0211\sqrt{c_{CaCl_2}}\tanh^2[2\psi_0(mV)/103]\exp(-\kappa D) \quad (z=2)$$

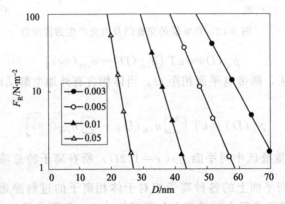

图 3-13　1-1 价电解质体系中两单位面积平面双电层之间的
排斥力随平面间距离 D 和电解质浓度的变化
[按式(3-84)取 $\gamma_0=1$ 计算得到，电解质浓度
如图例中所示，单位 mol·L^{-1}]

3.3.2　两个球形质点间的排斥作用

对球形质点，当质点半径 R 相对于质点间距离 D 很大时，可应用 Derjaguin 近似：

$$F_{球/球}(D) = \frac{2\pi R_1 R_2}{R_1+R_2}W_{平面/平面}(D) \tag{3-87}$$

式中，$W_{平面/平面}(D)$ 指单位面积的两个平面之间的相互作用能，$J\cdot m^{-2}$。于是对两个相等的球有：

$$W_R = (64\pi kTRn_0\gamma_0^2/\kappa^2)\exp(-\kappa D) = 4.61\times10^{-11}R\gamma_0^2\exp(-\kappa D) \tag{3-88}$$

于是，球形质点间的双电层排斥势能（W_R）取决于界面电势 ψ_0 和双电层厚度 κ^{-1}，而这两个参数都取决于体相电解质浓度。

以上讨论了带电平面和带电质点间的排斥势能，结果对分散体系的稳定性十分重要。通常吸附使胶体质点带电，并产生双电层，当带电的质点相互靠近时，双电层发生重叠导致产生排斥作用，阻止了质点的进一步靠近，从而有利于提高胶体分散体系的稳定性。式(3-88)表明，此种排斥势能随界面电势升高而增大，随体相电解质浓度增加而减小。因此高 ψ_0，低电解质浓度有利于提高胶体分散体系的稳定性，而低 ψ_0，高电解质浓度可以促进絮凝作用。这些理论分析结果与实际观察到的现象完全吻合，有关详细内容将在第 9 章中讨论。

思 考 题

1. 界面电荷的来源或起源有哪些？

2. 在一个体相或一个界面相，是否存在净电荷？

3. 什么叫反离子？它们在界面的分布如何？

4. 什么是 Debye 长度？什么是离子强度？两者有何相关性？

5. 什么是表面电势或界面电势？

6. 什么是双电层？用于处理双电层的理论模型有哪些？

7. 什么是 zeta 电势？如何测定 zeta 电势？

8. 应用 Hückel 方程和 Helmholtz-Smoluckowski 方程计算界面电势的条件分别是什么？

9. 排斥力和排斥势能之间有什么联系和区别？

10. 如何计算溶液中两个带电平面之间和两个带电球型质点之间的排斥势能？

11. 溶液中两个带电平面或带电球型质点之间的排斥势能的本质是什么？

第4章

吸附和铺展单分子层

溶质自溶液的吸附特别是液/气和液/液界面上的吸附通常是单分子层的，此种单分子层通常称为吸附单分子层或可溶物单分子层，并可以应用 Langmuir 关于气体在固体表面上的单分子层吸附理论。此外一些不溶于水的物质也可以在水面形成单分子层。例如长链脂肪酸或长链脂肪醇，因亲水性太弱不能溶于水，但若将其溶于易挥发溶剂再滴加到水面，则它们将在水面铺展，当溶剂挥发后亦形成单分子层。此种单分子层称为铺展单分子层或不溶物单分子层。

吸附和铺展单分子层的一个重要性质是它们表现出二维压力。例如将一根火柴梗浮于干净的水面上，在其一侧滴入一滴表面活性剂溶液或用蘸有肥皂水的筷子或玻璃棒点一下，则火柴梗将立即退向另一边。这表明火柴梗受到了来自一侧的二维压力。这种二维压力通常称为表面压，以 π 来表示，其定义为：

$$\pi = \gamma_0 - \gamma \tag{4-1}$$

式中，γ_0 和 γ 分别为纯溶剂和有溶质（吸附单分子层）或有铺展单层（铺展单分子层）存在时的表面张力。上式表明，借助于表面张力测定可直接测出表面压。

4.1 吸附单分子层

4.1.1 Langmuir 单分子层吸附理论

将气/固吸附的 Langmuir 单分子层理论应用于溶质自溶液的吸附，可得到自溶液中吸附的 Langmuir 公式。

当发生自溶液中的吸附时，设界面上已被吸附分子占据的分数为 θ，则自溶液内部吸附至界面的速度 v_a 与表面的空白分数（$1-\theta$）和溶质的浓度 c 成正比：

$$v_a = k_1 c (1-\theta) \tag{4-2}$$

因为吸附是可逆的，已吸附的分子随时可能脱附返回体相，显然脱附速度 v_d 与 θ 成正比：

$$v_d = k_2 \theta \tag{4-3}$$

达到平衡时，吸附和脱附速度相等：

$$k_1 c (1-\theta) = k_2 \theta \tag{4-4}$$

令 $K = k_1/k_2$，整理得：

$$\theta = \frac{Kc}{1+Kc} \tag{4-5}$$

当表面被完全覆盖时，称达到饱和吸附，相应的吸附量称为饱和吸附量，以 Γ^∞ 表示，常用单位为 $mol \cdot cm^{-2}$ 或 $mol \cdot m^{-2}$。若以 Γ 代表非饱和吸附量，则 θ 可以表示为：

$$\theta = \frac{\Gamma}{\Gamma^\infty} \tag{4-6}$$

代入式(4-5)得：

$$\Gamma = \Gamma^\infty \frac{Kc}{1+Kc} \tag{4-7}$$

式(4-7)即为自溶液吸附的 Langmuir 单分子层吸附等温式。该式表明，随着浓度的增加，吸附量呈现出不同的阶段性变化。在浓度 c 很小时，有 $Kc \ll 1$，$\Gamma \approx \Gamma^\infty Kc$，吸附量随 c 的增加几乎线性增加；而当浓度很大时，有 $Kc \gg 1$，$\Gamma \rightarrow \Gamma^\infty$，即吸附量趋于饱和；在中间浓度范围，吸附量随浓度增加呈非线性增加。图 4-1 为根据界面张力测定获得的 25℃时十二醇聚氧乙烯（5）醚在空气/水界面的 Langmuir 单分子层吸附等温线，其中 $\Gamma^\infty = 3.2 \times 10^{-10} mol \cdot cm^{-2}$，$K = 3.65 \times 10^6 \ L \cdot mol^{-1}$。可见吸附量随浓度的变化确实表现出上述三阶段趋势。

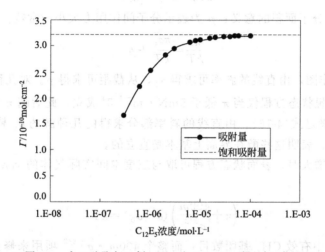

图 4-1　十二醇聚氧乙烯（5）醚（$C_{12}E_5$）在空气/水界面
单分子层吸附等温线（25℃）

4.1.2　吸附单分子层的状态方程

(1) 非离子型溶质

实验表明，当浓度很低时，非离子型两亲化合物水溶液的表面张力随浓度的增加线性地下降。于是表面张力 γ 和浓度 c_R 之间的关系可表示为：

$$\gamma = \gamma_0 - bc_R \tag{4-8}$$

微分得：

$$d\gamma = -bdc_R \tag{4-9}$$

代入 Gibbs 公式(2-17)，并注意到 $d\mu_2 = RTdlnc_R$ 得：

$$b = \frac{RT\Gamma_R}{c_R} \tag{4-10}$$

或

$$\pi = \gamma_0 - \gamma = RT\Gamma_R \qquad (4\text{-}11)$$

上式表明，在浓度低时表面压随吸附量的增加线性增加。设每个分子在界面所占的面积为 σ，则每摩尔溶质分子在界面所占的面积 A（cm^2）为：

$$A = N_0\sigma = \frac{1}{\Gamma_R} \qquad (4\text{-}12)$$

式中，N_0 为 Avogadro 常数。结合式(4-11)和式(4-12)得：

$$\pi A = RT \qquad (4\text{-}13)$$

或

$$\pi\sigma = kT \qquad (4\text{-}14)$$

式中，k 为 Boltzman 常数。式(4-13)和式(4-14)称为二维吸附单分子层的理想状态方程。它与二维理想气体定律完全相同。

研究表明，理想状态方程只在溶质浓度很稀时才成立。当溶质浓度较大时，$\pi A/(RT)$ 将明显偏离 1。这种情况与高压时实际气体偏离理想气体的情形相类似。于是可应用二维的 Amagat 方程进行修正：

$$\pi(\sigma - \sigma_0) = pkT \qquad (4\text{-}15)$$

式中，σ_0 具有极限分子面积的意义；p 为表示分子间作用力大小的常数。式(4-15)可写成：

$$\frac{\pi\sigma}{kT} = \frac{\pi\sigma_0}{kT} + p \qquad (4\text{-}16)$$

以 $\pi\sigma/(kT)$ 对 π 作图，由直线的斜率可求得 σ_0，从截距可求得 p。对几种醇（$C_4 \sim C_8$）的实验结果表明，理想状态方程仅当 π 低于 $5mN \cdot m^{-1}$ 时成立，此后随 π 的增加，$\pi\sigma/(kT)$ 愈来愈偏离 1，但满足式(4-16)。由直线的斜率部分求得的几种醇的 σ_0 皆为 22Å 左右，基本与醇的链长无关，表明这些醇在界面上基本是直立的。

当浓度进一步增大时，表面状态方程可取与三度空间实际气体的 van der Waals 状态方程相类似的形式：

$$\left(\pi + \frac{400m}{\sigma^{3/2}}\right)(\sigma - \sigma_0) = kT \qquad (4\text{-}17)$$

式中，m 为碳氢链中有效 CH_2 基团数目；而整个 $400m \cdot \sigma^{-3/2}$ 项用来修正由于碳氢链间的内聚力作用所引起的对 π 的影响（降低作用）。当溶液很稀时，σ_0 相对于 σ 可忽略不计，上式还原为理想状态方程。

对非离子型溶质在油/水界面的吸附，Langmuir 提出了一个修正方程：

$$\pi_{O/W}(\sigma - \sigma_0) = kT \qquad (4\text{-}18)$$

此式相当于在式(4-17)中令 π 的修正项为零。事实上，在油/水界面，由于碳氢链伸入油相，被油分子隔开，因此碳氢链之间的内聚力不存在了。以 σ 对 $1/\pi$ 作图，由直线的截距即可求得 σ_0，实验表明式(4-18)对许多化合物皆符合。

从 Gibbs 公式和 Langmuir 方程可以得到另一个表面状态方程。Gibbs 公式(2-17)可写成：

$$-d\pi = RT\Gamma d\ln c \qquad (4\text{-}19)$$

将 Γ 以 Langmuir 公式(4-7)代之，积分上式得：

$$\int_0^\pi -d\pi = RT\Gamma^\infty \int_0^c \frac{Kc}{1 + Kc} d\ln c$$

$$\pi = \gamma_0 - \gamma = RT\Gamma^\infty \ln(1+Kc) \qquad (4\text{-}20)$$

式(4-20)即为著名的 Szyszcowski 公式。自 Langmuir 公式(4-7)解得 c 为：

$$c = \frac{\Gamma}{K(\Gamma^\infty - \Gamma)} \qquad (4\text{-}21)$$

代入式(4-20)得：

$$\pi = RT\Gamma^\infty \ln\left(\frac{\Gamma^\infty}{\Gamma^\infty - \Gamma}\right) \qquad (4\text{-}22)$$

将上式与式(4-12)相结合得：

$$\pi = \frac{kT}{\sigma_0} \ln\left(\frac{\sigma}{\sigma - \sigma_0}\right) \qquad (4\text{-}23)$$

式(4-23)即为非离子型溶质吸附单层的一般状态方程。当浓度很稀时，$\sigma \gg \sigma_0$，有：

$$\ln\left(\frac{\sigma}{\sigma - \sigma_0}\right) = \ln\frac{1}{1 - \dfrac{\sigma_0}{\sigma}} \approx \frac{\sigma_0}{\sigma} \qquad (4\text{-}24)$$

代入式(4-24)得 $\pi\sigma \approx kT$。于是式(4-23)还原为理想状态方程。

(2) 离子型溶质吸附单层

对离子型溶质，吸附单层是电离的。实验表明，在相同的分子面积时，有机电解质（如脂肪酸盐）较之相同碳氢链长的极性有机物（如脂肪酸或脂肪醇）有较大的表面压。这增大的部分被认为是吸附单层中同种电荷间的静电排斥力对表面压的贡献。因此离子型吸附单层的表面压可写成：

$$\pi = \pi_k + \pi_e \qquad (4\text{-}25)$$

式中，π_k 为吸附单层中分子动能对表面压的贡献；π_e 为吸附单层中静电排斥力对表面压的贡献。对非离子溶质，$\pi_e = 0$，因此 π_k 实际上相当于非离子型溶质的表面压，因而可应用上节讨论的状态方程。将式(4-25)改写成：

$$\pi_k = \pi - \pi_e$$

与式(4-17)相结合得：

$$\left(\pi + \frac{400m}{A^{3/2}} - \pi_e\right)(A - A_0) = kT \qquad (4\text{-}26)$$

（为了与表面电荷密度 σ 相区别，本部分以 A 和 A_0 代表前述 σ 和 σ_0，分别表示分子在界面所占的面积和分子本身的极限面积）此即为离子型吸附单层的表面状态方程。式中 π_e 可看作是吸附单层电离，形成双电层所导致的自由能降低（$-\Delta G_e$），其值可根据 Gouy-Chapman 扩散双电层理论求出：

$$\pi_e = -\Delta G_e = \int_0^{\psi_0} \sigma\, d\psi \qquad (4\text{-}27)$$

式中，σ 为表面电荷密度；ψ_0 为表面电势。对 1-1 型电解质，由式(3-8)、式(3-12)及式(3-14)得到：

$$\sigma = -\frac{2kT\kappa\varepsilon_0\varepsilon}{e}\sinh\left(\frac{e\psi}{2kT}\right)_{x=0} \qquad (4\text{-}28)$$

代入上式积分得到：

$$\pi_e = \int_0^{\psi_0} \sigma\, d\psi = 4\varepsilon_0\varepsilon\kappa\left(\frac{kT}{e}\right)^2\left[\cosh\left(\frac{e\psi_0}{2kT}\right) - 1\right] \qquad (4\text{-}29)$$

由式(3-15)可得：

$$\varphi_0 = \frac{2kT}{e}\sinh^{-1}\left(\frac{ze\sigma}{2kT\varepsilon_0\varepsilon\kappa}\right) \qquad (4\text{-}30)$$

代入式(4-29)得：

$$\pi_e = \left[\frac{32\varepsilon_0\varepsilon(kT)^3 N}{1000e^2}\right]^{1/2}\sqrt{c}\left[\text{coshsinh}^{-1}\left(\frac{1000\sigma^2}{8\varepsilon_0\varepsilon RTc}\right)^{1/2}-1\right]$$

$$= \alpha_d\sqrt{c}\left[\text{coshsinh}^{-1}\left(\frac{\beta_d}{A\sqrt{c}}\right)-1\right] \tag{4-31a}$$

$$= \alpha_d\sqrt{c}\left[\left(\frac{\beta_d^2}{A^2 c}+1\right)^{1/2}-1\right]$$

式中应用了转换 $\sigma=e\Gamma=e/A$，α_d 和 β_d 分别为常数。25℃时水溶液中，当 c 的单位用 $\text{mol} \cdot \text{L}^{-1}$，每个分子所占面积 A 的单位用 nm^2，则 $\alpha_d=6.03$，$\beta_d=1.37$，于是上式简化为：

$$\pi_e = 6.03\sqrt{c}\left[\left(\frac{1.37^2}{A^2 c}+1\right)^{1/2}-1\right] \tag{4-31b}$$

代入式(4-26)得：

$$\pi = \frac{kT}{A-A_0}-\frac{400m}{A^{3/2}}+6.03\sqrt{c}\left[\left(\frac{1.37^2}{A^2 c}+1\right)^{1/2}-1\right] \tag{4-32}$$

在油/水界面则有：

$$\pi = \frac{kT}{A-A_0}+6.03\sqrt{c}\left[\left(\frac{1.37^2}{A^2 c}+1\right)^{1/2}-1\right] \tag{4-33}$$

当离子强度不大（低电解质浓度）时，即 $Ac^{1/2}<38$ 时，式(4-31)可近似地表示为：

$$\pi_e = \frac{2kT}{A}-6.03\sqrt{c} \tag{4-34}$$

与式(4-26)相结合得到：

$$\pi(A-A_0) = 3kT-\frac{400m}{A^{3/2}}(A-A_0)-6.1\sqrt{c}(A-A_0)-\frac{2kT}{A}A_0 \tag{4-35}$$

对油/水界面，当溶质浓度足够小时，上式简化为：

$$\pi A = 3kT \tag{4-36}$$

与理想状态方程相比，πA 从 $1kT$ 变成 $3kT$，即当分子面积相同时，离子型溶质产生的表面压是非离子溶质的 3 倍，表明离子化对表面压有显著的增强作用。与无盐时离子型溶质的 Gibbs 公式(2-82)相结合得：

$$d\pi = \frac{2}{3}\pi d\ln c$$

或：

$$d\ln\pi = \frac{2}{3}d\ln c \tag{4-37}$$

积分得：

$$\pi = k'c^{2/3} = \frac{3kT}{A} = 3RT\Gamma_R \tag{4-38}$$

简化得：

$$\Gamma_R = kc^{2/3} \tag{4-39}$$

显然有过量无机盐或恒定离子强度时有：

$$\Gamma_R = kc^{1/3} \tag{4-40}$$

式(4-39)和式(4-40)分别为无盐和有过量盐存在时稀浓度离子型溶质在油/水界面的吸附等温式。对长链烷基硫酸盐离子在油/水界面的吸附研究表明，其吸附等温线确实符合式(4-39)和式(4-40)。

以上理论处理将吸附单层视为二维空间的气体，因此称为 2D 气体法。

4.2 铺展单分子层

4.2.1 铺展单分子层和 Langmuir 膜天平

另一类的两亲分子（具有通式 RX，R 为长链烷基，X 可以是—OH，—COOH，—CN，—CONH$_2$，—COOR′，或离子基团—SO$_3$—，—SO$_4$—，NR$_3^+$ 等）亲水性太弱而不能溶于水，但通过适当的方法可以使它们在界面形成单分子层，称为铺展单分子层或不溶物单分子层。例如将极性有机物 RX 溶于有机溶剂配成稀溶液，将此稀溶液少许置于大面积水面上，若满足以下 3 个条件：①有机溶剂和极性有机物在水中不溶或溶解度微不足道；②有机溶剂和溶质之间形成复合物的可能性极小；③有机溶剂的挥发性强而极性有机物的挥发性低，则有机层在水面上铺展（因油/水界面张力低，铺展系数＞0，如油酸 $S_{O/W}$＝24.6，正辛醇 $S_{O/W}$＝35.7），经一定时间后，有机溶剂挥发掉，留下极性有机物。若其数量和水面积大小匹配，恰好使水面为一分子厚的极性有机物所覆盖，则得到铺展单层。以此为参比，若加入的极性有机物量过少，则形成亚单层，过多又形成多层覆盖。其中最令人感兴趣的是单层覆盖。

铺展单层中成膜分子的定向排列与吸附单层中的相同，即以极性头伸入水相，而将非极性链伸向空气，如图 4-2 所示。

在吸附单层一节中已叙述过单分子层具有二维压力，称为表面压。在铺展单层中，这一概念完全相同，表面压的定义仍如式(4-1)，式中 γ_0 为纯水的表面张力，γ 指铺展单层存在时水的表面张力。如图 4-2 所示，在水面放一个浮片，将水面分成两个区域，若在一个区域

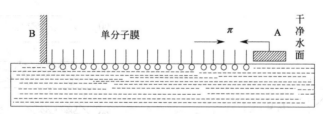

图 4-2　铺展单分子层示意图
B—固定挡板；A—浮片；π—表面压

加入有机相，则得到铺展单层，另一个区域为干净的水面。若无外力存在，铺展单层将有一个力施加在浮片上，使浮片向干净的水面区域移动。设浮片的长度为 l，浮片单位长度上受到的力为 π（即表面压），浮片移动的距离为 dx，铺展单层和干净水面区域的表面张力分别为 γ 和 γ_0，则体系自由能的减少 $(\gamma_0-\gamma)l\,dx$ 等于表面压推动浮片所做的功 $\pi l\,dx$，即：

$$(\gamma_0-\gamma)l\,dx = \pi l\,dx \tag{4-41}$$

简化即得式(4-1)。因此通过测定两区域的表面张力，即可求得表面压。

对铺展单分子层，主要研究其状态和表面压的关系，简单地说即 π-σ 关系，其中 σ 表示每个分子在界面所占的面积。研究装置最初由 Langmuir 设计，称为 Langmuir trough，汉语习惯称为 Langmuir 膜天平。后来经 Adam 和 Harkins 等人改进，目前已有多种商品仪器，供不同研究使用。Langmuir 膜天平的基本结构包括一个基座，即一个浅盘或浅槽，用惰性疏水材料制成；一个活动挡片（浮片）A，用来清洁表面和压缩单层；一个固定挡片

（固定挡板）B；以及一台表面张力测定仪。当活动挡片 A 移动压缩单层或使单层膨胀时，通过表面张力测定仪测出吸附单层区域的表面张力，从而可以计算出表面压 π，而单层的面积可以根据挡片 A 的位移获得，据此可以得出 $\pi\text{-}\sigma$ 关系。

实验时先在槽中放满水，用 Pokels 方法刮净表面，然后将预先配制好的有机相溶液滴于活动挡片 A 与固定挡片 B 之间的水面上，片刻后溶剂即挥发掉，成膜物质铺展于水面上。开动发动机移动活动挡片 A 压缩单层，实时测定表面张力，计算机将自动处理数据，作出压缩过程的 $\pi\text{-}\sigma$ 关系曲线；至最小面积后，再使浮片 A 返回，被压缩的单层膨胀，计算机自动记录膨胀过程的 $\pi\text{-}\sigma$ 关系曲线。通常进行一个压缩-膨胀循环，得到完整的环形 $\pi\text{-}\sigma$ 关系曲线。

进行 $\pi\text{-}\sigma$ 关系的实验时，可能会受到多种因素的影响，比如温度，膜面积改变的速率，水，溶剂，铺展物的纯度等。通常此种实验要在等温下进行。如果测得的是真正的平衡值（通常难以得到），则无论是压缩或膨胀法得到的膜压力应相同。进行空白实验和重复实验可检验水面的干净与否和可能的来自其他途径的污染。精心的选择溶剂是不言而喻的。此外，水的 pH 值，水相中的杂质，空气的氧化作用等都可能对某些单层的研究带来影响，需加以注意。

4.2.2　铺展单分子层的状态和状态方程

现在来考察用膜天平研究得到的 $\pi\text{-}\sigma$ 等温线。首先要说明，对不同的两亲物质可能得到不同的等温线，压缩过程中所经历的阶段也不尽相同。本节只讨论一些共同特征。为了包括尽可能多的特征，图 4-3 采用不成比例的坐标以概括绝大部分的 $\pi\text{-}\sigma$ 曲线特征。当然对某个具体物质的 $\pi\text{-}\sigma$ 曲线，不一定经历图中所有的阶段，或者有些阶段的出现与否与温度有关。

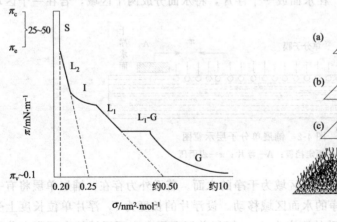

图 4-3　各种单层的 $\pi\text{-}\sigma$
等温线综合示意图

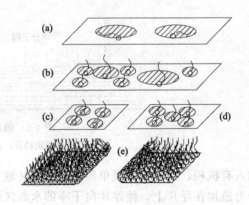

图 4-4　各种状态膜中每个分子
所占的面积大小示意图
（a）气态膜；（b）液态扩张膜；（c）液态凝聚膜；
（d）固态膜；（e）膜破裂

不溶物单分子层中的分子可在二度空间自由运动，其状态可与三维空间气体的状态相比拟，但其复杂性绝不亚于三维气态空间状态。

图 4-3 中 G 段代表气态膜。气态膜中每个分子所占的面积很大，远远超过实际分子自身的面积，如图 4-4(a) 所示。此时的膜压极低，渐近极限为 $\pi\to 0$。对这种极低压的极限情形，可仿照三维气体的理想状态方程，用二维理想状态方程来描述：

$$\pi A = nRT \tag{4-42}$$

式中，A 为膜的总面积；n 为形成膜面积 A 所用成膜物质的物质的量。显然：

$$\frac{A}{nN_0} = \sigma \tag{4-43}$$

式中，N_0 为 Avogadro 常数；σ 为每个分子所占的面积。将上式代入式(4-42)得：

$$\pi\sigma = kT \tag{4-44}$$

可以估算出上式成立的气态膜的膜压上限。如图 4-4(a)所示，气态膜分子至少应平躺在水面。若分子尾长为 l，则分子遮盖的面积为 $3.14 \times l \times l$，25℃时取 $l = 1nm$，代入有关数据得：

$$\pi = \frac{kT}{\sigma} = \frac{(1.38 \times 10^{-16}) \times 298}{3.14 \times (10^{-7})^2} mN \cdot m^{-1} = 1.31$$

这一表面压相当低。若认为表面层的厚度为 1nm，则它已相当于 13atm 的三维气体压力，而当 $\pi = 10mN \cdot m^{-1}$ 时，则相当于 100atm 的三维压力。显然对三维气体，在这样高的压力下早已偏离理想气体性质。因此在二维气态膜中，符合理想状态方程的 π 范围比上式估计的还要低些，通常分子面积在 $10nm^2$ 数量级。

类似于三维气体，对高压、低温或相互作用强的分子，π-σ 关系将偏离式(4-44)。例如，对正构羧酸系列，在高压时出现正偏差，而随着链长的增加，在低压下则出现负偏差，如图 4-5 所示。这是由于链长的增加使分子间的相吸（内聚）作用增强的结果。

图 4-3 中 L_1 段称为液态膜，通常亦称为液态扩张膜［相应于图 4-4(b)］。处于这种状态时，膜中每个分子所占的面积较气态时缩小。一部分碳氢链平躺于表面，另一部分则举离表面。L_1-G 段是一个两相区，表明气态和液态扩张态平衡共存，在一定温度下是一个恒压区域，在此区域内发生显著的压缩，类似于大块物质（三维）相应的气液平衡特征。出现 L_1-G 平衡时的膜压称为膜蒸汽压 π_v。与气态本身相类似，L_1-G 平衡出现于很低的膜压下。以十四醇为例，其 π_v 在 15℃时为 $0.11mN \cdot m^{-1}$。需要注意的是，高于某一温度，区域 L_1-G 即消失。这一温度是气-液平衡临界温度的二维同义量。

L_1 状态的压缩性虽然比气态的要低得多，但还是可以压缩的，直至把所有的 CH_2 基团都挤压出来，使之与水脱离接触。于是每个分子的面积可进一步缩小。L_1 状态的进一步压缩使等温线出现突然的转折，进入所谓的中间态或转变态，即图 4-3 中的 I。在区域 I 中，并非简单的两种状态的相平衡，而是随着进一步压缩，可以出现另一种或更多的状态，其压缩性比液态扩张态要低得多。而如果是一级相转变，I 应该是水平线，但事实上不是。再进一步压缩，等温线进入有线性 π-σ 关系的区域 L_2，此时膜的压缩性相当低。此种膜为第二种液态膜，称为液态凝聚膜，相应于图 4-4(c)。随着 π 的进一步增加，等温线的斜率发生转折，突然变得很陡。这意味着得到压缩系数更小的膜，称为固态膜 S。

将液态凝聚膜和固态膜的等温线外延至 $\pi = 0$，可得到两个截距，以 σ_{L2}° 和 σ_s° 表示。醇类的 σ_{L2}° 值约为 $0.22nm^2$，羧酸类约为 $0.25nm^2$，而 σ_s° 值约为 $0.20nm^2$，与链长及极性头的本性无关。这两种状态的 σ° 值都接近于分子对表面垂直定向时的实际分子的横截面积，但仍比实际分子的横截面积稍大。例如，羧酸的实际横截面积为 $0.185nm^2$（X 射线分析），对此早期的解释认为膜中分子不如固体中分子那样排列紧密，极性头能水化以及膜中分子可能不完全与水面垂直，而是与垂线成 26.5°夹角。也有人提出羧酸基在水面上的最适排列即可导致 $0.205nm^2$ 的分子面积，还有其他一些解释等。σ_s° 和 σ_{L2}° 两者的差异更多地涉及分子的极性头部分，如极性头的更有效的堆积，或者涉及特殊的侧面相互作用（例如通过氢键）。

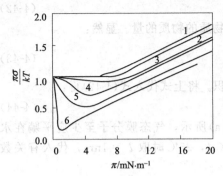

图 4-5　正构羧酸的

$\pi\sigma/(kT)$ 对 π 作图结果

1—C_4；2—C_5；3—C_6；

4—C_8；5—C_{10}；6—C_{12}

而在扩张态中，则更多地涉及分子的碳氢链部分。

固态膜进一步压缩，膜将破裂。膜破裂时的压力 π_c 处于平衡铺展压力的附近。若破裂标志着两亲物质以体相形式出现，则破裂的压力和平衡铺展压力应该是相同的。然而破裂压力对膜的压缩速度极为敏感。例如硬脂酸膜在慢压缩时在 $\pi=15\mathrm{mN\cdot m^{-1}}$ 时破裂，而在快压缩时，π 近于 $50\mathrm{mN\cdot m^{-1}}$ 时才破裂。这说明达到热力学平衡态也是有困难的。

从三维气体运动模型（气体分子运动论）可以导得三维理想气体定律。类似的，铺展单层可以看作是成膜分子能进行二维运动的场所，因此可以仿照三维气体运动来讨论成膜分子的二维运动。从这一模型可导得二维理想状态方程，结果为式(4-44)。

当表面压增加时，状态方程偏离理想状态方程。为此可以仿照三维气体的范德华方程，给出二维状态的修正方程：

$$\left(\pi+\frac{a}{\sigma^2}\right)(\sigma-b)=kT \tag{4-45}$$

式中，a 和 b 为范德华常数的二维相似量。从概念上讲，b 应为 σ°，但上面讨论等温线时，有 σ_{L1}°，σ_{L2}° 和 σ_s°，究竟用哪一个，尚不能预先知道。

对三维范德华方程，在临界温度可以解得一个实根。类似的二维表面膜自气态变为液态扩张态也表现为临界点。然而范德华常数"a"忽略了定向效应对气体能量的任何影响，对三维气体，这无关紧要，但对二维单层，定向效应的影响不能忽略。

2D 气体模型未能考虑水相基底的作用。事实上，成膜分子的极性头伸入水相中，并与水有相互作用。另一种导出状态方程的方法是把表面膜看作是二度空间的二元溶液，从而考虑了基底液的影响。在此表面压可以看作是渗透压的二维同义量，因为膜天平实验中的挡片即类似于半透膜，溶质分子不能越过挡片，而溶剂分子可从挡片底下穿过而到达挡片的另一边（渗透压实验中用半透膜，允许溶剂通过而不允许溶质通过）。考虑渗透平衡时，溶剂的化学位相等。在无溶质的一边，表面溶剂的化学位为：

$$\mu_{1,s}=\mu_{1,s}^\ominus \tag{4-46}$$

在有溶质的一边：

$$\mu_{1,s}=\mu_{1,s}^\ominus+RT\ln a_{1,s}+\int_0^\pi \overline{A}_1\,\mathrm{d}p \tag{4-47}$$

式中，下标 s 表示表面；1 代表溶剂；$\overline{A}_1$ 为溶剂的偏摩尔面积。结合式(4-46)和式(4-47)，并设 $\overline{A}_1$ 与 π 无关，积分得：

$$-RT\ln a_{1,s}=\pi\overline{A}_1 \tag{4-48}$$

对稀溶液，可用摩尔分数 $x_{1,s}$ 代替活度 $a_{1,s}$，而 $x_{1,s}=1-x_{2,s}$，于是有：

$$-RT\ln(1-x_{2,s})=\pi A_1 \tag{4-49}$$

当 $x_{2,s}$ 不大时，指数可以展开：

$$RTx_{2,s}=\pi\overline{A}_1 \tag{4-50}$$

因为是稀溶液，有：

$$x_{2,s} = \frac{n_{2,s}}{n_{1,s} + n_{2,s}} \approx \frac{n_{2,s}}{n_{1,s}} \tag{4-51}$$

式中，n 表示物质的量，于是总表面积为：

$$A_t = n_{1,s}\bar{A}_1 + n_{2,s}\bar{A}_2 \tag{4-52}$$

将式(4-51)和式(4-52)代入式(4-50)得：

$$\pi(A_t - n_{2,s}\bar{A}_2) = RTn_{2,s} \tag{4-53}$$

两边除以 $N_0 n_{2,s}$，这里 N_0 为 Avogadro 常数，注意 $A_t = \sigma_2 N_0 n_{2,s}$，得：

$$\pi(\sigma_2 - \sigma_2^{\circ}) = kT \tag{4-54}$$

去掉下标 2 得到：

$$\pi(\sigma - \sigma^{\circ}) = kT \tag{4-55}$$

式(4-55)即为二维理想气体定律。式中包含了修正项 σ°。当 $\sigma^{\circ} \ll \sigma$ 时，上式还原为式(4-44)。这一模型考虑了底液作为单层的一部分，称为 2D 溶液法，所得结果与 2D 气体法相同。可见不溶单层可以看作是单组分的二维相或是二组分的二元溶液，前者简单，后者复杂，但后者似乎更接近实际。

4.2.3 表面活性物质的不溶膜

通常表面活性物质在水中具有较大的溶解度，因此不能形成不溶膜。然而当碳氢链长增加或水中存在较高浓度的电解质时，表面活性物质亦可形成不溶膜，特别是离子型表面活性物质往往形成带电的不溶膜。

带电不溶膜所产生的表面压由三部分组成。第一部分是由于分子的二维运动所产生，以 π_0 表示；第二部分是由于离子头之间的静电排斥力所产生，以 π_e 表示；第三部分是由于分子的内聚力所产生，以 π_c 表示。因此总表面压可表示为：

$$\pi = \pi_0 + \pi_e + \pi_c \tag{4-56}$$

式中，π_0 和 π_e 为正效应；而 π_c 为负效应，即内聚增加时使表面压减小。

对直链化合物，π_c 有如下近似公式：

$$\pi_c = -\frac{400m}{\sigma^{3/2}} \tag{4-57}$$

式中，m 为碳氢链的碳原子数。

类似于可溶单层，从扩散双电层理论可导得因表面电势所产生的表面压：

$$\pi_e = \alpha_d\sqrt{c}\left[\left(\frac{\beta_d^2}{\sigma^2 c} + 1\right)^{1/2} - 1\right] \tag{4-58}$$

25℃时，$\alpha_d = 6.03$，$\beta_d = 1.37$（σ 以 nm^2 表示）。当 $\sigma\sqrt{c}$ 之值不大（<38）时，上式可简化为：

$$\pi_e = \frac{2kT}{\sigma} - 6.03\sqrt{c} \tag{4-59}$$

而 π_0 可用非离子不溶膜的状态方程式(4-55)来表示，于是得到气/液界面上离子型不溶膜的状态方程：

$$\pi(\sigma - \sigma^{\circ}) = 3kT - \frac{400m(\sigma - \sigma^{\circ})}{\sigma^{3/2}} - 6.03\sqrt{c}\,(\sigma - \sigma^{\circ}) - 2kT\frac{\sigma^{\circ}}{\sigma} \tag{4-60}$$

即与可溶单层的状态方程相同。

离子型表面活性剂和聚氧乙烯型非离子型表面活性剂水溶性较强，一般不能形成稳定的不溶膜。研究表面活性剂的不溶膜，通常采用向基底水相中加过量无机盐或在测定 π-σ 关系时加快膜压缩的速度，以防止成膜物质溶入底相。

离子型表面活性剂的不溶膜多为扩张膜，而非离子型表面活性剂若极性较小，碳氢链较长，则膜状态类似于一般极性有机物（如脂肪酸、十八醇等）。

不同的表面活性剂亦可形成混合膜。与单一组分的膜相比较，可以分析混合膜中各组分的相互作用。这种相互作用通常取决于分子结构。若两组分间有强相互作用，则混合膜将较任一单一组分膜更为凝聚。特别是正、负离子表面活性剂可形成高度凝聚型混合膜。

4.2.4 铺展单分子层和 LB 膜

在适当条件下，不溶物单分子层可以通过非常简单的办法转移到固体基质上，并且基本保持其定向排列的分子层结构。这就是半个多世纪以前由著名化学家 Langmiur 和他的学生 Blodgett 女士首创的膜转移技术。20 世纪 60 年代末，由于分子电子学、纳米电子学和纳米技术的发展，Langmuir-Blodgett 技术成为一种实用的纳米组装技术，得到了极大的发展。

通过将固体基片插入或提出带有不溶膜水面的方法可以将不溶物单分子层转移到固体表面上。如果将一个表面具有疏水性的固体基片慢慢插入表面有铺展单层的水中，则水面上的不溶膜将以其疏水基朝向固体表面的方式转移到固体基片上，这时固体表面变为亲水。如果再将其从表面有铺展单层的水中提出，则第二层单分子层将以亲水基朝向固体表面的方式转移到固体基片上，使固体表面疏水化。如此将同一固体基片多次插入或提出带有不溶膜的水面，则可以将定向单分子层一层一层地叠加在固体基片上形成层积膜，也叫 LB 膜。当然在进行转移时必须维持足够的膜压，通常只有凝聚膜才能达到好的转移效果。随着转移方式的不同，可得到三种不同结构的 LB 膜，即图 4-6 所示的 X型、Y 型和 Z 型。X 型层积膜的各分子层都是按亲水基朝向空气的方式排列；Z 型是各分子层均按疏水基朝向空气的方式排列；而 Y 型则是两分子按照头对头、尾对尾的方式组合。最容易得到的是 Y 型转移膜。它可以通过反复地把同一具有疏水表面的固体基片插入和提出带有不溶膜的水面而制成。若改变各单层的化学组成，则可得到不同的定向单分子层按照规定顺序排列的复合层积膜。如果再应用混合不溶膜技术，则可在三度空间范围内在分子水平上控制材料的组成和结构。

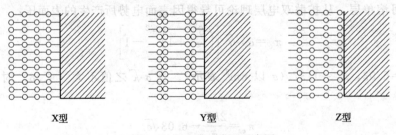

X型　　　　　　　Y型　　　　　　　Z型

■ 图 4-6　LB 膜的类型示意图

许多实验技术已被应用于 LB 膜的研究。例如接触角测定可以指示转移膜的定向和类型：水对 X 型膜应显示很小的接触角；对 Z 型则有相当大的接触角；而对 Y 型膜的接触角则与膜的层数有关。X 射线衍射技术用来证实 LB 膜的定向层状结构，并且可以提供层间距离数据。对于脂肪酸的 Y 型膜，测定结果证实重复结构层间的距离相当于脂肪酸分子长度的两倍。应用椭圆光度法可以测定 LB 膜的厚度。此外，20 世纪 80 年代后期才在隧道扫描显微镜基础上发展起来的原子力显微镜是观测 LB 膜形貌的最有力工具。

LB 膜技术在高新技术发展中有重要意义。它使人们能够在分子水平上控制物质的组成、结构和尺寸，从而得到性质优良的材料。例如，脂肪酸具有非常有效的绝缘功能，单层电阻达到 $10^9\Omega$ 以上，电击穿场强达到 $1MV \cdot cm^{-1}$，加上 LB 膜具有超薄的优势，对于微电子学和分子电子学有重要意义。再者，LB 膜中分子的排列可具有非中心对称结构，有利于构筑各向异性和光学非线性材料。利用混合不溶膜技术可以把一些不具有成膜能力，而具有光学、化学或生物学功能的分子夹带其中，构筑成 LB 膜。利用 LB 膜技术制造分子电子学器件、非线性光学器件、光电转化器件、化学传感器和生物传感器的研究和开发工作在国际上已取得很好进展，正引起各国科学家的广泛兴趣。

4.2.5 铺展单层的一些应用

对不溶单分子层的研究使我们认识了二度空间的分子状态，在理论上具有重要的意义。另一方面，单分子层提供了解决一些实际问题的途径，具有实际应用价值。本节将简单介绍三方面的应用。

(1) 生物膜的模型体系

生物膜的研究在生理学和医学上具有重要的意义。已知的生物膜化学成分包括磷脂、甾醇和蛋白质，细胞膜脂质是磷酸酯的衍生物，其结构通式为：

$$
\begin{array}{l}
CH_2OCOR^1 \\
CHOCOR^2 \\
\qquad\quad OH \\
CH_2O-P-X \\
\qquad\quad OH
\end{array}
$$

式中，R^1 和 R^2 为 $C_{14}\sim C_{20}$ 羧酸，有时为不饱和酸，最常见的是油酸和软脂酸，X 则是乙醇胺，$-O(CH_2)_2NH_2$ 和胆碱，即 $-O(CH_2)_2N^+(CH_3)_3$，其中磷脂酰胆碱即为卵磷脂。这些物质皆能形成不溶性单层。

对生物膜的结构研究表明，它们是由两亲的磷脂分子形成的双分子层，其中嵌布着蛋白质分子，这些蛋白质分子起着酶的作用。这种结构较之于不溶单层更为复杂，但后者可作为前者的模型体系。通过研究膜化学上的较小变化对二维相变化的影响，从而可解释一些生物膜作用机理的变化。

(2) 抑制水的蒸发

在干旱地区，蒸发导致水的损失是十分严重的问题。阻止水的蒸发对人类生存，植物生长等都十分重要，而不溶单层可直接用于此种目的。

研究表明，铺展单层能有效地阻止水的蒸发，特别是当单层由直链化合物构成，内聚性强，膜压高时，效果特别显著。当然这些成膜物质必须无毒，对水生生物没有其他有害的影响。天然物质十六醇和十八醇已被证明是有效的水蒸发抑制剂。在美国对伊利诺斯的两个相邻的小湖进行的对比试验表明，使用 1lb（1lb＝0.4536kg）十六醇可以少蒸发掉 7600gal（1gal＝3.785L）水。对缺水地区水资源的保护非常有价值。

碳氟链的表面活性剂能在油面上生成单分子膜，因而可应用于抑制油的蒸发。这些研究还有待于进一步开展。

(3) 分子结构和分子量的测定

由于不同分子结构可以导致不同的分子截面积，因而其不溶膜的状态亦不同。因此通过

研究不溶膜的 π-A 关系有助于测定分子结构。

在表面分子浓度很稀时，可采用理想状态方程。式(4-55)可写成：

$$\pi A_m = mRT \qquad (4\text{-}61)$$

式中，A_m 为膜中有 m（mol）物质时的膜面积，cm^2。由 $m = W/M$ 得：

$$M = \frac{WRT}{\pi A_m} \qquad (4\text{-}62)$$

在 $\pi \to 0$ 时，可由上式求出物质的分子量。具体是以 πA_m 对 π 作图，将 π 外推至零，所对应的 πA_m 值再代入上式即可求出 M。由于低表面压难以准确测定，因此此法只适用于分子量较小的物质。

思 考 题

1. 什么是表面压？

2. 如何测定表面压？

3. 什么是可溶单分子层或吸附单分子层？

4. 什么是不溶单分子层或铺展单分子层？

5. 什么是 Langmuir 单分子层吸附理论？

6. 离子型表面活性剂产生的表面压包括哪几个部分？

7. 如何制备一个不溶单分子层？

8. 不溶单分子层有哪几种典型状态？

9. 什么是状态方程？

10. 一个可溶单分子层能否转变为不溶单分子层？

11. 不溶单分子层有哪些应用？

第5章

单一表面活性剂
稀溶液的表面性质

由 Gibbs 吸附定理可知，在水溶液中能够产生正吸附的溶质可以使水的表面张力降低，而产生负吸附的溶质则会使水的表面张力有所升高。基于这些特征，人们把能够在水溶液中产生正吸附从而使水的表面张力显著降低的一大类物质（图 2-1 中的第二、第三类物质）称为表面活性物质（surface active materials），如乙醇、丙酸、十二烷基硫酸钠等；而此类物质降低水的表面张力的性质称为表面活性（surface activity）；相应地，不能产生正吸附即不能降低水的表面张力的物质被称为非表面活性物质，如无机盐、葡萄糖等。

在表面活性物质中，有一类物质（图 2-1 中的第三类物质）在很低浓度时就能使水的表面张力显著下降，但当浓度增加至一定值后，表面张力就不再下降或非常缓慢地减小，人们把这一类表面活性物质称为表面活性剂（surfactants），如十二烷基硫酸钠、十二烷基三甲基溴化铵和壬基酚聚氧乙烯(9)醚等物质。

本章将首先简要介绍表面活性剂的分子结构特征、分类和在水中的溶解特性，在此基础上，着重介绍单一表面活性剂稀溶液的表面性质，而有关表面活性剂的胶束形成和增溶现象将在下一章中讨论。如无特别说明，本章讨论的表面活性剂溶液是指水溶液或含水的溶液。

5.1　表面活性剂的分子结构特征和分类

5.1.1　表面活性剂的分子结构特征

人类最早使用的表面活性剂是脂肪酸钠（或者钾）盐，俗称肥皂。早期人们将动植物油脂和草木灰水溶液混合加热制取肥皂；后来随着化学工业的进步，有了苛性碱（NaOH），人们通过用碱皂化油脂制取肥皂。20 世纪 20～30 年代由于第一次世界大战导致了油脂短缺，为了开发肥皂的代用品，在德国诞生了合成表面活性剂，如烷基苯磺酸盐，脂肪醇硫酸盐等。这些表面活性剂分子具有共同的分子结构特征，即分子中同时包含亲水性基团和亲油性基团，例如肥皂中的亲水性基团为—COONa，烷基苯磺酸钠中的亲水性基团为—SO_3Na，而亲油性基团皆为长烷基链。现在人们把这种分子称为两亲分子，其中亲水基为离子的两亲

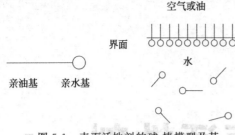

图 5-1 表面活性剂的球-棒模型及其在水/空气（油）界面的定向排列示意图

分子结构上非常类似于火柴，球部为亲水基，梗棒部为烷基，如图 5-1 所示。

亲水基使得该类分子具有一定的水溶性，而亲油基使得该类分子具有一定的油溶性。当这类分子与水接触时，分子中的亲水基与水分子发生强烈的水合作用而导致溶解，同时，分子中的亲油基由于与水分子之间没有亲和力而具有逃逸出水环境的强烈趋势，这两种截然相反的作用使得分子富集于水/空气界面或水/油界面，以亲水基处于水相，亲油基处于空气相或油相，在界面定向排列，如图 5-1 所示。综合结果是表面活性剂在水溶液中产生正吸附，使水的表面张力或油/水界面张力显著下降。

需要指出的是，所有表面活性物质的分子都具有两亲分子结构。就水溶液而言，亲水基的亲水性和亲油基的亲油性要基本匹配才能具有显著的表面活性，任一方过强或过弱均会显著削弱两亲分子的表面活性。例如对于肥皂，当脂肪酸的碳原子数在 8～20 范围内时才成为优良的表面活性剂；碳原子数在 8 以下时，亲水性过强，不能成为表面活性剂；反之，碳原子数在 20 以上时，亲油性过强，在水中的溶解度极小，也不能成为典型的表面活性剂。

5.1.2 表面活性剂的分类

目前，表面活性剂的品种多达数万种，功能和作用多种多样，在民用和工农业领域有着广泛的应用，尤其在工业领域素有"工业味精"之美誉。为了方便研究和应用，需要对表面活性剂进行分类。目前分类的方法多种多样，基本依据是亲水基的种类、分子量大小、来源和元素组成以及功能和作用等。

① 亲水基种类分类法　按照在水溶液中亲水基的带电性质，人们将表面活性剂分为离子型表面活性剂和非离子型表面活性剂；其中，离子型表面活性剂又可以进一步分为阴离子型、阳离子型、两性离子型、阴-阳离子型以及离子-非离子复合型表面活性剂。如表 5-1 所示。

表 5-1　基于亲水基的表面活性剂分类

类　型	分　子　式	中文名称
阴离子型	$C_{12}H_{25}OSO_3^-Na^+$	十二烷基硫酸钠
阳离子型	$C_{16}H_{33}N^+(CH_3)_3Br^-$	十六烷基三甲基溴化铵
两性离子型	$C_{12}H_{25}N^+(CH_3)_2CH_2COO^-$	十二烷基二甲基羧基甜菜碱
非离子型	$C_{12}H_{25}O(CH_2CH_2O)_5H$	十二醇聚氧乙烯醚(5)
阴-阳离子型	$C_8H_{17}N^+(CH_3)_3 \cdot C_8H_{17}SO_4^-$	辛基硫酸辛基三甲基铵盐
离子-非离子复合型	$C_{12}H_{25}O(CH_2CH_2O)_3SO_3^-Na^+$	十二醇聚氧乙烯醚(3)硫酸钠

② 分子量大小分类法　按照表面活性剂分子量的大小，人们将表面活性剂分成低分子（常规）表面活性剂和高分子表面活性剂。常规表面活性剂大多属于低分子量表面活性剂，分子量为几百克/摩尔；而高分子表面活性剂的分子量则一般在几千克/摩尔以上。也可以进一步区分为阴离子型、阳离子型、非离子型和两性离子型表面活性剂。虽然高分子表面活性剂的分子量巨大，但分子仍是由极性和非极性部分组成，如原油破乳剂 4411 是一类非离子型高分子表面活性剂，其亲水部分是聚氧乙烯，而非极性部分是聚氧丙烯。有些高分子表面活性剂可能并不能显著降低水的表面张力和形成典型的胶束结构，但却在固体表面有很好的吸附，常用作分散剂、稳定剂和絮凝剂等。

③ 来源分类法　按照表面活性剂的来源，人们将表面活性剂区分为天然表面活性剂和

合成表面活性剂。所谓天然表面活性剂是指由自然界动物、植物和微生物产生的表面活性剂，如存在于哺乳动物肺部、在呼吸过程中发挥重要功能的肺表面活性剂等；而所谓合成表面活性剂是人类利用石油化工和天然油脂原料通过化学反应合成的表面活性剂。当前，化学合成是人们获得表面活性剂的主要手段，如洗衣粉中的主要活性成分烷基苯磺酸钠，就是用石化产品烷基苯，经磺化、中和等步骤制得的。

④ 元素组成分类法　一般来说，常规表面活性剂的亲油基都是由碳氢元素构成的，当亲油基中的碳或氢元素部分（或全部）地被其他元素取代时，所形成的表面活性剂被称为元素表面活性剂。常见的有氟表面活性剂、硅表面活性剂和硼表面活性剂等。

5.1.3　特殊表面活性剂

随着表面活性剂科学的发展，不断有结构新颖、功能特殊的新型表面活性剂涌现，如Gemini型表面活性剂、可裂解型表面活性剂和可聚合/反应型表面活性剂以及开关型表面活性剂等，这里暂称为特殊表面活性剂。

① Gemini型表面活性剂　Gemini型表面活性剂最早由Menger于1991年定义，它可以理解成两个传统表面活性剂分子通过连接基桥联形成（图5-2），所以又称为孪生表面活性剂、二聚体表面活性剂和双子表面活性剂。与传统表面活性剂相比，Gemini型表面活性剂最引人注目的特点是具有很高的表面活性和能形成特殊的自组装结构，目前已引起国内外学者的广泛关注。从结构上看，阳离子型的易于合成，但应用场合有限，而阴离子型和非离子型的较难合成，目前除了DOW化学公司的烷基二苯醚磺酸盐（阴离子型）外，其他阴离子型和非离子型Gemini表面活性剂鲜有面世。

② 可裂解型表面活性剂　一般来讲，表面活性剂分子具有相当的化学稳定性。但是，出于环境方面的考虑，特别是在生活污水处理过程中，人们希望能够快速降解表面活性剂。可裂解型表面活性剂是指分子结构中具有比较弱的化学连接键、特别是这些连接键位于亲水基和亲油基之间，在酸、碱、紫外线照射和臭氧环境条件下能够迅速断裂的一大类表面活性剂，常见的连接键有酯键、酰胺键、缩醛键和缩酮键等。

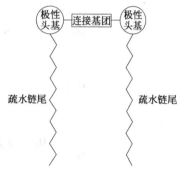

图5-2　Gemini型表面活性剂的结构示意图

③ 可聚合/反应型表面活性剂　在工农业生产领域，表面活性剂在使用后不可避免地会残留在最终产品中，从而可能导致一些副作用。比如，在涂料工业中，表面活性剂往往作为分散剂添加至涂料配方中，但是当涂料涂刷成膜后，涂料中的表面活性剂会向膜表面迁移，从而对涂料膜的稳定性带来不利影响。针对这种仅在某一环节需要表面活性剂，而又不希望在应用后导致副作用的场合，人们开发出了一类可聚合/反应型表面活性剂。通常这类表面活性剂分子中含有一种可聚合/反应的基团或官能团，只要在后续工艺中添加少量的引发剂或反应物，就可以引发表面活性剂分子间的聚合（图5-3）或其他反应，使表面活性剂失效。

④ 开关型表面活性剂　在一些应用领域，例如新材料制备等，希望从最终产品中除去表面活性剂，但这往往不是一件容易的事。为此人们提出了开关型表面活性剂，即给表面活性剂分子安上一个开关，打开时，分子具有表面活性，成为表面活性剂；而关闭时，则分子没有表面活性，易于从体系中分离，还能重复使用。例如，N'-长链烷基-N,N-二甲基乙基脒就是一种CO_2/空气开关型表面活性剂，当向其水溶液中通入CO_2时，得到N'-长链烷基-N,N-二甲基乙基脒碳酸氢盐，是表面活性物质；而如果通入空气或氮气，则又返回到

N'-长链烷基-N,N-二甲基乙基脒，不具有表面活性。用其作为胶束模板制备纳米颗粒，在完成纳米颗粒制备后只要向体系中通入空气，即可使其失活分离，而通入 CO_2 后即可重复使用。可用的开关还包括电化学开关、温度开关、酸碱开关、光开关、离子开关等。图 5-4 给出了一些开关型或刺激响应型表面活性剂的工作原理。

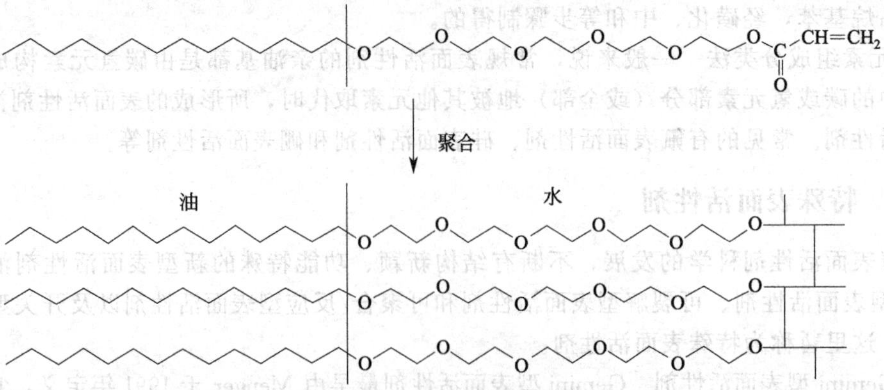

图 5-3 可聚合型表面活性剂

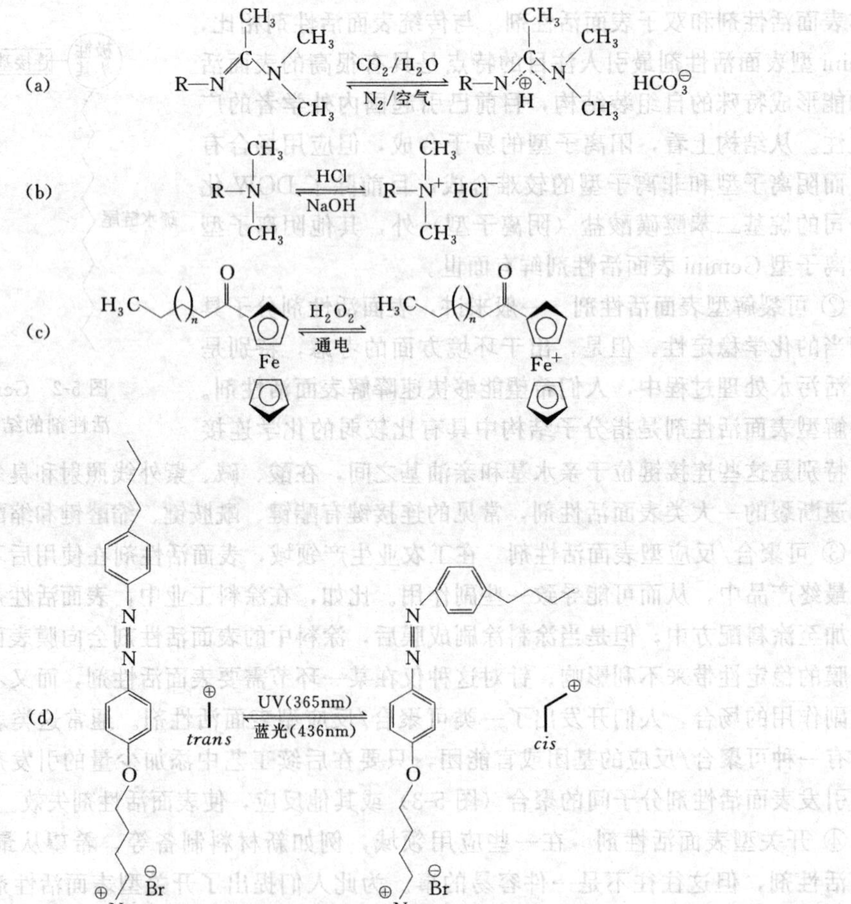

图 5-4 几种开关型或刺激响应型表面活性剂工作原理

(a) CO_2/N_2 开关型表面活性剂；(b) pH 响应型表面活性剂；

(c) 氧化-还原响应型表面活性剂；(d) 光响应型表面活性剂

5.2 表面活性剂的溶解特性

5.2.1 离子型表面活性剂的临界溶解温度（Krafft point）

实验研究表明，在较低的温度（例如冬季室温）下离子型表面活性剂在水中的溶解度通常随温度的升高而缓慢增加，但当达到某一温度后，溶解度突然猛增，如图5-4所示。这一温度称为离子型表面活性剂的临界溶解温度，又称Krafft点（Krafft point）。

离子型表面活性剂在水中的溶解靠的是离子与水分子之间的强相互作用。与无机电解质相类似，低温时溶解度小，溶解度随温度的上升而增加，但是无机电解质绝不会有如图5-4所示的溶解度曲线。离子型表面活性剂之所以会出现这样的溶解度曲线，是因为表面活性离子可以以单体或聚集体（胶束）两种形式存在于水中；低温下只有单体能够溶解，因此溶解度随温度上升缓慢增加，而胶束的溶解需要更高的温度，因此Krafft点正是胶束的溶解温度。Krafft点是离子型表面活性剂的特性常数之一，它从一定程度上表征了离子型表面活性剂在水中的溶解性能。通常Krafft点随碳氢链长的增加而升高（图5-5），当烷基链长相同时，阳离子往往比阴离子具有更低的Krafft点。从实际应用角度看，表面活性剂以具有较大的溶解度为好，因此Krafft点越低越好，特别是用于低温洗涤的表面活性剂，Krafft点应尽可能低。

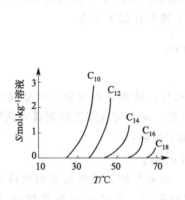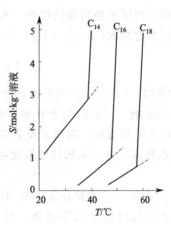

图5-5　烷基硫酸钠的溶解度与温度的关系

5.2.2 非离子型表面活性剂的浊点（Cloud point）

将非离子型表面活性剂溶于水中，浓度为1%左右，得到透明溶液，然后将溶液加热，当达到某一温度时，可以观察到溶液突然变浑浊，这一温度称为浊点（Cloud point）。当温度下降时，溶液又重新变得透明，即浊点现象是可逆的，因此用升温法和降温法测得的浊点是一致的。

非离子型表面活性剂通过分子中醚氧原子或羟基氧原子与水形成氢键而溶于水；而氢键的特性是在低温时牢固，但随着温度的上升而减弱，并最终断裂。因此在低温下非离子型表面活性剂有较大的溶解度；而在较高温度时，随着氢键的断裂，表面活性剂将从溶液中析出，体系从均相变成非均相，外观表现为浑浊。当温度下降时，氢键得以恢复，因此溶液又变得透明。

浊点的高低一定程度上反映了非离子型表面活性剂水溶性的大小，通常浊点越高，表明水溶性越强。对聚氧乙烯型非离子，浊点随环氧乙烷加成数的增加而增加，而无机盐的存在可使浊点显著降低，因此当浊点超过 100℃时，可以加入 NaCl 使浊点降到 100℃以内。

5.2.3 影响表面活性剂水溶性的主要因素

影响表面活性剂水溶性的主要因素有表面活性剂本身的分子结构、外加电解质和有机化合物等。其中分子结构影响主要来源于亲水基和亲油基两方面。

① 亲水基的影响　在亲油基相当的情况下，亲水基的种类不同导致表面活性剂的水溶性各不相同。一般来说，离子型表面活性剂的水溶性远远大于非离子型的，而离子型表面活性剂中，硫酸酯盐、磺酸盐以及阳离子型的水溶性一般大于羧酸盐和磷酸盐型的。

当烷基链长相同时，亲水基在分子中的位置对水溶性有显著的影响。一般来讲，亲水基位于分子中间时比位于分子末端具有更好的水溶性。

增加亲水基的数目会显著增加表面活性剂的水溶性，但有"打破活性剂原有两亲平衡"的风险，导致活性剂的表面活性减弱或丧失。

② 亲油基的影响　表面活性剂的亲油基一般是碳氢链，显然碳氢链的种类和大小对表面活性剂的水溶性有较大影响。按照脂肪族（石蜡烃＜烯烃）＜带脂肪族支链的芳烃＜芳香烃＜带弱亲水基的脂肪族或芳香族亲油基的次序，亲水性递增。或者换句话说，在直链烷基中引入支链、不饱和键、羟基等将导致水溶性增加。

对亲水基相同的同系物表面活性剂，水溶性随亲油基碳原子数的增加而减小。例如离子型表面活性剂同系物的 Krafft 点（T_K）与碳原子数存在如下关系：

$$T_K = a + bn_C \tag{5-1}$$

式中，a、b 为常数；n_C 为亲油基碳原子个数。

③ 无机盐的影响　无机盐离子在水中强烈水化，使得自由水分子数量减小，由此减弱了表面活性剂在水中的溶解。对离子型表面活性剂，加入与表面活性剂具有共同离子的无机盐导致 Krafft 点升高，并与无机盐的浓度存在如下关系：

$$\lg T_K = a' + b' \lg c_s \tag{5-2}$$

式中，a' 和 b' 为常数；c_s 为共存无机盐的浓度。如果所加无机盐与表面活性剂没有相同的离子成分，彼此之间可发生离子交换，情况相对复杂，但总的结果是使活性剂的水溶性降低。

前已述及，非离子型表面活性剂的浊点往往因添加无机电解质而降低。降低的幅度与电解质的离子强度成正比。

④ 有机物的影响　在表面活性剂水溶液中添加低级醇、酮和尿素等与水亲和性较大的有机物时，表面活性剂的水溶性将会增大。例如离子型表面活性剂的 Krafft 点与水溶液中低级醇的浓度有如下关系：

$$\lg T_K = a'' + b'' \lg c_{ROH} \tag{5-3}$$

在 Krafft 点以下温度时，离子型表面活性剂的溶解度很小，如果加入少量的水溶性聚合物，表面活性剂的溶解度亦会增大，且所添加的聚合物分子量越大，效果越显著。

另一方面，非离子型表面活性剂的浊点随极性有机物的添加而降低，但若是添加不超过 1%的烃类物质却可使浊点略有上升，上升幅度随烃类物质的碳链长度增加而增大。

5.2.4　表面活性剂的亲水亲油平衡

作为双亲化合物，表面活性剂的最重要的特性之一是它既可以溶于水又可能溶于油，取决于其分子结构中亲水基和亲油基的相对强弱。早在 1945 年，Griffin 就提出了亲水/亲油平衡（hydrophile-lipophile balance）值的概念，简称 HLB 值。这是首次用数值方法来表示表面活性剂的亲水性大小。其基本思想是：

$$\text{表面活性剂的亲水性} = \frac{\text{亲水基的亲水性}}{\text{憎水基的憎水性}} \tag{5-4}$$

对聚乙二醇型和多元醇型非离子型表面活性剂，HLB 值可用下式计算：

$$\text{HLB} = \frac{E+P}{5} \tag{5-5}$$

式中，E 为分子中聚乙二醇的质量分数；P 为多元醇的质量分数。例如，纯烷烃，$E=0$，$P=0$，所以 HLB=0。而纯粹的聚乙二醇，$E=100$，$P=0$，HLB=20。所以按式(5-5)的定义，非离子型表面活性剂的 HLB 值总是处于 0 和 20 之间。对结构复杂，含其他元素（氮、硫、磷等）的非离子，式(5-5)不适用。

对离子型表面活性剂，由于不同离子的亲水性强弱不同，因此不能用分子量相对大小计算 HLB 值。为此后人提出了 HLB 基团数目加和法，即给组成表面活性剂分子的各个基团规定一个数值，称为 HLB 基团数，然后用下式来计算表面活性剂的 HLB 值：

$$\text{HLB} = 7 + (\text{亲水的基团数}) + (\text{亲油的基团数}) \tag{5-6}$$

一些常见基团的 HLB 基团数如表 5-2 所示。

对同系表面活性剂，HLB 值具有加和性。因此同系混合表面活性剂的 HLB 值可应用加和规则来计算。例如对二元混合物有：

$$(\text{HLB})_m = w_1(\text{HLB})_1 + (1-w_1)(\text{HLB})_2 \tag{5-7}$$

式中，w_1 为表面活性剂 1 的质量分数；$(\text{HLB})_1$ 和 $(\text{HLB})_2$ 分别为表面活性剂 1 和表面活性剂 2 的 HLB 值。注意对有强相互作用的混合表面活性剂体系，式(5-7)不适用。

HLB 概念在表面活性剂的应用中十分重要。通常亦根据表面活性剂的 HLB 值大小来划分其应用范围，特别是对乳化剂的选择，HLB 值方法已成为经典方法，本书将在第 10 章中进一步讨论，读者也可参阅有关文献。

表 5-2　一些常见基团的 HLB 基团数

亲水基	HLB 值	憎水基	HLB 值
—SO₄Na	38.7	—CH=	−0.475
—COOK	21.1	—CH₂—	−0.475
—COONa	19.1	—CH₃	−0.475
—SO₃Na	11	—C₃H₆O—	−0.15
—N=（叔胺）	9.4	—CF₂—	−0.870
酯（失水山梨醇环）	6.8	—CF₃	−0.870
酯（自由）	2.4		
—COOH	2.1		
—OH（自由）	1.9		
—O—（醚基）	1.3		
—OH（失水山梨醇环）	0.5		
—C₂H₄O—	0.33		

5.3 单一表面活性剂稀溶液的表面性质

5.3.1 表面活性剂在表面相的化学位和 Butler 方程

在第 2 章讨论自溶液的吸附时，曾定义溶液表面相的绝对组成为 Δn_1（mol）的组分 1（溶剂）和 Δn_2（mol）的组分 2（溶质）。于是在等温等压下，表面相的 Gibbs 自由能 G^s 定义为：

$$dG^s = \mu_1 d(\Delta n_1) + \mu_2 d(\Delta n_2) + \gamma dA \tag{5-8}$$

式中，μ_1 和 μ_2 分别为组分 1 和组分 2 的化学位；γ 为表面张力；A 为表面面积。平衡时，表面相的化学位与体相中的化学位相等。保持强度性质不变，积分上式得：

$$G^s = \mu_1 \Delta n_1 + \mu_2 \Delta n_2 + \gamma A \tag{5-9}$$

对上式全微分再与式(5-8)相结合，即得表面相的 Gibbs-Duhem 方程：

$$\Delta n_1 d\mu_1 + \Delta n_2 d\mu_2 + A d\gamma = 0 \tag{5-10}$$

Butler 定义表面相的偏摩尔自由能（或表面化学位）μ_i^s 如下：

$$\mu_i^s = \left[\frac{\partial G^s}{\partial(\Delta n_i)} \right]_{T,p,\Delta n_j} \tag{5-11}$$

显然，i 组分的表面化学位 μ_i^s 不同于 Gibbs 化学位 μ_i。从式(5-9)可得：

$$\left[\frac{\partial G^s}{\partial(\Delta n_i)} \right]_{T,p,\Delta n_j} = \mu_i + \gamma \left[\frac{\partial A^s}{\partial(\Delta n_i)} \right]_{T,p,\Delta n_j} \tag{5-12}$$

当 Δn_2 不变时，Δn_1 的变化必导致表面面积 A 的变化，即式(5-12)中右边第二项不为零。由此得到：

$$\mu_i^s \neq \mu_i \tag{5-13}$$

Butler 定义表面相 i 组分的偏摩尔面积为：

$$A_i^s = \left[\frac{\partial A}{\partial(\Delta n_i)} \right]_{T,p,\Delta n_j} \tag{5-14}$$

将式(5-11)和式(5-14)代入式(5-12)得：

$$\mu_i^s = \mu_i + \gamma A_i^s \tag{5-15}$$

于是有：

$$\gamma = \frac{\mu_1^s - \mu_1}{A_1^s} = \frac{\mu_2^s - \mu_2}{A_2^s} \tag{5-16}$$

总表面面积 A 为 T，p，Δn_1 和 Δn_2 的函数，在等温等压下有：

$$dA = A_1^s d(\Delta n_1) + A_2^s d(\Delta n_2) \tag{5-17}$$

应用 Gibbs 积分得：

$$A = A_1^s \Delta n_1 + A_2^s \Delta n_2 \tag{5-18}$$

若取 $A_1^s = N_0 \sigma_1$，$A_2^s = N_0 \sigma_2$，式中 N_0 为 Avogadro 常数，σ_1 和 σ_2 分别为组分 1 和组分 2 的分子面积，则式(5-18)可写成：

$$N_0(\sigma_1 \Delta n_1 + \sigma_2 \Delta n_2) = A \tag{5-19}$$

式(5-19)即为单分子层模型公式。对式(5-15)微分，再与式(5-17)和式(5-18)相结合得：

$$\Delta n_1 \mathrm{d}\mu_1^s + \Delta n_2 \mathrm{d}\mu_2^s = 0 \tag{5-20}$$

将表面相看作是二元溶液,采用与体相溶液类似的热力学处理,表面相的化学位又可用下式表达:

$$\mu_i^s = \mu_i^{s,0} + RT\ln f_i^s x_i^s \tag{5-21}$$

式中,x_i^s 为表面相中组分 i 的摩尔分数;f_i^s 为相应的表面活度系数。当 $x_i^s \to 1$ 时,$f_i^s \to 1$,于是 $\mu_i^s \to \mu_i^{s,0}$。因此 $\mu_i^{s,0}$ 指纯组分 i 时的表面化学位。由式(5-15)可得:

$$\mu_i^{s,0} = \mu_i^0 + \gamma A_i^s \tag{5-22}$$

对组分 1,即溶剂有:

$$\mu_1^{s,0} = \mu_1^0 + \gamma_1^0 A_1^s \tag{5-23}$$

式中 γ_1^0 为纯溶剂的表面张力。取组分 1 的摩尔表面积 $N_0\sigma_1$ 等于其偏摩尔面积 A_1^s。式(5-22)表明,$\mu_i^{s,0}$ 和 μ_i^0 是不相同的,因此 f_i^s 和 f_i 的参考态也不相同。对体相:

$$\mu_i = \mu_i^0 + RT\ln f_i x_i \tag{5-24}$$

由式(5-15)和式(5-21)得:

$$\mu_i = \mu_i^{s,0} + RT\ln f_i^s x_i^s - \gamma A_i^s \tag{5-25}$$

式(5-24)和式(5-25)称为 Butler 方程,是溶液表面化学的一个重要的基本方程。

5.3.2 Szyszkowski、Langmuir 和 Frumkin 方程

在第 2 章我们得到单一非离子型表面活性剂的 Gibbs 方程为:

$$-\mathrm{d}\gamma = \Gamma_2 \mathrm{d}\mu_2 = \Gamma_2 RT\mathrm{d}\ln a_2 \approx \Gamma_2 RT\mathrm{d}\ln c_2 \tag{5-26}$$

式中,c_2 为非离子型表面活性剂的浓度。因为吸附是单分子层的,可应用第 4 章中获得的 Langmuir 公式:

$$\Gamma_2 = \Gamma_2^\infty \frac{Kc_2}{1+Kc_2} \tag{5-27}$$

式中,Γ_2^∞ 为溶质的饱和吸附量;K 为常数。将式(5-27)代入式(5-26)积分得:

$$\gamma_0 - \gamma = RT\Gamma_2^\infty \ln(1+Kc_2) \tag{5-28}$$

式中,γ_0 为纯溶剂的表面张力。式(5-28)即为著名的 Szyszkowski 公式。Szyszkowski 公式最初是作为经验公式提出来的,上述结果表明,该公式可由 Gibbs 公式和 Langmuir 公式得到。但 Langmuir 公式亦是半经验的。

现在借助于 Butler 方程,可以较严格地从热力学来导出 Szyszkowski 公式和 Langmuir 方程。

对二组分体系,设界面相由 Δn_1(mol)的组分 1 和 Δn_2(mol)的组分 2 构成,并进一步假定:

$$\Delta n_1 + \Delta n_2 = \Gamma^\infty A \tag{5-29}$$

由于 Δn_1 是大于零的,显然式中 Γ^∞ 不是 Gibbs 过剩量,而是表面吸附的极限值。可认为 Γ^∞ 是界面相中组分 2 的绝对极限浓度:

$$\Gamma^\infty = \frac{(\Delta n_2)_{饱和}}{A} \tag{5-30}$$

由于表面活性剂产生强烈的正吸附,饱和吸附时其 Gibbs 过剩 Γ_2^1 非常接近于 $\Delta n_2/A$,因此将表面吸附的极限值 Γ^∞ 视为表面活性剂饱和吸附时的 Gibbs 过剩是合理的。于是 Γ^∞ 可应用 Gibbs 公式求出。

对式(5-29)微分并与式(5-11)相结合得：

$$A_1^s = A_2^s = \frac{1}{\Gamma^\infty} \tag{5-31}$$

定义：

$$x_i^s = \frac{\Delta n_i / A}{\Gamma^\infty} = \frac{\Gamma_i}{\Gamma^\infty} \tag{5-32}$$

由：

$$\sum x_i^s = \sum \frac{\Gamma_i}{\Gamma^\infty} = 1 \tag{5-33}$$

可得：

$$\Gamma^\infty = \sum \Gamma_i = \Gamma_1 + \Gamma_2 \tag{5-34}$$

相平衡时，由 Butler 方程式(5-24)式(5-25)得：

$$\mu_i^{s,0} - \mu_i^0 - \frac{\gamma_0}{\Gamma^\infty} = RT \ln \frac{f_i x_i}{f_i^s x_i^s} + \frac{\gamma - \gamma_0}{\Gamma^\infty} \tag{5-35}$$

定义：

$$RT \ln a_i = \mu_i^{s,0} - \mu_i^0 - \frac{\gamma_0}{\Gamma^\infty} \tag{5-36}$$

式(5-36)中右边恰好是 i 组分自体相吸附到表面相的标准摩尔吸附自由能：

$$(\Delta G_i^\ominus)_{ads} = RT \ln a_i \tag{5-37}$$

将式(5-36)和式(5-35)相结合得：

$$a_i = \frac{f_i x_i}{f_i^s x_i^s} \exp\left(\frac{\gamma - \gamma_0}{RT\Gamma^\infty}\right) \tag{5-38}$$

式(5-38)表明，a_i 的物理意义为无限稀释时 i 组分在体相和表面相的分配系数。对组分 1 和组分 2，分别有：

$$a_1 = \frac{f_1 x_1}{f_1^s x_1^s} \exp\left(\frac{\gamma - \gamma_0}{RT\Gamma^\infty}\right) \tag{5-39}$$

$$a_2 = \frac{f_2 x_2}{f_2^s x_2^s} \exp\left(\frac{\gamma - \gamma_0}{RT\Gamma^\infty}\right) \tag{5-40}$$

将式(5-24)和式(5-25)应用于组分 1 得：

$$\mu_1 = \mu_1^0 + RT \ln f_1 x_1 \tag{5-41}$$

$$\mu_1 = \mu_1^{s,0} + RT \ln f_1^s x_1^s - \gamma A_1^s \tag{5-42}$$

对纯组分 1（无溶质），上两式又可写成：

$$\mu_1 = \mu_1^0 + RT \ln f_1^0 x_1^0 \tag{5-43}$$

$$\mu_1 = \mu_1^{s,0} + RT \ln f_1^{s,0} x_1^{s,0} - \gamma_0 A_1^s \tag{5-44}$$

式中，$f_1^{s,0}$，$x_1^{s,0}$ 分别为纯水时水在界面相的活度系数和摩尔分数；f_1^0 和 x_1^0 为纯水时水在体相中的活度系数和摩尔分数。类似地得到：

$$a_1 = \frac{1}{f_1^{s,0}} \tag{5-45}$$

由于表面活性剂的浓度通常很稀，因此近似地有：

$$f_1 x_1 \approx f_1^0 x_1^0 \approx f_1^0 = 1 \tag{5-46}$$

将式(5-39)、式(5-40)和式(5-33)、式(5-45)以及式(5-46)相结合，消去界面相的摩尔分数得：

$$\gamma_0 - \gamma = RT\Gamma^\infty \ln\left(\frac{f_1^{s,0}}{f_1^s} + \frac{f_2 x_2}{f_2^s a_2}\right) \tag{5-47}$$

将式(5-41)，式(5-42)与式(5-43)，式(5-44)以及式(5-46)相结合，消去 μ_1^0 和 $\mu_1^{s,0}$ 得：

$$\gamma_0 - \gamma = RT\Gamma^\infty \left(\ln\frac{1}{x_1^s} + \ln\frac{f_1^{s,0}}{f_1^s}\right) \tag{5-48}$$

由式(5-33)可得：

$$x_1^s = 1 - \frac{\Gamma_2}{\Gamma^\infty} \tag{5-49}$$

对单一非离子型表面活性剂体系，表面活性剂在体相中的活度系数 f_2 可视为 1，由于表面活性剂的强烈吸附，达到饱和吸附时，溶剂的吸附量相对于表面活性剂的吸附量可忽略不计，即有：

$$\Gamma^\infty \approx \Gamma_2^\infty \tag{5-50}$$

若设：

$$f_2^s \approx 1 \tag{5-51}$$

再做近似：

$$\frac{f_1^{s,0}}{f_1^s} = 1 \tag{5-52}$$

则式(5-47)简化为：

$$\gamma_0 - \gamma = RT\Gamma_2^\infty \ln\left(1 + \frac{x_2}{a_2}\right) = 2.303 RT\Gamma_2^\infty \lg\left(1 + \frac{x_2}{a_2}\right) \tag{5-53}$$

将式(5-49)和式(5-52)代入式(5-48)得：

$$\gamma_0 - \gamma = -RT\Gamma_2^\infty \ln\left(1 - \frac{\Gamma_2}{\Gamma_2^\infty}\right) = -2.303 RT\Gamma_2^\infty \lg\left(1 - \frac{\Gamma_2}{\Gamma_2^\infty}\right) \tag{5-54}$$

式(5-53)和式(5-54)即分别为以摩尔分数为浓度单位的 Szyszkowski 公式和 Frumkin 方程，两式结合则得到 Langmuir 方程：

$$\frac{\Gamma_2}{\Gamma_2^\infty} = \frac{x_2/a_2}{1 + x_2/a_2} \tag{5-55}$$

或：

$$\Gamma_2 = \Gamma_2^\infty \frac{x_2/a_2}{1 + x_2/a_2} \tag{5-56}$$

对离子型表面活性剂可得到类似的公式。设有离子型表面活性剂 $R^- Na^+$，在电解质 NaCl 存在时，由于电离，水溶液中存在 R^-，Na^+ 和 Cl^- 以及溶剂水四个组分。以组分 1 代表水，定义体相和界面相的摩尔分数分别为：

$$x_1 + x_{R^-} + x_{Na^+} + x_{Cl^-} = 1 \tag{5-57}$$

$$x_1^s + x_{R^-}^s + x_{Na^+}^s + x_{Cl^-}^s = 1 \tag{5-58}$$

由于是离子型表面活性剂，相平衡条件须考虑电中性。即对电解质 (jk)，相平衡条件为：

$$\mu_j + \mu_k = \mu_j^s + \mu_k^s \tag{5-59}$$

由此得到：

$$a_{jk} = \frac{f_j x_j f_k x_k}{f_j^s x_j^s f_k^s x_k^s} \exp\left[\frac{2(\gamma - \gamma_0)}{RT\Gamma^\infty}\right] \tag{5-60}$$

定义：

$$RT\ln a_{jk} = (\mu_j^{s,0} + \mu_k^{s,0}) - (\mu_i^0 + \mu_k^0) - \frac{2\gamma_0}{\Gamma^\infty} \tag{5-61}$$

显然 $RT\ln a_{jk}$ 为电解质（jk）的标准摩尔吸附自由能。通常 a_{jk} 随链长增加而减小。链长增加一个—CH_2—，a_{jk} 降低 1/4～1/2。式中 Γ^∞ 为各组分的总饱和吸附量：

$$\Gamma^\infty = \Gamma_1 + \Gamma_{Na^+} + \Gamma_{Cl^-} + \Gamma_{R^-} \approx (\Gamma_{R^-} + \Gamma_{Na^+})^\infty = 2\Gamma_{R^-}^\infty \tag{5-62}$$

其倒数 $1/\Gamma^\infty$ 为吸附组分的极限面积，通常与链长无关。类似的表面相的摩尔分数定义为：

$$x_i^s = \frac{\Gamma_i}{\Gamma^\infty} \tag{5-32}$$

做有关活度系数的类似假定，并考虑到 $a_{NaCl} \gg a_{NaR}$，可得到：

$$\gamma_0 - \gamma = 2RT\Gamma_{R^-}^\infty \ln\left[2\frac{f_\pm}{f_\pm^s}\left(\frac{x_{Na^+} x_{R^-}}{a_{NaR}}\right)^{1/2} + \frac{f_1^{s,0}}{f_1^s}\right] \tag{5-63}$$

$$\gamma_0 - \gamma = -RT\Gamma_{R^-}^\infty \left(\ln x_1^s + \ln\frac{f_1^s}{f_1^{s,0}}\right) \tag{5-64}$$

$$\Gamma_{R^-} = \Gamma_{R^-}^\infty \left[\frac{2\frac{f_\pm}{f_\pm^s}\left(\frac{x_{Na^+} x_{R^-}}{a_{NaR}}\right)^{1/2}}{1 + 2\frac{f_\pm}{f_\pm^s}\left(\frac{x_{Na^+} x_{R^-}}{a_{NaR}}\right)^{1/2}}\right] \tag{5-65}$$

式中，$f_\pm^s$ 为表面相中 R^-Na^+ 的平均离子活度系数；$f_\pm$ 为体相中 R^-Na^+ 的平均离子活度系数。当没有无机电解质存在而本身浓度又很低时，$f_\pm$ 可视为 1，而当体相中离子强度较高时，$f_\pm$ 将偏离 1，其值可应用 Debye-Hückel 公式计算：

$$\lg f_\pm = -\frac{A|z^+z^-|\sqrt{I}}{1 + 10\alpha B\sqrt{I}} \tag{5-66}$$

式中，I 为离子强度（见第 3 章定义）；z 为离子的价数；A 和 B 为常数，25℃ 时分别为 0.509 和 0.331；α 为离子靠近的平均距离，nm，对无机反离子，α 取 0.03，对有机表面活性离子，α 取 0.06。并可取平均值：

$$\lg f_\pm = (\lg f_+ + \lg f_-)/2 \tag{5-67}$$

在油/水界面，由于吸附单层是理想的，$f_\pm^s$ 可取 1。但在水/空气界面，吸附单层通常是非理想的，因此 $f_\pm^s$ 不等于 1。实验证明，这种表面的非理想性是由憎水基的内聚作用所致。在油/水界面，憎水基被油分子隔开，使碳氢链间的内聚力大大减弱，因而显示出理想行为。

体相中各组分的摩尔分数可按下式计算：

$$x_i = \frac{c_i}{55.51 + \sum c_i} \tag{5-68}$$

式中，c_i 为第 i 种离子的浓度；55.51 为 25℃ 时 1L 水的物质的量。式(5-63)和式(5-65)即为离子型表面活性剂的 Szyszkowski 公式和 Langmuir 方程。

式(5-63)表明，离子型表面活性剂的表面压随 $\sqrt{x_{R^-} x_{Na^+}}$ 或 $\sqrt{c_{R^-} c_{Na^+}}$ 的增加而增加。

在实践中观察到，向离子型表面活性剂溶液中加入含有相同离子的无机电解质，往往促进表面吸附，使达到相同表面张力下降所需的表面活性剂浓度下降。式(5-63)对这一现象提供了解释：表面压的大小取决于离子型表面活性剂的离子积，当存在含有同离子的无机电解质时，同离子效应使离子积增大。如在 RNa 溶液中加入 NaCl，则 x_{Na^+} 大大增加，从而导致 $\sqrt{c_{R^-}c_{Na^+}}$ 增加，因此达到相同的离子积时，x_{R^-} 就比不加 NaCl 时低得多。

上述理论基于 Butler 方程和相平衡理论，把表面看作是二维溶液，因此这一处理方法被称为 2D 溶液法。

5.3.3 表面活性剂降低表面张力的效率和效能

为定量地表征表面活性剂降低溶液表面张力的能力，Rosen 等提出了表面活性剂降低水的表面张力的效率和效能的概念。图 5-6 是典型的表面活性剂水溶液的表面张力（γ）随表面活性剂浓度的对数（$\lg c$）的变化，即 γ-$\lg c$ 曲线。在稀浓度阶段，$-d\gamma/d\lg c$ 逐渐增加，由 Gibbs 公式可知，Gibbs 过剩（吸附量）逐渐增加。一般当水的表面张力下降（或表面压达到）$20mN \cdot m^{-1}$ 以后，$-d\gamma/d\lg c$ 基本为常数，即吸附达到饱和，$\Gamma \rightarrow \Gamma^{\infty}$，$\gamma$ 随 $\lg c$ 线性下降直至达到临界胶束浓度（cmc）后不再下降。为此 Rosen 等提出，将使水的表面张力下降 $20mN \cdot m^{-1}$ 所需要的表面活性剂浓度的负对数 pc_{20}，定义为该表面活性剂降低水的表面张力的效率：

$$pc_{20} = -\lg c_{\pi=20} \qquad (5-69)$$

pc_{20} 值越大，表明该表面活性剂越能在更低的浓度有效地降低水的表面张力，即在溶液表面吸附的效率越高。一些常见表面活性剂的 pc_{20} 值列于附录Ⅳ中，从这些数据可以总结出以下一系列规律：

① 对直链烷基型表面活性剂，亲水基相同时，pc_{20} 随烷基碳原子数的增加而线性增大。对离子型表面活性剂而言，烷基链增加 2 个—CH_2—，pc_{20} 值将增大 0.56～0.6 倍，这意味着将水的表面张力降低 $20mN \cdot m^{-1}$ 所需要的表面活性剂浓度只是原来的 25%～30%；对 AEO_n 型非离子型表面活性剂而言，烷基链增加 2 个—CH_2—，pc_{20} 值将增大 0.9 倍，即使水的表面张力降低 $20mN \cdot m^{-1}$ 所需要的表面活性剂浓度只是原来的 14%左右。

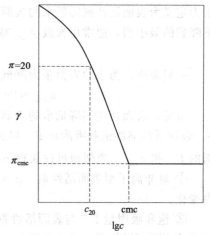

图 5-6　表面活性剂降低表面张力的效率和效能示意图

② 疏水基中若含有苯环，则一个苯环的贡献相当于 3.5 个—CH_2—；在两个亲水基之间的亚甲基的贡献相当于直链型烃链中 0.5 个—CH_2—。

③ 当疏水基中含有支链结构时，支链烃链的贡献相当于等同碳原子数直链的 2/3，当亲水基不在疏水基的末端时，情况与支链结构相似；当直链型疏水基中含有不饱和键时，使 pc_{20} 减小。

④ 对阴离子-非离子复合型表面活性剂 $RO(CH_2CH_2O)_n SO_3^- Na^+$，$n=1$，2 或 3，第一个—$OCH_2CH_2$—片段的贡献相当于 2.5 个—$CH_2$—，而其余—$OCH_2CH_2$—片段的贡献不大，甚至没有贡献。

⑤ 季铵盐或者氧化胺类表面活性剂中，N 原子连接的短链烷基（总碳原子数不大于 4）

对 pc_{20} 的贡献似乎不大,决定 pc_{20} 的因素主要是 N 原子上的长链疏水基。

⑥ 对于 AEO_n 型非离子型表面活性剂,当 n 大于 6 时,亲水基片段的长度对 pc_{20} 的影响很小。总体来讲,相同疏水基结构的表面活性剂,非离子型的 pc_{20} 比离子型的大,这主要与离子型表面活性剂亲水基(离子)之间的静电排斥作用对吸附的阻碍作用有关。

⑦ 对同价数离子型表面活性剂,阴离子型和阳离子型的 pc_{20} 相差不大;但不同半径的反离子对 pc_{20} 却有显著的影响,半径小的反离子使 pc_{20} 明显增大,因为其与表面活性剂离子之间的结合紧密,部分中和了表面活性离子的电荷,从而降低了亲水基离子间的静电排斥。

⑧ 一些水溶助长型物质可以显著地降低 pc_{20};例如当加入少量尿素或 N-甲基乙酰胺等时,可以使非离子型表面活性剂的 pc_{20} 降低,而加入水结构形成剂(如果糖、木糖)则使 pc_{20} 增大。

⑨ 在 10~40℃ 范围内,温度升高使非离子型表面活性剂的 pc_{20} 增加,但使离子型和两性型表面活性剂的 pc_{20} 减小。

⑩ 碳氢链疏水基中氢原子被氟取代后,pc_{20} 显著增加。

从定义可知,pc_{20} 考虑的是浓度/效率因素。而在许多场合需要将水的表面张力或油/水界面张力降到尽可能低的程度,而不计较所需的表面活性剂浓度大小。从图 5-5 可见,当表面活性剂浓度达到 cmc 后,表面张力即不再下降,因此 Rosen 等提出,将 cmc 处的表面张力定义为表面活性剂降低水的表面张力的效能,它是指一个表面活性剂能使水的表面张力下降到的最小值,通常用参数 γ_{cmc} 或 π_{cmc} 来表征:

$$\pi_{cmc} = \gamma_0 - \gamma_{cmc} \tag{5-70}$$

一般来讲,当水的表面张力降低 $20 mN \cdot m^{-1}$ 后,$\gamma\text{-lg}c$ 关系呈线性变化,于是得:

$$\pi_{cmc} \approx 20 + 2.303 nRT\Gamma^{\infty} \lg(cmc/c_{20}) \tag{5-71}$$

可见,表面活性剂降低水的表面张力的效能与浓度随表面活性剂变化而变化的离子数目 n、表面活性剂的饱和吸附量 Γ^{∞} 以及 cmc/c_{20} 等参数有关。附录Ⅳ中列出了常见表面活性剂的 Γ^{∞} 和 π_{cmc},类似地可以获得下列基本规律:

① 对非离子型表面活性剂,$n=1$,对 1-1 型离子型表面活性剂,n 的取值在 1~2 范围内变化。

② 饱和吸附量 Γ^{∞} 与表面活性剂的类别、分子结构以及温度和体系中的共存物质有关。对离子型表面活性剂,疏水基碳原子个数在 10~16 范围内变化,或者疏水基中引入支链结构对 Γ^{∞} 的影响不大,但溶液离子强度的增大会使 Γ^{∞} 增大;亲水基体积增大会导致 Γ^{∞} 减小,例如对 AEO_n 型非离子表面活性剂,EO 数 n 增加使 Γ^{∞} 减小,而疏水基增长使 Γ^{∞} 增加;此外温度升高一般使得离子型表面活性剂的 Γ^{∞} 略有下降。

③ 影响 cmc/c_{20} 参数大小的因素如下:对离子型表面活性剂而言,疏水基长度增加使得 cmc/c_{20} 参数略有增大;疏水基中引入支链结构或者亲水基处于疏水基链段中间部位使得 cmc/c_{20} 参数增大;亲水基体积增大使得 cmc/c_{20} 参数增加;对于 AEO_n 型非离子表面活性剂,EO 数 n 增大使 cmc/c_{20} 参数增大,而疏水基链长增加却使 cmc/c_{20} 参数减小;在 10~40℃ 范围内温度升高,cmc/c_{20} 参数减小。

从上述影响因素的总结可以看出,有些因素对饱和吸附量 Γ^{∞} 和 cmc/c_{20} 的影响是平行的(即同时增加或减小),而有些因素对两者的影响却是相反的。

一般来讲,增加疏水基链长对离子型表面活性剂的 Γ^{∞} 和 cmc/c_{20} 影响较小,因此对离子型表面活性剂降低表面张力的效能影响不大。

此外，疏水基中引入支链结构对 cmc/c_{20} 的影响较大，而对 Γ^∞ 的影响较小，因此可以推断，疏水基中引入支链结构有利于提高表面活性剂降低水的表面张力的效能。

从附录 IV 中数据还可以总结出，对于碳氢链表面活性剂，亲水基体积较小的非离子、疏水基碳数大于 6（且疏水基长度等同或接近）的阴-阳离子类表面活性剂具有较大的 π_{cmc}。由于阴-阳离子互相中和，这些物质的亲水基体积小，亲水基之间没有强烈的静电排斥作用，在界面可以紧密排列，Γ^∞ 很大，从而导致有较大的 cmc/c_{20} 值和 π_{cmc}。

此外，若将普通的碳氢链离子型表面活性剂替换或部分替换成 Si（取代 C 原子）或者 F（取代 H 原子）表面活性剂，则 cmc/c_{20} 值将显著增大。这类表面活性剂的 Γ^∞ 也很大，因此具有比 C—H 链表面活性剂更高的 π_{cmc} 或更低的 γ_{cmc}。

向离子型表面活性剂水溶液中加入中性电解质使得表面活性剂的 Γ^∞ 显著增加，同时使得 cmc/c_{20} 增大，因而使表面活性剂降低水的表面张力的效能增大。

对比季铵盐 $C_{14}H_{29}N^+(CH_3)_3Br^-$ 和 $C_{14}H_{29}N^+(C_3H_7)_3Br^-$ 可以看出，在不改变亲水基类别的基础上增大亲水基体积，表面活性剂在界面的分子截面积增大、饱和吸附量 Γ^∞ 减小，但是 $\lg(cmc/c_{20})$ 值仅有少许改变，所以 π_{cmc} 减小。

对于疏水基为 12 个碳的 AEO_n 型非离子型表面活性剂，EO 数 n 在 $1\sim8$ 范围内增加，Γ^∞ 有所下降，而 cmc/c_{20} 增加；但是 Γ^∞ 下降的幅度超过了 $\lg(cmc/c_{20})$ 改变的幅度，最终使得 π_{cmc} 明显减小。

当 EO 数 n 大于 8 时，随着 n 的增加，$\lg(cmc/c_{20})$ 改变的幅度很小，而且 Γ^∞ 下降幅度也很小，此时，表面活性剂的 π_{cmc} 随 n 的增加仅有少许减小。

此外，若 n 固定，疏水基链长增加，则 Γ^∞ 和 $\lg(cmc/c_{20})$ 几乎等幅度地增减，此时，疏水基的长短对效能的影响很小。

对于离子型和 AEO_n 型非离子型表面活性剂，升高温度使饱和吸附量 Γ^∞ 和 cmc/c_{20} 同时减小，尽管溶液表面张力也会随温度升高而降低，但是 π_{cmc} 总是随温度升高而减小。

以上所总结出的规律多而杂，对初学者虽不难理解，但却难以牢记。其实根据 Szyszkowski 公式结合基本的表面活性剂结构与性能的关系不难掌握上述规律。从式(5-28)或式(5-53)可以判断，要获得高 pc_{20}，主要是要有较大的 K 值，即表面活性剂应具备较高的吸附自由能，增加烷基链长、采用非离子型表面活性剂、对离子型表面活性剂加入电解质都能达到这一目标。而要获得高 π_{cmc} 比较复杂，它主要受 Γ^∞ 和 cmc 值的影响，只有同时具备高 Γ^∞ 和高 cmc 值时才能实现，而提高吸附自由能不一定能提高 π_{cmc}。很多表面活性剂的分子结构因素和外部因素在使饱和吸附量 Γ^∞ 增加的同时，也使胶束形成变得更容易，即 cmc 下降。而一旦形成胶束，则单体分子（离子）的浓度不再增加，表明张力不能进一步下降。事实上那些在界面排列紧密、具有高的饱和吸附量而又不易形成胶束的表面活性剂，如含有支链结构表面活性剂，往往能获得高 π_{cmc}。

5.3.4　对有关 Gibbs 公式的几个问题的讨论

【问题 1】　在建立 Gibbs 公式时，用 Gibbs 划分面取代实际体系的分界面，巧妙地避开了计算界面相的体积问题，并用 Gibbs 过剩取代了实际体系的吸附量。那么，Gibbs 过剩能代替溶质在表面相的绝对浓度吗？答案是肯定的，因为表面活性物质在界面强烈吸附，以致两者的差别很小，可以忽略不计。

英国著名胶体与表面化学家 Mcbain 和他的学生进行过"刮皮实验"，即用刀片从表面活性物质水溶液表面上飞快地刮下一薄层液体，收集起来分析其浓度，结果确实高于体相的浓度。"刮皮实验"和后来的示踪原子法或中子反射技术皆证明，对表面活性剂（例如 SDS）基于 Gibbs 公式计算得到的表面过剩 Γ_2^1 与实际表面相的浓度是一致的。下面再通过非离子表面活性剂 $C_{12}E_5$ 水溶液的表面张力、Gibbs 过剩数据做进一步分析说明。

设表面相由 Δn_1（mol）的组分 1（溶剂）和 Δn_2（mol）的组分 2（溶质）组成，表面积为 A，则表面模型可用式(5-19)表示：

$$N_0(\sigma_1\Delta n_1+\sigma_2\Delta n_2)=A \tag{5-19}$$

式中，σ_1 和 σ_2 分别为溶剂和溶质分子的截面积；N_0 为 Avogadro 常数。另一方面式(2-40)建立了 Gibbs 相对过剩 Γ_2^1 与溶质在界面相的绝对浓度（$\Delta n_2/A$）之间的关系：

$$\Gamma_2^1=\frac{1}{A}\left(\Delta n_2-\Delta n_1\frac{n_2^\alpha}{n_1^\alpha}\right) \tag{2-40}$$

式中 n_1^α 和 n_2^α 分别为体相（水相）中溶剂和溶质的物质的量。由式(5-30)可得：

$$\sigma_1=\sigma_2=\frac{1}{N_0\Gamma_2^\infty} \tag{5-72}$$

将上述三式结合消去 Δn_1，并考虑到表面活性剂溶液的浓度通常很稀，得到：

$$\frac{\Delta n_2}{A}=\Gamma_2^1\frac{n_1^\alpha}{n_1^\alpha+n_2^\alpha}+\Gamma_2^\infty\frac{n_2^\alpha}{n_1^\alpha+n_2^\alpha}\approx\Gamma_2^1+\Gamma_2^\infty\frac{n_2^\alpha}{n_1^\alpha}=\Gamma_2^1+\Gamma_2^\infty\frac{c}{55.51} \tag{5-73}$$

式中，c 为表面活性剂的浓度，$mol\cdot L^{-1}$；55.51 为 1L 水的物质的量。一般表面活性剂的 cmc 低于 $0.01\ mol\cdot L^{-1}$，而 Γ_2^1 与 Γ_2^∞ 有相同的数量级，于是上式右边的第二项可忽略不计，即得到 $\Delta n_2/A=\Gamma_2^1$。图 5-7 是基于表面张力测定获得的 $C_{12}E_5$ 的 Gibbs 过剩 Γ_2^1（图中的黑点）和由式(5-73)计算的表面相绝对浓度 $\Delta n_2/A$（图中的实线）的比较。Γ_2^1 与 Γ_2^∞ 为 $10^{-10}\ mol\cdot cm^{-2}$ 数量级，而 $\Delta n_2/A$ 与 Γ_2^1 的差在 $10^{-18}\sim10^{-16}\ mol\cdot cm^{-2}$ 数量级，可见 $\Delta n_2/A$ 与 Γ_2^1 两者几乎没有区别。

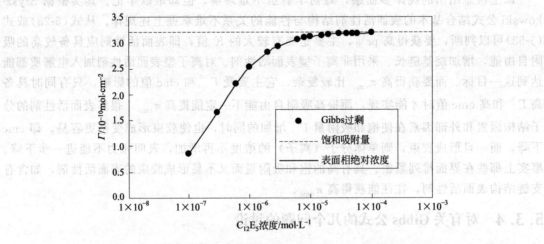

图 5-7　25℃时 $C_{12}E_5$ 在水/空气界面的 Gibbs 过剩 Γ_2^1 与其在界面相的绝对浓度 $\Delta n_2/A$ 的关系

【问题 2】　既然在 c_{20} 处表面活性剂的吸附已达到饱和吸附，为什么表面张力仍随浓度的增加继续下降？这是否意味着没有表面活性剂的吸附表面张力也能下降？

从 Szyszkowski 公式可见，只要不形成胶束，表面张力将随溶质浓度的增加而下降，但从 Szyszkowski 公式看不出表面张力下降与吸附的关系。图 5-8 给出了 $C_{12}E_5$ 在水/空气界面的 Gibbs 过剩 Γ_2^1 与表面张力下降的对应关系。可见当 $C_{12}E_5$ 的浓度大于 c_{20}（3×10^{-6} mol·L^{-1}）时，$d\gamma/dlgc$ 确实基本为常数，但 Γ_2^1 仍有微小的增加，而式(5-27)表明，$\Delta n_2/A$ 总是随浓度 c 而增加的。因此即使在达到所谓的饱和吸附后，界面相溶质的绝对浓度一直是随着体相溶质浓度的增加而增加的，只是增加的幅度相对较小。因此表面张力的下降一定是吸附的结果，没有正吸附，就没有表面张力的下降。

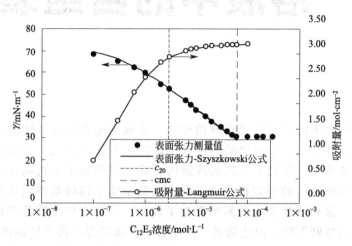

图 5-8　25℃时 $C_{12}E_5$ 在水/空气界面的 Gibbs
过剩 Γ_2^1 与表面张力下降的对应关系

【问题 3】 当溶质浓度大于 cmc 后，表面张力不再下降，即 $d\gamma/dlgc=0$，按照 Gibbs 公式，吸附量岂不为零？

当表面活性剂浓度大于 cmc 后，溶液中出现胶束，继续增加表面活性剂浓度，溶液中胶束的浓度增加，但单体的浓度基本保持不变，而 Gibbs 公式和 Szyszkowski 公式中的浓度皆是指单体浓度。因此当浓度大于 cmc 后，单体浓度 c 为常数，γ 也因此保持不变。

思　考　题

1. 什么是表面活性剂？什么是表面活性？
2. 表面活性剂如何分类？
3. 非离子型和离子型表面活性剂在水中各有什么溶解特性？
4. 什么是 HLB 值？如何计算一个表面活性剂或者一个表面活性剂混合物的 HLB 值？
5. 表面化学位和 Gibbs 化学位有何区别？
6. 什么是相平衡原理或相平衡规则？
7. 什么是标准吸附自由能？
8. 如何解释无机电解质对离子型表面活性剂溶液表面张力的影响？
9. 什么是表面吸附膜的非理想性？

第 6 章

溶液中的自组装

早期人们在研究表面活性剂稀溶液的性质时发现，随着表面活性剂浓度的增加，溶液的许多物理化学性质在一个很窄的浓度范围内发生不连续变化。例如离子型表面活性剂在水溶液中电离为正、负离子，其水溶液的电导率应类似于无机电解质，随浓度线性增加，摩尔电导率随浓度的平方根线性下降。在低浓度下的确观察到这种现象，但在某一窄浓度范围内，这种线性变化的斜率发生了改变。再如在稀浓度范围内，溶液的表面张力随浓度增加而急剧下降，但达到某一浓度后，表面张力不再下降或随浓度缓慢变化。事实上表面活性剂的许多物理化学性质和相关的应用性质如渗透压、去污力等亦出现类似的不连续变化，而且所有的转折几乎都发生在同一窄浓度范围，如图 6-1 所示。这预示着在这一窄浓度范围内，溶液内部结构发生了某种变化，而溶液的物理化学性质和应用性质之间有着统一的内在联系。

从分子结构看，两亲分子包含亲水基和亲油基两部分，亲油基在水溶液中总是倾向于脱离极性的水环境，于是在极低浓度下两亲分子就能自发地吸附到气/液界面或油/水界面，形成定向单分子层。另一个现象是，当水溶液中两亲分子的浓度达到一定值时，界面吸附达到饱和，这时为了使亲油基尽可能地脱离水环境，两亲分子在水溶液中自发地形成以亲水基朝向水、亲油基处于内部的聚集体，这一过程称为自组装（self-assembly）。

1925 年，Mcbain 首先提出了胶束（团）化概念，认为当浓度升至一定值时，肥皂分子在水溶液中从单体（单个分子或离子）缔合为"胶态聚集体"，并称之为"胶束"或"胶团"（micelle）。进一步的研究表明，胶束是热力学稳定的。开始形成胶束时的浓度称为临界胶束浓度（critical micelle concentration），简称 cmc。通常 cmc 与降低表面张力的效率（pc_{20}）相关，即 cmc 越低，效率越高；当表面活性剂浓度超过 cmc 后，水溶液的表面张力基本不再下降，即表面活性剂降低表面张力的效能亦与 cmc 相关。因此 cmc 是表面活性剂最重要的性能参数之一，了解和掌握 cmc 与表面活性剂分子结构的关系具有重要的理论意义和实用价值。另一方面，胶束类聚集体不同于固体颗粒，具有软、柔等类似流体的动态特性，因此近年来又成为"软物质"（soft matter）科学研究的重要内容。表面活性剂聚集体具有多种形态，除了传统的增溶、洗涤去污等应用外，近年来在功能材料制备和药物传递等领域也获得广泛应用，成为研究的热点，其中特殊结构的表面活性剂、混合表面活性剂、双亲大分子的自组装体以及非水、非油溶剂体系中的自组装行为特别引人注目。

限于篇幅和水平，本章将主要介绍有关表面活性剂胶束化性质和自组装的热力学原理，同时介绍一些表面活性剂自组装的应用，如增溶等，在此基础上对双亲大分子的自组装给予一般介绍，为读者深入研究自组装或软物质以及设计新的自组装体系奠定理论基础。

6.1 胶束化和临界胶束浓度

6.1.1 临界胶束浓度的定义和测定

自 Mcbain 提出胶束化概念后，这一概念不久即被广泛接受，而表面活性剂溶液体相的一系列性质，如摩尔电导率、表（界）面张力、去污力、渗透压以及增溶、吸附量等的突变被归结为溶液体相中出现了表面活性剂聚集体。实验研究表明，这些性质的变异发生于一个窄浓度范围，而不是某个特定的浓度（见图 6-1）。但为了表征方便，人们仍习惯用一个浓度来表示，称为临界胶束浓度（cmc）。cmc 的具体获取方法是将 cmc 两侧溶液性质连续变化的曲线延长至相交，交点所对应的浓度即为 cmc，如图 6-2 所示。

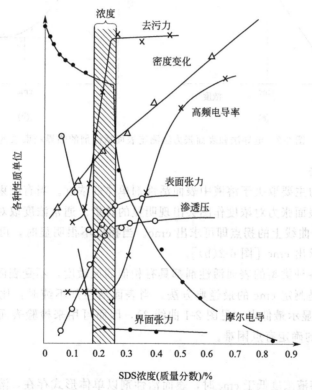

图 6-1　十二烷基硫酸钠（SDS）溶液性质在一个窄
浓度范围内发生不连续变化（20℃或 25℃）

当体相中出现胶束以后，继续增加浓度，体相中单体的浓度将不再上升，因此 cmc 具有下列物理意义：①表面活性剂胶束溶液中单体的浓度；②表面活性剂溶液中单体可能达到的最高浓度；③刚开始出现胶束时体系的总浓度。

从理论上讲，凡是因胶束形成而发生不连续变化的性质都可以被用来测定 cmc，但需要注意，这些性质有的是对单体浓度敏感，如表（界）面张力、去污力等，有的则是对胶束敏感，如光散射、增溶等，因此对同一个表面活性剂，用不同的方法测得的 cmc 数值有微小差异是正常的。常见的 cmc 测定方法简介如下。

（1）电导法

对离子型表面活性剂，在水溶液中单体通常是电离的，因此其电导率与普通无机电解质类似，但形成胶束后，部分反离子因胶束表面双电层的作用而被束缚于紧密层，致使胶束的净电荷数远小于聚集数，因此导电效率下降，电导率随浓度增加的曲线出现拐点，从拐点即可求出 cmc，如图 6-2(a) 所示。也可以摩尔电导率对浓度作图求取 cmc。电导法只适用于离子型表面活性剂，尤其只对表面活性较高的单一离子型表面活性剂有较高的灵敏度，对低表面活性的离子该法灵敏度较差；此外，当有外加无机电解质存在时该法的灵敏度大大降低。

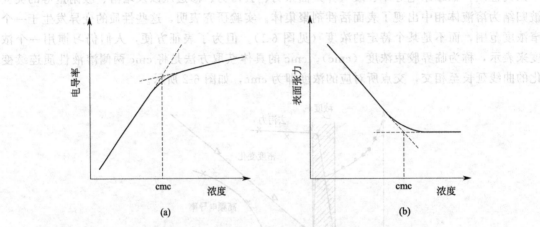

图 6-2　电导法和表面张力法测定表面活性剂的临界胶束浓度

（2）表面张力法

溶液的表面张力主要取决于溶液中表面活性剂单体的浓度。当有胶束形成后，单体浓度即几乎不变，所以表面张力对浓度作图会出现明显的转折。通常浓度取对数坐标，所得曲线称为 γ-lg$c$ 曲线，由曲线上的拐点即可求出 cmc。当拐点不很明显时，可将拐点两边的直线部分延长，由交点求出 cmc［图 6-2(b)］。

表面张力法对各种类型的表面活性剂都具有相似的灵敏度，不受表面活性高低或外加电解质的影响，因此是测定 cmc 的最经典方法。当表面活性剂不纯时，比如含有微量极性有机物，γ-lg$c$ 曲线会显示最低点（见图 2-1 曲线 3），因而可用来检验表面活性剂的纯度，但在这种情况下 cmc 的确定有点困难。

（3）光散射法

当表面活性剂溶液浓度低于 cmc 时，表面活性剂以单体形式存在，溶液不具有光散射性质。当浓度超过 cmc 时，由于胶束的出现，溶液将能够产生光散射，且散射光的强度与胶束的数量呈正相关性，因此以散射光的强度对浓度作图可得到突变点，该点所对应的浓度即为 cmc。除测定 cmc 外，此法还可用于测定胶束的聚集数、胶束的大小和形状以及胶束所带的电荷量等。但此法要求溶液非常干净，不能有尘埃质点。有关光散射的原理请参见第 9 章。

（4）染料法

胶束的一个重要性质是能增溶原本不溶于水或微溶于水的非极性物质（将在后面详细讨

论）。利用表面活性剂对某些染料的增溶作用可测定 cmc。例如先在一定浓度（＞cmc）的表面活性剂溶液中加入少量油溶性染料（最好其有机离子与表面活性离子的电荷相反），染料即被增溶于胶束中，并呈现某种颜色。然后滴加水稀释，至胶束消失时，染料处于水溶液中而颜色发生变化。因此染料变色时的浓度即为 cmc。此法简单，但需要找到合适的染料，染料的颜色改变要明显。对阴离子型表面活性剂，常用频哪氰醇氯化物和碱性蕊香红 G；对阳离子型表面活性剂，则用曙红、荧光黄等。

在表面活性剂溶液中，增溶和未增溶的染料可能有不同的吸收光谱，因此也可借助于吸收光谱的变化来测定 cmc。此法用于非离子表面活性剂时，染料有频哪氰醇氯化物，四碘荧光素，碘以及苯并红紫 4B 等。

染料法的缺点是加入染料可能对 cmc 产生影响。通常对 cmc 较大的表面活性剂影响较小，但对 cmc 较小的表面活性剂则可能有较大的影响。此外在有无机盐或醇存在时，此法亦不甚适合。

（5）增溶法

类似于染料法，对任意被增溶的物质（不溶或微溶于水的非极性物质），作溶解度-表面活性剂浓度图，可以观察到溶解度发生突变的拐点，此点即对应于 cmc。一些不溶于水的固体染料亦能增溶于胶束中，因此可用来测定 cmc。类似于染料，被增溶物可能影响 cmc。

（6）荧光探针法

有一类物质能够发射荧光光谱，但其荧光光谱对分子周围的微环境如极性大小十分敏感，因而可以用来探测其分子所处的微环境，称为荧光探针。一种稠环芳烃芘（pyrene）就属于这类物质，在水溶液中其单体分子显示出独特的精细荧光光谱，共有 5 个峰，强度分别为 I_1（372.7nm）、I_2（378.7nm）、I_3（384.7nm）、I_4（389.8nm）、I_5（393.7nm）。而第一峰和第三峰的强度之比 I_1/I_3 强烈依赖于芘分子所处微环境的极性，通常随极性的增加而显著减小。于是，如果将芘溶于表面活性剂溶液，当表面活性剂溶液的浓度小于 cmc 时，芘分子处于水环境中，I_1/I_3 将基本不变，一旦表面活性剂浓度大于 cmc，芘将被增溶到胶束中，处于胶束栅栏层（palisade layer）中，即所处环境的极性显著降低，导致 I_1/I_3 急剧下降。若以 I_1/I_3 对表面活性剂浓度作图，将获得一个明显的转折点，转折点所对应的浓度即为 cmc，如图 6-3 所示。

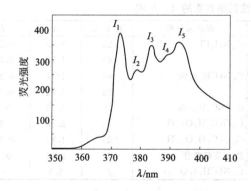
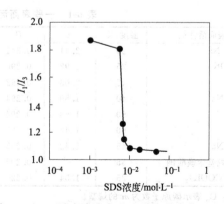

图 6-3　芘（pyrene）的荧光光谱和其荧光强度比值（I_1/I_3）随水溶液中 SDS 浓度的变化（30℃）

如果向体系中加入荧光猝灭剂（使荧光探针分子失去发射荧光的能力的物质），且猝灭剂分子也像探针分子一样，全部增溶于胶束中，则探针分子和猝灭剂分子将以同样的方式随机分布于胶束中。当胶束的浓度远大于探针和猝灭剂浓度时就会出现这样的情况，一部分探针分子处于含有猝灭剂（至少一个分子）的胶束中，不再能发射荧光，而另一部分探针分子处于不含猝灭剂的所谓空胶束中，仍然能够发射荧光，假定探针分子和猝灭剂分子在胶束中的分布服从泊松分布，则体系的荧光强度服从下式：

$$\frac{I_1}{I_1^0} = \exp\left(-\frac{c_Q}{c_M}\right) \tag{6-1}$$

式中，I_1 为加入猝灭剂后测得的荧光强度（372.7nm）；I_1^0 为不加猝灭剂时相应的荧光强度；c_Q 为猝灭剂的浓度；c_M 为胶束的浓度。对表面活性剂有：

$$c_M = \frac{c_t - cmc}{\bar{n}} \tag{6-2}$$

式中，c_t 为表面活性剂的总浓度；$\bar{n}$ 为胶束的平均聚集数。两式结合得到：

$$\bar{n} = \frac{(c_t - cmc)\ln(I_1^0/I_1)}{c_Q} \tag{6-3}$$

选择适当的猝灭剂浓度 c_Q，使得当 c_Q 变化时 $\bar{n}$ 不发生显著变化，则可以获得胶束聚集数 $\bar{n}$。该法称为稳态荧光探针法。此外还可用经典的光散射法测定胶束的聚集数。胶束聚集数是表面活性剂自组装行为的一个重要参数，与胶束的形态紧密关联。

除了以上介绍的一些常用方法外，还有其他一些方法可用于测定 cmc，读者可参考有关的文献。附录Ⅴ列出了一些常见表面活性剂的 cmc 值。

6.1.2 临界胶束浓度与表面活性剂分子结构的相关性

表面活性剂分子结构对 cmc 的影响主要表现在三个方面：疏水基、亲水基和反离子。

(1) 疏水基的影响

一般表面活性剂的 cmc 随其疏水基碳原子数的增加而减小。对直链烷基，当烷基碳原子数 $m \leqslant 16$ 时，lg(cmc) 基本随 m 的增加线性下降，即有经验公式：

$$\lg(cmc) = A - Bm \tag{6-4}$$

式中，A 和 B 为经验常数。对 1-1 型离子型表面活性剂，35℃上下时 B 值约为 0.3，而非离子型和两性型表面活性剂的 B 值约为 0.5。表 6-1 给出了一些表面活性剂同系物的 A 和 B 值。

表 6-1 一些表面活性剂同系物的 A、B 值

表面活性剂	温度/℃	A	B	表面活性剂	温度/℃	A	B
C_mCOONa	20	2.41	0.341	C_mNH$_3$Cl	25	1.25	0.295
C_mCOOK	25	1.92	0.290		45	1.79	0.296
	45	2.03	0.292	C_mN(CH$_3$)$_3$Br	60	1.77	0.292
C_mSO$_3$Na	40	1.59	0.294		25	1.72	0.300
	50	1.63	0.294	C_m(NC$_5$H$_5$)Br	30	1.72	0.31
	60	1.42	0.28	C_mO(C$_2$H$_4$O)$_3$H	25	2.32	0.554
C_mSO$_4$Na	45	1.42	0.265	C_mO(C$_2$H$_4$O)$_6$H	25	1.81	0.488
2-正构烷基苯磺酸钠	55	—	0.292	烷基葡萄糖苷	25	2.64	0.53
C_mCH(COOK)$_2$	25	1.54	0.220	C_mN(CH$_3$)$_2$O	27	3.3	0.5

注：C_m 表示碳原子数为 m 的烷基。

从 B 值大小可见，烷基链长对非离子和两性型表面活性剂 cmc 的影响更为显著。一般烷基链增加 2 个—CH$_2$—单元，离子型表面活性剂 cmc 约减小为原来的 1/4，而非离子和两性型表面活性剂 cmc 减小为原来的 1/10。疏水基中的苯环相当于直链烷基中 3.5 个

—CH_2—单元。

当 $m>16$ 时，cmc 随烷基碳原子数增加而减小的幅度降低；当 $m>18$ 时，因碳链可能卷曲成团，上述规则不再适用。

当烷基链含有支链结构时，支链部分对 cmc 减小的影响相当于等碳数直链烷基的 1/2。疏水基中含有双键使得 cmc 增加，其中因空间位阻效应，顺式异构体比反式异构体增加的幅度还要大。此外疏水基体积增大也会导致 cmc 升高，因为形成胶束时疏水基不易被包裹到球状或棒状胶束的内部。

在疏水基中引入醚键或羟基等极性基团通常导致 cmc 增大。此时亲水基和极性基团之间的烷基链段对 cmc 的贡献只相当于没有极性基团时的 1/2。当亲水基和极性基团连接在同一碳原子上时，该碳原子对 cmc 值的大小没有影响。

对于环氧乙烷(EO)-环氧丙烷(PO)嵌段聚合物类非离子型表面活性剂，当 EO 链段长度固定时，cmc 将随 PO 链段长度的增加而明显减小。

此外，C—H 链疏水基被等碳数的 C—F 链替代后，cmc 减小；而 C—H 链末端甲基被三氟甲基替代后，cmc 增大。

(2) 亲水基的影响

当疏水基的链长和结构相同时，离子型表面活性剂的 cmc 比非离子型的高约两个数量级，例如，C_{12} 直链离子型表面活性剂的 cmc 大约为 $10^{-2}\,mol \cdot L^{-1}$ 数量级，而非离子型的约为 $10^{-4}\,mol \cdot L^{-1}$ 数量级；此外两性型表面活性剂的 cmc 比离子型的略小。当一个分子具有两个以上的亲水基时，其 cmc 比具有单个亲水基的为大。当亲水基从疏水基末端移向中间位置时，等价于将直链烷基转变成支链结构，cmc 增加。对离子型亲水基，电荷中心越是靠近疏水基的 α-C，cmc 越大，这是因为在胶束化过程中，亲水的离子头从水相转移到非极性胶束内核的边缘时，受到来自相邻离子的静电排斥作用，因而阻碍了胶束的形成。

对季铵盐型阳离子，吡啶型的 cmc 要小于三甲基季铵盐型的，因为吡啶环更易于堆积。对于 $C_{12}H_{25}NR_3Br$ 系列阳离子，cmc 随 R 基团长度增加而减小，这可能与分子的疏水性增加有关。

对聚氧乙烯型非离子型表面活性剂，cmc 随着 EO 数增加而增大，近似地符合：

$$lg(cmc) = a + bn \tag{6-5}$$

式中，n 为 EO 数；a 和 b 为经验常数。但是 EO 数增加导致的 cmc 改变的幅度比烷基碳原子数的影响要小。对疏水基较长而 EO 数较小的品种，cmc 随 EO 数增加而改变的程度相对较大。工业级脂肪醇聚氧乙烯醚（AEO_n）型非离子型表面活性剂并不是单一化合物，n 仅是一个平均值，实际具有一定分布，因此其 cmc 往往比相应的单一化合物要小一些。

对于环氧乙烷(EO)-环氧丙烷(PO)嵌段聚合物类非离子型表面活性剂，当 PO 链段长度固定时，cmc 将随 EO 链段长度的增加而增大。若 EO/PO 比例固定，则 cmc 随分子量增加而减小。

(3) 反离子的影响

对离子型表面活性剂，反离子与胶束的结合或缔合会显著降低离子头之间的排斥力，因而对 cmc 有显著的影响，显然结合度越大，cmc 将越小。对阴离子型表面活性剂，二价反离子的结合度比一价反离子的结合度要大得多，因此钙盐、镁盐的 cmc 要比钠盐、钾盐的cmc 低得多。而同价、不同种类反离子对 cmc 几乎无影响。对阳离子型表面活性剂，其反离子的影响也较为显著，如对于直链十二烷基三甲基季铵盐系列，cmc 遵循 $NO_3^- < Br^- < Cl^-$；对于卤化烷基吡啶系列，cmc 遵循 $I^- < Br^- < Cl^-$。可见 cmc 随反离子尺寸增加而显著减小。而反离子半径越大，水合半径越小，胶束与该种反离子的缔合程度越大。

值得注意的是，对阴离子型表面活性剂，当反离子为有机离子时，如 $N^+(CH_3)_4$、$N^+(CH_2CH_3)_4$ 以及 $N^+H(CH_2CH_2OH)_3$ 等，则 cmc 将大大降低。当反离子的链长增加到其本身具有表面活性时，则离子型表面活性剂演变为阴-阳离子型表面活性剂，往往具有最低的 cmc。

6.1.3 影响临界胶束浓度的其他因素

(1) 外加电解质的影响

对离子型表面活性剂，加入无机电解质能使 cmc 显著下降，并且 cmc 的对数与体系反离子浓度的对数呈线性关系：

$$\ln(cmc) = A' - K_g \ln(cmc + c_s) \tag{6-6}$$

式中，c_s 为外加电解质的浓度；K_g 为反离子结合度，亦称反离子束缚系数；A' 为常数。当 c_s 不为 0 时，$cmc + c_s$ 正是体系的反离子总浓度。当外加电解质浓度较大时，cmc 相对于 c_s 可忽略不计，于是 $\ln(cmc)$ 随 $\ln c_s$ 线性下降，或者 $\lg(cmc)$ 随 $\lg c_s$ 线性下降。

图 6-4 和图 6-5 分别给出了外加电解质对阴离子和阳离子型表面活性剂 cmc 的影响，可见与式(6-6)完全符合。直线的斜率即为反离子束缚系数 K_g。可见当反离子的价数相同时，K_g 取决于表面活性剂的结构，而与反离子的来源关系不大。例如对一价金属反离子（Na^+ 和 K^+），烷基羧酸盐较烷基硫酸盐具有较大的 K_g。而对于卤素离子，烷基卤化铵较烷基三甲基卤化铵具有较大的 K_g。表 6-2 给出了这些表面活性剂系列的 K_g。

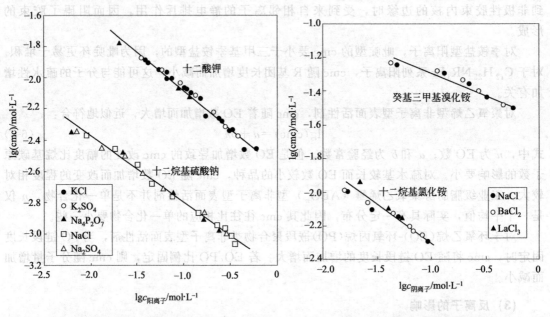

图 6-4　无机电解质对阴离子型
表面活性剂 cmc 的影响

图 6-5　无机电解质对阳离子型
表面活性剂 cmc 的影响

对非离子型和两性离子型表面活性剂，外加电解质对 cmc 的影响主要来源于电解质对表面活性剂疏水基的盐溶（salting in）或者盐析（salting out）效应。通常产生盐析效应时使 cmc 减小，而产生盐溶效应时使 cmc 增加。至于究竟产生盐溶还是盐析效应，主要取决于该离子是水结构破坏剂还是水结构形成剂。

表 6-2　一些表面活性剂系列的反离子束缚系数 K_g

亲 水 基	K_g	亲 水 基	K_g
碱金属羧酸盐	0.58	碱金属烷基硫酸盐	0.46
烷基卤化铵	0.56	烷基三甲基卤化铵	0.37

(2) 外加醇的影响

一些以脂肪醇为原料的表面活性剂，如脂肪醇硫酸盐等，产品中往往含有少量未反应的醇。研究表明，它们的存在会使离子型表面活性剂的 cmc 显著减小。机理是醇分子通过插入到表面活性剂分子之间，显著减小表面活性离子头之间的静电排斥力和界面的电荷密度，使胶束更易生成。长链脂肪酸、长链脂肪胺等两亲分子具有类似的影响。

在一些表面活性剂应用体系例如微乳液体系中，往往人为地加入一些中、短链醇，作为助表面活性剂。研究表明，对离子型表面活性剂，当外加醇浓度较低时，cmc 随醇浓度增加而线性下降，且醇的链长越长，影响越大。图 6-6 和图 6-7 给出了几种醇对十四酸钾 cmc 的影响，可见 cmc 与醇的浓度之间存在良好的线性关系，而且直线的斜率随醇链长的增加而增加。进一步的研究表明，这些直线斜率的对数与表面活性剂和醇的碳氢链中的碳原子数呈线性关系，并且在醇的链长不超过表面活性剂的链长时，有下列经验关系：

$$\ln\left[-\frac{d(cmc)}{dc_a}\right] = -0.69m_i + 1.1m_a + K \tag{6-7}$$

式中，c_a 为醇的浓度；$d(cmc)/dc_a$ 为 cmc 随醇浓度的变化率；m_i 和 m_a 分别为表面活性剂和醇的碳氢链中的碳原子数；K 为常数。

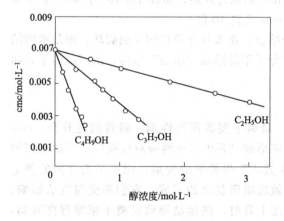

图 6-6　低浓度乙醇、正丙醇及正丁醇
对十四酸钾 cmc 的影响 (18℃)

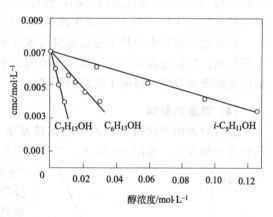

图 6-7　低浓度异戊醇、己醇及庚醇
对十四酸钾 cmc 的影响 (18℃)

然而对于中、短链醇，当添加浓度较大时，会使得离子型表面活性剂的 cmc 转而上升，如图 6-8 所示。这是因为醇是有机物的良好溶剂，当醇浓度增加到一定值后，相当于醇和水组成了一种混合溶剂，其性质不同于纯水，使得表面活性剂的溶解度增大，或者溶剂的介电常数变小，使得表面活性离子头之间的排斥作用增大，而不利于胶束的生成。此种情况下，醇的存在起了破坏水的"冰山结构"的作用。因此 1～6 个碳原子的醇对离子型表面活性剂 cmc 的影响呈现出明显的最低点。这种影响还随醇链长的增加而增加，即使 cmc 上升所需的添加浓度随醇碳链长度的增加而减小。显然在高添加浓度时，中、短链醇对表面活性剂具有助溶作用。

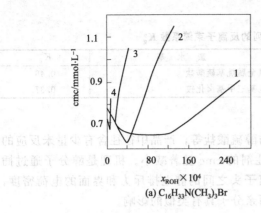
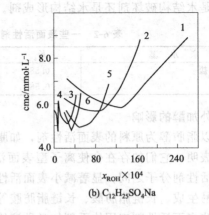

(a) C₁₆H₃₃N(CH₃)₃Br (b) C₁₂H₂₅SO₄Na

图 6-8   中、短链醇对离子型表面活性剂 cmc 的影响

1—C_3H_7OH；2—C_4H_9OH；3—$C_5H_{11}OH$；4—$C_6H_{13}OH$；5——⬡—OH ；6——⬡—OH

（3）强水溶性极性有机物的影响

有一类有机物，本身具有很强的水溶性，能够增加有机物在水中的溶解度，称为水溶助长性物质，往往作为助溶剂加入高浓度表面活性剂体系，如洗液、香波中。这些物质主要包括尿素、乙二醇、N-甲基甲酰胺、短链醇以及 1,4-二氧六环等。这些物质的存在往往使表面活性剂的 cmc 升高，表面活性下降。例如，对离子型表面活性剂，不论是否存在电解质，加入尿素等都可使 cmc 升高；对非离子型表面活性剂如 $C_{12}E_6$，加入尿素和 N-甲基甲酰胺使得 γ-lg$c$ 曲线向高浓度方向移动，使得 cmc 和表面张力升高，而在 TX-100 中加入 N-甲基甲酰胺，3mol·L^{-1} 的 N-甲基甲酰胺就可使 cmc 升高 10 倍。

这类化合物在水中易于通过氢键与水分子结合，使水自身的结构受到破坏，即是水的结构破坏剂。它们使表面活性剂碳氢链周围的水分子不易形成"冰山"结构，从而减弱了表面活性剂的疏水效应，抑制了胶束的形成。

（4）温度的影响

温度对表面活性剂 cmc 的影响比较复杂。对离子型表面活性剂，随着温度升高，cmc往往显示最低点，如图 6-9 所示。这是因为胶束形成过程中存在两种对抗效应：亲油基团的

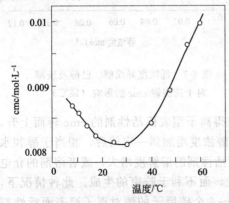

图 6-9   温度对十二烷基硫酸钠
在水溶液中的 cmc 的影响

"疏水效应"促使形成胶束；而离子头之间的静电排斥效应阻碍胶束的形成，它们都受温度的影响。当温度上升时，热运动导致反离子束缚程度减弱，双电层的厚度增加，静电排斥力的有效范围增大，因而进一步阻碍了胶束的形成；而疏水效应在较低温度时占主导地位，并在 27℃（300K）左右达到最大值，然后随温度的升高而减弱。所以当温度高于 27℃时，温度对两者的影响趋于一致，都使 cmc增加。但在较低温度时，温度对疏水效应的影响占据主导地位，使 cmc 减小，由此导致最低点的出现。

对非离子型表面活性剂，温度升高导致其亲水

基的亲水性降低（与水形成氢键的能力减弱），以致可能分出富含表面活性剂的相（浊点现象），因此倾向于导致 cmc 降低。另一方面，温度的升高使得亲油基的疏水效应减弱，这一因素将使得 cmc 升高。综合结果是 cmc 可能出现最低点，也可能不出现。如果出现的话，最低点温度显然较离子型的为高。对许多聚氧乙烯型非离子，最低点通常出现在 $45\sim50℃$ 左右。

关于温度对两性型表面活性剂 cmc 影响的数据还不够丰富，但就已有的数据来看，在 $6\sim60℃$ 范围内，烷基甜菜碱的 cmc 随温度升高而稳定增大。

以上讨论了各种因素对 cmc 的影响，这些影响大多基于实验结果，本质上是各种因素对胶束形成的推动力和阻力的综合影响结果。而关于胶束形成的推动力和阻力，以上仅仅给出了一些定性的描述。下面将基于热力学原理，对自组装或胶束形成过程进行定量描述。

6.2 自组装热力学

6.2.1 自组装的热力学一般原理

图 6-10 是一个溶质自组装或胶束形成的示意模型。设溶剂为水，当溶质分子的浓度达到一定值后，溶质分子通过自相缔合发生自组装，形成聚集体。促使自组装形成的力不是共价键或离子键，而是范德华力，疏水作用，氢键作用以及静电作用等。下面首先介绍自组装的热力学一般原理。

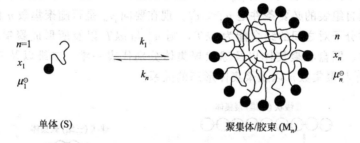

图 6-10　n 个单体自组装（缔合）形成聚集体示意图

以 n 表示聚集体或胶束的聚集数，设 n 不是唯一的，而是具有一定的分布，则自组装过程可以表示为：

$$nx_1 \underset{k_n}{\overset{k_1}{\rightleftharpoons}} x_n$$

式中，x_n 为处于聚集数为 n 的聚集体中的溶质分子的浓度（以摩尔分数表示）；k_1 和 k_n 分别为聚集体形成和解离的速率常数。于是聚集体形成的速率是 $k_1 x_1^n$，解离速率为 $k_n x_n/n$，达到平衡时形成速率和解离速率相等，令 $K=k_1/k_n=$平衡常数，则有：

$$K=\frac{x_n}{nx_1^n} \tag{6-8}$$

设每个溶质分子的自组装自由能为 $\Delta G_n^{\ominus}$，由

$$\Delta G_n^{\ominus}=\mu_n^{\ominus}-\mu_1^{\ominus}=-\frac{1}{n}kT\ln K \tag{6-9}$$

得到：

$$\ln \frac{x_n}{n x_1^n} = \frac{n(\mu_1^\ominus - \mu_n^\ominus)}{kT} \tag{6-10}$$

式中，$\mu_n^\ominus$ 为在聚集数为 n 的聚集体中的溶质分子的标准化学势，显然 $\mu_1^\ominus$ 为单体的标准化学势。整理得：

$$\mu_n^\ominus + \frac{kT}{n} \ln \frac{x_n}{n} = \mu_1^\ominus + kT \ln x_1 \tag{6-11}$$

显然，在一定温度下上式右边为常数。于是我们得到自组装的基本热力学原理之一：所有同类分子在聚集数不同的聚集体中具有相同的化学势。

$$\mu = \mu_n = \mu_1^\ominus + kT \ln x_1 = \mu_2^\ominus + \frac{1}{2} kT \ln \frac{1}{2} x_2 = \cdots = \mu_n^\ominus + \frac{kT}{n} \ln \frac{x_n}{n} = 常数 \tag{6-12}$$

由此得到一个重要公式：

$$x_n = n \left\{ \frac{x_m}{m} \exp\left[\frac{m(\mu_m^\ominus - \mu_n^\ominus)}{kT} \right] \right\}^{n/m} \tag{6-13}$$

令 $m = 1$ 得到：

$$x_n = n \left\{ x_1 \exp\left[\frac{(\mu_1^\ominus - \mu_n^\ominus)}{kT} \right] \right\}^n \tag{6-14}$$

设 c_t 为溶质的总浓度（mol·L^{-1}），则其与 x_n 之间有下列关系：

$$c_t = 55.51(x_1 + x_2 + \cdots + x_n) = 55.51 \sum_{n=1}^{\infty} x_n \tag{6-15}$$

式中，55.51 是 1L 水的物质的量。

因为 $n > 0$，式(6-14)表明，若 $\mu_n^\ominus > \mu_1^\ominus$，则 e 的指数为负值，$x_n$ 值将非常小，即聚集体不能形成。可见自组装的必要条件是 $\mu_n^\ominus < \mu_1^\ominus$。现在要问 $\mu_n^\ominus$ 是否随聚集数 n 的增加而变化？

设任意溶质分子对之间的结合能为 αkT，则 $\mu_n^\ominus$ 与 αkT 以及所形成聚集体的形状有关。现以线状聚集体、圆盘状聚集体以及球状聚集体分别代表一维、二维以及三维聚集体（图6-11）来分析 $\mu_n^\ominus$ 与聚集数 n 以及聚集体形态的关系。

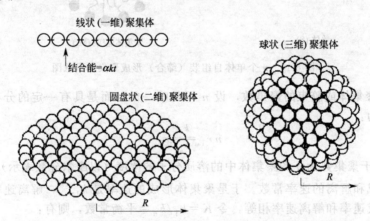

■ 图 6-11　线状（一维）、圆盘状（二维）和球状（三维）聚集体示意图

对一维线状聚集体，n 个单体分子形成聚集体时总的相互作用自由能为 $n\mu_n^\ominus$，缔合对数为 $n - 1$，于是有：

$$n\mu_n^\ominus = -(n-1)\alpha kT \tag{6-16}$$

显然当 $n \to \infty$ 时，$\mu_\infty^\ominus = -\alpha kT$，于是上式可写成：

$$\mu_n^\ominus = \mu_\infty^\ominus + \alpha kT/n \tag{6-17}$$

对于圆盘状聚集体，聚集数 n 与圆盘的面积 πR^2 成正比，而不成对的分子数与圆盘的周长 $2\pi R$ 成正比，即与 $n^{1/2}$ 成正比，于是聚集体中每个分子的平均自由能为：

$$\mu_n^\ominus = \mu_\infty^\ominus + \alpha kT/n^{1/2} \tag{6-18}$$

类似的，对球状聚集体，聚集数 n 与球的体积 $(4/3)\pi R^3$ 成正比，而不成对的分子数与球的表面积 $4\pi R^2$ 成正比，即与 $n^{2/3}$ 成正比，于是聚集体中每个分子的平均自由能为：

$$\mu_n^\ominus = \mu_\infty^\ominus + \alpha kT/n^{1/3} \tag{6-19}$$

以小分子烷烃在水中缔合成半径为 R 的小球为例，设 V 为分子体积，r 为分子有效半径，则聚集数 n 为 $4\pi R^3/(3V)$，小球的自由能为 $n\mu_\infty^\ominus + 4\pi R^2\gamma$（$\mu_\infty^\ominus$ 为烷烃分子在其体相中的化学势，γ 为烃/水界面张力），于是有：

$$\mu_n^\ominus = \mu_\infty^\ominus + \frac{4\pi R^2\gamma}{n} = \mu_\infty^\ominus + \frac{4\pi\gamma\,[3V/(4\pi)]^{2/3}}{n^{1/3}} = \mu_\infty^\ominus + \frac{\alpha kT}{n^{1/3}} \tag{6-20}$$

由此得到：

$$\alpha = \frac{4\pi\gamma\,[3V/(4\pi)]^{2/3}}{kT} = \frac{4\pi r^2\gamma}{kT} \tag{6-21}$$

综合式(6-17)～式(6-19)得到下面的一般式：

$$\mu_n^\ominus = \mu_\infty^\ominus + \frac{\alpha kT}{n^p} \tag{6-22}$$

式中，p 取决于聚集体的形状或者维数（$1\sim1/3$），而 α 为正的常数，可见 $\mu_n^\ominus$ 随 n 的增大而逐渐减小，这正是自组装的必要条件。研究表明，式(6-22)适用于各种形状的聚集体，包括囊泡。

将上式代入式(6-14)，注意当 $n=1$ 时，$\mu_1^\ominus = \mu_\infty^\ominus + \alpha kT$ 得到：

$$x_n = n\left\{x_1\exp\left[\frac{(\mu_1^\ominus-\mu_n^\ominus)}{kT}\right]\right\}^n = n\left\{x_1\exp\left[\alpha\left(1-\frac{1}{n^p}\right)\right]\right\}^n \approx n(x_1\mathrm{e}^\alpha)^n \tag{6-23}$$

于是当 x_1 较小时，$x_1\mathrm{e}^\alpha$ 远小于1，对所有的 α 有 $x_1 > x_2 > x_3 > \cdots$，溶液中大多数溶质分子以单体形式存在，即单体浓度≈总浓度，但 x_n 的数值不可能超过1，因此，当 x_1 增加到 $\mathrm{e}^{-\alpha}$ 时，$x_1\mathrm{e}^\alpha = 1$，x_n 不再增加，这时的单体浓度即为临界聚集浓度（critical aggregation concentration，cac），对两亲分子习惯上称为临界胶束浓度（cmc）：

$$\mathrm{cmc} = (x_1)_{\mathrm{crit}} \approx \mathrm{e}^{-\alpha} = \exp\left[\frac{-(\mu_1^\ominus-\mu_n^\ominus)}{kT}\right] \tag{6-24}$$

继续增加溶液中溶质分子的浓度，导致形成更多的聚集体，而单体的浓度基本不再变化，如图 6-12 所示。

当浓度大于 cac 后，这些聚集体的性质又如何？显然这取决于聚集体的形状。对二维和三维聚集体，当浓度大于 cac 后，$x_1\mathrm{e}^\alpha \approx 1$，分别有 $x_n \approx n\,\mathrm{e}^{-\alpha n^{1/2}}$ 和 $x_n \approx n\,\mathrm{e}^{-\alpha n^{2/3}}$，对合理的 α 值（一般大于1），可以算出 $n>5$ 的聚集体极少，那么单体分子去哪里了呢？对油或烃类分子，这时实际上发生了相转变，即分离出新相，严格来说是形成了无限大的聚集体（$n\to\infty$）。这里 cac 或 cmc 实际上是油或烃在水中的溶解度，而 αkT 则对应于将溶解的分子自水相（W）转移到其自身体相（H）的自由能变化 $\Delta G_{\mathrm{W}\to\mathrm{H}}^\ominus$。基于这一

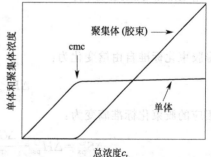

图 6-12 单体和聚集体浓度随溶液中溶质分子总浓度的变化

原理应用式(6-21)可以估计出甲烷分子在水中的 $\alpha \approx 6$，相当于 $15\mathrm{kJ \cdot mol^{-1}}$，而单纯的烷烃每增加一个—$CH_2$—单元，$\alpha$ 约增加 1.5，相当于 $3.8\mathrm{kJ \cdot mol^{-1}}$。

然而对于两亲分子如表面活性剂，烷基链长增加一个—CH_2—单元，α 仅增加 $0.7\sim1.1$，相当于 $1.7\sim2.5\mathrm{kJ \cdot mol^{-1}}$。原因是受到分子中极性头基的影响。更重要的是，极性头基的存在使得 $\mu_n^{\ominus}$ 在有限 n 值时有最小值或恒定值，从而避免了无限大聚集体的形成。

6.2.2 表面活性剂的胶束化热力学

表面活性剂的自组装完全服从上述自组装的热力学原理，但可以用更简单的热力学模型获得胶束化自由能变化。迄今已提出了若干模型，如相分离模型、质量作用模型等，下面做简单介绍。

(1) 相分离模型

这一理论模型的实验基础是很多表面活性剂溶液的性质，如电导、表面张力、增溶作用等随浓度增加发生突变，与形成新相类似。一般胶束的聚集数为 $30\sim2000$，不是很大，即胶束不足以作为一个新相来处理，但可以称为"准相"。

对非离子型表面活性剂，考虑下面的自组装平衡：

$$n\mathrm{N} \underset{}{\overset{K}{\rightleftharpoons}} \mathrm{M}_n$$

式中，N 为非离子表面活性剂分子（单体）；M 为胶束；n 为聚集数；K 为平衡常数。达到相平衡时，平衡常数为：

$$K = a_\mathrm{M}/a_\mathrm{N}^n \tag{6-25}$$

式中，a_M 和 a_N 分别为溶液中胶束和单体的活度。于是每个分子的胶束化标准自由能变化为：

$$\Delta G_\mathrm{ps}^{\ominus} = \frac{1}{n}(-kT\ln K) = -\frac{kT}{n}\ln\frac{a_\mathrm{M}}{a_\mathrm{N}^n} \tag{6-26}$$

这里下标 ps 表示相分离模型（以区别于后面介绍的质量作用模型），由于形成的胶束为一新相，所以 $a_\mathrm{M}=1$，又由于是稀溶液，单体的活度 a_N 可用浓度 x_N（摩尔分数）代替，于是式(6-26)可写成：

$$\Delta G_\mathrm{ps}^{\ominus} = kT\ln x_\mathrm{N} \tag{6-27}$$

而在 cmc 时，$x_\mathrm{N}=\mathrm{cmc}$，于是得：

$$\Delta G_\mathrm{ps}^{\ominus} = kT\ln(\mathrm{cmc}) \tag{6-28}$$

应用 Gibbs-Duhem 方程：

$$\frac{\partial}{\partial T}\left(\frac{\Delta G}{T}\right) = -\frac{\Delta H}{T^2}$$

得胶束化标准焓变化为：

$$\Delta H_\mathrm{ps}^{\ominus} = -kT^2\left[\frac{\partial \ln(\mathrm{cmc})}{\partial T}\right]_p \tag{6-29}$$

相应的胶束化标准熵变为：

$$\Delta S_\mathrm{ps}^{\ominus} = \Delta H_\mathrm{ps}^{\ominus} - \frac{\Delta G_\mathrm{ps}^{\ominus}}{T} = -k\ln(\mathrm{cmc}) - kT\left[\frac{\partial \ln(\mathrm{cmc})}{\partial T}\right]_p \tag{6-30}$$

对离子型表面活性剂（以阴离子型为例），考虑下面的平衡：

$$(n-z)\mathrm{C}^+ + n\mathrm{A}^- \overset{K}{\rightleftharpoons} (\mathrm{M}_n)^{z-}$$

式中，C^+ 和 A^- 分别代表表面活性剂的阳离子和阴离子；M 为胶束。考虑到由于离子的热运动，反离子可能不能全部被胶束束缚，因此胶束带有净电荷（$-z$ 价），于是胶束化自由能变化为：

$$\Delta G_{ps}^{\ominus} = -\frac{kT}{n}\ln\frac{a_M}{a_+^{n-z}a_-^n} \approx \frac{kT}{n}\ln x_+^{n-z}x_-^n \tag{6-31}$$

通常离子型表面活性剂形成胶束时的浓度也很小，因此活度可用浓度代替，而胶束刚形成时，单体浓度＝cmc，于是得到：

$$\Delta G_{ps}^{\ominus} = \left(2-\frac{z}{n}\right)kT\ln(\text{cmc}) \tag{6-32}$$

若所有的反离子（n 个）皆牢固地束缚于胶束，则 $z=0$，胶束的净电荷为零，式(6-32)变为：

$$\Delta G_{ps}^{\ominus} = 2kT\ln(\text{cmc}) \tag{6-33}$$

类似地得到：

$$\Delta H_{ps}^{\ominus} = -\left(2-\frac{z}{n}\right)kT^2\left[\frac{\partial\ln(\text{cmc})}{\partial T}\right]_p \tag{6-34}$$

$$\Delta S_{ps}^{\ominus} = -\left(2-\frac{z}{n}\right)k\left\{\ln(\text{cmc})+T\left[\frac{\partial\ln(\text{cmc})}{\partial T}\right]_p\right\} \tag{6-35}$$

按照相分离模型，胶束溶液的性质应该是不连续的，对表面活性高（胶束聚集数大）的表面活性剂，这一点基本能成立，但对于表面活性低的溶质，实验发现，溶液的物理化学性质在 cmc 区域对总浓度总是连续变化的，因此相分离模型对描述高表面活性溶质的胶束化较为成功，但用来描述低表面活性溶质的胶束化则欠佳。

(2) 质量作用模型

质量作用模型把胶束形成看作是一种缔合过程，因此可将质量作用定律应用到此平衡中去。对非离子型表面活性剂，胶束化平衡仍可表示为：

$$n\text{N} \underset{}{\overset{K}{\rightleftharpoons}} \text{M}_n$$

式中，N 为非离子型表面活性剂分子（单体）；M 为胶束；n 为聚集数；K 为平衡常数。于是每个分子的胶束化标准自由能变化为：

$$\Delta G_{ma}^{\ominus} = \frac{1}{n}(-kT\ln K) = -\frac{kT}{n}\ln\frac{a_M}{a_N^n} \tag{6-36}$$

这里下标 ma 表示质量作用模型，而 a_M 和 a_N 分别为溶液中胶束和单体的活度。由于刚形成胶束时，溶液的浓度一般很低，因此单体的活度 a_N 可用浓度 x_N（摩尔分数）代替，而刚形成胶束时胶束的浓度相对于单体的浓度可以忽略不计，于是式(6-36)可写成：

$$\Delta G_{ma}^{\ominus} = kT\ln x_N = kT\ln(\text{cmc}) \tag{6-37}$$

对离子型表面活性剂，以阴离子为例，胶束形成可视为下列平衡过程：

$$(n-z)\text{C}^+ + n\text{A}^- \overset{K}{\rightleftharpoons} (\text{M}_n)^{z-}$$

胶束带有净电荷（$-z$ 价），平衡常数为：

$$K = \frac{Fc_M}{c_+^{(n-z)}c_-^n} \tag{6-38}$$

c 为各组分的浓度，而 F 为各组分活度系数 f 的组合：

$$F = \frac{f_M}{f_+^{(n-z)}f_-^n} \tag{6-39}$$

于是胶束形成的标准自由能变化为：

$$\Delta G_{\mathrm{ma}}^{\ominus}=-\frac{kT}{n}\left[\ln F+\ln c_{\mathrm{M}}-n\ln c_{-}-(n-z)\ln c_{+}\right] \tag{6-40}$$

当 n 值较大，未加无机电解质并应用于 cmc 区域的数据时，上式右边括号中的 $\ln F+\ln c_{\mathrm{M}}$ 相对于后两项可忽略不计，并有 $c_{+}=c_{-}=\mathrm{cmc}$，于是得到：

$$\Delta G_{\mathrm{ma}}^{\ominus}=\left(2-\frac{z}{n}\right)kT\ln(\mathrm{cmc}) \tag{6-41}$$

若所有的反离子（n 个）皆牢固地束缚于胶束，则 $z=0$，胶束的净电荷为零，式(6-41) 变为：

$$\Delta G_{\mathrm{ma}}^{\ominus}=2kT\ln(\mathrm{cmc}) \tag{6-42}$$

可见所得结果与相分离模型的结果相同。不同之处在于，在相分离模型中，计算各组分的总物质的量时不包括胶束的物质的量，而在质量作用模型中，总物质的量包括胶束的物质的量。不过通常 cmc 很小，两种模型中的总物质的量都接近水的物质的量，因而所得结果十分接近。当 $z=n$ 时，表示无反离子与胶束结合，此即为非离子型表面活性剂的情形。相应地可以得到胶束化标准焓变和标准熵变：

$$\Delta H_{\mathrm{ma}}^{\ominus}=-\left(2-\frac{z}{n}\right)kT^{2}\left[\frac{\partial\ln(\mathrm{cmc})}{\partial T}\right]_{p} \tag{6-43}$$

$$\Delta S_{\mathrm{ma}}^{\ominus}=-\left(2-\frac{z}{n}\right)k\left\{\ln(\mathrm{cmc})+T\left[\frac{\partial\ln(\mathrm{cmc})}{\partial T}\right]_{p}\right\} \tag{6-44}$$

此外还有一种处理方式，就是考虑加入一个分子到最可几胶束中，所得结果与质量作用模型的结果相同。进一步的研究表明，在聚集数不大时，相分离模型和质量作用模型所得结果有所不同，质量作用模型更接近于实际。但当聚集数很大时，二者的结果趋于一致。而在某些场合，使用相分离模型更为方便。

6.2.3 胶束化自由能的组成

在上述胶束化模型中，表面活性剂的浓度单位采用摩尔分数，这意味着 x_n 或 cmc 永远小于 1，由此得到胶束化标准自由能变化 $\Delta G_n^{\ominus}=\mu_n^{\ominus}-\mu_1^{\ominus}$ 为负值，因此表面活性剂的胶束化过程是自发的，这与实验结果完全相符。另一方面，由 $\Delta G_n^{\ominus}=\Delta H_n^{\ominus}-T\Delta S_n^{\ominus}$ 可知胶束化标准自由能变化可以分解为焓变和熵变两部分，而研究表明，一些离子型表面活性剂在 $20\sim40{}^{\circ}\!\mathrm{C}$ 范围内 cmc 有最低点（见图 6-9），由式(6-34)可知 $\Delta H_n^{\ominus}$ 有可能为正值，因此 $\Delta S_n^{\ominus}$ 必须为较大的正值才能确保 $\Delta G_n^{\ominus}$ 为负值。而直观上看，形成胶束后，表面活性剂分子的排列更加有序，$\Delta S_n^{\ominus}$ 如何为正值？下面将通过对胶束形成自由能组成的讨论予以回答。

对两亲分子而言，其亲油基的"疏水作用"是胶束化的推动力。但另一方面，形成胶束以后，亲水基相互靠近，尤其当亲水基是离子时，离子头的靠近导致静电排斥，从而阻碍胶束的形成，这就是为什么离子型表面活性剂较非离子型表面活性剂有更高的 cmc 的缘故。因此胶束形成过程中存在两种对抗作用，它们对胶束化自由能变化的贡献正好相反。

（1）疏水效应

直观地看，形成胶束以后，表面活性剂分子排列更加有序，体系的熵似乎应减小，但实际上体系的熵却是增加的。对此的解释是，当表面活性剂分子以单体形式存在时，其亲油基周围的水分子采取了一种特殊的定向结构，即"冰山（iceberg）结构"。这种结构的水分子，其自由度比通常的水分子要小得多，即水分子运动受到限制，这种现象称为"疏水效应"或"疏水作用"。而一旦形成胶束，亲油基脱离与水分子的接触，冰山结构瓦解，水分子恢复其原来的自由度，导致熵增加。尽管胶束内表面活性剂分子的定向程度增加，即熵减小，但足以从水分子自由度的增加得到补偿，因而体系的总熵是增加的。由此可知"疏水效应"是胶束化的真正推动力。

疏水效应可以借助实验方法进行表征，如考虑将憎水物质从无限稀水溶液中转移到胶束中这一过程的标准自由能变化。由于胶束内核类似于液态烃，因此近似地可以认为这一过程等价于将一个烃分子从无限稀水溶液中转移到其本身的液态烃中。以 $\Delta G_{W\to H}^{\ominus}$ 表示该过程的标准自由能变化：

$$\Delta G_{W\to H}^{\ominus} = \mu_H^{\ominus} - \mu_W^{\ominus} \tag{6-45}$$

式中，$\mu_H^{\ominus}$ 和 $\mu_W^{\ominus}$ 分别代表烃分子在液态烃和无限稀水溶液中的标准化学势。从烃在水中的溶解度数据得到，25℃时直链烷烃的 CH_3— 和 —CH_2— 基团对 $\Delta G_{W\to H}^{\ominus}$ 的贡献分别为 $-8.8kJ\cdot mol^{-1}$ 和 $-3.7kJ\cdot mol^{-1}$。进一步的研究表明，这一自由能变化主要与烃/水的接触面积相关，对直链、支链以及环烷烃等，约为 $(1.1\pm0.2)J\cdot nm^{-2}$。将自由能分为焓和熵两部分得：

$$\Delta G_{W\to H}^{\ominus} = \Delta H_{W\to H}^{\ominus} - T\Delta S_{W\to H}^{\ominus} \tag{6-46}$$

并有 Gibbs-Duhem 方程：

$$\frac{\partial}{\partial T}\left(\frac{\Delta G_{W\to H}^{\ominus}}{T}\right) = -\frac{\Delta H_{W\to H}^{\ominus}}{T^2}$$

通常烃类在水中的溶解度-温度曲线呈现最低点，在25℃附近溶解度随温度上升而下降，$\Delta H_{W\to H}^{\ominus}$ 为正值，因此 $\Delta G^{\ominus}$ 的负值完全来源于正的熵变。这表明疏水效应的确表现为熵增加。在较高温度时，溶解度随温度上升而增加，相应的烃分子周围水的结构化程度减弱，胶束形成的推动力减弱。这与大多数离子型及非离子型表面活性剂的 cmc 在较高温度时随温度上升而增加是一致的。

对胶束化过程观察到的实际自由能变化略小于上述结果。25℃时 CH_3— 和 —CH_2— 基团的 $\Delta G_{W\to H}^{\ominus}$ 分别为 $-8.4kJ\cdot mol^{-1}$ 和 $-2.9kJ\cdot mol^{-1}$。考虑到胶束内核并非完全类似于液态烃，如表面活性剂分子的亲油基在胶束内核较之在液烃中受到更多的限制，以及胶束内核可能有一些水分子侵入，上述模型还是合理的。

(2) 静电作用能

离子型表面活性剂形成胶束时，离子头相互靠近，导致静电排斥，从而阻碍胶束的形成。胶束/水界面具有类似于水/空气界面或水/油界面上的吸附单分子层结构。离子头的聚集形成了界面电势；反离子由于热运动不能完全排列在紧密层中，而服从 Boltzman 分布，形成扩散双电层。而排列在紧密层中的反离子分数称为反离子束缚系数或反离子结合度。

对球形胶束，应用 Debye-Hückel 近似 [参见式(3-25)] 有：

$$\psi = \psi_0 \frac{R}{r}\exp[\kappa(R-r)] \tag{6-47}$$

式中，R 为胶束的半径；r 为距离胶束中心的距离；ψ_0 为界面（$r=R$）处的电势；κ 为双电层厚度的倒数。上式表明，当 $r\to\infty$ 时，$\psi\to0$。将上式微分并与式(3-22)相结合，得到双电层中体积净电荷密度：

$$\rho = -\varepsilon_0\varepsilon\kappa^2\psi = \varepsilon_0\varepsilon\kappa^2\psi_0\frac{R}{r}\exp[\kappa(R-r)] \tag{6-48}$$

显然，当 $\psi\to0$ 时，$\rho\to0$。胶束的净电荷 σ_S 必与双电层中反离子的总电荷数相等：

$$\sigma_S = ezn = -\int_R^\infty \rho 4\pi r^2 \mathrm{d}r \tag{6-49}$$

式中，z 为表面活性离子的价数；n 为胶束聚集数。将式(6-48)代入上式积分得：

$$\sigma_S = 4\pi\varepsilon_0\varepsilon R\psi_0(1+\kappa R) \tag{6-50}$$

为了求出静电作用能，设想胶束首先在中性条件下生成，然后使胶束表面带（充）电。随着胶束表面电荷的出现，反离子开始自动形成双电层，整个充电过程中始终保持电中性：

$$0 = \sigma_S\xi + \int_R^\infty \rho' \mathrm{d}v \tag{6-51}$$

式中，ξ 是充电参数，在充电过程中其数值在 0 到 1 之间变化；ρ' 为充电过程中扩散层的体积电荷密度，其符号与 σ_S 相反。于是整个过程的电功包括因胶束形成，胶束表面带电所需要的功（非自发的，正值）和反离子形成双电层所需要的功（自发的，负值）两部分：

$$\Delta G_{el}^\ominus = \frac{1}{n}\sigma_S\int_0^1 \psi'_0 \mathrm{d}\xi + \frac{1}{n}\int_0^1 \frac{\mathrm{d}\xi}{\xi}\int_R^\infty \rho'\psi' \mathrm{d}v \tag{6-52}$$

式中，ψ'_0 和 ψ' 为充电过程中不同阶段的 ψ_0 和 ψ。上式中前者总是大于后者，过程的总功是正的。对球形胶束，1-1 价电解质，应用 Debye-Hückel 近似，得到的静电作用能为：

$$\Delta G_{el}^\ominus = \frac{ne^2}{2\varepsilon_0\varepsilon R(1+\kappa R)} \tag{6-53}$$

可见当 κR 值很小时，每个两亲离子形成胶束的静电作用能与胶束半径成反比。

（3）界面能

前已述及，疏水效应是胶束化过程的推动力。对离子型表面活性剂，静电作用能是阻碍胶束形成的因素。此外，在考虑胶束形成自由能时，还应考虑界面能因素，因为尽管胶束的内核不与水接触，但由于胶束表面并不能完全被亲水基所覆盖，所以类似于液态烃的胶束内核与水仍有接触，由此导致界面能 γA。这里 A 为胶束球面上每个表面活性分子（离子）所占的面积，γ 为单位面积上的界面能（约为 $50\mathrm{erg} \cdot \mathrm{cm}^{-2}$）。于是胶束形成时，每个分子的标准自由能变化由三部分组成：

$$\mu_n^\ominus - \mu_1^\ominus = \Delta G_{W\to H}^\ominus + \gamma A + \frac{ne^2}{2\varepsilon_0\varepsilon R(1+\kappa R)} \tag{6-54}$$

式中右边第一项的上标(n)表明疏水效应对自由能的贡献与胶束的聚集数 n 有关。代入 A 与 R 的关系式 $A = 4\pi R^2/n$ 得：

$$\mu_n^\ominus - \mu_1^\ominus = \Delta G_{W\to H}^{\ominus(n)} + \gamma A + \frac{2\pi Re^2}{A\varepsilon_0\varepsilon(1+\kappa R)} = \Delta G_{W\to H}^{\ominus(n)} + \gamma\left(A + \frac{A_0^2}{A}\right) \tag{6-55}$$

式中，

$$A_0 = \sqrt{\frac{2\pi Re^2}{\varepsilon_0\varepsilon\gamma(1+\kappa R)}} \tag{6-56}$$

为使胶束中每个表面活性分子（离子）的自由能为最低时的面积，称为最佳面积。

6.2.4 最佳胶束聚集数

当胶束中表面活性分子(离子)取最佳面积时，所形成的胶束称为最佳胶束，相应的聚集数称为最佳聚集数，用 m 来表示。于是在式(6-55)中令 $A = A_0$，即得到形成最佳胶束的标准自由能变化：

$$\mu_m^\ominus - \mu_1^\ominus = \Delta G_{W\to H}^{\ominus(m)} + 2\gamma A_0 \tag{6-57}$$

由于胶束的内核为亲油基所充满，因此可以将聚集数 n 与胶束中每个表面活性剂分（离）子

的体积 V 或面积 A 相关联：

$$\frac{4}{3}\pi R^3 = nV \tag{6-58}$$

$$A = \frac{4\pi R^2}{n} = \frac{3V}{R} = \left(\frac{36\pi V^2}{n}\right)^{\frac{1}{3}} \tag{6-59}$$

$$A_0 = \frac{4\pi R^2}{m} = \left(\frac{36\pi V^2}{m}\right)^{\frac{1}{3}} \tag{6-60}$$

假设 $\Delta G_{W\to H}^{\ominus\,(m)} = \Delta G_{W\to H}^{\ominus\,(n)}$，利用式(6-55)和式(6-57)消去 $\mu_1^\ominus$ 得：

$$\mu_m^\ominus - \mu_n^\ominus = \gamma A_0 \left[2 - \left(\frac{A}{A_0} + \frac{A_0}{A}\right)\right] \tag{6-61}$$

代入式(6-13)得：

$$x_n = n\left(\frac{x_m}{m}\exp\left\{\frac{-\gamma A_0 m}{kT}\left[\left(\frac{n}{m}\right)^{\frac{1}{6}} - \left(\frac{m}{n}\right)^{\frac{1}{6}}\right]^2\right\}\right)^{\frac{n}{m}}$$

$$= n\left(\frac{x_m}{m}\exp\left\{\frac{-\gamma}{kT}(36\pi m^2 V^2)^{\frac{1}{3}}\left[\left(\frac{n}{m}\right)^{\frac{1}{6}} - \left(\frac{m}{n}\right)^{\frac{1}{6}}\right]^2\right\}\right)^{\frac{n}{m}} \tag{6-62}$$

式中的独立参数为 V，x_m，m 以及 γ。图 6-13 即为按上式计算所得到的一个分布图，参数为 $m=60$，$V=0.35\text{nm}^3$，$\gamma=50\text{erg}\cdot\text{cm}^{-2}$，$x_m=10^{-4}$。可见曲线基本上呈高斯分布，并且平均聚集数 $\bar{n}$ (52.5) 与最佳聚集数 m 很接近，或者说表面活性剂在胶束中的实际面积 A 与最佳面积 A_0 只有微小的差别。这种趋势与实验结果相当一致。

显然，完全有理由认为平均聚集数 $\bar{n}$ 即为最佳聚集数 m，于是由式(6-24)得到：

$$\ln(\text{cmc}) = \frac{1}{kT}(\mu_{\bar{n}}^\ominus - \mu_1^\ominus) = \frac{1}{kT}(\mu_m^\ominus - \mu_1^\ominus) \tag{6-63}$$

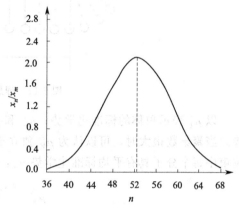

■ 图 6-13 球状胶束中的聚集数分布

代入式(6-57)和式(6-60)，注意 $\bar{n}=m$，得：

$$\ln(\text{cmc}) = \frac{1}{kT}\left[\Delta G_{W\to H}^{\ominus\,(m)} + 2\gamma\left(\frac{36\pi V^2}{\bar{n}}\right)^{\frac{1}{3}}\right] = \frac{K_1}{\bar{n}^{\frac{1}{3}}} + K_2 \tag{6-64}$$

上式表明，表面活性剂的聚集数越大，其 cmc 值将越小，这与实验结果完全一致。但因 K_1、K_2 取决于表面活性剂亲油基和亲水基部分的结构，尚难进行定量的比较。不过上式仍很好地反映了 cmc 随表面活性剂结构以及电解质浓度的定性变化趋势。附录 6 列出了一些常见表面活性剂的胶束聚集数。

6.2.5 胶束的形状

一旦聚集数确定，则胶束的形状也随之确定。由于胶束的内核是基本不含水的，因此无论胶束取球形或近似的球形，如旋转扁球体、旋转长椭球体等，其中的次轴半径都不可能超过充分伸展的亲油基的链长 $l_{\max}$。对碳原子数为 N 的正构烷基链，人们得到：

$$l_{\max} = 0.15 + 0.01265N \quad (\text{nm}) \tag{6-65}$$

相应的单体分子的体积为：

$$V = 0.0274 + 0.0269N \quad (\text{nm}^3) \tag{6-66}$$

于是对给定的聚集数，主轴和次轴的尺寸即确定。由于对给定的聚集数，扁球体较之长椭球体具有较小的表面积，因此从形成自由能最小考虑，扁球体似乎是更可取的形状。但不排除可能存在其他使自由能更小的形状。

当表面活性剂的浓度较大，或加入电解质时，胶束的聚集数增大，其形状将难以维持单一的球形（spherical）。当聚集数很大时，棒状（rod-like）胶束是更佳的胶束形状。

图 6-14 即为表示由两个半球和一个圆柱组成的理想化棒状胶束示意图。设胶束的聚集数为 n，其中两个半球区的聚集数为 n_S，于是柱区的聚集数为 $n-n_S$。要形成棒状胶束，必须有 $n>n_S$。

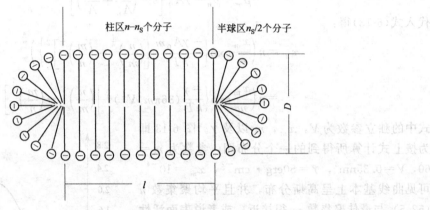

柱区 $n-n_S$ 个分子　半球区 $n_S/2$ 个分子

■ 图 6-14　理想化棒状胶束结构示意图

以 $\mu_1^{\ominus}$ 表示单体的标准化学势；$\mu_R^{\ominus}$ 和 $\mu_S^{\ominus}$ 分别表示柱区和半球区内每个分子的标准化学势。当聚集数很大时，可以认为 $\mu_R^{\ominus}$ 独立于聚集数 n，而 $\mu_S^{\ominus}$ 仍由式（6-55）所定义。于是棒状胶束中每个分子具有平均标准化学势 $\mu_n^{\ominus}$：

$$\mu_n^{\ominus}=\frac{n_S\mu_S^{\ominus}+(n-n_S)\mu_R^{\ominus}}{n} \tag{6-67}$$

将一个单体分子自溶液中转移到棒状胶束中的标准自由能变化为：

$$\mu_n^{\ominus}-\mu_1^{\ominus}=\frac{n_S\mu_S^{\ominus}+(n-n_S)\mu_R^{\ominus}}{n}-\mu_1^{\ominus} \tag{6-68}$$

理论分析表明，当条件有利于形成棒状胶束时，$\mu_R^{\ominus}<\mu_S^{\ominus}$，即柱区每个分子的标准化学势较半球区中的为小。从胶束形成的推动力看，疏水效应对柱区和半球区的分子近似相等，因此差异主要来源于静电作用能和界面能：

$$\mu_S^{\ominus}-\mu_R^{\ominus}=(\Delta G_{el}^{S}-\Delta G_{el}^{R})+\gamma(A_S-A_R) \tag{6-69}$$

式中，上下标 S 和 R 分别表示球区和棒区。现考虑 n 个分子分别形成球状和棒状胶束。通过适当的模型可得：

$$\frac{\Delta G_{el}^{R}}{\Delta G_{el}^{S}}=\frac{l_c}{2l_{max}} \tag{6-70}$$

式中，l_c 为足以容纳 n 个分子的柱长。考虑到球状胶束与棒状胶束内核的密度应相等，于是有：

$$\frac{4}{3}\pi l_{max}^{3}=\pi l_{max}^{2}l_c \tag{6-71}$$

代入式（6-70）得：

$$\frac{\Delta G_{el}^{R}}{\Delta G_{el}^{S}}=\frac{2}{3} \tag{6-72}$$

上式表明，柱区中静电作用能对化学势的贡献较球区中的为大。因此静电作用有利于形成球状胶束。再看胶束与水的接触面积，对柱区有：

$$A_{R}=2\pi l_{max}l_{c}=2\pi l_{max}\cdot\frac{4}{3}l_{max}=\frac{8}{3}\pi l_{max}^{2} \tag{6-73}$$

而在球区为：

$$A_{S}=4\pi l_{max}^{2} \tag{6-74}$$

比较可得：

$$A_{R}<A_{S} \tag{6-75}$$

因此从与水的接触面积来看，有利于形成棒状胶束。若烷基链长增加，即 l_{max} 增加，则 $A_{S}-A_{R}$ 增大，于是长链表面活性剂趋向于形成棒状胶束。

另一方面，温度的升高将使双电层的厚度增加，因而有利于形成球状胶束，而加入电解质使双电层压缩，有利于形成棒状胶束。于是可以得出结论：低温、长烃链、高电解质浓度有利于形成棒状胶束，并导致胶束聚集数分布变宽。此外，当表面活性剂含有两个长链烷基时，常常能形成囊泡状聚集体（vesicle），也称为脂质体。另一种理论认为，胶束的形状与表面活性剂分子的几何形状有关，称为几何排列模型或几何填充模型。该理论提出，表面活性剂分子的几何形状可用三个参数来描述，即亲水基（头基）的截面积 a_0、疏水基链长 l_c 以及疏水基的体积 V，如图 6-15(a) 所示，并定义：

$$P=V/(a_0l_c) \tag{6-76}$$

式中，P 为填充（堆积）系数（packing parameter）。单烷基链离子型表面活性剂通常具有较大的头基，如图 6-15 中的(a)和(d)所示，于是得到 $P<1$；双烷基链表面活性剂亲油基体积较大，如图 6-15 中的(b)，得到 $P>1$；而具有柱状结构的分子，如图 6-15 中的(c)，则得到 $P\approx1$。进一步的研究表明，$P<1/3$ 时形成球状胶束，$1/3<P<1/2$ 时形成棒状胶束，$1/2<P<1$ 时形成柔性双分子层状物或囊泡；$P\approx1$ 时形成层状胶束，而当 $P>1$ 时则形成反向胶束（稍后讨论）。图 6-16 给出了几种常见胶束的结构示意图。

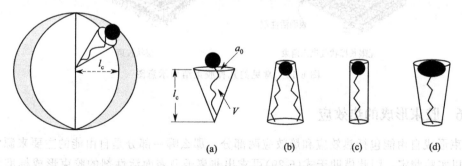

图 6-15　表面活性剂分子的几何结构特征

几何排列模型能够很好地解释一些因素对胶束结构的影响。例如对离子型表面活性剂，加入电解质降低了离子头之间的静电排斥力，使得 a_0 减小，P 值增大，胶束从球状转变成棒状，进而可进一步转变成层状；而温度的上升使得 a_0 增加，有利于形成球状胶束。对非离子表面活性剂，温度的升高使得 a_0 减小，P 值增大，导致胶束反转变成反胶束（见 6.4）。

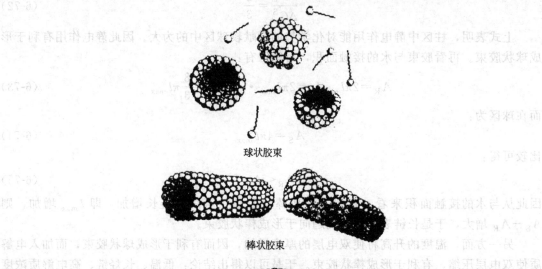

球状胶束

棒状胶束

水核

囊泡

表面活性剂

水

水

表面活性剂

无限长棒状胶束六角束

层状胶束

图 6-16　常见的几种胶束结构示意图

6.2.6　胶束形成的热效应

胶束形成自由能包括热效应和熵效应两部分，那么哪一部分是自由能的主要来源？由于 cmc 可以实验测定，因此借助于式(6-29)可求出非离子型表面活性剂的胶束形成标准自由焓（忽略等压下标 p）：

$$\Delta H_n^{\ominus}=-kT^2\frac{\mathrm{dln(cmc)}}{\mathrm{d}T} \tag{6-77}$$

式中，下标 n 表示胶束聚集数，显然通过测定 cmc 随温度的变化即可求出胶束化的热效应。

对离子型表面活性剂，借助于式(6-34)得到：

$$\Delta H_n^{\ominus} = -\left(2 - \frac{z}{n}\right) kT^2 \frac{\mathrm{dln(cmc)}}{\mathrm{d}T} = -(1 + K_g) kT^2 \frac{\mathrm{dln(cmc)}}{\mathrm{d}T} \tag{6-78}$$

式中，$K_g = (1 - z/n)$ 为反离子束缚系数。然而 K_g 通常是温度的函数，温度升高 K_g 下降，即有更多的反离子进入扩散层。因此为了求出 $\Delta H_n^{\ominus}$，需要把反离子的影响从标准自由能中分离出来。

以阴离子型表面活性剂为例，将胶束化模型改写为：

$$nK_g C^+ + nA_1^- \underset{}{\overset{K}{\rightleftharpoons}} (A_n C_n K_g)^{-n(1-K_g)}$$

式中，A_1^- 代表表面活性阴离子；C^+ 代表反离子；整个胶束带 $n(1-K_g) = z$ 个负电荷。相应的平衡条件为：

$$n\mu_n = n\mu_1 + nK_g \mu_c \tag{6-79}$$

其中，μ_c 为反离子的化学势：

$$\mu_c = \mu_c^{\ominus} + kT\ln\left[(x_c + S)f_c\right] \tag{6-80}$$

式中，f_c 和 x_c 分别为反离子的活度系数和添加的电解质的摩尔分数；S 为表面活性剂浓度。于是胶束化的标准自由能变化为：

$$\Delta G_n^{\ominus} = \mu_n^{\ominus} - \mu_1^{\ominus} - K_g \mu_c^{\ominus}$$
$$= kT\ln x_1 - \frac{kT}{n}\ln\frac{x_n}{n} + K_g kT\ln\left[(x_c + S)f_c\right] \tag{6-81}$$

上式中将反离子的影响分离了出来。如果 K_g 与反离子的浓度无关，则上式中的 $\Delta G_n^{\ominus}$ 独立于 x_c。在 cmc 以上浓度可以认为 $x_1 = \mathrm{cmc}$，于是当 $n \rightarrow \infty$ 时，由上式得到：

$$\Delta G_n^{\ominus} = kT\ln(\mathrm{cmc}) + K_g kT\ln\left[(x_c + \mathrm{cmc})f_c\right]$$
$$= kT\ln\left[\mathrm{cmc}(f_c x_c + f_c \mathrm{cmc})^{K_g}\right] \tag{6-82a}$$

或：

$$\ln(\mathrm{cmc}) = \frac{\Delta G_n^{\ominus}}{kT} - K_g \ln(f_c x_c + f_c \mathrm{cmc}) \tag{6-82b}$$

上式表示了反离子对 cmc 的影响。与式(6-6)相比较，取 f_c 为常数时，两式完全相同。而式(6-6)已得到实验证明(图 6-4 和图 6-5)，因此 K_g 的确可看作常数。

若 K_g 只取决于温度，则有：

$$\Delta H_n^{\ominus} = -kT^2 \frac{\mathrm{d}}{\mathrm{d}T}\left[\ln(\mathrm{cmc}) + K_g \ln(\mathrm{cmc} + x_c)f_c\right] \tag{6-83}$$

当无外加电解质时，$x_c = 0$，f_c 可视为 1，则上式变为：

$$\Delta H_n^{\ominus} = -kT^2 \frac{\mathrm{d}}{\mathrm{d}T}\left[(1 + K_g)\ln(\mathrm{cmc})\right] \tag{6-84}$$

若 K_g 与温度无关，则上式可进一步简化为式(6-78)。

对非离子型表面活性剂，$K_g = 0$，式(6-84)还原为式(6-77)。式(6-77)已被应用于某些离子型表面活性剂，并取得某种程度的成功。

对离子型和非离子型表面活性剂胶束化焓变的研究表明，胶束化过程中的焓变相对较小，因此胶束形成自由能主要来源于熵变，即疏水效应。此外在较低温度时，$\Delta H_n^{\ominus}$ 为正值，表明 cmc 随温度升高而下降；而在 $25\sim30℃$ 范围内，离子型表面活性剂的 $\Delta H_n^{\ominus}$ 变号，表明 cmc 有最低点。这些都与实验结果相符。

6.3　增　溶　作　用

通常非极性有机物在水中的溶解度很小，但当水中有表面活性剂存在且浓度大于 cmc 时，其溶解度将大大提高并且随表面活性剂浓度的增加而增加，如图 6-17 所示。表面活性剂的这种作用称为增溶作用（solubilization）。这里表面活性剂为"增溶剂"（solubilizer），而非极性有机物则为"增溶物"（solubilizate）。显然增溶作用与胶束形成有关。与乳化、分散体系不同，增溶体系是热力学稳定体系，形成的是透明溶液。

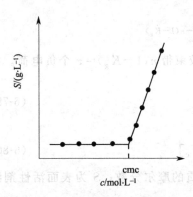

图 6-17　非极性有机物在表面活性剂水溶液中的溶解度（S）随表面活性剂浓度（c）的变化示意图

6.3.1　增溶作用的热力学基础

溶质在溶液中的化学势可表示为：

$$\mu = \mu^{\ominus} + RT\ln a = \mu^{\ominus} + RT\ln fc \tag{6-85}$$

式中，$\mu^{\ominus}$ 为溶质的标准化学势；a 为溶质的活度；f 和 c 分别为溶质的活度系数和浓度。在胶束溶液中，溶质（增溶物）分布于水相和胶束相，其化学势可分别表示为：

$$\mu_{aq}^{s} = \mu_{aq}^{\ominus} + RT\ln(a)_{aq} \tag{6-86}$$

$$\mu_{mic}^{s} = \mu_{mic}^{\ominus} + RT\ln(a)_{mic} \tag{6-87}$$

式中，下标 aq 表示水相，mic 表示胶束相；上标 s 表示增溶物。因为胶束相和水相处于平衡，因此溶质在两相中的化学势相等，并且溶质在胶束和水相中的标准化学势差，即是溶质自水相转移到胶束相中的标准自由能变化：

$$\Delta G_s^{\ominus} = \mu_{mic}^{\ominus} - \mu_{aq}^{\ominus} = -RT\ln\frac{(a)_{mic}}{(a)_{aq}} = -RT\ln\frac{c_{mic}}{c_{aq}} - RT\ln\frac{f_{mic}}{f_{aq}} \tag{6-88}$$

假定溶质在水相和胶束相中皆形成理想溶液，则 $f_{mic} \approx f_{aq} \approx 1$，于是得：

$$\Delta G_s^{\ominus} = -RT\ln\frac{c_{mic}}{c_{aq}} = -RT\ln K \tag{6-89}$$

式中：

$$K = \frac{c_{mic}}{c_{aq}} \tag{6-90}$$

称为溶质在胶束相和水相中的分布系数。

通常浓度可用物质的量浓度(c)或摩尔分数(x)来表示，因此相应的分布系数有 $K(c)$ 和 $K(x)$ 两种，两者的关系为：

$$K(x) = K(c)\frac{M_{mic}}{M_{aq}}\frac{d_{aq}}{d_{mic}} \tag{6-91}$$

式中，M_{mic} 和 M_{aq} 分别为胶束中非极性区和水相的摩尔质量；d_{mic} 和 d_{aq} 为相应的密度。显然求取 c_{mic} 比较困难，因为 M_{mic} 和 d_{mic} 较难确定。所以通常分布系数以 $K(x)$ 表示。

设溶质在纯水中的溶解度为 $S(\text{mol·L}^{-1})$，在总浓度为 c_t 的表面活性剂溶液中（$c_t >$ cmc）的溶解度为 C，则最大加入浓度 MAC 定义为：

$$MAC = \frac{C-S}{c_t - cmc} \tag{6-92}$$

MAC 的单位为 mol 溶质/mol 表面活性剂。于是溶质在胶束和水相中的摩尔分数 x_{mic} 和 x_{aq} 分别为：

$$x_{mic} = \frac{(C-S)}{(C-S)+(c_t - cmc)} = \frac{MAC}{1+MAC} \tag{6-93}$$

$$x_{aq} = \frac{S}{S+55.51} \approx \frac{S}{55.51} \tag{6-94}$$

由此得到：

$$K(x) = \frac{x_{mic}}{x_{aq}} = \frac{55.51MAC}{S(1+MAC)} \tag{6-95}$$

6.3.2 增溶物在胶束中的位置

研究表明，增溶物在胶束中的位置取决于增溶物的性质。可能的位置包括：①胶束的内核；②胶束中定向的表面活性剂分子之间，形成"栅栏"（palisade）结构；③形成胶束的表面活性剂的亲水基团之间（尤其是非离子的聚氧乙烯链中）；④胶束的表面，如图 6-18 所示。

紫外光谱和核磁共振光谱研究证明，非极性烃类只能增溶于胶束的内核，并且增溶使胶束膨胀，体积变大，如图 6-18 中(a)所示。较易极化的化合物如短链芳烃开始可能被吸着于胶束表面，增溶量加大以后可能插入到表面活性剂栅栏中并进而进入内核。较长链的极性有机物如脂肪醇、脂肪胺等则增溶于胶束的栅栏之间，与表面活性剂分子具有相同的定向，形成混合胶束，如图 6-18 中(b)所示，一般不会引起胶束变大。而一些小的极性分子则增溶于胶束的表面区域，特别是在非离子胶束中，处于聚氧乙烯链形成的胶束"外壳"中，如图 6-18 中(c)和(d)所示。光谱数据表明，它们处于极性环境中。

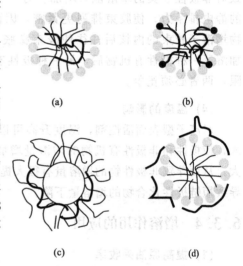

(a) (b)

(c) (d)

图 6-18 增溶物在胶束中的位置

(a) 内核（非极性烃）；(b) 栅栏（极性有机物如醇类）；(c) 亲水基团之间（极性小分子）；(d) 胶束表面（较易极化的化合物如短链芳烃）

6.3.3 影响增溶作用的因素

(1) 表面活性剂的结构

表面活性剂增溶能力的大小通常取决于其所形成的胶束的大小和聚集数。一般胶束越大，聚集数越大，则增溶能力越大。特别是增溶于胶束内核的非极性烃类的增溶量随胶束增大或聚集数增加而增加。而聚集数通常随表面活性剂烷基链长的增加而增加。因此长链表面活性剂对烃类有较大的增溶能力。二价金属盐类表面活性剂亦有较大的增溶能力。碳氢链中有支链或不饱和键时，增溶能力下降。

对相同烷基链长的表面活性剂，非离子由于具有较低的 cmc 而对烃类有较大的增溶能力，但当聚氧乙烯链长增加时，对烃类的增溶能力下降；阳离子由于形成较疏松的胶束，增溶能力略大于阴离子。

如果表面活性剂分子中引入第二个亲水离子基团，则cmc增加，胶束聚集数减小，对烃类的增溶能力减小，但对极性物的增溶能力增加。原因是第二个亲水离子基团的引入使胶束"栅栏"的分子间电斥力增加，胶束变得疏松，有利于极性分子的插入。

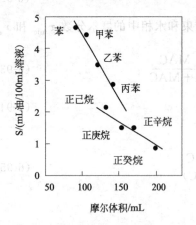

图6-19 摩尔体积对烃在 $C_{11}H_{23}COOK$ 胶束中的增溶量的影响

(2) 增溶物的分子结构

表面活性剂对非极性烃类的增溶能力随烃类的摩尔体积增加而下降。因此烃类同系物的增溶量随其链长增加而减小，如图6-19所示。

支链的影响一般不大。带有一个极性基（—OH 或—NH$_2$）的极性有机物比相同链长的烃类增溶量要大得多。总的来说，增溶物的极性越小，碳氢链越长，则增溶量越小。

(3) 添加剂的影响

在离子型表面活性剂体系中加入无机盐往往使cmc下降和胶束聚集数增加，因而导致对非极性烃类的增溶能力增加。另一方面，加入无机盐降低了表面活性剂离子头之间的静电排斥力，使胶束排列更紧密，因而降低了胶束对极性有机物的增溶。非极性有机物增溶于胶束的内核后往往使胶束膨胀，因而有利于极性有机物的增溶，反之亦然。但加溶了一种极性有机物后，另一种极性有机物的增溶量将下降，因为栅栏层中的位置有限，两者必须竞争。

(4) 温度的影响

对离子型表面活性剂，温度升高可以使胶束的结构变得疏松，从而有利于增溶物的进入，使极性和非极性有机物的增溶量增加。对非离子型表面活性剂，温度升高使聚集数增大，从而导致非极性物的增溶量有很大提高。但聚氧乙烯链的脱水使胶束外壳变得更紧密，导致短链极性化合物的增溶量下降。

6.3.4 增溶作用的应用

(1) 提高原油采收率

在原油开采过程中，一次采油和注水采油只能采出大约$30\%\sim40\%$的原油，大量的残余油黏附于岩层中的砂石上而无法采出。如果向地层注入"胶束溶液"（含适量醇类助剂和油），则能将这些残余油增溶，且此胶束溶液能润湿岩层，遇水不分层，有足够的黏度，于是在推进过程中不断有效地洗下砂石上的原油，从而达到提高采收率的目的。

研究表明，胶束-微乳液驱油理论上可以采出100%的残余油，实际可提高采收率20%以上。而对一个大油田，提高百分之几的采收率即意味着新开一个甚至几个小油田。但此种方法亦要消耗大量的表面活性剂，成本相对较高。因此需要研究开发成本低廉的表面活性剂。

(2) 胶束增强超滤（micellar enhanced ultrafiltration，MEUF）

化工、造纸、制药等工业生产过程中往往排放大量含有机物的污水，造成严重的环境污染。通常由于有机物含量低，在水中具有一定的溶解度，用常规方法难以分离回收。MEUF

技术是通过向这些废水中加入表面活性剂，使微量的有机物增溶于胶束中，再经用孔径小于胶束的超滤膜过滤，水和极性小分子能顺利通过，有机物因增溶于胶束中而不能通过，从而达到净化水的目的，并可回收有机物。此工艺可使有机物的回收率达到 90％以上。此外，该工艺还可用于除去重金属离子。选用阴离子表面活性剂，由于胶束带电，能使重金属离子吸附于胶束的周围，经超滤除去。

(3) 洗涤去污

在洗涤过程中，使被洗下的油污增溶于胶束中，能有效防止其再沉积，从而提高去污力。特别是在手洗过程中，局部使用高浓度肥皂或洗涤剂，在揉搓过程中形成大量的胶束，使油污增溶而被除去。此外增溶作用在乳液聚合、胶束催化以及制药工业和生理过程中都有重要应用，读者可参阅有关的书籍进一步了解。

6.4　反胶束

6.4.1　反胶束的形成、结构和推动力

在许多应用场合，表面活性剂或双亲分子需要被溶于非极性溶剂中。类似地，在非极性溶剂中，双亲分子随其浓度的增加也能形成聚集体。这种聚集体通常以亲水基相互靠拢，亲油基朝向溶剂，构型与水相中的胶束正好相反，因此被称为反（向）胶束或逆（向）胶束（reversed or inverted micelle）。例如在水/油/非离子型双亲化合物体系中，低温时非离子型双亲化合物在水相形成正胶束，但随着温度的升高，非离子双亲化合物逐步转移到油相，并形成反胶束，如图 6-20 所示。

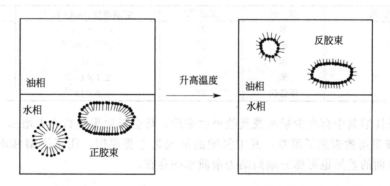

图 6-20　非离子型双亲化合物在水相和油相中分别形成正胶束和反胶束示意图

水相中的胶束化自由能变化的三个来源，即疏水效应、静电作用能以及界面能，在非极性溶剂中的胶束化过程中不复存在。因为在非极性溶剂中，无论是否形成胶束，疏水基的环境并无变化；而离子型双亲化合物在非极性溶剂中不能电离，只能以离子对形式存在。显然胶束形成的推动力主要是离子对之间的偶极子-偶极子相互作用，而熵效应则是对抗因素，它趋向于使双亲分子保持在分子分散（单体）状态。因而非极性溶液中的胶束化推动力较之水溶液中的要小得多。另一方面，由于空间阻碍，不可能使大量的亲水基团聚集在一起，因此在非极性溶剂中胶束的聚集数通常很小，一般在 10 以下（参见附录Ⅵ）。形成胶束的浓度区域很宽，但在很宽的浓度范围内聚集数并无突跃性变化，因此没有明显的 cmc，或者说

cmc 的确定相当困难。

用于水相 cmc 测定的方法如表面张力法，电导法等对非极性溶液不再适用，因为非极性溶剂本身的表面张力已很低（$20\sim30\mathrm{mN\cdot m^{-1}}$），加入表面活性剂并不能导致表面张力进一步下降，有时甚至会上升；而离子型表面活性剂也不电离，电导法失效。此外增溶法的可靠性也受到怀疑。相对可靠的方法是正电子湮灭法，其他还有光散射法、染料吸附法、介电增量法、H NMR 法等。由于灵敏度差异以及受干扰的因素不同，不同方法得到的结果存在偏差。一些双亲物质在非极性溶剂中的 cmc 数据参见赵国玺编著的《表面活性剂物理化学》（修订版）第四章（北京大学出版社，1991）。

胶束的大小或聚集数通常采用溶液的依数性法以及光散射，超离心沉降，黏度-扩散法等测定。研究表明，双亲化合物在非极性溶剂中似乎存在两种不同的聚集模式，一种是聚集数很小，通常为 $3\sim6$，无明显的 cmc，聚集数随双亲物浓度的增加而增加；另一种是聚集数相对较大，达 $25\sim30$，有一个明显的 cmc，聚集数随双亲物浓度的增加趋于一恒定值。阳离子型双亲化合物大多属于前者，而阴离子型双亲化合物则基本属于后者。表 6-3 和表 6-4 列出了一些双亲物质的聚集数，更多的聚集数可参见赵国玺编著的《表面活性剂物理化学》（修订版）第四章（北京大学出版社，1991）。

表 6-3　磺基琥珀酸酯钠盐（AOT）在各种非极性溶剂中的聚集数

溶　　剂	光散射法	沉　降　法	溶　　剂	光散射法	沉　降　法
甲醇		1	异辛烷	24	24
新戊醇	14	6	正壬烷	27	26
二溴乙烷	14		正十二烷	29	
四氯化碳		17	正十六烷	29	
甲苯		21	（水）		16

表 6-4　一些双亲物质在烃溶剂中的聚集数

双　亲　物　质	溶　　剂	温度/℃	溶质浓度/$\mathrm{mol\cdot L^{-1}}$	平均聚集数 $\bar{n}$
二壬基萘磺酸钠	苯	25	$10^{-5}\sim10^{-3}$	12
二壬基萘磺酸钡	苯	25	$10^{-5}\sim10^{-3}$	7
AOT	苯	25	4×10^{-4}	13
	苯	28	2.7×10^{-3}	24
	环己烷	28	1.3×10^{-3}	56

如果非极性溶剂中存在少量水或其他极性杂质，将会导致聚集数大大增加。这给测定真正的 cmc 值或聚集数带来了困难，其中氢键的形成是主要原因。阴离子型和阳离子型双亲物在聚集数方面的差异也可部分地归结为杂质水的存在。

6.4.2　影响反胶束形成的因素

由于在非极性溶剂中的聚集数很小，因此采用质量作用模型较为合适。如同处理水相中的胶束一样，非极性溶剂中胶束化过程可表示为：

$$nA_1 \longrightarrow A_n \tag{6-96}$$

以 c_1 和 c_n 分别代表单体和胶束（聚集数为 n）的浓度，设溶液是理想的，则上式的平衡常数为：

$$K_n = \frac{c_n}{c_1^n} \tag{6-97}$$

胶束形成的标准自由能变化为：

$$\Delta G_{\mathrm{mic}}^{\ominus} = -RT\ln K_n = -RT\ln\frac{c_n}{c_1^n} \tag{6-98}$$

双亲物的总浓度为：

$$c_t = \sum nc_n = \sum nK_n c_1^n \tag{6-99}$$

定义平均聚集数 $\bar{n}$ 为：

$$\bar{n} = \frac{\sum nK_n c_1^n}{\sum K_n c_1^n} = \frac{c_t}{\sum K_n c_1^n} \tag{6-100}$$

于是 $\bar{n}$ 是双亲物总浓度、胶束化标准自由能或平衡常数的函数。

对聚集数较大的体系，通常是 2～3 种聚集体占优势，其聚集数随总浓度的增加趋向于一个定值，因此 $\bar{n}$ 也趋于一恒定值，而其余的聚集体则是次要的。对这类体系只要测出这 2～3 个 K_n，即可应用式(6-100)。但对聚集数很小的体系，占优势的聚集体数随浓度增加，因此 $\bar{n}$ 将在很宽的浓度范围内连续变化。对这类体系 K_n 的测定较为困难。一个解决办法是设各种聚集体的 K_n 都相等，即用一个可调参数将 n 表示为双亲物浓度的函数。

前已述及，在非极性溶剂中胶束化自由能变化的来源与水相中大不相同，可能包括头基的偶极子-偶极子相互作用，平动和转动能的丢失以及氢键或金属配位键的形成等。因此可以说，影响胶束化自由能变化的因素将包括双亲分子本身的结构以及环境特性，如溶剂的性质、温度及其是否存在电解质等。

(1) 双亲分子结构的影响

定性的结果表明，双亲物在非极性溶剂中的极性是影响胶束化的一个主要因素。可以期望，双亲分子偶极矩增大，聚集趋势将增大。但偶极矩的增大亦将导致溶剂的极化，从而增强了溶剂化作用而不利于胶束的形成。此外由于双亲分子的不对称性，位阻效应也是影响聚集程度的一个因素，它导致聚集数比在水相中要小得多。当亲水基增大时，对称性增加，聚集数增加。

尽管聚集数与溶解度之间并无必然的联系，但当其他因素不变时，增加疏水基的链长将增加双亲分子在非极性溶剂中的溶解性，因而导致聚集数减小。但如果构成离子对的两个离子都是大分子量的有机离子，并在非离子介质中有较大的溶解度，则不能形成胶束。

通常聚集数随双亲物浓度的增加而增加。但浓度很大时胶束溶液的整体极性增大，从而将降低偶极子-偶极子相互作用。因此随浓度的增加，聚集数的增加一般趋于平缓，聚集数趋于恒定。

(2) 溶剂的影响

溶剂的影响错综复杂，但可以归结为对双亲分子溶解能力的影响。当溶解能力增强时，聚集数下降。比如，溶剂的摩尔体积增大，对亲油基的溶解能力增强，则聚集数减小；溶剂的极性（介电常数）增大，将导致双亲分子头基的溶剂化作用，减弱或屏蔽头基间的偶极子-偶极子相互作用，从而使胶束化驱动力减弱；溶剂与离子对之间的特殊相互作用，如 π 电子与离子对的作用，也将导致聚集数减小。溶剂的溶解度参数可以与聚集数相关联，溶解度参数增加有利于双亲分子的溶解，聚集数减小。此外，高度可极化溶剂也将使聚集数减小。

(3) 温度的影响

由于非极性溶剂中的胶束化过程是放热过程，因此可以期望温度升高，聚集数将减小。但影响的程度随双亲分子的种类而变。温度对阳离子聚集数的影响似乎比对阴离子的影响更为显著，这可能跟阳离子的聚集数较小有关。由于温度对非离子双亲物的溶解性有较大的影响，因此温度对非离子双亲物聚集数有显著影响，并且还导致多分散性的增加。

6.4.3 水的增溶

类似于水相胶束能增溶非极性液体，反胶束亦能增溶水或极性液体。增溶的推动力在于增溶物与胶束内核中的表面活性离子的反离子之间的强离子-偶极子相互作用，此外还存在着增溶物与表面活性离子之间的弱相互作用。若是非离子，则存在增溶物与 EO 链中的醚氧原子的相互作用。与水相胶束不同的是，少量水的增溶对双亲分子的溶解性和胶束聚集数有较大的影响，最明显的结果就是导致聚集数增加，如图 6-21 所示。

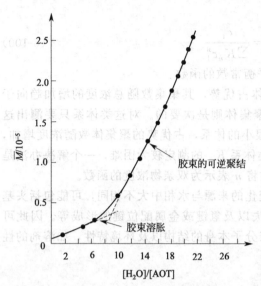

图 6-21　25℃时 AOT 反胶束平均质量随 H_2O/AOT 配比的变化

根据水量的多少，水的结合方式可分为两种。最初加入的水被认为是束缚水，只导致聚集数有微小的增加，即胶束溶胀；随后加入的水则在胶束内核形成一个小区，随着水核半径的增大，胶束聚集数有很大的增加，相应地，胶束的数量减小，类似于发生了胶束的聚结。图 6-21 中曲线上的转折点即为这两种作用的转换点。

烃类溶剂中反胶束对水的增溶一般随双亲分子浓度、反离子价数以及烷基链长的增加而增加。双亲分子烷基链的支链化和不饱和键的存在使增溶量增加。非离子的增溶主要靠水与醚氧原子形成氢键，因此 EO 链加长，提供了更多的结合位，对水的增溶量增加。电解质的存在会显著降低水的增溶量，其中与表面活性离子电荷相反的离子的抑制作用较大，因其能减弱表面活性离子头之间的排斥力，从而使离子头靠得更紧，减小增溶水的空间。对非离子双亲分子，电解质的存在将破坏水分子与醚氧原子形成的氢键，使增溶量下降，但其影响较对离子型的为小。

溶剂种类对水的增溶也有影响。通常溶剂的极性越强，双亲分子的聚集数越小，溶剂就越易与双亲分子的极性头结合，从而减少其与水分子的结合。

温度升高将增加离子头间的互斥性，因而有利于水的增溶。对非离子双亲分子体系，可以观察到增溶量随温度上升急剧增加。

6.5 双亲性高分子(嵌段共聚物)的自组装

除了双亲化合物能够在溶液中进行自组装以外，另一类具有类似结构的高分子物质如嵌段共聚物也能进行自组装，相关过程也称为胶束化，是当前纳米科技的新兴研究领域之一。

这里所说的嵌段共聚物主要指两嵌段共聚物，即分子中包含两个链段，一个是疏水性的成核链段，另一个是亲水性的成壳链段，分别由疏水性和亲水性单体共聚而成。图 6-22 即是一种两嵌段共聚的结构示意图及其与双亲化合物分子结构的对比，可见双亲性嵌段共聚物是双亲化合物分子结构的放大。

与双亲分子的自组装相比，嵌段共聚物的自组装是一个更为复杂的过程，可以形成一系列不同结构的形态，因而备受学术界和工业界的关注。1995 年，Zhang 和 Eisenberg[1] 首先报道了嵌段共聚物可以在溶液中自组装得到一系列形态各异的聚集体。随后报道的各种形态包括球、棒、囊泡和大复合胶束等，它们在诸多领域，如药物缓释、分离、电子学和催化等领域，具有潜在的应用价值。例如在两界面间形成的嵌段共聚物膜可作为图形表面成像的掩膜；用于诱导金和银纳米颗粒在无机物表面生长；硫醇封端的嵌段共聚物可用于包裹和保护金属纳米颗粒等。

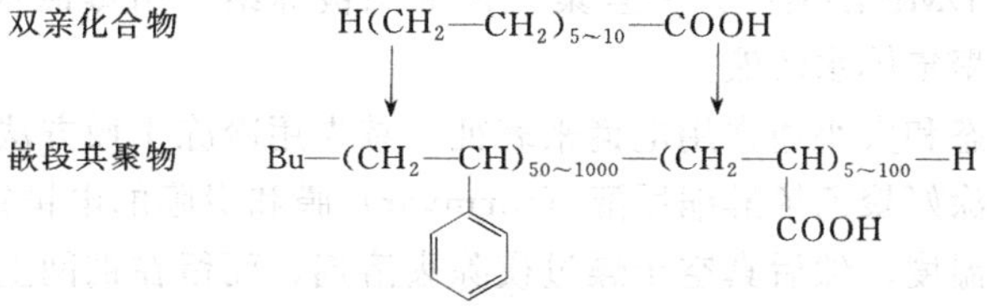

双亲化合物　　　$H(CH_2-CH_2)_{5\sim10}-COOH$

嵌段共聚物　　　$Bu-(CH_2-CH)_{50\sim1000}-(CH_2-CH)_{5\sim100}-H$

图 6-22　嵌段共聚物分子结构及其与表面活性剂分子结构的类似性

本节将首先介绍嵌段共聚物的自组装机理、方法以及临界胶束浓度，其次讨论共聚物如何形成复杂多变的各种形态、控制聚集体形态的因素，最后讨论形态转变的热力学和动力学问题。

6.5.1　嵌段共聚物的胶束化方法

类似于双亲小分子，嵌段共聚物中疏水链段和亲水链段在溶液中是不相容的。在水溶液中，疏水链段驱动聚合物链的聚集，最简单的就是形成球状聚集体（胶束），胶束的内核由疏水链段组成，而亲水链段由于被溶剂化，在核周围形成壳层，从而维持胶束的稳定。因此一般来说，双亲性共聚物的溶液行为与双亲小分子如表面活性剂是类似的。

由自组装形成的嵌段共聚物胶束的物理性质主要取决于嵌段共聚物的分子组成。首先，嵌段共聚物所形成的胶束具有一个大核，比表面活性剂（如 SDS）胶束的核大很多。此外，对两嵌段共聚物而言，其疏水部分/亲水部分之比易于调节，从而可获得一系列对称（链段具有相同的长度）和不对称（一个链段比另一个链段长）的两嵌段共聚物。具有较长亲水链段的非对称嵌段共聚物在水溶液中形成具有大壳小核的"星形"胶束；相反，含有长疏水链段的不对称嵌段共聚物会聚集形成大核小壳的胶束，后者被称为"平头"（crew cut）胶束。虽然星形胶束也很有趣，但只有平头胶束才会进一步发生多种形态的变化。

平头形聚集体的形成需要借助于共溶剂/沉淀剂法。首先将两嵌段共聚物溶于两种链段的共溶剂，配制成低浓度（$w<2\%$）的聚合物溶液。通常共溶剂能与某一链段的沉淀剂互溶，例如四氢呋喃（THF）既是聚苯乙烯（PS）和聚丙烯酸（PAA）链段的共溶剂，又能与 PS 链段的沉淀剂水互溶。对于聚苯乙烯-b-聚丙烯酸（PS-b-PAA），聚苯乙烯-b-聚环氧乙烷（PS-b-PEO）或聚苯乙烯-b-聚乙烯吡啶（PS-b-PVP）系双亲性两嵌段共聚物，常用的共溶剂有二氧六环、N,N'-二甲基甲酰胺（DMF）、THF 或它们的混合物。具体方法是先将聚合物溶于共溶剂，然后缓慢加入水一类的沉淀剂。水的加入使整个溶剂体系变得不利于聚苯乙烯（PS）链段的溶解，当水含量增至某一特定浓度（即所谓的临界水含量，cwc）时，聚苯乙烯链段发生聚集，形成球状胶束的核，但由于亲水链段的存在，阻止了聚集体的

❶　L. Zhang, A. Eisenberg. Science, 1995, 268 (5218): 1728.

进一步增大，最后形成稳定的嵌段共聚物胶束。如果继续缓慢加入更多的水，则能获得其他形态的聚集体。

聚集体一旦形成，可以采用不同的方法予以固定。例如在 DMF 为共溶剂的聚合物溶液中加入沉淀剂水，核内聚合物链段的运动能力将逐渐下降。对于聚苯乙烯链而言，当水含量达到 $w=10\%\sim12\%$ 时核内的链运动即被冻结，形成一定的聚集形态。如果共溶剂是二氧六环或 THF，即使在水含量很高时核内的 PS 链段仍可以保持一定的运动能力。这时若将聚集体溶液样品快速倾入大量水中，可以冻结聚集体的形态，使聚集体形态得以固定。这种方法同样可用于 DMF 溶液中。一旦聚集体形态被冻结，用蒸馏水透析的方法除去共溶剂，即可得到纯净的聚集体水溶液。

聚集体的形态和大小通常用电镜来表征。首先用冷冻干燥方法处理胶束溶液，制备电镜样品。例如在预涂好聚乙烯醇缩甲醛（formvar）膜和炭膜的电镜铜网上滴上一滴胶束溶液，冷却到接近液氮温度，然后真空干燥过夜除去溶剂，而留在铜网上的两嵌段共聚物聚集体保持了其在溶液中的形态。

还有一些其他方法也可用于制备聚合物胶束溶液。比如在单一溶剂乙醇中进行自组装，或者将聚合物直接溶于由共溶剂和某种链段的选择性溶剂组成的混合溶剂中自组装等，读者可以参阅相关文献。

6.5.2　嵌段共聚物的临界胶束浓度

嵌段共聚物链的聚集只有在特定浓度以上才会发生，这个浓度就是临界胶束浓度（cmc）。在临界胶束浓度以下，聚合物以单分子链的形式溶解在溶液中。嵌段共聚物的性质、嵌段的相对长度和总分子量都影响嵌段共聚物在给定溶剂中的临界胶束浓度。各个链段和溶剂之间的 χ 参数之差对临界胶束浓度也有较大影响。

对均聚物而言，分子量越高，分子中不溶链单元数越高，则聚合物溶解极限就越低，与溶剂间的不利相互作用越大，从而导致聚合物沉淀。对两嵌段共聚物，显然也有类似的效应，即不溶链段的分子量越大（保持可溶链段的分子量不变），则临界胶束浓度就越低。另一方面，嵌段共聚物中不溶嵌段以共价键与可溶嵌段相连，在不溶嵌段聚集时可溶嵌段阻止了沉淀的发生，致使胶束化过程取代了沉淀过程。

6.5.3　嵌段共聚物的胶束化热力学

严格来说，胶束在溶液中是与单个分子处于热力学平衡的。而嵌段共聚物的聚集体结构非常容易被冻结，没有达到热力学平衡状态。但习惯上仍将这种被冻结的、未达热力学平衡态的聚集体称为胶束。

嵌段共聚物的胶束化过程及其聚集形态多受热力学驱动，有时可达热力学平衡。但体系中的链运动非常缓慢，会妨碍达到热力学最稳定状态。因此即使过程是热力学驱动，仍可能会因为动力学原因而无法得到热力学最稳定的结构。所以，制备聚集体的方法会直接影响到体系能否达到平衡。但不论采用哪种方法，整个组装过程是使体系自由能趋于最低。

向共聚物溶液中加水，两个嵌段的聚合物-溶剂相互作用参数 χ 就会变化。如上文所述，在临界胶束浓度下，共聚物开始聚集并形成相分离区域。进一步增加水含量会增大两相间的界面能，于是体系趋向于通过增加聚集体的半径以减小界面面积，导致胶束的数量相应减少。胶束间的链交换速率将决定体系是否达到平衡。由于聚合物链的尺寸很大，胶束间的链交换需要相当长的时间。对于成核链段为聚苯乙烯的情况，因其玻璃化转变温度（T_g）高于室温而使情况更加复杂。当体系中水含量较低时，胶束核内含有较多的溶剂，这些溶剂有增塑作用，可降低体系内聚苯乙烯链的玻璃化转变温度。共溶剂在胶束内核与溶液之间存在一定的分布，向溶液中加水会降低共溶剂的浓度，因此，浓度差驱使共溶剂向核外扩散。核内共溶剂含量减小，聚苯乙烯的玻璃化转变温度逐渐升高。一旦玻璃化温度高于室温，胶束内核即发生玻璃化转变，聚集体的形态和尺寸被冻结。这种情况一旦发生，热力学因素就不再起作用了。研究表明，在 DMF 共溶剂中，当水的含量达到 12%（质量分数）以上时，聚集体内聚合物链的运动将被冻结；而在 THF 或二氧六环共溶剂中，冻结聚集体所需的水含量可达 $w=50\%$ 以上。

只要体系的链段运动未被冻结，其标准热力学变量仍是重要的。研究表明，在有机溶剂中，嵌段共聚物聚苯乙烯-b-聚(乙烯/丙烯)和聚苯乙烯-b-聚异戊二烯 （PS-b-PIP） 胶束化的唯一驱动力是焓变。而在水溶液中双亲聚醚共聚物如聚丙二醇-b-聚环氧乙烷，聚环氧乙烷-b-聚环氧丙烷-b-聚环氧乙烷等的胶束化则是熵驱动的。用加水法自组装制备嵌段聚合物的聚集体时，整个体系既含有机溶剂又含水，那么要问，这种油/水混合体系中的自组装过程是像 PS-b-PIP 在有机溶剂中胶束化一样受焓驱动呢，还是类似于聚醚在水溶液中受熵驱动？对 DMF/水混合溶剂中 PS-b-PAA 在不同条件下的胶束化热力学研究表明，在水含量较低时，三个热力学参数（ΔG、ΔH 和 ΔS）皆是负的，而焓对胶束化过程的贡献要比熵更大。另一方面，通过增加体系的水含量或增加成核不溶性嵌段（如聚苯乙烯）的长度，则熵对整个组装过程的贡献增大，胶束化过程变为以熵驱动为主。

胶束化过程中 Gibbs 自由能的变化包含了多方面的贡献。比如有疏水链周围水分子的冰山结构瓦解导致的熵变，不同嵌段间连接点固定于聚集体界面处的熵变等，其中只有三种贡献会对聚集体的形态产生影响。它们是：聚集体核与壳之间的界面能、核链段的伸展以及壳链段间的排斥作用。许多参数的变化可以改变这些力之间的平衡，它们对聚集体形态的影响可以用相图描述，如图 6-23 所示。这里嵌段共聚物是 PS(310)-b-PAA(52)，相图表达了在

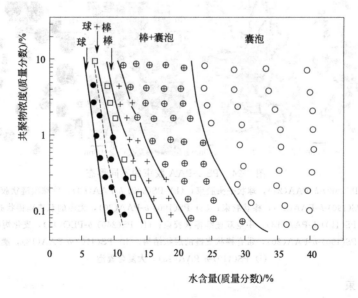

图 6-23　共聚物 PS(310)-b-PAA(52)二氧六环/水混合溶液的相图 ❶
各符号代表不同的形态；实线为透射电镜照片确定的相边界；
虚线为静态激光光散射确定的胶束化曲线

❶　H. Shen，A. Eisenberg. J. Phys. Chem. B.，1999，103(44)：9473.

二氧六环/水混合溶液中水含量和聚合物浓度对聚集体形态的影响[1]。

6.5.4 嵌段共聚物胶束的形态

　　嵌段共聚物的胶束具有不同的形态，而聚集形态呈现的次序通常与水的加入量密切相关，如图6-23的相图所示。作为实例，图6-24给出了一系列通过电镜照片获得的PS-*b*-PAA聚集体的不同形态以及其他双亲性嵌段共聚物，如PS-*b*-PEO在水溶液中自组装得到的胶束结构。

(1) 球形胶束

　　如图6-24(a)所示，低水含量下第一种聚集形态是球形平头胶束，聚合物为PS(200)-*b*-PAA(21)，胶束内核由长PS（200单元）链段构成，而胶束的壳层由短PAA（21单元）链段构成。显然聚集体的尺寸可由链段长度，溶液中所含的添加剂，水的浓度以及溶剂组成等来控制。在球形胶束向棒状胶束转变的起始阶段可以观察到一种有趣的形态：一维"珍珠项链"形态，如图6-24(b)所示。

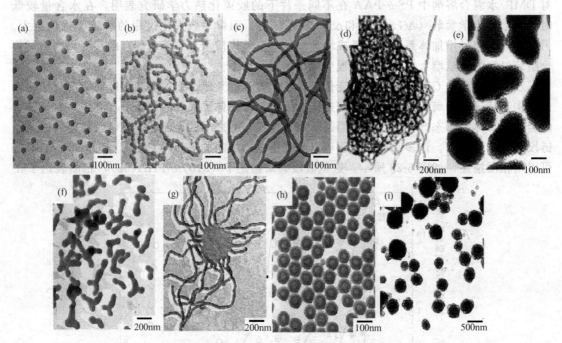

图6-24　PS-*b*-PAA胶束的不同形态

(a) PS(200)-*b*-PAA(21)，球状平头胶束；(b) PS(500)-*b*-PAA(60)，珍珠项链状胶束；
(c) PS(190)-*b*-PAA(20)，棒状胶束；(d) PS(190)-*b*-PAA(20)，无序的双连续棒状胶束；
(e) PS(410)-*b*-PAA(13)，中空双连续棒状胶束；(f) PS(240)-*b*-PEO(45)，支化短棒；
(g) PS(190)-*b*-PAA(20)，带有棒状支链的层状结构；(h) PS(410)-*b*-PAA(13)，囊泡；
(i) PS(410)-*b*-PAA(13)，大复合囊泡

(2) 棒状胶束

　　在含有球形胶束的平衡溶液中加水会导致胶束界面能的增加。在胶束粒径增大的同时，体系中胶束的数量会减少（保持聚苯乙烯的总量不变），最终导致胶束总界面积减小以维持

---

❶　H. Shen，A. Eisenberg. J. Phys. Chem. B，1999，103(44)：9473.

较低的界面能。胶束粒径的增加会引起核内成核链段伸展度的增加，进而导致形成一类新的低自由能结构：棒状胶束。棒状胶束又包含一系列的二级结构，如支化棒［图 6-24(d)］，支化短棒［图 6-24(f)，当封端能和支化能相当时］，类似于章鱼形状的棒-层状结构结合体［图 6-24(g)，在棒和层状结构的共存区域］，以及反相棒状结构（相应于假想的、更完整的相图的另一端）等。

(3) 囊泡和其他双层结构

囊泡占有相图（图 6-23）中最大的区域，因此它是最常见的双层结构形态。许多不同的聚合物可以制备出结构、粒径和粒径分布各异的囊泡。通常增加体系的水含量可以使囊泡尺寸增大，而提高聚合物溶液的浓度可得到一些多层结构形态。图 6-24(h)所示为单分散小囊泡，图 6-24(i)则为大复合囊泡（LCV），LCV 极有可能是由小囊泡聚集而成。

6.5.5 影响嵌段共聚物聚集体形态的因素

嵌段共聚物聚集体的特殊形态由体系的自由能决定，而自由能的大小又受制于三种力（成核链段的伸展度、壳间斥力和界面能）之间的平衡。因此所有影响这三种力之间平衡的因素都会影响聚集体的形态。迄今已发现许多因素可以影响形态，包括嵌段共聚物的相对链长、聚合物浓度、溶剂组成和性质、添加剂以及温度等。

例如 PS-*b*-PAA 嵌段共聚物在水溶液中自组装可形成 PAA 为壳的聚集体。向溶液中加入添加剂，如盐、酸、碱或均聚物等，都会影响聚集体的形态。图 6-25 即为加盐对 PS(410)-*b*-PAA(25)聚集体形态和大小的影响。当 NaCl 溶液浓度为 $2.1 \text{mmol} \cdot \text{L}^{-1}$ 时聚集体为微球；当盐浓度为 $4.3 \text{mmol} \cdot \text{L}^{-1}$ 时则变为棒状；而盐浓度为 $16 \text{mmol} \cdot \text{L}^{-1}$ 时又变成

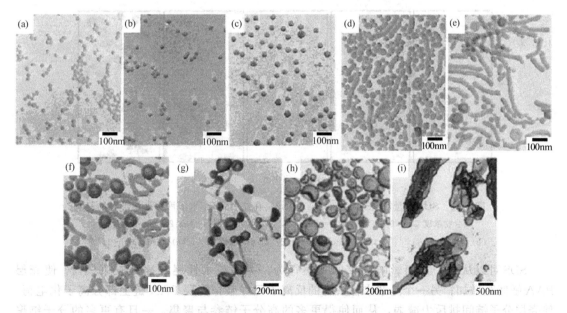

图 6-25　NaCl 浓度对 PS(410)-*b*-PAA(25)聚集体形态和大小的影响

(a) 不加盐；(b) $1.1 \text{mmol} \cdot \text{L}^{-1}$ （$R=0.20$）；(c) $2.1 \text{mmol} \cdot \text{L}^{-1}$ （$R=0.40$）；(d) $3.2 \text{mmol} \cdot \text{L}^{-1}$ （$R=0.60$）；
(e) $4.3 \text{mmol} \cdot \text{L}^{-1}$ （$R=0.80$）；(f) $5.3 \text{mmol} \cdot \text{L}^{-1}$ （$R=1.0$）；(g) $10.6 \text{mmol} \cdot \text{L}^{-1}$ （$R=2.0$）；
(h) $16.0 \text{mmol} \cdot \text{L}^{-1}$ （$R=3.0$）；(i) $21 \text{mmol} \cdot \text{L}^{-1}$ （$R=4.0$）❶

❶　L. Zhang, A. Eisenberg. Macromolecules, 1996, 29(27): 8805.

囊泡结构。此外在体系中加入 HCl 或 CaCl₂ 后，聚集体形态变化在更低的离子浓度时即发生，例如加入 CaCl₂ 作为盐，盐浓度为 10mmol·L⁻¹ 时就有囊泡生成，而用 NaCl 作为盐，盐浓度为 16mmol·L⁻¹ 时才形成囊泡。显然，加入盐、酸、碱等可以改变成壳链段的有效电荷，从而改变壳层分子链之间的排斥力。例如，加盐可使聚集体壳层产生静电屏蔽，而加酸则会使聚集体壳层质子化，两者均能降低壳层分子链之间的排斥力，从而促使更多的分子链组装入同一聚集体，而胶束核内分子链数目的增加会导致聚集体尺寸的增大，聚合物链的伸展度随之增加。随着盐或酸加入量的逐渐增多，自组装形态自然地从微球状转变为棒状，再演变为囊泡结构。另一方面，加碱使胶束壳层去质子化，导致壳层分子链之间排斥力增大，致使聚集数减小，胶束核内链伸展度减小，产生与加入盐、酸相反的效果。

在 PS-b-PAA 水溶液中加入 PS 均聚物同样会影响聚集体形态的变化。例如在嵌段共聚物中加入 $w=5\%$ 的均聚物 PS，便可使聚集体的形态从棒状转变为球状。产生这种变化的主要原因是均聚物 PS 聚积在胶束核内中心部位，导致聚苯乙烯链段的伸展度下降，使球状结构保持稳定（同样条件下，无外加均聚 PS 时主要形成棒状结构）。为了保证均聚物 PS 在形成胶束前不发生沉淀，均聚物的聚合度应比嵌段共聚物中 PS 链段的聚合度小，否则难以参与组装进入胶束。

表面活性剂如十二烷基磺酸钠（SDS）也能改变 PS-b-PAA 共聚物聚集体的形态。如图 6-26 所示，在水含量为 $w=11.5\%$ 的二氧六环/水溶液中，加入不同量的 SDS 可以导致 PS(310)-b-PAA (52) 聚集体的形态发生变化。当 SDS 含量为 2mmol·L⁻¹ 时，聚集体呈微球状，SDS 含量增加到 9.2mmol·L⁻¹ 时聚集体呈棒状，继续增加 SDS 含量至 17.1mmol·L⁻¹ 时，聚集体呈囊泡结构。

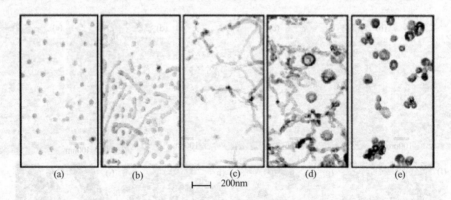

(a)　　　　　(b)　　　　　(c)　　　　　(d)　　　　　(e)

├─┤ 200nm

图 6-26　SDS 含量对 PS(310)-b-PAA (52) 在二氧六环/水溶液中聚集形态的影响

聚合物浓度 $w=1.0\%$，水含量 $w=11.5\%$，SDS 浓度分别为：(a) 2.0 mmol·L⁻¹；
(b) 5.1mmol·L⁻¹；(c) 9.2mmol·L⁻¹；(d) 11.0mmol·L⁻¹；(e) 17.1mmol·L⁻¹❶

SDS 可以从两个方面影响胶束的聚集行为。一是疏水性尾端插入胶束核内，使壳层 PAA 链间距增加；另一个是亲水性头部的反离子可屏蔽掉壳层 PAA 链上部分离子化电荷，使壳层分子链间排斥力减弱，从而使得更多的高分子链参与聚集。一旦有更多的分子链聚集，胶束的内核必然增大，壳层链间的排斥力也随之增大。因此，在水含量不变的情况下，加入 SDS 引起的核内分子链伸展度的变化，会导致聚集体形态的变化。

嵌段共聚物分子中两个嵌段的长度比也会影响聚集体形态的变化，如图 6-27 所示。研

❶　S. E. Burke, A. Eisenberg. Langmuir, 2001, 17(26)：8341.

究表明，对于 PS-b-PAA 的球状胶束，其嵌段伸展度的标度关系是 $N_{PS}^{-0.1} \cdot N_{PAA}^{-0.15}$，其中 N_{PS} 和 N_{PAA} 分别代表 PS 和 PAA 两个嵌段的聚合度。因此，无论增加哪一个嵌段的长度，都会使链段的伸展度减小。当聚集体改变形态时其伸展度也随之而发生变化。例如，在 PS-b-PAA 体系中，球状胶束内链段的伸展度比棒状胶束高，而棒状胶束核内链段的伸展度又较囊泡体系高。

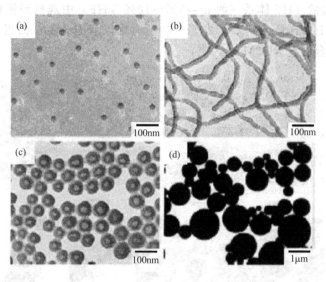

图 6-27　不同 PS/PAA 长度比时聚集体的形态变化

（a）PS(500)-b-PAA(58)，PS/PAA=8.6，小球结构；（b）PS(190)-b-PAA(20)，PS/PAA=9.5，棒状胶束；
（c）PS(410)-b-PAA(20)，PS/PAA=20.5，囊泡结构；（d）PS(200)-b-PAA(4)，PS/PAA=50，大复合胶束❶❷

若 A_C 是每个成壳链在胶束核表面所占的面积，则其与两个嵌段相对长度的相关性可表示为：

$$A_C = N_{PS}^{0.6} \cdot N_{PAA}^{0.15} \tag{6-101}$$

由于壳层链段间的排斥力大小与 A_C 成反比，因此增加任何一个嵌段的链长都可能减小壳间的排斥力。以成核链段为例，保持 PAA 链段长度不变，增加成核链段 PS 的长度将得到较大的胶束核。这里成壳链段的长度虽然未变，但由于胶束核半径增加，导致每个成壳链所占的表面积增大，因此壳层链间排斥力减小。壳层链间排斥力的减小可驱使更多的分子链聚集到胶束中，使核的尺寸进一步增大。而分子链聚集数增多，核内分子链的伸展度也增加，这对体系的熵变不利，如果条件合适，就会发生形态变化。

沉淀剂（如水）和共聚物浓度也会影响聚集体的形态。相图表明，随着水含量的逐渐增加，聚集体的形态从球形变成棒状，再变成层状或囊泡结构。其原因是随着水含量的增加，溶剂逐渐变得不利于成核链段的溶解，界面能也发生变化，结果导致更广泛的聚集。与前述加碱导致聚集增加现象相类似，在水含量增加导致胶束核体积增大的同时，壳层排斥力也相应增大，两者的作用正好相反。但随着水含量的增加，胶束核内链的伸展作用变得更为重要，因此聚集体从球状变成棒状。

研究表明，链的聚集数（N_{agg}）似乎与聚合物浓度成正比，即聚集数 N_{agg} 随聚合物浓

❶ L. Zhang，A. Eisenberg. Science，1995，268(5218)：1728.
❷ L. Zhang，A. Eisenberg. Polym. Adv. Technol.，1998，9(10-11)：677.

度的增大而增加，并导致壳层排斥力与核内链伸展度增大。因此，随着聚合物浓度的升高，可以观察到聚集体形态从球状转变为棒状，并最终转变为囊泡。

此外，初始溶剂组成对聚集体形态也有很大的影响。这里同时涉及若干参数的变化，如核或壳内的初始线团尺寸等。如图 6-28 所示，对 PS(200)-b-PAA(18) 平头胶束体系，提高 THF/DMF 混合溶剂中 THF 的含量会引起一系列的形态变化。纯 DMF 体系得到球体（w=0% THF）；少量的 THF 体系（约 w=5%～10% THF）中观察到棒状与其他形态胶束共存；当体系中 THF 含量达到 w=25%～50% 时则以囊泡为主；而当 THF 含量为 w=67% 以上时以大复合囊泡（LCMs）为主。

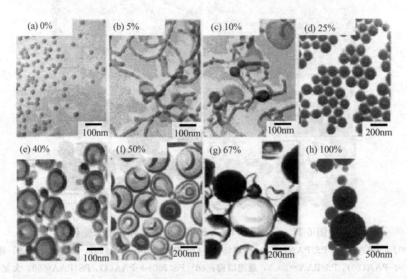

图 6-28　不同共溶剂比（THF/DMF 中 THF 质量分数，如图左上角所示）
对 PS (200)-b-PAA (18) 的平头聚集体形态的影响（初始聚合物浓度为 w=0.5%）[1]

温度同样会影响聚集体形态的变化。如同在聚集体系中加水一样，温度变化对聚合物-溶剂参数有影响。有人使用小分子醇类物质（如甲醇、乙醇、异丙醇和正丁醇等）进行研究，发现在加压条件下将体系加热到 140℃ 以上，则随着温度的升高，疏水嵌段的溶解性增大，在给定温度下可以形成聚集体。当温度下降时，聚集体被冻结，即胶束形态被固定下来。例如，PS(386)-b-PAA(79) 在丁醇中加热到 160℃ 可形成球状胶束，而加热至 115℃ 则形成微球和囊泡的混合体。

此外有研究表明，提高 PAA 的多分散系数（PDI），聚集体形态会从球状转变成棒状并最终变为囊泡。

6.5.6　形态转变动力学

研究聚集体形态的变化，应当尽可能确保所获得的聚集体在动力学冻结之前就已达到了热力学平衡。动力学冻结过程必须在有足够慢运动的条件下完成，以保证不发生进一步的形态变化。事实上在给定条件下，共聚物体系给定形态的形成是由热力学决定的，而各形态间的转变速率受动力学控制。聚集体形态转变动力学依赖于体系在相图中相对于相界线的位置和成核链段的增塑程度。如果链运动太慢，将无法实现形态转变得到平衡态的聚集体。

---

[1]　Y. Yu, L. Zhang, A. Eisenberg. Macromolecules, 1998, 31(4): 1144.

有关 PS(310)-*b*-PAA(52)的球-棒、棒-球、棒-囊泡以及囊泡-棒间的形态转变动力学研究已有报道。在共聚物相图的形态分界线附近缓慢地加水（或者反过来加二氧六环）会导致聚集体形态变化，即从一个形态区域跨越相界面到达另一个形态区域。研究结果表明形态转变的速率依赖于初始溶剂组成、聚合物浓度以及加水增量。一般来说，当初始水含量增加，形态转变的弛豫时间 τ 也随之增加（达到平衡态需要更长的时间）。增大聚合物浓度可降低球-棒和棒-球转变过程的弛豫时间，但增加棒-囊泡和囊泡-棒转变过程的弛豫时间。研究还发现加水增量（每次加水量）大小对棒-囊泡和囊泡-棒转变的动力学影响很小，但对球-棒的转变动力学却有较大影响。另外，加水增量过大（每次超过 $w=2\%$），初始形态可能会发生动力学冻结。在靠近球-棒分界线处，球-棒转变的弛豫时间 (τ) 和棒-球转变的弛豫时间相近，即在同一个数量级上 $(\tau=20\sim30\text{min})$。然而对靠近棒-囊泡分界处的样品而言，从棒到囊泡转变的弛豫时间 $(\tau=5\sim15\text{s})$ 比从囊泡到棒转换的弛豫时间 $(\tau=10\sim15\text{min})$ 要快得多。可以想象的是，从囊泡向棒转变过程中链运动较慢可能与其初始溶剂组成有关。囊泡到棒的转变起点是囊泡，溶剂中水含量较高，此刻壳层所含的增塑剂较低，链段被冻结。

迄今人们已得到了许多形态各异的聚合物胶束。就嵌段共聚物而言，一方面可以通过精确的分子设计和合成、调整每一个嵌段的长度和多分散性等来控制聚合物胶束的形态和大小，另一方面也可以通过调控共聚物浓度、共溶剂和水含量，以及温度等获得所需要的胶束类型。在胶束形成以后，通过加入添加剂，诸如各种离子、均聚物和表面活性剂等也能改变胶束的形态和性质。在胶束化机理方面，核内链段的伸展度、核与外围溶剂间的界面能以及壳层链段间的排斥力是控制和影响嵌段共聚物胶束形态的三个基本参数，它们对嵌段共聚物胶束在平衡条件下的形成和形态转变起重要作用。

嵌段共聚物的溶液自组装研究方兴未艾。各国科学家们正共同努力，将相关自组装基础研究不断推向深入，并且不断发掘其潜在的工业应用价值，尤其是在药物传递、分离、催化和微电子等领域的应用。

思 考 题

1. 在水溶液中表面活性剂为什么会形成胶束？
2. 什么是表面活性剂的临界胶束浓度（cmc）？如何测定？
3. 影响 cmc 的因素有哪些？
4. 表征表面活性剂胶束化的热力学模型有哪些？
5. 表面活性剂可以有哪些胶束形状和结构？
6. 什么是增溶？
7. 增溶现象的热力学基础是什么？
8. 影响增溶的因素有哪些？
9. 增溶作用有哪些应用？

第7章

多组分体系中的相互作用和协同效应

在第 5 章和第 6 章中我们介绍了单一表面活性剂体系的表面化学性质和自组装，然而严格来讲，在实际应用中这样的纯体系并不存在。从生产方面来看，工业级表面活性剂一般不是纯的单一化合物，往往含有同系物、同分异构体等。例如最典型的阴离子型表面活性剂十二烷基苯磺酸钠（LAS），烷基链的碳链长度实为 $C_{10} \sim C_{15}$，苯环可以接在烷基链的末端（C_1）或者中间任意一个碳原子上（C_i，$i = 2 \sim 6$），而磺酸基团相对于烷基链的位置可以是邻位或对位，因此实际产品是多种同系物和异构体的混合物。再如非离子型表面活性剂，其聚氧乙烯链的长度具有一定的分布，如十二醇聚氧乙烯醚（9），虽然平均聚氧乙烯数为 9，但实际是聚氧乙烯数在 $3 \sim 15$ 之间的同系物的混合物。此外工业级表面活性剂还可能含有无机盐、未反应原料以及少量副产物等，取决于原料来源和生产工艺。而制备纯的单一化合物代价昂贵。另一方面，从应用情况来看，廉价的、纯度并不很高的工业级表面活性剂的性能并不比纯表面活性剂逊色，而无机盐以及一些未反应原料如脂肪醇、脂肪酸等的存在往往能提高表面活性，而如果人为地使用不同类型表面活性剂的混合物，例如阴离子-阳离子、阴离子-非离子、阳离子-非离子、两性离子-阴离子混合物等，则可能显著增强表面活性剂的表面活性，即产生所谓的协同效应或增效作用（synergistic effect），从而提高表面活性剂的使用效率，降低使用成本。此外在实际应用中还可能加入各种有机和无机添加剂，例如短链醇、聚合物等，它们与表面活性剂的相互作用以及对表面活性剂性能的影响也值得关注。

本章将介绍多组分体系中的表面活性剂的相互作用理论基础，首先介绍二元理想混合体系的基本规律，然后介绍二元非理想混合体系的相互作用和协同效应，最后讨论常用添加剂对表面活性剂性能的影响，主要是无机盐、醇以及聚合物等。

7.1 二元理想混合表面活性剂体系的基本规律

工业级表面活性剂的一个显著特征是多数产品为同系混合物或者含有同分异构体。这些同系物或同分异构性质相近，相互之间往往不存在强相互作用，因此混合物的性能一般是各组分性能的加和，即混合体系表现为理想混合。

对稀溶液体系，表面活性剂分子在溶液中分别以两种状态存在，即单体（monomer）和胶束（micelle），对二组分混合体系，理想混合的严格定义是，无论表面活性剂分子是以单体还是胶束形式存在，相应的活度系数皆为1。

1975年J. H. Clint[1]提出了二元表面活性剂的理想混合理论。类似于单一表面活性剂体系，当总浓度较低时，表面活性剂分子以单体形式存在，当总浓度达到某个临界值时，溶液中出现胶束。研究表明，这种胶束通常由体系中存在的两种表面活性剂的分子共同组成，因此称为混合胶束，而非离子表面活性剂同系物的混合是典型的理想混合。

对二元非离子同系物体系，以 α 表示混合体系中组分1的摩尔分数，c_t 表示表面活性剂的总浓度，c_1^m 和 c_2^m 表示组分1和组分2的单体浓度，c_{12}^M 表示混合体系的临界胶束浓度，则当 $c_t < c_{12}^M$ 时有：

$$c_1^m = \alpha c_t \tag{7-1}$$

$$c_2^m = (1-\alpha)c_t \tag{7-2}$$

当 $c_t > c_{12}^M$ 时，以混合胶束存在的组分1和组分2的浓度分别为 $\alpha c_t - c_1^m$ 和 $(1-\alpha)c_t - c_2^m$，于是混合胶束中组分1的摩尔分数 x 为：

$$x = \frac{\alpha c_t - c_1^m}{c_t - c_1^m - c_2^m} \tag{7-3}$$

假设混合胶束是理想混合物，则组分1在混合胶束中的化学势 μ_1^M 为：

$$\mu_1^M = \mu_1^{M,0} + RT\ln x \tag{7-4}$$

式中，$\mu_1^{M,0}$ 为组分1在其纯胶束中的化学势。假设单体分子的活度系数=1，于是组分1单体分子的化学势 μ_1 为：

$$\mu_1 = \mu_1^{\ominus} + RT\ln c_1^m \tag{7-5}$$

对混合胶束的形成应用相分离模型得到：

$$\mu_1^{M,0} = \mu_1^{\ominus} + RT\ln c_1^M \tag{7-6}$$

式中，c_1^M 为纯组分1的临界胶束浓度，于是由相平衡原理：

$$\mu_1 = \mu_1^M \tag{7-7}$$

得到：

$$\ln c_1^M + \ln x = \ln c_1^m \tag{7-8}$$

即得到：

$$x c_1^M = c_1^m \tag{7-9}$$

刚形成混合胶束时有 $c_t = c_{12}^M$，即：

$$c_1^m = \alpha c_{12}^M \tag{7-10}$$

于是得到：

$$x c_1^M = \alpha c_{12}^M \tag{7-11}$$

同理可得：

$$(1-x)c_2^M = (1-\alpha)c_{12}^M \tag{7-12}$$

两式结合消去 x 得到：

$$\frac{1}{c_{12}^M} = \frac{\alpha}{c_1^M} + \frac{1-\alpha}{c_2^M} \tag{7-13}$$

这就是有关混合表面活性剂体系临界胶束浓度的倒数定律。

---

[1] J. H. Clint. J. Chem. Soc., Faraday Trans. I, 1975, 71: 1327-1334.

现在来分析当 $c_t > c_{12}^M$ 时单体浓度 c_1^m 和 c_2^m 的变化。根据式(7-9)同理可得：

$$c_2^m = (1-x)c_2^M \tag{7-14}$$

将式(7-14)和式(7-9)相结合消去 x 得：

$$c_2^m = \left(1 - \frac{c_1^m}{c_1^M}\right)c_2^M \tag{7-15}$$

将式(7-3)代入式(7-9)得：

$$c_1^m = \frac{\alpha c_t - c_1^m}{c_t - c_1^m - c_2^m}c_1^M \tag{7-16}$$

再将式(7-15)代入式(7-16)消去 c_2^m 得：

$$(c_1^m)^2\left(\frac{c_2^M}{c_1^M} - 1\right) + c_1^m(c_t - c_2^M + c_1^M) - \alpha c_t c_1^M = 0 \tag{7-17}$$

解得：

$$c_1^m = \frac{-(c_t - \Delta) \pm [(c_t - \Delta)^2 + 4\alpha c_t \Delta]^{1/2}}{2\left(\frac{c_2^M}{c_1^M} - 1\right)} \tag{7-18}$$

式中，$\Delta = c_2^M - c_1^M$。于是只要知道两个纯组分的 cmc 值和混合体系的组成 α，即可由式(7-18)和式(7-15)计算混合体系中组分1和组分2的单体浓度 c_1^m 和 c_2^m 随总浓度 c_t 的变化。图7-1即是对某个二元理想混合胶束体系的计算结果。其中组分1具有较低的 cmc 值（1mmol·L^{-1}），即表面活性相对较高，组分2具有较高的 cmc 值（10mmol·L^{-1}），表面活性相对较低。当 $\alpha = 0.3$ 时，按式(7-13)计算得混合 cmc 值 $c_{12}^M = 2.7$mmol·L^{-1}，介于两者之间。由式(7-11)计算得 $x = 0.81$，即 $x > \alpha$，表明表面活性高的组分在胶束中具有较大的摩尔分数。当 c_t 小于混合 cmc 值时，c_i^m 即为体系中各组分的浓度；当 c_t 大于混合 cmc 值时，随着 c_t 的升高，c_1^m 呈下降趋势，而 c_2^m 呈上升趋势，显然单体中组分2的摩尔分数明显增加；由式(7-3)可以判断，胶束的组成 x 不是常数，而是随 c_t 的增加而变化，当 $c_t = 8$mmol·L^{-1} 时，x 下降到 0.575。

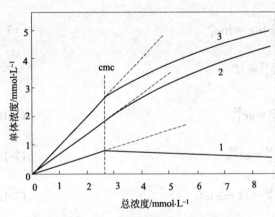

■ 图7-1 某二元理想混合胶束体系各组分
的单体浓度 c_1^m 和 c_2^m 随体系总浓度 c_t 的变化
曲线1：组分1的单体浓度；曲线2：组分2的单体浓度；
曲线3：总的单体浓度；
相关参数：$\alpha = 0.3$，$c_1^M = 1$mmol·L^{-1}，
$c_2^M = 10$mmol·L^{-1}

事实上当 $c_t \gg c_{12}^M$ 时，c_i^m 相对于 c_t 可以忽略不计，于是有 $x \to \alpha$。

由于溶液的表面张力只取决于单体的浓度，于是我们可以来分析二元理想混合体系溶液的表面张力随总浓度的变化，并由此解释表面张力的最低点现象。

考虑二组分非离子混合体系，应用 Gibbs 公式得到：

$$-d\gamma = RT(\Gamma_1 d\ln c_1^m + \Gamma_2 d\ln c_2^m) \tag{7-19}$$

对非离子同系物，设组分1和组分2在气/液界面具有相同的饱和吸附量或者达到饱和吸附时具有相同的分子截面积是合理的，即有 $\Gamma_1^\infty = \Gamma_2^\infty = \Gamma_{12}^\infty$。将多组分体系的 Langmuir 方程式(2-127)应用于二组分体系气/液界面的吸附得到：

$$\Gamma_i = \Gamma_{12}^{\infty} \frac{K_i c_i^m}{1 + K_1 c_1^m + K_2 c_2^m} \quad (i=1,2) \tag{7-20}$$

将式(7-20)代入式(7-19)并积分 [注意 $dc_1^m = \alpha dc_t$，$dc_2^m = (1-\alpha)dc_t$]，得到二元混合体系的 Szyskowski 公式：

$$\gamma_0 - \gamma_{12} = RT\Gamma_{12}^{\infty} \ln(1 + K_1 c_1^m + K_2 c_2^m) \tag{7-21}$$

式中，γ_0 为纯水的表面张力；γ_{12} 为二元混合表面活性剂溶液的表面张力；K_1 和 K_2 分别为纯组分 1 和纯组分 2 的 Szyskowski 公式中的常数。其值可通过将纯组分的 Szyskowski 公式应用于纯组分体系 cmc 时的表面张力得到：

$$\gamma_0 - \gamma_{cmci}^0 = RT\Gamma_i^{\infty} \ln(1 + K_i c_i^M) \quad (i=1,2) \tag{7-22}$$

式中，纯组分的饱和吸附量 Γ_i^{∞} 由 γ -$\ln c$ 或 γ -$\lg c$ 曲线的斜率得到。

图 7-2 是根据式(7-21)计算的癸基甲基亚砜-辛基甲基亚砜二元混合体系的表面张力（线）随单体浓度的变化及其与实验值（点）的比较。可见理论计算与实验结果符合得很好。对纯组分（曲线 1 和 2），当总浓度大于 cmc 后，γ 为常数，表明 c_i^m 保持不变，但对于混合体系（曲线 3 和 4），当总浓度大于混合 cmc 后，γ 随总浓度的上升而增加，即曲线显示明显的最低点。对比图 7-1 可见，当总浓度大于混合 cmc 后，组分 1（癸基甲基亚砜）的单体浓度下降，而组分 2（辛基甲基亚砜）的单体浓度上升，但组分 1 的表面活性大于组分 2 的表面活性，即前者的 γ_{cmc} 值低于后者，当单体

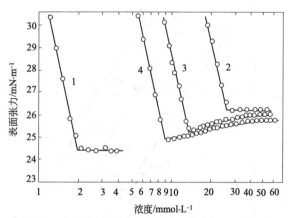

图 7-2　单一癸基甲基亚砜（曲线 1），单一辛基甲基亚砜（曲线 2）及其二元混合物（曲线 3 和 4）溶液的表面张力随单体浓度的变化

癸基甲基亚砜的摩尔分数 $\alpha = 0.075$（曲线 3）和 $\alpha = 0.156$（曲线 4）

中后者摩尔分数增加时，γ 必然上升。理论计算表明，两者的 γ_{cmc} 相差越大，则最低点越深，高活性组分的摩尔分数越小，最低点后表面张力的上升越急剧，反之随着高活性组分的摩尔分数的增加，表面张力的上升将变得平缓。通常商品表面活性剂中含有少量高活性杂质，它们正是引起最低点的原因，例如当 SDS 中含有少量十二醇时，其引起的最低点可大于 $10 \text{mN} \cdot \text{m}^{-1}$。

7.2　非理想二元表面活性剂混合体系的相互作用和协同效应

以上分析表明，对理想混合体系，混合物的 cmc 值通常介于两个单体组分的 cmc 值之间，而如果用两种不同种类的表面活性剂混合，混合物的 cmc 值可能比任何一个组分的 cmc 值都要低，这对于降低表面活性剂的用量十分有利，这种体系即具有通常所称的协同效应或增效作用。1979 年，D. N. Rubingh[1] 建立了非理想二元混合胶束理论，随后 M. J. Rosen[2] 等在此基础上建立

[1]　D. N. Rubingh. in Solution Chemistry of Surfactants (KL Mittal ed.)，vol. 1. Plenum，New York，1979：P331-354.

[2]　M. J. Rosen. in Phenomena in Mixed Surfactant Systems (JF Scamehorn ed.)，ACS Symposium Series 311，American Chemical Society，Washington D. C.，1986：P144-162.

了非理想二元混合吸附理论，从而为表面活性剂的配方优化奠定了理论基础。本节将简要介绍相关理论，至于具体体系的协同效应，已有大量文献发表，读者可以参阅。

7.2.1 非理想混合体系的协同效应

表面活性剂混合物至少存在三方面的协同效应，如图7-3所示。

(1) 降低 cmc

混合表面活性剂的 γ-$\lg c$ 曲线具有与单一表面活性剂相类似的形状。曲线的转折点所对应的浓度即为混合体系的 cmc。以 c_1^M，c_2^M 和 c_{12}^M 分别代表单一表面活性剂1，单一表面活性剂2和混合表面活性剂的 cmc，若满足：

$$c_{12}^M < c_1^M, c_2^M \tag{7-23}$$

则称混合体系在降低 cmc 方面有协同效应

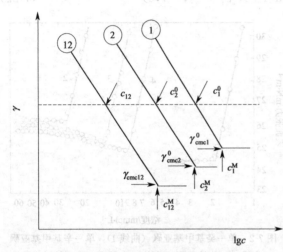

图 7-3 表面活性剂混合物的协同效应

(2) 降低表面张力的效率

达到某一程度的表面张力下降所需的表面活性剂浓度称为降低表面张力的效率。通常取表面张力下降 20mN·m^{-1} 所需的浓度的对数 pc_{20} 来表示。在图 7-3 中，曲线1，2和12分别代表单一表面活性剂1，2和它们的混合物的 γ-$\lg c$ 曲线。在 γ 随 $\lg c$ 线性下降的部分画一条水平线，则达到该表面张力下降所需的浓度分别为 c_1^0，c_2^0 和 c_{12}。若满足：

$$c_{12} < c_1^0, c_2^0 \tag{7-24}$$

则称混合体系在降低表面张力的效率方面存在协同效应。

(3) 降低表面张力的效能

不考虑浓度大小，一种表面活性剂能将溶剂的表面张力降低到的最低程度称为降低表面张力的效能。由于一般在浓度高于 cmc 时，表面张力几乎不再随浓度增加而下降，所以降低表面张力的效能通常以 cmc 时的表面张力 γ_{cmc} 来表示，即 γ_{cmc} 通常代表了表面活性剂溶液所能达到的最低表面张力。若满足条件：

$$\gamma_{cmc12} < \gamma_{cmc1}^0, \gamma_{cmc2}^0 \tag{7-25}$$

则称混合表面活性剂体系在降低表面张力的效能方面具有协同效应。

对一个表面活性剂混合体系，可能同时存在三方面的协同效应，也可能只存在其中的一种或两种。其基本规律正是本节所要讨论的。

7.2.2 非理想混合胶束理论

对理想混合体系，混合物的 cmc 与两个单一表面活性剂的 cmc 符合式(7-13)，即混合自由能主要来源于混合熵变。但对非理想混合体系，混合物的 cmc 与两个单一表面活性剂的 cmc 偏离式(7-13)，这表明混合自由能不仅包括混合熵变，还可能包含混合焓变，于是两种表面活性剂分子在混合胶束中的活度系数偏离1。将式(7-1)~式(7-18)中的浓度 c 换成活度，即将浓度 c 乘以活度系数 f，基于相平衡原理即可导出：

$$\alpha c_{12}^{M} = f_1^{M} x_1^{M} c_1^{M} \tag{7-26}$$

$$(1-\alpha) c_{12}^{M} = f_2^{M} (1-x_1^{M}) c_2^{M} \tag{7-27}$$

式中，f_1^{M} 和 f_2^{M} 分别为混合胶束中表面活性剂 1 和 2 的活度系数。将两式结合消去 x_1^{M} 即得：

$$\frac{1}{c_{12}^{M}} = \frac{\alpha}{f_1^{M} c_1^{M}} + \frac{1-\alpha}{f_2^{M} c_2^{M}} \tag{7-28}$$

当 $f_1^{M} = f_2^{M} = 1$ 时，上式还原为式(7-13)，即 $f_1^{M} = f_2^{M} = 1$ 表示理想混合。显然 f_1^{M} 和 f_2^{M} 偏离 1 的程度，反映了混合体系非理想性的大小。

Rubingh 用正规溶液理论来近似处理混合胶束，于是混合胶束中表面活性剂的活度系数可表示为：

$$f_1^{M} = \exp\beta^{M} (1-x_1^{M})^2 \tag{7-29}$$

$$f_2^{M} = \exp\beta^{M} (x_1^{M})^2 \tag{7-30}$$

式中，β^{M} 称为胶束中表面活性剂的相互作用参数，它反映了混合胶束偏离理想混合的程度。显然理想混合时，$\beta^{M} = 0$。β^{M} 与混合胶束中分子间相互作用能的关系为

$$\beta^{M} = \frac{N_0 (W_{11} + W_{22} - 2W_{12})}{RT} \tag{7-31}$$

式中，N_0 为 Avogadro 常数；W_{11}，W_{22} 和 W_{12} 分别为组分 1 分子之间，组分 2 分子之间和组分 1 分子与组分 2 分子之间的相互作用能。依据正规溶液理论 β^{M} 与过剩焓的关系为：

$$H^{E} = \beta^{M} RT x_1^{M} (1-x_1^{M}) \tag{7-32}$$

将式(7-26)和式(7-27)结合消去 c_{12}^{M} 可得到混合 cmc 时混合胶束中组分 1 的摩尔分数：

$$x_1^{M} = \frac{\alpha f_2^{M} c_2^{M}}{\alpha f_2^{M} c_2^{M} + (1-\alpha) f_1^{M} c_1^{M}} \tag{7-33}$$

当体系的总浓度 c_t 超过混合 cmc（c_{12}^{M}）时，胶束中的组成不再符合上式。此种情况下可从物料平衡得到：

$$x_1^{M} = \frac{-(c_t - \Delta) + \sqrt{(c_t - \Delta)^2 + 4\alpha c_t \Delta}}{2\Delta} \tag{7-34}$$

式中，

$$\Delta = f_2^{M} c_2^{M} - f_1^{M} c_1^{M} \tag{7-35}$$

式(7-34)预示，随着 c_t 的增加，$x_1^{M} \to \alpha$，即胶束的组成趋向于体相表面活性剂的实际组成。但在混合 cmc 时，混合胶束的组成与表面活性剂的实际组成可能大不相同，取决于 f_1^{M} 和 f_2^{M}，或 β^{M}。

β^{M} 反映了混合胶束非理想性的大小。但从式(7-31)来计算 β^{M} 需要知道分子间相互作用能，这显然是不现实的。Rubingh 提出了一个简便的计算方法，即将 β^{M} 看作是一个偏离理想混合的经验常数，其值可由实验测得的混合 cmc 数据而获得：

$$\beta^{M} = \frac{\ln\left(\dfrac{\alpha c_{12}^{M}}{x_1^{M} c_1^{M}}\right)}{(1-x_1^{M})^2} = \frac{\ln\left[\dfrac{(1-\alpha) c_{12}^{M}}{(1-x_1^{M}) c_2^{M}}\right]}{(x_1^{M})^2} \tag{7-36}$$

并有：

$$\frac{(x_1^{M})^2 \ln\left(\dfrac{\alpha c_{12}^{M}}{x_1^{M} c_1^{M}}\right)}{(1-x_1^{M})^2 \ln\left[\dfrac{(1-\alpha) c_{12}^{M}}{(1-x_1^{M}) c_2^{M}}\right]} = 1 \tag{7-37}$$

即根据各单一表面活性剂的 cmc 和至少一个混合 cmc 数据，先从式(7-37)用试差法计算出 x_1^M，然后用式(7-36)即可求出 β^M。通常混合体系的 β^M 独立于 α，即对一定的混合体系，β^M 基本为常数。于是由式(7-28)即可预测不同胶束组成时的混合 cmc。

图 7-4～图 7-6 分别表示了非离子-非离子、阴离子-非离子和阴离子-阳离子混合体系的 cmc 与 α 的关系。图 7-4 中组分 1 是非离子型表面活性剂 $C_{10}H_{21}(CH_3)_2PO$，组分 2 是非离子型表面活性剂 $C_{10}H_{21}(CH_3)SO$；图 7-5 中组分 1 是阴离子型表面活性剂 $C_{15}H_{31}OSO_3Na$，组分 2 是非离子型表面活性剂辛醇聚氧乙烯醚(6)；图 7-6 中组分 1 是阴离子型表面活性剂十二醇聚氧乙烯醚硫酸三乙醇铵盐，组分 2 为阳离子型表面活性剂十二烷基三甲基溴化铵/十六烷基三甲基溴化铵。可见实验结果与非理想理论符合得很好，而 β^M 的绝对值与混合体系的种类有关，非离子-非离子体系最小，阴离子-非离子体系居中，阴离子-阳离子体系最大。

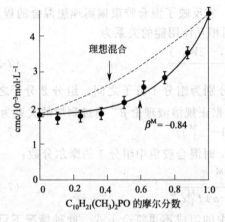

■ 图 7-4　$C_{10}H_{21}(CH_3)_2PO/C_{10}H_{21}(CH_3)SO$
混合体系的 cmc 与胶束组成的关系

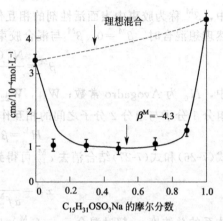

■ 图 7-5　$C_{15}H_{31}OSO_3Na/C_8E_6$ 混合体系
的 cmc 与胶束组成的关系

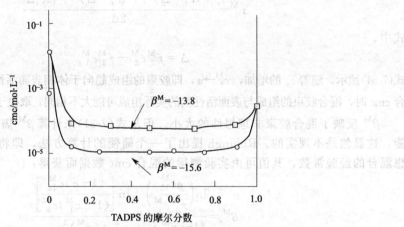

■ 图 7-6　$C_{12}O(CH_2CH_2O)_3SO_3NH(CH_2CH_2OH)_3$（TADPS）分别
与 CTAB 和 DTAB 的二元混合体系的 cmc 与体相实际组成的关系
● TADPS/DTAB；○ TADPS/CTAB

表 7-1 给出了更多的二元混合体系的 β^M，结果显示如下。①不同表面活性剂之间的相互作用有如下顺序：阴离子-阳离子＞阴离子-非离子＞阳离子-非离子＞非离子-非离子，即

阴离子-阳离子混合体系具有最强的协同效应，其 β^M 负值最大。②混合体系的非理想性随加入的电解质浓度的增加而减小。③离子-非离子混合体系的非理想性随非离子分子中 EO 链增长而增加。④两性离子-阴离子混合体系的非理想性变化很大，可以从接近阴离子-非离子体系到近乎阴离子/阳离子混合体系。⑤离子-非离子混合体系的非理想性随温度升高而下降。更多的研究数据表明，室温下二元混合体系的典型 β^M 平均值为：阳离子-非离子，-2.7；阴离子-非离子，-3.4；阴离子-阳离子，-19。

表 7-1　一些二元混合表面活性剂体系的 β^M

体　系	β^M	体　系	β^M
$C_{12}OSO_3{}^-Na^+/C_8E_6$	-4.1	$C_{12}N^+(CH_3)_3Cl^-/C_{12}N^+(CH_3)_2(CH_2)_3SO_3{}^-$	-1.0
$C_{12}OSO_3{}^-Na^+/C_{12}E_8$	-3.9	$C_{12}OSO_3{}^-Na^+/C_{12}N^+(CH_3)_2(CH_2)_3SO_3{}^-$	-7.8
$C_{15}OSO_3{}^-Na^+/C_{10}E_6$	-4.3	$C_{12}OSO_3{}^-Na^+/C_{12}N^+H_2(CH_2)_2COO^-$	-14.1
$C_{12}C_6H_4SO_3{}^-Na^+/C_{12}NO(CH_3)_2$	-3.5	$C_{14}OSO_3{}^-Na^+/C_{12}N^+H_2(CH_2)_2COO^-$	-15.5
$C_{16}N^+(CH_3)_3Cl^-/C_{12}E_5$	-2.4	$C_8OSO_3{}^-Na^+/C_8N^+(CH_3)_3Br^-$	-10.2
$C_{14}N^+(CH_3)_3Cl^-/C_{10}E_5$	-1.5	$C_{10}OSO_3{}^-Na^+/C_{10}N^+(CH_3)_3Br^-$	-18.5
$C_{14}N^+(CH_3)_2CH_2C_6H_4Cl^-/C_{10}E_5$	-1.5	$C_{12}OSO_3{}^-Na^+/C_{12}N^+(CH_3)_3Br^-$	-25.5
$C_{20}N^+(CH_3)_3Cl^-/C_{12}E_8$	-4.6	$C_{12}(CH_3)_2PO/C_{12}N^+(CH_3)_2(CH_2)_5COO^-$	-1.0

另一个现象是混合 cmc 可能远小于两个单一表面活性剂的 cmc，并且胶束刚形成时，其组成 x_1^M 与表面活性剂的总组成 α 可能有很大的不同，取决于 β^M 值的大小。假定表面活性剂 1 和 2 的 cmc 为 $c_1^M=1\,\text{mmol} \cdot L^{-1}$，$c_2^M=2\,\text{mmol} \cdot L^{-1}$，$\alpha=0.5$，则不同 β^M 值时混合 cmc 和胶束组成如表 7-2 所示。

从表中可见，理想混合时，混合 cmc 处于两个单一的 cmc 之间；非理想混合时则小于任一单一的 cmc，且非理想性越强，偏差越大。如 $\beta^M=-25$ 时，混合 cmc 不到单一 cmc 的 1%！随着体系配比从 $\alpha=0$ 到 $\alpha=1$，混合胶束的组成可从 $x_1^M>\alpha$ 变到 $x_1^M<\alpha$，中间经过一点 $x_1^M=\alpha$（类似于共沸点，具有恒沸组成）。通常在恒沸组成时混合 cmc 最低。

表 7-2　各种非理想性时的混合 cmc 和胶束组成

β^M	c_{12}^M	x_1^M	β^M	c_{12}^M	x_1^M
0（理想混合）	1.33	0.667	-5	0.40	0.550
-2	0.83	0.586	-25	0.0027	0.513

以上讨论的非理想性是由表面活性剂分子间的吸引作用所致。其产生的根源包括：①非离子分子插入离子型分子形成的胶束，导致了离子间静电排斥力的降低和胶束界面电荷密度降低，因而使离子型分子进入胶束所需的功减小；②阴离子与非离子的醚氧原子形成氧鎓盐（醚氧原子微带正电）；③若离子型表面活性剂分子中含有苯环，它将与非离子型表面活性剂中的 EO 链作用，使胶束稳定。

非理想混合胶束理论成功地预测了混合 cmc 和胶束中表面活性剂的组成。由此可预测胶束溶液中单体的浓度和组成，并与实验结果相当吻合。通常由于实验上的不方便，文献中极少有 cmc 以上浓度时体系的单体浓度数据，而这一数据对研究与单体浓度有关的性质如表面张力下降等十分重要。因此非理想理论为此提供了强有力的工具。

非理想混合胶束理论在与实验结果的吻合方面虽然很成功，但它依据的正规溶液理论是否符合混合胶束的实际情况还是受到了质疑。原因有以下几方面。其一，根据正规溶液理论，混合过剩自由能完全来源于混合焓：

$$G^E=H^E=Wx(1-x) \tag{7-38}$$

并且相对于胶束组成是对称的，即 $x_1^M=0.5$ 时最大，而混合过剩熵为零。然而有证据表明，按正规溶液理论计算的混合热与直接用量热计测定的热效应有显著偏差，且混合热相对于胶束组成可能是不对称的。其二，相互作用能 W 应独立于温度和胶束组成，但实验结果表明它不独立于温度并与胶束组成有微小的相关性。此外，非理想胶束理论没有考虑反离子的影响，其解释是要么反离子对混合胶束形成的影响可忽略，要么这种影响已被包括在 β^M 参数内，因为 β^M 是从实验数据得到的。如果是后一种情况，则把 β^M 完全解释为相互作用能是不恰当的。事实上，β^M 包含了所有的非理想因素。

根据上述分析，人们把非理想混合胶束理论所得到的式(7-36)和式(7-37)看作是有用的"经验公式"，并认为它们能从正规溶液理论导出纯粹是一种巧合。尽管如此，非理想混合胶束理论仍被广泛地用于处理二元混合表面活性剂的混合胶束形成，并已被推广到多元混合胶束体系和非理想混合吸附体系。

7.2.3 非理想混合吸附理论

对二元表面活性剂溶液，两种表面活性剂分子将在气/液界面形成混合吸附单层，其中任一组分的表面化学势 μ_i^S 可表示为：

$$\mu_i^S = \mu_i^{S,0} + RT\ln f_i^S x_i^S \tag{7-39}$$

式中，$\mu_i^{S,0}$ 为 i 组分的标准表面化学势；x_i^S、f_i^S 为混合吸附单层中 i 组分的摩尔分数和活度系数。

应用于纯组分的吸附单层得到：

$$\mu_i^S = \mu_i^{S,0} + RT\ln f_i^{S,0} x_i^{S,0} \tag{7-40}$$

式中上标 0 表示纯组分体系。可见当 $f_i^{S,0} x_i^{S,0} \to 1$ 时，$\mu_i^S = \mu_i^{S,0}$，即表面化学势 μ_i^S 的标准态是一种假想的状态，对应于纯表面活性剂 i 的单分子层。

将式(5-15)代入式(7-39)得到 i 组分在界面相中的化学势：

$$\mu_i = \mu_i^{S,0} + RT\ln f_i^S x_i^S - \gamma A_i^S \tag{7-41}$$

式中，γ 为溶液的表面张力；A_i^S 为混合吸附单层中 i 组分的偏摩尔面积。另一方面 i 组分在溶液中的化学势可表示为：

$$\mu_i = \mu_i^0 + RT\ln f_i c_i \tag{7-42}$$

式中，c_i 为溶液中 i 组分的浓度；f_i 为相应的活度系数。当吸附达到平衡时，i 组分在界面相中的化学势和溶液中的化学势相等，于是得到：

$$\mu_i^0 + RT\ln f_i c_i = \mu_i^{S,0} + RT\ln f_i^S x_i^S - \gamma A_i^S \tag{7-43}$$

将式(7-43)应用于纯组分 i 的单分子层（注意 $f_i^{S,0} x_i^{S,0} \to 1$）有：

$$\mu_1^0 + RT\ln f_1^0 c_1^0 = \mu_1^{S,0} - \gamma A_1^{S,0} \tag{7-44}$$

将式(7-43)和式(7-44)相结合得到：

$$RT\ln\left(\frac{f_i c_i}{f_i^0 c_i^0 f_i^S x_i^S}\right) = \gamma(A_1^S - A_1^{S,0}) \tag{7-45}$$

假设在相同的表面压（表面张力）下，i 组分在其纯吸附单层中和混合吸附单层中的偏摩尔面积相差不大，即有：

$$A_i^S \approx A_i^{S,0} \tag{7-46}$$

则在相同的表面张力下，有：

$$\frac{f_i c_i}{f_i^0 c_i^0 f_i^S x_i^S} = 1 \tag{7-47}$$

参照图 7-3，达到相同的表面张力下降，所需纯组分 1 和 2 的浓度分别为 c_1^0 和 c_2^0，而所需

混合物的浓度为 c_{12}，其中组分 1 的浓度为 $c_1 = \alpha c_{12}$，$c_2 = (1-\alpha)c_{12}$，又因为是稀溶液，i 组分在溶液中的活度系数 f_i 和 f_i^0 可取 1，于是得到：

$$\alpha c_{12} = f_1^S x_1^S c_1^0 \tag{7-48}$$

$$(1-\alpha)c_{12} = f_2^S (1-x_1^S)c_2^0 \tag{7-49}$$

式(7-48)和式(7-49)在形式上与式(7-26)和式(7-27)完全相同，只是将 cmc 换成了达到某一相同的表面张力下降所需的单一和混合体系的浓度。于是类似地可以得到：

$$f_1^S = \exp\beta^S (1-x_1^S)^2 \tag{7-50}$$

$$f_2^S = \exp\beta^S (x_1^S)^2 \tag{7-51}$$

$$\frac{(x_1^S)^2 \ln\left(\dfrac{\alpha c_{12}}{x_1^S c_1^0}\right)}{(1-x_1^S)^2 \ln\left[\dfrac{(1-\alpha)c_{12}}{(1-x_1^S)c_2^0}\right]} = 1 \tag{7-52}$$

$$\beta^S = \frac{\ln\left(\dfrac{\alpha c_{12}}{x_1^S c_1^0}\right)}{(1-x_1^S)^2} = \frac{\ln\left[\dfrac{(1-\alpha)c_{12}}{(1-x_1^S)c_2^0}\right]}{(x_1^S)^2} \tag{7-53}$$

β^S 为反映混合吸附单层偏离理想混合程度的经验参数，通常称为表面相的相互作用参数。

对离子型表面活性剂，只需考虑表面活性离子，而无需考虑反离子。研究表明，对非离子-非离子、非离子-离子、非离子-两性离子以及离子-两性离子二元混合表面活性剂体系，式(7-46)成立，而从式(7-52)计算的混合单层的组成与从其他独立途径（如 Gibbs 公式）计算得到的结果一致。于是 $\beta^S = 0$ 为理想混合，$\beta^S < 0$ 表示存在相互吸引作用，而 $\beta^S > 0$ 则表示相互排斥作用。β^S 绝对值偏离 0 越远，则非理想性越强。

参照图 7-3，混合体系浓度为 c_{12} 时的表面张力与单一体系浓度为 c_1^0 或 c_2^0 时的表面张力相同，于是可以利用单一体系的 Szyskowski 公式计算二元混合体系的表面张力，即从式(7-48)或式(7-49)解出 c_1^0 或 c_2^0 代入 Szyskowski 公式即得到：

$$\gamma_0 - \gamma_{12} = n_1 R T \Gamma_1^\infty \ln\left(1 + \frac{K_1 \alpha c_{12}}{f_1^S x_1^S}\right) \tag{7-54}$$

$$\gamma_0 - \gamma_{12} = n_2 R T \Gamma_2^\infty \ln\left[1 + \frac{K_2 (1-\alpha)c_{12}}{f_2^S (1-x_1^S)}\right] \tag{7-55}$$

式中，γ_0 和 γ_{12} 分别为纯溶剂水和混合溶液的表面张力；Γ_1^∞ 和 Γ_2^∞ 分别为单一表面活性剂 1 和 2 的饱和吸附量；K_1，K_2 分别为单一表面活性剂 1 和 2 的 Szyskowski 方程中的相应常数；n_1 和 n_2 分别为单一表面活性剂 1 和 2 分子中浓度随表面活性剂分子浓度变化的粒子（离子）数目。对非离子表面活性剂，$n_1 = n_2 = 1$，对 1-1 型离子型表面活性剂，在没有外加无机盐存在时 $n_1 = n_2 = 2$。

对理想混合体系，例如非离子同系物，$n_1 = n_2 = 1$，$f_1^S = f_2^S = 1$，$\Gamma_1^\infty = \Gamma_2^\infty = \Gamma_{12}^\infty$，式(7-54)和式(7-55)相结合消去 x_1^S 和 x_2^S（$x_1^S + x_2^S = 1$）即还原为式(7-21)。

对阴离子-阳离子混合体系，由于强烈的静电吸引作用，混合单层中各组分的偏摩尔面积与纯单层中相比大大减小（纯单层中离子头之间存在较强的静电排斥作用），最大可能下降 50%，因此式(7-46)不能成立，但可以假设：

$$\frac{A_1}{A_2} = \frac{A_1^0}{A_2^0} \tag{7-56}$$

而混合单层中表面活性剂的平均摩尔面积可以表示为：

$$A_{12}=\frac{1}{\Gamma_{12}}=x_1^S A_1+(1-x_1^S)A_2 \tag{7-57}$$

两式结合得到：

$$A_1=A_1^0\frac{A_{12}}{x_1^S A_1^0+(1-x_1^S)A_2^0} \tag{7-58}$$

$$A_2=A_2^0\frac{A_{12}}{x_1^S A_1^0+(1-x_1^S)A_2^0} \tag{7-59}$$

于是式(7-52)和式(7-53)修正为：

$$\frac{(x_1^S)^2\ln\left(\dfrac{\alpha c_{12}}{x_1^S c_1^0}\right)-\dfrac{\gamma A_1^0}{RT}\left[1-\dfrac{A_{12}}{x_1^S A_1^0+(1-x_1^S)A_2^0}\right]}{(1-x_1^S)^2\ln\left[\dfrac{(1-\alpha)c_{12}}{(1-x_1^S)c_2^0}\right]-\dfrac{\gamma A_2^0}{RT}\left[1-\dfrac{A_{12}}{x_1^S A_1^0+(1-x_1^S)A_2^0}\right]}=1 \tag{7-60}$$

$$\beta^S=\frac{\ln\left(\dfrac{\alpha c_{12}}{x_1^S c_1^0}\right)-\dfrac{\gamma A_1^0}{RT}\left[1-\dfrac{A_{12}}{x_1^S A_1^0+(1-x_1^S)A_2^0}\right]}{(1-x_1^S)^2} \tag{7-61}$$

式中，γ 为已知；而 A_1^0，A_2^0 以及 A_{12} 分别可以从单一和混合体系的 γ-$\ln c$ 曲线的斜率得到。研究表明，对阴离子-阳离子二元混合表面活性剂体系，按式(7-60)计算得到的吸附单层的组成 x_1^S 与用 Gibbs 公式得到的结果相同，用式(7-52)也可以计算出 x_1^S，但与用 Gibbs 公式得到的结果有较大偏差。另一方面用式(7-61)计算得到的 β^S（绝对值）与表面张力无关，而用式(7-53)计算所得的 β^S（绝对值）随表面张力的下降而增加。显然前者是合理的，而后者正是混合单层中各组分的分子面积变化所致。因此对阴离子-阳离子混合体系，由于混合吸附单层中分子面积变化明显，用式(7-53)计算出的 β^S 不仅绝对值偏小，而且不是常数。

当单一体系和混合体系都存在过量无机盐时，由于双电层受到压缩，纯单层中表面活性离子的截面积显著减小，则式(7-46)基本成立，式(7-52)和式(7-53)可以使用。

7.2.4 产生协同效应的条件

7.2.1中定义了三种协同效应，那么一个二元表面活性剂混合物究竟能不能产生协同效应？如果能，又在什么条件下产生最大的协同效应？应用非理想理论，Rosen、华西苑、朱珬瑶等已给出了一系列协同效应的条件。

(1) 表面张力降低的效率

如图 7-3 所示，若达到某一表面张力下降所需二元混合物的浓度较任一单一组分的浓度为低，则混合体系在降低表面张力的效率方面存在协同效应。在这种情况下，以 c_{12} 对 α 作图必有一最低点，并且在这一点有：

$$\frac{dc_{12}}{d\alpha}=0 \tag{7-62}$$

由此得到当 $x_1^S=\alpha$ 时，体系在降低表面张力的效率方面产生最大的协同效应，并且混合体系产生此协同效应的条件为：

$$\beta^S<0 \tag{7-63}$$

$$\left|\ln\frac{c_1^0}{c_2^0}\right|<|\beta^S| \tag{7-64}$$

产生最大协同效应时的体系组成为：

$$\alpha^{*}=x_1^{S}=\frac{\ln \frac{c_1^0}{c_2^0}+\beta^{S}}{2\beta^{S}} \tag{7-65}$$

产生给定表面张力下降所需的最低混合物浓度为：

$$c_{12,\min}=c_1^0\exp\left\{\beta^{S}\left(\frac{\beta^{S}-\ln \frac{c_1^0}{c_2^0}}{2\beta^{S}}\right)^2\right\} \tag{7-66}$$

表 7-3 给出了一个实例，表明此种最低混合物浓度的确存在，而且正是在 $\alpha=x_1^{S}$ 处。

上述结果亦可推广到油/水界面的混合吸附。在油/水体积比和两个表面活性剂的初始配比不变的情况下，作界面张力-表面活性剂总浓度图，求得相互作用参数 β_{LL}^{S}，于是产生协同效应的条件为：

$$\beta_{LL}^{S}<0 \tag{7-67}$$

表 7-3 表面张力降低效率方面的协同效应

α	x_1^{M}	$c_{12}/10^{-5}\mathrm{mol\cdot L^{-1}}$	α	x_1^{M}	$c_{12}/10^{-5}\mathrm{mol\cdot L^{-1}}$
0	0	5.0	0.60	0.38	5.0
0.20	0.22	4.6	0.80	0.47	6.5
0.40	0.30	4.9	计算值：$\alpha^{*}=0.23$		$c_{12,\min}=4.2\times10^{-5}\mathrm{mol\cdot L^{-1}}$

体系：$C_{12}H_{25}SO_4Na/C_{12}H_{25}(OC_2H_4)_8OH$（含 $0.5\mathrm{mol\cdot L^{-1}}$ NaCl），$\beta^{S}=-3.2$，$\ln(c_1^0/c_2^0)=1.7$，$\gamma=36\mathrm{mN\cdot m^{-1}}$。

$$\left|\ln \frac{c_{1,t}^0}{c_{2,t}^0}\right|<|\beta_{LL}^{S}| \tag{7-68}$$

式中，$c_{1,t}^0$ 和 $c_{2,t}^0$ 分别为两相体系中只含单一表面活性剂时产生相同界面张力下降所需的单一表面活性剂 1 和 2 的总浓度（考虑到表面活性剂可能分布到油相，单一体系和混合体系相体积比必须相同）。产生最大协同效应时的表面活性剂配比为：

$$\alpha^{*}=x_1^{S}=\frac{\ln \frac{c_{1,t}^0}{c_{2,t}^0}+\beta_{LL}^{S}}{2\beta_{LL}^{S}} \tag{7-69}$$

产生某一给定界面张力下降所需的最低混合表面活性剂总浓度为：

$$c_{12,t,\min}=c_{1,t}^0\exp\left\{\beta_{LL}^{S}\left(\frac{\beta_{LL}^{S}-\ln \frac{c_{1,t}^0}{c_{2,t}^0}}{2\beta_{LL}^{S}}\right)^2\right\} \tag{7-70}$$

(2) 混合胶束形成

根据图 7-3，当式(7-23)成立时，二元混合体系在混合胶束形成或混合 cmc 下降方面存在协同效应。产生此协同效应的具体条件为：

$$\beta^{M}<0 \tag{7-71}$$

$$|\ln(c_1^M/c_2^M)|<|\beta^{M}| \tag{7-72}$$

在混合胶束形成方面产生最大协同效应时，混合胶束和单体溶液具有相同的组成：

$$\alpha_{*}^{M}=x_1^{M}=\frac{\ln(c_1^M/c_2^M)+\beta^{M}}{2\beta^{M}} \tag{7-73}$$

此时的混合 cmc 最低：

$$c_{12,\min}^{M} = c_1^{M} \exp\left\{\beta^{M}\left[\frac{\beta^{M}-\ln(c_1^{M}/c_2^{M})}{2\beta^{M}}\right]^2\right\} \tag{7-74}$$

表 7-4 给出了一个体系的实例。

表 7-4　混合胶束形成方面的协同效应

α	x_1^{M}	$c_{12}^{M}/10^{-3}\,\mathrm{mol \cdot L^{-1}}$	α	x_1^{M}	$c_{12}^{M}/10^{-3}\,\mathrm{mol \cdot L^{-1}}$
0.05	0.21	4.8	0.80	0.62	3.9
0.20	0.35	3.6	0.90	0.70	4.5
0.50	0.49	3.5	计算值：$\alpha_*^{M}=0.48$		$c_{12,\min}^{M}=3.4\times10^{-3}\,\mathrm{mol \cdot L^{-1}}$

体系：$C_{12}H_{25}SO_4Na/C_8H_{17}(OC_2H_4)_4OH$，$\beta^{M}=-3.1$，$\ln(c_1^{M}/c_2^{M})=0.13$。

这一结果完全可推广到油/水两相体系，并可得到类似的方程。其中相互作用参数 β_{LL}^{M} 从界面张力-总浓度关系的拐点处求出。此点为水相中胶束化的起始点。

(3) 表面张力降低的效能

由图 7-3，当式(7-25)被满足时，称混合体系在表面张力降低的效能，即 γ_{cmc} 方面存在协同效应。其条件为：

$$\beta^{S} < 0$$
$$\beta^{S} - \beta^{M} < 0 \tag{7-75}$$

$$|\beta^{S}-\beta^{M}| > \left|\frac{\gamma_{cmc1}^{0}-\gamma_{cmc2}^{0}}{k}\right| \tag{7-76}$$

式中，k 为具有较高 γ_{cmc}^{0} 的单一表面活性剂溶液的 γ-$\ln c$ 曲线的斜率。而在 cmc 附近有：

$$k \approx n_i RT\Gamma_i^{\infty} \tag{7-77}$$

当 $x_1^{M}=0.5$ 时，达到最大协同效应。由此得到达到最大协同效应时，混合体系的配比为：

$$\alpha^{*} = \frac{c_1^{M}}{c_1^{M}+c_2^{M}} \tag{7-78}$$

所能获得的最低表面张力为：

$$\gamma_{cmc}^{*} = \gamma_{cmc1(2)}^{0} - \frac{k(\beta^{S}-\beta^{M})}{4} \tag{7-79}$$

相应于这一点的混合 cmc 为：

$$cmc^{*} = \frac{c_1^{M}+c_2^{M}}{2}\exp\left(\frac{\beta^{M}}{4}\right) \tag{7-80}$$

对实际体系的研究表明，如果 $\beta^{S}-\beta^{M} \leqslant -2$，混合体系极可能出现此协同效应。推广到油/水两相体系，条件为：

$$\beta_{LL}^{S} < 0$$
$$\beta_{LL}^{S} - \beta_{LL}^{M} < 0 \tag{7-81}$$

$$|\beta_{LL}^{S}-\beta_{LL}^{M}| > \left|\frac{\gamma_{cmc1,t}^{0}-\gamma_{cmc2,t}^{0}}{k}\right| \tag{7-82}$$

式中，$\gamma_{cmc1,t}^{0}$ 和 $\gamma_{cmc2,t}^{0}$ 分别为单一表面活性剂 1 和 2 体系的界面张力-总浓度关系拐点处所对应的界面张力；k 为具有较大 $\gamma_{cmc,t}^{0}$ 的体系的界面张力；总浓度对数关系的斜率。

7.2.5　影响表面活性剂分子间相互作用的因素

以上论述表明，所有协同效应都取决于相互作用参数 β 值的大小，而一个体系的 β 参数往往与组成该体系的表面活性剂的分子结构以及外部环境有关。关于影响 β 参数的因素，系统的研究得到下列一般结论：

① 不同二元混合表面活性剂体系的相互作用大小顺序为阴离子-阳离子＞阴离子-非离子＞阳离子-非离子。

② 两性-阴离子二元混合体系的相互作用参数变化很大，可以从接近阴离子-非离子体系到近乎阴离子-阳离子体系。相互作用随两性分子接受质子带正电荷的能力增加而增加，随体系 pH 值减小而增加。当体系的 pH 使两性显示阳离子性质时，相互作用类似于阴离子-阳离子体系。

③ 随着表面活性剂烷基链长的增加，β^S 和 β^M 变得更负（负值的绝对值增加），即两表面活性剂之间的相互作用随烷基链长的增加而增强。

④ 当总烷基链长不变，两表面活性剂分子中烷基链长相等时，混合吸附单层中的相互作用最强，$|\beta^S|$ 达到最大。而 $|\beta^M|$ 似乎只随总烷基链长增加而单调地增加。

⑤ 随着两种表面活性剂分子总烷基链长的增加，$|\beta^M|$ 似乎比 $|\beta^S|$ 增加得更快，从而可能导致体系失去表面张力降低效能方面的协同效应。因此为获得尽可能低的 γ_{cmc}，总烷基链不宜过长。

⑥ 阴离子-非离子体系的相互作用，主要是阴离子与 EO 链中的醚氧原子的相互作用，随非离子中的 EO 链增长而增加。

⑦ 在体系中加入无机电解质将导致相互作用减弱，即体系离子强度的增加会使得 $|\beta^M|$ 和 $|\beta^S|$ 减小。表明相互作用主要来源于静电作用。

⑧ 随着温度的升高，离子-非离子体系的相互作用减弱。这是由于温度的升高使每个分子在界面所占的面积增大，分子间距离因而增大，减弱了相邻分子间的相互作用。

7.2.6 分子间相互作用与其他协同效应

(1) 增溶作用

增溶现象是表面活性剂胶束化的直接结果，对去污，乳液聚合，胶束强化超滤等应用非常重要。非理想混合胶束理论表明，胶束内部分子间相互作用大大影响混合胶束的形成和混合 cmc 的大小。可以预计混合体系的增溶作用亦将受到分子间相互作用的影响。

当以最大添加浓度 MAC 来表示增溶能力时，如果混合体系的 MAC 与单一体系的 MAC 之间符合下列加和规则：

$$(\text{MAC})_{12} = (\text{MAC})_1 x_1^M + (\text{MAC})_2 (1-x_1^M) \tag{7-83}$$

则称混合体系的增溶具有"理想性"，反之若不符合上述加和规则，则称具有"非理想性"。如果满足：

$$(\text{MAC})_{12} > (\text{MAC})_1 x_1^M + (\text{MAC})_2 (1-x_1^M) \tag{7-84}$$

则称混合体系的增溶具有正偏差，即在增溶方面具有协同效应，反之称为负偏差，无协同效应，或负协同效应。

研究表明，增溶方面的协同效应与混合胶束形成方面的协同效应大不相同，而且在很大程度上取决于增溶物的性质。

① 显著增溶于 EO 链中的增溶物　对非离子/非离子混合体系，除非两个乙氧基化非离子的亲水基和亲油基相类似，通常这样的体系在增溶方面显示出负偏差。原因是当两种链长不同的表面活性剂分子形成混合胶束时，亲油基和亲水基的排列都不如单一表面活性剂胶束中紧密，因此对那些增溶于胶束内核和增溶于 EO 链壳中的增溶物，将导致增溶量下降。

在阴离子/非离子混合体系中，当非离子的 EO 链较短时，混合体系的增溶出现负偏差，而当 EO 链较长时，出现正偏差。这是因为在这一体系中存在着两种相反的效应，一方面阴离子与 EO 链中醚氧原子的相互作用使 EO 链排列紧密，导致增溶量减小；另一方面存在如上所述的立体效应，使 EO 链排列较单一胶束中疏松，导致增溶量增加。当 EO 链较短时，前者占主导地位，而当 EO 链较长（>14）时，后一种影响占主导地位。如果阴离子分子中含有苯环，当苯环与亲水基相连时，苯环与 EO 链的相互作用使 EO 链排列紧密而导致增溶的负偏差，而当苯环处于烷基链中时导致正偏差。

② 两亲分子结构的增溶物　具有两亲分子结构的物质如醇类增溶于胶束中时具有与表面活性剂分子相类似的定向排列，即以亲油基插入烷基链中，以极性基朝向水，与表面活性剂形成混合胶束。阴离子/非离子，阳离子/非离子，以及阴离子/阳离子混合体系中由于静电吸引作用使亲水基之间排列趋于紧密而导致对醇类增溶的负偏差，即若 $\beta^M < 0$，则对醇类的增溶为负偏差。相反，在单一阴离子、阳离子胶束中，由于静电排斥力，胶束中亲水基之间有较大的空隙，有利于醇分子的插入，从而有较大的增溶量。

③ 非极性烃类增溶物　烃类显著增溶于胶束的内核，因此是否有协同效应取决于混合胶束是否具有较大的内核。一些研究表明，若混合胶束的聚集数增加，则对烃类的增溶出现正偏差。阴/阳离子混合体系由于强烈的静电相互作用，混合胶束具有很大的聚集数，因而对烃类的增溶显示出正偏差，即存在协同效应。

综上所述，为了在增溶方面获得协同效应，仅考虑混合胶束形成方面的协同效应是不够的，还应根据增溶物的性质来选择混合体系。

(2) 固体表面上的吸附

表面活性剂在固体表面上的吸附影响到浮选，分散，土壤调理以及染色等，特别是在提高原油采收率的应用中，岩石对表面活性剂的吸附将导致表面活性剂的损失，而岩石对多组分体系中某组分的选择性吸附将造成段塞的"色谱分离"而导致段塞失效。此外，在洗涤过程中，表面活性剂在织物和污垢表面上的吸附都是十分重要的。有关表面活性剂在固/液界面的吸附将在第 8 章详细讨论，这里先概述有关协同效应对固/液吸附的影响。

表面活性剂吸附于金属氧化物（矿石）表面时，低浓度时，由于吸附分子间距离较大不产生显著的相互作用。当浓度超过某个临界浓度时（往往小于 cmc）时，则在表面形成聚集体，称为"亚胶束"或"表面胶束"。浓度大于 cmc 时，表面活性剂的总吸附可以慢慢上升或下降。

对离子型表面活性剂，表面胶束为双层结构。两种结构相近的阴离子表面活性剂吸附于矿石表面时，混合表面胶束通常遵循理想溶液理论，混合吸附量可以方便地根据单一体系的吸附等温线来预测。如果是阴离子-非离子混合物吸附于矿石表面，浓度低于 cmc 时，表面胶束显示出负偏差的非理想性，即吸附量大于理想混合；而浓度高于 cmc 时，吸附量则取决于溶液中的胶束化和表面胶束化之间的竞争。

表面活性剂或它们的混合物在形成胶束以及在气/液或液/液界面形成混合吸附单层时的趋势是相近的，但吸附在固/液界面上时则不然。因为吸附的表面活性剂分子与固体表面之间可能存在相互作用。利用这一点可以指导表面活性剂的选择。比如非离子分子中 EO 链增加将减小其在矿石表面的吸附，而 EO 链很长时，几乎不吸附甚至产生负吸附。这样对一个阴离子-长 EO 链非离子混合体系，当浓度大于混合 cmc 时，混合胶束的形成降低了阴离子单体的浓度，而长链非离子本身的吸附量不大，因而混合体系在矿石表面的吸附量显著下降。即非理想混合胶束的形成，降低了表面活性剂单体浓度，从而有利于降低在固体表面上的吸附。

在非极性表面也有类似的效应。总之在设计表面活性剂体系时，如果希望降低某一表面活性剂在固体表面的吸附，应加入另一种能与其形成强负偏差的混合胶束的表面活性剂。

(3) 表面活性剂的沉淀

在许多应用场合需要避免表面活性剂的沉淀。如在硬水中去污，重垢液洗的配制，以及在提高石油采收率中避免高盐度地下水引起表面活性剂的沉淀等。采用表面活性剂混合物可有效地控制沉淀的发生。

研究沉淀的方法之一是测定 Krafft 点。另一种方法是测定沉淀相边界（引起沉淀所需加入的电解质浓度）。当浓度低于 cmc 时，单纯溶度积是沉淀形成控制因素，当浓度超过 cmc 时，采用混合表面活性剂将产生有趣的结果。

① 阴离子-阴离子或阳离子-阳离子混合体系表面活性剂的沉淀 当结构相近，电荷相同，含有相同反离子的两种表面活性剂混合时，Krafft 点通常介于两个单一组分的 Krafft 点之间或者只有微小的最低点。沉淀晶体中包含了两种表面活性剂。这类体系中，表面活性剂以相同的比例分布于胶束和晶体中，胶束和晶体中几乎都是理想混合。

当两种表面活性剂结构相差较大，或者表面活性离子相同而反离子不同时，则混合体系的 Krafft 点显示最低共熔点特性，即混合体系的 Krafft 点比任一单一组分的 Krafft 点都要低。沉淀晶体的组成是极端非理想的，几乎只含有一种表面活性剂，而胶束几乎是理想混合。

在一种表面活性剂（A）中加入另一种结构不同的表面活性剂（B）时，随着溶液中 A 的比例的下降，其单体浓度降低，因此需要更低的温度或更高的电解质浓度才能使其沉淀。在某个组成，添加的表面活性剂 B 优先沉淀，因此出现最低 Krafft 点。随着 B 的继续增加，B 的单体浓度增加，Krafft 点升高。

如果表面活性离子相同，反离子不同（a 和 b），则当具有反离子 a 的表面活性剂比例降低时，使表面活性离子沉淀的未束缚反离子 a 的浓度降低了。在某个组成，反离子 b 优先使表面活性离子沉淀，因而同样也出现低共熔点现象。

在这里可以把这类体系的沉淀现象看作是形成胶束和沉淀两种聚集体之间的竞争。理想混合胶束甚至可以在耐盐度和耐水的硬度方面显示出协同效应，且组分数越多，协同效应越强。这就是为何异构体混合物体系通常具有较低 Krafft 点的原因。

② 离子-非离子表面活性剂的沉淀 对离子/非离子混合体系，一方面非离子本身不形成沉淀，另一方面非理想混合胶束的形成使离子型表面活性剂单体浓度降低，从而提高了抗盐/硬水能力，并降低了 Krafft 点。因此为了提高离子型表面活性剂耐盐/硬水能力，添加的表面活性剂应使混合胶束中的相互作用参数 β^M 尽可能负，并尽可能使用混合离子型表面活性剂。

③ 阴离子-阳离子混合体系表面活性剂的沉淀 阴离子-阳离子混合体系虽然具有强烈的非理想性，然而强烈的静电相互作用导致形成了离子对，从而使这类混合体系极易发生沉淀或凝聚现象，特别是等摩尔混合物。虽然这类体系有最强的协同效应，但由于易发生沉淀或凝聚，限制了这类体系的应用。一些研究表明，在阴离子或阳离子分子中引入 EO 链能在一定程度上抑制沉淀或凝聚现象的发生；另一种方法是采用不对称混合，即一种分子的摩尔分数相对于另一种大大过量。

(4) 浊点现象

浊点是乙氧基化非离子型表面活性剂的特性。在浊点以上温度，表面活性剂溶液分成两相，一相富含表面活性剂（凝聚相），另一相则含低浓度表面活性剂，从而导致表面活性的应用性能如去污力等大大下降。

混合体系中混合物的组成可能影响浊点以及两组分在两相中的分布。非离子型表面活性剂混合物的浊点处于两个单一非离子型表面活性剂的浊点之间。在非离子型表面活性剂稀溶液中加入离子型表面活性剂将使浊点升高。凝聚相的生成系胶束之间的吸引所致，当把离子型表面活性剂加入非离子型表面活性剂中时，混合胶束的带电产生了静电排斥力，从而减小了胶束之间的吸引而阻碍凝聚相的生成，由此导致浊点升高。

阴离子-非离子型表面活性剂在凝聚相中的混合可用正规溶液理论得到的方程近似地描述。其非理想性类似于同一体系的混合胶束的形成。在浊点时，两相是完全相同的，凝聚相可看作是很浓的胶束溶液，而低浓度的一相，表面活性剂浓度也远高于 cmc，即存在胶束。如果溶液的初始浓度即低于此，则将不会产生浊点现象。

温度高于浊点时，存在着低浓度相中的单体-胶束平衡和单体-浓胶束相之间的平衡。预测表面活性剂在两相中的分布涉及对这些平衡的模拟。如果体系中加入其他组分，则平衡将不止两个，如可能出现液晶相或其他结构。当温度、组成或浓度变化时，这些区域可能超出正常范围。

7.3 无机电解质对表面活性剂性能的影响

无机盐对表面活性剂特别是离子型表面活性剂的表面活性有很大的影响。通常在离子型表面活性剂体系中加入具有同离子的无机盐能提高表面张力降低的效率和效能，并使 cmc 显著降低。因此加入无机盐是提高表面活性的简单而有效的手段。

无机盐主要是通过静电相互作用来施加影响的。离子型表面活性剂体系中，无论是吸附单层或是胶束表面，都存在双电层。当加入无机盐时，反离子浓度的增加使双电层压缩，降低了表面活性离子头之间的静电排斥力，从而使吸附单层中表面活性离子排列得更紧密，并使胶束更易于形成。此外，如前所述，电解质还影响胶束的大小和结构。

无机盐对非离子型表面活性剂性能的影响相对较小，主要是缺少静电相互作用。然而由于电解质的加入能降低非离子在水中的溶解度，因此通过所谓的"盐析"效应，电解质对非离子的表面活性仍有一定影响。

7.3.1 无机电解质对离子型表面活性剂降低表面张力的影响

在离子型表面活性剂溶液中加入无机盐可以产生两种效应：第一，降低达到某一表面张力下降所需的表面活性剂浓度，即提高表面活性剂降低表面张力的效率；第二，使表面活性剂所能达到的最低表面张力 γ_{cmc} 进一步降低，即提高降低表面张力的效能。综合起来，就是加入电解质使 γ-$\ln c$ 或 γ-$\lg c$ 曲线向左下方移动，如图 7-7 所示。

单一离子型表面活性剂加电解质体系的表面张力可用方程式(5-62)来计算：

$$\gamma_0 - \gamma = 2RT\Gamma_R^\infty \ln\left[2\frac{f_\pm}{f_\pm^S}\left(\frac{x_{Na^+} x_{R^-}}{a_{NaR}}\right)^{\frac{1}{2}} + \frac{f_1^{0,S}}{f_1^S}\right]$$

上式表明，表面活性剂所产生的表面压大小并不仅仅取决于表面活性离子的浓度，而是取决于表面活性离子和反离子的离子积。这样在相同的表面活性离子浓度时，反离子的加入将大大提高离子积，从而使表面张力降得更低。此外电解质的加入，使得体系离子强度增加，表面活性剂的平均离子活度系数有所下降，同时吸附单层因排列更紧密使得非理想性增加，因此体相和表面相的活度系数都受到一定程度的影响，但与对离子积的影响相比仍是次要的。

将式(5-62)应用于 cmc 时的离子积 $x_{Na^+}^M x_{R^-}^M$ 则得：

$$\gamma_0 - \gamma_{cmc} = 2RT\Gamma_R^\infty \ln\left[2\frac{f_\pm^S}{f_\pm^S}\left(\frac{x_{Na^+}^M x_{R^-}^M}{a_{NaR}}\right)^{\frac{1}{2}} + \frac{f_1^{0,S}}{f_1^S}\right] \tag{7-85}$$

如果电解质对吸附和胶束化过程的影响完全相同，则电解质的加入将不改变 γ_{cmc}。然而从图 7-7 可以清楚地看出，加入电解质也使 γ_{cmc} 大幅度下降。而 cmc 时的离子积显然随电解质浓度的升高而升高，表明了电解质对胶束化过程的影响小于对吸附的影响。从式(7-85)可见，cmc 时的离子积 $x_{Na^+}^M x_{R^-}^M$ 是影响 γ_{cmc} 的主要因素，$x_{Na^+}^M x_{R^-}^M$ 的显著升高将导致 γ_{cmc} 的明显下降。

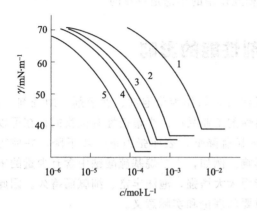 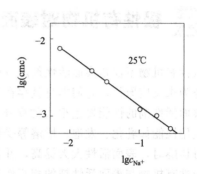

图 7-7　NaCl 对 SDS 水溶液
表面张力的影响（29℃）
曲线 1~5 对应的 NaCl 浓度（mol·L⁻¹）
分别是：0；0.1；0.3；0.5；1.0

图 7-8　SDS 的 cmc 与
反离子浓度的关系（25℃）

7.3.2　无机电解质对离子型表面活性剂 cmc 的影响

电解质对离子型表面活性剂的 cmc 有显著影响，并有下列经验公式：

$$\lg(cmc) = A - B\lg c_i \tag{7-86}$$

式中，A 和 B 为常数；c_i 为表面活性剂反离子的浓度。显然，c_i 上升，cmc 下降。在 6.1.4 已经提及，对离子型表面活性剂，加入无机电解质对 cmc 的影响符合下列线性关系：

$$\ln(cmc) = A' - K_g\ln(cmc + c_s) \tag{6-6}$$

式中，c_s 为外加电解质的浓度；K_g 为反离子结合度，亦称反离子束缚系数；A' 为常数。可见当 c_s 不为 0 时，$cmc + c_s$ 正是体系的反离子总浓度。显然式(6-6)与式(7-86)完全一致。当外加电解质浓度较大时，cmc 相对于 c_s 可忽略不计，于是 $\ln(cmc)$ 随 $\ln c_s$ 线性下降，或者 $\lg(cmc)$ 随 $\lg c_s$ 线性下降。图 7-8 以及图 6-4 和图 6-5 表明了这种良好的线性关系。

电解质对表面吸附和 cmc 的影响除与其浓度有关外，还与其价数有关。通常当浓度相同时，价数越高影响越大。如相同浓度时，Al^{3+} 对 SDS 表面吸附和 cmc 的影响大于 Mg^{2+} 和 Mn^{2+}，而后者的影响又大于 Na^+。即使是价数相同的反离子，当离子性质相差较大时，影响亦可能有差异。

7.3.3　无机电解质对非离子型表面活性剂性能的影响

与对离子型表面活性剂的影响相比，无机电解质对非离子型表面活性剂的影响要小得多。较低的电解质浓度并不引起非离子型表面活性的显著变化，仅在高浓度时才显示出一定影响，但仍不能使 γ_{cmc} 进一步下降。

由于缺少静电相互作用，无机电解质对非离子的影响主要源于对非离子的"盐析"作用。这种"盐析"作用使非离子在水中的溶解度降低，表现为浊点下降，因而导致 cmc 降低。盐析使非离子的亲水基和疏水基都受到影响，其中单体的疏水基因处于水相中而易受电解质的影响。

研究表明，无机电解质对非离子的影响主要取决于电解质的酸根离子（负离子），而不是金属离子。由于醚氧原子可以通过氢键与水中的 H_2O 或 H_3O^+ 结合，因而使得非离子表面活性剂多少带一点正电荷，所以电解质负离子的影响就显示出明显变化。这与上一节中所述的阴离子-非离子相互作用大于阳离子-非离子相互作用的结论是一致的。

7.4　极性有机物对表面活性剂性能的影响

极性有机物不仅是表面活性剂配方中的常见组分，如作为稳泡剂、助溶剂、助洗剂等，而且作为未反应原料，它们本身就存在于表面活性剂工业品中。少量极性有机物的存在可以导致表面活性剂的性能发生很大的变化，如 cmc 显著降低，表面张力进一步下降，并使得一些应用性能如乳化、发泡、增溶等受到显著影响。例如，十二烷基硫酸钠中含有少量的未反应月桂醇时，表面活性大大提高，并使发泡能力大大增强，泡沫丰富、细腻而持久。因此了解极性有机物与表面活性剂的相互作用具有重要的理论和实际意义。

极性有机物对表面活性剂性能的影响不仅与极性有机物的性质有关，还与添加浓度有关。本节将简要介绍有关极性有机物对表面活性剂的表面吸附和 cmc 的影响，并给予理论解释。详细内容读者可参考赵国玺所著《表面活性剂物理化学》一书和其他有关的专著及文献资料。

7.4.1　长链脂肪醇的影响

长链脂肪醇作为未反应原料存在于许多商品表面活性剂中。这种物质本身即为双亲分子，具有一定的表面活性。当与表面活性剂特别是离子型表面活性剂共存时，由于与表面活性剂的相互作用，对表面吸附和胶束化有显著的影响。

在 6.1.3 已经表明，脂肪醇分子能插入到表面活性剂分子之间，从而减小表面活性离子头之间的静电排斥力和界面的电荷密度，使胶束更易生成，cmc 显著下降。而在吸附单层中，脂肪醇分子的插入将使得表面活性剂分子排列趋于紧密，于是能大大提高表面活性剂降低表面张力的效率和效能。例如，$C_{12}H_{25}SO_4Na$ 的 γ_{cmc} 为 $38mN \cdot m^{-1}$，但在其浓度小于 cmc 时加入十二醇后，就可使表面张力降至 $23mN \cdot m^{-1}$。再如 $C_8H_{17}SO_4Na$，其 γ_{cmc} 为 $39mN \cdot m^{-1}$，但当有少量辛醇存在时，可使表面张力降低至 $22mN \cdot m^{-1}$。

通常商品表面活性剂的 γ-$\lg c$ 曲线在 cmc 附近出现最低点即是由于存在这类表面活性杂质的缘故。它们与表面活性剂形成混合吸附单层，可使表面张力降至很低。当表面活性剂浓度大于 cmc 以后，这些杂质被增溶进胶束而从吸附单层中消失，使表面张力复又升高。

离子型表面活性剂的 cmc 都随脂肪醇的加入而降低，并且脂肪醇浓度越大，链越长，影响越大。研究表明，在一定浓度范围内，离子型表面活性剂的 cmc 随脂肪醇浓度增加线性地减小，而且直线的斜率随醇链长的增加而增加。如图 6-6，图 6-7 和图 7-9 所示。脂肪醇对表面活性剂 cmc 的影响还与表面活性剂的链长有关，通常随表面活性剂链长增加而减小。进一步的研究表明，在醇的链长不超过表面活性剂的链长时，有式(6-7)所示的经验关系：

$$\ln\left[-\frac{d(cmc)}{dc_a}\right]=-0.69m_i+1.1m_a+K \tag{6-7}$$

式中，m_i 和 m_a 分别为表面活性剂和醇分子中碳氢链的碳原子数；K 为常数；c_a 为醇的浓度。由于脂肪醇具有双亲分子结构，且其表面活性随链长增加而增加，因此形成混合胶束和混合单层的趋势随醇分子的烷基链长增加而增加。当醇链长超过表面活性剂的链长时，则可能由于其碳链不能完全插入较短碳氢链的胶束中，使上式出现偏差。

脂肪醇和表面活性剂形成混合吸附单层能使表面黏度增加，这使得泡沫的排液性大大降低，从而提高了泡沫的稳定性。此外含有长链醇或长链酸的表面活性剂体系，测定表面张力时时间效应显著，即达到平衡需较长时间，表明极性有机物与表面活性剂之间存在竞争吸附，形成的是混合吸附单层。

除了长链的醇和酸以外，一些水溶性多元醇如果糖、木糖、山梨糖醇、环己六醇等也使表面活性剂的表面活性升高。

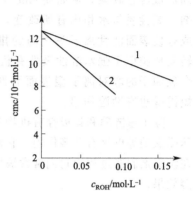

图 7-9 己醇和庚醇对
$C_{12}H_{25}NH_3Cl$ 的 cmc 的影响
1—$C_6H_{13}OH$；2—$C_7H_{15}OH$

7.4.2 强水溶液极性有机物的影响

强水溶性极性有机物能够增加有机物在水中的溶解度，亦称水溶助长性物质。它们往往作为助溶剂加入高浓度表面活性剂体系，如香波中，对长链、溶解度较低的表面活性剂具有助溶作用。这些物质主要包括尿素、乙二醇、N-甲基甲酰胺、短链醇以及 1,4-二氧六环等。

在 6.1.3 已经提及，它们能使表面活性剂的 cmc 升高，表面活性下降。例如对离子型表面活性剂，不论是否存在电解质，加入尿素等都可使 cmc 上升，表面吸附减弱，并由此影响到润湿等应用性能。这些添加剂还显著影响聚氧乙烯型非离子型表面活性剂的性能。如在 $C_{12}E_6$ 溶液中加入尿素和 N-甲基乙酰胺，使 γ-lgc 曲线向高浓度方向移动，即使得 cmc 和表面张力上升，如图 7-10 所示。在 TX-100 中加入 N-甲基乙酰胺也有类似的结果，例如加入 $3mol \cdot L^{-1}$ N-甲基乙酰胺可使 cmc 上升 10 倍。

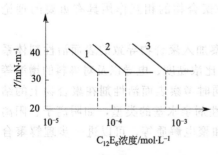

图 7-10 添加剂对 $C_{12}E_6$ 溶液的
表面张力和 cmc 的影响
1—水；2—$3mol \cdot L^{-1}$ 尿素；
3—$3mol \cdot L^{-1}$ N-甲基乙酰胺

这类化合物在水中易于通过氢键与水分子结合，使水本身的结构受到破坏。这种破坏涉及表面活性剂碳氢链周围的"冰山"结构不易形成，从而使表面活性剂的疏水作用减弱，导致表面吸附和形成胶束的推动力减小。

7.4.3 短链醇的影响

短链($C_1 \sim C_6$)醇对表面活性剂的表面活性亦有较大影响。在 6.1.4 已经讨论了它们对表面活性剂的 cmc 的影响。结果表明，在低浓度时，其影响与长链醇相似，使 cmc 下降，并符合上述的经验公式。但当添加浓度较大时，又转而使 cmc 上升，并可以使 cmc 上升到比不加这些醇时还要高。如图 6-8 所示。

添加低浓度短链醇时，其碳氢链周围也有"冰山结构"存在，因此易于与表面活性剂形成混合胶束，从而使 cmc 下降。但当醇浓度增加到一定值后，水和醇组成了混合溶剂，其性质与水相比有所改变，例如溶剂的介电常数变小，使表面活性剂的溶解度增大或是使表面活性离子头之间的排斥作用增大，从而不利于胶束的生成。此种情况下，醇转变成类似于强水溶性极性有机物，起了破坏水的"冰山结构"的作用，因此具有 $1 \sim 6$ 个碳原子的醇对离子型表面活性剂 cmc 的影响呈现出明显的最低点。在高添加浓度时，短链醇也有助溶作用。

除了短链醇和强极性有机物具有助溶作用以外，一些短链的有机盐如甲苯磺酸钠，二甲苯磺酸钠等也具有助溶作用。它们与十二烷基苯磺酸钠复配使用显著提高了其水溶性。因此在洗涤剂制造过程中它们常常被用作料浆调理剂。此外，助溶剂的复配使用能进一步增加助溶效果。

7.5　表面活性剂/聚合物相互作用

表面活性剂和聚合物的混合体系常常出现在许多工业和民用配方产品中。例如，在制备乳状液时往往将明胶、阿拉伯胶等天然高分子以及其他合成聚合物与表面活性剂一起作为乳化剂使用；在表面活性剂驱油体系中需要加入合成聚合物作为黏度调节剂以进行流度控制；在个人护肤用品和化妆品如洗发香波、发胶、护肤液和乳霜等产品中，常常加入水溶性聚合物增强体系的功效；在洗涤剂配方中则加入聚羧酸盐和羧甲基纤维素钠作为洗涤助剂和抗再沉积剂等。在这些体系中，表面活性剂与聚合物的相互作用可能显著影响体系中溶质的溶解度、溶液的流变性以及胶体的稳定性。显然表面活性剂/聚合物相互作用在化学、石油化学、油田化学等工业过程以及医药、化妆品和洗涤用品等产品配方中十分重要，而系统的学习和研究表面活性剂/聚合物的相互作用具有重要的理论和实践意义。

研究表面活性剂/聚合物相互作用的基本方法是考察加入聚合物导致的表面活性剂体系的某些性质，如表面张力、临界胶束浓度、溶液黏度、比浓黏度、电导以及对染料的增溶等的变化，并与相应的单一表面活性剂体系进行比较，同时考察表面活性剂在聚合物上的结合/吸附来阐述相互作用的机理。此外通过改变表面活性剂亲水基的类型，如阴离子、阳离子、非离子，以及改变聚合物的类型，如中性聚合物和聚电解质等，可以进一步理解聚合物/表面活性剂相互作用的本质。

表面活性剂/聚合物体系通常是水基的，即以水为溶剂。体系中的相互作用一般包括三种：静电作用、疏水作用和偶极（色散）作用。中性聚合物与表面活性剂的相互作用主要是碳氢链之间的疏水结合，类似于长链极性有机物与表面活性剂的相互作用，中性聚合物疏水性越强，表面活性剂越易与其结合（binding）形成"复合物"，相互作用越强。当然，静电相互作用也是相互作用的组成部分。

本节将简要介绍表面活性剂/聚合物相互作用的基本原理，主要讨论表面活性剂与中性聚合物的相互作用，以阴离子型表面活性剂/PVP体系为例，阐述表面活性剂/聚合物相互作用的概貌，继而扩大到其他体系，最后讨论表面活性剂与聚电解质的相互作用。

7.5.1 表面活性剂/中性水溶性聚合物相互作用的一些实验结果

表面活性剂与不带电的中性水溶性聚合物的相互作用研究得最多。这类聚合物有聚乙烯吡咯烷酮（PVP）、聚乙二醇（PEG）以及聚乙烯醇（PVA）等。它们是实际体系中经常遇到的聚合物。

(1) 聚乙烯吡咯烷酮/SDS体系

图7-11是聚乙烯吡咯烷酮（PVP）与阴离子表面活性剂十二烷基硫酸钠（SDS）混合体系的表面张力和比浓黏度随SDS浓度的变化，图7-12为SDS在PVP上的结合等温线。综合这两张图即可较全面地分析PVP与SDS的相互作用。

图7-11中曲线1和2分别为单一SDS溶液和SDS/PVP溶液的表面张力随SDS浓度的变化。明显地可以分为三个浓度区，并有两个临界浓度。在稀浓度区（Ⅰ区），加入1%PVP后表面张力比单一SDS体系的要低，但比浓黏度恒定，而图7-12表明，在该浓度区，SDS在PVP上几乎没有结合，即体相尚无相互作用，相互作用仅存在于界面相，类似于两亲分子对表面活性剂的影响。可能是聚合物的存在有利于减小表面活性离子头之间的静电排斥，从而促使更多的表面活性剂吸附到表面。

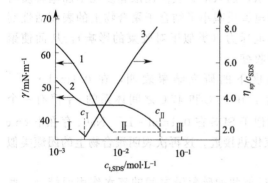

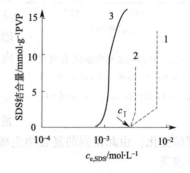

图7-11　PVP/SDS体系的表面张力和黏度与SDS总浓度的关系
1—纯SDS；2—SDS+1%PVP；
3—η_{sp}/c_{SDS}

图7-12　SDS在PVP上的结合量
1—PVP $(8.15\sim9.92)\times10^{-3}$ mol·L^{-1}；
2—PVP $(6.59\sim7.88)\times10^{-2}$ mol·L^{-1}；
3—0.1%PVP+0.1mol·L^{-1}NaCl

当SDS的浓度增加到第一个临界浓度c_{I}时，聚合物和表面活性剂开始作用，表现为溶液的表面张力基本保持恒定，同时结合等温线表明，SDS在PVP上开始结合，因此c_{I}被称为临界聚集浓度（cac）。由于表面活性剂被聚合物结合，溶液中自由SDS分子浓度保持不变，因而表面张力保持恒定。至SDS浓度达到8×10^{-3} mol·L^{-1}后，表面张力再次随SDS浓度增加而下降，直至c_{II}。随后，表面张力不再下降，其值与单一表面活性剂体系的γ_{cmc}相等。因此c_{II}代表SDS在聚合物上结合达到饱和时的浓度，再增加浓度，表面活性剂在溶液中形成胶束。显然，c_{I}明显低于cmc，表明表面活性剂在聚合物上的结合或聚集比形成体相胶束更容易。根据c_{II}和c_{I}的差值，可以求出SDS在

PVP 上的结合量。

现在要问，在Ⅱ区，表面活性剂以什么方式被结合？结合由何种相互作用所致？热力学分析表明，在Ⅱ区表面活性剂分子是以协同方式而不是以单个分子与聚合物分子相结合，并且每个聚合物分子结合的表面活性剂分子数目存在分布。增溶研究表明，由于聚合物的存在，体系对 OB 黄、苏丹红、氯化频哪氰醇等染料的增溶比单一表面活性剂体系增强。尽管对烃类的增溶结果难以得到统一的解释，但对染料的增溶从 c_{I} 开始陡然上升，而 c_{I} 低于纯 SDS 的 cmc。这表明，在 c_{I} 浓度后，SDS 不是以单个分子被 PVP 结合，而是以聚集体（团簇）被结合，这种聚集体对染料显示出增溶能力。比浓黏度表明，Ⅱ区比浓黏度随 SDS 浓度显著增加。由于聚合物-表面活性剂体系的黏度主要取决于聚合物，因此与结合等温线相对应，黏度的上升是 SDS 在 PVP 上结合的结果。比浓黏度的增加表明 PVP 具有聚电解质的性能，从而也证明 SDS 是以团簇被结合。团簇之间的静电排斥力使聚合物线团胀大，导致比浓黏度增加。通过用钠离子电极测定钠离子的浓度表明，在 c_{I} 以上浓度区，溶液中自由钠离子浓度小于其总浓度，表明有部分钠离子结合到类似于胶束表面那样的带负电荷的团簇上，这也证明了 SDS 以团簇被结合。

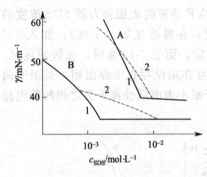

图 7-13　PVP/SDS 溶液的表面张力
1—单一 SDS；2—SDS + PVP（$w=1.0\%$）
A—无 NaCl；B—加 NaCl（$0.1\,\text{mol} \cdot \text{L}^{-1}$）

进一步研究表明，加入 NaCl 使 c_{I} 减小。结合等温线图 7-12 和表面张力图 7-13 都表明了这一点。在Ⅰ区，聚合物/表面活性剂的曲线与单独表面活性剂的曲线相重合，表明表面压可能受表面活性剂的吸附增长所控制，而不像是聚合物/表面活性剂复合物变化的结果。黏度数据显示，加入电解质使比浓黏度比不加电解质时减小，表明电解质减小了结合于聚合物上的表面活性剂团簇中的静电斥力（类似于对胶束的影响），从而使聚电解质线团收缩。

不同温度下的研究结果表明，在 $0.1\,\text{mol} \cdot \text{L}^{-1}$ NaCl 存在下，在 20℃ 和 47℃ 之间体系的 c_{I} 值有一个最低点，类似于 SDS 在 $0.1\,\text{mol} \cdot \text{L}^{-1}$ NaCl 存在下 cmc 随温度的变化。由此得到的复合物生成热与胶束化热接近。这再次表明聚合物上的团簇类似于简单胶束。

以上结果表明，PVP 与 SDS 分子主要是通过彼此的碳氢链之间的疏水作用而结合。此种结合仅当表面活性剂浓度达到一定值（c_{I}）时才开始。结合导致体系中自由表面活性剂分子的浓度比无聚合物存在时显著减小，因而使表面张力的下降变得缓慢，至结合达到饱和时（c_{II}），自由表面活性剂分子的浓度也已达到了 cmc，表面张力亦不再下降。因此聚合物的存在使表面活性剂的 γ-$\lg c$ 曲线出现两个转折点 c_{I} 和 c_{II}。图 7-14 和图 7-15 进一步表明，c_{II} 随 PVP 浓度的增加而增加，随表面活性剂碳氢链长增加而减小，此外 c_{II} 还将受到是否存在电解质以及后面将要指出的聚合物类型的影响；而 c_{I}（cac）将取决于表面活性剂。

(2) PVP/其他表面活性剂体系

① SDS 同系物　对 SDS 同系物的研究表明，c_{I} 随表面活性剂链长的增加而减小，如图 7-15 所示。这表明，表面活性剂的亲水性增加，与聚合物的相互作用减弱。而实验表明，c_{I} 几乎不随聚合物浓度而变化。这表明 c_{I} 主要取决于聚合物与表面活性剂之间相互作用的强度。表面活性剂的疏水链和头基可能都对此相互作用有贡献，就像在普通混合胶束中一样。

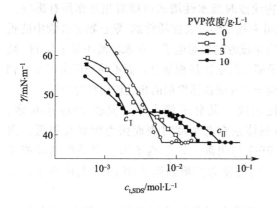

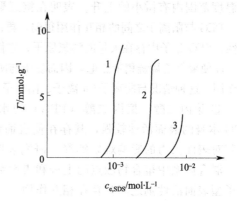

图 7-14　PVP 浓度对 SDS 表面张力的影响 　　　图 7-15　RSO_4Na 在 PVP 上的结合量（30℃）

1—C_{12}；2—C_{11}；3—C_{10}

② 阳离子型表面活性剂　与相同链长的阴离子相比，阳离子型表面活性剂与聚合物的相互作用要弱得多。这表明表面活性剂的头基的确参与相互作用，而阴离子的作用比阳离子要强。研究还表明，阳离子与聚合物的相互作用与阳离子型表面活性剂的反离子有关。当反离子为 Br^- 或 Cl^- 时，相互作用很弱；而当反离子为 I^- 或 SCN^- 时，相互作用增强。对此种现象的解释是，反离子可能优先吸附于聚合物上，反过来再与表面活性剂形成离子对，从而促进表面活性剂在聚合物上的吸附。

③ 非离子型表面活性剂　聚合物似乎不影响非离子型表面活性剂的表面张力，指示两者之间无相互作用。研究中使用的非离子与 SDS 有相同的烷基链长。这表明，表面活性剂与 PVP 之间的相互作用主要来源于 PVP 与阴离子头基之间的相互作用。这种相互作用降低了头基间的静电排斥力，使 cmc 和形成团簇的浓度（c_{I}）降低，类似于两亲物质与表面活性剂的相互作用。只要聚合物与胶束表面之间有吸引力，就会产生这种作用。

(3) 其他中性聚合物/表面活性剂体系

① 聚乙烯醇　聚乙烯醇（PVA）通常用水解聚醋酸乙烯（PVAc）制备，常常只部分水解。当乙酸基和羟基都存在时，聚合物上乙酸基的量易于知道，但其分布难以知晓。因此对相关研究结果的解释带来困难。

PVA 与 SDS 及其同系物的结合性质类似于 PVP，使表面张力-浓度曲线出现两个转折点。与非离子型表面活性剂相类似，PVA 具有浊点，而加入阴离子型表面活性剂使其浊点上升，表明 PVA 与阴离子之间有显著的相互作用。类似于 PVP-阴离子体系，表面活性剂能在 PVA 上结合，从而使 PVA 成为聚电解质，头基间的静电排斥力和亲水性使其在水溶液中趋于稳定。

PVA 与阳离子型表面活性剂的相互作用较 PVP 与阳离子的相互作用强，且同样表现出反离子的很大影响。而 PVA 与非离子型表面活性剂如 Tween60、$C_{12}EO_{20}$ 等无相互作用。这再次说明头基在相互作用中的重要性，它们可能是通过一些偶极子与聚合物分子发生相互作用的。相互作用随 PVA 乙酸根含量增加而增强，表明结合点很可能是乙酸基偶极而不是羟基。

② 聚乙二醇　聚乙二醇（PEG）或聚氧乙烯（PEO）是完全水溶性的聚合物。PEG 与阴离子的相互作用与 PVA 类似，即在某个起始浓度 c_{I}，表面活性剂开始在 PEG 上有明显的结合量。链长的影响一般与胶束化类似，但 c_{I} 似乎依赖于聚合物浓度。在聚合物浓度较大时（＞0.2%）依赖性变弱。c_{I} 和表面活性剂的结合量还依赖于 PEG 分子量。当 PEG 分子量超过 4000 后变化趋小。在 25～50℃ 之间，c_{I} 稍有下降，而单独表面活性剂的 cmc 在

此温度范围内有微小的上升。表明在接近聚合物浊点时疏水性增加可能对相互作用有影响。

PEG 与阳离子之间的相互作用很弱，再次证明头基在形成表面活性剂/聚合物复合物中的重要性。PEG 分子中存在大量的醚氧原子，它们具有未成键的孤对电子，在水溶液中易于与 H^+ 结合，而使聚氧乙烯链稍带正电，因而易于与阴离子型表面活性剂相结合，而不易与阳离子发生相互作用。这种情况与阴离子/非离子、阳离子/非离子二元表面活性剂的相互作用颇为类似。

③ 聚丙二醇　聚丙二醇（PPG）的水溶性取决于其分子量大小，但较 PEG 小得多。PPG 本身的表面活性较强，其存在使表面活性剂体系在低浓度时表面张力就显得很低，因而其对表面张力的影响难以解释。研究表明，PPG 与阴离子，阳离子型表面活性剂都能结合。混合体系中聚合物浊点的上升和表面活性剂增溶能力的增强皆表明 PPG 与阴离子、阳离子型表面活性剂之间都存在相互作用。

综合以上结果，对表面活性剂/中性聚合物相互作用及其影响因素可以总结出以下结论：

① 比值 cac/cmc 对聚合物浓度的依赖性不大，与聚合物分子量基本无关，当然聚合物分子量很低时会减弱相互作用。

② cac 与聚合物的浓度基本无关。而 $c_{\rm II}$ 随聚合物浓度线性增加。达到平稳状态后，表面活性剂在聚合物上的饱和结合量随聚合物浓度线性增加。

③ 阴离子型表面活性剂和中性聚合物的相互作用较强，但阳离子型表面活性剂的作用较弱，而非离子和两性型表面活性剂极少显现出明显的相互作用。在阴离子型表面活性剂分子中引入 EO 链将减弱相互作用，而改变阳离子型表面活性剂的反离子，例如用 SCN^-，可增强相互作用。

④ 加入电解质使 cac 下降，相互作用增强，而温度上升使 cac 上升，相互作用减弱。

⑤ 表面活性剂的烷基链长增加，cac 减小，并可以得到与 ln(cmc)-n 关系类似的 ln(cac)-n 关系。

⑥ 聚合物分子量似乎有一个下限，对 PVP 和 PEG，只有当分子量大于 4000 才有明显的相互作用。

⑦ 相互作用强度有如下顺序：阴离子型表面活性剂，PVA＜PEG＜MEC（甲基纤维素）＜PVAc（部分水解的聚醋酸乙烯酯）＜PPG（聚丙二醇）～PVP；阳离子型表面活性剂，PVP＜PEG＜PVA＜ MEC＜PVAc＜PPG。

7.5.2　相互作用模型

核磁共振数据显示，每一个"结合"的表面活性剂分子所处的环境相同，这意味着表面活性剂分子可能被结合于类似于胶束但尺寸较小的团簇中。假设每个聚合物分子含有若干"有效链节"，每个链节的质量为 $M_{\rm s}$（发生相互作用所需的最小分子量），则每个部分将结合由 n 个表面活性离子 D^- 组成一个团簇，结合平衡可表示如下：

$$P+nD^- \rightleftharpoons PD_n^{n-}$$

平衡常数为：

$$K=\frac{[PD_n^{n-}]}{[P][D^-]^n} \tag{7-87}$$

K 可以由半饱和条件获得：

$$K=[D^-]_{1/2}^n \tag{7-88}$$

通过改变 n 并应用实验获得的结合等温线，人们得到 $M_{\rm s}=1830$ 和 $n=15$。于是由下式可以得到结合自由能：

$$\Delta G^{\ominus} = -(1/n)RT\ln K \qquad (7-89)$$

$\Delta G^{\ominus}$ 为 $-21.2 \mathrm{kJ \cdot mol^{-1}}$，此数值与表面活性剂胶束化自由能很接近。

Najaragan[1]引入了一个综合的热力学方法来处理表面活性剂和聚合物的相互作用。假设表面活性剂和聚合物的水溶液包括自由胶束和与聚合物分子结合的"胶束"，于是表面活性剂的总浓度 x_t 为表面活性剂的单体浓度 x_1、自由胶束中的表面活性剂浓度 x_f 以及结合的表面活性剂浓度 x_b 之和：

$$x_t = x_1 + g_f(K_f x_1) + g_b n x_p \left[\frac{(K_b x_1)^{g_b}}{1 + (K_b x_1)^{g_b}}\right] \qquad (7-90)$$

式中，g_f 代表自由胶束的平均聚集数；K_f 是自由胶束形成的固有平衡常数；n 是平均大小为 g_b 的表面活性剂聚集体中的结合位数；K_b 为表面活性剂在聚合物上结合的固有平衡常数；x_p 为聚合物的总浓度（质量浓度为 $n x_p$）。

聚合物-胶束的缔合可能会影响聚合物的构象，但假定并不影响 K_b 和 g_b。于是 K_b、K_f 和 g_b 的相对大小就决定了体系是否发生表面活性剂与聚合物的缔合以及体系中表面活性剂的临界胶束浓度。如果 $K_f > K_b$、$g_b = g_f$，则自由胶束的形成优先于缔合，反之如果 $K_f < K_b$、$g_b = g_f$，则缔合优先发生。如果 $K_f < K_b$，但 $g_b \ll g_f$，则在聚合物缔合达到饱和之前自由胶束就可能形成。按照式(7-90)可以有两个临界浓度，第一个临界浓度（cac）将出现在 $x_1 = K_b^{-1}$ 附近，而第二个临界浓度（cac）将出现在 $x_1 = K_f^{-1}$ 附近。但在有限的表面活性剂浓度范围内，往往只能观察到一个临界浓度，取决于 $n x_p$ 的大小。

图 7-16 显示了 SDS/PEO 体系不同聚合物浓度条件下 x_1 和 x_t 之间的关系，相关参数为：$K_b = 319$，$K_f = 120$，$g_b = 51$，$g_f = 54$。可见在 0 到 A 区域，表面活性剂分子呈单体分散状；在 A 到 B 区域，表面活性剂与聚合物结合，形成缔合胶束，如果缔合胶束的尺寸较大，则在此区域内 x_1 几乎不增加；反之如果 g_b 很小（例如 $g_b < 10$），则 x_1 在此区域内仍有显著增加。如果 $n x_p$ 很小，AB 区域将被限制在一个很窄的表面活性剂的浓度范围内。在 B 点，表面活性剂在聚合物上的结合达到饱和。如果 $n x_p$ 很大，则体系可能达不到饱和点 B。在 AC 区域内，随着 x_t 的增加，x_1 相应地增加。在 C 点，自由胶束的形成成为可能；CD 段表示一个表面活性剂浓度范围，在此范围内，新添加的表面活性剂都形成了自由胶束。显然 C 点取决于聚合物的质量浓度（$n x_p$）。

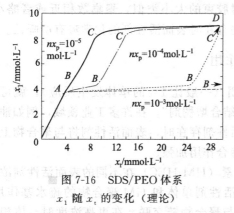

图 7-16　SDS/PEO 体系
x_1 随 x_t 的变化（理论）

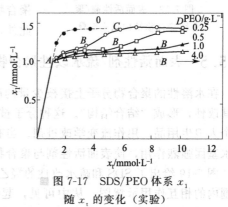

图 7-17　SDS/PEO 体系 x_1
随 x_t 的变化（实验）

[1]　R. Najaragan. Colloids Surf. 1985，13：1-17.

图 7-17 为 Gilanyi 和 Wolfram[1] 运用特殊的离子电极对 SDS/PEO 体系测得的 x_1 随 x_t 的变化，结果与上述理论预测相符，证明了上述理论预测的正确性。

7.5.3　表面活性剂/聚合物相互作用的推动力

表面活性剂和聚合物相互作用的驱动力和表面活性剂胶团化过程的驱动力是相同的。对于胶束化而言，驱动力主要是减少溶解的表面活性剂碳氢链与水的接触面积，而表面活性剂/聚合物缔合则是一些作用力之间的微妙平衡的结果。比如，表面活性剂的聚集受到胶束中的表面活性剂离子头基的拥挤而受限，胶束中表面活性剂分子的排列限制聚集也会有对抗作用。而一些分子如电解质和醇类可以通过屏蔽头基之间的静电排斥作用而促进聚集。带有亲水和憎水链节的聚合物分子，则可以通过其亲水基的偶极与表面活性剂离子头基之间的离子-偶极缔合作用增强聚集。此外，聚合物疏水链节与暴露的胶束烃链区域的接触也能增强缔合。

7.5.4　表面活性剂/聚合物复合物结构

关于表面活性剂/聚合物缔合形成的复合物的结构，人们给出了两种不同的图像模型。一种认为是表面活性剂与聚合物之间发生强烈的相互缔合或者表面活性剂与聚合物链发生了结合，另一种则认为是表面活性剂在聚合物链上或者在聚合物链附近形成了胶束。对带有疏水基的聚合物，倾向于采用"结合（binding）"模型，而对亲水性的均聚物，"胶束化"模型可能更为贴切。后者由 Cabane[2] 提出，其结构是聚集的 SDS 分子被大分子包围，形成了一个多圈的构型，有时被称为"珍珠项链模型"，如图 7-18 所示。

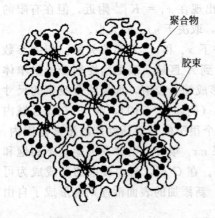

图 7-18　表面活性剂/聚合物缔合物结构示意图[2]

从上述模型可以得到下列结果：① "结合"相对于体相的胶束化更易进行（cac＜cmc），缔合聚集体中表面活性剂的电离度增加；② 表面活性剂头基附近的 CH_2 基团所处的环境有所改变。与单一胶束体系相比，聚合物存在时胶束的大小类似，聚集数相近或者略小。此外，聚合物存在时表面活性剂的化学势有所降低。

7.5.5　表面活性剂/疏水改性聚合物相互作用

在水溶性的聚合物分子上接枝少量的疏水基团（一般让 1% 的单体发生反应），就可能将其改性，形成"结合结构"。这种分子被称为"结合增稠剂"，在许多工业领域，例如油漆和个人卫生用品，用作流变学改进剂。当有表面活性剂存在时，表面活性剂将与聚合物上的疏水基团强烈作用，使表面活性剂与聚合物链的缔合作用加强。

图 7-19 给出了 SDS 和疏水改性的羟乙基纤维素（HM-HEC）在不同的表面活性剂浓度范围内的相互作用示意图。从中可见，起初表面活性剂单体和 HM 聚合物的疏水基作用，在达到某一表面活性剂浓度（cac）后，胶束可以与聚合物链交联。在更高浓度时，体相出

[1]　T. Gilanyi, E. Wolfram. Colloids Surf., 1981, 3：181-198.

[2]　B. Cabane. J. Phys. Chem., 1977, 81：1639-1645.

现大量胶束，它们不再与聚合物链交联，即交联受到破坏。这些效应可以通过 HM 聚合物的黏度随表面活性剂浓度的变化反映出来，开始聚合物的黏度随表面活性剂浓度的增加而上升，交联时达到最大，然后随着表面活性剂浓度的继续增加而下降（交联破坏）。而对于未改性的聚合物，黏度的变化则相对很小。

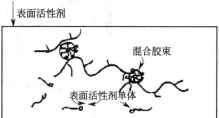
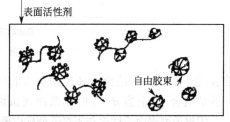

图 7-19　表面活性剂与 HM
聚合物的相互作用示意图

7.5.6　表面活性剂/聚电解质相互作用

与中性聚合物不同的是，聚电解质在溶液中带有电荷。因此可以预计它们与离子型表面活性剂将有较强的相互作用，且这种相互作用以静电作用为主。

聚电解质的种类很多，包括合成聚电解质和天然聚电解质。它们自身的结构比较复杂，而且在水溶液中可以呈现不同的构型。当有表面活性剂存在时，其构型也可能受到影响，反过来又影响与表面活性剂的相互作用。

在表面活性剂/聚电解质体系中，当两者带相反电荷时有强相互作用。这类体系在许多化妆品配方中有很重要的应用，比如护发素体系。这类体系中使用的聚合物为阳离子改性的纤维素聚合物（聚合物 JR），而表面活性剂为阴离子。图 7-20 为 SDS /JR400 混合体系的表面张力随 SDS 浓度的变化，与单一 SDS 体系的表面张力相比，当表面活性剂浓度很低时，聚电解质对降低表面张力有促进作用，即表面活性剂和聚电解质的混合物有更高的表面活性。当表面活性剂浓度增加时，会沉淀出聚合物/表面活性剂复合物，表面活性剂浓度的进一步增加又可使沉淀重新加溶。当表面活性剂与 JR 的电荷之比为 1∶1 时，聚合物浓度在 0.1% 以上时有最大的沉淀作用。在沉淀区，溶液的表面张力也很低，在高表面活性剂浓度区，表面张力接近单一 SDS 体系胶束区的表面张力。图 7-21 给出了不同浓度区相互作用和复合物结构示意图。另一方面，阳离子型表面活性剂和甜菜碱类两性型表面活性剂与 JR 无明显的相互作用。

SDS 与 JR 的混合能显著提高体系的发泡能力。最强的发泡能力出现在最强的沉淀区，此时聚合物的疏水性最强。显然沉淀很可能能够稳定泡沫。通过测定表面活性剂在

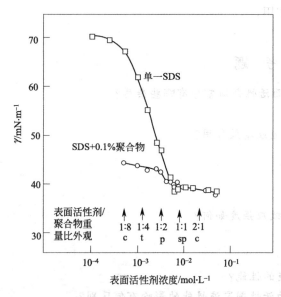

图 7-20　SDS/JR400（$w=0.1\%$）体系的 $\gamma\text{-}\lg c$ 曲线
c—透明；t—浑浊；p—沉淀；sp—微沉淀

聚电解质链上的结合量揭示了一些有趣的特性，比如在表面活性剂浓度很低时（1/20cmc），

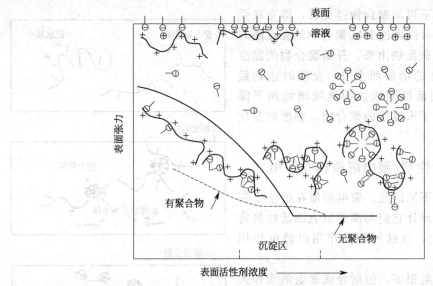

图 7-21　表面活性剂-聚电解质相互作用示意图

结合就开始发生，结合度 β 达到 0.5 [$\beta=1$ 对应于每个十二烷基硫酸根离子(DS^-)分别与一个铵基结合]，而当 $\beta=1$ 时体系出现沉淀。

阳离子型表面活性剂和阴离子型聚电解质的结合也显示出一些有趣的特征。结合能力取决于阴离子型聚电解质的性质。加入电解质会增加结合的难度，随着电解质浓度的增加，结合要在更高的表面活性剂浓度时才能发生，而增加表面活性剂的碳链长度会促进结合，这和胶束化过程相类似。

黏度测定表明，在某个临界表面活性剂浓度时，相对黏度急剧增加，具体程度取决于所用聚电解质的类型。例如 JR-400/SDS 混合体系的黏度随 SDS 浓度的增加显著增大，而 Reten [一种丙烯酰胺/(β-甲基丙烯氧三甲基)氯化铵共聚物]/SDS 体系的黏度则无显著变化，预示 JR-400 与 SDS 之间有强烈的相互作用。

思 考 题

1. 商品表面活性剂都是纯品吗？商品表面活性剂通常含有哪些杂质？
2. 协同效应或增效作用的定义如何？
3. 表面活性剂体系有哪些典型的协同效应或增效作用？
4. 如何定义理想混合和非理想混合？
5. β 参数的物理意义如何？
6. 如何通过实验求得 β 参数？
7. 典型二元混合表面活性剂体系的协同效应强度如何？
8. 什么因素引起了非理想混合？
9. 影响 β 参数的因素有哪些？
10. 无机电解质如何影响表面活性剂溶液的性能？
11. 无机电解质对离子型和非离子型表面活性剂溶液性能的影响有何区别？
12. 有哪两类极性有机物？
13. 短链极性有机物是如何影响表面活性剂的 cmc 的？
14. 溶液中表面活性剂和聚合物分子之间的基本相互作用如何？

第8章

润　湿

润湿涉及气、液、固三相，广义的润湿是指固体表面的流体（包括气体和液体）被另一种流体所取代的过程，而狭义或典型的润湿则专指液体（尤其是水）取代固体表面的气体的过程。

润湿是涉及面较广的界面现象之一，例如很多工业过程如矿物浮选，胶片涂布，纺织品处理以及洗涤去污等皆涉及润湿。有关润湿的研究已有很长的历史并积累了大量的文献资料，其中有关润湿的关键基础在 19 世纪即由 Thomas Young 所奠定。随着科学技术的发展，一些新方法的出现和发展进一步推动了润湿的研究，不过其中许多工作仍基于简单的测量技术如表面张力和接触角的测量。

本书在第 1 章已对润湿做了初步的介绍，本章将在此基础上进一步讨论有关润湿的基本问题，包括接触角、润湿的分子相互作用理论、固体表面能及其测定以及表面活性剂在固/液界面的吸附及其对润湿的影响等。

8.1　接触角和 Young 方程

8.1.1　接触角的定义和 Young 方程

将一滴液体(l)滴在处于气体(g)中的固体表面(s)上，通常可能发生两种情况。一种是液体在固体表面均匀铺展，形成一薄层；另一种是液体不能在固体表面铺展，而以一定的形状附着在固体表面，形成一个接触角，分别如图 8-1(a)和(b)所示，其中图 8-1(b)中的 θ 即为接触角，其定义是以气、液、固三相接触点（三相点）为起点，沿液/气界面（γ_{lg} 方向）和固/液界面（γ_{sl} 方向）作两个切平面，将液体包在其中，则这两个切平面之间的夹角即为接触角，通常以 θ 来表示。θ 的大小反映了液体对固体的润湿程度，$\theta \leqslant 0°$ 时称液体在固体表面铺展（spreading），亦称完全润湿；$\theta < 90°$ 时称为润湿（wetting），亦称浸湿，而 $90° \leqslant \theta \leqslant 180°$ 则称为不润湿（dewetting）或沾湿。

接触角的大小与三相之间的界面张力之间符合著名的 Young 方程：

$$\cos\theta = \frac{\gamma_{sg} - \gamma_{sl}}{\gamma_{lg}} \tag{8-1}$$

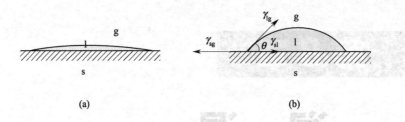

图 8-1　固、液、气三相间的平衡和接触角 θ 示意图

(a) 完全润湿（铺展），$\theta=0°$；(b) 润湿，$\theta<90°$

有关 Young 方程的推导和讨论请参见第 1 章。

另一种常见的润湿情形是固体颗粒在水（W）/气（g）或水/油（O）界面，如图 8-2(a) 所示。此种情形下接触角的定义为：作一个切平面在三相点与固体相切，则该切平面与水/气（或水/油）界面在水相一侧所形成的角称为接触角。显然，当 $\theta\leqslant0°$ 时颗粒完全处于水相中，即被水完全润湿；当 $\theta<90°$ 时颗粒大部分在水中，小部分在气或油相中，称为被水优先润湿；当 $\theta=90°$ 时，颗粒一半处于水相，另一半处于气或油相；而当 $90°<\theta<180°$ 时，颗粒大部分处于气或油相，小部分处于水相，称为不润湿或被油优先润湿。当 $\theta=180°$ 时，颗粒完全处于气相或油相中。

此外气相或油相也可以在固体表面形成躺滴，此时的接触角如图 8-2(b) 所示，θ 的大小取决于水与气或油的竞争润湿。表 8-1 列出了一些液体在固体表面的接触角。

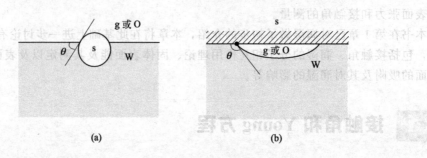

图 8-2　固体颗粒在流体界面 (a) 和气体或油相在固体表面形成躺滴 (b) 时的接触角

表 8-1　一些液体在固体表面上的接触角

液体（γ_{lg}）/mN·m^{-1}	固　体	θ/(°)	液体（γ_{lg}）/mN·m^{-1}	固　体	θ/(°)
汞（484）	聚四氟乙烯	150		聚四氟乙烯	85
水（72.5）	聚四氟乙烯	112	亚甲基碘（67）	石蜡	61
	石蜡	110		聚乙二醇	46
	聚乙二醇	103	苯（28）	聚四氟乙烯	46
	人类皮肤	75～90		石墨	0
	金	0	正癸烷（23）	聚四氟乙烯	40
	玻璃	0	正辛烷（21.6）	聚四氟乙烯	30
			水/十四烷（50.2）	聚四氟乙烯	170

在润湿周边，气、液、固三相接触，形成了一个所谓的"三相线"，通常也称为"润湿线"。然而从分子水平看，三相接触处实际上是一个小区域，而不是一条线。因此称为三相区更为恰当。

8.1.2 接触角滞后和表面粗糙度

Young 方程中的接触角是指静态平衡接触角。但即使是"静态平衡"角度，有时也得不到一致的数值，表明测量过程中有许多干扰因素。在大多数实际体系中，接触角大小与液体在固体表面上是趋向于前进（advance）还是后退（recede）有关。恰好在润湿线运动之前和运动刚停止时的极限接触角分别称为前进接触角和后退接触角，分别以 θ_A 和 θ_R 表示。如图 8-3 所示。

通常 $\theta_A > \theta_R$，两者之差 $\theta_A - \theta_R$ 称为接触角滞后。Harkins 的研究表明，在平整，均匀，干净的固体表面上测得的前进和后退接触角完全相等，即液体的平衡接触角实际上只有一个。因此接触角滞后是由表面的非均匀和不平整等因素造成的。

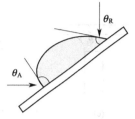

图 8-3 前进接触角
和后退接触角

事实上任何实际的固体表面即使看上去很平，但在分子水平上都是粗糙不平的，例如在显微镜下就可以观察到凹陷或凸起。当表面不平时，固体的实际表面积将比按光滑表面计算的表面积来得大。若将两者之比用 r 表示，称为粗糙因子，则 $r \geqslant 1$，且 r 越大，表面就越粗糙。对粗糙表面，Young 方程不再适用，而必须做如下的修正：

$$r(\gamma_{sg} - \gamma_{sl}) = \gamma_{lg} \cos\theta' \tag{8-2}$$

式中，θ' 为粗糙表面上测得的表观接触角。代入式(8-1)得到：

$$r = \frac{\cos\theta'}{\cos\theta} \tag{8-3}$$

上式表明，$\cos\theta'$ 的绝对值总是大于 $\cos\theta$ 的绝对值，于是对 $\theta < 90°$ 的体系，表面粗糙导致接触角变小，而对 $\theta > 90°$ 的体系则导致接触角增大。在第 1 章中曾提到，用吊片法测定表面张力时常常将吊片打毛，使得表面变粗糙，从而可以减小接触角，就是基于这一原理。

表面不均匀也是导致接触角滞后的一个因素。例如当表面成分中一部分与液体亲和力较大，而另一部分亲和力较小时，则前进接触角反映与液体亲和力小的那部分表面的润湿性，而后退接触角则反映与液体亲和力大的那部分液体的润湿性。

表面污染往往造成表面的不均和不平，因此也将导致接触角滞后。例如，水在干净的玻璃表面上能铺展，接触角为零；但当玻璃被污染后，水可能不再能铺展，并显示出前进角和后退角不等，即有接触角滞后。其他如雨水滴在窗玻璃或雨衣上也常常发生这种现象。

表面污染的根源是固体和液体表面的吸附作用，例如吸附被污染的空气中的某些组分，从而导致了界面张力的变化，根据 Young 方程，接触角必发生变化。所以在研究接触角时要严防表面污染。

8.1.3 动态接触角

以上讨论的是静态接触角。然而实际过程中常常涉及到动态润湿问题，如胶片涂布等。动态润湿过程中的接触角称为动态接触角，相应地有动态前进角和动态后退角，分别以 θ_{dA} 和 θ_{dR} 来表示。在动态润湿过程中往往希望一种流体取代固体表面上的另一种流体的速度越快越好，因此动态接触角应尽可能低。在自铺展和强制铺展过程中可以观察到动态前进角和动态后退角及其变化，如图 8-4 所示。

第一种情况是在毛细管中充入液体 [图 8-4(a) 和 (b)]，动态接触角为 θ_S，当加压使液体向右运动时，即产生动态前进角和动态后退角。第二种情况是使液体自一管中挤出，并与固体接触［图 8-4(c)和(d)］。当液体和固体都不运动时，得到静态接触角。若使固体表面向右运动，则相当于液体向左运动，产生动态前进角和动态后退角。

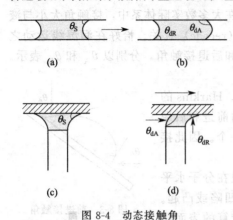

图 8-4　动态接触角

与静态接触角相比，通常动态前进角增大，而动态后退角减小，并且其增大或减小的幅度与液/固两相的相对运动速度有关。一般 θ_{dA} 随速度增加而增大，而 θ_{dR} 则随速度增加而减小。具体关系取决于体系中固/液两相的性质。

8.1.4　接触角的测定

测定接触角的方法有多种。图 8-5 是其中一些方法的原理示意图。

躺滴（sessile drop）法、气泡法、滑滴法以及斜板法等属于直接法。其中躺滴法和气泡法就是观察躺滴或气泡的外形，在三相交界处作切线，再量出角度。早期的仪器利用光学放大原理将躺滴或气泡外形放大，并通过装在显微镜目镜内的可移动式量角器测量接触角。由于切线难以做得准确，因此这些方法通常有较大的误差。目前一些先进的仪器运用摄像系统获得躺滴或气泡的外形图像，然后利用计算机软件处理图像，计算得到接触角。计算依据的原理有多种，结果比切线法要更为可靠。此外用滑滴法可以测出前进角和后退角。

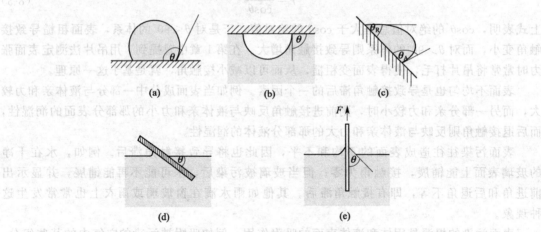

图 8-5　一些测定接触角的方法
(a) 躺滴法；(b) 气泡法；(c) 滑滴法；(d) 斜板法；(e) 表面张力法

斜板法的原理是将固体板插入液体中，只有当板与液面的交角恰好等于接触角时，液面才能一直延伸到润湿线而不出现弯曲［图 8-6(b)］。若交角偏离接触角大小，则液面将出现弯曲［图 8-6(a)和(c)］。因此不断地改变插入角度，直至得到图 8-6(b)那样的情形，则板与液面的夹角即为接触角。此法避免了作切线带来的误差，但需要较多的液体。

图 8-5(e)所示的是一种间接法。将固体做成吊片，通过测定液体的表面张力可间接地求出接触角。设吊片的周长为 l，液体的表面张力为 γ_{lg}，则将吊片拉离液面所需的力 F（参见第 1 章吊片法测定表面张力）为：

$$F = \gamma_{lg} l \cos\theta \tag{8-4}$$

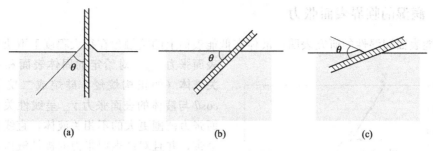

图 8-6 斜板法测定接触角

式中的力 F 可通过表面张力仪或电子天平等装置测出，于是可求得接触角：

$$\cos\theta = \frac{F}{\gamma_{lg}l} \tag{8-5}$$

此法常用于测定液体在头发或纤维上的接触角，但由于 F 很小，需要高灵敏度测力装置。

测定接触角时温度和平衡时间对测量结果有一定的影响，但不是造成测量误差的主要因素。室温下一般体系的接触角温度系数为 $0°\sim0.2°/℃$。达到平衡的快慢与液体的黏度有关。低黏度液体达到平衡快，高黏度液体则需要较长时间才能达到平衡。当有表面活性剂存在时，由于吸附对接触角有明显的影响，而吸附达到平衡也需要一定的时间，因此接触角可能随时间而变化。目前商品接触角测定仪皆具有高速摄像功能，因此可用于测定接触角随时间的变化。

有关液体在多孔物质或固体粉末上的接触角的测定方法将在本章稍后介绍。其他方法在此不能一一介绍，读者可参考有关的专著。

8.2　固体表面的润湿性

前已述及，润湿有三种类型：不润湿、润湿和铺展。三者发生的条件分别为接触角 θ 小于 $180°$、$90°$ 和 $0°$。由 Young 方程可得，当其他条件不变时，固/气界面张力（γ_{sg}）越高，则 θ 将越小，从而固体越易被润湿。

8.2.1　高能表面和低能表面

由于固体表面张力的测定比较困难，所以通常将固体分成两大类，即高能表面和低能表面。熔点高、硬度大的金属，金属氧化物，硫化物，无机盐等离子型固体，其表面能通常比一般液体高得多，达几百至几千毫焦·米$^{-2}$，属于高能表面。它们能被一般的液体所润湿。而固体有机物如碳氢化合物，碳氟化合物以及聚合物等的表面能与一般的液体不相上下，属于低能表面。它们能否被液体所润湿，取决于固/液两相的成分和性质。

高能表面通常能为一般的液体所铺展。例如水，煤油等液体能在干净的金属，玻璃表面上完全铺展。但有些液体表面张力并不高，在高能表面上却不能铺展。究其原因，是这些液体在高能表面上发生了吸附，从而改变了固体表面的原有性质。由于吸附，液体分子在固体表面形成一层定向排列的吸附层，液体分子以碳氢链朝向空气，使原来的高能表面变成了低能表面，以致吸附液体本身也不能在其上铺展。这种现象称为高能表面上的自憎。

8.2.2　润湿的临界表面张力

对低能表面润湿性的研究表明，液体在低能表面上的接触角在很大程度上取决于液体的表面张力 γ_{lg}。对给定的固体表面和一系列相关液体（如正构烷烃，硅烷或二烷基醚类），$\cos\theta$ 与液体的表面张力 γ_{lg} 呈线性关系。对表面张力范围更大的不相关液体，直线扩展成一个带，并且对高表面张力的极性液体，这个关系带趋向于弯曲，如图 8-7 所示。图中直线与 $\cos\theta = 1$ 轴的交点所对应的表面张力 γ_c 称为润湿的临界表面张力。它表示当 $\gamma_{lg} < \gamma_c$ 时，液体就能铺展；而当 $\gamma_{lg} > \gamma_c$ 时，液体不能铺展，将有一个非零接触角。显然某固体的 γ_c 越小，能在此固体表面上铺展的液体就越少，此固体的润湿性就越差。一些低能表面的 γ_c 值见表 8-2。

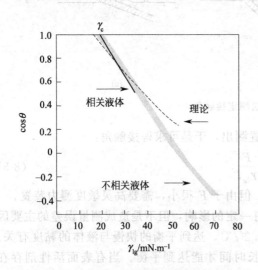

图 8-7　低能表面上 $\cos\theta$ 与液体表面
张力的关系（气相为空气＋蒸汽）

理论曲线 ［式(8-18)］，$\gamma_s^d = 20\text{mN} \cdot \text{m}^{-1}$；当 $\cos\theta \to 1$ 时，
不忽略 π 的影响；γ_c 为润湿的临界表面张力

对固体表面 γ_c 的研究表明，固体表面的润湿性主要取决于表面层原子或原子团的性质及其排列情况，而与固体内部性质无关。例如玻璃或金属表面虽是高能表面，但若吸附一层表面活性剂单分子层，其中表面活性剂分子以碳氢链朝向空气定向排列，就会变成低能表面。另外对高分子或聚合物固体，当碳氢链中加入其他杂原子时，其润湿性也明显改变。不同元素增加聚合物润湿性的能力有如下顺序：

$$N > O > I > Br > Cl > H > F$$

表 8-2　一些低能表面及单分子层的润湿临界表面张力 γ_c

固体表面	$\gamma_c/\text{mN} \cdot \text{m}^{-1}$	固体表面	$\gamma_c/\text{mN} \cdot \text{m}^{-1}$
高分子固体		有机固体	
聚四氟乙烯	18	石蜡	26
聚三氟乙烯	22	正三十六烷	22
聚二(偏)氟乙烯	25	季成四醇四硝酸酯单分子层	40
聚一氟乙烯	28	全氟月桂酸	6
聚三氟氯乙烯	31	全氟丁酸	9.2
聚乙烯	31	十八胺	22
聚苯乙烯	33	α-戊基十四酸	26
聚乙烯醇	37	苯甲酸	53
聚甲基丙烯酸甲酯	39	α-萘甲酸	58
聚氯乙烯	39	硬脂酸	24
聚酯	43		
尼龙 66	46		

8.2.3　动润湿

胶片涂布是典型的动润湿过程。在此过程中涂布液为液体，而片基为固体。涂布液从挤压器的缝隙中挤出，片基则以一定的速度前进，将与之接触的涂布液带走。这一过程为强制铺展，由于是动润湿，它产生了动态前进角和动态后退角，如图 8-4(d)所示。研究表明，对憎液体系，除界面速度很低的情况，通常 θ_{dA} 随界面速度的增加而增加，直至达到一最大值。而对润湿良好的亲液体系，当界面速度增加时，也会出现接触角，而且能使接触角从小于 90° 变成大于 90°，从而使体系从亲液变成憎液。因此动态润湿过程中的润湿条件比静态时更加苛刻。

8.3 润湿的分子相互作用理论

8.3.1 Fowkes 理论

从根本上来说，润湿现象是气、液、固三相分子间相互作用的结果，其核心是界面能的降低。下面将从分子相互作用的角度来分析润湿的本质，并从理论上解释低能表面的润湿临界表面张力 γ_c。

在第 1 章中已经谈到，表（界）面张力系由分子间范德华相互作用所引起。范德华相互作用势能为 [详细参见第 9 章式(9-107)]：

$$u = -\beta x^{-6} \tag{8-6}$$

式中，x 为分子间距离；β 为 Debye，Keesom 和 London 诸公式中各项常数之和（取决于分子极化率 α 和电子特征振动频率等）。设两个不相混溶的相 A 和 B 之间的分子相互作用服从几何平均率，即有：

$$\beta_{AB} = (\beta_{AA}\beta_{BB})^{1/2} \tag{8-7}$$

现在把同种分子间的相互作用与其内聚功 W_{AA}，W_{BB} 相联系，而把两相分子间的相互作用与附着功 W_{AB} 相联系。Girifalco 和 Good 提出，两种不同液体之间的附着功与它们各自的内聚功的几何平均值有如下关系：

$$W_{AB} = \phi_{AB}(W_{AA} + W_{BB})^{1/2} \tag{8-8}$$

式中 ϕ_{AB} 为一常数，取决于相互作用分子的大小和极性，可看作是 A 与 B 相互作用强度的量度。在水/有机液体不混溶体系中，对与水有较强相互作用的极性液体，如醇，酸，醚，酮，腈等，ϕ_{AB} 接近于 1；对饱和烃，ϕ_{AB} 约为 0.55；对烷烃和全氟烃体系，ϕ_{AB} 接近于 1。代入式(1-53)和式(1-55)得：

$$\gamma_{AB} = \gamma_A + \gamma_B - 2\phi_{AB}(\gamma_A\gamma_B)^{1/2} \tag{8-9}$$

再代入式(1-58)得到 A 在 B 上的铺展系数为：

$$S_{A/B} = \gamma_B - (\gamma_A + \gamma_{AB}) = 2[\phi_{AB}(\gamma_A\gamma_B)^{1/2} - \gamma_A] \tag{8-10}$$

对 A 与 B 无强相互作用的体系，ϕ_{AB} 通常小于 1，因此要使 A 在 B 上铺展，必须满足 $\gamma_A < \gamma_B$，具体数值要视 ϕ_{AB} 而定。

将上式应用于固体表面的润湿，即 A 为液体 l，B 为固体 s，联系 Young 方程，得到液体在固体上的接触角为：

$$\gamma_{lg}\cos\theta = \gamma_{sg} - \gamma_{sl} = \gamma_{sg} - \gamma_s - \gamma_{lg} + 2\phi(\gamma_{lg}\gamma_s)^{1/2} \tag{8-11}$$

式中，γ_s 为固体的表面能；γ_{sg} 为固体吸附液体蒸气后的表面能。设表面与蒸气成平衡时吸附膜的膜压为 π，于是有：

$$\gamma_{sg} = \gamma_s - \pi \tag{8-12}$$

代入上式得：

$$\cos\theta = -1 + 2\phi\left(\frac{\gamma_s}{\gamma_{lg}}\right)^{1/2} - \frac{\pi}{\gamma_{lg}} \tag{8-13}$$

式中，$-\dfrac{\pi}{\gamma_{lg}}$ 项即为对固体吸附液体蒸气的校正。对一般低能表面，因吸附不多，此项可以忽略，于是得：

$$\cos\theta = -1 + 2\phi\left(\frac{\gamma_s}{\gamma_{lg}}\right)^{1/2} \tag{8-14}$$

或者：

$$\gamma_s = \frac{\gamma_{lg}(\cos\theta+1)^2}{4\phi^2} \tag{8-15}$$

即 $\cos\theta$ 与 $\dfrac{1}{\sqrt{\gamma_{lg}}}$ 呈线性关系。这就解释了图 8-7 中的实验现象，并且若知道 ϕ，可通过测定接触角来求得固体的表面自由能。当 $\cos\theta = 1$ 时，$\gamma_{lg} = \gamma_c$（润湿的临界表面张力），由式 (8-14) 得到：

$$\gamma_c = \phi^2 \gamma_s \tag{8-16}$$

对非极性液体和固体，$\phi \approx 1$，从而得到 $\gamma_c = \gamma_s$。

分子间相互作用有多种成分，而在任何相界面上都起作用的只有色散成分。因此可将表面张力分解成色散成分 γ^d 和特殊作用成分 γ^{sp} 两部分之和，例如，水的 γ^d 为 21.8mN·m^{-1}，汞的 γ^d 为 200mN·m^{-1}（参见第 1 章）。Fowkes 提出，在烃/水界面上只有色散力作用，于是式(8-9)可写成：

$$\gamma_{AB} = \gamma_A + \gamma_B - 2(\gamma_A^d \gamma_B^d)^{1/2} \quad [参见式(1-73)] \tag{8-17}$$

式中 γ_A^d、γ_B^d 分别为 γ_A 和 γ_B 中的色散成分。推广到液/固界面，式(8-13)相应地变为：

$$\cos\theta = -1 + 2\frac{(\gamma_s^d \gamma_{lg}^d)^{1/2}}{\gamma_{lg}} - \frac{\pi}{\gamma_{lg}} \tag{8-18}$$

在低能固体表面上，$-\dfrac{\pi}{\gamma_{lg}}$ 项可以忽略，上式进一步简化为：

$$\cos\theta = -1 + 2\sqrt{\gamma_s^d}\left(\frac{\sqrt{\gamma_{lg}^d}}{\gamma_{lg}}\right) \tag{8-19}$$

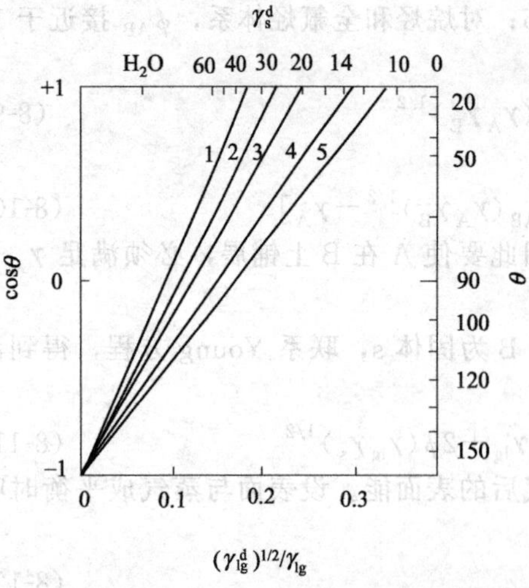

以 $\cos\theta$ 对 $\sqrt{\gamma_{lg}^d}/\gamma_{lg}$ 作图可得到一直线，斜率为 $2\sqrt{\gamma_s^d}$，截距为 -1。对各种液体在几种低能表面上的测定结果如图 8-8 所示，与理论预测完全相符。

若知道液体的 γ_{lg}^d，则可利用上述关系求出固体表面能的色散成分 γ_S^d，反之亦然。

对非极性液体如烃类，因 $\gamma_{lg}^d = \gamma_{lg}$，由式 (8-19) 得：

$$\cos\theta = -1 + 2(\gamma_s^d/\gamma_{lg})^{\frac{1}{2}} \tag{8-20}$$

当 $\cos\theta = 1$ 时，γ_{lg} 为固体表面的润湿临界表面张力 γ_c，于是得到：

$$\gamma_c = \gamma_s^d \tag{8-21}$$

上式表明，润湿的临界表面张力相应于固体表面能的色散成分。

图 8-8 各种液体在五种低能表面上的接触角
1—聚乙烯；2—石蜡；3—$C_{36}H_{74}$；
4—全氟壬酸单层；5—全氟月桂酸单层

式(8-16)和式(8-21)从理论上解释了润湿的临界表面张力 γ_c 的本质。它表明对低能表面，如果对液体蒸气的吸附可以忽略，则 γ_c 即为固体的 γ_s。如果 $\theta=0°$ 时这一条件不能得到满足，即 π 为一具有一定大小的量，则按式(8-18)得到的 $\cos\theta$-γ_{lg} 关系为 S 形，如图 8-7 中曲线所示。但事实上许多实验结果表明，当 $\cos\theta\rightarrow1$ 时，$\cos\theta$-γ_{lg} 曲线并不出现明显的弯曲。这表明 π 不是很大，是可以忽略的。

尽管 Fowkes 公式用于求取一般液体间的界面张力结果较为满意，但用于聚合物之间的界面张力，却有相当大的误差。为此 Wu 提出在计算不同分子间的引力常数时，不用几何平均法 [式(8-7)]，而用倒数平均法（当两种分子极化率相近时）：

$$\beta_{AB}=\frac{2\beta_{AA}\beta_{BB}}{\beta_{AA}+\beta_{BB}} \tag{8-22}$$

与内聚功和附着功相联系，相应地得到：

$$\gamma_{AB}=\gamma_A+\gamma_B-\frac{4\gamma_A\gamma_B}{\gamma_A+\gamma_B} \tag{8-23}$$

当只考虑色散力作用时，有：

$$\gamma_{AB}=\gamma_A+\gamma_B-\frac{4\gamma_A^d\gamma_B^d}{\gamma_A^d+\gamma_B^d} \tag{8-24}$$

若推广至分子间的极性相互作用部分，则有：

$$\gamma_{AB}=\gamma_A+\gamma_B-\frac{4\gamma_A^d\gamma_B^d}{(\gamma_A^d+\gamma_B^d)}-\frac{4\gamma_A^p\gamma_B^p}{\gamma_A^p+\gamma_B^p} \tag{8-25}$$

式中，γ^p 指表面张力的极性部分。以上处理同样可推广到液体对固体表面的润湿。

此外，Fowkes 假定非极性液体（饱和烃）的表面张力只有色散成分，即 $\gamma=\gamma^d$，但实验事实表明这对直链分子不完全正确。用非直链烃求得的 $\gamma_{H_2O}^d$ 都非常接近于 $22mN\cdot m^{-1}$，但用直链烷烃求得的 $\gamma_{H_2O}^d$ 随烷烃链长的增加而有规则地减小。表明直链烷烃分子之间存在着另一种相互作用，称为"相关分子定向作用"。于是对正构烷烃，表面张力应写成：

$$\gamma=\gamma^d+\gamma^a \tag{8-26}$$

式中，γ^a 为相关分子定向作用对表面张力的贡献。若取 $\gamma_{H_2O}^d=22mN\cdot m^{-1}$，则对 $n=7$，8，9，10，12，14，16 的正构烷烃，γ^a 分别为 0.38，0.87，1.16，1.46，2.04，2.47 和 2.89($mN\cdot m^{-1}$)，即链越长，γ^a 越大。

8.3.2　van Oss 理论

关于界面张力和表面张力的关系，van Oss 等提出了一种更为广泛适用的理论。该理论认为，与界面张力相关的分子间的相互作用可以被分为非极性和极性两种作用，其中非极性部分即为色散力成分，称为 Lifshitz-van der Waals（LW）相互作用，极性部分本质上是电子给体和受体相互作用，又称 Lewis acid-base（AB，酸碱）相互作用。于是总表面张力系两部分之和：

$$\gamma=\gamma^{LW}+\gamma^{AB} \tag{8-27}$$

$$\gamma^{AB}=2\sqrt{\gamma^+\gamma^-} \tag{8-28}$$

式中，γ^{LW} 表示表面张力的非极性成分；γ^{AB} 表示表面张力的极性成分；γ^+ 表示表面张力的电子受体参数；γ^- 表示表面张力的电子给体参数。需要注意的是，酸碱作用是一种成对的相互作用，若 γ^+ 和 γ^- 两者缺一，则 γ^{AB} 为零，因此 γ^+ 和 γ^- 不具有加和性。

根据这一定义，所有液体可以分为三类。第一类是非极性液体，例如烷烃，它们的表面张力只有非极性成分 γ^{LW}，而 γ^+ 和 γ^- 皆为零，由此得到 $\gamma^{AB}=0$。第二类是单极性液体，即 γ^+ 和 γ^- 中有一项为零，γ^{AB} 亦为零。第三类是极性液体，$\gamma^+\neq0$，$\gamma^-\neq0$，$\gamma^{AB}\neq0$，例如水。

研究表明，20℃时水的表面张力的非极性分成 $\gamma^{LW}=21.8\mathrm{mN\cdot m^{-1}}$，$\gamma^{AB}=51\mathrm{mN\cdot m^{-1}}$，其中 $\gamma^+=\gamma^-=25.5\mathrm{mN\cdot m^{-1}}$。以此为基准，可以求得其他常见液体的 γ^+ 和 γ^-。表 8-3～表 8-5 列出了几类不同液体的表面张力成分。

在这一理论的基础上，可以方便地求得两个互不相溶的液相之间的界面张力。对界面张力的非极性成分，根据 Good-Girifalco-Fowkes 的几何平均关系有：

$$\gamma_{12}^{LW}=\left(\sqrt{\gamma_1^{LW}}-\sqrt{\gamma_2^{LW}}\right)^2=\gamma_1^{LW}+\gamma_2^{LW}-2\sqrt{\gamma_1^{LW}\gamma_2^{LW}} \tag{8-29}$$

例如对烷烃/水，由于烷烃部分仅有 γ^{LW}，因此界面张力中就没有 γ^{AB} 部分，于是只要知道烷烃和水的 γ^{LW}，即可用上式计算出烷烃/水界面张力。

对界面张力的极性成分，该理论给出下列表达式：

$$\gamma_{12}^{AB}=2\left(\sqrt{\gamma_1^+}-\sqrt{\gamma_2^+}\right)\left(\sqrt{\gamma_1^-}-\sqrt{\gamma_2^-}\right)=2\left(\sqrt{\gamma_1^+\gamma_1^-}+\sqrt{\gamma_2^+\gamma_2^-}-\sqrt{\gamma_1^+\gamma_2^-}-\sqrt{\gamma_2^+\gamma_1^-}\right) \tag{8-30}$$

表 8-3　常见非极性液体的表面张力成分（20℃）　　单位：$\mathrm{mN\cdot m^{-1}}$

液体名称	γ	γ^{LW}	γ^{AB}	γ^+	γ^-
戊烷	16.05	16.05	0	0	0
乙烷	18.40	18.40	0	0	0
庚烷	20.14	20.14	0	0	0
辛烷	21.62	21.62	0	0	0
壬烷	22.85	22.85	0	0	0
癸烷	23.83	23.83	0	0	0
十一烷	24.66	24.66	0	0	0
十二烷	25.35	25.35	0	0	0
十三烷	25.99	25.99	0	0	0
十四烷	26.56	26.56	0	0	0
十五烷	27.07	27.07	0	0	0
十六烷	27.47	27.47	0	0	0
十九烷	28.59	28.59	0	0	0
二十烷	28.87	28.87	0	0	0
环己烷	25.24	25.24	0	0	0

表 8-4　常见水溶性液体的表面张力成分（20℃）　　单位：$\mathrm{mN\cdot m^{-1}}$

液体名称	γ	γ^{LW}	γ^{AB}	γ^+	γ^-
水	72.8	21.8	51	25.5	25.5
甲醇	22.5	18.2	4.3	约 0.06	约 77
乙醇	22.4	18.8	2.6	约 0.019	约 68
丙酮	24.6	24.6	0	0	24.0
四氢呋喃	27.4	27.4	0	0	15.0
乙二醇	48	29	19	1.92	47.0
甘油	64	34	30	3.92	57.4
甲酰胺	58	39	19	2.28	39.6
二甲基亚砜	44	36	8	0.5	32

表 8-5　常见水不互溶液体的表面张力成分（20℃）　　　　单位：mN·m^{-1}

液体名称	γ_{12}（与水）	γ	γ^{LW}	γ^{AB}	γ^{+}	γ^{-}
芳烃						
苯	35.0	28.85	28.85	0	0	2.7
甲苯	36.1	28.5	28.5	0	0	2.3
邻二甲苯	36.1	30.1	30.1	0	0	2.4
间二甲苯	37.9	28.9	28.9	0	0	1.8
对二甲苯	37.8	28.4	28.4	0	0	1.8
乙苯	38.4	29.2	29.2	0	0	1.7
萘（液体）	—	32.8	32.8	0	0	约 1.0
萘（固体）	—	42.7	42.7	0	0	1.36
卤代烷						
氯仿	31.6	27.15	27.15	0	3.8	0
四氯化碳	51.3	27.0	27.0	0	0	0
酯类						
乙酸乙酯	6.8	23.9	23.90	0	0	19.2
乙酸正丁酯	14.5	25.2	25.2	0	0	13.1
正丁酸乙酯	15.7	24.0	24.0	0	0	12.3
己酸乙酯	21.7	25.8	25.8	0	0	8.5
正辛酸乙酯	25.5	27.0	27.0	0	0	6.5
碳酸乙酯	12.9	26.3	26.3	0	0	14.4
醚类						
乙醚	10.7	17.0	17.0	0	0	16.2
异丙醚	17.9	17.3	17.3	0	0	10.9
醇类						
正辛醇	8.5	27.5	27.5	0	0	18
醛和酮						
正庚醛	13.7	26.9	26.9	0	0	13.8
苯甲醛	15.5	38.5	40.0	0	0	14.0
甲基正丙酮	6.3	21.7	21.7	0	0	19.6
乙基正丙酮	13.6	25.5	25.5	0	0	13.8
甲基正丁酮	9.6	25.0	25.0	0	0	16.9
甲基正戊酮	12.4	26.2	26.2	0	0	14.8
甲基正己酮	14.1	26.9	26.9	0	0	13.5

于是任何液体间的界面张力可表示为：

$$\gamma_{12} = \gamma_{12}^{LW} + \gamma_{12}^{AB} = \left(\sqrt{\gamma_1^{LW}} - \sqrt{\gamma_2^{LW}}\right)^2 + 2\left(\sqrt{\gamma_1^+} - \sqrt{\gamma_2^+}\right)\left(\sqrt{\gamma_1^-} - \sqrt{\gamma_2^-}\right) \qquad (8\text{-}31)$$

代入两个液相的表面张力成分 γ^{LW}，γ^+ 和 γ^-，即可计算出界面张力 γ_{12}。

　　式(8-29)～式(8-31)的另一个重要用途是用于测定未知液体的表面张力成分。程序是首先测定该液体（1）与某种非极性液体（2）（假定不互溶）的界面张力，应用式(8-29)求得 γ_1^{LW}，然后选择两种极性液体，测定与未知液体（1）（假定不互溶）的界面张力，应用式(8-31)得到两个方程式，联立求解，即可获得 γ_1^+ 和 γ_1^-。

8.3.3　固体表面能的测定

　　将式(8-31)应用于固/液（s/l）界面并与 Young 方程相结合得到：

$$\frac{(1+\cos\theta)\gamma_1}{2} = \sqrt{\gamma_s^{LW}\gamma_1^{LW}} + \sqrt{\gamma_s^+\gamma_1^-} + \sqrt{\gamma_s^-\gamma_1^+} \qquad (8\text{-}32)$$

首先选用非极性液体测定其在固体表面上的接触角 θ，应用上式，则后两项为零，得到：

$$\frac{(1+\cos\theta)\gamma_1^{LW}}{2}=\sqrt{\gamma_s^{LW}\gamma_1^{LW}} \tag{8-33}$$

由于 γ_1^{LW} 为已知，于是代入 θ 即可从上式计算得到 γ_s^{LW}。

下一步选用至少两种非极性液体（l1）和（l2）测定接触角，应用式(8-32)得到：

$$\frac{(1+\cos\theta_1)\gamma_{l1}}{2}=\sqrt{\gamma_s^{LW}\gamma_{l1}^{LW}}+\sqrt{\gamma_s^+\gamma_{l1}^-}+\sqrt{\gamma_s^-\gamma_{l1}^+} \tag{8-34}$$

$$\frac{(1+\cos\theta_2)\gamma_{l2}}{2}=\sqrt{\gamma_s^{LW}\gamma_{l2}^{LW}}+\sqrt{\gamma_s^+\gamma_{l2}^-}+\sqrt{\gamma_s^-\gamma_{l2}^+} \tag{8-35}$$

式(8-34)和式(8-35)组成了一个方程组，除 γ_s^+ 和 γ_s^- 外其余参数皆为已知，于是联立求解即可得到 γ_s^+ 和 γ_s^-。

需要注意的是，如果选用正构烷烃作为非极性液体，由于其表面张力低，可能在固体表面铺展，从而测不出接触角（$\theta=0°$），为此需要选用表面张力较高的非极性液体。1-溴代萘和二碘甲烷是两种合适的非极性液体。而乙二醇、甲酰胺以及水是合适的极性液体，它们统称为探针液体。表 8-6 给出了它们的表面张力成分。

表 8-6　常用探针液体的表面张力成分（20℃）

名　　称	γ	γ^{LW}	γ^{AB}	γ^+	γ^-
1-溴代萘	44.4	44.4	0	0	0
二碘甲烷	50.8	50.8	0	0	0
乙二醇	48.3	29.3	19.0	1.92	47.0
甲酰胺	58.2	39.0	19.0	2.28	39.6
水	72.8	21.8	51.0	25.5	25.5

8.4　毛细渗透和粉末的润湿

在第 1 章中我们介绍了毛细上升现象，当液体能够润湿毛细管的管壁时液体就能在毛细管内上升至某一高度。另一方面当固体粉末堆积在一起时，颗粒之间的空隙所连成的通道类似于毛细管，如果液体能润湿颗粒表面，则能自动渗透进入。例如，煤油灯通过一根灯芯使煤油自动爬升到顶端而被燃烧，放出光芒。这里灯芯由纤维构成，本质上是一种多孔性介质，其中有无数的毛细通道，而煤油能够润湿纤维。类似的现象还有地下水从土壤（具有多孔结构）的深层上升到接近地面供植物吸收、薄层色谱分析中展开剂沿硅胶板爬升等。这种现象称为毛细渗透（wicking）。显然粉末的润湿与毛细渗透紧密相连。

第 1 章的介绍仅限于毛细上升的静态结果，而本章将讨论毛细上升的动态规律。在此基础上进一步讨论如何运用毛细渗透现象来测定颗粒的接触角和表面能成分。

8.4.1　毛细渗透的理论基础——Washburn 方程

将一根毛细管横置，左边与液体接触，如果液体能润湿管壁，则液体将向右自动穿过管壁，如图 8-9 所示。设水平方向的距离为 x，时间为 t，则可以基于毛细上升原理和流体力学原理建立 x-t 关系。

在这一过程中液体穿透毛细管的动力为 Δp，即弯曲液面两侧的 Laplace 压力差，而 Δp 源于穿透过程中的体系自由能 G 变化：

$$\Delta p = -\frac{1}{\pi r^2}\frac{\partial G}{\partial x} \tag{8-36}$$

$$\frac{\partial G}{\partial x} = 2\pi r \Delta G \tag{8-37}$$

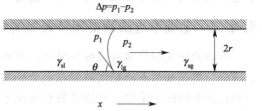

图 8-9　液体自动流过水平毛细管示意图

式中，ΔG 为液体穿过单位长度的毛细管所导致的体系自由能的变化。另一方面，在稳态条件下，液体边界在毛细管内的前进速度服从 Poisuelle 方程：

$$\frac{\mathrm{d}x}{\mathrm{d}t} = \frac{r^2}{8x\eta}\Delta p \tag{8-38}$$

式中，x 为液体边界在时间 t 时前进的距离，cm；η 为液体的黏度，P；r 为毛细管的半径，cm。将以上三式相结合得到：

$$\frac{\mathrm{d}x^2}{\mathrm{d}t} = -\frac{r}{2\eta}\Delta G \tag{8-39}$$

当穿透发生时，毛细管内的固/气界面转变成固/液界面，因此自由能的变化是：

$$-\Delta G = \gamma_{sg} - \gamma_{sl} = \gamma_{lg}\cos\theta \tag{8-40}$$

代入式(8-39)并积分得到：

$$x^2 = \frac{rt}{2\eta}\gamma_{lg}\cos\theta \tag{8-41}$$

式(8-41)即为著名的 Washburn 方程。即 x^2 与 t 呈线性关系。

显然只有当 $\theta < 90°$ 时才有 $\Delta G < 0$ 或 $\Delta p > 0$，此时液体边界为凹面，穿透自发进行，反之当 $\theta \geqslant 90°$ 时，$\Delta G > 0$ 或 $\Delta p < 0$，边界为凸面，穿透不能自发进行。

对多孔介质或固体粉末，将其装成柱状或制成薄板（如薄层分析用硅胶板），上式同样适用，只要用有效半径 R 代替毛细管半径 r：

$$x^2 = \frac{Rt}{2\eta}\gamma_{lg}\cos\theta \tag{8-42}$$

而获得有效半径 R 的方法是选用能完全润湿该固体并具有一定挥发性的液体（一般采用具有低表面张力的烷烃如庚烷、辛烷等）做毛细渗透实验，得到 x^2-t 关系，设 $\theta = 0°$，于是可借助于式(8-42)求出 R 值。

研究表明，在毛细渗透实验中，下列因素值得注意：

① 毛细渗透的速度与表面张力成正比，因此，要获得高的穿透速度，液体的表面张力应在满足润湿（$\theta < 90°$）的条件下尽可能高。这一点与铺展不同，铺展要求液体表面张力越低越好。

② 毛细渗透的速度与液体的黏度成反比，高黏度液体渗透速度慢。

③ 如果多孔介质（例如硅胶板）预先与液体蒸气接触，在固体表面形成一层双重膜（duplex film），则穿透速度将高于裸体表面（bare surface）体系。这时对结果的解释较为复杂，应视具体体系而定。理论上双重膜的形成降低了固体表面的自由能，使整个毛细渗透的推动力减弱，液体穿透速度应该降低，但实际上穿透速度加快了。一些研究者认为两种体系的接触角可能不同。对裸体表面，接触角是动态前进角，比平衡接触角大，从而导致穿透速度减慢。但另一些研究表明，如果颗粒含有二级微孔，则预先与液体平衡可能导致二级小孔中发生毛细凝聚现象，即已被液体所充满，于是液体穿透速度加快。

④ 将毛细管或薄板垂直安置时，毛细渗透将受到重力的影响，但当推动力（Δp）相对

于重力很大时，后者可以忽略不计，上述 Washburn 方程照样适用。

8.4.2 毛细渗透法测定颗粒表面的润湿性和表面能成分

在理论研究和许多应用场合常常需要测定液体在颗粒表面的接触角或者颗粒的表面能及其成分。然而如果不能把颗粒制成一个平表面，则上节所述的测定接触角的方法皆不适用。一些研究者倾向于采用压片法将颗粒压成平面，但无论压力多大，都不能得到真正的平面。实际上压片所得的平面在微观上是不平的，有很多空隙，当液滴接触这类平面时，如果液体能润湿颗粒，往往发生毛细渗透现象，即液体会被表面吸收，所得接触角不真实，甚至有时吸收速度非常快，根本得不到接触角数值。

在这种情况下可以考虑借助于毛细渗透现象测定接触角，从而可以求得颗粒的表面能及其成分。

利用毛细渗透现象测定接触角的关键是样品制备。有两种方式可供选择。一种是制成薄板，类似于薄层分析用硅胶板。具体方法是将颗粒分散在某种液体介质中，形成均匀的分散液，然后取一定体积的分散液分布在干净的载玻片上，待液体挥发后再经干燥即得到薄板。有时为了改善颗粒间的黏附性，往往加入黏结剂（无机物），需要注意不可加入过多，以防其影响颗粒的润湿性。薄板的有效半径 R 一般可以通过用正构烷烃进行毛细渗透实验获得，显然，如何得到分布均匀、厚度适中、R 值一致的薄层板是关键，否则每一块板的 R 值可能都不相同，需要分别测定。

另一种方法是制成柱状，例如将颗粒装入细长的玻璃柱中，柱的一端能挡住颗粒但能让液体通过。这种情况下颗粒在柱中的填实程度直接影响 R 值。事实上要想得到重复的 R 值不太容易，因此最好每根柱的 R 值都要单独测定。

进行毛细渗透实验的方式也有两种，即水平式和垂直式。视具体体系，后者可能会受到重力的影响。图 8-10 即是一个水平薄层毛细渗透装置，液体置于一个玻璃或金属盒中，内放预先洗净的脱脂棉或其他能吸附液体的材料，盒子的右侧边不到顶，上部留有接触口，薄板放在一个支撑平台上，其高度正好能使薄板对准盒子的开口。实验时将薄板与盒中的脱脂棉接触，启动计时器，盖上带刻度的玻璃罩防止液体挥发，观察液体的前进，记下液体前缘到达每个刻度的时间，即可作出 x^2-t 关系图，应用 Washburn 方程求得接触角。整个装置可以放入一个恒温箱中。图 8-11 即为用一系列正构烷烃对商品硅胶板进行毛细渗透实验所得的 x^2-t 关系，可见直线的线性十分好。

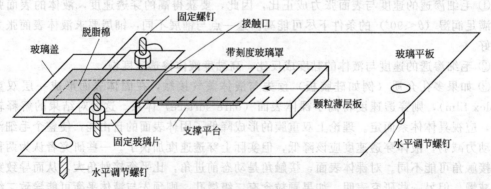

图 8-10 薄层毛细渗透装置示意图

对不同的颗粒，首先用完全润湿的液体例如正构烷烃测出其有效半径 R，随后选择适当的探针液体进行毛细渗透实验，得到 x^2-t 关系，应用 Washburn 方程求得接触角，再从式(8-33)～式(8-35)即可获得颗粒的表面能的成分 γ_s^{LW} 以及 γ_s^+ 和 γ_s^-。例如对商品硅胶板所用硅胶颗粒，用 1-溴代萘和二碘甲烷得到 $\gamma_s^{LW} = 41.4 \text{mN} \cdot \text{m}^{-1}$，用甲酰胺-水、乙二醇-水以及甲酰胺-乙二醇组合得到 $\gamma_s^+ = 1.65 \text{mN} \cdot \text{m}^{-1}$，$\gamma_s^- = 6.97 \text{mN} \cdot \text{m}^{-1}$。于是 $\gamma_s^{AB} = 6.78 \text{mN} \cdot \text{m}^{-1}$，$\gamma_s = 48.2 \text{mN} \cdot \text{m}^{-1}$，与其他方法所得文献值（$\gamma_s^{LW} = 42.9 \text{mN} \cdot \text{m}^{-1}$，$\gamma_s^{AB} = 6.5 \text{mN} \cdot \text{m}^{-1}$）一致。

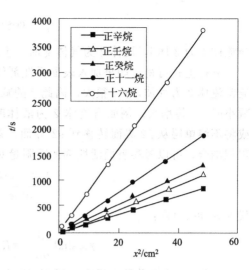

图 8-11　正构烷烃对裸露硅胶板的毛细渗透曲线（25℃）

当难以制备薄层板时，可以考虑制成柱状体。粉体柱可以像薄板一样横置，观察液体前缘位置随时间的变化，也可以竖置，观察液体上升的速度，或者利用天平测定爬入粉体柱的液体质量随时间的变化。假设柱中颗粒分布均匀，则液体上升的高度与爬入液体的体积或质量（m）成正比，于是当忽略重力的影响时，Washburn 方程中的 x^2-t 关系可以转换成 m^2-t 关系：

$$m^2 = A^2 \rho^2 \frac{Rt}{2\eta} \gamma_{lg} \cos\theta \tag{8-43}$$

式中，ρ 为液体的密度；A 为空隙构成的有效截面积，它可以与 R 合并成一个新的常数，用测定 R 值的方法测出。

值得注意的是柱体的材料对测定结果会产生一定的影响，如果液体对柱体本身有良好的润湿性，则将导致 m 值比实际值有所增加，需要设法消除这一影响。

8.5　表面活性剂吸附对固体表面润湿性的影响

由 Young 方程可知，接触角主要取决于气、液、固三相间的界面张力相对大小，而表面活性剂在界面的吸附能大大改变界面张力，因此可以预计，表面活性剂的吸附必将大大影响接触角。

8.5.1　一般讨论

界面张力随表面活性剂浓度的变化可用 Gibbs 公式表示：

$$\left(\frac{\mathrm{d}\gamma}{\mathrm{d}\ln c}\right)_{T,p} = -RT\Gamma \tag{8-44}$$

式中，Γ 为吸附量（Gibbs 相对过剩）。

广义的润湿是指固体表面上一种流体被另一种流体取代的过程。后者通常是液体，例如水，而前者多为气体或与后者不相溶的另一个液体，例如油。在讨论表面活性剂的影响时，考虑广义的润湿，为此指定与固体接触的新流体为流体 1，固体表面上的原有流体为流体 2，并仍以 s 代表固体。这样，Young 方程可写成：

$$\cos\theta = \frac{\gamma_{s2} - \gamma_{s1}}{\gamma_{12}} \tag{8-45}$$

当流体 1 为液体 l，流体 2 为气体 g 时，上式即还原为式(8-1)。

分析上式可得，如果加入表面活性剂使 γ_{s1} 和 γ_{12} 减小，而 γ_{s2} 基本不变，则 θ 将减小。通常流体 2 为气体，γ_{s2} 很大，因此 θ 的减小十分显著。当表面活剂吸附在 s2 界面，使 γ_{s2} 减小时，θ 将增大。例如当流体 2 为液体时，加入适当的表面活性剂就可吸附在 s2 界面，或将不溶单层从 12 界面转移到 s2 界面，都将导致后一种情况。将 Gibbs 公式和 Young 方程相结合，可以考察表面活性剂的吸附量对 θ 的影响。将 Young 方程微分得：

$$\frac{d(\gamma_{12}\cos\theta)}{d\ln c} = \frac{d\gamma_{s2}}{d\ln c} - \frac{d\gamma_{s1}}{d\ln c} \tag{8-46}$$

代入式(8-44)得：

$$\gamma_{12}\sin\theta \frac{d\theta}{d\ln c} = RT(\Gamma_{s2} - \Gamma_{s1} - \Gamma_{12}\cos\theta) \tag{8-47}$$

因为 $\gamma_{12}\sin\theta$ 总是大于零，所以 $d\theta/d\ln c$ 的正负号就取决于上式右边括号中的正负号，于是有下列三种情况：

① $\Gamma_{s2} < \Gamma_{s1} + \Gamma_{12}\cos\theta$，$\dfrac{d\theta}{d\ln c} < 0$

② $\Gamma_{s2} = \Gamma_{s1} + \Gamma_{12}\cos\theta$，$\dfrac{d\theta}{d\ln c} = 0$

③ $\Gamma_{s2} > \Gamma_{s1} + \Gamma_{12}\cos\theta$，$\dfrac{d\theta}{d\ln c} > 0$

第一种情况是表面活性剂的加入将促进润湿；而第三种情况则相反，即表面活性剂的加入将导致润湿性下降。实际过程中这两种情况都可能发生，不仅取决于表面的性质，还与表面活性剂的浓度有关，但通常可能是第一种情况占主导地位。一般对非极性的低能表面，第一和第二种情况为主；而对极性表面，通常观察到第三种情况。

值得注意的是并不是所有的表面活性剂都能吸附在 12 面。比如高分子通常只吸附在固/液界面，而油溶性表面活性剂吸附在油/水和固/水界面，在油/空气界面上则几乎不吸附。

8.5.2 非极性低能表面

这类表面通常不能被水润湿。当流体 2 为气体时，加入表面活性剂可大大改善这类表面的水润湿性。但如果流体 2 为油，情况就不是很直观，要具体分析。

(1) 低能表面上水取代气体的润湿

这种情况相应于流体 2 为气体，流体 1 为水溶液。通常表面活性剂在固/气界面上不吸附，即 $\Gamma_{s2} = 0$，于是式(8-46)变成：

$$\frac{d(\gamma_{12}\cos\theta)}{d\ln c} = -\frac{d\gamma_{s1}}{d\ln c} = RT\Gamma_{s1} \tag{8-48}$$

因此通过测定 $\gamma_{12}\cos\theta$ 随 $\ln c$ 的变化就能测出表面活性剂在 s1 界面上的吸附。用这一方法研究得出，对完全非极性表面如石蜡、甘油三硬脂酸酯和聚四氟乙烯等，低分子量的两亲化合物，如正丁醇和碳氢链表面活性剂如 SDS、AOT 等，在固/液和气/液界面上的吸附几乎相等，即有 $\Gamma_{s1} \approx \Gamma_{12}$，而在气/固界面几乎不吸附，即有 $\Gamma_{s2} \approx 0$，于是从式(8-44)可得 $d\gamma_{s1}/d\gamma_{12} \approx 1$ 和 $d\gamma_{s2}/d\gamma_{12} \approx 0$，相应地式(8-47)变为：

$$\gamma_{12}\sin\theta\frac{\mathrm{d}\theta}{\mathrm{d}\ln c}=-RT\Gamma_{12}(1+\cos\theta) \tag{8-49}$$

代入 Gibbs 公式(8-44)得：

$$\frac{\sin\theta}{1+\cos\theta}\mathrm{d}\theta=\frac{\mathrm{d}\gamma_{12}}{\gamma_{12}} \tag{8-50}$$

注意到当 $\theta=0$，$\cos\theta=1$ 时，γ_{12} 即为润湿的临界表面张力 γ_c，于是可对上式积分：

$$\int_0^\theta\frac{\sin\theta}{1+\cos\theta}\mathrm{d}\theta=\int_{\gamma_c}^{\gamma_{12}}\frac{\mathrm{d}\gamma_{12}}{\gamma_{12}} \tag{8-51}$$

结果为：

$$\cos\theta=-1+2\frac{\gamma_c}{\gamma_{12}} \tag{8-52}$$

对一定的固体，γ_c 为常数，于是 θ 随 γ_{12} 的下降而下降。因此对这种情形，表面活性剂使气/液界面张力降得越低，体系的润湿性就越好。当表面活性剂浓度小于 cmc 时，γ_{12} 随其浓度增加而下降，因此 θ 随表面活性剂浓度增加而下降。

如果表面活性剂在 s1 界面上的吸附不能忽略，则 θ 随表面活性剂浓度的变化就不那么清晰了。这时，需要知道表面活性剂分别在 s1 和 s2 界面的吸附或两者之间的关系，才能确定 θ 随 γ_{12} 或表面活性剂浓度的变化。

从 Young 方程和 Gibbs 公式可以进一步分析此种情况下吸附对润湿性的影响。将 Young 方程式(8-45)和 Gibbs 公式(8-44)相结合得：

$$\frac{\mathrm{d}(\gamma_{12}\cos\theta)}{\mathrm{d}\ln c}=\frac{\Gamma_{s2}-\Gamma_{s1}}{\Gamma_{12}} \tag{8-53}$$

当 $\Gamma_{s2}=0$ 时，$\gamma_{12}\cos\theta$ 对 γ_{12} 作图得一直线，斜率为 $-\Gamma_{s1}/\Gamma_{12}$，这可以有三种情况，如图 8-12 所示。

① $\Gamma_{s1}/\Gamma_{12}=1$，则相应于式(8-52)，斜率为 -1，直线与 $\cos\theta=1$ 线的交点所对应的 γ_{12} 即为 γ_c，如图 8-12 中 γ_c 为 $26\mathrm{mN}\cdot\mathrm{m}^{-1}$。它表示水的表面张力必须降至 $26\mathrm{mN}\cdot\mathrm{m}^{-1}$ 以下才能完全润湿固体表面。

② $\Gamma_{s1}/\Gamma_{12}=0$，即图 8-12 中的水平线。因为 γ_{12} 不可能降到零，所以在任何 γ_{12} 数值时，都不可能达到完全润湿（与 $\cos\theta=1$ 线无交点）。

③ $\Gamma_{12}/\Gamma_{s1}=0$，即图中的垂直线，斜率为 ∞，则无需改变 γ_{12} 就可能发生完全润湿。因此就表面活性剂促进润湿而言，其在固/液界面上的吸附至关重要。

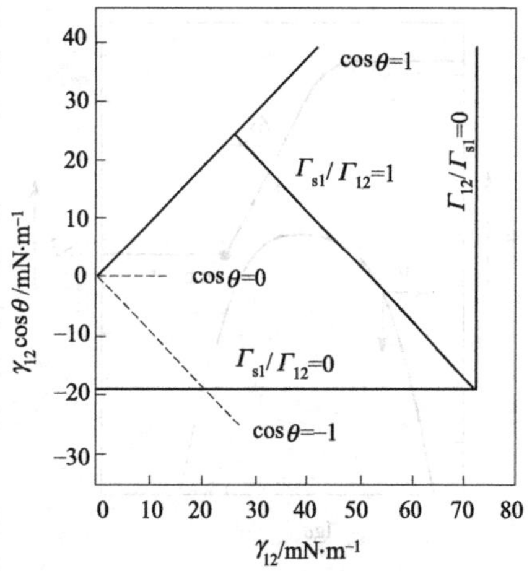

碳氢链表面活性剂在非极性固/水界面有较强的吸附，因此可能得到负的斜率。对一些体系，斜率为 -1，如 AOT 对石蜡表面。另一些如 AOT 在尼龙和 PMMA 表面上，斜率只有 -0.1。再有一些体系就更为复杂了。

与碳氢链表面活性剂相比，含氟表面活性剂在非极性碳氢表面上的吸附不如碳氢链表面活性剂，在任何 γ_{12} 时，有较大的 γ_{s1} 和 θ。但因其能使 γ_{12} 降得更低，因而仍是良好的润湿剂。

图 8-12　表面活性剂水溶液在石蜡表面的 $\gamma_{12}\cos\theta$ 随 γ_{12} 的理论变化（假定 $\Gamma_{s2}=0$）

（2）低能表面上水溶液和油的竞争润湿

许多研究结果表明，对水和油在低能表面上的竞争润湿，油总是占优，即低能表面总是被油优先润湿。在这种场合表面活性剂几乎不能施加影响，即无论表面活性剂是水溶性的或油溶性的，随着表面活性剂浓度的改变，接触角几乎不变化。

分析附着功可知，当非极性表面有油存在时，水的附着功将变小。因为在此种情况下，各相之间唯一的吸引作用是程度差不多的色散作用，而且这些色散作用相对于水的内聚作用要弱得多。因此水的接触角和油在固体上的附着功都相当大。

对极性大一点的基质同样观察到几乎恒定的接触角这一现象。这些结果与去污过程有很大的关系。因为去污过程中洗涤剂的作用是使水的接触角减小，促进水对纤维的润湿，从而降低油污的润湿性，使之"卷缩"而易于通过机械搅拌作用除去。显然对非极性表面，这一作用要大打折扣了。结合前面的分析可知，若表面活性剂在固/水界面的吸附弱，而在固/油界面的吸附强，则将大大不利于污垢的卷缩。

（3）极性表面

极性表面主要涉及离子型固体，如金属、矿物质、陶瓷等，当然也涉及极性较高的有机固体。在很多工业过程中，表面活性剂常常被用来改变极性固体的润湿性。典型的应用包括矿物浮选，去污，粉状固体的润湿分散，筑路过程中用阳离子型表面活性剂驱替水以增加碎石与沥青间的附着力，以及在蒸馏过程中促进滴状凝结等。各种应用都有大量的文献报道，这里只介绍一些基本原理。

极性表面具有较高的表面能，因此能被高表面张力的液体所润湿。高表面张力液体本身也是极性的，并能与表面发生特殊的相互作用，例如水就是一个典型的例子。当水能与固体形成足够的氢键以克服水分子自身的内聚力时，才能完全润湿固体。而自憎液体则为另一种情形（参见前面）。

表面活性剂溶液在极性固体表面上的润湿较为复杂，原因是表面活性剂的吸附及其可逆程度受许多因素的影响。这些因素包括：①表面极性（偶极矩等）；②表面电荷和决定表面电荷的离子的性质；③pH和离子强度，它们影响表面电荷和离子型表面活性剂的电离程度；④表面水化程度；⑤特殊离子如 Cu^{2+}、Ca^{2+} 等的存在，它们能与表面活性剂形成不溶性的螯合物或络合物。下面讨论两种表面活性剂溶液润湿极性固体的情形。

第一种情况是表面活性离子与固体表面具有相同的电荷。这种情况下表面活性剂在固体表面几乎不吸附，即 γ_{s1} 和 γ_{s2} 几乎不改变。因此 θ 的下降完全由 γ_{12} 的下降所致。一旦达到完全润湿，在 s1 和 12 界面形成的离子双电层之间的排斥力使铺展液膜保持稳定而不致破裂。这种情况比较简单。

另一种情况是表面活性离子与固体表面具有相反的电荷。例如 pH=3～12 范围内的硅与十二烷基氯化铵，pH<9 的氧化铝（Al_2O_3）与 SDS 等体系，θ 随 $\lg c$ 的变化呈现如图 8-13 所示的变化。

假定固体表面是能被纯水润湿的。加入表面活性剂后，在低浓度时，由于静电吸引作用，表面活性剂在固/液界面的吸附大于在气/液界面的吸附。但固/液界面的吸附（吸附分子以碳氢链朝向水定向

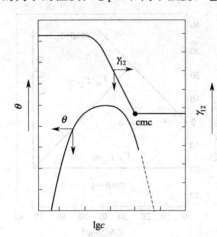

图 8-13　表面活性剂在极
性表面的吸附和接触角

注：表面活性离子与固体表面具有相反的电荷

排列）导致固体与水的相互作用减弱，即 γ_{s1} 有净的增加。由此导致 θ 上升，润湿线收缩，并使表面活性剂留在固/气界面，使 γ_{s2} 降低（变成低能表面，类似于固体表面的自憎）。

随着表面活性剂浓度的增加，在 s1 界面的吸附单层趋于完全，但在 12 界面的吸附尚未饱和，于是随着进一步的吸附，$d\theta/d\ln c$ 减小直至 θ 达到一个最大值或一个平台区。相应于这一点，固体表面的电荷几乎为零，这也就是矿物浮选最易于发生的条件。

最后当表面活性剂浓度足够高时（接近但低于 cmc），θ 开始下降。其原因是表面活性剂在固/液界面形成了第二层吸附，表面活性剂分子以极性头基朝向水排列。这一过程也被称为"半胶束"形成，系由表面活性剂分子间的内聚作用所致，只有长链表面活性剂才会产生。对有些体系，如癸胺在铂表面上，θ 可下降至零而导致重新润湿。

（4）纺织品的润湿

根据原料来源，纺织品表面可能是极性的（如脱脂棉纤维）或非极性的（如合成纤维）。前者易于被水润湿，后者则不易。与硬表面相比，纺织品的特点是具有相当大的比表面积。因此实际过程中纺织品的润湿很少能达到平衡，因此润湿的速度也是常常要考虑的因素。纺织品在生产过程中要经过多道工序处理，常常要使用润湿剂，而对润湿剂的评价是通过动力学试验进行的。一种试验方法是测量未脱脂的原棉纤维束浸没在溶液中的沉降时间，另一种是选用一定规格和大小的帆布，测定沉降时间，测定温度通常为 25℃。

以这种方法来表征表面活性剂的润湿性时，应当固定表面活性剂的浓度，因为沉降时间通常随表面活性剂浓度增加而减小。另一方面短链表面活性剂往往显示出较好的润湿性，即沉降时间较短。这可能是短链表面活性剂具有较大的扩散速度所致。研究表明，从表面活性剂分子结构看，支链或亲水基团处于分子中间部位的表面活性剂具有较强的润湿能力，不过在较高温度时长链表面活性剂的润湿性优于短链表面活性剂。这可能是高温时，长链表面活性剂的溶解度增加，表面活性充分发挥的结果。

对含 EO 的非离子型表面活性剂，沉降时间随 EO 数增加而增加，在接近浊点时，润湿性能最佳。

纺织品表面通常带有负电荷，因此若使用阳离子型表面活性剂就会出现上节所述的水润湿性下降现象，从而不利于油性污垢的卷缩去除。所以阳离子型表面活性剂通常不用作洗涤剂。

（5）胶片涂布

胶片涂布涉及广泛的动态和静态润湿问题。虽然数码相机的出现使感光胶片的用量大幅度下降，但在医学等技术领域，感光胶片仍广泛使用。感光胶片制造过程中要将照相乳剂均匀、多层次地涂布在片基表面，由于涉及的表面有低能（片基）和高能表面（金属）以及半固体表面，并且还涉及液体在液体上的铺展，所以过程中的润湿和铺展十分复杂。

胶片涂布通常要借助于表面活性剂进行。由于涂布是多层的，因此就某个层次的涂布而言，在选用表面活性剂时，既要考虑涂布液对片基的良好润湿和铺展（向下润湿性），又要考虑后续涂层对本层次涂布液的润湿和铺展（向上润湿性）。再者，胶片涂布是动态过程，涉及大量动润湿问题，读者可参考相关专著，例如赵国玺所著《表面活性剂物理化学》。

8.6　表面活性剂在固/液界面的吸附

表面活性剂在固/液界面的吸附已有广泛的研究。研究内容包括吸附机理、吸附驱动力、理论吸附模型，对各种吸附等温线的解释以及应用等。在第 2 章讨论固/液吸附时没有深入讨论表面活性剂的吸附，是因为这部分内容涉及表面电荷和双电层、表面活性剂稀溶液理论、表面胶束以及混合表面活性剂的协同效应等，而相关内容在第 1 和第 2 章中尚未涉及。显然在本章讨论相关内容条件已经成熟。

8.6.1 吸附机理和吸附驱动力

固体表面可以分为非极性表面和极性表面，前者属于低能表面，而后者属于高能表面。在水介质中，非极性表面与表面活性剂的作用相对较简单，主要是与表面活性剂疏水链之间的范德华作用。然而极性表面在水介质中与水分子有强力的相互作用。一般极性表面的官能团可以与水形成氢键，并在低 pH 值条件下通过结合一个质子（H^+）而带正电荷，在高 pH 值条件下则结合氢氧根离子（OH^-）而带负电荷。例如无机矿物二氧化硅在水中有如下两种作用：

$$SiOH + H^+ \rightleftharpoons SiOH_2^+$$
$$SiOH + OH^- \rightleftharpoons SiO^- + H_2O$$

其等电点为 pH＝2～3，即在 pH＝4～10 范围内表面明显带负电荷。再如碳酸钙（$CaCO_3$）在水中有类似的作用：

$$CaOH + H^+ \rightleftharpoons CaOH_2^+$$
$$CaOH + OH^- \rightleftharpoons CaO^- + H_2O$$

其等电点为 pH $\approx$ 10，即在中性水中，碳酸钙表面带正电荷。

由于表面带电，极性表面与表面活性剂之间会产生多种不同性质的相互作用，因而导致后者在固/液界面有明显的吸附。此外溶液中的表面活性剂分子与界面上已吸附的分子间又会产生相互作用，从而导致复杂的吸附行为。

大量研究表明，导致表面活性剂在固/液界面吸附的主要驱动力包括[1][2]：

① 静电相互作用　如果表面活性离子所带电荷与表面电荷相反，则将通过静电吸引作用吸附到固体表面，形成离子配对吸附或离子交换吸附，后者情况下，表面活性离子与固体表面电荷之间的作用强于业已存在的电荷-(反)离子相互作用，从而取代反离子。

② 色散力作用　表面活性剂的长烷基链和非极性或弱极性固体表面之间因范德华引力作用而导致吸附。

③ 氢键作用　固体表面的某些基团和表面活性剂分子的某些基团，例如，非离子表面活性剂的 EO 基团之间可以形成氢键，从而引起吸附。

④ 疏水作用　当表面活性剂浓度较高时，吸附在固体表面的表面活性剂的疏水基和体相中表面活性剂的疏水基可以通过疏水效应形成二维表面胶束，从而增加在界面的吸附。

⑤ 化学作用　对某些特定体系，固体表面与表面活性剂分子之间可能会形成共价键，例如脂肪酸在沸石或赤铁矿表面上的吸附就被归结为形成了化学键。此外当界面处表面活性剂的浓度超过溶解度极限时，会形成沉淀，从而导致多层吸附。

⑥ π电子极化作用　当表面活性剂分子结构中含有富含电子的苯环类结构时，遇到带正电荷的表面，芳核与正电荷间将产生静电吸引作用，导致表面活性剂被吸附到表面。

---

❶　S. Paria, K. C. Khilar. Adv. Colloid Interface Sci., 2004, 110: 75-95.

❷　R. Zhang, P. Somasundaran. Adv. Colloid Interface Sci., 2006, 123-126: 213-229.

此外，影响吸附的因素还有脱溶剂化作用。通常在体相（水）中表面活性剂的头基是水化的，一旦头基转移到固/液界面，头基水化层中外围的部分水分子将脱离头基。与上述六种相互作用不同，脱溶剂化作用是阻碍吸附的。

通常吸附可以看作是被吸附物（表面活性剂）在体相和界面相的分配过程，如果表面活性剂分子处于界面相时比处于体相时能量更低，则吸附就会发生。表面活性剂在固/液界面的吸附量 Γ 通常表示为单位质量或单位面积的吸附剂吸附的表面活性剂的物质的量，单位为 $mol \cdot g^{-1}$ 或 $mol \cdot m^{-2}$。实验上一般通过测定吸附前后溶液的浓度变化求得［参见式(2-98)］。在第 2 章已经表明，Γ 本质上是 Gibbs 过剩。而在界面相，吸附的表面活性剂分子主要处于 Stern 层中。

对表面活性剂而言，在低浓度下（吸附未达到饱和）人们观察到其吸附量随浓度（c）的增加而增加，并且在一定链长范围内随烷基链长（l）而增加，因此吸附量可以表示为：

$$\Gamma = lc \exp\left(\frac{\Delta \overline{G}_{ads}^{\ominus}}{RT}\right) \tag{8-54}$$

式中，$\Delta \overline{G}_{ads}^{\ominus}$ 为标准吸附自由能。于是各种驱动力的大小可以用它们对吸附自由能的贡献来表征：

$$\Delta \overline{G}_{ads}^{\ominus} = \Delta G_{elec}^{\ominus} + \Delta G_{chem}^{\ominus} + \Delta G_{c\text{-}c}^{\ominus} + \Delta G_{c\text{-}s}^{\ominus} + \Delta G_{H}^{\ominus} + \Delta G_{H_2O}^{\ominus} + \cdots \tag{8-55}$$

第一项 $\Delta G_{elec}^{\ominus}$ 为静电吸引作用对吸附自由能的贡献，它可以表示为：

$$\Delta G_{elec} = -zF\psi_{\delta} \tag{8-56}$$

式中，z 为表面活性离子的价数；F 为法拉第常数。

第二项 $\Delta G_{chem}^{\ominus}$ 为化学吸附对吸附自由能的贡献，只在特定体系才出现。

第三项 $\Delta G_{c\text{-}c}^{\ominus}$ 为表面活性剂的疏水链的侧向作用（疏水作用）的贡献，通常在表面活性剂的吸附量达到一个阈值后才起作用，导致形成表面胶束，使吸附量急剧增加。由于吸附使烷基链脱离水，因此类似于表面活性剂的胶束化自由能，$\Delta G_{c\text{-}c}^{\ominus}$ 与烷基链长成正比：

$$\Delta G_{c\text{-}c} = -\frac{n(CH_2)\varphi}{RT} \tag{8-57}$$

式中，$n(CH_2)$ 为表面活性剂分子中烷基链的碳原子数；φ 为将一个 CH_2 基团从水相转移到界面相所导致的自由能变化，数值大约为 $1.0kT$，略低于转移到饱和烃中的自由能变化，但略高于转移到球状胶束中的自由能变化。

第四项 $\Delta G_{c\text{-}s}^{\ominus}$ 为表面活性剂烷基链和固体表面疏水部位的疏水相互作用的贡献。通常开始时烷基链平行于（平躺在）表面，但在吸附量较大时改为直立于表面，往往导致两阶式吸附等温线。

第五项 $\Delta G_{H}^{\ominus}$ 为氢键作用对吸附自由能的贡献。当表面活性剂含有羟基、羧基、氨基以及聚氧乙烯基团时，它们与表面形成氢键而导致吸附。聚氧乙烯类和烷基葡萄糖苷类非离子大多通过这一机理吸附到极性固体表面，当然这种氢键应当比固体表面与表面水分子形成的氢键要强。

最后一项 $\Delta G_{H_2O}^{\ominus}$ 是表面活性剂头基脱溶剂化的贡献，它是阻碍吸附形成的。

虽然其余五个相互作用是导致吸附发生的，但对特定的表面活性剂体系，一般仅有一到两项作用为主。

8.6.2 单一表面活性剂的吸附

表面活性剂在非极性表面的吸附相对较为简单，其推动力主要是疏水作用，即吸附自由能主要包括$\Delta G_{c-s}^{\ominus}$和$\Delta G_{c-c}^{\ominus}$，并且吸附往往是单分子层的，表面活性剂分子以烷基链朝向表面，极性头基朝向水，使原本疏水的固体表面亲水性增强，从而更易被水润湿。对疏水性颗粒，这种吸附促进了颗粒在水中的分散性，提高了分散液的稳定性。

本节将主要讨论单一表面活性剂在极性表面的吸附，由于促进吸附的相互作用众多，这类吸附具有多样性。通常表面活性剂在水/空气界面的吸附是单分子层的，因此如果将表面活性剂在固/液界面的饱和吸附量与其在水/空气界面的饱和吸附量相比较，可估计出表面活性剂在固/液界面的吸附层数n：

$$n = \frac{\Gamma_{s/w}^{\infty}}{\Gamma_{a/w}^{\infty}} \tag{8-58}$$

从n值的大小可以判断是单层吸附还是多层吸附，以及是否形成表面胶束等。对带电的极性表面，带相同电荷的表面活性剂将给出很小的n值，可能不超过0.5，而带相反电荷的表面活性剂n值可能大于2。

(1) 离子型表面活性剂在带相反电荷的固体表面上的吸附

图8-14是十二烷基硫酸钠（SDS）在氧化铝表面上的吸附等温线以及颗粒表面疏水性随SDS平衡浓度的变化。在pH=6.5的水介质中，氧化铝表面带正电荷，因此这是一种典型的离子型表面活性剂在带相反电荷表面的吸附，其吸附等温线被称为"Somasundaran-Fuerstenau"等温线[1]，分为四个区域或阶段。

第一阶段，在很低的浓度下，表面活性剂单分子的离子头受到固体表面电荷的静电吸引作用吸附到表面，吸附量服从Gouy-Capman方程，在恒定离子强度下，吸附等温线的斜率为1。吸附层中表面活性剂的分子定向为头吸式（head-on），即形成头基朝向固体表面、烷基链朝向水的单分子层，如图8-15(a)所示，于是表面的疏水性增加。

第二阶段，溶液中表面活性剂分子与已吸附的表面活性剂分子之间通过链-链作用吸附到表面，形成表面聚集体，包括半胶束（hemi-micelle）或预胶束（admicelle）、双层（bi-layer）及表面胶束（solloids）等，如图8-15(d)～(f)所示，导致吸附量急剧增加。此阶段静电吸引仍起一定的推动作用。

第三阶段，表面电荷完全被中和，吸附由链-链作用推动，继续形成表面胶束，但吸附等温线的斜率下降，表明吸附量增加的速度下降。

图8-16给出了通过荧光探针法测定的表面胶束聚集数随体相平衡浓度的变化。可见在第二阶段刚开始时，聚集数即达到50左右，随后急剧增加，到第二阶段结束时接近200，到第三阶段结束时达到350左右。与体相胶束聚集数相比，表面胶束聚集数要大得多，因为部分电荷被中和了，胶束中表面活性剂离子头之间的静电排斥作用减弱。

第四阶段，吸附仍由链-链作用推动，但随着表面活性剂浓度接近cmc，表面活性剂的活度趋于常数，继续增加浓度导致在体相形成胶束，表面活性剂在固/液界面的吸附量趋于饱和。在第三和第四阶段，吸附层中表面活性剂分子的构型颠倒，头基朝向水，于是固体表面的疏水性减弱，亲水性增加。相应地，对分散液可以观察到分散→絮凝→再分散现象，与图8-14中颗粒疏水性变化相对应。

在第四阶段，表面活性剂的吸附量可能会出现最高点，如图8-14中的虚线所示。研究表明，许多体系尤其是混合表面活性剂或者同系混合物体系都有这一现象。究其原因，可能有以下几种：一是表面活性剂含有杂质，杂质的表面活性高，具有较大的吸附量，但在浓度

---

[1] R. Zhang, P. Somasundaran. Adv. Colloid Interface Sci., 2006, 123-126: 213-229.

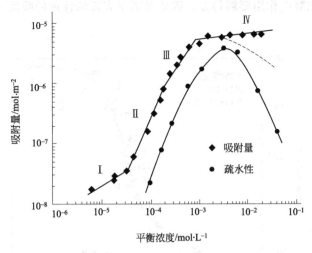

图 8-14　十二烷基硫酸钠(SDS)在氧化铝表面的吸附，pH=6.5

大于 cmc 后被增溶到胶束中，从而自界面脱附，类似于表面张力出现最低点现象；二是表面活性剂单体浓度出现了变化，尤其对混合表面活性剂体系，在达到混合 cmc 后，虽然体相总浓度在不断增加，但各组分的单体浓度不一定增加，有的甚至减小（参见第 7 章图 7-1），因为更多的高表面活性单体转移到体相胶束中去了；三是胶束排斥（micelle exclusion）或出现沉淀的结果。

对阳离子型表面活性剂在带负电荷的表面上的吸附，有时第三阶段不明显，因为阳离子表面活性剂在表面胶束中排列相对疏松。

离子型表面活性剂的吸附一般是可逆的，即如果降低体相平衡浓度，吸附量会沿着吸附等温线下降，但有时也会出现滞后，即偏离原来的吸附等温线（脱附相对困难）。通常 pH 值对离子型表面活性剂的吸附有较大影响，因为固体表面所带电荷与 pH 值有关，一般在等电点以下，表面带正电，对阴离子型表面活性剂有较大吸附，而在 pH 值高于等电点时表面带负电，能够强烈吸附阳离子表面活性剂。

表面活性剂的分子结构对离子型表面活性剂的吸附也有影响，一般当分子结构有利于形成排列紧密的表面胶束时，饱和吸附量将增大。此外可溶矿物的存在也会显著影响离子型表面活性剂的吸附，因为它们可能在体相与表面活性剂作用而形成沉淀。

（2）非离子型表面活性剂在固/液界面上的吸附

大多数非离子型表面活性剂分子中含有能够与固体表面羟基形成氢键的基团，如醚氧、羟基、氨基等，因此在低浓度下非离子表面活性剂主要通过与固体表面羟基形成氢键以及疏水作用而被吸附。吸附层中表面活性剂分子的定向有头吸式、尾吸式或平躺式，如图 8-15 中的（a）～（c）所示，取决于表面活性剂的 HLB 值和固体表面的性质。在高浓度下，非离子型表面活性剂分子继续通过链-链作用吸附到表面，形成表面胶束，直至饱和。在极性表

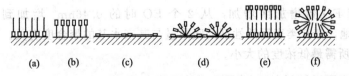

图 8-15　表面活性剂在固/液界面的分子构型和表面胶束结构示意图
（a）头吸式；（b）尾吸式；（c）平躺式；（d）半胶束；（e）双层；（f）表面胶束

面，由于氢键作用比静电作用要弱得多，因此非离子表面活性剂的吸附一般小于离子型表面活性剂的吸附。

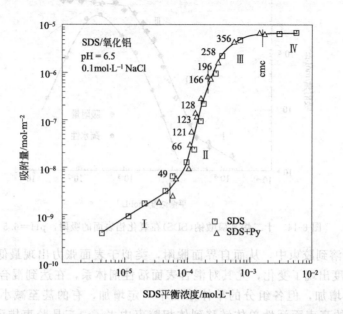

图 8-16　表面胶束聚集数和吸附量随体相表面活性剂平衡浓度的变化

聚氧乙烯型非离子型表面活性剂在极性表面具有类似的吸附等温线，其中对烷基链长、EO 数、温度以及电解质的敏感度类似。如图 8-17 是十二醇聚氧乙烯(8)醚在二氧化硅/水界面的吸附等温线，可见吸附等温线有三个明显的区域，总体类似于阳离子型表面活性剂在负电荷表面的吸附等温线，即第三阶段不明显，但吸附量要小得多，吸附层数 n 值往往小于 1。研究表明，聚氧乙烯型表面活性剂在二氧化硅表面的吸附明显大于在氧化铝表面的吸附，因为 EO 基团不易打破氧化铝表面的刚性水化层，而糖苷类非离子则相反，在二氧化硅表面的吸附量相对较小。

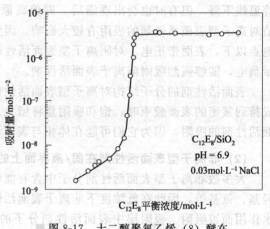

图 8-17　十二醇聚氧乙烯（8）醚在二氧化硅/水界面的吸附（50℃）

一般非离子型表面活性剂的吸附对其 HLB 值、温度以及分子结构敏感。HLB 值决定了疏水作用的大小，而温度升高会导致非离子型表面活性剂的亲水性下降。在分子结构影响方面，非离子的吸附量与烷基链长和 EO 链长有关。当烷基链长相同时，吸附量随 EO 链增长而降低，或每个氧乙烯在界面所占的面积随 EO 数增加而增加，从 2 个 EO 时的 $0.46nm^2$ 增加到 40 个 EO 时的 $1.04nm^2$。类似地，糖苷类表面活性剂的吸附量与其亲水基的聚合度有关。而烷基链长仅决定达到饱和吸附所需最低浓度的大小。

(3) 两性型表面活性剂在固/液界面上的吸附

两性型表面活性剂的亲水基中含有正、负电荷，相隔一定的距离，其中正电荷多为季铵阳离子，负电荷一般为羧基或磺基。显然在极性表面，固体表面的电荷对两性型表面活性剂分子中的相反电荷有静电吸引作用，称为离子-偶极作用。因此两性型表面活性剂在极性表面的吸附由离子-偶极作用和疏水作用推动，其吸附等温线总体上类似于聚氧乙烯型非离子型表面活性剂，但饱和吸附量显著大于非离子型表面活性剂而小于离子型表面活性剂（带相反电荷），n 值在 $1\sim1.5$。

在带负电荷的表面，低浓度下两性型表面活性剂分子在吸附层中的定向是以季铵阳离子朝向固体表面，烷基链和阴离子部分伸向水中。随着浓度的升高，形成表面胶束，类似于非离子和离子型表面活性剂。电解质的存在既可以增加也可以抑制两性型表面活性剂的吸附，取决于电解质浓度的大小，通常在低浓度下，电解质的存在可降低两性型表面活性剂与界面电荷的静电引力作用而导致吸附量下降，而在高浓度时导致表面活性剂的疏水作用增强而使表面胶束聚集数增加，从而使吸附量增加。

研究表明，两性型表面活性剂的吸附对温度以及分子中两个电荷之间的 CH_2 数目不太敏感，当 pH 值不足以改变分子电荷结构（例如在强酸性条件下转变成阳离子或者在强碱性条件下转变为阴离子)时，其对吸附的影响也不大。

(4) 双子表面活性剂在固/液界面上的吸附

双子(gemini)表面活性剂在固/液界面的吸附已有一些报道，但总体较常规表面的吸附研究要少得多。研究表明，与常规表面活性剂相比，阳离子型和两性型双子表面活性剂在带负电荷的固体表面的吸附量相对较大，而非离子型和阴离子型的吸附量则明显减小。此外近年来出现了不对称型或混合型双子表面活性剂。研究表明，在二氧化硅/水界面，含有羟基/甲基封端的聚氧乙烯基的混合型双子表面活性剂的吸附量比相应的常规表面活性剂要小，显然这类混合型双子表面活性剂显示出较强的立体位阻效应。另一方面硫酸盐/聚氧乙烯型混合双子表面活性剂的吸附量随聚氧乙烯链长增加而减小，它们在吸附层中的排列还不如上述非离子型不对称双子表面活性剂紧密。

8.6.3 混合表面活性剂在固/液界面上的吸附

在实践中人们常常使用混合表面活性剂，因为混合表面活性剂体系具有多种协同效应（参见第 7 章）。有关混合表面活性剂在固/液界面的吸附也已有许多报道。

在第 7 章中我们已经表明，由于静电吸引作用，阴离子-阳离子混合体系具有最强的协同效应，但也容易形成沉淀。研究表明，阴离子-阳离子混合体系在极性表面的吸附也具有协同效应，即混合体系中各组分的吸附量高于相同平衡浓度下单组分体系的吸附量。例如，在带负电荷的二氧化硅表面，单一阴离子几乎不吸附，但阳离子有显著吸附，而混合体系中阴离子和阳离子的吸附都增大，并且各自的增量部分相等，这表明增加的部分是以离子对吸附的。

这种协同效应还与吸附的具体过程有关。例如考察十二烷基苯磺酸钠（NaDBS）与十六烷基三甲基溴化铵（CTAB）在纤维素(带负电荷)/水界面的吸附时，如果将纤维素预先吸附 CTAB，再吸附 NaDBS，则后者的吸附量显著增加，预先吸附的阳离子量越多，相应的阴离子的吸附量也越多。但如果将干净的纤维素放在混合表面活性剂的溶液中，则阴离子的吸附增量要明显减少，因为体相中阴离子-阳离子形成了离子对，由于没有净电荷，吸附仅仅靠疏水作用推动，因此离子对在纤维素/水界面的吸附量大大减小了。

阴离子-非离子混合体系的吸附也具有增效作用。在带正电荷的氧化铝/水和高岭土/水界面，阴离子有较强的吸附，单一非离子的吸附量不大，但混合体系中非离子的吸附量显著增加，而阴离子的吸附仅有微小的下降。另一个现象是随着混合体中非离子的配比增加，达到饱和吸附所需的阴离子浓度逐渐下降，并且阴离子开始形成表面胶束的浓度下降，即提高了阴离子在低浓度下的吸附驱动力。

类似的增效作用在阳离子-非离子混合物在带负电荷固/液界面上的混合吸附中也已经被观察到。总体而言，混合吸附中通常一个组分表现为"主动"，另一个组分则表现为"被动"。例如在带负电荷的表面，阳离子的吸附表现为主动，非离子表现为被动；而在带正电荷的表面，阴离子表现为主动，非离子表现为被动；结果可能产生协同效应，某些情况下也可能产生对抗效应，取决于表面活性剂的分子结构和分子间相互作用。

8.6.4 吸附等温线和理论吸附模型

表面活性剂在固/液界面的吸附等温线在形状上基本上可以分为三种类型，即 L 型、S 型以及双平台的 LS 型，如图 8-18 所示。其中，L 型最为简单，可以用 Langmuir 吸附公式来表示，两个重要的参数分别是饱和吸附量 Γ^∞ 和吸附常数 k，后者与吸附自由能相关。通常表面活性剂在非极性固体表面的吸附符合 Langmuir 吸附，此外，一些表面活性剂在极性表面的吸附外形上可能也符合 L 型曲线，但本质上不一定是单分子层吸附。

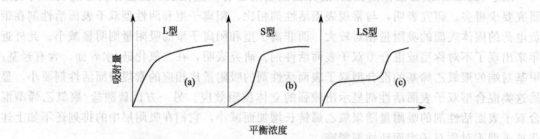

图 8-18 典型的表面活性剂在固/液界面的吸附等温线

S 型和 LS 型曲线在机理上比 L 型要复杂得多。Somasundaran 等提出了一个模型，考虑静电作用和侧向的链-链作用是吸附自由能的主要来源：

$$\Delta \overline{G}_{ads}^{\ominus} = \Delta G_{elec}^{\ominus} + \Delta G_{c-c}^{\ominus} = -zF\psi_\delta - \frac{n\varphi}{RT} \tag{8-59}$$

式中，ψ_δ 为 Stern 层的电位，可从 zeta 电位得到，而 φ 可以通过测定临界表面胶束浓度（csc）得到。结合式(8-54)用于模拟吸附等温线直至达到饱和吸附。

其他还有很多模型，但机理上相当复杂，往往引入了三个以上的参数，而且不具有通用性，即只能针对特定体系。

值得注意的是顾惕人和朱步瑶对上述三种曲线提出了两个通用模型，其基本出发点是将吸附看作是固体表面的空白吸附位与体相表面活性剂单分子的反应，两个模型分别是"一步"反应模型和"两步"反应模型。

"一步"反应模型假设表面活性剂单体与界面上的空白位反应形成半胶束：

$$空白位 + 表面活性剂单体 \Longleftrightarrow 半胶束$$

该反应的平衡常数 k 可表示为：

$$k = \frac{a_{hm}}{a_S a} \tag{8-60}$$

式中，a_{hm}、a_S 以及 a 分别为半胶束、表面吸附位和表面活性剂单体的活度。当表面活性剂浓度很低时，a 即等于表面活性剂的浓度 c。通过质量作用定律将活度转变成吸附量，最后得到：

$$\frac{\Gamma}{\Gamma^\infty - \Gamma} = kc^n \tag{8-61}$$

显然当 $n=1$ 时，即单分子层吸附，上式即转为 Langmuir 公式。

"两步"反应模型认为吸附通过"两步"完成。第一步是当表面活性浓度低于临界表面胶束浓度时，单体分子吸附到表面，无表面胶束形成：

$$空白位 + 表面活性剂单体 \Longleftrightarrow 吸附的单体$$

而在第二步，吸附的表面活性剂分子起到"锚"的作用，促使形成表面胶束：

$$(n-1)表面活性剂单体 + 吸附的单体 \Longleftrightarrow 半胶束$$

最后得到：

$$\Gamma = \frac{\Gamma^\infty k_1 c \left(\dfrac{1}{n} + k_2 c^{n-1} \right)}{1 + k_1 c (1 + k_2 c^{n-1})} \tag{8-62}$$

式中，k_1 和 k_2 分别是两步反应的平衡常数；n 为表面胶束聚集数。当 $n>1$ 时，式(8-62)能很好地描述 S 型和 LS 型吸附等温线，而当 $n=1$ 时，式(8-62)简化为 Langmuir 公式。

以上对表面活性剂在固/液界面的吸附机理和理论模型做了简要的介绍。另一方面表面活性剂在固/液界面的吸附有广泛的应用，例如矿物/颗粒浮选、工业吸附剂（活性炭）再生、农用除草剂、杀虫剂悬浮液的稳定、废纸和塑料薄膜上的油墨脱除、超细颗粒的过滤以及洗涤去污等。除了在第 10 章将进一步讨论表面活性剂的吸附对悬浮液的稳定作用外，限于篇幅，对其他应用在此不能逐一介绍，相关内容已有大量的文献报道，读者可参考相关的综述和专著。

思 考 题

1. 什么是接触角？它与润湿性的关系如何？
2. 什么是前进角？什么是后退角？
3. 产生接触角滞后的原因是什么？
4. 什么是动态接触角？
5. 测定接触角的方法有哪些？
6. 高能表面和低能表面的润湿性有何不同？
7. 什么是高能表面上的自憎现象？
8. 什么是润湿的临界表面张力？其物理意义如何？
9. 表面活性剂对固体表面的润湿性有何影响？
10. 纺织品的润湿有何特点？与表面活性剂有何关系？
11. 润湿剂的分子结构有何特征？

第9章

胶体分散体系及其稳定性

分散体系是指一种物质以极微小的粒子分散在另一种物质中所形成的体系。当分散质点为原子、分子大小时，分散体系即为真溶液，体系中不存在相界面，是热力学稳定体系。当分散质点为胶体颗粒大小（1～1000nm）时，分散体系称为胶体分散体系，简称胶体。胶体分散体系中存在相界面，属于热力学不稳定体系。高分子化合物溶液的分散相质点具有胶体颗粒大小，并因此具有一些胶体溶液的性质，如扩散慢、不能透过半透膜等，所以也被称为胶体。但高分子溶液本质上是真溶液，即是均相、热力学稳定体系，与热力学不稳定的胶体分散体系在性质上有很大的不同。为了区别这两种胶体分散体系，人们将前者称为憎液胶体，而将后者称为亲液胶体。本章将主要讨论憎液胶体。由于存在至少两个不同的相，憎液胶体亦称多相分散体系，其中被分散的物质称为分散相，另一相则称为连续相或分散介质。

多相分散体系包括质点大小为1～1000nm的胶体分散体系和质点更大（约几十微米）的粗分散体系。这类体系在日常生活和许多工业过程中常常可见，如牛奶、豆浆、化妆品、血液、油漆、油墨、涂料、各种乳液、泡沫、烟雾、污水等，并涉及分析化学、物理化学、生物化学和分子生物学、化学化工、环境科学、材料科学、石油科学等学科，以及医药、农药、食品、日用化工等多个行业。

在多数情况下，这类体系并不涉及化学反应。由于存在巨大的相界面，这类体系中的分散相质点总是趋向于变粗以缩小界面面积。另一方面，在适当条件下，分散相质点可以在相当长时间内保持均匀分布，即保持热力学上的"动态稳定"。通常所称的多相分散体系的"稳定性"就是指这种动力学意义上的相对稳定。在一些场合，需要设法提高这种稳定性，而在另一些场合，则需要降低或破坏这种稳定性，如破乳、消泡、水的纯化等。因此对这类体系，需要理解其不稳定过程和稳定机制，涉及的理论就是经典的胶体稳定理论。

根据分散相和分散介质的物态，多相分散体系可以有液/液、气/液、固/液、液/固、气/固、固/固以及液/气、固/气等分散体系。由于本书局限于讨论涉水及与表面活性剂相关的体系，因此本章将只讨论涉及分散介质为液体的前三种分散体系。乳状液、泡沫以及悬浮液即是其典型代表。这些体系在性质上有各自的特点，但作为多相分散体系，它们有许多共性。因此本章将主要讨论其共性，包括一般性质、不稳定过程和稳定机制等，而有关的特殊性质将在下一章详细讨论。由于微米级分散体系在性质上与胶体分散体系十分类似，因此实际上把这类分散体系，如最常见的乳状液、泡沫、悬浮液等，也称为胶体分散体系。为此本章仍沿用"胶体分散体系"这一术语。本书的前几章已为这种讨论提供了必要的基础，反过来，有关的基础理论将在此得到综合运用。

9.1 胶体分散体系的一般性质

9.1.1 比表面积

设想将一个半径（R）为1cm的球不断地切割成半径更小的球分散于水中，则体系中球形质点的数目（n），每个球形质点的半径、体积（V）以及体系的总界面面积（A）如表9-1所示。未分割时（$R=1$cm），$A=4.19$cm^2，当分割至$R=10^{-4}$cm时，A增至1.26×10^5cm^2。进一步分割到胶体大小，如$R=10^{-6}$cm(10nm)，A达到1.26×10^7cm^2！如果体系的界面张力为50mN·m^{-1}，则体系的总界面能达到6.3×10^8erg或63J。这表明了界面面积以及界面能对分散体系的重要性，或者表面对小质点的重要性。

表 9-1 分散体系界面面积与质点大小的关系

半径 R/cm	质点数目 n	每个球的体积 V/cm^3	每个球的面积 A/cm^2	总面积 A/cm^2
1	1	4.19	1.26×10^1	1.26×10^1
5×10^{-1}	8	5.24×10^{-1}	3.14	2.51×10^1
2.5×10^{-1}	6.4×10^1	6.55×10^{-2}	7.86×10^{-1}	5.03×10^1
⋮	⋮	⋮	⋮	⋮
10^{-4}	10^{12}	4.2×10^{-12}	1.26×10^{-7}	1.26×10^5
10^{-5}	10^{15}	4.2×10^{-15}	1.26×10^{-9}	1.26×10^6
10^{-6}	10^{18}	4.2×10^{-18}	1.26×10^{-11}	1.26×10^7

通常可用比表面积 A_{sp} 来表征表面积随质点减小所显示的重要性。定义比表面积为：

$$A_{sp}=\frac{质点总表面积}{质点总质量} \tag{9-1}$$

对大小均匀的球形质点，比表面积为：

$$A_{sp}=\frac{n4\pi R^2}{n\frac{4}{3}\pi R^3\rho} \tag{9-2}$$

式中，ρ 为分散质点的密度。设 ρ 不随质点大小而变化，则上式简化为：

$$A_{sp}=\frac{3}{\rho R} \tag{9-3}$$

这表明，球形质点的比表面积与其半径成反比。对非球形质点或非均一质点，关系式不尽相同，但比表面积随质点变小而增大的趋势是一致的。分散体系的这一特性显示出界面能的重要性。事实上高界面能正是导致这类体系热力学不稳定的根本原因。

9.1.2 质点大小与形状

质点大小是区别分散体系的一个重要指标，是表征分散体系分散度的一个重要物理量。而质点形状的不同，也将导致分散体系性质上的差异。

(1) 球形质点

如果质点都是均一的球形，则只需以半径或直径来衡量其大小，其值可用实验方法测出。此种体系称为单分散体系，如图 9-1 所示的硅胶颗粒。

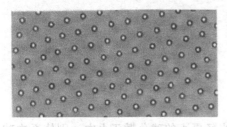

图 9-1 分布在水/辛烷界面的硅胶颗粒，颗粒直径 $3\mu m$

然而像这样的单分散体系实际上为数甚少。一般的分散体系质点大小往往不均匀，因而称为多分散体系。再者，质点的形状可能偏离球形，特别是固/液分散体系。

(2) 非球形质点

对非球形质点，若能测出比表面积（比如对固体颗粒用 N_2 吸附法），则从式(9-2)求得的 R 称为等效球半径。它表示从表面的角度考虑，这些非球形质点的大小相当于半径为 R 的球形质点。此外可通过粒子的光学显微镜或电子显微镜照片来测量粒子大小。一种早期使用的方法是沿某一个方向画出质点投影面积等分线，取其长度作为表征颗粒大小的参数，称为 Martin 直径。另一种方法是在显微镜目镜中插入一个刻有不同直径圆的玻璃片，将质点投影面积与一系列直径不同的圆相比较，找出最接近质点投影面积的圆，取该圆的直径作为表征参数。通常不同大小圆的直径以 $\sqrt{2}$ 的倍数递增。图 9-2 和图 9-3 为这两种方法的示意图。为了获得统计学上有意义的结果，必须观测很大数目的质点，因此这两种方法都很费时。

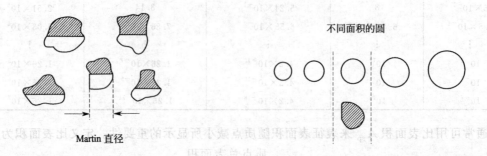

图 9-2 Martin 直径示意图　　　图 9-3 利用标准圆估算不规则质点的特征尺寸

在计算机出现以后，对光学显微镜和电子显微镜照片可以利用软件进行自动计数并自动测定每个颗粒的大小，而更先进的是利用商品颗粒分析仪（一般基于光散射技术）直接测定颗粒大小和分布。

(3) 形状因子

仅仅区分球形质点和非球形质点仍是远远不够的。例如同是非球形质点，有些多面体的形状可能很接近球体，而另一些可能是棒状或盘状，远远偏离球体。为此还需要有另一个参数来表征对球体的偏差。常用的方法是把质点当作旋转椭球体，如图 9-4 所示。规定椭球体沿转轴方向的"半径"为 a，赤道面上的"半径"为 b，则当 $a=b$ 时，为球形质点；$a>b$ 时为长椭球体；$a<b$ 时为扁椭球体。椭球体的轴比 a/b 于是被称为质点的形状因子，用来表示质点偏离球体的程度。通常此比值距离 1（大于 1 或小于 1）越远，则非球形性越大。因此表征非球形质点时，采用两参数比单参数更能反映质点的形态。

此外还有一类"无规线团"状质点。通常是线状柔性材料（如高分子）因热运动而采取的一种无规构型。对这种质点，可以用线团半径表征其大小。

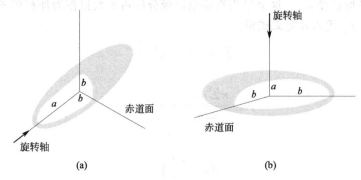

图 9-4　旋转椭球体及其特征

(a)长椭球体($a>b$)；(b)扁椭球体($a<b$)

9.1.3　单分散和多分散

前已述及单分散和多分散的概念。实际体系中多分散体系远多于单分散体系。类似于球形质点和非球形质点的表征，单分散体系只需一个参数如直径或半径即可表征。然而对于平均直径相同的两个体系，如果其质点大小分布有很大的差别，则两个体系的性质可能会有很大的不同。因此对多分散体系，至少需用平均质点大小和质点大小分布两个参数来表征。

(1)　平均质点大小

对多分散体系，常常用平均直径（或半径）来表示质点大小。但有关平均直径的定义有多种，各种平均直径在数值上各不相同，但具有内在的联系。表 9-2 给出了一系列常见的平均直径的名称及其定义。

表 9-2　常见平均直径及其定义

名　称	符　号	定　义　式	所平均的量
数均直径	$\bar{d}$	$\dfrac{\sum n_i d_i}{\sum n_i}$	直径
表面积平均直径	$\bar{d}_S$	$\left(\dfrac{\sum n_i d_i^2}{\sum n_i}\right)^{\frac{1}{2}}$	直径平方
体积平均直径	$\bar{d}_V$	$\left(\dfrac{\sum n_i d_i^3}{\sum n_i}\right)^{\frac{1}{3}}$	直径立方
体积/面积平均直径	$\bar{d}_{V/S}$	$\dfrac{\sum n_i d_i^3}{\sum n_i d_i^2}=\dfrac{(d_V)^3}{(d_S)^2}$	直径立方/直径平方

理论上，表中 n_i 表示直径为 d_i 的质点总数，然而实际上，d_i 表示一个小的直径范围，n_i 表示直径落在这一范围内的质点数。这个直径范围称为级分（division），用这个直径范围的中间值 d_i 作为级标符号。于是各个级分的质点数目为 n_i，$\sum n_i$ 为所有质点的总数。

① 数均直径 $\bar{d}$　数均直径最为简单，它表示的是各质点直径的平均值。由于 n_i 为常数，于是数均直径的定义可写为：

$$\bar{d}=\sum f_i d_i \tag{9-4}$$

式中：

$$f_i=\frac{n_i}{\sum n_i} \tag{9-5}$$

称为级分的质点分数，显然 $\sum f_i=1$。于是加权因子是级分所占的数目。

② 表面积平均直径 $\bar{d}_S$　这个平均直径也以级分所占的数目作为加权因子，但平均的是直径的平方。以 f_i 代入其定义式得：

$$\bar{d}_S = (\sum f_i d_i^2)^{\frac{1}{2}} \tag{9-6}$$

与质点平均面积

$$\bar{A} = \frac{\pi \sum n_i d_i^2}{\sum n_i} = \pi \sum f_i d_i^2 \tag{9-7}$$

相比较得：

$$\bar{d}_S = \left(\frac{\bar{A}}{\pi}\right)^{\frac{1}{2}} \tag{9-8}$$

可见表面积平均直径表示具有这一平均面积的球的直径。通常多分散体系的表面积平均直径总是大于数均直径，因为较大的直径对平方求和的贡献大于对直径求和的贡献。

③ 体积平均直径 $\bar{d}_V$　这个直径平均的是直径的立方。引入 f_i，$\bar{d}_V$ 的定义可写成：

$$\bar{d}_V = (\sum f_i d_i^3)^{\frac{1}{3}} \tag{9-9}$$

与平均体积

$$\bar{V} = \frac{\frac{1}{6}\pi \sum n_i d_i^3}{\sum n_i} = \frac{1}{6}\pi \sum f_i d_i^3 \tag{9-10}$$

相比较得：

$$\bar{d}_V = \left(\frac{6\bar{V}}{\pi}\right)^{\frac{1}{3}} \tag{9-11}$$

它表示具有平均体积为 $\bar{V}$ 的球形质点的直径。

④ 体积/表面积平均直径 $\bar{d}_{V/S}$　由定义可知，它相当于球形质点的体积/表面积平均直径，其中球的体积以 $\bar{d}_V$ 计算，而球的面积以 $\bar{d}_S$ 计算。

对单分散体系，这四个平均直径完全相等，互相之间的比值为 1。但对多分散体系，$\bar{d}_{V/S} > \bar{d}_V > \bar{d}_S > \bar{d}$，它们的比值偏离 1 的程度反映了体系的多分散性大小。注意：对高分子溶液，通常以分子量来表示质点大小，相应地可得到数均分子量 $\bar{M}_n = \frac{\sum n_i M_i}{\sum n_i} = \sum f_i M_i$ 和重均分子量 $\bar{M}_w = \frac{\sum w_i M_i}{\sum w_i}$，式中 M_i 为分子量级分的中间值，w_i 为分子量落在级分 M_i 内的质点的质量，$\sum w_i$ 为质点的总质量。测定分子量时依据不同的方法得到的是不同意义的分子量，例如，渗透压法得到数均分子量，而光散射法得到重均分子量。

(2) 质点大小分布

质点大小和分布通常可用分布表、柱状图、分布曲线、累积分布曲线等来表示。例如，表 9-3 列出了 400 个球形质点的大小和分布，其中第一栏为级分（范围），第二栏为相应的级分的平均值，作为该级分内所有颗粒的平均直径，第三栏是实际直径处于该级分内的颗粒数目，随后是质点分数，最后一栏为质点数目的累加。总体构成一个分布表。

表 9-3　假想的 400 个球形质点的大小分布表

级分范围 $\le d < /\mu m$	级标 $d_i/\mu m$	质点数 n_i	质点分数 f_i	$d < d_i$ 的质点总数 $n_{i,T}$
0~0.1	0.05	7	0.018	7
0.1~0.2	0.15	15	0.038	22

级分范围≤$d<$/μm	级标 d_i/μm	质点数 n_i	质点分数 f_i	$d<d_i$ 的质点总数 $n_{i,T}$
0.2~0.3	0.25	18	0.045	40
0.3~0.4	0.35	28	0.070	68
0.4~0.5	0.45	32	0.080	100
0.5~0.6	0.55	70	0.175	170
0.6~0.7	0.65	65	0.163	235
0.7~0.8	0.75	59	0.148	294
0.8~0.9	0.85	45	0.113	339
0.9~1.0	0.95	38	0.095	377
1.0~1.1	1.05	19	0.048	396
1.1~1.2	1.15	4	0.010	400

然而这样的分布表看起来不够直观，为此可以考虑对表中的数据进行进一步处理并作图，以得到更为直观的分布图或分布曲线。

以第一栏级分范围为横坐标，以质点数为纵坐标作图，即得到柱状图，如图 9-5(a) 所示。可见中间大小的颗粒数目较多，而大颗粒和小颗粒的数目相对较少，各级分范围内的颗粒数目所占比例一目了然。

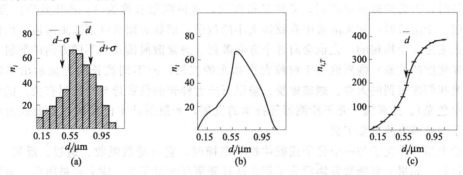

图 9-5　相应于表 9-3 的柱状图和累积分布曲线

为了更好地描述颗粒大小的分布特征，人们引入了标准偏差的概念，定义标准偏差 σ 为：

$$\sigma = \left[\frac{\sum n_i (d_i - \bar{d})^2}{\sum n_i - 1}\right]^{\frac{1}{2}} \tag{9-12}$$

于是颗粒大小和分布特征可用 $\bar{d} \pm \sigma$ 来表示，其中 σ 的大小反映了分布宽度。标准偏差越大，则分布越宽，多分散性越显著。

当质点数目很多时，$\sum n_i - 1 \approx \sum n_i$，于是 σ 可表示为：

$$\sigma = \left[\sum f_i (d_i - \bar{d})^2\right]^{\frac{1}{2}} \tag{9-13}$$

按此式计算，表 9-3 中的颗粒大小和分布可以表示为 (0.64 ± 0.24)μm。

如果将柱状图中的级分数目增加，则每个级分的宽度缩小。令组分数目变为无穷大，则柱状图就变为一个平滑的分布曲线，如图 9-5(b) 所示。如果将纵坐标（颗粒数量）除以颗粒总数，即将 n_i 转换为 f_i，则分布曲线就变成分布函数，曲线下的总面积=1。

通常分布函数可以用数学式来表示。其中最典型的是正态分布（又称 Gauss 分布）函数：

$$f(x) = \frac{1}{\sigma\sqrt{2\pi}} \exp\left[-\frac{1}{2}\left(\frac{x-\bar{x}}{\sigma}\right)^2\right] \tag{9-14}$$

$f(x)$表示质点的某项量（比如直径）落在x和$x+dx$之间的质点所占的分数；σ为标准偏差。图9-6即为一正态分布曲线，可见正态分布曲线相对于平均值是对称的。

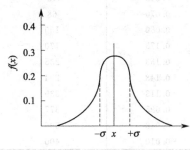

图9-6　正态分布曲线示意图

大量完全不规则的因子引起的分布通常是正态分布。对多分散体系，正态分布主要适用于凝聚、沉淀、聚集等过程。除了正态分布曲线外，还有其他的分布函数如对数正态分布函数，也用于描述分散体系的质点大小。

如果将图9-5(b)中的纵坐标换成表9-3中的最后一栏，则得到所谓的累积分布曲线，如图9-5(c)所示，而中点（第200个颗粒）所对应的颗粒直径可以作为颗粒的平均直径。更为常用的方法是以$\sum f_i$取代$n_{i,T}$，于是图9-5(c)中的纵坐标范围为0～1，其中0.5所对应的横坐标数值即为平均值。

9.1.4　光散射和Tyndall效应

胶体颗粒的一大特征是能够产生光散射现象。例如我们在垂直方向观察投影仪或汽车车灯的光柱时，因为光被灰尘散射，光柱显得浑浊，这种现象被称为Tyndall效应。类似地，当光通过一个溶液时，如果溶液中有胶体大小的粒子，例如表面活性剂胶束溶液，即使溶液外观看上去是完全均相的，光也会向各个方向散射。通常散射模式（不同方向的散射光强度与入射光强度的关系）强烈取决于颗粒大小和光的波长。而不同波长的光显示出不同的颜色，于是我们观察到的天空、蝴蝶翅膀、猫眼石或者蚌壳的色彩皆与光散射有关。随着现代激光（单色光）、计算机、光子检测器等技术的发展，光散射技术已经快速发展成为胶体以及高分子领域研究的重要工具。

理论上当一个光子与一个分子或胶体粒子碰撞时，它可能被吸收、透过、反射、散射、折射或衍射。如果光照能激发物质分子使之跃迁到更高的量子态，则光就被吸收。对胶体体系，这一现象并不显著。另一方面，当质点相对于光的波长很大时折射才变得显著。一般对质点尺寸小于光的波长或者与光波长相当的分散体系，散射现象才是主要的。例如牛奶看上去是白色的，而天空看上去是蓝色的，本质上都是由光散射现象决定的。

(1) 小质点的光散射——Rayleigh散射定律

对各向同性、不吸收光的电介质质点，当质点的直径（D）远小于光的波长（λ），即$d<\lambda/20$，且折射率n接近于1时，Rayleigh给出了下列单个质点的散射定律：

$$\frac{I}{I_{0,u}}=\frac{8\pi^2}{\lambda^4 r^2}\left(\frac{\alpha}{4\pi\varepsilon_0}\right)^2(1+\cos^2\theta) \quad (9-15)$$

式中，I为距离颗粒r处的散射光的强度；$I_{0,u}$为入射光（非偏振光）的初始强度；λ为入射光在周围介质中的波长（注意区别于在真空中的波长λ_0，$\lambda=\lambda_0/n_0$，n_0为介质的折射率）；α为质点的极化率；θ为散射光方向与入射光方向所成的夹角（如图9-7所示）。

这一定律是基于下列原理导出的：假定一个物质的电子在不受干扰时处于

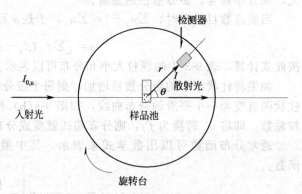

图9-7　光散射仪结构示意图

某种平衡状态，即物质是电中性的，但当光波撞击该物质时，光波的电矢量引起物质的电子偏离其固有的位置，从而产生一个偶极矩，其大小取决于该物质的可极化度（polarizability, α）。对一个折射率为 n_1、半径为 a 的球体，α 与质点的体积成正比：

$$\alpha = 4\pi\varepsilon_0 a^3(n^2-1)/(n^2+2) \tag{9-16}$$

式中，n 为物质的相对折射率，即 $n = n_1/n_0$（n_0 为介质的折射率）。由于质点相对于光波长很小，可以假定质点中所有电子在相同时间受到了相同强度的电场作用，光波的电矢量随频率 ν 而涨落，由此导致诱导偶极矩 μ 以相同的频率涨落。按照 Maxwell 理论，这种不断涨落的偶极矩将以相同的频率 ν 向各个方向发射电磁波，这就是散射光，其强度随 r^{-2}（距离偶极的距离）而衰减，在任何方向的辐射强度 I 取决于电场强度的平方，而电场强度与偶极成正比，即与可极化度成正比：

$$I \propto E^2 \propto \mu^2 \propto \alpha^2 \propto a^6 \tag{9-17}$$

从式(9-16)可见，为了保持量纲一致，光强 I 必须与波长的 4 次方成反比。如果单位体积内有 N_P 个质点，假设各自的散射互不干扰，于是总散射光强度是各质点的散射光的强度之和。将式(9-16)代入式(9-15)并乘以 N_P 得到自单位体积内 N_P 个颗粒沿角度 θ 方向的总散射光强度为：

$$\frac{I}{I_{0,u}} = \frac{9\pi^2}{2\lambda^4 r^2}\left(\frac{n_1^2-n_0^2}{n_1^2+2n_0^2}\right)^2 V^2 N_P(1+\cos^2\theta) \tag{9-18}$$

式中，V 为质点的体积。式(9-18)表明，在任意方向散射光的强度并不相等，具体反映在最后一个括号中，其中 1 和 $\cos^2\theta$ 分别表示散射光的垂直方向和水平方向的偏振成分。显然在 90°处，只能观察到垂直方向的偏振光。

按式(9-18)获得的不同方向的散射光强度如图 9-8 所示。图中质点位于坐标原点 O，入射光的方向自左向右，在任意散射角 θ 方向，散射光的强度等于原点至外周曲线边缘的距离，它可以分解为垂直和水平两个方向的偏振成分。内区（空白部分）代表未偏振部分，而画线区域表示垂直方向的偏振成分。比值 OA/OB 称为退偏比（$I_{垂直}/I_{水平} = \cos^2\theta$），其数值在入射方向为 1，然后随 θ 增加而减小，直至 $\theta = 90°$时为零。

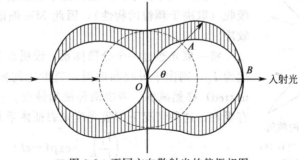

图 9-8　不同方向散射光的偏振相图

方程式(9-18)相当重要，因为它强调了散射能力对质点大小、波长以及散射角的依赖关系。通常人们用 Rayleigh 比值 R_θ 来表示某体系的散射能力：

$$R_\theta = \frac{Ir^2}{I_{0,u}(1+\cos^2\theta)} \tag{9-19}$$

代入式(9-18)得到：

$$R_\theta = \frac{9\pi^2}{2\lambda^4}\left(\frac{n_1^2-n_0^2}{n_1^2+2n_0^2}\right)^2 V^2 N_P \tag{9-20}$$

式(9-20)中的 $V^2 N_P$ 可以转变成 $(c/\rho)V$，其中 c 为分散体系中质点的质量浓度，ρ 为质点的密度。于是分析式(9-18)或式(9-20)可知，由于在任何角度，I 或 $R_\theta \propto (V^2 N_P)/\lambda^4$，对任何给定的质点大小（$V=$ 常数），散射强度与颗粒浓度成正比，而对于给定的质量浓度，散射强度随颗粒尺寸增加而增加。这就是光散射技术用于测定颗粒大小及其分布的理论基础。

此外，散射光强度与质点和介质的折射率差有关，折射率差越大，散射光强度越大。理论上当 $n_1 = n_0$ 时，散射光强度等于零，即不产生散射光，但实际上即使是纯液体仍有微弱的散射光产生，这是由于分子热运动导致密度涨落现象，而密度涨落又会导致折射率的变化。

Rayleigh 方程式(9-18)特别适用于分子散射。例如应用于真空中气体分子的散射时，N_P 即表示单位体积内的气体分子数，其倒数正是单个分子的体积 V，且有 $N_P = N_0 \rho/M$，于是式(9-18)变为：

$$\frac{I}{I_{0,u}} = \frac{9\pi^2}{2\lambda_0^4 r^2} \frac{M}{N_0 \rho} \left(\frac{n_1^2 - n_0^2}{n_1^2 + 2n_0^2}\right)^2 (1 + \cos^2\theta) \tag{9-21}$$

式中，N_0 为 Avogadro 常数；ρ 为气体的密度；M 为气体的分子量；λ_0 为光在真空中的波长。应用上式借助于测定气体的光散射强度可以测定 Avogadro 常数。

上式表明，散射光强度与 λ_0^4 成反比，即波长越短，散射光强度越大，于是可以解释为什么天空是蓝色的。空气中分子对短波长光的散射是最强的，所以当我们从背离太阳的方向看天空时就看到蓝色的散射光，而在日出和日落时我们更易看到红色的透射光，并且低空的尘埃增加了散射光的强度。

(2) 大颗粒的光散射——Mie 理论

对大多数胶体体系，Rayleigh 光散射并不适用，因为质点太大。事实上当质点大小与光的波长相当时，光散射变得十分复杂，因为在任意时刻质点不同部位的电场强度不再相等，来自质点不同部位的散射波相互干涉，散射光强度的角分布也不再像图 9-8 那样，而可能变得像图 9-9 那样，不仅更为复杂，而且在光的前进方向有更强的散射。对这类体系应考虑应用 Mie 理论。

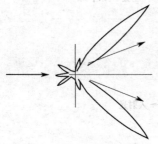

图 9-9　球形大颗粒的散射模式（$2\pi a/\lambda = 6$，$n_1/n_0 = 1.44$，基于 Mie 理论的计算结果）

对实际胶体体系，入射光除了被散射以外，还可能被颗粒吸收（取决于颗粒的物性），因此 Mie 理论考虑了至少这两种效应。

将一束光通过一个分散体系，设质点为球形，入射光的强度为 I_0，则由于吸收和散射，透射光的强度 I_t（t 表示 transmitted）必然减弱。考虑两种极端情况。一种是没有散射，只有吸收，这种情况下用吸光度来表征体系光强的变化：

$$\left(\frac{I_t}{I_0}\right)_a = \exp(-\varepsilon l) \tag{9-22}$$

以及：

$$\varepsilon = -\frac{1}{l}\ln\left(\frac{I_t}{I_0}\right)_a \tag{9-23}$$

式(9-23)就是 Beer-Lambert 定律，式中 ε 称为吸光度，l 为光程（比色皿的厚度），下标 a 表示吸收（注意这里 ε 是指单位体积中所有颗粒的吸光度，而不是经典 Beer-Lambert 定律中的吸光度系数，实际上它相当于吸光度系数与颗粒浓度的乘积）。另一种情况是只有散射，没有吸收，这种情况下用浊度来表征体系光强的变化：

$$\left(\frac{I_t}{I_0}\right)_s = \exp(-\tau l) \tag{9-24}$$

以及：

$$\tau = -\frac{1}{l}\ln\left(\frac{I_t}{I_0}\right)_s \tag{9-25}$$

式中，τ 称为浊度（同 ε，指单位体积中所有颗粒的散射导致的透射光强减弱）；下标 s 表示散射。当吸收和散射同时存在时，合并式(9-22)和式(9-24)得到：

$$\frac{I_t}{I_0} = \exp\left[-(\varepsilon+\tau)l\right] \tag{9-26}$$

即体系实际消光值为 ε 和 τ 之和。

Mie 理论中将 ε 和 τ 分别与所谓的颗粒的吸收截面积和散射截面积相关联：

$$\varepsilon = N_P q_a = N_P \pi R^2 Q_a \tag{9-27}$$

$$\tau = N_P q_s = N_P \pi R^2 Q_s \tag{9-28}$$

$$Q_a = \frac{q_a}{\pi R^2} \tag{9-29}$$

$$Q_s = \frac{q_s}{\pi R^2} \tag{9-30}$$

式中，N_P 为单位体积中的颗粒数量（颗粒浓度）；πR^2 为质点的横截面积；q_a 和 q_s 分别为体系的吸收截面积和散射截面积；Q_a 和 Q_s 分别称为吸收和散射的效率因子，为无量纲量。

研究表明，颗粒是否吸收光，可以通过折射率来表征。通常物质的折射率可用复数表示：

$$n^* = n - ik \tag{9-31}$$

式中，$i = \sqrt{-1}$。当虚数部分 $k \neq 0$ 时，该物质对光有吸收；反之当 $k = 0$，即折射率仅为实数部分 n 时，对光无吸收。

对任意大小的球形质点，不论其是否吸收光，Maxwell 方程已得到解，通常用效率因子 Q 表示（$Q = Q_a + Q_s$），它是波长、颗粒大小、折射率以及观察角的函数：

$$Q = f(\lambda, R, n, k, \theta) \tag{9-32}$$

具体是将 Q 表示为与颗粒大小有关的无量纲量 α 的函数：

$$\alpha = \frac{2\pi R n_0}{\lambda_0} = \frac{2\pi R}{\lambda} \tag{9-33}$$

式中，n_0 为介质的折射率（相对于真空）；λ_0 和 λ 分别为光在真空和介质中的波长。于是对非散射颗粒，$Q_s = 0$，对非吸光颗粒，$Q_a = 0$。

然而由于式(9-32)的具体函数十分复杂，如果没有电子计算机，很难计算出结果。而 Mie 理论就是通过设定一些假定条件，使式(9-32)的具体函数关系简化，从而可以较为方便地计算出 Q_a 和 Q_s。

如果限制颗粒的直径不超过波长，则 Q_a 和 Q_s 可用 α 的幂级数来表示：

$$Q_a = A\alpha + B\alpha^3 + C\alpha^4 + \cdots \tag{9-34}$$

$$Q_s = D\alpha^4 + \cdots \tag{9-35}$$

并且 α^4 以上的项可以忽略。于是对 Q_a，取前三项即可，而对 Q_s 取第一项即可，式中 A、B、C、D 是颗粒折射率的函数。根据 Mie 理论，Q_a 和 Q_s 具有下列特征：

① 体系总的消光因子为 Q_a 和 Q_s 的加和。

② Q_a 和 Q_s 对颗粒大小参数 α 的依赖性不同。

③ 式(9-34)中的 A、B、C 包含 n、k 和 nk 项，当 $k=0$ 时其值为零（无吸收）；而 D 仅包含 n、k 项，当 $k=0$ 时其值不为零，因此只要 $n\neq0$，就有 $Q_s\neq0$，即颗粒具有散射特性。

④ 根据 Q_a 和 Q_s 对波长和颗粒大小的依赖性，可以得到总消光因子或总消光值的波长依赖性，即分散体系的光谱。

例如对近于单分散的金溶胶（$k\neq0$，水为介质）的研究表明，在波长 450～650nm 范围内，随着颗粒半径从 20nm 增加到 70nm，散射光和吸收光的强度都增加，但散射光强度增加的速度更快。对小质点，Q_s 很小可以忽略不计，但对大颗粒，$Q_s>Q_a$，散射占据主导地位。此外随着 R 的增加，最大散射波长向长波方向移动，而总消光值达到最大时的波长也向长波方向移动，根据补色原理，体系的外观也将呈现不同的颜色。因此 Mie 理论可以解释分散体系的光谱，即不同颗粒大小的分散体系何以显示不同颜色的外观。

⑤ 当 $k=0$ 时，$Q_a=0$，而 $D=(8/3)\left[(n^2-1)/(n^2+2)\right]^2$，Mie 理论的表达式简化为：

$$Q_s=\frac{8}{3}\alpha^4\left(\frac{n^2-1}{n^2+2}\right)^2 \tag{9-36}$$

式中，n 为质点相对于介质的折射率（$n=n_1/n_0$）。对质点很小的溶液可以导出 τ 与 R_θ 的关系为：

$$\tau=\frac{16\pi}{3}R_\theta \tag{9-37}$$

将式(9-36)和式(9-33)代入式(9-28)，再与式(9-37)结合消去 τ，得到 R_θ 的表达式，该表达式与式(9-20)完全相同，即 Mie 散射还原为 Rayleigh 散射。

近年来，随着计算机技术的发展，有关光散射的复杂计算已成为可能。例如有关 Mie 理论的计算，互联网上已有现成的软件可供使用，只要输入相关参数，即可计算出 Q_a 和 Q_s。另一方面，随着激光技术、计算机和纳米科技的发展，光散射技术得到了快速发展，出现了各种基于静态和动态光散射技术的测量仪器，广泛用于测定胶体分散体系的质点大小和分布、质点形态、高分子或聚合物的分子量以及 zeta 电位等，相关内容读者可参阅有关专著和文献。

9.1.5 稀分散体系的黏度

黏度或流变性是反映流体流动性质的重要物理量，是流体的重要性质。对多相分散体系，其意义不仅在于此，还在于它与体系的稳定性密切相关。

不同的流体往往显示出不同的黏度特性，为区别之，人们将流体分为牛顿流体和非牛顿流体。对多相分散体系，由于连续相流体中含有分散质点，体系的黏度特性将发生显著变化。对稀分散体系，这种变化通常用 Einstein 黏度定律来描述。由于多种因素的影响和体系的复杂性，实际多相分散体系的黏度往往与 Einstein 黏度定律有偏差。对各种偏差的分析和修正又使得 Einstein 黏度定律扩大了适用范围。本节将在简介黏度概念的基础上，重点介绍 Einstein 黏度定律及有关偏差的修正。

(1) 牛顿流体和非牛顿流体

设有一流体夹于两个面积为 A 的平板之间，如图 9-10 所示。若对其中的一个板施加一个与 x 方向平行的力 F，则板将向 x 方向运动。紧靠该板的流体将以与该板相同的速度一起向 x 方向运动，而紧靠另一个平面的流体的速度则为零。于是两板之间的流体沿 x 方向将有一个流速分布 $\mathrm{d}v_x/\mathrm{d}y$。此速度分布与作用于板上的力 F 以及流体的性质有关。对不同性质的流体，以 F/A 对 $\mathrm{d}v_x/\mathrm{d}y$ 作图可得如图 9-11 所示的各种关系。

如果流体的 F/A 与 dv_x/dy 成直线关系并通过原点，则该流体称为牛顿流体，即有：

$$\frac{F}{A}=\eta\frac{dv_v}{dy}(\text{或者 }\tau=\eta D) \tag{9-38}$$

式中，比例常数 η 即为黏度。因为力 F 的方向与流体运动方向相同，即为剪切力，所以 $F/A=\tau$ 称为剪切应力，而 $dv_x/dy=d\sigma/dt=D$ 也常被称为切变速度或剪速。

图 9-11 表明，一些流体不满足式(9-38)。这些流体统称为非牛顿流体，其黏度为曲线上各点的斜率，是切变速度的函数，有时称为表观黏度。而非牛顿流体又可以进一步区分为若干类型。

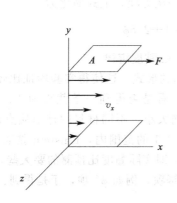

图 9-10 施加于单位面积上的力与流体流速关系示意图

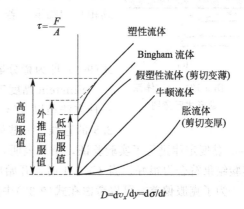

图 9-11 不同流体的 τ-D 关系图

① 假塑性流体（剪切变薄型） τ-D 曲线通过原点，在高剪速时成直线关系，η 为常数，但在低剪速时，η 随剪速增加而减小。

② 胀流体（剪切变厚） τ-D 曲线通过原点，但为非线性，η 随剪速增大而增大。

③ 塑性流体 τ-D 曲线既不通过原点，又为非线性。有一个低屈服剪力和一个高屈服剪力，还有一个外推屈服剪力。当剪力低于低屈服剪力时，不产生剪速；当剪力高于高屈服剪力时，η 变为常数；当剪力处于两屈服剪力之间时，η 为变数，随剪力增加而减小，与假塑性流体相类似。

④ Bingham 流体 τ-D 关系为直线，但不通过原点，即存在一个屈服剪力。

牛顿流体/非牛顿流体的概念完全可推广到胶体分散体系，即相应地有牛顿胶体和非牛顿胶体。

(2) Einstein 黏度定律

流体力学证明，单纯的牛顿流体在管道中流动时，流速沿管径呈抛物线分布，如图 9-12(a) 所示。当流体中有胶体大小的质点存在时，若质点在流动过程中不转动，则它两侧的流体速度与无此质点存在时相比将减小，即表现为流体黏度上升，见图 9-12(b)。若质点转动，则将消耗本来用于维持流体运动的能量，也使流速减小，或黏度增加，见图 9-12(c)。因此可以预计，质点浓度越大，引起的黏度增加也越大。

关于分散质点影响分散体系黏度的经典理论是 Einstein 建立的稀分散体的黏度定律。在导出此定律时，为了排除复杂因素的影响，对体系有如下假设：

① 介质（溶剂）的密度 ρ 和黏度 η_0 是常数；

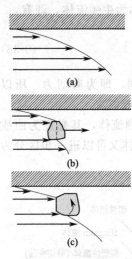

图 9-12 分散体流
动形式示意图

② 流速很低；

③ 分散质点为刚性球，球面与介质之间没有滑动；

④ 分散相质点之间的距离很大（浓度很稀），质点间无相互作用；

⑤ 质点（刚性球）比溶剂分子大得多，溶剂可看作连续介质。

于是稀分散体的黏度可表示为：

$$\frac{\eta}{\eta_0} = \frac{1+\phi/2}{(1-\phi)^2} = \left(1+\frac{\phi}{2}\right)(1+\phi+\phi^2+\cdots)^2 \tag{9-39}$$

式中，ϕ 为分散质点的体积分数（表示浓度大小）；η_0 为溶剂（连续相）的黏度。若只保留 ϕ 的一次方项，上式简化为：

$$\frac{\eta}{\eta_0} = 1+2.5\phi \tag{9-40}$$

式(9-40)即为稀分散体的 Einstein 黏度定律。

Einstein 黏度定律具有简单的形式，这使得实验验证比较容易。一种方法是以 η/η_0 对 ϕ 作图，看是否得到一条截距为 1，斜率 = 2.5 的直线。一些研究者用不同大小，不同材料的球形质点对 Einstein 黏度定律进行了实验验证，结果表明，至少在 $\phi \leqslant 0.1$ 的范围内，Einstein 黏度定律与实验结果符合得很好。当 $\phi > 0.1$ 时，开始出现正偏差，即实际黏度比预测的要大些。

为了克服偏差，可以考虑在式(9-39)中保留更高次幂项，例如 ϕ^2 项，于是得到：

$$\frac{\eta}{\eta_0} = 1+2.5\phi+K_1\phi^2+\cdots \tag{9-41}$$

式(9-41)可重新写成：

$$\frac{\eta/\eta_0-1}{\phi} = 2.5+K_1\phi \tag{9-42}$$

$\dfrac{\eta/\eta_0-1}{\phi}$ 类似于比浓黏度 $\dfrac{\eta/\eta_0-1}{c}$，于是以 $\dfrac{\eta/\eta_0-1}{\phi}$ 对 ϕ 作图，应得到一直线，斜率为 K_1，截距为 2.5。对玻璃球体系的研究表明，至少在较低浓度时的确有此直线关系。令：

$$[\eta] = \lim_{\phi \to 0} \frac{\eta/\eta_0-1}{\phi} \tag{9-43}$$

称为特性黏度。当符合 Einstein 黏度定律时，$[\eta] = 2.5$。

实际体系大多为多分散体系，并且不严格符合 Einstein 黏度定律的假设，因而其实际黏度可能与 Einstein 黏度定律的预测结果有偏差。

(3) 对 Einstein 定律的偏离

① 多分散的影响　Einstein 黏度定律中不含黏度对质点大小的依赖关系，因此不论对单分散体系，还是多分散体系，Einstein 定律应该同样适用。

设某体系的质点是由几种不同大小的球组成的混合物，每种球的体积分数为 ϕ_i，对每一个组分，ϕ_i 很小，足以使 Einstein 黏度定律成立。考虑逐次加入各个组分，则有：

$$\frac{\eta_1}{\eta_0} = 1+2.5\phi_1 \quad （加入组分 1） \tag{9-44}$$

$$\frac{\eta_2}{\eta_1} = 1+2.5\phi_2 \quad （加入组分 2） \tag{9-45}$$

两式相减，得到一般式：

$$\frac{\mathrm{d}\eta}{\eta}=2.5\mathrm{d}\phi_i \tag{9-46}$$

式中，η 为加入后一个组分之前分散体的黏度。设加入各组分后体系中分散相的总体积分数为 ϕ，则 $\mathrm{d}\phi_i$ 引起的 ϕ 的变化为：

$$\mathrm{d}\phi = \mathrm{d}\phi_i(1-\phi) \tag{9-47}$$

于是有：

$$\frac{\mathrm{d}\eta}{\eta}=2.5\frac{\mathrm{d}\phi}{1-\phi} \tag{9-48}$$

积分上式并注意到 $\phi=0$ 时，$\eta=\eta_0$，即得：

$$\frac{\eta}{\eta_0}=(1-\phi)^{-2.5} \tag{9-49}$$

当 $\phi\to0$ 时，上式还原为 Einstein 公式。可以证明，当 ϕ 增大时，式(9-49)所得结果大于式(9-40)所得到的结果，即多分散体系将造成对 Einstein 公式的正偏差，但这种影响在无限稀释时将不复存在。

② 溶剂化的影响　虽然在极稀浓度时，多分散性并不引起对 Einstein 公式的偏差，然而实际分散体系的黏度却与平均颗粒大小有很强的依赖关系。图 9-13 即为一实例。从图中可以看出，大质点比小质点更符合 Einstein 公式。即当质点变小时，偏离 Einstein 公式的程度增加。

现在来分析可能的原因。我们可以将小质点的曲线向右移动，以便与大质点的重合，显然横坐标必须增大，这预示着当质点尺寸减小时，按质点大小计算的体积分数并不代表实际体系中的体积分数。设想水溶性聚合物在水中（亲液胶体）是水化的，当质点运动时，应带着溶剂化层一起运动，这样的话，实际体系的相体积将大大增加。另一方面，对多相分散体系（憎液胶体），往往要加入第三组分如乳化剂、分散剂等提高分散体系稳定性，而乳化剂或分散剂在界面的吸附也将产生一个水化层，从而使实际分散相的体积分数增加，导致黏度偏离 Einstein 定律。

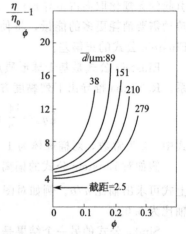

图 9-13　聚甲基丙烯酸酯质点的比浓黏度与体积分数的关系

采用适当的模型可以估计由于质点溶剂化引起的对 Einstein 定律的偏离。对多相体系，设质点为球形，显然溶剂化限于质点的表面。溶剂化所导致的与质点结合的溶剂数量与质点的比表面积 A_{sp} 成正比。设球形质点的半径为 R，溶剂化层厚度为 ΔR，则溶剂化层的体积应为 $A_{sp}m_2\Delta R$，式中 m_2 为分散相质点的质量。于是溶剂化质点的总体积为：

$$V=V_2+A_{sp}m_2\Delta R=V_2+\frac{3m_2\Delta R}{R\rho_2}=V_2\left(1+\frac{3\Delta R}{R}\right) \tag{9-50}$$

显然溶剂化使一部分溶剂起了分散相的作用。对很稀的分散体系，由于分散相浓度很低，可以认为溶剂化对溶剂体积的减少可忽略不计，但对分散相而言，却大大增加了其体积分数。设未溶剂化时质点的体积分数为 $\phi_{\mp}$，则溶剂化后质点体积分数变为：

$$\phi_{溶剂化}=\left(1+\frac{3\Delta R}{R}\right)\phi_{\mp} \tag{9-51}$$

这表明溶剂化使分散相体积分数增加了 $\frac{3\Delta R}{R}$ 倍。将这一结果代入 Einstein 公式得：

$$\frac{\eta}{\eta_0} = 1 + 2.5\left(1 + \frac{3\Delta R}{R}\right)\phi_{\mp} \tag{9-52}$$

这样，以干物质体积分数求出的特性黏度为 $2.5(1+3\Delta R/R)$，比 Einstein 公式预期的 2.5 要大，增加的倍数正好是溶剂化效应使分散相体积增加的倍数。上式表明，当其他条件相同时，质点越小（R 越小），这种效应越显著。

一个有趣的结果是，如果无限稀释时特性黏度偏离 Einstein 公式的结果纯粹由溶剂化效应所引起，则可通过测定实际体系在无限稀释时的特性黏度来求出溶剂化层厚度 ΔR。例如图 9-13 中 $\bar{d}=38\mu m$ 时实测的特性黏度为 5.8，于是求得 $\Delta R/R=0.44$。

对亲液胶体，溶剂化可能均匀地遍及整个分散相质点，理论上可以做类似的分析，其对特性黏度的影响完全类似。

以上分析把所有的偏差都归结于溶剂化效应，这似乎不尽合理。事实上还须考虑质点形状等因素的影响。

③ 非球形质点效应 球形质点是一种"理想"形状，但在实际体系中为数甚少。对非球形质点，通常可根据对球形的偏差来描述。一种方法就是把质点看作是旋转椭球体，其椭圆度用轴比 a/b 来表示。当 $a/b=1$ 时，即为球形质点。

由于质点的不对称性，在流动过程中质点将采取择优取向。对非常小的质点，布朗运动引起的无规化取向占主导地位。无规化取向导致质点在随流体运动的同时还将发生转动，而转动需要消耗更多的能量，将使黏度比无转动时进一步增大。因此非球形质点也将引起对 Einstein 公式的正偏差。

Einstein 公式是基于球形质点导出的，显然对非球形质点不再适用。对长椭球体分散体系，R. Simha 推导出下列黏度方程：

$$[\eta] = \frac{14}{15} + \frac{(a/b)^2}{15(\ln 2a/b - \lambda)} + \frac{(a/b)^2}{15(\ln 2a/b - \lambda + 1)} \tag{9-53}$$

式中，λ 为常数，对椭球体为 1.5，对圆柱棒体为 1.8。

假如对 Einstein 公式的偏离完全由质点的不对称性所引起，则根据实验测定的 $[\eta]$，从上式可求出轴比 a/b。例如对图 9-13 中 $\bar{d}=38\mu m$ 的曲线，假定是未溶剂化非球形质点，则轴比为 5.0。

Simha 公式的另一个结果是，随着轴比的增加，分散体系的黏度对 Einstein 公式的偏离将越来越显著。即使在无限稀释时也不能趋近 Einstein 理论值。因此若溶剂化效应和不对称效应同时存在，就不能估计两者各自对偏差的贡献。

综上所述，用特性黏度作为工作变量，可以在一定程度上消除浓度和多分散性的影响，因为在无限稀释时，这些影响不存在了。但无限稀释不能消除质点溶剂化效应和几何不对称效应，并且这两者对黏度的影响难以区分开。如果能用独立方法估算出其中的一种影响，比如从电镜照片求得轴比，则可以利用黏度数据确定溶剂化效应的影响。

9.2 沉降与扩散及其平衡

通常多相分散体系的分散质点和连续相的密度并不相等，因此在重力场中分散相质点将发生沉降，导致分散体系不稳定。另一方面，如果质点足够小，则热力的作用将导致质点扩散，从而可对抗沉降作用。在实际体系中，存在着沉降与扩散的平衡。

由于沉降和扩散都强烈依赖于质点大小，因此利用沉降和扩散原理可以测定分散相质点的质量（颗粒大小）或分子量，并已发展成为测定分散相质点大小的主要方法之一。

描述质点沉降规律的理论有 Stokes 沉降定律，而描述扩散规律的则有 Fick 定律。本节将以这两个定律为中心讨论沉降和扩散及其平衡以及其他相关问题。

9.2.1 重力场下的沉降和 Stokes 定律

设有一体积为 V，密度为 ρ_2 的质点浸在密度为 ρ_1 的流体中。在重力场中，该质点受到重力 F_g 和浮力 F_b 的作用，于是净力：

$$F_{\text{净}} = F_g - F_b = V(\rho_2 - \rho_1)g \tag{9-54}$$

使质点做加速运动。式中 g 为重力加速度。若 $\rho_2 > \rho_1$，质点下沉，称为沉降（sedimentation）；反之若 $\rho_2 < \rho_1$，则质点上浮，称为乳析（creaming），但广义上统称为沉降，系由质点和介质的密度差所引起。

由于质点是在黏性介质中运动，因此必受到黏性阻力的作用。当 $F_{\text{净}}$ 与黏性阻力相当时，质点将做匀速直线运动，达到一个定常速度。当定常速度较低时，黏性阻力 F_v 与定常速度成正比：

$$F_v = fv \tag{9-55}$$

式中，f 为阻力因子，于是可得到：

$$V(\rho_2 - \rho_1)g = fv \tag{9-56}$$

或者：

$$m\left(1 - \frac{\rho_1}{\rho_2}\right)g = fv \tag{9-57}$$

式中，m 为分散相质点的质量。式(9-57)作为沉降的一般式适用于任何形状的质点，它确立了无溶剂化效应时沉降速度 v 和 m/f 之间的关系。通过沉降速度 v 能求出 m/f 或反之，但要求出 m，则需要用独立的方法确定阻力因子 f。

有两种独立的方法可用于求取 f。一种是假定质点为球形，可以从理论上求出 f；另一种是通过扩散实验求取 f。在此先介绍第一种方法。

Stokes 从流体力学理论导出了球形质点在流体介质中运动时所受到的阻力 F 为：

$$F = 6\pi\eta Rv \tag{9-58}$$

式中，η 为介质的黏度；R 为球形质点的半径；v 为定常速度。式(9-58)称为 Stokes 定律。它表示：①在小的定常速度时，作用于质点的黏性阻力与速度成正比；②对球形质点，阻力因子为

$$f = 6\pi\eta R \tag{9-59}$$

于是对球形质点，由沉降速度可求出质点大小：

$$R = \left[\frac{9\eta v}{2(\rho_2 - \rho_1)g}\right]^{\frac{1}{2}} \tag{9-60}$$

而阻力因子可表示为：

$$f = 6\pi\eta\left[\frac{9\eta v}{2(\rho_2 - \rho_1)g}\right]^{\frac{1}{2}} \tag{9-61}$$

如果分散相质点无溶剂化效应，介质的黏度为常数，则对球形质点，利用式(9-60)可以通过测定沉降速度来求出质点的半径。显然，由于溶剂化效应和非球形质点效应，从式(9-60)获得的 R 并非质点的真正半径，通常称为流体力学半径。

如果质点发生溶剂化，若溶剂密度 ρ_1 小于质点密度 ρ_2，则质点的"实际"密度将比不发生溶剂化时减小，于是沉降速度减慢，即阻力因子增加。若以 f_0 代表非溶剂化质点的阻力因子，f 代表溶剂化质点的阻力因子，则 $f/f_0 > 1$。这样从式(9-60)求出的半径将比质点的真实半径要小，或求取的质点质量比实际的要小。

对非球形质点，按式(9-60)可求出一个半径 $\overline{R}$，它表示把非球形质点看作是半径为 $\overline{R}$ 的球形质点。这个球显然具有流体力学上"等效球"的意思，$\overline{R}$ 为相应的等效球半径。那么按照 $\overline{R}$ 计算的质点质量与实际质点的质量相比有什么样的偏差呢？

可以把非球形质点看作是具有轴比 a/b 的椭球体。若质点较大，不发生布朗运动，则其将按流体力学上最有利的取向沉降。对胶体范围大小的质点，由于存在布朗运动，质点在沉降过程中将不会有固定的取向，而是在各种方向上翻腾。设想每个翻腾的质点的外表面为球面，其半径为 $\overline{R}$，必然比同样质量的球形质点半径 R 为大，因此其受到的阻力因子 $f = 6\pi\eta\overline{R}$ 将比实际同样质量的球所受到的阻力因子 f_0 要大，即有 $f/f_0 > 1$，与溶剂化产生的效果一样。这样在求等效球质量时所用的阻力因子太小，即低估了质点受到的黏性阻力。所以把椭球体当作球处理时，低估了其质量。由此可见，对溶剂化质点和非球形质点，若用未溶剂化质点的密度和等效球公式，通过沉降法得到的质点质量比实际质点质量要低，并且低 f/f_0 倍。

9.2.2　离心力场中的沉降

在离心力场中，加速度要比在重力场中大得多。设质点以角速度 $\omega(\mathrm{rad \cdot s^{-1}})$ 或者转速 $n(\mathrm{r \cdot min^{-1}})$ 作半径为 x 的圆周运动（注意 $\omega = 2\pi n/60$），其受到的径向加速度为 $\omega^2 x$，于是球形质点的沉降速度为：

$$v = \frac{2(\rho_2 - \rho_1)R^2\omega^2 x}{9\eta} = \frac{2\pi^2(\rho_2 - \rho_1)R^2 n^2 x}{8100\eta} \tag{9-62}$$

注意在一定转速的离心机中，v 不再是常数，而是随位置 x 而变化，当发生沉降时 v 渐渐变大，而发生乳析时 v 渐渐变小。

离心力场中的沉降可用沉降系数 S，即单位离心加速度下的沉降速度来表示：

$$S = \frac{\mathrm{d}x/\mathrm{d}t}{\omega^2 x} \tag{9-63}$$

如能测出质点的位置随时间的变化，则积分上式即可求出沉降系数：

$$\int_{x_1}^{x_2} \frac{\mathrm{d}x}{x} = \omega^2 S \int_{t_1}^{t_2} \mathrm{d}t \tag{9-64}$$

$$S = \frac{\ln(x_2/x_1)}{\omega^2(t_2 - t_1)} \tag{9-65}$$

对球形质点，应用 Stokes 定律有：

$$S = \frac{2(\rho_2 - \rho_1)R^2}{9\eta} = \frac{m}{6\pi\eta R}\left(1 - \frac{\rho_1}{\rho_2}\right) \tag{9-66}$$

对非球形质点，类似于重力场下的沉降，阻力系数 f 不知道。但定常速度下离心力与黏性阻力相等，因此可用 $\omega^2 x$ 代替式(9-57)中的 g，这样沉降公式可写成：

$$m\left(1 - \frac{\rho_1}{\rho_2}\right)\omega^2 x = f\frac{\mathrm{d}x}{\mathrm{d}t} \tag{9-67}$$

代入式(9-63)得：

$$\frac{m}{f}\left(1 - \frac{\rho_1}{\rho_2}\right) = S \tag{9-68}$$

与在重力场中一样，若要通过离心沉降速度来求取非球形质点的质量 m，必须用独立的方法确定 f。

按照沉降定律，只要 $\Delta\rho\neq0$，质点终将沉降或分层。然而实际情况是，当质点足够小时，沉降趋势将明显减弱。这表明有一种对抗沉降的因素在起作用，这种因素就是扩散。由于温度的作用，质点的热运动趋向于使质点分散开。质点越小，扩散就越显著。通常大的质点易发生沉降，扩散作用可以忽略；而很小的质点如气体，扩散作用十分显著以致沉降可以忽略；于是必有一质点大小范围，使得沉降和扩散两种效应差不多，即存在沉降-扩散平衡。

9.2.3　扩散与 Fick 定律

根据热力学第二定律，分子无序分布在它们所能占据的整个空间中时熵最大，因此平衡时，物质趋向于均匀分布，或者浓度处处相等。反之如果体系中质点分布不均匀，则将有一个推动力促使其自发均匀分布，这个推动力就是浓度差，而自发均匀分布过程就是通常所称的扩散。

如图 9-14 所示，设有两个不同浓度的溶液被一个假想的多孔塞隔开，则溶液将从高浓度的一方向低浓度的一方迁移，直至达到平衡，即浓度相等。设多孔塞的厚度为零，面积为 A [图 9-14(a)]，流过面积 A 的溶质量为 Q，则 Q/A 的变化率称为穿过边界的溶质通量，用 J 表示：

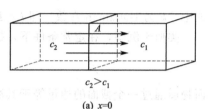

$$J=\frac{\mathrm{d}(Q/A)}{\mathrm{d}t} \tag{9-69}$$

在时间间隔 Δt 内穿过截面 A 的溶质数量为：

$$Q=AJ\Delta t \tag{9-70}$$

物质通量与边界处浓度梯度的关系为：

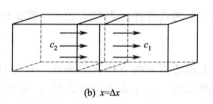

$$J=-D\frac{\mathrm{d}c}{\mathrm{d}x} \tag{9-71}$$

式 (9-71) 即为 Fick 第一定律，式中 D 定义为扩散系数，因物质从高浓度区向低浓度区迁移，所以加负号。D 的单位通常为 $\mathrm{cm}^2\cdot\mathrm{s}^{-1}$。显然扩散系数与质点大小有关，质点越大，扩散系数越小。普通分子的扩散系数为 10^{-5} 数量级，而胶体质点则为 10^{-7} 数量级。

图 9-14　两个不同浓度的溶液
被一个多孔塞隔开的情形
(a) 多孔塞厚度为零；
(b) 多孔塞厚度为 Δx

如果边界厚度不为零，横截面积仍为 A，如图 9-14(b) 所示，则在厚度为 Δx 的区域内，物质数量变化为：

$$\Delta Q=(J_{进}-J_{出})A\Delta t \tag{9-72}$$

另一方面，区域内浓度在 Δt 时间内的变化为 Δc，则 ΔQ 又可表示为：

$$\Delta Q=A\Delta x\Delta c \tag{9-73}$$

令 Δt 足够小，于是浓度变化 Δc 不大，可以认为扩散系数 D 不变，这样可将 Fick 第一定律代入式 (9-72) 并与式 (9-73) 相结合：

$$\frac{\Delta c}{\Delta t}=D\frac{\left(\frac{\partial c}{\partial x}\right)_{x=0}-\left(\frac{\partial c}{\partial x}\right)_{x=\Delta x}}{\Delta x} \tag{9-74}$$

令 Δt 和 Δx 趋于零，上式的极限为：

$$\frac{\partial c}{\partial t} = D \frac{\partial^2 c}{\partial x^2} \tag{9-75}$$

式(9-75)称为 Fick 第二定律，它描述体系的浓度随时间和位置的变化规律。如能利用仪器测出体系中扩散物质的浓度随时间和位置的变化，并找到与实验数据相符的浓度函数，则可求出扩散系数。将扩散和沉降联系起来，则可得到有关质点质量的信息。

前已述及，扩散是由某种推动力所引起，而力通常可以表示为某种势的梯度。就扩散推动力而言，这种势即为化学势 μ，于是每个质点受到的扩散推动力为：

$$F_{扩} = -\frac{1}{N_0} \frac{\partial \mu}{\partial x} \tag{9-76}$$

式中，N_0 为 Avogadro 常数。通常 μ 表示为：

$$\mu = \mu^{\ominus} + RT\ln\gamma c \tag{9-77}$$

式中，$\mu^{\ominus}$、γ 和 c 分别为溶质的标准化学势、活度系数和浓度。因为讨论的是无限稀体系，所以活度系数可视为 1。于是式(9-76)可写成：

$$F_{扩} = -\frac{kT}{c} \frac{\partial c}{\partial x} \tag{9-78}$$

式中，k 为 Boltzman 常数，即 $k = R/N_0$。

类似于沉降，在定常条件下，扩散力应等于黏性阻力 $fv_{扩}$，于是扩散速度为：

$$v_{扩} = -\frac{kT}{fc} \frac{\partial c}{\partial x} \tag{9-79}$$

而物质通过一个截面的通量等于其浓度与扩散速度的乘积：

$$J = cv_{扩} \tag{9-80}$$

将上两式合并，再与式(9-71)相比较得到：

$$D = \frac{kT}{f} \tag{9-81}$$

上式适用于所有形状的质点，只是对非球形质点，f 是未知数。如果能用独立的方法测出扩散系数（不在本书讨论之列），就能求出非球形质点的阻力系数。由于扩散和沉降的阻力系数完全相同，因此，与沉降测量相结合，从扩散系数可以求得质点的质量：

$$m = \frac{kTv_{沉}}{D\left(1 - \frac{\rho_1}{\rho_2}\right)g} \quad \text{（重力场下）} \tag{9-82}$$

$$m = \frac{kTS}{D\left(1 - \frac{\rho_1}{\rho_2}\right)} \quad \text{（离心力场下）} \tag{9-83}$$

另一个有意思的结果是利用扩散系数可求出质点的溶剂化效应和不对称效应。从式(9-81)和式(9-82)或式(9-83)分别得到实际质点的阻力系数 f_0 和质量 m，假定质点未溶剂化，由 m 可求得质点体积，然后用一个等效球体来代替该质点，由等效球半径可以求得一个阻力系数 f，于是得到比值 f/f_0。此值偏离 1 越远，表明溶剂化或不对称性越大。但是就像对黏度的影响一样，两种效应难以区分开。

9.2.4 沉降和扩散的平衡

在一个多组分体系中，总是存在着沉降和扩散两个相反的过程。沉降使质点趋向于集中，而扩散使质点趋向于分散。当质点很小时，如分子分散体系，扩散占主导地位，沉降可忽略不计，于是宏观上分子分散体系是均匀的。若质点很大，则沉降将占主导地位，扩散远不能抗衡沉降，因此体系宏观上表现为沉降或乳析。然而对胶体分散体系，这两种作用并存并且互相抗衡，使质点既非均匀分布，又非完全沉降或乳析，而可能沿高度具有一定的非均匀分布。

如图 9-15 所示，质点受到沉降和扩散两种作用。沉降使体系出现浓度梯度，反过来导致扩散。平衡时，因沉降和扩散引起的通过任一界面的物质通量相等，即有：

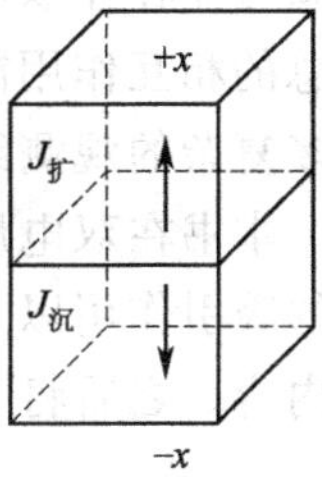

$$J_沉 = J_扩 \tag{9-84a}$$

而：

$$J_沉 = v_沉 c \tag{9-84b}$$

于是得：

$$v_沉 c = -D\frac{\mathrm{d}c}{\mathrm{d}x} \tag{9-85}$$

图 9-15 沉降通量与扩散通量之间的关系（平衡时两者相等）

在重力场下，代入式(9-57)得：

$$c\frac{m}{f}\left(1-\frac{\rho_1}{\rho_2}\right)g = -D\frac{\mathrm{d}c}{\mathrm{d}x} \tag{9-86}$$

在离心力场下，以 $\omega^2 x$ 代替 g（重力加速度 g 与高度 x 的方向相反，而离心加速度与 x 方向一致）得：

$$c\frac{m}{f}\left(1-\frac{\rho_1}{\rho_2}\right)\omega^2 x = D\frac{\mathrm{d}c}{\mathrm{d}x} \tag{9-87}$$

再以 kT 代替 Df，积分式(9-87)得：

$$\ln\frac{c_2}{c_1} = -\frac{mg}{kT}\left(1-\frac{\rho_1}{\rho_2}\right)(x_2 - x_1) \tag{9-88}$$

在离心力场中有：

$$\ln\frac{c_2}{c_1} = \frac{m \cdot \omega}{2kT}\left(1-\frac{\rho_1}{\rho_2}\right)(x_2^2 - x_1^2) \tag{9-89}$$

在式(9-88)中，设 x 代表高度，$x=0$ 处质点的浓度为 c_0，$x=h$ 处的浓度为 c，则质点浓度的高度分布为：

$$c = c_0\exp\left[\frac{-mgh}{kT}\left(1-\frac{\rho_1}{\rho_2}\right)\right] = c_0\exp\left(\frac{-m'gh}{kT}\right) \tag{9-90}$$

式中：

$$m' = m\left(1-\frac{\rho_1}{\rho_2}\right) = \frac{m}{\rho_2}(\rho_2 - \rho_1) = V\Delta\rho \tag{9-91}$$

m' 为质点在介质中的有效质量（扣除浮力的影响）。式(9-90)表明，质点浓度随高度的分布符合 Boltzman 分布方程，取决于质点的势能 $m'gh$（引起沉降）和动能 kT（导致扩散）的相对大小。显然当 $m'gh \ll kT$ 时，扩散为主要因素，分布趋向于均匀；当 $m'gh \gg kT$ 时，沉降为主要因素，质点趋向于沉降；而当 $m'gh$ 与 kT 相当时，质点浓度呈现高度分布。这正是多相分散体系的特征现象。

9.3 絮 凝 作 用

胶体分散体系的另一个不稳定因素是质点间的絮凝作用（flocculation）。絮凝是指质点聚集形成三维堆聚体，但质点间不发生聚结的过程，即在堆聚体中质点仍保持各自的个性。

显然，絮凝使质点的表观尺寸增大，在重力场或离心力场中将加速沉降或乳析，从而不利于分散体系的稳定。

絮凝的产生系由质点间 London-van der Waals 相互(吸引)作用所引起。另一方面，质点间可能存在双电层的静电(排斥)作用。因此絮凝的发生与否，取决于质点相互靠近时质点间总的相互作用能的正负和大小。有关这方面的理论称为 DLVO 理论。DLVO 理论能解释许多复杂的观测结果，是胶体稳定性理论的经典代表，是物理化学的一项卓越成就。

本书在双电层理论一章中已详细地讨论了质点间的排斥作用，因此本节将着重讨论质点间的吸引作用以及质点间的总相互作用势能及其与絮凝的关系，从而阐述 DLVO 理论的核心内容。之后将介绍絮凝的动力学以及与絮凝作用相关的其他因素。

9.3.1 真空中分子间范德华相互作用

为了区别于分子质点，这里我们将胶体质点称为宏观质点，它是由多个分子组成的聚结体。宏观质点间的相互作用实际上是由组成这些质点的分子间相互作用的加和。因此要了解宏观质点间的相互作用，首先应了解分子间的相互作用。

分子间作用力大致可分为三类。第一类纯粹起源于静电作用，即来自电荷间的库仑引力。例如离子(电荷)之间、永久偶极之间、离子和永久偶极之间的作用力即属于此类。第二类为极化力，为原子或分子处于离子(电荷)或永久偶极子附近由于受到其电场作用而产生诱导偶极所致，在溶剂介质中的相互作用一般皆涉及这类作用。第三类是性质上属于量子力学的作用力，它们导致形成共价键或化学键（包括电子转移作用），以及导致位阻排斥或交换相互作用（根据 Pauli 不相容原理）以平衡极短距离时的引力作用。

在多相分散体系中，由于宏观质点间距离相对较大，对分散体系的稳定性起作用的主要是能跨越相界面、在较长距离范围内起作用的力，即所谓的长程力，主要包括上述第一类和第二类作用力。

在讨论分子间相互作用时，通常用势能 $w(r)$ 来描述，因为这比处理力 $f(r)$ 要方便。势能是分子间距离的函数，且随距离增大而减小，因此通常将势能表述为距离的负幂函数 $w(r^{-n})$。习惯上以负的势能表示吸引，正的势能表示排斥。将势能 $w(r)$ 对距离 r 求导，即得到相应的分子间作用力，即有：

$$f(r) = -\frac{\partial w(r)}{\partial r} \tag{9-92}$$

表 9-4 列出了真空中常见的分子间相互作用的名称、图示说明和势能表达式。其中前三项为库仑定律的直接结果，根据电荷的符号，相互作用可以是吸引或排斥。第四～六项都是吸引性质的相互作用，并与距离的六次方成反比。相应的分子间相互作用力分别称为 Keesom（定向）力，Debye（诱导）力和 London（色散）力，统称为 van der Waals（范德华）引力。第七项为氢键作用势能，大致与距离的二次方成反比。最后一项为排斥势能，在距离很小时才起作用。

表 9-4　真空中原子、离子、分子间的常见相互作用

作用名称	图示说明	势能 $w(r)$ 表达式	幂指数—n
电荷-电荷(Coulomb)	$Q_1 \quad \xrightarrow{r} \quad Q_2$	$\dfrac{Q_1 Q_2}{4\pi\varepsilon_0 r}$	1
电荷-永久偶极子	$u \quad \theta \quad \xrightarrow{r} \quad Q$ 固定偶极	$-\dfrac{Qu\cos\theta}{4\pi\varepsilon_0 r^2}$	2

作 用 名 称	图 示 说 明	势能 $w(r)$ 表达式	幂指数$-n$
电荷-偶极子	u r Q 自由转动	$-\dfrac{Q^2u^2}{6(4\pi\varepsilon_0)^2kTr^4}$	4
电荷-非极性	Q r α	$-\dfrac{Q^2\alpha}{2(4\pi\varepsilon_0)^2r^4}$	4
偶极-偶极(Keesom 作用能)	u_1 r u_2 自由转动	$-\dfrac{u_1^2u_2^2}{3(4\pi\varepsilon_0)^2kTr^6}$	6
偶极-非极性(Debye 作用能)	u r α 转动偶极	$-\dfrac{u^2\alpha}{(4\pi\varepsilon_0)^2r^6}$	6
非极性-非极性(London 色散作用能)	α_1 r α_2	$-\dfrac{3h\nu_1\nu_2\alpha_1\alpha_2}{2(\nu_1+\nu_2)(4\pi\varepsilon_0)^2r^6}$	6
氢键	H···O-H···O-H···H···H r	大致与$-1/r^2$成正比	2
排斥	Φ 总是正值	$+\dfrac{\xi}{r^{12}}$	12

注：Q 为电量（C）；u 为偶极矩（$C\cdot m$）；α 为电极化率（$C^2\cdot m^2\cdot K^{-1}$）；r 为原子、离子或分子间距离（m）；k 为 Boltzman 常数（$1.381\times10^{-23}J\cdot K^{-1}$）；$T$ 为热力学温度（K）；h 为 Plank 常数（$6.626\times10^{-34}J\cdot s$）；$\nu$ 为电子吸收（离子化）频率（s^{-1}）；ε_0 为真空的介电常数（$8.854\times10^{-12}C^2\cdot J^{-1}\cdot m^{-1}$）。

在多相分散体系中，引起絮凝的是宏观质点间的吸引作用，而它来源于分子间吸引作用的加和。因此上述诸相互作用中，范德华相互作用是我们最感兴趣的部分。

Keesom（定向）力是两个偶极分子之间的作用力。偶极分子是指整体上没有净电荷，但其正、负电荷中心并不重合的分子。一些极性分子即属于偶极分子，于是其"极性"大小可以用"偶极矩"（u）来表示，它等于电荷与正、负电荷中心距离（l）的乘积：

$$u=ql \tag{9-93}$$

其单位为库仑·米（$C\cdot m$），或者静电单位·厘米（$esu\cdot cm$），而习惯上用 Debye（D）为单位，$1D=10^{-18}esu\cdot cm=3.336\times10^{-30}C\cdot m$。由于两个偶极分子分别产生电场，而邻近分子受到电场作用，因此 Keesom（定向）作用势能与两个极性分子的偶极矩的平方成正比。

Debye（诱导）力则是一个偶极分子与一个可极化分子之间的相互作用力。所谓极化作用是指一个原子或分子，尽管其既没有净电荷，正、负电荷中心也不分离，但如果附近有一个电荷或偶极分子，则在其电场作用下，正、负电荷中心会发生瞬间分离而产生一个所谓的诱导偶极矩。于是一个偶极和一个诱导偶极之间将产生 Keesom（定向）作用。理论上任何原子或分子都是可极化的，其可极化程度用极化率 α 来表示，α 的定义为：

$$u_{诱导}=\alpha E \tag{9-94}$$

式中，E 为偶极分子产生的电场强度；$u_{诱导}$ 为极化分子产生的诱导偶极矩。

对非极性分子，其极化率用 α_0 来表示。理论研究表明，对单电子原子，其在真空中的 $u_{诱导}$ 与原子的体积成正比：

$$u_{诱导}=\alpha_0E=4\pi\varepsilon_0R^3E \tag{9-95}$$

式中 R 为原子的半径，于是有：

$$\alpha_0 = 4\pi\varepsilon_0 R^3 \tag{9-96}$$

由于 $u_{诱导}$ 系由电子位移所产生，因此 α_0 也称为电子极化率或电极化率，其单位为 $C^2 \cdot m^2 \cdot J^{-1}$。对非极性分子，其 α_0 可以是分子中各共价键的极化率的简单加和，例如甲烷分子的极化率是 C—H 键极化率的 4 倍，即 $\alpha_{CH_4} = 4\alpha_{C-H}$，再如乙烯分子有 $\alpha_{(CH_2=CH_2)} = 4\alpha_{(C-H)} + \alpha_{(C=C)}$。需要注意，对于拥有非独立键的分子如苯环以及拥有未成键孤对电子的分子，上述简单加和法不适用。

对极性分子（拥有永久偶极），除了分子中的电子会产生位移导致电极化外，一个可自由转动的偶极在电场中会产生定向极化：

$$\alpha_{定向} = \frac{u^2}{3kT} \tag{9-97}$$

式中，u 为极性分子的永久偶极矩，于是总的极化率为两部分之和：

$$\alpha = \alpha_0 + \frac{u^2}{3kT} \tag{9-98}$$

显然 Keesom（定向）作用和 Debye（诱导）作用本质上是涉及电荷或偶极的静电作用。除此之外，任何原子或分子之间还存在一种普遍的相互作用，称为 London（色散）作用，即使两个分子是完全中性的。

众所周知，任何分子中的电子都在不停地运动，在任一时刻，电子的位置与原子核并不重合，因此会产生一个瞬间偶极。所谓的中性分子（永久偶极矩＝0）是指偶极矩的时间平均值为零，而瞬间偶极矩并不为零。于是在瞬间偶极作用下，相邻的非极性分子又会产生瞬间诱导偶极，由此产生瞬间的偶极-诱导偶极相互作用。

以两个玻尔（Bohr）原子为模型，设电子与质子间的最小距离为 a_0，则 a_0 即为第一玻尔半径，可以理解为原子的半径。由量子力学得到，在这一距离上的库仑作用能为：

$$e^2/(4\pi\varepsilon_0 a_0) = 2h\nu \tag{9-99}$$

式中，h 为 Plank 常数（$h = 6.626 \times 10^{-34} J \cdot s$）；$\nu$ 为电子旋转运动的频率（$\nu = 3.3 \times 10^{15} s^{-1}$）。于是有：

$$a_0 = \frac{e^2}{2(4\pi\varepsilon_0)h\nu} = 0.053nm \tag{9-100}$$

而 $h\nu = 2.2 \times 10^{-18} J$ 即为第一玻尔半径上一个电子的能量，它等于使该原子离子化所需要的能量，也称第一离子化势能 I。由于原子瞬间的离子化产生的瞬间偶极矩为：

$$u = a_0 e \tag{9-101}$$

应用 Debye 相互作用公式得到瞬间的偶极-诱导偶极相互作用能为：

$$w(r) = \frac{-u^2\alpha_0}{(4\pi\varepsilon_0)^2 r^6} = \frac{-(a_0 e)^2\alpha_0}{(4\pi\varepsilon_0)^2 r^6} \tag{9-102}$$

式中，α_0 用式(9-96)代入，取 $R = a_0$，再与式(9-99)相结合得到：

$$w(r) \approx \frac{-\alpha_0^2 2h\nu}{(4\pi\varepsilon_0)^2 r^6} \tag{9-103}$$

而一对不同种非极性分子间的 London（色散）作用势能的精确表达式为：

$$w(r) = \frac{-3}{2} \times \frac{\alpha_{01}\alpha_{02} h\nu_1\nu_2}{(4\pi\varepsilon_0)^2 r^6 (\nu_1+\nu_2)} = \frac{-3}{2} \times \frac{\alpha_{01}\alpha_{02}}{(4\pi\varepsilon_0)^2 r^6} \frac{I_1 I_2}{(I_1+I_2)} \tag{9-104}$$

对同一种非极性分子，上式简化为：

$$w(r) = \frac{-3}{4} \times \frac{\alpha_0^2 h\nu}{(4\pi\varepsilon_0)^2 r^6} = \frac{-3}{4} \times \frac{\alpha_0^2 I}{(4\pi\varepsilon_0)^2 r^6} \tag{9-105}$$

将式(9-103)与上式相比，可见除了系数有相差之外，其余都一致，可见上面的简单模型可以很好地用来理解 London（色散）作用。

London（色散）作用是范德华作用的重要成分，并且所有原子和分子之间都具有这种作用，而 Keesom（定向）作用和 Debye（诱导）作用则取决于分子结构。相应地，London（色散）力是范德华力的重要成分，在许多界面现象如黏附、表面张力、物理吸附、润湿以及决定气体、液体和薄膜的性质、固体的强度、液体中颗粒的絮凝、凝聚态大分子如蛋白质和聚合物的结构等方面发挥了主导作用。

London（色散）力的主要性质可以概括如下：①色散力属于长程力，其作用距离小到分子间距离（0.2nm），大至 10nm 以上，取决于具体场合；②色散力可以是吸引力，也可以是排斥力。一般两个分子或两个大质点间的色散力不服从简单的幂率；③色散力不仅促使分子聚集到一起，也有使分子定向排列的趋势，只是后者较弱；④两个物体之间的色散力将受附近存在的其他物体的影响，因此具有"非加和性"。

将 Keesom（定向）、Debye（诱导）和 London（色散）作用势能加和，即得到范德华作用势能。对异种分子，范德华引力势能为：

$$w_A = \frac{-1}{(4\pi\varepsilon_0)^2 r^6}\left[u_1^2\alpha_{02}+u_2^2\alpha_{01}+\frac{u_1^2 u_2^2}{3kT}+\frac{3\alpha_{01}\alpha_{02}h\nu_1\nu_2}{2(\nu_1+\nu_2)}\right]=-\beta_{12}r^{-6} \tag{9-106}$$

式中，β_{12} 表示一对异种分子间的范德华引力势能系数；α_{01} 和 α_{02} 为分子 1 和分子 2 电极化率。

如果是同种分子，则上式简化为：

$$w_A = \frac{-1}{(4\pi\varepsilon_0)^2 r^6}\left[2u_1^2\alpha_{01}+\frac{u_1^4}{3kT}+\frac{3\alpha_{01}^2 h\nu_1}{4}\right]=-\beta_{11}r^{-6} \tag{9-107}$$

若以 x 表示 Debye（D）、Keesom（K）和 London（L）作用势能对范德华作用势能的贡献分数，则有：

$$x_D+x_K+x_L=1 \tag{9-108}$$

由 β_{11} 的表达式：

$$\beta_{11}=\frac{-1}{(4\pi\varepsilon_0)^2}\left(2u_1^2\alpha_{01}+\frac{u_1^4}{3kT}+\frac{3\alpha_{01}^2 h\nu_1}{4}\right) \tag{9-109}$$

可分别求出三部分的贡献分数。对一些分子的计算结果列入表 9-5，可见除了极性很高的水分子外，London（色散）作用的贡献最大。

表 9-5　一些物质范德华引力中 Debye（D）力、Keesom（K）力和 London（L）力所占分数

化 合 物	电子极化度 $\frac{\alpha}{4\pi\varepsilon_0}$ /$10^{-30}m^3$	永久偶极矩 u/D	离子化势能 $h\nu$/eV	x_D	x_K	x_L
Ne-Ne	0.39	0	21.6	0	0	1.000
CH$_4$-CH$_4$	2.6	0	12.6	0	0	1.000
HCl-HCl	2.63	1.08	12.7	0.049	0.089	0.862
HBr-HBr	3.61	0.78	11.6	0.021	0.016	0.963
HI-HI	5.44	0.38	10.4	0.005	0.001	0.994
CH$_3$Cl-CH$_3$Cl	4.56	1.87	11.3	0.077	0.243	0.680
NH$_3$-NH$_3$	2.26	1.47	10.2	0.090	0.342	0.568
H$_2$O-H$_2$O	1.48	1.85	12.6	0.072	0.691	0.237
Ne-CH$_4$				0	0	1.000
HCl-HI				0.034	0.005	0.961
H$_2$O-Ne				0.083	0	0.917
H$_2$O-CH$_4$				0.134	0	0.866

注：1D(Debye)=3.336×10^{-30}C·m；1eV(电子伏特)=1.602×10^{-19}J。

另一方面，当两个原子相距很近时，电子云将会发生重叠，从而导致很强的排斥作用。正是这种排斥力决定了原子或分子之间最终能够相互靠近的程度。习惯上这种近距离上的排斥作用被称为交换排斥、硬核排斥、位阻排斥或 Born 排斥（对离子），其特征是具有极短的作用距离，而一旦产生将随距离的减小急剧增加。关于这种排斥作用迄今尚无一般方程可用于描述其随距离的变化，但已有一些经验公式，其中最著名的有硬球势能，负幂函数势能和指数势能等。

如果将原子看作是不可压缩的硬球，则当两个原子靠近到一定距离时，排斥力将急剧增加到无穷大。事实上不同的原子在液体或固体中紧密排列时的确表现得像硬球一样，每个原子具有固定的特征半径，使液体或固体很难进一步压缩。原子或分子的这种特征半径称为"硬球半径"或"范德华排列半径"，对大多数原子或小分子，其数值在 0.1～0.2nm。离子具有类似的性质，在离子晶体中其特征半径称为"裸离子半径"（不同于在溶液中的水化半径），通常阴离子的裸径要大于阳离子，因为它获得了电子，而后者失去了电子。当两个原子形成共价键后，原子中心的距离可以表示为其共价键半径之和，通常单键半径比原子的范德华排列半径要小 0.08nm 左右，据此可以根据原子的范德华排列半径以及键角等参数估计分子的范德华排列半径，例如具有圆柱体结构的链烷分子中每个 CH_2 单元的长度是 0.127nm，端头 CH_3 半球的半径为 0.2nm。

如果用负幂函数势能来表示位阻排斥势能，则原子或分子的范德华吸引作用与近距离位阻排斥作用的综合效应可以表示为：

$$w(r) = \xi r^{-12} - \beta r^{-6} \tag{9-110}$$

式中第一项为排斥势能，与距离 r^{-12} 成正比，第二项为吸引作用，系数 β 即为 β_{11}（同种分子）或 β_{12}（异种分子）。按式(9-110)，当 $r = \sigma = (\xi/\beta)^{1/6}$ 时，$w(\sigma) = 0$；另一方面，随 r 的变化，$w(r)$ 有极小值。令 $dw/dr = 0$，求得极小值时的距离 r_m 为：

$$r_m = \left(\frac{2\xi}{\beta}\right)^{\frac{1}{6}} = 1.12\sigma \tag{9-111}$$

相应的极小值为：

$$w(r_m) = -\frac{\beta}{2} r_m^{-6} = -\xi r_m^{-12} \tag{9-112}$$

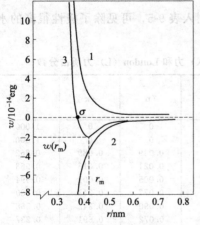

于是可消去常数 ξ 和 β 而以 $w(r_m)$ 和 r_m 来表示式(9-110)：

$$w(r) = w(r_m)\left[\left(\frac{r}{r_m}\right)^{-12} - 2\left(\frac{r}{r_m}\right)^{-6}\right]$$

$$= 4w(r_m)\left[\left(\frac{\sigma}{r}\right)^{6} - \left(\frac{\sigma}{r}\right)^{12}\right] \tag{9-113}$$

图 9-16 即为两个甲烷分子的势能（w）与相隔距离（r）的关系。总相互作用势能显示出明显的最低点。最低点处 $r_m = 0.42$nm，$w(r_m) = -2.1 \times 10^{-14}$erg，$\sigma = 0.375$nm，相应的系数为 $\xi = 6.2 \times 10^{-103}$ erg·cm^{12}，$\beta = 2.3 \times 10^{-50}$ erg·cm^6。

9.3.2 介质中分子间范德华相互作用

对胶体分散体系例如气/液、液/液、固/液分散体系，分散介质常常是液体而不是真空，因此了解分子在溶剂（介质）中的范德华相互作用具有更现实的意义。

图 9-16 两个甲烷分子间的相互作用势能

1—排斥势能（与 r^{12} 成反比）；2—吸引势能（与 r^6 成反比）；3—总相互作用能

由于介质也是由分子组成的，因此分子在介质中的范德华相互作用比在真空中要复杂得多。图9-17列出了可能的相互作用情形，其中图(a)～(c)为两个分子在另一个介质中的相互作用，而图(d)～(g)为分子从一种介质转移到另一种介质。

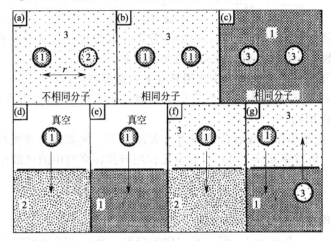

图 9-17　溶剂(介质)中两个分子的相互作用情形

两个分子在真空中的London（色散）作用已由式(9-104)给出，然而London色散作用理论有两个缺陷，一个是假设原子和分子仅有一个单一的离子化势能（一个吸收频率），另一个是不能处理溶剂或介质中的相互作用。后来McLachlan提出了范德华作用的一般理论，不仅把诱导、定向以及色散作用包含在一个方程内，而且可应用于处理介质中的相互作用。

McLachlan将两个分子或小质点1和2在介质3中的范德华相互作用表述为级数形成：

$$w(r) = -\frac{6kT}{(4\pi\varepsilon_0)^2 r^6} \left[\frac{1}{2} \frac{\alpha_1(iv_0)\alpha_2(iv_0)}{\varepsilon_3^2(iv_0)} + \sum_{n=1,2,\cdots} \frac{\alpha_1(iv_n)\alpha_2(iv_n)}{\varepsilon_3^2(iv_n)} \right] \tag{9-114}$$

式中，(iv_n) 是虚数频率，其中：

$$v_n = (2\pi kT/h)n \approx 4\times10^{13}n \quad (s)^{-1} \quad (300\mathrm{K}, n=0,1,2,\cdots) \tag{9-115}$$

而 $\alpha_1(iv_n)$、$\alpha_2(iv_n)$ 以及 $\varepsilon_3(iv_n)$（$n=0$，1，2，…）分别为分子1、分子2以及介质3在此虚数频率下的极化率和介电常数。从式(9-114)可以看出，$w(r)$ 包括两大项，第一项对应于 $n=0$（$v=0$），称为零频率项，其余则为非零频率项，合并称为 $v>0$ 项。

在真空中零频率项还原为：

$$w(r)_{v=0} = -\frac{3kT}{(4\pi\varepsilon_0)^2 r^6}\alpha_1(0)\alpha_1(0)$$

$$= -\frac{3kT}{(4\pi\varepsilon_0)^2 r^6}\left(\frac{u_1^2}{3kT}+\alpha_{01}\right)\left(\frac{u_2^2}{3kT}+\alpha_{02}\right) \tag{9-116}$$

即范德华作用中的Keesom（定向）和Debye（诱导）作用项，或者偶极作用项；而非零频率项则还原为London（色散）作用：

$$w(r)_{v>0} = -\frac{3\alpha_{01}\alpha_{01}}{2(4\pi\varepsilon_0)^2 r^6}\frac{hv_{I,1}v_{I,2}}{(v_{I,1}+v_{I,2})} \tag{9-117}$$

通过一些假设和简化，式(9-114)应用于介质中两个不相同分子的相互作用的结果是：

$$w(r) = w(r)_{v=0} + w(r)_{v>0} = -\frac{3kTa_1^3 a_3^3}{r^6}\left[\frac{\varepsilon_1(0)-\varepsilon_3(0)}{\varepsilon_1(0)+2\varepsilon_3(0)}\right]\left[\frac{\varepsilon_2(0)-\varepsilon_3(0)}{\varepsilon_2(0)+2\varepsilon_3(0)}\right]$$

$$+ \frac{-\sqrt{3}hv_e a_1^3 a_3^3}{2r^6}\frac{(n_1^2-n_3^2)(n_2^2-n_3^2)}{(n_1^2+2n_3^2)^{1/2}(n_2^2+2n_3^2)^{1/2}[(n_1^2+2n_3^2)^{1/2}+(n_2^2+2n_3^2)^{1/2}]} \tag{9-118}$$

而对于两个相同分子，上式简化为：

$$w(r)=w(r)_{\nu=0}+w(r)_{\nu>0}$$

$$\approx -\frac{a_1^6}{r^6}\left\{3kT\left[\frac{\varepsilon_1(0)-\varepsilon_3(0)}{\varepsilon_1(0)+2\varepsilon_3(0)}\right]^2+\frac{-\sqrt{3}h\nu_e}{4}\frac{(n_1^2-n_3^2)^2}{(n_1^2+2n_3^2)^{3/2}}\right\} \qquad (9\text{-}119)$$

式中，a 为质点半径；r 为分子间距离；$\varepsilon(0)$ 为静态介电常数；ν_e 为介质产生强吸收峰的频率；h 为 Plank 常数；n 为折射率。两式的应用范围是 $r \gg a_1$。

从以上两式可知，介质中的范德华作用具有下列重要特征：

① 因为 $h\nu_e \gg kT$，与真空中的范德华作用类似，非零频率项（色散作用）的贡献要远大于零频率项（偶极作用）。

② 在介质中，范德华作用或者范德华力大大减小了。例如两个非极性分子，其折射率 $n=1.5$，在溶剂 3（折射率 $n_3=1.4$）中的色散作用与其在真空中的色散作用之比为：

$$\frac{(1.5^2-1.4^2)^2(1.5^2+2)^{-3/2}}{(1.5^2-1^2)^2(1.5^2+2\times1.4^2)^{-3/2}}\approx\frac{1}{33}$$

即在介质中的色散作用势能仅为真空中的 1/33。

③ 在式（9-119）中，令 $n_3=1$，即为真空中的情形，此时非零频率项为：

$$w(r)_{\nu>0}=-\frac{\sqrt{3}h\nu_e a_1^6}{4r^6}\frac{(n_1^2-1)^2}{(n_1^2+2)^{3/2}} \qquad (9\text{-}120)$$

而 London 表达式结果是：

$$w(r)=-\frac{3h\nu_I a_1^6}{4r^6}\frac{(n_1^2-1)^2}{(n_1^2+2)^2} \qquad (9\text{-}121)$$

两者的表达式有显著的差别，原因是 London 表达式中的 ν_I 是单个分子的频率，而式（9-120）中的 ν_e 是凝聚态分子（介质）的频率，两者是不同的。如果引入两者的关系式：

$$\nu_e=\nu_I\sqrt{3/(n_1^2+2)} \qquad (9\text{-}122)$$

则两者变为一致。

④ 两个相同分子在介质中的色散力永远是吸引力，但两个不同分子在介质中的色散力则可能是吸引力或排斥力，取决于介质的性质。从式（9-118）可见，当 n_3 介于 n_1 和 n_2 之间时，$w(r)_{\nu>0}$ 项为正值，色散力即为排斥力。而在真空中，不同分子间的色散力也是吸引力。此外对不相同分子 1 和 2，两者交换位置对结果无影响。

上述色散力表达式也为判断液体能否互溶提供了半定量依据。从式（9-119）可以判断，如果 n_1 和 n_3 相差越小，则两个溶质分子 1 之间的吸引作用就越小，溶质在溶剂 3 中缔合乃至分出另一相的趋势就越小，即促进互溶。这就是"相似相溶"的理论基础。

9.3.3 范德华力的结合与宏观界面现象

从分子间范德华作用势能的表达式可以看出，两个分子 A 和 B 在任何距离上的范德华作用可以表示为分子 A 和分子 B 的某个性质（分别用斜体 A 和 B 表示）的乘积，例如从表 9-4 可见，对电荷-非极性分子的作用，$A \propto Q_A^2$，而 $B \propto \alpha_B$；对偶极作用，$A \propto u_A$ 或 u_A^2，$B \propto u_B$ 或 u_B^2；对色散作用，$A \propto \alpha_A$，$B \propto \alpha_B$；而对我们所熟知的宏观重力则有，$A \propto M_A$（A 的质量），$B \propto M_B$（B 的质量）。于是当分子 A 和分子 B 接触时，各种不同类型相互作用的结合能可以表示为：

$$w_{AA}=-A^2,\ w_{BB}=-B^2 \quad (\text{相同分子}) \qquad (9\text{-}123)$$

$$w_{AB}=-AB \quad (\text{不相同分子}) \qquad (9\text{-}124)$$

注意除了对电荷-电荷作用，式中的负号要变成正号外，其余皆为负号，表示吸引作用。

现在考虑一个由相同数量的分子 A 和分子 B 组成的混合液体，其中分子 A 和分子 B 随机分散，如图 9-18(a)所示。可见体系处于分散状态时，在二维平面内平均每个分子 A 和每个分子 B 的最近处分别被 3 个分子 A 和 3 个分子 B 包围，但如果发生缔合，则每个分子最近处皆被 6 个同类分子所包围，如图 9-18(b)所示，于是从分散到缔合，18 个 A-B 键被打破，而新形成 9 个 A-A 键和 9 个 B-B 键，因此两种状态的能量差为 $\Delta W = -9(A-B)^2$。而在三维空间，一个分子被 12 个分子贴身包围，相应的过程中形成了 22 个 A-A 键和 22 个 B-B 键，因此能量差为 $\Delta W = -22(A-B)^2$，由此得到一般式：

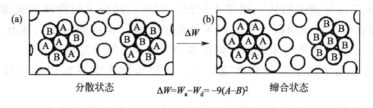

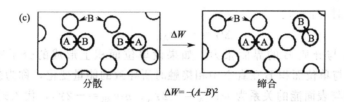

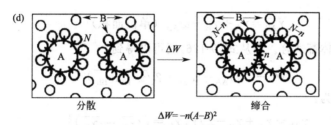

图 9-18　两个中心分子 A 和 B 在溶剂中被相同数量的分子 A 和分子 B 所包围(a)；
7 个分子 A 和 7 个分子 B 缔合成团簇(b)；两个分子 A 在溶剂（分子 B）中缔合(c)；
两个大颗粒 A 在介质（小分子 B）中缔合，形成的 A-A 和 B-B 键数量 n 正比于颗粒半径(d)

$$\Delta W = W_a - W_d = -n(A-B)^2 \tag{9-125}$$

式中下标 a 和 d 分别代表缔合（association）和分散（dispersion），而 n 等于缔合过程形成的同分子键数，不论有多少分子参与缔合过程以及分子的相对大小。由于 $(A-B)^2$ 总是大于零，于是 $\Delta W < 0$，因此可以得出结论，同类分子总是倾向于自相缔合，或者说，在一个二元体系中，同类分子或质点之间总是存在着有效的吸引作用。

式(9-125)可以被进一步展开，用于考察介质中相同溶质分子或质点之间的相互作用：

$$\Delta W = -n(A-B)^2 = -n\left(\sqrt{-w_{AA}} - \sqrt{-w_{BB}}\right)^2 \tag{9-126}$$

$$\Delta W = -n(A^2 + B^2 - 2AB) = n(w_{AA} + w_{BB} - 2w_{AB}) \tag{9-127}$$

首先，ΔW 等同于介质中的原子对作用势能（pair interaction potential）。如果 w_{AA} 和 w_{BB} 有显著差异，例如一个是极性分子，另一个是非极性分子，则 ΔW 可能足够大，以致能克服混合熵效应，导致低溶解度或相分离，例如水与烃分子不能互溶以及"相似相溶"等现象皆源于这一基本原理。

其次，因为 $\Delta W \propto n$，因此可以预测大颗粒或高分子量的聚合物比小分子更易发生相分离，事实上大量聚合物彼此之间的确是不互溶的。此外，$\Delta W/n$ 对 A 类分子在介质中与 B 类分子的接触，与相反过程，即 B 类分子与 A 类分子接触完全是等价的，这种可逆或互反性质与范德华力的性质完全相同。

最后可见，两个溶质分子在某个溶剂中的相互作用与溶剂-溶剂分子间相互作用密切相关，于是两个颗粒在水中的相互作用就不可能与水分子之间的相互作用无关。

在应用式(9-126)或上述推论时需要注意，对带相反电荷的原子或离子，ΔW 的符号相反，因此分散是更可取的状态，于是在离子晶体中，正离子皆与负离子相邻。另一方面，能够形成氢键的分子也可能不服从上述基本规律，因为不同分子间形成的氢键的强度不能用 $w_{AB} = -AB$ 来表示。例如丙酮分子之间不能形成氢键，但丙酮分子的羰基 C=O 能与水分子形成氢键，因而丙酮能与水混溶，而在水中丙酮分子间是互相排斥的。

将上述结果应用于两个宏观表面或界面，可以得到宏观界面现象与范德华作用的相关性。

首先，考察黏附和界面张力问题。考虑两个单位面积的平面 A 在一个液体 B 中，则当两个表面黏附在一起时有：

$$\Delta W = -2\gamma_{AB} \tag{9-128}$$

式中，γ_{AB} 为平面 A 与介质 B 的界面张力。如果设单位面积上形成的分子键数为 n，则 nw_{AB} 为单位面积 A 与单位面积 B 在真空中相接触时所导致的能量变化，称为黏附能或黏附功，类似地，内聚能与表面能的关系为 $nw_{AA} = -2\gamma_A$，$nw_{BB} = -2\gamma_B$，代入式(9-127)从而得到：

$$\gamma_{AB} = \gamma_A + \gamma_B - w_{AB} \quad （单位面积） \tag{9-129}$$

式(9-129)对固体和液体都适合。而从式(9-126)还可以得到：

$$\Delta W = n(w_{AA} + w_{BB} - 2\sqrt{w_{AA}w_{BB}}) \tag{9-130}$$

相应地，式(9-129)变为：

$$\gamma_{AB} = \gamma_A + \gamma_B - 2\sqrt{\gamma_A\gamma_B} = (\sqrt{\gamma_A} - \sqrt{\gamma_B})^2 \tag{9-131}$$

即 $w_{AB} = 2\sqrt{\gamma_A\gamma_B}$，这正是对非极性分子的 Fowkes 公式[参见式(1-71)]。显然在没有任何数据的情况下，可以用式(9-131)来估计 A 和 B 之间的界面张力。

其次，让我们来考察如图 9-19 所示的三元体系中的分子缔合和分散问题。设两种不同分子 A 和 B 分散在介质 C 中 [图 9-19(a)]，若 A 和 B 发生缔合 [图 9-19(b)]，则有：

$$\Delta W = W_a - W_d \propto -AB - (C)^2 + AC + BC \propto -(A-C)(B-C) \tag{9-132}$$

而 ΔW 可正可负，取决于 C 性质的大小。这表明不相同分子在介质中的范德华作用不再是纯粹的吸引作用，也可能出现排斥作用。从上式可见，当 C 介于 A 和 B 之间时，则 $\Delta W > 0$，A 和 B 之间的作用为相互排斥。一个直观的例子是将铁块和木块投入水中，铁块将沉入水底，而木块将浮至水面，即铁块和木块在水介质中发生了排斥作用，因为水的密度介于铁块和木块的密度之间，在重力场下，木块的下降伴随着排开等体积的水（Archimede 原理），而这些水的重量大于木块的重量，木块的下沉不足以补偿使这些水上升所需要的能量。

另一方面 A-A 缔合和 B-B 缔合，即图 9-19 中(a)→(c)和(b)→(c)总是自发的，即同类分子在介质中永远是吸引作用（静电作用和氢键作用除外）。

吸附也是宏观界面现象之一，涉及质点与界面的作用，现在让我们应用介质中范德华作用的结合来分析这一过程。

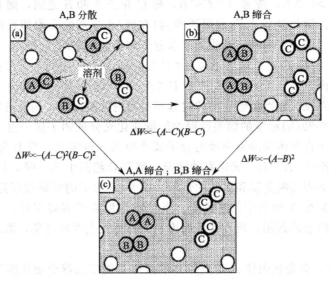

图 9-19 两个不相同分子或颗粒 A 和 B
在介质 C 中可能相互吸引或相互排斥

如图 9-20 所示，质点 C 处于两个不互溶液体形成的界面附近，可能发生以下三种情况：①脱附，质点 C 脱离界面，进入任意一边的体相；②吸附，质点从任意一边趋向界面；③吞没或淹没，即质点从一个体相穿过界面进入另一个体相中。应用式(9-132)可以获得质点前往界面的能量变化：

从左至右：
$$\Delta \overline{W} \propto -(C-A)(B-A) \tag{9-133}$$

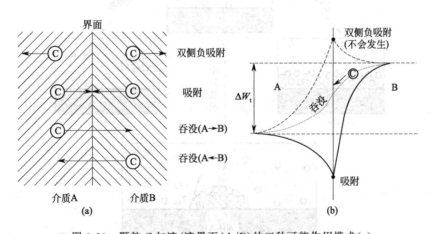

图 9-20 颗粒 C 与液/液界面(A/B)的三种可能作用模式(a)；
相应的作用能随距离的变化(假定)(b)

其中 ΔW_t 为总相互作用能，假定 $\Delta W_t < 0$ 时单调变化。注意如果 A 是固体，
则 C 不能被 A 吞没，而是自 B 中被吸附到 A 表面

从右至左：
$$\Delta \overline{W}' \propto -(C-B)(A-B) \tag{9-134}$$
于是质点自界面右侧越过界面进入左侧的总能量变化为：
$$\Delta \overline{W}_t = \Delta \overline{W}' - \Delta \overline{W} \propto (A-C)^2 - (B-C)^2 \propto \gamma_{AC} - \gamma_{BC} \tag{9-135}$$

上式预测若$A>C>B$，或者$A<C<B$，即C介于A和B之间，则C自任意一侧趋向于界面，导致吸附。例如双亲分子(表面活性剂)在烃/水界面的吸附即是很好的例子，因为其分子是部分亲水、部分亲油的，性质处于水分子和油分子之间。

另一方面当$A>B>C$时，或者$A<B<C$时，即B处于中间，质点将从左边趋向于界面并被右边吞没，而当$B>A>C$时，或者$B<A<C$，即A处于中间时，质点将从右边趋向于界面并被左边吞没。显然能够自动的过程不是吸附就是吞没，同时向界面两边发生负吸附是不可能的，图9-20(b)示意的相关过程的能量变化充分证明了这一点。正是由于这一原因，固体表面倾向于自气体或溶液中吸附分子或小质点。事实上，当B为气体时($B \approx 0$)，就有$A>C>B$或者$C>A>B$，无论哪种情况，都有C趋向于A，即C被A吸附。

最后再来看一下表面吸附膜和润湿的情形。图9-20所示的情形仅仅适用于单独的C分子，即其浓度低于其在A和B中的溶解度。当C的浓度高于溶解度时，C分子将从溶液中析出，在界面的一侧形成新相，或者在界面堆积。究竟发生哪种现象，取决于A、B、C三者的大小。

如图9-21所示，首先让固体A与液体B和液体C的二元混合溶液接触，类似地可能发生三种情况：①当C处于A和B之间时，C将被A吸引，而B被A排斥，于是在界面形成C的单分子层或薄膜，这种情况称为C润湿表面A；②如果B处于A和C之间时，则B和C的作用互换，有利于B的吸附，而C负吸附，这种情况称为C不润湿表面A；③当A处于中间时，B和C都被A吸引，这时无论是A还是B都不能形成均匀的吸附膜，但不同的界面区域将会聚集B或C的宏观液滴，称为部分润湿或非润湿。

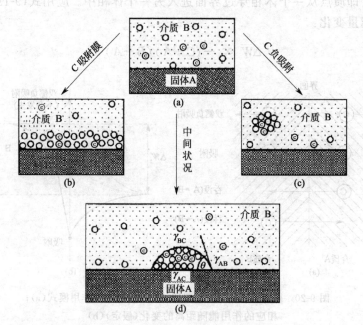

图9-21 (a)低浓度溶质分子C在介质B中(低于饱和浓度)；(b)润湿，当C的浓度增大至饱和浓度时在固体A表面形成吸附膜并增加膜厚度，相应于$\cos\theta > 1$；(c)不润湿，饱和浓度以上C和A在介质B中相互排斥，相应于$\cos\theta < -1$；(d)部分润湿，介于(b)和(c)两种情形之间，相应于$1 > \cos\theta > -1$

当整个体系的总表面能达到最低时有：

$$\cos\theta = (B+C-2A)/(B-C) \tag{9-136}$$

只有在 A 处于 B 和 C 之间时，$\cos\theta$ 的数值才在 1 和 -1 之间，即 $\theta = 0°\sim180°$。式(9-136)也可以写成：

$$\gamma_{AC} + \gamma_{BC}\cos\theta = \gamma_{AB} \tag{9-137}$$

$$\gamma_{BC}(1 + \cos\theta) = \Delta W_{ABC} \tag{9-138}$$

式中，ΔW_{ABC} 为单位面积 A 与 C 在介质 B 中的黏附功。

9.3.4 宏观质点间的范德华相互作用

在胶体分散体系中，质点（particle）间的絮凝是导致胶体不稳定的重要原因，而絮凝源于质点间的吸引作用。这里质点相对于分子要大得多，可以从几十纳米（nm）到几十微米（μm），为了区别于分子大小的质点，我们应理解其为宏观质点，简称质点。

前面我们讨论了分子间的范德华作用或范德华力，而质点间的范德华作用或范德华力本质上是分子间范德华作用或范德华力的加和。本节我们将运用加和规律来讨论真空中不同几何形状的宏观物体之间的范德华作用，包括一个分子对一个平面，一个球形质点对一个平面，两个单位面积平面，以及两个球形质点之间的范德华作用，在此基础上进一步讨论介质中宏观质点间的范德华作用，为讨论胶体稳定性理论做准备。

为了区别于分子间相互作用，这里质点间相互作用势能用 W 表示，作用力用 F 表示，质点间距离用 D 表示，以区别于分子间相互作用势能 w、作用力 f 和分子间距离 r。

(1) 分子-平面间相互作用势能

首先来看一个分子靠近一个平面或者一面"墙"时，两者之间的范德华相互作用势能。如图 9-22(a) 所示，当一个分子靠近一个平面时，该分子对平面内所有分子都将产生范德华作用。采用图示的坐标系，设分子距离平面的最近距离为 D，在平面内取一个圆环，半径为 x，宽度为 dz，厚度为 dx，于是该分子与平面内任意一个分子间的距离为 $r = (z^2 + x^2)^{1/2}$，设组成平面的分子与单分子相同，于是该单分子与平面间的引力等于该单分子与平面内所有分子的引力的加和，当 $x \to \infty$，$z \to \infty$ 时该圆环就变成了无限大平面。

分子间的相互作用势能可用通式：

$$w(r) = -\frac{C}{r^n} \tag{9-139}$$

来表示，式中 C 为原子对或分子对作用常数，显然对范德华作用，$C = \beta$。应用上面的微分和积分概念，可以得到单个分子与平面的作用势能为：

$$w(D) = -2\pi C\rho \int_{z=D}^{z=\infty} dz \int_{x=0}^{x=\infty} \frac{x\,dx}{(z^2 + x^2)^{n/2}} = \frac{2\pi C\rho}{(n-2)} \int_D^\infty \frac{dz}{z^{n-2}} = \frac{-2\pi C\rho}{(n-2)(n-3)D^{n-3}} \tag{9-140}$$

式中，ρ 为固体平面的分子数值密度（单位体积内的分子个数）。对范德华作用，$n = 6$，上式变为：

$$w(D) = \frac{-\pi C\rho}{6D^3} \tag{9-141}$$

上式表明，$w(D)$ 随 $1/D^3$ 衰减，衰减速度远小于分子间的范德华作用（随 $1/r^6$ 衰减），$w(D)$ 因此将在更长的距离内起作用。相应的范德华作用力为：

$$f(D) = \frac{\partial w(D)}{\partial D} = \frac{-\pi C\rho}{2D^4} \tag{9-142}$$

(2) 球形质点-平面间相互作用势能

如图 9-22(b) 所示，一个半径为 R 的球形质点距离一个平面的最近距离为 D。为了计

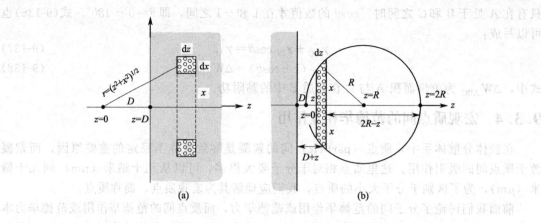

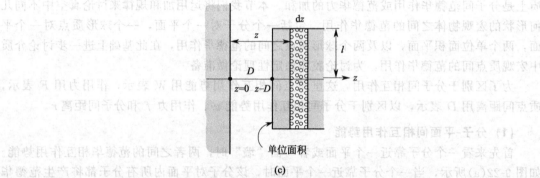

图 9-22　加和(积分)凝聚态分子间作用能求取宏观质点间作用能

(a)一个分子靠近一个平面或墙；(b)球形质点靠近一个墙$(R \gg D)$；(c)两个平行的平面$(l \gg D)$

算相互作用势能，让我们在球形质点中画出一个薄层圆形截面，其面积为 πx^2，厚度为 dz，于是该圆形截面的体积为 $\pi x^2 \mathrm{d}z = (2R - z)z\mathrm{d}z$，其中的分子与平面的距离皆为 $D + z$，于是应用式(9-140)可以求得相互作用势能为：

$$W(D) = \frac{-2\pi^2 C\rho^2}{(n-2)(n-3)} \int_{z=0}^{z=2R} \frac{(2R - z)z\,\mathrm{d}z}{(D + z)^{n-3}} \tag{9-143}$$

当 $D \ll R$ 时，只有很小的 z 值对积分有贡献，即有 $2R - z \approx 2R$，于是得到：

$$W(D) \approx \frac{-2\pi^2 C\rho^2}{(n-2)(n-3)} \int_0^\infty \frac{2Rz\,\mathrm{d}z}{(D + z)^{n-3}} = \frac{-4\pi^2 C\rho^2 R}{(n-2)(n-3)(n-4)(n-5)D^{n-5}} \tag{9-144}$$

应用于范德华作用为：

$$W(D) = \frac{-\pi^2 C\rho^2 R}{6D} \tag{9-145}$$

$W(D)$ 随 $1/D$ 衰减，因此作用的距离更长。

当 $D \gg R$ 时，有 $(D + z) \approx D$，式(9-143)变为：

$$W(D) = \frac{-2\pi^2 C\rho^2}{(n-2)(n-3)} \int_{z=0}^{z=2R} \frac{(2R - z)z\,\mathrm{d}z}{D^{n-3}} = \frac{-2\pi C\rho(4\pi R^3 \rho/3)}{(n-2)(n-3)D^{n-3}} \tag{9-146}$$

对范德华作用，得到：

$$W(D) = \frac{-\pi C\rho(4\pi R^3 \rho/3)}{6D^3} \tag{9-147}$$

因为 $4\pi R^3 \rho/3$ 正是质点中的分子数，因此上式与分子(或小球)-平面的相互作用的情形相同。

(3) 平面-平面间相互作用势能

对两个无限大的平面，相互作用势能也是无限大的，为此让我们考虑一个单位面积平面与另一个无限大平面之间的作用势能。如图 9-22(c)所示，设有一单位面积的薄层，与一个无限大平面相距 $D(l \gg D)$，因为该薄层的体积为 dz，利用式(9-140)可得该薄层与无限大平面的作用势能为 $-2\pi C\rho(\rho dz)/[(n-2)(n-3)z^{n-3}]$，于是对单位面积平面有：

$$W(D) = -\frac{2\pi C\rho^2}{(n-2)(n-3)} \int_D^\infty \frac{dz}{z^{n-3}} = \frac{-2\pi C\rho^2}{(n-2)(n-3)(n-4)D^{n-4}} \tag{9-148}$$

对范德华作用，$n=6$，代入得到：

$$W(D) = \frac{-\pi C\rho^2}{12D^2} \quad (\text{单位面积}) \tag{9-149}$$

实践中常常用式(9-148)和式(9-149)来表示两个单位面积之间的作用势能，并且当 D 相对于表面的侧向尺寸很小时，结果严格成立，但要注意式(9-148)和式(9-149)实际上表达的是一个单位面积与另一个无限大平面之间的作用势能。

现在让我们来比较球/平面之间和平面/平面之间的相互作用势能，即式(9-144)和式(9-148)，将两式相比，得到比值为：

$$\frac{W(D)_{\text{球/平面}}}{W(D)_{\text{平面/平面}}} = \frac{2\pi RD}{n-5} = 2\pi RD \quad (\text{对 } n=6) \tag{9-150}$$

如果将这一比值看作是一个半径为 x 的圆的面积 [见图 9-22(b)]，则有：

$$A_{\text{eff}} = \pi x^2 = \frac{2\pi RD}{n-5} = 2\pi RD \quad (\text{对 } n=6) \tag{9-151}$$

于是一个半径为 R、距离平面 D 的球与平面之间的范德华作用势能，等价于一个有效面积(A_{eff})为 $2\pi RD$ 的平面与无限大平面相距相同距离(D)时的作用势能。从图 9-22(b)可见，当 $D \ll R$ 时，A_{eff} 正是当 $z=D$ 时球的截面积。这一结果称为 Langbein 近似。

另一方面，从式(9-144)可以求得球/平面之间的相互作用力：

$$F(D) = -\frac{\partial W(D)}{\partial D} = -\frac{4\pi^2 C\rho^2 R}{(n-2)(n-3)(n-4)D^{n-4}} \tag{9-152}$$

上式右边的分母与式(9-148)右边的分母完全相同，于是得到：

$$F(D)_{\text{球/平面}} = 2\pi R W(D)_{\text{平面/平面}} \tag{9-153}$$

这是一个非常有用的公式，借助于它我们可以求取两个球之间的相互作用势能。

(4) 球-球间相互作用势能

如图 9-23 所示，设两个半径分别为 R_1 和 R_2 的球相距 D，满足 $D \ll R$，于是这两个球之间的作用力可以分解成无数个半径为 x、宽度为 dx、相距 $D+z_1+z_2$ 圆环之间的相互作用力的加和，而后者可以应用平面/平面作用力公式求出，于是两个球之间的总相互作用力为：

$$F(D)_{\text{球/球}} = \int_{z=D}^{z=\infty} 2\pi x \, dx f(z) \tag{9-154}$$

式中，$f(z)$ 为两个单位面积平面之间的法向作用力。由勾股定理得到 $x^2 \approx 2R_1 z_1 = 2R_2 z_2$，于是有：

$$Z = D + z_1 + z_2 = D + \frac{1}{2}\left(\frac{1}{R_1} + \frac{1}{R_2}\right)x^2 \tag{9-155}$$

$$dZ = \left(\frac{1}{R_1} + \frac{1}{R_2}\right)x \, dx \tag{9-156}$$

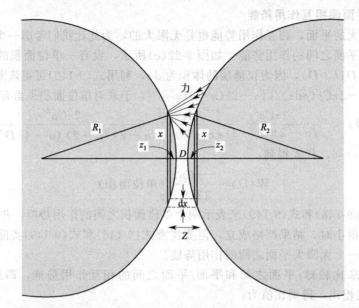

图 9-23 利用平面/平面之间的作用能求取球/球间相互作用能的原理

代入式(9-154)得到:

$$F(D)_{球/球} = \int_{z=D}^{z=\infty} 2\pi\left(\frac{R_1 R_2}{R_1 + R_2}\right) f(Z)\,\mathrm{d}Z = 2\pi\left(\frac{R_1 R_2}{R_1 + R_2}\right) W(D)_{平面/平面} \qquad (9-157)$$

上式表明，两个相距 D 的球之间的作用力可以表示为同距离的两个平面之间单位面积的作用能。式(9-157)称为 Derjaguin 近似，它可以应用于任何类型的作用力，包括吸引力、排斥力以及振动力等，只要作用距离相对于球体的半径很小。

它也是一个有用工具，因为求取平面之间的作用能比求取曲面之间的作用能要相对容易得多。式(9-157)已被实验所证实，并广泛用于解释实验数据。

代入式(9-149)，得到:

① 对两个直径不相等的球，有:

$$F(D)_{球/球} = -\frac{\pi^2 C\rho^2}{6D^2}\left(\frac{R_1 R_2}{R_1 + R_2}\right) \qquad (9-158)$$

$$W(D)_{球/球} = -\frac{\pi^2 C\rho^2}{6D}\left(\frac{R_1 R_2}{R_1 + R_2}\right) \qquad (9-159)$$

② 对两个直径相等的球，有:

$$F(D)_{球/球} = -\frac{\pi^2 C\rho^2 R}{12D^2} \qquad (9-160)$$

$$W(D)_{球/球} = -\frac{\pi^2 C\rho^2 R}{12D} \qquad (9-161)$$

③ 当两个球相接触时，两者距离为 σ(分子间距离)，则两者之间的作用力 $F(\sigma) =$ 黏附力 F_{ad}，而式(9-157)中的 $W(D)_{平面/平面} = W(\sigma) = 2\gamma$，于是得到两个球体之间的黏附力为:

$$F(\sigma)_{球/球} = F_{ad} = \frac{4\pi\gamma R_1 R_2}{R_1 + R_2} \qquad (9-162)$$

④ 由 Derjaguin 近似可见，尽管作用力的性质完全相同，但两个弯曲表面之间的作用力随距离的衰减与两个平面之间作用力的衰减完全不同。

(5) Hamaker 常数

以上所得宏观界面间的相互作用能公式中皆出现了原子对作用常数 C、π 以及分子数量密度 ρ 等，Hamaker 将它们合并成一个新的常数 A，称为 Hamaker 常数：

$$A = \pi^2 C \rho_1 \rho_2 \tag{9-163}$$

于是在上述众多的作用能表达式中引入 Hamaker 常数，可以使表达式进一步简化。图 9-24 汇总了以 Hamaker 常数表达的真空中常见宏观质点或界面间的相互作用势能。

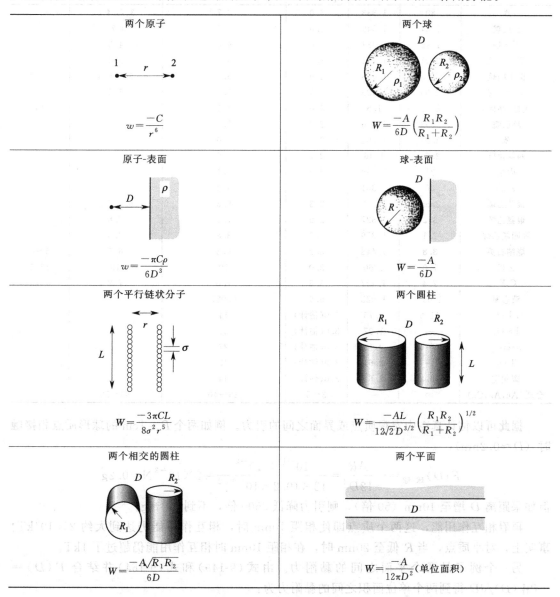

两个原子

$$w = \frac{-C}{r^6}$$

两个球

$$W = \frac{-A}{6D}\left(\frac{R_1 R_2}{R_1 + R_2}\right)$$

原子-表面

$$w = \frac{-\pi C \rho}{6D^3}$$

球-表面

$$W = \frac{-A}{6D}$$

两个平行链状分子

$$W = \frac{-3\pi CL}{8\sigma^2 r^5}$$

两个圆柱

$$W = \frac{-AL}{12\sqrt{2}D^{3/2}}\left(\frac{R_1 R_2}{R_1 + R_2}\right)^{1/2}$$

两个相交的圆柱

$$W = \frac{-A\sqrt{R_1 R_2}}{6D}$$

两个平面

$$W = \frac{-A}{12\pi D^2}（单位面积）$$

图 9-24 真空中分子间和常见宏观质点（表面）间范德华相互作用势能

A 为 Hamaker 常数；ρ 为单位体积内的分子数；C 为原子对作用常数

对相同物质，Hamaker 常数为：

$$A = \pi^2 C \rho^2 \tag{9-164}$$

表 9-6 列出了一些物质在真空中的 Hamaker 常数，可见数值相差不大。研究表明，对于凝聚相，无论是固态或液态，无论是极性分子还是非极性分子，其在真空中的 Hamaker

常数大约为 10^{-19} J。原因是范德华引力常数 C 与分子的极化率的平方（α^2）成正比，而 α 与原子或分子体积 V 成正比，于是有 $A \propto C\rho^2 \propto \alpha^2\rho^2 \propto V^2/V^2 =$ 常数。事实上大多数凝聚态物质的 Hamaker 常数在 $(0.4 \sim 4) \times 10^{-19}$ J。

表 9-6 两个相同的介质在真空（空气）中相互作用的 Hamaker 常数

介 质	介电常数 ε	折射率 n	吸收频率 $\nu_e/10^{15}\,s^{-1}$	Hamaker 常数 $A/10^{-20}$ J		
				式(9-170)计算值($\varepsilon=1$)	式(9-168)计算值	实验值
水	80	1.333	3.0	3.7	3.7, 4.0	
正戊烷	1.84	1.349	3.0	3.8	3.75	
正辛烷	1.95	1.387	3.0	4.5	4.5	
正十二烷	2.01	1.411	3.0	5.0	5.0	
正十四烷	2.03	1.418	2.9	5.0	5.1, 5.4	
正十六烷	2.05	1.423	2.9	5.1	5.2	
烷烃（晶体）	2.25	1.5	3.0	7.1		10
环己烷	2.03	1.426	2.9	5.2		
苯	2.28	1.501	2.1	5.0		
四氯化碳	2.24	1.46	2.7	5.5		
丙酮	21	1.359	2.9	4.1		
乙醇	26	1.361	3.0	4.2		
聚苯乙烯	2.55	1.557	2.3	6.5	6.6, 7.9	
聚氯乙烯	3.2	1.527	2.9	7.5	7.8	
聚四氟乙烯	2.1	1.359	2.9	3.8	3.8	
烧结石英	3.8	1.448	3.2	6.3	6.5	5~6
云母	7.0	1.60	3.0	10	10	13.5
CaF_2	7.4	1.427	3.8	7.0	7.2	
液态氦	1.057	1.028	5.9	0.057		
Al_2O_3	11.6	1.75	3.0(估计)	14		
Fe_2O_4	—	1.97	3.0(估计)	21		
n-ZrO_2	20~40	2.15	3.0(估计)	27		
TiO_2		2.61	3.0(估计)	43		
碳化硅	10.2	2.65	3.0(估计)	44		
金属(Au,Ag,Cu)	∞	—	3~5	25~40	30~50	

据此可以估计真空中宏观质点或界面之间的引力。例如两个 $R=1$cm 的球形质点相接触时（$D \approx 0.2$nm）：

$$F(D)_{球/球} = -\frac{AR}{12D^2} = \frac{10^{-19} \times 10^{-2}}{12 \times (0.2 \times 10^{-9})^2} = 2 \times 10^{-3}\,N \approx 0.2g$$

但如果距离 D 增至 10nm（50 倍），则引力降低 2500 倍，不到 0.1mg。

再看相互作用能，这两个质点即使相距 10nm 时，相互作用能仍达到大约 2×10^6kT！事实上，对小质点，当 R 低至 20nm 时，在相距 10nm 时相互作用能仍超过了 1kT。

另一个例子是两个平面之间的黏附力。由式（9-149）和式（9-164）并结合 $F(D) = -\partial W(D)/\partial D$ 得到两个单位面积之间的黏附力为：

$$F(D)_{平面/平面} = -\frac{A}{6\pi D^3} \tag{9-165}$$

当两个平面相接触时（$D \approx 0.2$nm）时：

$$F = p \approx 7 \times 10^8\,N \cdot m^{-2} \approx 7000\text{atm}$$

相应的黏附能为 -66mJ $\cdot$ m^{-2}，相当于 $\gamma = 33$mN $\cdot$ m^{-1}。这一数值与大多数物质的表面张力值相当一致。类似的，当距离增加到 10nm 时，F 下降到约为 0.05atm。

以上结果表明，由范德华作用导致的真空中的宏观质点间的作用力是相当大的！不过在实际体系中，胶体质点往往分散于介质中，因此有必要了解介质中宏观质点间的作用势能或作用力的规律。

9.3.5 介质中宏观质点间的范德华相互作用

（1）Lifshitz 理论和介质中的 Hamaker 常数

在计算真空中宏观质点或界面间范德华作用能时实际上假定了分子对相互作用（pair interaction）具有加和性，这一点在 Hamaker 常数表达式(9-163)中有充分体现。我们知道，范德华作用本质上是静电作用，其中原子 1 的偶极场诱导原子 2 极化，而被极化的原子 2 又产生一个诱导偶极场反过来再作用于原子 1。因此分子对相互作用具有加和性。然而在介质 3 中，原子 1 和原子 2 的偶极场也将导致介质 3 极化并产生电场，从而对原来的原子对作用产生影响，这就使相互作用变得十分复杂，尤其是打破了真空中范德华作用的加和性。当介质为气体时，由于分子密度低，影响相对较小，但当介质是凝聚相时影响就很显著。

Lifshitz 提出了一个范德华作用的新理论。这一理论忽略了原子的结构，将宏观物体看作是连续介质，从而可以根据其体相性质导出相互作用力。根据这一理论，一个平面介质 1 在介质 3 中的过剩极化率 α_1 可以表达为：

$$\rho_1\alpha_1 = 2\varepsilon_0\varepsilon_3(\varepsilon_1-\varepsilon_3)/(\varepsilon_1+\varepsilon_3) \tag{9-166}$$

式中，ε_0 为真空的介电常数；ε_1 和 ε_3 分别为平面介质 1 和介质 3 的介电常数。对介质 2 在介质 3 中类似地可以得到：

$$\rho_2\alpha_2 = 2\varepsilon_0\varepsilon_3(\varepsilon_2-\varepsilon_3)/(\varepsilon_2+\varepsilon_3) \tag{9-167}$$

于是介质 1 和介质 2 越过介质 3 发生相互作用的 Hamaker 常数可以借助于 McLachlan 公式(9-114)中的 C 值和上式中的 α 值得到：

$$A_{132} = \pi^2 C\rho_1\rho_2 = \frac{6\pi^2 kT\rho_1\rho_2}{(4\pi\varepsilon_0)^2}\left[\frac{1}{2}\frac{\alpha_1(i\nu_0)\alpha_2(i\nu_0)}{\varepsilon_3^2(i\nu_0)} + \sum_{n=1,2,\cdots}\frac{\alpha_1(i\nu_n)\alpha_2(i\nu_n)}{\varepsilon_3^2(i\nu_n)}\right]$$

$$= \frac{3kT}{2}\left\{\begin{array}{l}\dfrac{1}{2}\left[\dfrac{\varepsilon_1(i\nu_0)-\varepsilon_3(i\nu_0)}{\varepsilon_1(i\nu_0)+\varepsilon_3(i\nu_0)}\right]\left[\dfrac{\varepsilon_2(i\nu_0)-\varepsilon_3(i\nu_0)}{\varepsilon_2(i\nu_0)+\varepsilon_3(i\nu_0)}\right]+ \\ \displaystyle\sum_{n=1,2,\cdots}\left[\dfrac{\varepsilon_1(i\nu_n)-\varepsilon_3(i\nu_n)}{\varepsilon_1(i\nu_n)+\varepsilon_3(i\nu_n)}\right]\left[\dfrac{\varepsilon_2(i\nu_n)-\varepsilon_3(i\nu_n)}{\varepsilon_2(i\nu_n)+\varepsilon_3(i\nu_n)}\right]\end{array}\right\} \tag{9-168}$$

将式中的加和项转变成积分，在 ν_1 和 ∞ 区间积分得到：

$$A_{132} = A_{132(\nu=0)}+A_{132(\nu>0)} \approx \frac{3}{4}kT\left(\frac{\varepsilon_1-\varepsilon_3}{\varepsilon_1+\varepsilon_3}\right)\left(\frac{\varepsilon_2-\varepsilon_3}{\varepsilon_2+\varepsilon_3}\right)$$

$$+\frac{-\sqrt{3}h\nu_e}{8\sqrt{2}}\frac{(n_1^2-n_3^2)(n_2^2-n_3^2)}{(n_1^2+n_3^2)^{1/2}(n_2^2+n_3^2)^{1/2}[(n_1^2+n_3^2)^{1/2}+(n_2^2+n_3^2)^{1/2}]} \tag{9-169}$$

对两个相同的介质 1 在介质 3 中，上式简化为：

$$A_{131} = A_{131(\nu=0)}+A_{131(\nu>0)} \approx \frac{3}{4}kT\left(\frac{\varepsilon_1-\varepsilon_3}{\varepsilon_1+\varepsilon_3}\right)^2+\frac{-\sqrt{3}h\nu_e}{16\sqrt{2}}\frac{(n_1^2-n_3^2)^2}{(n_1^2+n_3^2)^{3/2}} \tag{9-170}$$

再取 $\varepsilon_3=1$，$n_3=1$（真空），即可用上式计算出物质在真空中的 Hamaker 常数。

图 9-24 给出了各种宏观质点在真空中的相互作用能表达式，现在用介质 3 取代真空介质，则相应的相互作用能表达式仍然适用，只要将式中的 Hamaker 常数 A 换成式(9-169)或式(9-170)中的 A_{132} 或 A_{131}。

从以上 Hamaker 常数的表达式可以得到以下重要结论：

① 在真空中（$\varepsilon_3 = 1$，$n_3 = 1$），任意两个物体间的范德华力总是吸引力（A 为正值）。于是若无其他相互作用力，空气中的液膜总是趋向于变薄，换句话说，两个空气相或气泡在液体中总是相互吸引，因为两个界面之间存在范德华引力作用。

② 在介质 3 中，两个相同物体间的范德华力永远是吸引力，但两个不同物体间的范德华力则可能是吸引力，也可能是排斥力（A 为负值），取决于介质的性质。当 ε_3 介于 ε_1 和 ε_2 之间时，两个不同物体间的作用力转变为排斥力。例如液态氦的介电常数比其他任何物质都低，因此在氦膜两边的物质总是互相排斥，致使氦膜自动变厚，表现为液态氦在烧杯中沿烧杯壁自动爬升。此外不同的聚合物分子在有机溶剂中也常常表现出排斥效应。

③ 两个相同的介质在介质 3 中相互作用，若交换介质，则 Hamaker 常数保持不变，即有 $A_{131} = A_{313}$。

④ Hamaker 常数中，纯粹熵性质的零频率贡献（$A_{\nu=0}$）不超过 $(3/4)kT$，约为 3×10^{-21} J（300K）。对于真空中的范德华作用，色散作用能的贡献（$A_{\nu>0}$）一般在 10^{-19} J 左右，因此零频率贡献相对较小，仅为后者的 3% 左右。但在介质中，零频率贡献则有可能超过色散作用能的贡献。例如在水-烃体系，由于 $\varepsilon_水$ 为 80，而 $\varepsilon_烃$ 约为 2 左右，因此零频率贡献（$A_{\nu=0}$）超过了色散力的贡献。

Lifshitzt 理论是连续介质理论，仅仅适用于作用距离远大于分子尺寸的两个表面，即 $D \gg \sigma$。表 9-6 和表 9-7 分别列出了按近似式(9-170)和精确式(9-168)计算的一些物质在真空和介质中 Hamaker 常数，可见两式的计算结果相当一致，对少数物质得到的实验结果也与计算值吻合。另一方面，比较两表中的数据可见，同一种物质在水或其他凝聚相中的 Hamaker 常数比在真空中的要小得多，大约仅为 1/10。这表明在凝聚相介质中，宏观质点间的范德华引力与在真空中相比有显著减小。此外对辛烷/水/空气、石英/水/空气以及石英/烷烃/空气等体系得到了负的 Hamaker 常数，与实际结果符合。

表 9-7　两个介质在另一个介质中相互作用的 Hamaker 常数

作 用 介 质			Hamaker 常数 $A/10^{-20}$J		
1	3	2	式(9-170)计算值($\varepsilon = 1$)	式(9-168)计算值	实验值
空气	水	空气	3.7	3.7	
戊烷	水	戊烷	0.28	0.34	
辛烷	水	辛烷	0.36	0.41	
十二烷	水	十二烷	0.44	0.50	0.5
十四烷	水	十四烷	0.49	0.50	0.3~0.6
水	烃	水	0.3~0.5	0.34~0.54	
聚苯乙烯	水	聚苯乙烯	1.4	0.95~1.3	10
烧结石英	水	烧结石英	0.63	0.83	
烧结石英	辛烷	烧结石英	0.13		
聚四氟乙烯	水	聚四氟乙烯	0.29	0.33	
云母	水	云母	2.0	2.0	2.2
Al_2O_3	水	Al_2O_3	4.2	5.3	6.7
n-ZrO_2	水	n-ZrO_2	13		
TiO_2	水	TiO_2	26		
金属(Au,Ag,Cu)	水	金属(Au,Ag,Cu)	—	30~40	40(Au)
水	戊烷	空气	0.08	0.11	5~6
水	辛烷	空气	0.51	0.53	13.5
辛烷	水	空气	−0.24	−0.2	
烧结石英	水	空气	−0.87	−1.0	
烧结石英	辛烷	空气	−0.7		
烧结石英	十四烷	空气	−0.4		−0.5
CaF_2,SrF_2	液态氦	蒸汽	−0.59	−0.59	−0.58

(2) 延迟范德华力和电解质的屏蔽效应对 Hamaker 常数的影响

研究表明，当分子间距离大于 5nm 时，色散力作用有延迟效应，即随距离的衰减速度加快。于是在较大距离时宏观质点间的范德华引力比理论值要小，表现为 Hamaker 常数中非零频率项（$A_{\nu>0}$）有所减小。而表 9-6 和表 9-7 中所列皆为非延迟 Hamaker 常数。另一个值得注意的现象是介质中电解质对范德华作用的屏蔽作用。由于 Kessom 作用和 Debye 作用本质上是静电作用，当介质如水中存在电解质（离子）时，这些电荷的极化将对静电场产生屏蔽效应，表现为 Hamaker 常数中的零频率项（$A_{\nu=0}$）减小。由于屏蔽的电场近似地随 $e^{-\kappa D}$ 衰减，因此近似地有：

$$A_{\nu=0}（\text{电解质溶液}）=A_{\nu=0}(2\kappa D)e^{-2\kappa D} \tag{9-171}$$

式中，κ 为双电层厚度的倒数，于是所谓的范德华屏蔽距离约为双电层厚度的一半。例如在 $0.1\,\text{mol}\cdot\text{L}^{-1}$ NaCl 溶液中，屏蔽距离约为 0.5nm，当 $D=1$nm 时，零频率项（$A_{\nu=0}$）仅为 $D=0$ 时的 10%，可见在电解质溶液中，当质点间距离大于 1nm 时，Kessom 作用和 Debye 作用即明显受到屏蔽，范德华作用主要由非零频率项（$A_{\nu>0}$），即 London（色散）作用贡献。

(3) 结合律与 Hamaker 常数

除了用式(9-168)～式(9-170)计算介质中的 Hamaker 常数外，人们还试图通过结合定律来获得 Hamaker 常数的近似计算公式。从式(9-168)可见，A_{132} 似乎可以近似地表示为：

$$A_{132}=\pm\sqrt{A_{131}A_{232}} \tag{9-172}$$

类似的有：

$$A_{12}=\pm\sqrt{A_{11}A_{22}} \tag{9-173}$$

式中，A_{12} 为介质 1 和介质 2 在真空中的 Hamaker 常数，于是可以借助于真空中的 Hamaker 常数来获得介质中的 Hamaker 常数：

$$A_{131}\approx A_{313}\approx A_{11}+A_{33}-2A_{13}\approx(\sqrt{A_{11}}-\sqrt{A_{33}})^2 \tag{9-174}$$

$$A_{132}\approx(\sqrt{A_{11}}-\sqrt{A_{33}})(\sqrt{A_{22}}-\sqrt{A_{33}}) \tag{9-175}$$

对色散力为主导的体系，上述近似式具有良好的精度。例如，对表 9-6 和表 9-7 中的石英-辛烷-空气体系得到：

$$A_{132}\approx(\sqrt{6.3}-\sqrt{4.5})(0-\sqrt{4.5})\text{J}=-0.82\times10^{-20}\text{J}$$

而精确值为 -0.71×10^{-20}J。再如对 CaF_2-氦-蒸汽体系，结果分别为 -0.58×10^{-20}J 和 -0.59×10^{-20}J，一致性相当好。此外对石英-辛烷-石英体系，近似值为 0.15×10^{-20}J，而精确值为 0.13×10^{-20}J。需要注意的是，对高介电常数介质例如水，体系的零频率效应（$A_{\nu=0}$）相对显著，上述近似式将导致明显的偏差，因而不建议采用。

(4) 带有吸附层的界面之间的相互作用

现在可以来计算或估计介质中两个界面之间的范德华力。为了与实际体系更接近，考虑界面带有一个吸附层。如图 9-25 所示，两个单位面积的表面 1 和 $1'$ 各自带有一个吸附层 2 和 $2'$，吸附层厚度为 δ 和 δ'，在介质 3 中相距 D，则这两个表面之间的（非延迟）

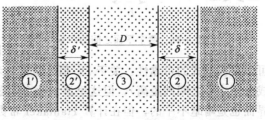

图 9-25　带有吸附层的两个界面在另一个介质中

范德华力由下式给出：

$$F(D)=\frac{1}{6\pi}\left[\frac{A_{232'}}{D^3}-\frac{\sqrt{A_{121}A_{32'3}}}{(D+\delta)^3}-\frac{\sqrt{A_{1'2'1'}A_{323}}}{(D+\delta')^3}+\frac{\sqrt{A_{1'2'1'}A_{121}}}{(D+\delta+\delta')^3}\right] \tag{9-176}$$

对于对称的情形，即 $1=1'$，$2=2'$，$\delta=\delta'$，采用结合律关系，上式简化为：

$$F(D)=\frac{1}{6\pi}\left[\frac{A_{232}}{D^3}-\frac{2A_{123}}{(D+\delta)^3}+\frac{A_{121}}{(D+2\delta)^3}\right] \tag{9-177}$$

当间距很小时，即 $D\ll(\delta+\delta')$，上式进一步简化为：

$$F(D)=\frac{1}{6\pi}\frac{A_{2'32}}{D^3} \tag{9-178}$$

而当间距很大时，即 $D\gg(\delta+\delta')$，式(9-177)简化为：

$$F(D)=\frac{1}{6\pi}\frac{A_{1'31}}{D^3} \tag{9-179}$$

于是我们得到一个基本规律：大间距时，介质中宏观质点间的范德华力由质点的体相性质或基质所决定；而当质点间距离小于吸附层厚度时，范德华力取决于吸附层的性质。这表明在距离很小时，吸附膜的性质将决定质点间的黏附力，尽管吸附膜的厚度可能很小，例如单分子层。当有吸附层存在时，长程范德华力在一定的距离范围内可能变号，取决于基质、吸附膜以及介质的性质，而对于同种物质（对称情形），不论吸附层的性质如何，质点间永远是吸引力作用。

(5) 范德华作用与表面能和黏附能

现在让我们再回到表面过剩自由能或表明能的问题。在第 1 章我们已提到，表面过剩自由能是表面分子相对于体相分子所具有的多余能量，系由表面分子受到不对称分子间作用力所致，而表面能是表面过剩自由能和分子自身的自由能（化学位）的总和。对液体，表面过剩自由能就是表面张力，而对固体，由于表面张力不易测定，习惯上称为表面能，严格来说是表面过剩自由能。

既然表面张力与分子间作用力有关，我们可以借助于本节所讨论的宏观质点间的范德华作用来进一步理解表面张力。

取两个单位面积的平面，使它们之间的距离为 D，如图 9-26 所示，则这两个平面之间的范德华作用势能为 $W=-A/(12\pi D^2)$，如果使这两个平面相接触，则原来的两个表面消失，表面之间的距离变为分子间距离大小 D_0。这一过程相当于内聚，自由能的变化为 -2γ，于是有：

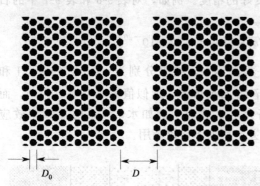

图 9-26　两个平面之间的内聚

$$\frac{A}{12\pi D_0^2}=2\gamma \tag{9-180}$$

$$\gamma=\frac{A}{24\pi D_0^2} \tag{9-181}$$

于是表面张力可以理解为单位面积表面间的黏附力。借助于 Hamaker 常数和恰当的 D_0 值，可以检验上式的可靠性。关于 D_0 值，直观地看它似乎应等于分子间距离 σ（两个相邻原子或分子中心之间的距离），但这里遇到两个问题。其一，从微观上看，原子或分子是离散的，界面也是崎岖不平的，但在计算 Hamaker 常数时却被处理成平滑的连续介质，显然当平面间距离趋向于分子间距离对，这种转换就不适合了；其二，当 D 趋向于原子或分子间距离大小时，连续介质的 Lifshitz 理论也不适用了。为此需要建立简化的分子模型。Israelachvili 提出，对两个紧密排列的固体平面，每个表面原子或分子仅与 9 个最近的原子相邻，而不是通常的与 12 个原子相邻，于是当两个平面接触时，每个表面原子获得的结合能为 $3w=3C/r^6$，对紧密排列的固体，每个表面原子占有的面积为 $\sigma^2 \sin 60°$，而原子的体相密度为 $\rho=\sqrt{2}/\sigma^3$，于是得到：

$$\gamma \approx \frac{1}{2}\left(\frac{3w}{\sigma^2 \sin 60°}\right)=\frac{\sqrt{3}A}{2\pi^2\sigma^2}=\frac{A}{24\pi(\sigma/2.5)^2} \tag{9-182}$$

代入典型的 σ 值（0.4nm），并与式(9-181)相比，得到 $D_0=0.165$nm。于是得到表面张力的一般式：

$$\gamma \approx \frac{A}{24\pi(0.165\text{nm})^2} \tag{9-183}$$

表 9-8 列出了一系列化合物的 Hamaker 常数以及根据式(9-183)计算的表面张力和实测表面张力，可见对非极性物质，两者符合得很好，误差在 10%～20%。对能形成氢键的物质，结果相差较大，但如果将 γ 看作是非极性成分 γ^{LW} 或者 γ^d，则与实验值符合得很好，因此式(9-183)应当修正为：

$$\gamma^{LW} \approx \frac{A}{24\pi(0.165\text{nm})^2} \tag{9-184}$$

上式是一个重要的通用方程，表明宏观物体或界面间的黏附能本质上是范德华作用中的色散作用能，或表面张力的色散成分。于是上式可用于从表面张力估计 Hamaker 常数：

$$A \approx 2.1 \times 10^{-21}\gamma^{LW} \tag{9-185}$$

表 9-8　基于 Lifshitz 理论计算的一些物质的表面张力与实验值的比较

物质名称	ε	Hamaker 常数 $A/10^{-20}$J	表面张力/mN·m^{-1}		
			$\dfrac{A}{24\pi(0.165\text{nm})^2}$	测量值(20℃)	γ^{LW}
液态氦	1.057	0.057	0.28	0.12～0.35(4～1.6K)	
正戊烷	1.8	3.75	18.3	16.1	
正辛烷	1.9	4.5	21.9	21.6	
环己烷	2.0	5.2	25.3	25.5	
正十二烷	2.0	5.0	24.4	25.4	
正十六烷	2.1	5.2	25.3	27.5	
聚四氟乙烯	2.1	3.8	18.5	18.3	
四氯化碳	2.2	5.5	26.8	29.7	
苯	2.3	5.0	24.4	28.8	
聚苯乙烯	2.6	6.6	32.1	33	
聚氯乙烯	3.2	7.8	38.0	39	
丙酮	21	4.1	20.0	23.7	
乙醇	26	4.2	20.5	22.8	18.8
甲醇	33	3.6	18	23	18.2
乙二醇	37	5.6	28	48	29
甘油	43	6.7	33	63	34
水	80	3.7	18	73	21.8
双氧水	84	5.4	26	76	—
甲酰胺	109	6.1	30	58	39

9.3.6　势能曲线与 DLVO 理论

上述结果表明，胶体分散体系中胶体质点（一般为相同质点）在介质中受到的范德华作用为吸引作用，于是如果没有其他对抗作用，胶体质点在连续相介质中将相互靠近并接触，形成大的聚集体，即发生絮凝，而絮凝将加速沉降并使聚结过程成为可能。然而胶体体系中的确存在着对抗作用，这就是双电层的排斥效应和位阻排斥效应。

在第 3 章中我们已经讨论了双电层的排斥效应。首先通过某种途径例如改变介质的 pH 值、吸附离子型表面活性剂等可以使胶体质点带电，在质点/介质界面形成双电层，于是当两个带电的质点相互靠近，双电层发生重叠时将产生排斥效应，从而阻止质点进一步靠近。显然胶体质点的最终状态（絮凝还是分散），或者胶体的稳定性，将取决于这两种对抗效应的相对强弱。

早在 20 世纪 40 年代，Derjaguin 和 Landau、Verwey 和 Overbeek 四人就上述问题建立了系统的理论，即著名的 DLVO 理论。DLVO 理论是有关胶体稳定的经典理论，其核心是考虑分散体系质点间的相互吸引和排斥作用的综合效应，由此推断出提高分散体系絮凝稳定性的途径，并可解释许多相关实验现象。

对两个单位面积的表面，我们得到双电层的排斥势能[参见式(3-86)]为：

$$W_R = (64kTn_0\gamma_0^2/\kappa)\exp(-\kappa D) \tag{9-186}$$

与式(9-149)相结合并引入 Hamaker 常数得到总相互作用能为：

$$W_T(D) = W_R(D) + W_A(D)$$
$$= (64kTn_0\gamma_0^2/\kappa)\exp(-\kappa D) - A/(12\pi D^2) \tag{9-187}$$

式中，下标 T、R 以及 A 分别表示总相互作用能、排斥势能和吸引势能。对两个相等的球，双电层的排斥势能 [参见式(3-88)]为：

$$W_R = (64\pi kTRn_0\gamma_0^2/\kappa^2)\exp(-\kappa D) \tag{9-188}$$

总相互作用能为：

$$W_T(D) = (64\pi kTRn_0\gamma_0^2/\kappa^2)\exp(-\kappa D) - AR/(12D) \tag{9-189}$$

以总相互作用能 W_T 对距离 D 作图，即得到所谓的 DLVO 势能曲线，如图 9-27 所示。

为了解析图 9-27 所示的 DLVO 势能曲线，让我们来回顾一下双电层的排斥效应和范德华引力作用的主要特征。在第 3 章已经阐述，双电层的排斥作用取决于双电层的厚度（Debye 长度），即 κ^{-1}，而后者取决于界面电势 ψ_0 和体相的离子强度 I，或者电解质浓度 n_0，因此双电层的排斥势能对体系的电解质浓度或 pH 相当敏感；而范德华引力势能对电解质浓度或 pH 并不敏感，因此对一定的体系可以近似地认为是恒定的。另一方面，由于范德华引力作用随 D^{-n} 衰减，当 $D \to 0$ 时，范德华引力作用急剧增加，而双电层的排斥作用则随着 $D \to 0$ 趋于一个有限值或者增加得很慢，因此在很小的间距上，范德华引力作用将占据主导地位。

图 9-27 给出了不同电解质浓度下的 DLVO 势能曲线，结合上述分析可以得到下列重要信息：

① 在高界面电势、低电解质浓度条件下（κ^{-1} 很大），界面或质点间存在很强的排斥作用，并在某一距离（通常在 1~4nm 范围内）达到最大值 W_{max}，称为能垒或能障（energy barrier），于是胶体质点间保持相当的距离，体系稳定，如图 9-27 中曲线 a 所示。

② 当电解质浓度增加时，势能曲线将出现一个明显的二级极小值（W_s），一般位于 3nm 以外的距离，在能垒到达之前。如果能垒足够高，则可以阻止界面或质点进一步靠近，到达其热力学平衡态（此时界面或质点相互接触），即一个很深的最低点，称为一级极小（W_p）。于是界面或质点可以长时间处于较弱的二级极小的亚稳定位置或保持分散。当处于二级极小位置时，质点间距离较小，称质点间发生了"聚集"，但由于界面没有接触，这时

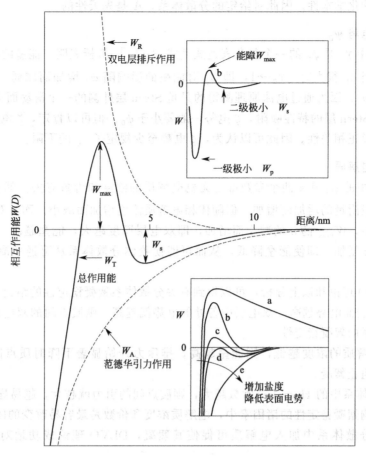

图 9-27　DLVO 势能曲线随距离的变化示意图

a—表面间强烈排斥，胶体质点保持分散稳定；b—二级极小具有足够的深度，
表面在此距离达到稳定平衡，胶体质点保持动态稳定；c—表面到达二级极小，胶体质点发生
慢速絮凝；d—临界絮凝浓度，表面或保持在二级极小或黏附，
胶体质点快速絮凝；e—表面和胶体质点快速聚结

仅需微小的外力作用又可使它们重新分散。这种聚集状态被称为可逆絮凝，而仅发生可逆絮凝的体系被称为具有动态稳定性，如图 9-27 中曲线 b 所示。

③ 当界面电势较低时，能垒的高度 W_{max} 有限，而质点的热运动可能使质点间距离进一步减小。当电解质浓度超过某一数值即临界絮凝浓度时，能垒降到 0 以下，这时在范德华引力作用下界面或质点间距离迅速减小，直至到达一级极小状态，称为快速絮凝，亦称不可逆絮凝，因为这时界面或质点间相互接触，微小的外力不足以使其分散，称体系为不稳定，如图 9-27 中曲线 c 所示。

④ 当界面电势为零时，排斥势能为零，在任何距离，界面或质点纯粹受到范德华引力作用，最终到达一级极小位置，发生不可逆絮凝，如图 9-27 中曲线 d 所示。

显然能垒高度 W_{max} 是决定胶体体系是稳定还是絮凝的关键因素。现在从式(9-189)可以分析影响能垒高度的因素，从而找出提高絮凝稳定性的途径。

(1) Hamaker 常数 A

对多相分散体系，式(9-189)中的 A 为有效 Hamaker 常数 A_{131}。但 A 值主要取决于分散相和连续相的化学本性。因此对给定的分散体系，A 是先天性的。

(2) 界面电势 ψ_0

式(9-189)中 γ_0 是 ϕ_0 的一个复杂表达式 [式(3-11)]。解析表明，能垒的高度随 ψ_0 增加而增加，然而当 ψ_0 很大时，$\gamma_0 \to 1$，即 ψ_0 对能垒的影响随 ψ_0 增加而减弱。目前尚不能用实验方法测定 ψ_0，因为通过电泳原理测得的只是 Stern 层外侧的一个滑动面上的电势，即 ζ 电势，而由于 Stern 层的特性吸附，ζ 电势一般要小于 ψ_0。但可以肯定，ζ 电势与 ψ_0 有内在的联系，比如说正相关性。因此可以认为，ζ 电势至少规定了 ψ_0 的下限。

(3) 无机电解质

式(9-189)中的 ψ_0 和 κ 两个参数都与无机电解质的浓度和价数有关。就 ψ_0 而言，它随表面活性离子吸附量的增加而增加，但随体相电解质浓度增加而减小。而 κ 对电解质就更为敏感。解析表明，W_{max} 随 κ 的减小而增加，即双电层厚度越大，能垒越高。而电解质浓度的增加总是使 κ 增加，即使能垒降低，从而可能使胶体分散体系从可逆絮凝进入到不可逆絮凝。

基于 DLVO 理论和以上分析，可以得到有关分散体系絮凝稳定性的结论：

① 质点的表面电势越高，双电层中各处的电势就越高，则质点间的双电层排斥力越大，有利于提高体系的絮凝稳定性。

② 无机电解质的浓度越低，则能垒越高，排斥力开始显著下降时质点间的距离越远，因而可有效地阻止絮凝。

③ 质点在体系中的 Hamaker 常数越大，则质点间的引力就越大，越易导致絮凝。

显然，影响絮凝稳定性的诸因素中，电解质浓度和价数是最容易改变的因素，于是向一个稳定的胶体分散体系中加入电解质可促使其絮凝，DLVO 理论成功地对此做了定量的解释。

9.3.7 临界絮凝浓度

对一个本来稳定的胶体分散体系，加入电解质将会导致其发生絮凝。使胶体絮凝所需的最低电解质浓度称为临界絮凝浓度（critical flocculation concentration），简称 cfc。cfc 可以通过实验来测定。方法是在一系列盛有分散体系的试管中加入不同浓度的电解质溶液，使每个试管中的质点浓度保持恒定，而电解质的浓度不同。混合均匀后经一定时间观察，可发现有些试管里有明显的絮凝迹象，而另一些则没有。于是使胶体体系不起明显变化的最高电解质浓度与引起絮凝的最低电解质浓度之间就包含了 cfc。在这一浓度范围内进行更为精细的第二轮试验，即可缩小 cfc 的范围，并最终求出 cfc。显然 cfc 取决于：①测定过程中观察时间的长短；②分散体系的界面电势；③分散体系的有效 Hamaker 常数 A_{131}；④样品的单分散性或多分散性；⑤加入电解质的价数等。

对特定的体系，①～④条不变，于是可观察不同价数电解质的 cfc。表 9-9 列出了对一些正、负胶体的结果实验，相关数据表明：

cfc 值主要取决于反离子的价数 (z)，与和表面电荷同号的离子无关；

反离子价数越高，cfc 越小，cfc 基本与 z^6 成反比；

对正胶体或负胶体，只要电解质的反离子的价数相同，则 cfc 基本相同。

可见对胶体稳定性起主要作用的是反离子的价数，这一规则称为 Schulze-Hardy 规则。

DLVO 理论能够定量地解释这一规则。出发点是首先需要确定一个稳定性判断标准。从图 9-27 可见，当能垒 W_{max} 为零时，则体系很容易从可逆絮凝滑向不可逆絮凝，因此不妨把能垒为零作为判断标准。在数学上，这个条件可表示为：

$$W_T(D) = 0 \qquad (9\text{-}190)$$

$$\frac{\partial W_T(D)}{\partial D} = 0 \qquad (9\text{-}191)$$

将上述条件应用于式(9-189)得到：

$$\frac{\kappa^2}{n_0} = 768\pi kTD\gamma_0^2\exp(-\kappa D)/A \qquad (9\text{-}192)$$

$$\frac{\kappa}{n_0} = 768\pi kTD^2\gamma_0^2\exp(-\kappa D)/A \qquad (9\text{-}193)$$

由此得到 $kD = 1$，即能垒出现在 $D = \kappa^{-1}$(Debye length) 处。将 $kD = 1$ 代回式(9-192)得到：

$$\frac{\kappa^3}{n_0} = 768\pi kT\gamma_0^2\exp(-1)/A \qquad (9\text{-}194)$$

或者：

$$\frac{\kappa^6}{n_0^2} \propto (T\gamma_0^2/A)^2 \qquad (9\text{-}195)$$

由式(3-12)可得，$\kappa^2 \propto n_0 z^2/(\varepsilon T)$，从上式可得：

$$z^6 n_0 \propto \varepsilon^3 T^5 \gamma_0^4/A^2 \qquad (9\text{-}196)$$

显然当 γ_0 为常数时，$z^6 n_0$ 为常数。事实上，当界面电势很高时，例如 $\psi_0 > 100\text{mV}$ 时有 $\gamma_0 \to$ 常数，于是有：

$$n_0 \propto 1/z^6 \qquad (9\text{-}197)$$

这就从理论上解释了 Schulze-Hardy 规则。

不过对高价电解质，例如二价或三价离子体系，界面电势可能不够高，这时由式(3-11)可得 $\gamma_0 \propto z\psi_0/T$，式(9-196)变为：

$$z^2 n_0 \propto \varepsilon^3 T\psi_0^4/A^2 \qquad (9\text{-}198)$$

于是当 ψ_0 为常数时，$z^2 n_0$ 为常数，于是对低且不变的界面电势情形，Schulze-Hardy 规则变为：

$$n_0 \propto 1/z^2 \qquad (9\text{-}199)$$

实际体系中，界面电势既不可能很高，也不可能为常数，并且随电解质反离子价数的升高可能降为较低值。如果 $\psi_0 \propto 1/z$，于是对低界面电势情形有：

$$n_0 \propto \psi_0^4/z^2 \propto 1/z^6 \qquad (9\text{-}200)$$

我们又得到 Schulze-Hardy 规则。

表 9-9 中所列的 cfc 值是一些同价电解质的平均值。虽然 cfc 主要取决于反离子的价数，但对于同价离子，仍存在着二级差别，即对某些离子所需的浓度始终比另一些同价离子要高或低。实验结果表明，对一价的阴离子和阳离子，其 cfc 分别有如下顺序：

$$F^- > Cl^- > Br^- > NO_3^- > I^- > SCN^-$$

$$Cs^+ > Rb^+ > NH_4^+ > K^+ > Na^+ > Li^+$$

这一顺序差不多正好与它们的特性吸附顺序相反。这表明这种二级差别是由于 Stern 层中的特性吸附的结果。特性吸附越强，其絮凝作用越大。

表 9-9　作用于一些正、负胶体的电解质的 cfc 值

反离子价数 z	负胶体			正胶体		理论值
	As_2S_3	Au	AgI	Fe_2O_3	Al_2O_3	
1	(5.5×10^{-2})	(2.4×10^{-2})	(1.42×10^{-1})	(1.18×10^{-2})	(5.2×10^{-2})	
	1	1	1	1	1	1
2	(6.9×10^{-4})	(3.8×10^{-4})	(2.43×10^{-3})	(2.1×10^{-4})	(6.3×10^{-4})	
	1.3×10^{-2}	1.6×10^{-2}	1.7×10^{-2}	1.8×10^{-2}	1.2×10^{-2}	1.56×10^{-2}
3	(9.1×10^{-5})	(6.0×10^{-6})	(6.8×10^{-5})		(8×10^{-5})	
	1.7×10^{-3}	0.3×10^{-3}	0.5×10^{-3}		1.5×10^{-3}	1.37×10^{-3}
4	(9.0×10^{-5})	(9.0×10^{-7})	(1.3×10^{-5})		(5.3×10^{-5})	
	17×10^{-4}	0.4×10^{-4}	1×10^{-4}		10×10^{-4}	2.44×10^{-4}
决定电势离子	S^{2-}	Cl^-	I^-	H^+	H^+	

注：括号内数据为 cfc(mol·L^{-1}) 值，不加括号的数据表示同一体系以一价电解质为基准时诸 cfc 值的相对大小，理论值按式(9-197)计算。

9.3.8 絮凝动力学

絮凝过程可以看作是两个质点相互接近形成一个偶子的过程，非常类似于双分子碰撞反应。一旦质点的能量足以越过能垒 W_{max}，则将导致不可逆絮凝。因此，能垒相当于化学反应的活化能。对化学反应，通过研究温度对反应速率的影响可以测量出活化能。对于絮凝，热能固然是质点克服能垒的一个因素，但电解质更能改变能垒的高度。因此通过电解质对絮凝速度的影响可以有效地研究絮凝的"活化能"。

若初始态（$t=0$）时体系中质点总数为 N_0，发生絮凝后在时间 t 时体系中能独立运动的质点数目为 N，则模拟双分子化学反应可导出下列絮凝速率方程：

$$\frac{1}{N}-\frac{1}{N_0}=k_F t \tag{9-201}$$

上式称为 Smoluchowski 方程，式中 k_F 为絮凝速率常数。如果质点能越过能垒 W_{max}，则将导致不可逆絮凝，反之只发生可逆絮凝。为区别这两种情况，称不可逆絮凝为快速絮凝，速率常数为 k_f，而称可逆絮凝为慢速絮凝，速率常数为 k_s。于是两种絮凝都适用式(9-201)，不同的只是速率常数。

(1) 快速絮凝

Smoluchowski 根据扩散理论导出了快速絮凝的速率常数。考虑两个半径为 R 的球形质点，把絮凝看作是它们互相靠近形成偶子的过程。如图 9-28 所示，围绕其中一个球画出半径为 $2R$ 的球面，并假定此球不动，作为参考质点。另一个球通过扩散向该球接近，一旦进入 $2R$ 球面，即形成一个偶子，于是原来独立运动的两个质点合并成一个独立运动的质点。偶子形成的速度即为絮凝速度。按照图 9-28 所示的模型，偶子形成的速度等于质点扩散越过图中 $2R$ 球面虚线的速度。由 Fick 第一定律，单位时间内朝向此参考质点穿过单位面积的质点数 J 可表示为：

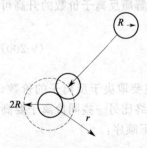

图 9-28　均一大小球形质点的絮凝

$$J=-D\frac{dN}{dr} \tag{9-202}$$

式中，D 为质点的扩散系数；N 为质点总数；r 为围绕参考质点的半径。以 r 为半径画一个球面，面积为 A，则单位时间内穿过此球面的质点总数 JA 为：

$$JA = -(4\pi r^2)D\frac{\mathrm{d}N}{\mathrm{d}r} \tag{9-203}$$

达到稳定态时，JA 是一个常数。于是可对上式积分，边界条件为：当 $r=\infty$ 时，$N=N_0$（起始质点浓度）；在 $r=2R$ 处，$N=0$（质点一旦形成偶子即失去其独立运动本性）。积分得到：

$$JA = -8\pi RDN_0 \tag{9-204}$$

上式表示单位时间内向着固定质点移动的质点数。实际上，质点不是固定的，两个质点都将扩散相互靠近，于是总扩散系数为 $2D$。这样，均一球通过扩散与运动着的另一个参考球的碰撞频率为：

$$(JA)' = -16\pi RDN_0 \tag{9-205}$$

最初的 N_0 个球中任意一球都可看作是参考球，于是生成偶子的总速度为：

$$\frac{-(16\pi RDN_0)N_0}{2} = -k_f N_0^2 \tag{9-206}$$

式中，

$$k_f = 8\pi DR \tag{9-207}$$

即为快速絮凝的速率常数。式(9-206)左边除以 2 是因为每个球既是参考球，又是非参考球，复算了两次。代入球形质点的扩散系数公式(9-81)和式(9-59)得：

$$k_f = \frac{4kT}{3\eta} \tag{9-208}$$

上式表明，快速絮凝是扩散控制的，与能垒高度无关。

（2）慢速絮凝

慢速絮凝与快速絮凝的区别在于慢速絮凝存在能垒。考虑到这个能垒，Smoluchowski 最初曾模拟化学反应的 Arreniws 活化能公式而设：

$$k_s = k_f \exp\left(\frac{-W_{\max}}{kT}\right) \tag{9-209}$$

式中，k_s 为慢速絮凝速率常数；$W_{\max}$ 为能垒。但絮凝毕竟不是化学反应，因此除了热力学因素以外，电解质浓度可大大影响能垒的高度。后来提出的公式为：

$$k_s = \frac{k_f}{W_f} \tag{9-210}$$

式中，W_f 称为稳定比。对均一球形质点，理论上可以得到：

$$W_f = 2R\int_{2R}^{\infty} \exp\left[\frac{W(r)}{kT}\right] r^{-2} \mathrm{d}r \tag{9-211}$$

但因为球形质点的 $W(r)$ 是 r 的复杂函数，上式只可用数值积分或用近似方法求出。考虑到慢速絮凝中势能曲线上总是有一个极大值（$W_{\max}$，r_m），即能垒，因此 $\exp[W(r)/(kT)]$ 必在这一点有极大值 $\exp[W_{\max}/(kT)]$，而偏离这一位置时，$W(r)$ 急剧下降，因此指数 $\exp[W(r)/(kT)]$ 主要由 $W_{\max}$ 决定。进一步的分析得到：

$$W_f \approx \frac{1}{2}R\kappa \exp\left(\frac{W_{\max}}{kT}\right) \tag{9-212}$$

式中，κ 为双电层厚度的倒数。对一定的体系，$R\kappa$ 可看作是一个常数，于是得到：

$$k_s \propto k_f \exp\left(\frac{-W_{\max}}{kT}\right) \tag{9-213}$$

上式表明了式(9-209)的合理性，即势能高度可看作是絮凝过程的活化能。根据 DLVO 理论，W_f 随溶液电解质浓度 $c(\mathrm{mol \cdot L^{-1}})$ 的变化应有如下关系：

$$\lg W_f = k_1 \lg c + k_2 \tag{9-214}$$

对 25℃ 的水，算得：

$$k_1 = -2.06 \times 10^9 \frac{R\gamma_0^2}{z^2} \tag{9-215}$$

式(9-214)和式(9-215)的意义在于对质点半径已知的胶体，测出 W_f 随电解质浓度的变化关系即可求出 γ_0，进而可求出 ψ_0［式(3-11)］。根据此值和测得的电解质浓度（即 κ）可以画出不同 A 值下的一组势能曲线，将这些曲线与观察到的 $W(r)$ 值对照，由最相符者可确定出该体系的 A_{131} 值。

以上运用 DLVO 理论讨论了慢速絮凝的速率常数。令人感兴趣的是根据式(9-210)可以通过快速絮凝与慢速絮凝的实验数据求出稳定因子 W_f。典型的曲线如图 9-29 所示。对慢速絮凝，式(9-214)给出 $\lg W_f$ 随 $\lg c$ 线性下降，而对快速絮凝，$\lg W_f$ 与 c 无关，或者 $\mathrm{d}(\lg W_f)/\mathrm{d}(\lg c) = 0$，即 $\lg W_f$ 与 $\lg c$ 关系为一水平线，于是两线的交点所对应的浓度即为 cfc。注意在快速絮凝阶段理论上 W_f 略小于 1，因为存在范德华引力［式(9-189)中第二项］。

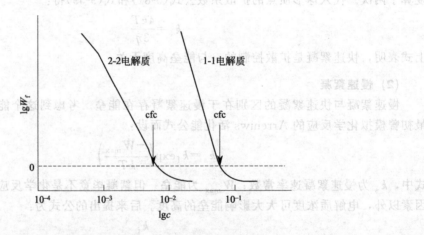

图 9-29　典型的 $\lg W_f$-$\lg c$ 理论关系曲线

显然通过实验检验 W_f 与电解质浓度的关系是否符合式(9-214)可以检验 DLVO 理论的正确性。图 9-30 为用实验方法（吸光度法）测得的几种不同大小的 AgI 溶胶的 $\lg W_f$-$\lg c$ 关系图，其变化规律与图 9-29 中的理论曲线完全相符。详细研究图 9-30 中的数据可得出：

① $\lg W_f$ 对 $\lg c$ 作图的确为一直线。

② $W_f = 1$ 所对应的浓度 c 即为 cfc。cfc 随电解质价数的上升而减小，不同价数电解质的 cfc 之比与理论值的符合程度（Schulze-Hardy 规则）令人满意。

③ $\lg W_f < 4$ 时开始出现慢速絮凝。对典型的势能曲线，这相当于 $W_{max} = 15kT$。因此能垒高度至少应有 $15kT$，才能使胶体分散体系有显著的稳定性。对图 9-30 中的质点大小，相当于 ψ_0 为 $12 \sim 53 \mathrm{mV}$，A_{131} 为 $0.210 \sim 13 \mathrm{erg}$。

当然理论模型与实验结果之间尚有某些不符之处。主要表现在推算的 ψ_0 似乎太低。斜率 k_1 对质点大小 R 的依赖关系似乎不像理论式(9-215)预测的那样明显。考虑到理论推导中采用了不少的近似，而体系又十分复杂，上述结果足以证明 DLVO 理论的成功。

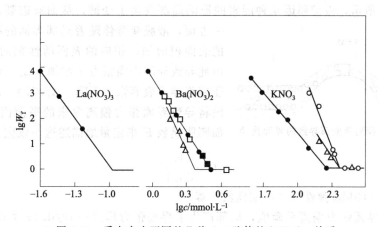

图 9-30　质点大小不同的几种 AgI 胶体的 $\lg W_f$-$\lg c$ 关系

质点平均半径：● 52nm；○ 22.5nm；□ 53.5nm；■ 65nm；△ 158nm

9.4　聚 结 作 用

絮凝虽然使质点在介质中相互靠近而结合在一起，并由此加速沉降或乳析，但质点与质点之间仍有一层连续相液膜隔开。对液/液或气/液分散体系，随着絮凝的发生，质点间的液膜变得很薄并趋向于破裂，于是质点与质点间的界面消失，小质点合并成大质点，最终导致分成两相，如图 9-31 所示。这一过程称为聚结（coalescence），它是导致乳状液和泡沫等分散体系最终破坏的过程。对固/液分散体系，质点间也会发生聚结而形成结块。

对非刚性质点，例如液滴或气泡，当絮凝使质点相互靠近时，质点往往发生局部变形，同时连续相膜变得很薄。如果能维持此薄膜不破，则聚结不易发生，反之若此薄膜易于破裂，则聚结不可避免。下面将讨论有关聚结的问题。

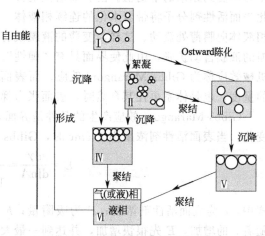

图 9-31　胶体分散体系的不稳定过程

9.4.1　Gibbs 膜弹性和 Gibbs-Marangoni 效应

对液/液或气/液分散体系，要使体系稳定通常需要加入第三组分。如对乳状液，此第三组分即为乳化剂；对泡沫则为发泡剂、稳泡剂。通常使分散体系稳定的第三组分主要是表面活性剂。

在液/液或气/液界面表面活性剂通常形成吸附单分子层，并导致界面张力降低。在第 4 章已讨论过静态平衡的吸附单分子层，然而在发生聚结时，界面将发生局部变形，导致局部界面膨胀或压缩。这是一个动态非平衡过程，而吸附单分子层对此过程有较大的影响。

如图 9-32 所示，设液膜因某种因素的影响局部发生了变薄，从而有破裂的危险。但另

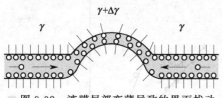

图 9-32 液膜局部变薄导致的界面扰动

一方面，液膜变薄伴随着局部界面的膨胀，即局部的表面积增加，相应的表面活性剂的吸附量减小，由此导致局部表面张力 γ 增加（$\Delta\gamma>0$）；反之局部压缩将导致表面张力下降（$\Delta\gamma<0$）。因此膨胀或压缩将导致界面张力偏离原来的平衡值。Gibbs 用表面膨胀模数 E 来定量地描述这一效应：

$$E = \frac{\mathrm{d}\gamma}{\mathrm{d}\ln A} \tag{9-216}$$

E 通常还称为"Gibbs 弹性"，"压缩模数"等。

随着局部界面张力偏离平衡值，局部产生了界面张力梯度 $-\mathrm{d}\gamma/\mathrm{d}z$（$z$ 为图 9-32 中的水平方向），由此导致界面产生一个切向压力（图 9-32 中箭头所示），此切向压力可与连续相的黏性力形成平衡：

$$-\frac{\mathrm{d}\gamma}{\mathrm{d}z} = \eta\frac{\mathrm{d}v}{\mathrm{d}z} \tag{9-217}$$

式中，η 为连续相的黏度；$\mathrm{d}v/\mathrm{d}z$ 为界面液膜中流体的流动速度梯度。因膨胀或压缩产生的界面张力梯度趋向于阻碍导致产生此梯度的变化。例如，膨胀时，$\Delta\gamma>0$，膨胀处吸附量减小，这时相邻吸附量大的部位处的表面活性剂分子即趋向于向膨胀处扩散，使膨胀处的界面张力恢复到原来的平衡值。但表面活性剂分子的扩散不是单纯的，由于其头基是水化的，因此表面活性剂分子将带着水化的连续相液体一起移动，或者认为切向压力 $-\mathrm{d}\gamma/\mathrm{d}z$ 驱动连续相液体向膜薄处流动。这样，变薄的液膜就有恢复的趋势，表现为膨胀的液膜自动收缩，压缩的液膜自动扩张，由此使界面具有"弹性"。这种由表面张力梯度产生的液膜自动修复的机械效应称为 Gibbs-Marangoni 效应。而表面弹性模数 E 正是对表面张力梯度产生的阻力的量度，也是体系再任其自然时，表面张力梯度消失速度的量度。

Gibbs-Marangoni 效应产生的条件是界面存在可溶单分子层，因此界面张力随吸附量而变化。当表面活性剂浓度小于 cmc 时，Gibbs 膜弹性可表示为：

$$E = \frac{\mathrm{d}\gamma}{\mathrm{d}\ln A} = \frac{\mathrm{d}\gamma/\mathrm{d}\Gamma}{1 + \frac{1}{2}h\,\mathrm{d}c/\mathrm{d}\Gamma} \tag{9-218}$$

式中，c 为表面活性剂浓度；Γ 为吸附量；h 为液膜厚度。上式表明，当 $c=0$ 时，$E=0$；随着 c 的增加，E 先很快增加，并达到一最大值（约在 $\gamma=20\mathrm{mN\cdot m^{-1}}$ 处），然后随着 c 的进一步增加，由于 $\mathrm{d}c/\mathrm{d}\Gamma$ 变得很大，使 E 反而减小。当 $c>\mathrm{cmc}$ 时，E 通常很小。因此过大的表面活性剂浓度并不能产生强烈的 Gibbs-Marangoni 效应。此外，上式还表明，膜越薄，E 越大。在聚结过程中，首先将涉及液膜的变薄，而强烈的 Gibbs-Marangoni 效应将有效地阻止液膜变薄，从而增加分散体系的聚结稳定性。

9.4.2 聚结过程

当质点因沉降、分层或絮凝相互靠近时，彼此间仅隔一层液膜。聚结的发生通常经过两个阶段：首先是厚膜阶段，液膜中流体的排泄导致液膜变薄，然后是薄膜阶段，膜的振动或波动导致膜破裂而发生聚结。

(1) 厚膜阶段，静态情形

对乳状液或泡沫体系，当两个分散相的质点靠近时，其与连续相流体的边界情形如图

9-33 所示。质点间的相互作用势能 W 与液膜厚度 h 的关系如图 9-34（实线）所示。设吸附膜的厚度为 d，连续相薄膜厚度为 h，则当 $h>2d$ 时，两质点间的相互作用与絮凝时相同，即范德华作用和双电层作用的综合。当质点进一步靠近使 $h<2d$ 时，排斥作用急剧增加。在界面的切线方向上，单位面积上所有这些相互作用的净力定义为分离压力（disjoining pressure），用 π 表示，它是距离 h 的函数：

$$\pi(h)=-\frac{dW}{dh} \tag{9-219}$$

式中，W 为总相互作用势能。π 随 h 的变化如图 9-34 中虚线所示。

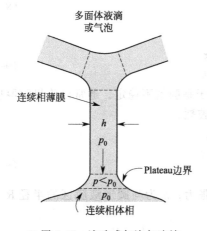

图 9-33 液珠或气泡与连续
相流体之间的边界示意图

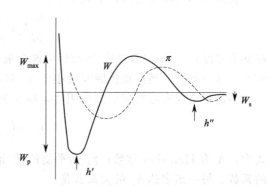

图 9-34 质点间的相互作用势能 W
和分离压力 π 与液膜厚度的关系

由图 9-34 可见，π-h 曲线与 W-h 曲线具有类似的形状，分别具有二级极小值、最大值和一级极小值。当 h 分别为 h'' 和 h'（对应于可逆絮凝和不可逆絮凝）时，$\pi=0$，液膜将驻留两者中的任一阶段，质点处于亚稳定状态。

如图 9-33 所示，在相邻质点间液膜的中间部位，界面是平行的平面，因此膜压与体系的压力相同，机械平衡的条件为：

$$\pi=0 \tag{9-220}$$

但在液膜的两端或多个质点的相邻部位，即通常所称的 Plateau 边界，界面是弯曲的，由 Laplace 方程可知，此处的膜压小于体系的压力。因此液体将自动从中间部位流向 Plateau 边界处，导致液膜变薄（区别于厚膜阶段的重力排泄作用），即存在毛细压力 Δp。因此，此处要使界面达到机械平衡，其条件是：

$$\pi+\Delta p=0 \tag{9-221}$$

由于 $\Delta p\neq 0$，因此达到机械平衡时，$\pi\neq 0$。

在液膜形成的早期阶段，即厚膜阶段，重力的作用将导致膜中流体的排泄。如果液膜不具有"弹性"，即 Gibbs 弹性很小或为零，则液膜中流体的排泄将非常快并导致膜的崩溃和破裂。如果液膜具有足够的弹性，则流体的排泄将受到界面张力梯度的阻碍，达到某种稳定的排泄。研究表明，此种状态下厚膜阶段稳定排泄时流体的平均流速与膜厚的平方成正比：

$$\bar{v}=\frac{\rho gh^2}{12\eta} \tag{9-222}$$

式中，ρ 为流体的密度；η 为黏度；g 为重力加速度。对 25℃ 的水作为连续相介质，$h=10\mu m$ 时，平均流速为 $5mm\cdot min^{-1}$，而 $h=1\mu m$ 时，平均流速降为 $0.05mm\cdot min^{-1}$。因

此，即使具有较高的 E 而排泄较慢，一个膜厚也将很快地因重力排泄而减至 $10\mu m$。此后膜的排泄就慢得多，重力的影响渐可忽略，排泄主要受毛细压力控制并发生在不相连的 Plateau 边界，体系进入所谓的薄膜阶段。

（2）薄膜阶段，动态情形

在薄膜阶段，处于二级极小或一级极小位置的薄膜将通过膜厚度的随机波动而变得不稳定。例如用光散射法已证明了肥皂膜的这种随机波动。若把分离压力分成吸引力 π_A 和排斥力 π_R 两部分，则这种随机波动加剧而导致膜破裂的条件是：

$$\frac{\partial \pi_A}{\partial h} > \frac{\partial \pi_R}{\partial h} \tag{9-223}$$

当液膜具有 Gibbs 弹性时，上式变为：

$$\frac{\partial \pi_A}{\partial h} > \frac{\partial \pi_R}{\partial h} + \frac{\partial \pi_\gamma}{\partial h} \tag{9-224}$$

在某个厚度，式（9-223）或式（9-224）可能会被满足，于是膜就不稳定。通常以临界膜厚度 h_c 来表示这一厚度。当波动使膜厚度小于 h_c 时，膜就破裂。

当液膜中仅有范德华引力作用时，临界膜厚度为：

$$h_c = \left(\frac{A\pi}{32k^2\gamma_e}\right)^{\frac{1}{4}} \tag{9-225}$$

式中，A 为 Hamaker 常数；γ_e 为平衡的液/液界面张力；k 为与圆形液膜区的半径 R 有关的系数。另一组表达 h_c 的关系式是：

$$h_c = 0.268\left(\frac{A^2R^2}{\gamma_e\pi_R f}\right)^{\frac{1}{7}} \quad (\text{对 } \pi_A < \pi_R \text{ 的厚膜}) \tag{9-226}$$

式中，f 为取决于 h 的一个因子。和：

$$h_c = 0.22\left(\frac{AR^2}{\gamma_e f}\right)^{\frac{1}{4}} \quad (\text{对 } \pi_A > \pi_R \text{ 的薄膜}) \tag{9-227}$$

显然对薄膜，上式与式（9-225）具有相同的形式。

式（9-224）表明，Gibbs-Marangoni 效应将有效地阻碍膜厚度的波动和破裂。因此当膜的某处因膜厚的波动而突出时，局部表面积增加，表面活性剂的吸附量减小而导致产生界面张力梯度，邻近区域的表面活性剂分子必将向突出部位扩散以重新恢复原来的表面张力。于是膜厚的波动受到阻碍而不是加剧。通常在中等表面活性剂浓度时 E 最大，因此也正是在这一浓度范围，Gibbs-Marangoni 效应防止聚结的作用最显著。

另一方面，通过减弱 Gibbs-Marangoni 效应，例如用吸附能力强但却不能产生较大的 Gibbs 膜弹性的物质取代稳定界面膜的表面活性物质，则可导致乳液的聚结或泡沫的破裂，从而成为破乳或消泡的一种有效途径。相关实例有：聚硅烷、聚酰胺用作锅炉消泡剂，乙醚能使泡沫迅速破灭，因它在穿越界面时取代了那里的携带有一些液体分子的表面活性剂分子，而使局部液膜变薄，几乎不再有吸附的表面活性剂。其他如三丁醇磷酸酯能迅速吸附在界面使得在液膜波动时界面张力梯度不易建立；环氧乙烷/环氧丙烷共聚物用作原油乳状液的破乳剂也是通过减弱 Gibbs-Marangoni 效应而起作用的。

9.4.3 聚结动力学

聚结是在絮凝的基础上发生的。假定絮凝为快速絮凝，则分散相质点将首先经过絮凝聚集成团块，进而在团块内发生聚结。聚结使团块内分开的质点数减小，而絮凝则使其增加。

因此建立聚结速率方程时，必须同时考虑絮凝和聚结两个过程。

按照 Smoluchowski 絮凝速率方程式(9-201)，时间 t 时体系中独立运动的质点数 N' 为：

$$N' = \frac{N_0}{1 + k_f N_0 t} \tag{9-228}$$

则体系中聚集数为 i 的聚集体的数目 N_i 为：

$$N_i = \frac{N_0 (t/\tau)^{i-1}}{(1 + t/\tau)^{i+1}} \tag{9-229}$$

式中，N_0 为体系的原始质点数；k_f 为快速絮凝的速率常数；τ 为絮凝导致独立运动质点数下降至原始质点数的一半所需要的时间（半衰期）。由式(9-228)得：

$$\tau = \frac{1}{k_f N_0} \tag{9-230}$$

于是在时间 t 时，未成团（单个）的质点数 $N_t (i=1)$ 为：

$$N_t = \frac{N_0}{(1 + k_f N_0 t)^2} \tag{9-231}$$

因絮凝产生的总的聚集体数 $N_f (i \geq 2$ 时)为：

$$N_f = N' - N_t = \frac{k_f N_0^2 t}{(1 + k_f N_0 t)^2} \tag{9-232}$$

设每个聚集体中平均原始质点数为 N_a，则有：

$$N_a = \frac{N_0 - N_t}{N_f} = 2 + k_f N_0 t \tag{9-233}$$

因此，因絮凝导致聚集体中原始质点数增加的速度为：

$$\frac{dN_a}{dt} = k_f N_0 \tag{9-234}$$

设每个聚集体中分开的质点的平均数为 m，由于发生了聚集，$m < N_a$。若聚结很慢，m 略小于 N_a，若聚结很快，则 $m \to 1$。于是 m 减小的速度与 $m-1$（聚集体中分开的质点数）成正比。同时考虑絮凝和聚结，van der Temple 建立了下列聚结方程：

$$\frac{dm}{dt} = k_f N_0 - k_c (m-1) \tag{9-235}$$

式中，k_c 为聚结速率常数。对边界条件 $t=0$ 时，$m=2$ 积分上式得：

$$(m-1) = \frac{k_f N_0}{k_c} + \left(1 - \frac{k_f N_0}{k_c}\right) \exp(-k_c t) \tag{9-236}$$

于是时间 t 时，体系中总的质点数 N，不论是否絮凝，为未成团的质点数与聚集体中分开的质点数的总和：

$$N = N_t + m N_f = \frac{N_0}{1 + k_f N_0 t}$$
$$+ \frac{k_f N_0^2 t}{(1 + k_f N_0 t)^2} \left[\frac{k_f N_0}{k_c} + \left(1 - \frac{k_f N_0}{k_c}\right) \exp(-k_c t)\right] \tag{9-237}$$

式中，第一项是把聚集体看作是一个质点时体系中总的质点数［对应于式(9-228)］；第二项则是考虑了集团中的质点数的结果。如果聚结速度很快，集团中质点全部聚结，即 $k_c \to \infty$，于是上式还原为 Smoluchowski 方程。若聚结不发生，则 $k_c = 0$，由式(9-235)得 $m = k_f N_0 t + 2$，于是在任何时间 $N = N_0$。当 $0 < k_c < \infty$ 时，上式表明质点浓度随时间的变化与体系的初始质点数 N_0 有关。图 9-35 给出了 N_0、k_c 对聚结速度的影响。

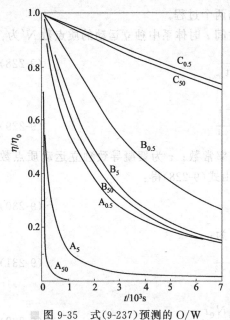

图 9-35 式(9-237)预测的 O/W
乳液液珠的聚结速度

25℃，液珠初始半径 $R=2\mu m$，基于快速
絮凝，$\phi=0.5\%$，5%，50%
A 为 $k_c=\infty$；B 为 $k_c=10^{-3}\,s^{-1}$；
C 为 $k_c=10^{-4}\,s^{-1}$

对高质点浓度，后一项可忽略。

在四种情况下，式(9-237)可以简化：

① 高质点浓度，$k_f N_0 \gg k_c$。大多数实际体系 k_c 远小于 1，因此 $k_f N_0 \gg 1$ 即可满足上述条件。通常当质点浓度很大时可保证上式成立。于是式(9-237)中的第一项相对于第二项可忽略不计，并有 $k_f N_0 t + 1 \approx k_f N_0 t$，于是得：

$$N = \frac{N_0}{k_c t}[1-\exp(-k_c t)] \qquad (9-238)$$

这表明质点浓度很大时，聚结速度与絮凝速度无关。

② 低质点浓度，$k_f N_0 / k_c \ll 1$。此种情况下，经充分长的时间后使 $k_c t \gg 1$，于是式(9-237)中的第二项相对于第一项可忽略，式(9-237)还原为 Smoluchowski 公式，即体系的凝聚速度与聚结速度无关。

③ 聚结速度很低，$k_c \ll 1$。此时因 $k_c t$ 很小，可将指数部分展开，只保持头两项，于是式(9-237)变为：

$$N = N_0[1 - k_c t(1+k_f N_0 t)^{-1} + k_c t(1+k_f N_0 t)^{-2}]$$
$$(9-239)$$

④ 凝聚时间足够长，$k_c t \gg 1$。这时指数项可以忽略，又因为 $k_f N_0 t \gg 1$，式(9-237)简化为：

$$N = \frac{N_0}{k_c t} + \frac{1}{k_f t} \qquad (9-240)$$

9.5 通过分子扩散的质点增长 (Ostwald ripening)

在多相分散体系中分散相和连续相通常不互溶。但实际上，没有绝对不互溶的体系，尤其是液/液和气/液分散体系。例如苯和水可以形成乳状液，形成一种多相分散体系，但它们却有一定的互溶度。25℃时苯在水中的溶解度达 0.180%（质量分数），而水在苯中的溶解度也达 0.072%。由于分散相的质点很小，按照 Kelvin 方程 [式(1-52)]，小质点比大质点具有更大的蒸汽压或溶解度。于是对一个多分散体系（质点大小不一），小质点将不断溶解，分散相分子通过在连续相中的扩散从小质点进入到较大的质点中，从而使大质点不断长大。这样，即使体系中不发生絮凝或聚结，体系中平均质点半径也将不断增加，从而导致体系不稳定。这一过程称为 Ostwald 熟化（Ostwald ripening）。对有一定互溶度的油和水形成的乳状液以及泡沫，Ostwald 熟化是体系不稳定的一个重要原因。对固/液分散体系，如果固体在液体中有一定的溶解度，这一因素也不可忽略。

当有表面活性剂存在时，可有效地抑制 Ostwald 熟化。这主要是表面活性剂的存在降低了 Laplace 压力差，从而降低了多分散质点间的溶解度差异。另一方面，吸附膜的存在阻碍了分散相分子越过相界面的扩散。当表面活性剂溶于连续相时，其产生的界面张力梯度是阻碍 Ostwald 熟化的主要推动力。这可以从界面膜的弹性来讨论。

例如对液/液分散体系，由 Laplace 方程 $p=p_0+2\gamma/R$，若 $dp/dR>0$，则球形分散相质点可保持机械平衡。微分得：

$$\frac{\mathrm{d}p}{\mathrm{d}R} = -\frac{2\gamma}{R^2} + \frac{2\mathrm{d}\gamma}{R\,\mathrm{d}R} > 0 \tag{9-241}$$

即：

$$\frac{\mathrm{d}\gamma}{\mathrm{d}\ln R} > \gamma \tag{9-242}$$

由界面面积 $A = 4\pi R^2$，上式可转化成：

$$\frac{\mathrm{d}\gamma}{\mathrm{d}\ln A} > \frac{\gamma}{2} \tag{9-243}$$

或者：

$$2E > \gamma \tag{9-244}$$

式中，E 即为 Gibbs 膜弹性。无表面活性剂存在时，$E=0$，不可能保持机械平衡；当体系中存在表面活性剂时，随着其浓度的增加，E 增大并达到一最大值，上述条件就可能被满足。对气/液分散体系可得到类似的结果，即表面活性剂的存在可有效地阻止气体分子通过液相的扩散，从而抑制 Ostwald 熟化。

以上讨论了有关分散体系稳定性的共性方面。然而对特定的分散体系，尚有其个性。下一章中将针对典型的胶体分散体系即乳状液、泡沫和悬浮液，分别讨论其个性。

思 考 题

1. 什么是分散体系？请举出一些实例。
2. 分散体系的主要特征是什么？
3. 如何表征质点大小？给出各种直径的定义？
4. 如何表征非球形质点的形状？
5. 什么是牛顿流体和非牛顿流体？
6. 什么是爱因斯坦黏度定律？
7. 什么是沉降和 Stokes 定律？
8. 如何通过沉降测定颗粒大小？
9. 扩散的起源是什么？什么是扩散定律？
10. 什么是质点的高度分布？
11. 产生高度分布的条件是什么？
12. 什么是絮凝？
13. 絮凝如何影响胶体的稳定性？
14. 什么是范德华相互作用？
15. 质点间的吸引作用与分子间的吸引作用有何关系？
16. Hamaker 常数的物理意义如何？
17. 质点间的势能曲线及其与絮凝的关系如何？
18. DLVO 理论的要点有哪些？
19. 什么是聚结？
20. 什么是膜弹性？它与表面活性剂浓度有何关联？
21. 什么是 Gibbs-Marangoni 效应？
22. Plateau 边界有何特征？
23. 哪些因素影响泡沫厚膜阶段的排液速度？
24. Ostwald 熟化的起因是什么？如何抑制？

第10章

液/液、气/液和 固/液分散体系

前几章已经比较充分地阐述了有关溶液表面化学、表面活性剂以及胶体稳定性的基本理论。本章将进一步讨论一些典型的胶体分散体系，主要是乳状液、泡沫、悬浮液以及洗涤去污体系，着重叙述和讨论表面活性剂在这些分散体系的形成和稳定性方面的作用，以及在洗涤去污过程中的作用。这些体系的共同特征是都含有水，在工业、技术领域和民用领域有重要的应用。

10.1　乳　状　液

乳状液是典型的液/液分散体系，在工业和民用领域有广泛的应用。常见的乳状液实例有化妆品、食品（如牛奶）、农药、医药、筑路沥青、石油乳状液以及含油废水等。此外，乳状液在乳液聚合、洗涤去污等过程中有重要的应用。在一些行业，希望得到稳定的乳状液，但在另一些行业则希望乳状液不稳定，例如石油开采中得到的石油乳状液，必须经破乳除水后才能进入炼油流程。

研究表明，乳状液是热力学不稳定体系，但可以在适当时期内保持动态稳定。在乳状液的制备、形成、稳定性以及破乳过程中，表面活性剂都扮演了重要的角色。此外近年来随着纳米科技的发展，出现了一类新的乳状液稳定剂：双亲性纳米颗粒，它们可以几乎不可逆地吸附在油/水界面，从而使乳状液变得超级稳定。

关于乳状液，已出版了多本专著，如 Lissant 主编的 "Emulsions and Emulsion Technology"，Becher 主编的 "Encyclopedia of Emulsion Technology"，Binks 主编的 "Modern Aspects of Emulsion Science" 等。本书在上一章中已叙述了有关分散体系稳定性的共性方面，限于篇幅，本章将讨论乳状液的个性，注重阐述表面活性剂在其形成和稳定方面所起的作用，包括 HLB 理论和 PIT 理论，最后介绍双亲纳米颗粒稳定乳状液的机理。

10.1.1　乳状液的一般性质和类型的鉴别

Becher 给乳状液下了严格的定义：

乳状液是一个多相体系，其中至少有一种液体以液珠的形式均匀地分散于另一种不和它互溶的液体中。液珠直径一般大于 $0.1\mu m$。此种体系皆有一个最低的稳定度，这个稳定度可因有表面活性剂或固体粉末的存在而大大增加。

　　这个定义包括了以下几点内容：①乳状液是多相体系；②至少有两个液相；③这两个液相须互不相溶；④至少有一个液相分散于另一个液相中；⑤规定了液珠的大小；⑥乳状液是热力学不稳定体系，加入第三组分可增加其稳定性。

　　以液珠形式存在的一个相称为分散相，另一相则称为连续相。这样对油和水两个液相形成的简单乳状液就有两种类型：水包油型（O/W）和油包水型（W/O），如图 10-1 所示。前者为油分散在水中，如牛奶；后者为水分散在油中，如原油乳状液。分散相的浓度通常用分散相占整个乳状液的体积分数 ϕ 来表示，也称相体积。显然乳状液能够在其连续相中分散或者被连续相稀释。

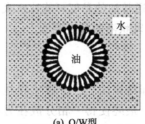 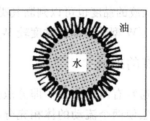

(a) O/W型　　　　　　　　**(b) W/O型**

图 10-1　简单乳状液的结构示意图（定向契模型）

(a) 一价金属皂作为乳化剂，O/W 型；(b) 二价金属皂作为乳化剂，W/O 型

　　乳状液的液珠大小一般为 $0.1\sim 10\mu m$，对可见光的反射比较显著，因此乳状液显示出不透明、乳白色的外观。如果乳状液的液珠大小皆相同，称之为单分散乳状液，反之则称为多分散乳状液。采用特殊的乳化技术可以制得前者，但实际乳状液多为后者。乳状液的质点大小和分布可通过各种平均直径（见第 9 章）来描述。由于热力学上的不稳定性，液珠大小和分布通常随时间而变化，即平均直径变大，分布变宽。当然也有分布随时间变得更为均匀的体系。

　　稀乳状液显示出牛顿型流体的流变学特性。当乳化剂通过吸附在油/水界面形成凝聚膜时，液珠具有刚性，因此稀乳状液的黏度可用 Einstein 公式(9-40)来描述。但当 ϕ 较大时，乳状液将变成非牛顿型流体，通常先变成假塑性流体，然后在 ϕ 很高时变成塑性流体，并显示出黏弹性（图 10-2），乳状液的黏度对 Einstein 公式显示明显的偏差。针对高 ϕ 下乳状液黏度，相继有研究者提出了多种公式，但都可以还原为下列幂级数形式：

$$\frac{\eta}{\eta_0}=1+2.5\phi+b\phi^2+c\phi^3+\cdots \qquad (10\text{-}1)$$

常用的还有 Hatschek 修正公式：

$$\frac{\eta}{\eta_0}=\left[\frac{1}{1-(h\phi)^{\frac{1}{3}}}\right] \qquad (10\text{-}2)$$

式中，h 为校正系数，对多分散 O/W 型乳状液，h 接近 1.3；η_0 为连续相的黏度，但随着乳化剂的加入，特别是高分子作为乳化剂时，η_0 将发生变化。

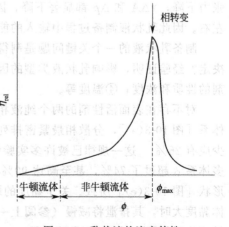

图 10-2　乳状液的流变特性

液珠直径越小，对黏度的影响越大，可能是吸附膜的溶剂化效应（见第9章）所致。

乳状液的电性质有电导和电泳。电导主要取决于连续相。由于油和水的电导率差异很大，因此O/W型乳状液的电导率要比W/O型的大得多。当使用离子型乳化剂时，液珠表面带电，因而能发生电泳。据此可测出液珠的ζ电位，它与乳状液的稳定性密切相关。

一般由透明的油和水形成的乳状液外观都是乳白色，肉眼难以分辨其是O/W型还是W/O型。而利用乳状液的基本性质可以鉴别其类型。最简单的方法是液珠分散法（drop test）：将1～2滴乳状液分别滴加到用于制备乳状液的水相和油相中，如果液珠在水相中分散但在油相中不分散，则乳状液为O/W型，反之为W/O型。另一种方法是测量乳状液的电导率。通常油的电导率显著低于水的电导率，而乳状液的电导率接近于其连续相的电导率，因此如果乳状液的电导率与水相的电导率相近，该乳状液为O/W型；反之，如果乳状液的电导率明显低于水的电导率，则可能为W/O型。注意在水相中添加无机电解质可以显著提高水相的电导率。此外，通过测定乳状液的黏度也可以判断其类型。通常油的黏度可能比水大，因此当分散相的体积分数相同时，O/W型乳状液的黏度较W/O型乳状液的黏度要低。

10.1.2 乳状液的形成

制备分散体系通常有两种途径，即分散途径和凝聚途径。分散途径是借助于搅拌、均质或超声波粉碎等方法使两个流动的体相充分混合，最终使得一相分散在另一相中。这是制备乳状液的主要方法，过程中涉及复杂的流体力学。凝聚法通过某种措施（如改变温度、压力或浓度）使一个均相体系处于过饱和状态，再通过改变外部条件使过饱和状态消失，新核随之形成并增长，最终形成分散体系。例如打开的啤酒瓶会自动冒出气泡。不过这一方法很少用于制备乳状液。

乳状液的形成导致体系的界面面积（ΔA）大大增加，从而使体系的界面能（$\gamma \Delta A$）显著增加。界面能的增加一方面导致体系的热力学不稳定，另一方面导致在制备过程中要消耗能量。然而研究表明，乳状液制备过程中的能耗主要用于使界面变形和形成液珠，而界面能的增加仅占能耗的极小部分，前者大约是$\gamma \Delta A$的1000倍。因为使一个液相以液珠形式分散在另一个液相中时，界面曲率的变化将导致局部Laplace压力梯度，$\Delta p = 2\gamma / R$，而外部输入的能量必须足以克服此压力梯度。界面变形是通过周围体相施加的黏性力$\eta \mathrm{d}v / \mathrm{d}z$产生的，由于连续相的黏度$\eta_0$通常变化不大，因此只有通过增加速度梯度$\mathrm{d}v / \mathrm{d}z$（如增加搅拌速度或超声波强度）来实现，由此需要消耗大量的能量。当有表面活性剂存在时，由于界面张力下降，$\gamma \Delta A$和Δp都显著下降，因而大大减小了能量需求，某些情况下可减小至1/10左右。因此乳状液制备过程中输入的能量除一小部分转为$\gamma \Delta A$外，绝大部分转变为热能。

制备乳状液的一个关键问题是制得的乳状液为哪种类型？乳状液的类型又由哪些因素所决定？经验证明，影响乳状液类型的因素有：①两相的体积比；②两相的黏度；③表面活性剂的性质和浓度；④温度等。

对不存在表面活性剂的两个纯液相，①和②是主要因素。Ostwald提出，对一个单分散体系［图10-3(a)］，分散相最紧密排列时ϕ（体积分数）为74%，因此连续相的体积分数至少应有26%。这一规律已被许多实验结果所证实，称为Ostwald相体积规则。当然也有许多体系ϕ超过了74%，甚至高达90%以上，系多分散性［图10-3(b)］或液珠具有不规则形状［图10-3(c)］所致。关于黏度的影响，可以从液膜变薄的速度大小来理解。液膜中流体黏度大时，其排泄将减慢（参阅上一章聚结作用）从而使液膜保持稳定。因此黏度大的相易成为连续相。

当有表面活性剂存在时，①、②两个因素就显得不重要了。这时，乳状液的类型主要取决于表面活性剂的性质，即著名的 Bancroft 规则：表面活性剂溶解度大的一相将成为连续相。其理论依据是，若表面活性剂溶于分散相，就不能产生 Gibbs-Marangoni 效应，液珠将是聚结不稳定的。此外在液珠形成过程中，当表面活性剂溶于连续相时，表面活性剂分子与该相分子的相互作用较强，界面将优先弯曲使凹面朝向分散相，本身则成为连续相。

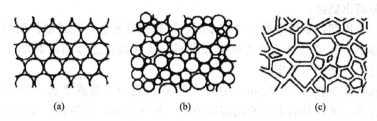

图 10-3　乳状液的几种形态

(a)单分散乳状液；(b)多分散乳状液；(c)不规则形状乳状液

由于表面活性剂的溶解度与其 HLB 值密切相关，因此关于乳状液的类型有半定量的 HLB 规则：若乳化剂的 HLB 值大于 7，形成 O/W 型乳状液；反之若 HLB 值小于 7，则形成 W/O 型乳状液。因此可以说，表面活性剂的 HLB 是决定乳状液类型的主要因素。

对非离子型表面活性剂，Shinoda 等表明其 HLB 是温度的函数。于是在低温下呈现水溶性的非离子表面活性剂在高温下则呈油溶性。因此用同一种非离子型表面活性剂作为乳化剂时，在低温下可能制得 O/W 型乳状液，而在高温下则可能得到 W/O 型乳状液。发生变形时的温度称为相转变温度（phase inversion temperature），简称 PIT。在 PIT 附近区域，O/W 和 W/O 两种乳状液都可保持，因而有可能形成所谓的多重乳状液，即分散相中又包含了质点更小的另一分散相。相应于 O/W 和 W/O 型乳状液，有 W/O/W 和 O/W/O 两类多重乳状液，如图 10-4 所示。

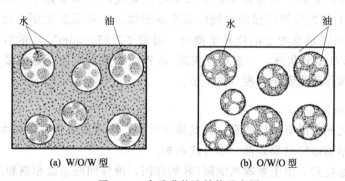

(a) W/O/W 型　　　　　　　　(b) O/W/O 型

图 10-4　多重乳状液结构示意图

显然当采用非离子型表面活性剂作为乳化剂时，温度将是决定乳状液类型的重要因素。有关 HLB 和 PIT 的详细内容将在后面的 HLB-PIT 理论部分（10.1.5）中详细论述。

10.1.3　乳状液的不稳定过程

乳状液是热力学不稳定体系。导致乳状液不稳定的因素包括沉降或乳析、絮凝、聚结、Ostwald 熟化以及转相（相转变），如图 9-31 所示。有关这些过程产生的原因以及相应的对抗措施已在上一章中进行了详细阐述，下面仅给予简单的概述。此外，相转变也被认为是不稳定的表现。

(1) 沉降或乳析 （sedimentation or creaming）

通常油、水之间存在密度差，因此在重力场中，分散相质点将受到一个净力的作用，导致沉降或乳析。一般油的密度小于水的密度，于是 O/W 乳状液中的油珠将上浮（乳析），导致乳状液分层，析出水相；而 W/O 乳状液中的水珠将沉降，在上层析出油相。在离心力场中，离心加速度可以大大高于重力加速度，因此可以加速沉降或乳析，例如通过离心分离可以从牛奶中分离出奶油。

在上一章已经提到，当质点的尺寸较小时，沉降或乳析会受到扩散作用的对抗，因此如果液珠直径足够小，就可以避免出现沉降和乳析。此外提高连续相的黏度可以降低沉降速度，这可以通过加入增稠剂来实现。

常见的乳状液质点在 $0.1 \sim 10 \mu m$，还不足以完全避免沉降或乳析。因此对乳状液易于观察到沉降或乳析，尤其是质点大小的高度分布。另一方面，如果乳状液具有良好的聚结稳定性，则通过搅拌或者摇动可以使已经沉降或乳析的体系重新均匀分散，因此沉降或乳析一般不是导致乳状液破坏的致命原因。

(2) 絮凝 （flocculation）

乳状液的絮凝使得分散相液珠之间相互聚集形成三维堆聚体，从而使下一步的聚结成为可能。前已述及，絮凝的产生是因为质点间存在范德华吸引作用。虽然与真空中相比，介质中的这种吸引作用有所减弱，但在乳状液体系中，这种吸引作用不可忽略。

根据 DLVO 理论，如果使质点带电，在油/水界面形成双电层，则双电层的排斥效应将有效地阻止絮凝的发生。对 O/W 型乳状液，使用离子型表面活性剂作为乳化剂即可达到这一目的。由于双电层的排斥作用与质点的 ζ 电位成正相关性，因此提高表面活性剂的吸附量，降低电解质浓度有利于提高 ζ 电位，而增加电解质浓度或者提高反离子的价数则能使 ζ 电位降低，从而导致絮凝。通常体系易于发生可逆絮凝，使体系处于二级极小位置（见图 9-27），这时通过简单的搅拌或摇动可使体系重新分散。但如果发生不可能絮凝，则体系将难以恢复稳定。O/W 液珠的 ζ 电位易于测定，通常 $\zeta > 25 \sim 30 mV$ 才能有效阻止不可逆絮凝的发生。对 W/O 型乳状液，一般难以在油/水界面形成双电层，这时要依赖另一种排斥作用，即位阻排斥作用来阻止絮凝（见下节）。

(3) 聚结 （coalescence）

絮凝的液珠之间仍隔有一层液膜。若此液膜破裂，则液珠将合并成更大的液珠，这一过程即为聚结。聚结的最终结果是油、水分成两相。

在 9.4 中已经提到，由于絮凝或沉降/乳析作用，液珠间的连续相液膜形成所谓的 Plateau 边界（见图 9-33），在 Laplace 附加压力和重力作用下，液膜中的流体发生排泄使液膜变薄，进入薄膜阶段，此后薄膜的厚度将发生振动或波动，一旦膜厚度低于某个临界值，膜即破裂，发生聚结。

当有表面活性剂吸附膜存在时，膜弹性将能有效地阻止膜的波动变薄。因为膜的波动将导致局部膜的膨胀或压缩，从而产生局部界面张力梯度，导致 Gibbs-Marangoni 效应，阻止液膜变薄（见图 9-32）。必须指出，只有当表面活性剂溶于连续相时才会产生此种效应，如果表面活性剂溶于分散相，则当界面膨胀时，溶于分散相中的表面活性剂分子将能很快地补充到界面上，因而不能产生局部的界面张力梯度，也就不可能产生 Gibbs-Marangoni 效应。这也在一定程度上解释了乳状液形成的 Bancroft 规则。

(4) Ostwald 熟化（Ostwald ripening）

在定义乳状液时曾说明内外两相是互不相溶的两种液体，然而实际上并无绝对的不互溶液体，特别是一些微极性的有机液体与水常有一定的互溶度。这样对多分散体系，根据 Kelvin 公式(1-52)，小质点将比大质点具有更大的溶解度，于是小质点将不断溶解，而大质点将不断长大，称为 Ostwald 熟化。于是即使体系未发生沉降/乳析、絮凝或聚结，最终仍可能导致分成两相。

(5) 转相（phase inversion）

如前所述，非离子型表面活性剂的亲水性是温度的函数，当温度升高时，水溶性下降，油溶性增加，根据 Bancroft 规则，乳液将从 O/W 型变成 W/O 型，相应的温度称为相转变温度（PIT）。Shinoda 等的研究表明，在 PIT 附近，乳液的稳定性大大下降，因此相转变也被视为一种不稳定过程。当使用离子型表面活性剂作为乳化剂时，形成的 O/W 型乳状液的稳定性对温度不太敏感，但若加入无机反离子，尤其是高价反离子或醇，也可使其转化为 W/O 型，因此无机反离子和醇也能导致乳液的不稳定。

10.1.4 表面活性剂的作用

虽然从热力学的观点看，乳状液是不稳定体系，但是从动态角度看，乳状液又可在相当长的时间内保持相对稳定。人们早就认识到，要使乳状液保持相对稳定，必须加入第三组分，即乳化剂。通常乳化剂有三种类型，即表面活性剂、高分子以及固体颗粒。其中表面活性剂是最重要的一类乳化剂，无论是对乳液的制备还是对乳液的稳定，表面活性剂都起着重要作用。现将表面活性剂有关作用归纳如下。

(1) 降低界面张力

表面活性剂在油/水界面的吸附使界面张力大大下降，从而降低了体系的界面能，这在早期也被认为是乳状液的稳定因素。但它不能解释天然高分子以及固体颗粒的稳定作用。现在人们已认识到，单纯的界面张力降低并不是乳状液稳定的主要因素。但这并不是说界面张力降低对乳状液的稳定性毫无作用。前已述及，界面张力的降低使 Laplace 压力降减小，这使得制备乳液所需的能量大大减小，通常可降低到 1/10 左右，并有效地抑制了 Ostwald 熟化现象。另一方面，界面张力是导致乳液热力学不稳定的根本原因，因此，界面张力的降低有利于乳状液的稳定。

(2) 决定乳状液的类型

自 1910 年 Ostwald 指出普通乳状液有 O/W 和 W/O 两种类型后，人们很快认识到乳状液的类型主要由乳化剂所决定。早期使用的乳化剂主要是皂类，它们能吸附于油/水界面形成单分子层。由于一价金属皂通常形成 O/W 型乳状液，而二价金属皂则形成 W/O 型乳状液，因此 Harkins 提出了如图 10-1 所示的关于乳状液类型的定向楔模型，从乳化剂在油/水界面几何排列角度来解释乳状液的类型。

然而进一步的研究发现定向楔理论有许多例外。如一价的银皂就不能形成 O/W 型乳状液，而形成 W/O 型乳状液。这表明定向楔模型不能全面地解释乳化剂对乳状液类型的影响。进一步的研究导致了 Bancroft 规则的诞生，于是那些例外得到了很好的解释，例如银皂之所以形成 W/O 型乳状液，是因其水溶性低而油溶性强所致。现代研究进一步表明，表面活性剂的亲水-亲油平衡（HLB）是决定乳状液类型的根本因素，后面将有详细的讨论。

(3) 导致静电和位阻排斥效应

离子型表面活性剂在油/水界面的吸附使 O/W 型液珠带电，在油/水界面产生了双电层。根据 DLVO 理论，双电层的排斥效应将有效地阻止液珠间发生不可逆絮凝，从而可以有效地防止聚结的发生。当使用非离子型表面活性剂时，吸附膜产生位阻排斥效应，防止液珠之间发生聚结。

(4) 产生界面张力梯度和 Gibbs-Marangoni 效应

表面活性剂在油/水界面的吸附不仅降低了界面张力和 Laplace 压力差，更重要的是，当表面活性剂溶于连续相时，它所产生的界面张力梯度以及由此产生的 Gibbs-Marangoni 效应能够阻止液膜变薄从而发生聚结，赋予液珠聚结稳定性。此外，界面膜的弹性还有效地阻止了 Ostwald 熟化。与此相反，破乳的一个重要途径则是设法减小或消除 Gibbs-Marangoni 效应。

(5) 增加界面黏度

许多研究表明，乳状液的稳定性与界面黏度成正比关系，即界面黏度越高，乳状液越稳定。当液珠聚结时，界面上的乳化剂要移位，而界面黏度阻碍了这种移位的进行。因此高界面黏度对液珠的聚结是一个障碍。不过要注意，有关界面黏度的精确测量在实验上还有相当的困难，特别是如何分辨剪切界面时，由于界面的局部膨胀和压缩而产生的界面张力梯度和真正的黏性阻力。

(6) 形成液晶相

表面活性剂体系可以形成液晶相。研究表明，液晶相的形成改变了范德华引力与距离的关系，从而减小了液珠间的吸引势能。此外，液晶相的高黏度特性还可能改变液珠内的流体力学相互作用，使聚结速度大大减小，从而提高了乳状液的稳定性。加入长链醇有利于形成液晶相，而加入中、短链醇则可增加界面的柔性，避免液晶相的形成。

(7) 缔合形成刚性界面膜

近代乳状液稳定性理论认为，决定乳状液稳定性的最主要因素是存在一个紧密的、刚性的界面膜。表面活性剂在油/水界面的吸附正好能形成这样一种膜。使用复合乳化剂由于协同效应可以形成复合膜，使吸附层中的表面活性剂排列得更加紧密，从而大大提高界面膜的强度。一般两种表面活性剂分子间的相互作用越强（β 参数越负），形成的膜强度越大。因此实际应用中通常都使用混合乳化剂。混合乳化剂可以是不同类型的表面活性剂混合物，也可以是表面活性剂与两亲分子（如长链醇等）的混合物。此外要使乳状液稳定。界面膜厚度必须大于一个临界值。当表面活性剂浓度过低而不足以形成一定厚度的膜时，乳状液也不可能稳定。

(8) 混合表面活性剂的自稠化作用

选择某些混合表面活性剂体系可以控制乳状液的稠度，这种作用被称为自稠化作用（self-bodying action）。例如使用表面活性剂和长链脂肪醇的混合物在总浓度较高时可制得半固体乳状液。由于表面活性剂浓度较高，除了形成紧密排列的凝聚膜外，多余的表面活性剂在脂肪醇存在下可在连续相中形成胶网结构。这使得形成的乳液很稳定。醇链长和温度等对自稠化作用有较大的影响。

10.1.5　乳状液稳定的 HLB-PIT 理论

前已述及，乳状液的类型主要取决于表面活性剂，并服从 Bancroft 规则。而 Bancroft

规则涉及的唯一因素是表面活性剂的溶解性。一般当表面活性剂的亲水性远大于亲油性时，表面活性剂表现为水溶性，反之表现为油溶性。当亲水性与亲油性相当时，则称亲水性与亲油性达到了平衡，这就是亲水亲油平衡（hydrophile-lipophile balance）的概念，简称 HLB。为了定量地表示表面活性剂的亲水亲油性的相对大小，Griffin 提出的 HLB 值的概念，即根据一定的标准，对每个表面活性剂分子人为地赋予一个数值，称为 HLB 值。本书在第 5 章中已经给出了 Griffin 的 HLB 值定义，以及根据表面活性剂的分子结构计算单一和混合表面活性剂的 HLB 值的方法，看上去似乎可以解决有关乳化剂的选择和乳状液的稳定性问题了，然而事实并非如此。

首先 HLB 值是一个半定量半经验的数值，大体能代表表面活性剂在 25℃下的亲水亲油性的相对大小，而在水-油-表面活性剂体系中，表面活性剂的实际亲水亲油性取决于表面活性剂分子与油分子和水分子的相互作用，因此除了表面活性剂的结构以外，其他因素如温度、油相的性质（种类）以及水相的性质（是否含有电解质）等都会对表面活性剂的亲水亲油平衡带来影响，因此在不同的油-水体系或不同温度下，具有相同 HLB 值的表面活性剂可能表现出不同的亲水亲油平衡状态，例如非离子型表面活性剂在低温下具有良好的水溶性，但随着温度的升高将转变成油溶性，从而使乳状液从 O/W 型转为 W/O 型。因此 HLB 值不能反映一个表面活性剂在油-水体系中真正的亲水-亲油平衡状况，为此 Shinoda 等又提出了 HLB 温度（PIT）、HLB 组成等概念，使 HLB 理论向前发展了一大步。

（1）HLB 值与 Bancroft 规则

根据 Griffin 的 HLB 值定义，HLB=7 表示亲水性和亲油性达到平衡。于是 Bancroft 规则可以用半定量的 HLB 规则来描述："若乳化剂的 HLB 值大于 7，形成 O/W 型乳液，反之若 HLB 值小于 7，则形成 W/O 型乳液"。这一规则可从聚结动力学来解释：

$$\ln\left(\frac{A_1 k_{W/O}}{A_2 k_{O/W}}\right) = 2.2\theta(HLB-7) \qquad (10\text{-}3)$$

式中，$k_{W/O}$ 和 $k_{O/W}$ 分别为 W/O 和 O/W 型乳状液的液珠聚结速率常数；θ 为表面活性剂的覆盖度；A_1 和 A_2 分别为 O/W 和 W/O 型乳状液液珠的碰撞因子。

$$A = \frac{4\phi RT}{3\eta_0} \qquad (10\text{-}4)$$

式中，ϕ 为相体积；η_0 为连续相的黏度。当 $\phi=0.5$，水和油的黏度相同时，$A_1=A_2$，$k_{W/O}$ 和 $k_{O/W}$ 即分别为 W/O 和 O/W 型乳状液的聚结速率。于是有：

HLB=7，既可形成 O/W 型乳状液，也可形成 W/O 型乳状液；

HLB＞7，形成 O/W 型乳状液；

HLB＜7，形成 W/O 型乳状液。

显然这只是一个一般规则，没有考虑油、水的性质以及温度等条件的变化。当这些条件变化时，上述规则可能就不成立了，因为 HLB 值不能反映表面活性剂在实际体系中真正的亲水亲油平衡。

另一方面，为了确保形成的乳状液为 O/W 型或 W/O 型，表面活性剂的 HLB 值应该显著大于 7 或小于 7，即与 HLB=7 保持一定的差异。通常先选用一个系列的表面活性剂，例如非离子，通过改变烷基链长或 EO 数调节 HLB 值，或者用具有不同 HLB 值的两种表面活性剂按不同比例混合调节 HLB 值，对确定的油水体系进行乳化试验，确定最佳 HLB 值，然后再用具有这一 HLB 值的不同种类的表面活性剂继续试验，最终选定合适的表面活性剂，这就是选择乳化剂的 HLB 值方法。附录Ⅶ列出了一些常用乳化剂的 HLB 值。

(2) HLB 温度和制备乳状液的 PIT 法

　　非离子表面活性剂在水、油两相中的溶解度是温度的函数。当表面活性剂溶于水时，随着温度的升高，亲水基与水形成的氢键强度减弱，直至断裂，致使表面活性剂从水溶液中析出，这就是浊点现象。如果有油存在，则随着温度的升高，表面活性剂将从水相转移到油相。于是 Shinoda 等认为非离子表面活性剂的 HLB 值随温度的升高而降低，当用非离子表面活性剂作为乳化剂时，随着温度的升高，HLB 值可从大于 7 变到小于 7，相应的乳状液可从 O/W 型变成 W/O 型。乳状液发生变型时的温度称为相转变温度（PIT）。这可通过典型的三组分（或更多）体系的相图来说明。如图 10-5 所示，横轴表示体系中的油（环己烷）/水组成，纵轴表示温度，整个相图可以分为三个区：

　　① 低温区，为两相体系，即形成 O/W 型乳状液；

　　② 高温区，也为两相体系，但形成 W/O 型乳状液；

　　③ 中间温度区，在该区域发生相转变。其中的三相区由小体积分数的油和水及大体积分数的"表面活性剂"组成。

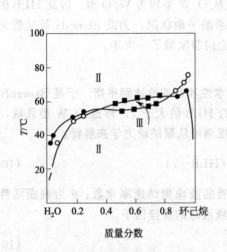

图 10-5　水＋环己烷＋非离子型表面
活性剂三组分体系的相图
表面活性剂：$CH_3(CH_2)_8C_6H_4EO_{8.6}(w=5\%)$

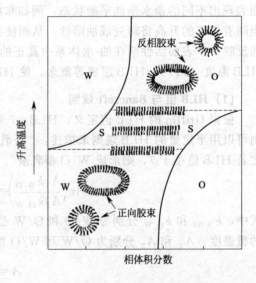

图 10-6　油/水体系表面活性剂
胶束结构随温度的变化

　　在低温下，由于 EO 链的亲水作用，表面活性剂主要溶于水相，形成的是胶束溶液。随着温度的升高，EO 链中的醚氧原子与水形成的氢键牢度下降，直至在浊点时断裂，表面活性剂变得在水中不溶并转而溶于油相，形成反胶束溶液。在过渡区域三相区，表面活性剂形成层状胶束，即液晶，这时界面是平的，包含的油和水都很少，因此被称为"表面活性剂相"（S），如图 10-6 所示。于是在转相区的附近区域，O/W 和 W/O 两种乳状液都可保持。

　　显然非离子型表面活性剂的 HLB 值只在一定的温度下才有意义。在 PIT 时，表面活性剂的亲水性和亲油性真正达到平衡，因此这一温度又被称为"HLB 温度"，它比 HLB 值更能反映表面活性剂的亲水亲油本性。在乳状液研究方面，HLB 温度比 HLB 值能反映更多的信息。

　　HLB 温度或 PIT 可以通过实验方法来测定，即确定发生相转变时的温度。因此 PIT 的测定依赖于正确的判断乳状液的类型。通常这可以通过测量电导率或黏度来进行。由于油和水的电导率差异很大，而乳状液的电导率主要取决于连续相的电导率，因此在发生相转变时，电导率-温度曲线将发生突变，据此可确定 PIT。另一方面，稀乳状液的黏度符合 Einstein 公式，但主要取决于连续相的黏度，因此若油和水的黏度有较大差异，或者相体积分数不对称时，相转变时必有黏度突变（图 10-2），据此也可确定 PIT。

图 10-7 即为水-环己烷-壬基酚聚氧乙烯醚（NPE$_{9.6}$）（$w = 5\%$）三元体系的相转变温度 PIT 随体系组成的变化。除油水组成极端不对称外，在广泛的油水组成范围内，PIT 基本为常数。

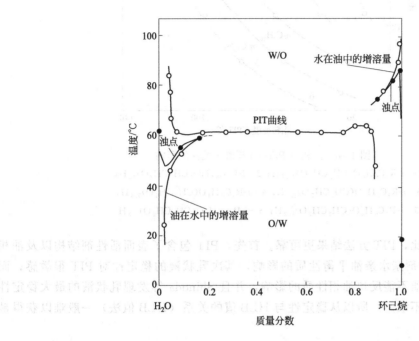

图 10-7　水-环己烷-壬基酚聚氧乙烯醚(NPE$_{9.6}$)($w = 5\%$)三元体系的相转
变温度（PIT）以及浊点、增溶量随相体积的变化

$$NPE_{9.6} = R_9 C_6 H_4 O(CH_2 CH_2 O)_{9.6} H$$

PIT 或 HLB 温度取决于非离子表面活性剂的结构，但也和水、油两相的性质相关。对固定的某个油相，HLB 温度通常随表面活性剂分子中碳氢链长的增加而下降，随聚氧乙烯（EO）链长的增加而上升。因此 HLB 温度与表面活性剂的 HLB 值有良好的正相关性或对应关系：HLB 温度随 HLB 值的增加而增加。但对于不同的油相，这种对应关系则不同，如图 10-8 所示。

HLB 温度对乳状液的制备和稳定性具有重要的意义。Shinoda 等人的研究表明，用非离子表面活性剂制备 O/W 型乳液时，乳液的稳定性是温度的函数。在 PIT 附近，乳液的聚结稳定性最低，随着温度的降低，聚结稳定性增加。一般在温度低于 PIT 30～65℃时，连续相排液速度慢，乳状液的稳定性最佳。由此 Shinoda 提出了选择乳化剂的 PIT 法：针对实际体系，选择 PIT 距储存温度 30～65℃ 的乳化剂，可以制得稳定性最佳的乳状液。通常乳状液的储存温度为 25℃，因此选择乳化剂的 PIT 法可描述如下：首先计算 PIT＝25℃ 的乳化剂的 HLB 值，然后从 HLB 值-PIT 关系图（图 10-8）上找出 PIT 为 25℃ ＋（30～65）℃ 相对应的 HLB 值范围。采用满足这一 HLB 值范围的乳化剂将能得到稳定的 O/W 型乳液。

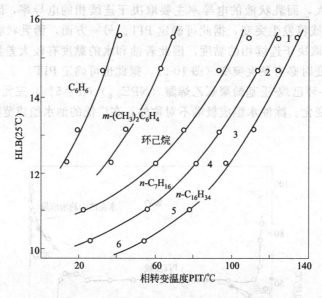

图 10-8　油相对 PIT-HLB 值相关性的影响

1— i-$R_9C_6H_4O(CH_2CH_2O)_{17.7}H$；2—$i$-$R_9C_6H_4O(CH_2CH_2O)_{14}H$；

3—i-$R_9C_6H_4O(CH_2CH_2O)_{9.6}H$；4—$i$-$R_9C_6H_4O(CH_2CH_2O)_{7.4}H$；

5—i-$R_9C_6H_4O(CH_2CH_2O)_{6.2}H$；6—$i$-$R_9C_6H_4O(CH_2CH_2O)_{5.3}H$

与 HLB 值法相比，PIT 方法结果更可靠。首先，PIT 包含了表面活性剂结构以及油相性质对体系表面活性剂亲水亲油平衡性质的影响，其次乳状液的稳定性对 PIT 很敏感；而表面活性剂的 HLB 值不能反映油相性质的影响，并且 Shinoda 等发现乳状液的最大稳定性对 HLB 值的变化也不敏感。所以从稳定性与 HLB 值的关系（HLB 值法）一般难以获得最佳 HLB 值。

此外在 PIT 附近，由于表面活性剂的亲水性和亲油性达到或接近平衡，界面张力降至最低，制备乳状液时可得到最小的瞬时液珠直径，但液珠的聚结稳定性最低；而在低于 PIT 温度时制备乳状液，虽然液珠的聚结稳定性较高，但得到的液珠直径则较大。为此 Shinoda 提出了制备 O/W 型乳状液的 PIT 法：在 PIT 附近（通常低于 PIT 2～4℃）制备乳状液，然后迅速冷却到储存温度。这个方法既能使体系中液珠的直径保持最小，又能确保液珠的聚结速度很慢，因此大大提高了乳状液的稳定性。另一种方法是在高于 PIT 的温度时乳化，则首先得到 W/O 型乳液，然后迅速冷却使之转为 O/W 型，但液珠的直径较上述 PIT 法要大得多。此外还可将表面活性剂溶于油相，先制成 W/O 型乳状液，再加大量水使体系转为 O/W 型，这一方法也涉及乳状液的转相，因此液珠直径可能较大。

对制备在室温下储存的 W/O 型乳状液，显然体系的最佳 PIT 要低于 0℃，因此难以应用 PIT 法。研究表明，表面活性剂的亲油基链长的增加或 EO 链的缩短等价于 PIT 下降。因此从不同亲水基、亲油基链长的表面活性剂中可以选出合适的乳化剂。Shinoda 等的研究表明，当 EO 链为 PIT 等于储存温度（一般为 25℃）的乳化剂的相应链长的 0.70～0.88 倍时，得到的乳状液最稳定。这为 W/O 型乳状液的制备提供了选择乳化剂的良策。

需要注意的是，在 HLB 值方法中，常用不同 HLB 值的乳化剂混合以达到改变 HLB 值的目的，并设混合表面活性剂的 HLB 值符合质量分数加和规则。但 PIT 法研究表明，这一加和规则严格来说并不成立。由于低水溶性的非离子在油相中的溶解度较大，因而使得吸附层的组成偏离了混合表面活性剂的实际组成，于是实际吸附层显示出较大的 HLB 值。所以混合表面活性剂的实际 HLB 值一般大于按加和规则计算所得值。若将此加和规则应用于 PIT，则实际 PIT 将高于计算所得的 PIT。如果两表面活性剂 HLB 值相差很大，如通常所用的吐温（Tween）与司盘（Span）系列的复配，由于它们将分别溶于水相和油相，将可能使吸附膜的实际 HLB 值大大偏离按加和规则计算所得的结果。

(3) HLB 组成

与非离子型表面活性剂不同，离子型表面活性剂的 HLB 受温度的影响很小。因此，改变温度不能显著改变离子型表面活性剂的 HLB。但若改变亲油基链长或亲水基的反离子种类或向体系中加入添加剂，则将对 HLB 产生影响。

在水-油-离子型表面活性剂（HLB 值不很高）体系中加入助表面活性剂或亲油性非离子型表面活性剂，可以得到如同对非离子体系升高温度完全类似的结果，包括使乳状液从 O/W 型变至 W/O 型，出现三相区等。加入油溶性非离子型表面活性剂也将导致类似的结果（图 10-9）。因此只要两种双亲物质的 HLB 值相差不是太大，离子/非离子或离子型表面活性剂/助表面活性剂体系具有完全相似的相行为。对 HLB 值很高的离子型表面活性剂，加入电解质或改变反离子的类型，如从一价变为二价，可降低其亲水性，从而降低离子型表面活性剂与助表面活性剂或油溶性非离子的 HLB 值差异，使得混合物的 HLB 值可随其组成连续变化。

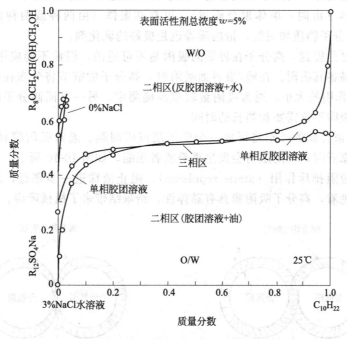

図 10-9　水-油-阴离子/非离子体系的相图
水相：NaCl（$w=3\%$）水溶液；油相：$C_{10}H_{22}$；
表面活性剂：$R_{12}SO_4Na$/甘油单(2-乙基己基)醚

离子/非离子或离子型表面活性剂/助表面活性剂体系出现三相区时，水和油的增溶量很大，这意味着混合表面活性剂的亲水亲油性达到了真正的平衡，此时的组成称为 HLB 组成。由于三相区是电解质浓度、油（烷基）链长以及表面活性剂组成的函数，因此混合表面活性剂的 HLB 组成除取决于自身结构、组成外，还与油相性质以及是否加入电解质有关。在离子型表面活性剂体系中加入助表面活性剂对乳状液稳定性的影响本质上是对表面活性剂 HLB 的影响。因此类似于 HLB 温度法，可以用 HLB 组成法来选择离子型乳化剂，或确定离子型表面活性剂/助表面活性剂混合物的组成，以制取稳定的 O/W 型或 W/O 型乳状液。

（4）乳化油相所需要的 HLB 值

前已述及，表面活性剂在不同的油/水界面所表现出的 HLB 是不相同的，因为不同的油分子与表面活性剂烷基链的相互作用强度不同。这一点可以从图 10-8 进一步说明。一般表面活性剂的 HLB 值与 PIT 呈正相关性，但这种关系对不同的油并不重合，而是显示出一定的位移。另一方面，PIT 反映了表面活性剂在体系中达到了真正的亲水亲油平衡，因此如果在图 10-8 中作一条垂直线，则可以得到，相同的 PIT 所对应的 HLB 值与所用的油相关。于是如果采用 PIT 法来选择表面活性剂，对不同的油，所需的最佳 HLB 值必然不同。显然如果仍采用 HLB 值方法，结果就会出现偏差。为了弥补这一不足，需要对油的类型进行校正，为此 Griffin 提出了"乳化油相所需的 HLB 值"概念。附录Ⅷ列出了乳化常见的一些油类所需要的 HLB 值，其基本趋势是，油相的极性越高，则所需的 HLB 值越大。

10.1.6 位阻排斥效应和高分子的稳定作用

除了表面活性剂外，高分子物质也是一类重要的乳化剂或稳定剂。高分子通常是一些聚合物，既有单聚体（由同一单体聚合而成），也有共聚体（由两种或两种以上单体聚合而成）。许多天然高分子物质如明胶、蛋白质等也是极好的乳化剂。

在第 2 章中已经提到，高分子在界面的吸附是不可逆的，因此不能应用热力学分析法，即 Gibbs 公式来描述其吸附。在液/液界面吸附时，高分子的链节将分布在两个液相，取决于链节-溶剂相互作用的大小，通常吸附量较难准确测定。另一方面高分子的吸附是一个很慢的过程，达到吸附平衡需要相当长的时间。

高分子在液/液界面的吸附将形成一个吸附层或吸附膜。通常吸附膜具有一定的厚度，当两个液珠相互靠近时，吸附层将会发生重叠或者压缩，如图 10-10 所示，从而诱导另一种排斥效应，称为位阻排斥作用（steric repulsion），阻止液珠进一步靠近，起到防止聚结的稳定作用。直观地看，高分子吸附膜具有黏弹性，给聚结带来了机械障碍。

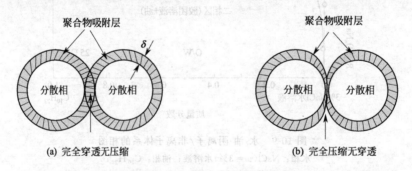

图 10-10　高分子稳定的液珠相互靠近时可能发生的吸附膜重叠(a)或压缩(b)

那么位阻排斥效应是如何产生的呢？下面将通过热力学模型给予解释。首先区别两种极端情形：一种是当两个吸附层相遇后，吸附层发生重叠，在重叠区，高分子链节的伸展不受影响，如图 10-10(a)所示；另一种是吸附层不发生重叠，而是受到压缩，于是在接触区高分子链节的伸展受到限制，如图 10-10(b)所示。实际情况可能是既有重叠又有压缩，即介于两种极端情形之间。

(1) 渗透/混合项 W_M

考虑穿透无压缩的情形，假定吸附膜的厚度为 δ，当两质点间距离 $h > 2\delta$ 时，液珠间的作用仅限于范德华相互作用和静电相互作用（如果高分子带电）；于是质点间的相互作用符合 DLVO 理论，即式 (9-189)。当 $h < 2\delta$ 时，吸附层发生重叠，于是重叠区高分子链节的浓度增加，而连续相（溶剂）的浓度下降，相应的重叠区溶剂的化学势 μ_i^β 小于非重叠区溶剂的化学势 μ_i^α，于是产生了一个渗透压差，溶剂分子趋向于流向重叠区，迫使两质点分开，如图 10-11 所示。这一效应对位阻作用的贡献通常称为渗透项或混合项，用 W_M 来表示。显然，一旦 $h < 2\delta$，W_M 就立即起作用。

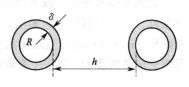
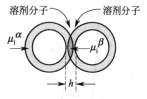

图 10-11 吸附层的交叠及位阻排斥效应示意图

当吸附层链节浓度均匀时，W_M 可用 Fischer 理论表示如下：

$$\frac{W_M}{kT} = \frac{4\pi\phi_2^2}{3V_1}\left(\frac{1}{2} - x\right)\left(\delta - \frac{h}{2}\right)^2\left(3R + 2\delta + \frac{h}{2}\right) \tag{10-5}$$

式中，ϕ_2 为吸附层中高分子的体积分数；V_1 为一个溶剂分子的体积；x 为链-溶剂相互作用参数。显然，当 $x < 0.5$（良性溶剂）时，W_M 为正，混合相互作用为排斥；$x = 0.5$（所谓的 θ 条件）时，W_M 为零；而当 $x > 0.5$（不良溶剂）时，W_M 为负值，混合相互作用为吸引。

(2) 体积限制项 W_{VR}

对压缩无穿透的情形，可以应用 Mackor 的构型熵理论来导出排斥效应。构型熵理论认

图 10-12 吸附高分子自由端的构型面积

为，吸附的高分子物质类似于一根硬性棒，一端因吸附而固定于界面，另一端则是自由的。于是该分子可能的构型数 Ω 与自由端扫出的面积 $2\pi\delta^2$ 成正比（δ 为棒长），如图 10-12 所示。当另一个界面靠近至距离 b（$b < \delta$）时，构型数 Ω_b 与 b/δ 成正比。由于 $b < \delta$，于是 $\Omega_b < \Omega_\infty$，相互作用前后的构型数之比为：

$$\frac{\Omega_b}{\Omega_\infty} = \frac{b}{\delta} \tag{10-6}$$

根据 Boltsman 方程，构型熵 ΔS 为：

$$\Delta S = k\ln\left(\frac{b}{\delta}\right) \tag{10-7}$$

式中，k 为 Boltsman 常数。由此产生的排斥自由能为：

$$W_{VR} = -T\Delta S = -kTN_s\theta_\infty\ln\left(\frac{b}{\delta}\right) = -kTN_s\theta_\infty\ln\left(\frac{h}{\delta} - 1\right) \tag{10-8}$$

式中，N_s 为单位面积上的吸附棒数目；θ_∞ 为 $b = \infty$ 时表面层的覆盖度。显然当 $h < 2\delta$ 时发生压缩，发生压缩时 $b = h - \delta$，由上式得到 W_{VR} 为正值。

于是总的位阻排斥势能为：

$$W_S = W_M + W_{VR} \tag{10-9}$$

质点间的总相互作用能为：

$$W_T = W_E + W_A + W_S \tag{10-10}$$

式中，W_E 和 W_A 分别为双电层的排斥作用势能和范德华引力作用势能。

与 W_E 相比，W_S 需要在更小的距离才能起作用，因此当界面存在双电层时，在大间距上 W_S 几乎没有什么贡献，于是上式还原为 DLVO 理论，势能-距离曲线如图 9-27 所示。

如果界面不带电，或者体系的 W_E 较小，不足以对抗范德华引力作用，则质点可以进一步靠近，于是对高分子吸附层，当 $h<2\delta$ 时，W_S 成为排斥势能的主要来源。因此尽管在较大距离（$h>2\delta$）时，质点间相互作用取决于 W_E 和 W_A，但当质点间距离较近时，静电作用就变成是次要的，W_T 主要取决于 W_A 和 W_S，如图 10-13 所示。

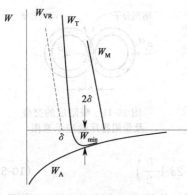

图 10-13　位阻稳定体系的总相互作用势能与距离的关系

与 DLVO 理论不同，曲线上只有一个最低点 W_{min}，其深度取决于吸附层的厚度，当然也与 Hamaker 常数和质点大小有关。只要 W_{min} 较浅，就能有效阻止不可逆絮凝的发生。因为当 $h<2\delta$ 时，W_T 急剧上升，因此只要高分子强烈吸附，位阻稳定作用就是阻止不可逆絮凝发生的有效手段。

除了高分子外，非离子表面活性剂也完全适用上述理论，即通过位阻排斥作用维持乳状液的动态稳定。

需要注意的是，溶剂与链的相互作用将大大影响位阻效应。当 $x>0.5$ 时，W_M 可转为吸引作用，在势能曲线上将出现一个很深的极小值，从而可能导致乳状液的不可逆絮凝。对聚氧乙烯型非离子表面活性剂，电解质浓度和温度的变化都可以导致 x 参数的变化，因此随着温度的升高或电解质浓度的增加，乳状液将发生絮凝。此外，在有高分子物质或非离子吸附层存在时，范德华相互作用能 W_A 和静电相互作用能 W_E 也将发生相应的变化。

10.1.7　双亲性胶体颗粒作为乳化剂

某些固体粉末如石英、碳酸钙、黏土、炭黑、金属氧化物以及硫化物等也是很好的乳化剂。例如常见的原油乳状液（W/O 型）就是由胶态的沥青质以及微晶蜡粒子稳定的。通常这些固体颗粒吸附在油/水界面，形成了一个刚性的壳（界面膜），能够有效地阻碍聚结的发生，因而起到了稳定乳状液的作用。纯粹由胶体颗粒稳定的乳状液被称为 Pickering 乳状液，通常具有超稳定性。取决于颗粒的大小和浓度，这类乳状液的液珠可以很大，以致肉眼清晰可辨。

颗粒能否吸附到油/水界面，取决于其表面的润湿性。如果完全被水润湿或完全被油润湿，则颗粒将分别分散在水相或油相中而不能起到乳化稳定作用，只有当其能部分地被水润湿、部分地被油润湿时才能吸附到油/水界面。显然这类颗粒具有类似于表面活性剂的双亲性质。

(1) 颗粒双亲性质的表征

我们知道，表面活性剂分子的双亲性可以用 HLB 来表征。而对于胶体颗粒，也存在着一个类似的参数，这就是颗粒在油/水界面的接触角（在水/空气界面的情形类似），如图 10-14 所示。在水-油-固三相点对固体表面作一切线，则该切线与油/水界面形成两个夹角，一个朝向水相，另一个朝向油相。定义朝向水相的角度为接触角 θ，于是当 $\theta<90°$ 时，颗粒大部分处于水相，形成的界面膜优先凸向水一侧，形成 O/W 型乳状液。反之当 $\theta>90°$ 时，颗粒大部分处于油相，形成的界面膜优先凸向油一侧，形成 W/O 型乳状液。当 $\theta=$

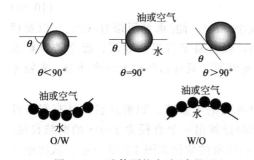

图 10-14 胶体颗粒在油/水界面上
接触角和乳状液的类型

90°时，颗粒表面被油和水润湿的程度相同，即一半处于水相，一半处于油相，形成的界面膜是平的，这时两种类型的乳状液都可能形成。实践证明，当 θ 略大于 90°或略小于 90°时，乳状液最稳定。

(2) 胶体颗粒的吸附自由能和表面活性

考虑一个半径为 R 的球形胶体颗粒。当它完全处于水相中时，具有界面能 $G_w = 4\pi R^2 \gamma_{sw}$，式中 γ_{sw} 为固体与水的界面张力。当它完全处于油相中时，具有界面能 $G_o = 4\pi R^2 \gamma_{so}$，式中 γ_{so} 为固体与油的界面张力。若此颗粒吸附于界面，其界面能为：

$$G = A_{so}\gamma_{so} + A_{sw}\gamma_{sw} \tag{10-11}$$

式中，A_{so} 和 A_{sw} 分别为颗粒与油相和水相的接触面积。另一方面，颗粒在界面的吸附伴随油/水界面的消失，设消失的油/水界面面积为 A_{ow}，则平衡时，总自由能不变，即有：

$$dG = \gamma_{so}dA_{so} + \gamma_{sw}dA_{sw} + \gamma_{ow}dA_{ow} = 0 \tag{10-12}$$

式中，γ_{ow} 为油/水界面张力。由图 10-15 可得：

$$dG = 2\pi R\gamma_{so}dh - 2\pi R\gamma_{sw}dh - \pi(2R - 2h)\gamma_{ow}dh = 0 \tag{10-13}$$

简化得：

$$\gamma_{so} - \gamma_{sw} = \left(1 - \frac{h}{R}\right)\gamma_{ow} = \cos\theta\gamma_{ow} \tag{10-14}$$

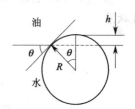

图 10-15 基于颗粒
在界面的接触角
计算其表面能

即得到 Young 方程。于是固体颗粒将在界面寻得一个稳定的位置，使 θ 变成平衡接触角。

胶体颗粒对乳状液的稳定作用可以通过颗粒脱离界面时引起体系自由能的增加，即脱附自由能来解释。当胶体颗粒稳定的乳状液发生聚结时，吸附于界面上的颗粒必须脱离界面而进入某一液相。若是完全进入水相，则油/水界面面积增加为 $\pi R^2 \sin^2\theta$，而从油相转入到水相的固体表面积为 $2\pi R^2(1 - \cos\theta)$，总自由能变化为：

$$\Delta G_d = \pi R^2 \sin^2\theta\gamma_{ow} + 2\pi R^2(1 - \cos\theta)(\gamma_{sw} - \gamma_{so}) \tag{10-15}$$

代入 Young 方程得：

$$\Delta G_d = \pi R^2 \gamma_{ow}(1 - \cos\theta)^2 \tag{10-16}$$

若完全进入油相，类似地有：

$$\Delta G_d = \pi R^2 \gamma_{ow}(1 + \cos\theta)^2 \tag{10-17}$$

将式(10-16)和式(10-17)合并得到：

$$\Delta G_d = \pi R^2 \gamma_{ow}(1 \pm \cos\theta)^2 \tag{10-18}$$

其中括号中"＋"号表示脱离界面进入油相，而"－"号表示脱离界面进入水相。显然，不论进入油相还是水相，ΔG_d 都为正值，即导致体系自由能增加。而吸附自由能 ΔG_{ads} 则数值相等，符号相反。

另一方面，固体颗粒从油相进入水相的自由能变化即为上述两者之差：

$$\Delta G_{o \to w} = \pi R^2 \gamma_{ow}[(1 + \cos\theta)^2 - (1 - \cos\theta)^2]$$
$$= 4\pi R^2 \gamma_{ow}\cos\theta = 4\pi R^2(\gamma_{so} - \gamma_{sw}) \tag{10-19}$$

特别当 $\theta = 90°$ 时，固体从一相进入另一相的自由能变化为零。即有：

$$\gamma_{so} = \gamma_{sw} \tag{10-20}$$

从式(10-18)可见，颗粒的脱附自由能与颗粒大小（R）、油/水界面张力（γ_{ow}）以及接触角（θ）相关。如果颗粒太小，则 ΔG_d 可能很小，颗粒易于自界面脱附，反之若颗粒太大，则重力的影响可能较为显著，使颗粒难以在界面停留，只有当颗粒大小合适时，颗粒才能显著吸附于表面。

近年来随着纳米科技的发展，人们已能制造出各类纳米颗粒。如果其表面具有双亲性质，则将具有相当大的脱附自由能。例如按式(10-18)计算出一个直径为 10nm 的颗粒自烃/水界面（$\gamma_{ow} = 50\text{mN} \cdot \text{m}^{-1}$）的脱附自由能随颗粒接触角的变化如图 10-16 所示。从图中可以得到下列重要结果：

① ΔG_d 的大小取决于颗粒在界面的接触角，在 90° 时达到最大值。

② 当 θ 为 60°～120°时，ΔG_d 数值较大。例如对图 10-16 所示的体系，$\Delta G_d > 1000kT$，而最大值约为 4000kT，即相当于热能的 4000 倍。这类颗粒我们称之为具有高表面活性，因此颗粒自界面脱附相当困难，或者说颗粒在界面的吸附几乎是不可逆的。这就是为什么 Pickering 乳状液具有超稳定性的原因。

③ 当 θ 为 30°～60°或者 120°～150°时，颗粒的脱附自由能相对较低，相应的其表面活性较低，稳定乳状液的能力较差。

④ 当 $\theta < 30°$ 或者 $\theta > 150°$ 时，颗粒的脱附自由能极小，颗粒不具有表面活性，不能稳定乳状液。

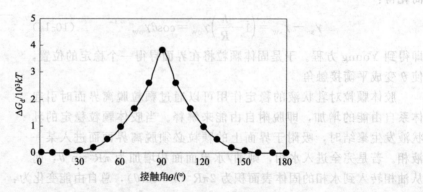

图 10-16　纳米颗粒自烃/水界面的脱附自由能随其接触角的变化（颗粒直径 10nm，$\gamma_{ow} = 50\text{mN} \cdot \text{m}^{-1}$）

显然如果颗粒具有较大的表面活性，它们将在油/水界面形成一个刚性的界面膜（壳），给聚结带来阻碍。需要注意的是，固体颗粒的吸附不能完全使油/水界面消失，最大消失率约为 91%。此外若新形成界面以接纳更多的固体颗粒则将导致体系自由能的增加。

（3）获得表面活性颗粒的途径

虽然表面活性胶体颗粒能够稳定乳状液，然而天然的表面活性颗粒为数甚少。不过随着近年来颗粒技术的发展，尤其是纳米技术的发展，人为获得表面活性颗粒已成为可能。总结近年来的研究成果，可以发现至少有三条途径可以获取表面活性颗粒。

第一种方法是制备双性颗粒（Janus particle）。这种颗粒的一端是极性（亲水）的，另一端是非极性（亲油）的，总体上具有类似于表面活性剂分子的不对称结构，如图 10-17 所示。由于具有两亲性结构，这种颗粒将会强烈吸附于油/水界面或水/空气界面，具有极高的表面活性。

第二种方法是通过对颗粒表面进行均匀涂层（coating）改变颗粒表面的润湿性。例如纳米二氧化硅（silica）颗粒由于表面含有大量硅羟基（SiOH）而具有强亲水性，但通过表面硅烷化处理，将一部分硅羟基转变成硅烷基（Si-R），则颗粒表面的亲水性下降，亲油性增加，如图 10-18 所示。这类颗粒虽然表面是均匀的（硅烷基和硅羟基在表面均匀分布），但同样能够吸附到油/水（空气/水）界面，稳定乳状液（泡沫）。对纳米二氧化硅，通过控制表面硅羟基的含量，可以获得一系列不同亲水、亲油性的颗粒，例如其表面硅羟基含量可以控制在 0～84％之间，因此可以得到完全亲水（SiOH＝84％）、完全亲油（SiOH＝0）以及双亲颗粒（0＜SiOH＜84％）。

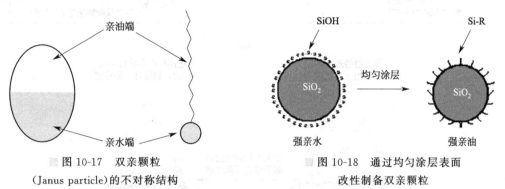

图 10-17　双亲颗粒 (Janus particle)的不对称结构

图 10-18　通过均匀涂层表面改性制备双亲颗粒

这种方法适用于大多数无机物颗粒以及有机高分子颗粒。由于表面是均匀的，因此适用于大规模工业化制备。

第三种方法是通过原位（in situ）疏水改性，改变颗粒表面的润湿性。其原理是，大多数无机颗粒在水介质中表面是带电的，因此能够吸附带相反电荷的双亲分子。如果溶液中存在离子型双亲化合物，如离子型表面活性剂，则带相反电荷的表面活性离子将会吸附到颗粒表面，在固/液界面形成一个单分子层，以疏水基朝向水，从而使颗粒表面的疏水性增加，颗粒因此而具有表面活性，能够稳定 O/W 型乳状液，如图 10-19（a）左图所示。如果单分子层中烷基链的密度足够大，则可以使颗粒表面变得更容易被油润湿，即接触角大于 90°，于是乳状液可能转相，变成 W/O 型，如图 10-19（a）中图所示。如果继续增加双亲化合物的浓度，则可能在固/液界面形成双层吸附，而在第二层中双亲化合物以亲水基朝向水，使颗粒表面又变得亲水，从而失去表面活性，自界面脱附进入水相，而此时体系中双亲化合物的浓度已足够高，能单独稳定 O/W 型乳状液，如图 10-19（a）右图所示。于是我们观察到随着

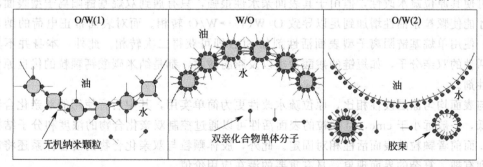

增加双亲化合物浓度

(a)

图 10-19

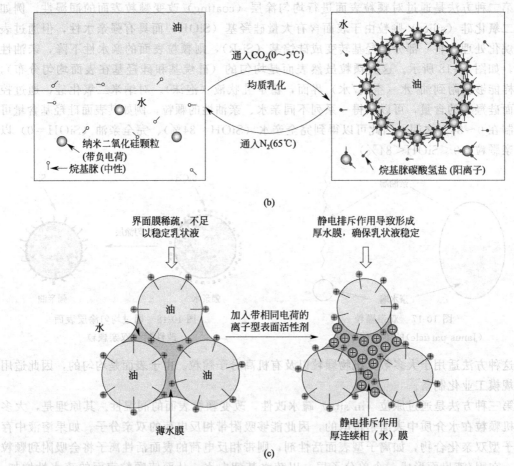

图 10-19　通过原位疏水改性获得双亲颗粒（a，b），形成开关型 Pickering 乳状液（b）以及
超低浓度离子型表面活性剂与带相同电荷的纳米颗粒协同稳定新型乳状液（c）的原理图

双亲化合物浓度的增加，体系发生了二次转相或双重转相现象。显然在第一次转相前的 O/W 型乳状液主要是颗粒稳定的，而二次转相后得到的 O/W 型乳状液主要是双亲化合物分子稳定的，两者的液珠大小有显著区别，这里分别用 O/W(1) 和 O/W(2) 加以区分。

　　研究表明，对表面带负电荷的纳米二氧化硅颗粒，通过吸附阳离子型表面活性剂如季铵盐类可使其原位疏水改性，但由于其表面亲水性很强，只有遇到双烷基链阳离子型表面活性剂时才能使颗粒亲油性增加到足以导致 O/W(1)→W/O 转相。而对表面带正电荷的纳米碳酸钙，使用单烷基链阴离子型表面活性剂如 SDS 即可获得二次转相。此外，本身并不具有表面活性的双亲分子，如短链的羧酸盐类以及脂肪酸类，都是纳米碳酸钙颗粒的优良原位疏水改性剂。

　　与表面均匀涂层改性相比，原位疏水改性更为简单实用，其中后者使用的双亲化合物浓度极低，一般远小于 cmc，且颗粒的表面活性可以通过控制双亲化合物的浓度和分子结构来调节，而前者颗粒的表面活性相对固定。此外，胶体颗粒与双亲化合物的混合体系还将产生一系列有趣、复杂的界面现象，具有重要的潜在应用价值。

　　一种重要的应用是利用开关型表面活性剂与纳米颗粒的作用构建智能乳状液或泡沫。如图 10-19(b) 所示，采用一种 CO_2/N_2 开关型表面活性剂烷基脒与强亲水性的纳米二氧化硅作用，当向溶液中通入 CO_2 时，中性的烷基脒转变成烷基脒碳酸氢盐 [图 5-4(a)]，即一种阳离子型表面活性剂，因而能够吸附到带负电荷的二氧化硅颗粒表面，产生原位疏水化作用。二氧化硅颗粒被赋予表面活性，经均质或超声分散能够吸附到油/水界面稳定 Pickering 乳状液，或者吸附到气/液界面稳定 Pickering 泡沫。再向溶液中通入 N_2 或空气时，则烷基脒碳酸氢盐分解，转变成中性的烷基脒。由于静电作用消失，烷基脒从颗粒表面脱附，原位疏水化作用解除，颗粒恢复到原始的强亲水状态，导致破乳和消泡。再依次通入 CO_2 和 N_2，可以完成第二次循环，如此可以反复循环。由于 CO_2 和 N_2 不会在溶液中积累，因此每次循环完成后，体系能够回到原来的状态，这种体系称为开关型体系。

类似地可以采用刺激响应型表面活性剂，例如 pH 响应型或者氧化-还原响应型表面活性剂与纳米颗粒作用，构建智能体系。由于在触发变化过程中需要不断地加入化学物质，例如酸、碱、氧化剂、还原剂等，体系经过循环后不能回到原来的状态，这类体系称为刺激响应型体系。研究表明，即使使用常规表面活性剂也可以构建类似的智能体系，触发机制有 pH、离子对形成、温度等。感兴趣的读者可以参阅有关文献。

近年来，人们又发现离子型表面活性剂与带相同电荷的纳米颗粒能够协同稳定一种新型 O/W 型乳状液，例如用阳离子型表面活性剂十六烷基三甲基溴化铵（CTAB）与带正电荷的氧化铝颗粒（Al_2O_3）组合，或者用阴离子型表面活性剂十二烷基硫酸钠（SDS）与带负电荷的二氧化硅颗粒组合。其主要特征是仅需微量表面活性剂吸附到油/水界面，而颗粒分布于水相中，稳定乳状液所需的颗粒和表面活性剂的浓度非常低，最低可达 0.001％ 和 0.001cmc 左右[1]。初步研究表明，由于颗粒和油珠带相同电荷，它们的周围都形成了双电层，当两个油珠相互靠近时，颗粒之间以及颗粒与油珠之间的双电层排斥作用阻止了它们的接近；另一方面带电的颗粒分布于连续相中，借助于双电层的排斥作用构建了较厚的水膜，由此显著降低了油珠间的范德华引力作用，从而防止了油珠间的絮凝和聚结，如图 10-19 (c) 所示。这里表面活性剂和颗粒必须带相同电荷并具有一定的 zeta 电势，如果任一方的 zeta 电势减弱或消失都将导致乳状液破乳。类似地，采用开关/刺激响应型表面活性剂，或者某些常规表面活性剂，也能使这种新型乳状液具有开关性或刺激响应性。

10.1.8 破乳

与形成稳定的乳状液相反，在许多场合常常需要使稳定的乳状液发生絮凝和聚结，以便将油水两相分离。例如原油开采过程中往往得到的是 W/O 型原油乳状液，即原油中含有一定量的水珠。显然必须去除这些水珠，原油才能送往炼油厂进一步加工。人们将使稳定的乳状液发生破坏、最终分成油水两相的过程称为破乳。

对表面活性剂稳定的乳状液，从理论上讲，乳状液是热力学不稳定体系，最终将发生油和水的分层。但由于动态稳定性，这种过程往往不易很快发生。因此当人们希望快速破乳时，就不得不采取一些人为的措施。

总的来说，破乳的方法可分为两大类，即物理机械方法和物理化学方法。

(1) 物理机械方法

物理机械方法包括：

① 电沉降法　这一方法的原理类似于静电除尘，通过高压静电场使油中的水珠聚结。主要用于 W/O 乳状液的破乳，特别是原油乳状液的破乳，可达到脱水、脱盐的目的。

② 超声破乳　使用强度不大的超声波可使某些乳状液破乳。但强度大时可能反而会加

● M. D. Xu, Z. G. Cui, et al. Angew. Chem. Int. Ed.，2018，57（26）：7738-7742.

剧乳化，因此要掌握好超声波的强度。

③ 通过多孔性材料过滤　例如选用水润湿性滤板如多孔玻璃板，压紧的白土板或硅藻土板等，当 W/O 乳状液通过时，水优先润湿滤板而被除去。此法对原油乳状液的脱水有较高的效率。

④ 加热法　温度升高使得液珠的布朗运动加剧和连续相的黏度降低，易引起液珠的絮凝和聚结。对非离子型乳化剂稳定的乳状液，在 PIT 附近则易导致聚结。

(2) 物理化学方法

物理化学方法主要是通过加入一些化学物质改变乳状液的稳定性，从而达到破乳的目的。破乳过程是乳状液稳定的反过程，因此根据胶体分散体系的稳定性理论，如 DLVO 理论等（第 9 章），可以从以下几方面考虑：

① 加入电解质促进絮凝　对离子型乳化剂稳定的乳状液，简单地加入无机反离子即可导致絮凝和破乳，原因是无机反离子压缩了双电层，降低了液珠间的双电层排斥力，从而使液珠易于发生不可逆絮凝，并导致聚结。

② 破坏乳化剂　例如对皂类乳化剂可加入无机酸使其变成脂肪酸，从而失去乳化作用。

③ 加入破乳剂　这是最常用的一种破乳方法，目的旨在破坏 Gibbs-Marangoni 效应。所谓破乳剂可能也是表面活性剂，但它们不能稳定乳状液，且具有下列性能：具有很强的吸附能力，能顶替原来吸附于油/水界面上的乳化剂；新形成的界面膜不具有强 Gibbs-Marangoni 效应，即膜弹性大大下降，常用的原油破乳剂环氧乙烷-环氧丙烷嵌段共聚物即具有这一性质；对固态胶体颗粒稳定的乳状液，加入的破乳剂要能吸附于固体的表面，改变其表面润湿性，使其能被某一相完全润湿而脱离界面。

以上简单介绍了有关乳状液的基本知识，着重于表面活性剂、聚合物以及固态胶体颗粒的稳定作用。长期以来，有关乳状液的研究已取得十分丰富的成果，读者可参考有关专著。

虽然乳状液是热力学不稳定体系，但当乳状液的液珠直径降至 0.1μm 以下时，乳状液的性质将发生质的变化，从热力学不稳定体系转变为热力学稳定体系，并能实现油和水的互溶。这类乳状液被称为微乳状液，简称微乳液，在科技、工业和民用领域具有重要的应用价值，下面将给予简单介绍。

10.2　微　乳　液

10.2.1　微乳液概述

1943 年 Hoar 和 Schulman 首次报道了水、油与大量表面活性剂和中等链长的醇混合时能自发地形成透明或半透明的热力学稳定体系。后经确证这种体系是 O/W 型或 W/O 型分散体系，分散相质点为球形，直径通常为 10～100nm（0.01～ 0.1μm)范围。在相当长的时间内，这种体系分别被称为亲水的油胶束或亲油的水胶束，亦称溶胀的胶束或增溶的胶束，直至 1959 年 Schulman 等才首次将上述体系称为"微乳状液"或"微乳液"（microemulsion)，其中所用中等链长的醇被称为助表面活性剂(co-surfactant)。为了区别于微乳液，"乳状液"一词常用"普通乳状液"代替，英文中则用"macroemulsion" 一词代替"emulsion"。

从质点大小来看，微乳液是普通乳状液和胶束溶液之间的过渡产物，因此与两者有紧密的联系，但又有根本的区别。

与乳状液相比，微乳液在结构方面有相似之处，即有 O/W 型或 W/O 型，但乳状液是热力学不稳定体系，分散相质点大，不均匀，外观不透明，靠表面活性剂或其他乳化剂维持动态稳定；而微乳液是热力学稳定体系，分散相质点很小，近乎单分散，外观透明或近乎透明，高速离心也不能使其发生分层现象。因此鉴别微乳液的最普通方法是：对水-油-表面活性剂分散体系，如果其外观透明或近乎透明、流动性很好，并且在 100 倍的重力加速度下离心分离 5min 不发生相分离，即可认为是微乳液。

与胶束溶液相比，两者都是热力学稳定体系。因此在稳定性方面，微乳液更接近胶束溶液。但胶束溶液中增溶的油或水量有限，而微乳液增溶的油或水量相当大，例如在所谓的中相微乳液中，油和水可以按 1∶1 的体积比"混溶"。此外，微乳体系中表面活性剂的浓度也相当大，远高于临界胶束浓度（cmc）。

值得注意的是，从胶束溶液到微乳液的变化是渐进的，没有明显的分界线。除非人为地引入某个标准，目前要区分微乳液和胶束溶液还缺乏可操作的方法，因此在一些著作中对两者并不区分。但习惯上仍从质点大小、增溶量多少将两者加以区别。表 10-1 列出了乳状液、微乳液和胶束溶液的一些性质比较。

表 10-1 乳状液、微乳液和胶束溶液的性质比较

项 目	普通乳状液	微乳液	胶束溶液
外观	不透明	透明或半透明	一般透明
质点大小	>0.1μm，一般为多分散体系	0.01～0.1μm，一般为单分散体系	一般<0.01μm，单分散体系
质点形状	一般为球状	球状	稀溶液中为球状，浓溶液中可呈各种形状
热力学稳定性	热力学不稳定，易离心分层	热力学稳定，离心不能使之分层	热力学稳定，不能离心分层
表面活性剂用量	用量少，一般无需助表面活性剂	用量多，通常需助表面活性剂	浓度大于 cmc 即可
与油、水混溶性	O/W 型与水混溶，W/O 型与油混溶	与油、水在一定浓度范围内可混溶	能增溶油或水直至达到饱和

图 10-20 和表 10-2 表示了水-油-表面活性剂体系中胶束间的平衡和缔合相变化，从中可以看出从胶束溶液到微乳液的转变。S_1 相为（正）胶束溶液，当表面活性剂浓度和增溶的油量增大时即变为 O/W 型微乳液，但这之间没有明显的分界线，因此图 10-20 的 S_1 相既代表增溶了少量油的胶束溶液，也代表增溶了大量油的 O/W 型微乳液。类似地，S_2 相既表示增溶了少量水的反胶束溶液，也代表 W/O 型微乳液。通过改变体系的某个或几个变量，可以使体系从 S_1 结构转变为 S_2 结构或者相反，即实现微乳液的相转变。

表 10-2 水-油-表面活性剂体系中常见的各种胶束相名称和结构

名 称	特 性	基 本 结 构
S_1 相	各向同性的胶束溶液	增溶了少量有机物、基本呈球状的胶束
M_1 相	各向异性的中间相（正向排列）	呈六角束排列的棒状胶束，胶束中表面活性剂亲水基朝向连续相水
G 相	各向异性的针相	层状液晶
M_2 相	各向异性的中间相（反向排列）	呈六角束排列的棒状胶束，胶束中表面活性剂的亲油基朝向连续相油
S_2 相	各向同性的反胶束溶液	增溶了少量水、大致呈球状的反胶束

微乳液的转相有两种机制。一种是在相转变过程中体系始终处于各向同性状态，即体系性质的变化是渐进的，尤其在转相过渡区难以区别油、水两相中谁是连续相，谁是分散相。

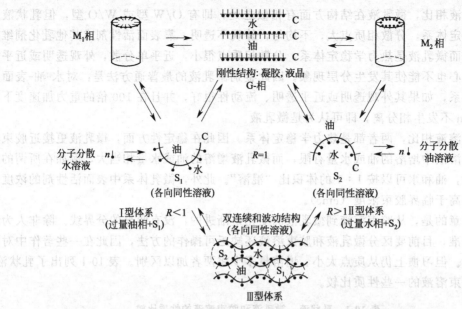

图 10-20　水-油-表面活性剂体系的胶束间平衡和缔合相变化

各相符号的定义见表 10-2，R 表示表面活性剂吸附层(C 层)亲油面和亲水面上的分散趋势之比值

这种过渡状态被认为具有双连续结构(图 10-20 下部)或共增溶结构。采用离子型表面活性剂和中、短链($C_4 \sim C_5$)醇助表面活性剂时通常发生这种连续转变。另一种转相机制为非连续途径，中间可能经过一系列液晶相（溶致液晶）如 M_1 相、G 相、M_2 相等。通常微乳液以及双连续结构都具有很好的流动性，而中间液晶相则流动性较差，为胶状、黏弹性体系。

现在可以给微乳液下一个定义：微乳液是两种不互溶液体形成的热力学稳定的、各向同性的、外观透明或半透明的分散体系，微观上由表面活性剂界面膜所稳定的一种或两种液体的微滴所构成。

10.2.2　微乳液的形成机理

(1) 瞬时负界面张力理论

与乳状液的形成需要外界提供能量不同，微乳液的形成是自发的，据此 Schulman 和 Prince 等最早提出了瞬时负界面张力形成机理。该机理认为，表面活性剂和助表面活性剂在油/水界面发生了混合吸附，使油/水界面张力下降至超低（$10^{-5} \sim 10^{-3}\,\mathrm{mN \cdot m^{-1}}$），以致产生瞬时负界面张力($\gamma < 0$)，而负界面张力是不能存在的，因此体系将自发扩张界面，使更多的表面活性剂和助表面活性剂吸附到界面以降低其体相浓度，直至界面张力恢复至零或微小的正值。而体系界面自发扩张的结果即形成了微乳液。反之，如果微乳液发生聚结，则界面面积缩小，继而又产生负界面张力，从而对抗微乳液的聚结，这就解释了微乳液的稳定性。

负界面张力机理虽然可以解释微乳液的形成和稳定性，但不能说明为什么微乳液会有 O/W 型和 W/O 型，或者为什么有时只能得到液晶相而非微乳液。此外，负界面张力无法用实验证实。尽管如此，不能否认超低界面张力对微乳液的自发形成和热力学稳定性的非常重要性。例如，如果从动态界面张力角度来理解瞬时负界面张力理论，那么这一假说仍是引人入胜的。它意味着尽管平衡界面张力为零或正值，但动态界面张力仍可为负值。事实上一些研究表明，当发生表面活性剂穿越油/水界面的扩散时，动态界面张力往往可降至零甚至负值，并引起自发乳化。此外在微乳液的形成中，助表面活性剂的扩散可能起了重要作用。

从热力学观点来看，低界面张力是微乳液的形成和稳定性的保证，因此公认的看法是，微乳液的自发形成和稳定性需要 $10^{-5} \sim 10^{-3} \, \text{mN} \cdot \text{m}^{-1}$ 的超低界面张力。

(2) 双重膜理论

1955 年，Schulman 和 Bowcott 提出了吸附单层是第三相或中间相的概念，并由此发展到双重膜理论：作为第三相混合膜有两个面，分别与水相和油相接触，其与水、油两相相互作用的相对强度决定了界面的弯曲方向和微乳液的类型。

乳状液中界面的弯曲遵循 Bancroft（班克罗夫特）规则，即取决于表面活性剂的 HLB。微乳液中表面活性剂浓度相对较高，而高浓度表面活性剂体系易形成液晶结构，即界面是刚性的，不易弯曲。当有醇存在时，表面活性剂与醇形成的混合膜具有高度的柔性，使界面易于弯曲。因此助表面活性剂对形成微乳液通常是必要的。

那么为什么会出现 O/W 型和 W/O 型两种微乳液呢？双重膜理论认为，双重膜的两个界面分别有各自的界面张力或膜压，如果两个膜压不相等，则双重膜将受到一个剪切力作用而发生弯曲。结果是高膜压一边面积增大，低膜压一边面积缩小，直至两边膜压达到相等，如图 10-21 所示。进一步的研究表明，所谓的第三相并不完全是表面活性剂或助表面活性剂，也有油分子和水分子穿插在界面膜中。

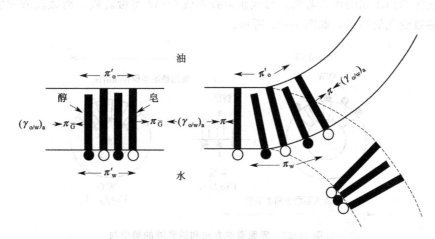

图 10-21　双重膜及其弯曲示意图

$\pi_{\bar{G}}$—平界面膜两边的总膜压；π—弯曲界面膜两边的总膜压；$(\gamma_{o/w})_a$—有醇存在时的油/水界面张力

因 $\pi'_o \neq \pi'_w$ 导致的压力梯度剪力使界面弯曲，直至 $\pi_o = \pi_w$ 或 π 与 $(\gamma_{o/w})_a$ 平衡

根据以上讨论，可以总结出微乳液形成的两个必要条件：

① 在油/水界面有大量表面活性剂和助表面活性剂的混合吸附；

② 界面具有高度的柔性。

条件①要求所用的表面活性剂的 HLB 与具体体系相匹配，这可以通过选择合适的 HLB 值的表面活性剂混合物，加入助表面活性剂，或改变体系的盐度、温度等来实现。条件②通常通过加入助表面活性剂（对离子型表面活性剂）或调节温度（对非离子型表面活性剂）来满足。因此醇对于微乳液的形成起了重要的作用，特别是对离子型表面活性剂体系。这里醇或助表面活性剂的作用可归结如下：

① 降低界面张力，使 $\gamma_{o/w}$ 变到 $(\gamma_{o/w})_a$；

② 增加界面的柔性，使界面易于弯曲；

③ 调节界面膜的 HLB 值和界面的自发弯曲，导致微乳液的自发形成。

(3) 几何排列理论

Robbins，Mitchell 和 Ninham 等学者从双亲物聚集体中分子的几何排列考虑，提出了界面膜中分子排列的几何模型，并成功地解释了界面膜的优先弯曲和微乳液的结构变化问题。

几何排列模型认同界面膜是一个双重膜：在水相一侧，头基是水化的，而在油一侧，油分子可能穿透到烷基链中。据此几何排列理论用排列参数 $V/(a_0 l_c)$（参见 6.2.5）来描述界面膜中表面活性剂分子的排列，其中 V 为表面活性剂链尾的体积，a_0 为平界面上每个表面活性剂极性头基的最佳截面积，l_c 为链尾（烷基链）的长度（约为充分伸展的烷基链长的 80%～90%）。于是界面如何弯曲就取决于此排列参数，当

$$V/(a_0 l_c) = 1 \tag{10-21}$$

时，界面是平的，形成层状液晶相或双连续微乳液；当

$$V/(a_0 l_c) > 1 \tag{10-22}$$

时，烷基链的横截面积大于极性头基的横截面积，界面发生凸向油相的优先弯曲，形成反胶束或 W/O 型微乳液；反之当

$$V/(a_0 l_c) < 1 \tag{10-23}$$

时，界面发生凸向水相的优先弯曲，形成正向胶束或 O/W 型微乳液；而微乳液发生相转变则是排列参数变化的结果，如图 10-22 所示。

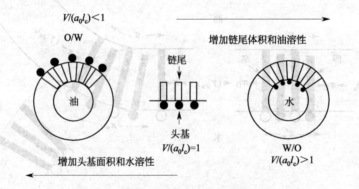

图 10-22　界面弯曲方向和微乳液的类型与
表面活性剂在界面上的排列参数的关系

假定界面弯曲时极性头基的最佳截面积保持不变，Mitchell 和 Ninham 提出，O/W 型液珠存在的必要条件为：

$$1/3 < V/(a_0 l_c) < 1 \tag{10-24}$$

而当 $V/(a_0 l_c) < 1/3$ 时，形成正常胶束。

于是随着 $V/(a_0 l_c)$ 的增大，O/W 型液珠的尺寸增大，直至 $V/(a_0 l_c) = 1$ 时，O/W 型液珠的直径达到无限大，即形成平界面。这时若是双连续相微乳液，则体系中的油和水的体积相等，达到所谓的最佳状态，但也可能形成液晶相。不论是哪种结构，这正是发生 O/W→W/O 结构转变的边界。当 $V/(a_0 l_c) > 1$ 时，液珠变为 W/O 型，并且随着此比值的增加，W/O 型液珠的尺寸减小。因此表面活性剂在界面的几何排列在决定微乳液和胶束的结构、形状方面起了重要作用。

设 r 是液珠的半径，V_t 为微乳液中增溶物（分散相）的总体积，A 为总的界面面积，于是有：

$$V_t = \frac{4}{3}\pi r^3 n = \frac{4\pi r^2 nr}{3} = \frac{Ar}{3} \qquad (10\text{-}25)$$

式中，n 为体系中总的液珠数。显然 A 依赖于表面活性剂的浓度，当体系中表面活性剂浓度一定时，A 保持恒定，于是 V_t 与 r 成正比关系，即增溶量与 r 或界面曲率直接相关，而随着 $V/(a_0 l_c)$ 趋向于 1，界面的曲率减小，r 增大，增溶量增加。

当体系的某种性质发生变化时，相应的排列参数会受到影响而发生变化，从而可能导致微乳液结构的变化。例如使用普通单烷基链离子型表面活性剂时，其头基截面积较大，而烷基链面积相对较小，体系倾向于形成正向胶束或 O/W 型乳状液。加入少量助表面活性剂，则 a_0 和 l_c 几乎不受影响，但 V 增大，于是排列参数增加，当其大于 1/3 时，即可形成 O/W 型微乳液。进一步增加助表面活性剂的量将使 $V/(a_0 l_c) > 1$，于是 O/W 型微乳液转为 W/O 型微乳液。这就解释了为什么对单烷基链离子型表面活性剂体系，形成 O/W 型微乳液只需较低的醇/表面活性剂比，而形成 W/O 型微乳液则需要较高的醇/表面活性剂比。另一方面，对双烷基离子型表面活性剂，其烷基链相对于头基较大，即 $V/(a_0 l_c) > 1$，则无需添加助表面活性剂即可形成 W/O 型微乳液。这就很好地解释了为什么 AOT 能在不加助表面活性剂的条件下自发形成 W/O 型微乳液。

向体系中加入电解质，由于压缩双电层，减小了水的穿透，使 a_0 减小，结果排列参数增大；而摩尔体积较小的油或高芳香性油易于穿透到烃链层中，因而能增加表面活性剂的链尾体积，这些都有利于形成 W/O 型液珠。

温度对非离子表面活性剂的排列参数有显著的影响。一般温度升高，头基的水化程度减弱，排列参数增大。因此可以预期，当温度低于浊点时，正向胶束或 O/W 型微乳液液珠的半径将随温度的上升而增大，到浊点时发生相分离，进一步升高温度则转为反胶束或 W/O 型微乳液。发生相转变的温度即为 PIT。根据几何排列模型，在 PIT 时有 $V/(a_0 l_c) = 1$，即界面是平的。

几何排列模型成功地解释了助表面活性剂、电解质、油的性质以及温度对界面曲率，进而对微乳液类型或结构的影响。此外，几何排列参数与表面活性剂的 HLB 之间具有定量相关性。HLB < 7 对应于 $V/(a_0 l_c) > 1$，有利于形成 W/O 型乳状液，而 HLB > 7 则对应于 $V/(a_0 l_c) < 1$，有利于形成 O/W 型乳状液。注意这里的 HLB 值应当是表面活性剂在实际油/水体系中的亲水亲油平衡值。

(4) 内聚能比值理论

内聚能比值理论直接考虑表面活性剂分子与水和油分子之间的相互作用，认为这些相互作用的叠加决定了界面膜的性质。其核心是定义了一个内聚能比值，用 R 表示，因此又称 R 比理论。

1）R 比的定义

R 比理论认为表面活性剂和助表面活性剂在油/水界面具有如图 10-23 所示的微观结构，即微观上存在三个相区：水区（W）、油区（O）和界面区或双亲区（C）。类似于双重膜理论，这里界面区被认为是具有一定厚度的区域，其中表面活性剂是主体，还包括一些渗透到表面活性剂亲水基层中的水分子和渗透到烷基链层中的油分子，真正的分界面是表面活性剂亲水基和亲油基的连接部位。

在界面区域存在多种分子间相互作用，可用内聚作用能 A_{xy} 来表示。它们是单位面积上分子 x 与分子 y 之间的范德华吸引作用（负值）。考虑到由于热波动的影响分子间距离是变化的，因此 A_{xy} 是 x 和 y 处于不同位置时的平均值。

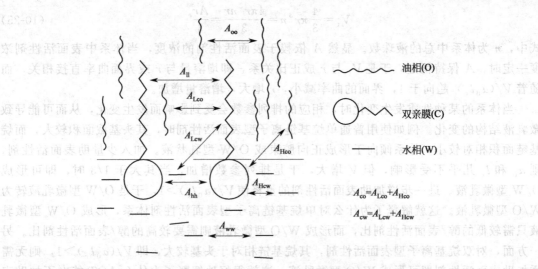

图 10-23　油/水界面双亲膜中的各种相互作用

如图 10-23 所示，界面区表面活性剂分子分为亲水基(H)和亲油基(L)两部分。在亲油基一侧，存在着油分子之间的内聚能 A_{oo}，表面活性剂亲油基之间的内聚能 A_{ll} 和表面活性剂亲油基与油分子之间的内聚能 A_{Lco}（co 表示渗透到 C 层中的油分子）。而在亲水基一侧，则存在水分子之间的内聚能 A_{ww}，表面活性剂亲水基之间的内聚能 A_{hh} 和表面活性剂亲水基与 C 区水分子之间的相互作用能 A_{Hcw}。此外还存在着表面活性剂亲油基与水分子之间的相互作用 A_{Lcw}、亲水基与油分子之间的相互作用 A_{Hco}，但这两种相互作用很弱，相对于其他相互作用可忽略不计。于是 C 层中表面活性剂分子与油、水分子的相互作用 A_{co} 和 A_{cw} 可近似地表示为：

$$A_{co} = A_{Lco} + A_{Hco} \approx A_{Lco} \tag{10-26}$$
$$A_{cw} = A_{Lcw} + A_{Hcw} \approx A_{Hcw} \tag{10-27}$$

设 C 层单位面积上油分子数为 Γ_o，每对油分子间平均内聚作用能为 a_{oo}^*，相互作用的分子对分数为 m_0。因此对烷烃系列有：

$$A_{oo} = \frac{1}{2} m_0 \Gamma_o (\Gamma_o - 1) a_{oo}^* \approx \frac{1}{2} m_0 \Gamma_o^2 a_{oo}^* = b(\text{ACN})^2 \tag{10-28}$$

式中，ACN 为烷基碳原子数；b 为常数。类似的 C 区中表面活性剂亲油基的链-链内聚作用能为：

$$A_{ll} = \frac{1}{2} m_s \Gamma_s^2 a_{ll}^* = cn^2 \tag{10-29}$$

式中，Γ_s，a_{ll}^* 和 m_s 分别为 C 层中单位面积上表面活性剂的吸附量，两个表面活性剂亲油基之间的相互作用能和 C 区中发生相互作用的分子对分数；n 为亲油基中的碳原子数；c 为常数。C 层中表面活性剂亲油基与油分子间的相互作用能为：

$$A_{Lco} = m_{so} \Gamma_s \Gamma_o a_{co}^* = dn(\text{ACN}) \tag{10-30}$$

式中，d 为常数；m_{so} 为发生相互作用的分子对分数；a_{co}^* 为每对分子间的平均内聚能，可取 a_{ll}^* 和 a_{oo}^* 之间的几何平均值，即 $a_{co}^* = \sqrt{a_{ll}^* a_{oo}^*}$。$A_{Lco}$ 与 A_{Hco} 相加即为 C 区表面活性剂与油分子的总相互作用能，但后者常可忽略。

类似地可以得到 C 区亲水基一侧的相互作用能 A_{ww}、A_{hh} 和 A_{Hcw} 的表达式。C 区表面活性剂与水的总相互作用能为 A_{cw}，即式(10-27)，其中 A_{Lcw} 项可忽略。

于是内聚能 A_{co} 促使表面活性剂与油区的互溶，而 A_{oo} 和 A_{ll} 则阻碍这种溶解；A_{cw} 促进表面活性剂与水的互溶，而 A_{ww} 和 A_{hh} 则阻碍之。如果 A_{co} 和 A_{cw} 中任一种相对于另一种过于强烈，即表面活性剂的亲水亲油性相差太大，则不能形成稳定的 C 层，于是油、水分成两相。表面活性剂将大部分溶于某一相中。

当 A_{co} 和 A_{cw} 之间的差异不很大时，将形成一个稳定的 C 区。除热运动外，A_{cw} 和 A_{co} 间的相对大小将决定 C 区的曲率，从而决定体系中油和水的分散状况。

Winsor 最初将 A_{co} 和 A_{cw} 之间的比值定义为 R 比：

$$R = \frac{A_{co}}{A_{cw}} \tag{10-31}$$

这个系数考虑了表面活性剂分子与油分子和水分子的相互作用，但没有考虑促进油、水两相分离的相互作用，如 A_{oo}、A_{ll}、A_{hh} 和 A_{ww}。后来 Winsor 将 R 比修正为：

$$R = \frac{A_{co} - A_{oo}}{A_{cw} - A_{ww}} \tag{10-32}$$

该式仍然忽略了 A_{ll} 和 A_{hh} 的影响，而 A_{ll} 和 A_{hh} 将促进表面活性剂形成液晶或固态晶体。后来，综合考虑了 C 区中所有相互作用，R 比被重新定义为：

$$R = \frac{A_{co} - A_{oo} - A_{ll}}{A_{cw} - A_{ww} - A_{hh}} \tag{10-33}$$

2) R 比与微乳液或胶束溶液的结构

R 比反映了 C 区对水和油的亲和性的相对大小，因此它决定了 C 区的优先弯曲。由于 R 比中的各项都取决于体系中各组分的化学性质，相对浓度以及温度等，因此 R 比将随体系的组成、浓度、温度等而变化。例如，对离子型表面活性剂，由于其在水溶液中电离，且反离子由于热运动部分地存在于扩散层中，因此 C 区表面活性剂的亲水基是带电的，而静电排斥作用使 A_{hh} 为正值（吸引作用导致内聚能为负）。若加入额外的反离子，则将压缩双电层，使静电排斥作用降低，于是 A_{hh} 减小，式(10-33)中分母的绝对值减小，即表面活性剂的亲水作用减弱，R 比增加。显然微乳液体系结构的变化可以体现在 R 比的变化上，因此 R 比理论能成功地解释微乳液的结构和相行为，是微乳液研究中的一个非常有用的工具。

根据 R 比理论，油、水、表面活性剂达到最大互溶度的条件是 $R=1$，此时界面是平的，理论上既不向水侧优先弯曲，也不向油侧优先弯曲，即形成无限伸展的胶束。但实际上由于受温度导致的浓度波动的影响，C 层中各点的 R 值可能并不相同。于是可能出现两种情况：一种是热波动的影响较小，不足以打破 C 区的长范围的有序排列，这就得到稳定的层状液晶结构，C 区中各点的 R 值皆为 1；另一种情况是热波动的影响较大，导致 C 区各点的 R 有较大的波动，尽管 C 区 R 的平均值为 1，但从局部看，界面是弯曲的，并且既可弯向水侧，也可弯向油侧，这就是双连续结构，如图 10-20 中的 Ⅲ 型结构。正是这种结构使得油-水-表面活性剂体系具有最大互溶度，并使得 O/W 型和 W/O 型微乳液之间实现连续转相。实际体系中当 $R=1$ 时，是出现层状液晶相还是出现双连续相将取决于许多因素，其中内聚能和温度将是关键因素。

当 R 的平均值不为 1 时，C 区对水和油的亲和性不再相等，于是 C 区将发生优先弯曲。当 $R<1$ 时，随着 R 的减小，C 区与水区的混溶性增大，而与油区的混溶性减小，结果 C 区弯曲以凸面朝向水区。从 R 比看，A_{cw} 和 A_{hh}（当其为正值）将促进这一过程，而 A_{ww} 将

阻碍这一过程。根据各项的相对大小，若 R 很小，即 $R \ll 1$，则 C 区将最大程度地扩张其与水区的接触面积，于是形成正常胶束 S_1 结构。随着 R 的增大，C 区的曲率半径增大，导致胶束膨胀而形成 O/W 型微乳液。微乳液液珠将随着 R 的增大而增大，因此微乳液对油的增溶相应地增大，直至 $R=1$ 时，或者形成双连续相达到最大增溶，或者形成液晶相，取决于 C 区的流动性大小。

当 $R>1$ 时变化正好相反，C 区趋向于在油区铺展。A_{co} 促进这一过程，而 A_{oo} 和 A_{ll} 阻碍这一过程。当 $R \gg 1$ 时，形成反胶束 S_2 相，随着 R 的减小，反胶束膨胀成为 W/O 型微乳液，并且液珠直径逐步增大，即对水的增溶量增大，直至 $R=1$。

以上分析表明，R 比确定了油/水界面趋向于某种具体形状的趋势。这种趋势可以用界面的本征曲率来表示，它表示当不存在其他限制或约束时界面的固有曲率，即界面将取的固有形状。

3）R 比与多相体系

当改变体系中某个变量时，将导致 R 比变化，于是体系的结构将发生变化。随着 R 比的增加，体系从 $R \ll 1$ 时的 S_1 结构逐步转变为 $R \gg 1$ 时的 S_2 结构，其间可能出现 M_1、G 或双连续、M_2 结构等，如图 10-20 所示。

需要指出的是，从 S_1 相到 S_2 相的过渡是逐渐的，因此新相的出现是一个渐进过程，在一个相未完全分离出来之前，其结构即已存在。例如在 S_1 和 S_2 相中就存在较小的 G 相结构，直至 G 相形成的条件成熟时才分出 G 相。因此在单相区，通常是一种结构为主，其他结构规模较小，是次要的。而在多相区如两相区甚至三相区，则是多种结构共存并处于平衡状态。这种处于平衡状态的共存相称为共轭相（conjugate phase）。例如当 W/O 型或 O/W 型微乳液的转相经过液晶相时，G 相可以与 M_1 相或 M_2 相共轭，或与 S_1 相、S_2 相共轭，或同时与 M_1、M_2 或 S_1、S_2 相共轭（图 10-20）。但若通过双连续途径转相，则在双连续区难以区分胶束溶液相应于哪种中间结构。即转相是连续发生的，没有明显的转相分界线。

表面活性剂的分子分散溶液也可同时与胶束溶液相共轭。在这种情况下，水相和油相只含有少量表面活性剂，而大量的表面活性剂处于胶束相中。这种体系中的胶束相称为表面活性剂相。由于胶束相的密度往往处于水相和油相之间，因此胶束相常出现于油相和水相之间，因而也称为中间相（middle phase），简称中相。这种互相饱和、各向同性相的出现也标志着体系的 R 比等于 1 或接近于 1。

根据 R 比的大小，油-水-表面活性剂多相体系可分为三类：第一类为 S_1 与过量的油（含分子分散的表面活性剂）成平衡，也叫下相微乳液，对应于 $R<1$；第二类为 S_2 与过量的水（含分子分散的表面活性剂）成平衡，也称上相微乳液，相应于 $R>1$；第三类为含有大量水和油及表面活性剂的表面活性剂相与含有分子分散的表面活性剂的过量水相和过量油相成平衡，即所谓的中相微乳液。它们分别被称为 Winsor I 型、Winsor II 型和 Winsor III 型体系。

4）R 比与增溶

上述三类微乳液体系中 III 型体系最为重要，因为中相微乳液同时溶解了大量的油和水。这时 C 区（两亲膜）起了油和水的共溶剂的作用。两亲膜对油和水的增溶能力定义为单位质量两亲物质所能溶解的水量或油量，通常用体积来计量，于是 R 比与两亲膜的增溶能力相关联。这使得可以根据体系的相行为和两亲膜对油和水的增溶状况来估计 R 比。通常将 III 型体系的出现定为 R 接近于 1，而将油与水的增溶量相等定为 $R=1$ 的标准，这样的体系称为"最佳体系"。于是最佳体系中，油、水的增溶量相等，并被称为"最佳增溶量"，通常用 SP^* 来表示。

Winsor 指出，从 R 比的定义式来看，A_{co} 和 A_{cw} 越大，两者越接近相等，则两亲膜的共溶效应就越大，同时增溶的油和水也就越多。因此要使最佳增溶量 SP^* 增大，应在保证 $R=1$ 的条件下，尽可能同时增加 A_{co} 和 A_{cw}。例如对非离子型表面活性剂，Shinoda 等观察到，同时增加亲水基和亲油基链长时油、水的增溶量的确增加。

此外，根据式(10-33)和各内聚能的定义式，增加表面活性剂的吸附量 Γ_s，也将使 A_{co} 和 A_{cw} 同时增加，从而有利于增加互溶度。

10.2.3 微乳体系的相行为

(1) 多相共轭与三组分体系的相图

微乳体系是多组分体系，至少含有三个组分——水、油和表面活性剂，通常为 4～5 个组分，即再加上助表面活性剂和盐。如果使用混合表面活性剂或混合油，则组分数将更多。图 10-20 已表明，微乳体系往往出现多相共存，这种同时存在、相互平衡的相称为共轭相。显然研究平衡共存的相数及其组成和相边界是十分重要的。在这方面，最方便、最有效的工具就是相图。

等温等压下三组分体系的相行为可用平面三角形来表示，称为三元相图。对三组分以上的体系，则需要采用变量合并法，使实际独立变量不超过三个，从而仍可用三角相图来表示。这样的相图称为拟三元相图。

根据 Gibbs 相律，平衡体系的自由度数 f，独立组分数 N 和相数 P 服从：

$$f = N - P + 2 \tag{10-34}$$

于是对等温等压下的三元体系可以有单相、两相或三相体系，相应的自由度数为 2、1 和 0，分别称为二变量、单变量和无变量体系。于是对单相体系，可以改变两个组分的摩尔分数而仍维持单相；对两相共存体系，只有一个组分的含量可以改变；而三相共存体系则任一相的组成都不能改变，改变体系的总组成只是改变各相的相对量，而不能改变各相的组成。

如何阅读和制作三元相图？下面以图 10-24 为例加以说明。图 10-24 为含有一个两相区的三元相图，其中正三角形的三个顶点分别代表纯的水、油和表面活性剂，三条边分别代表水-油，油-表面活性剂，表面活性剂-水二元体系，二元体系的组成，例如 A 点，即由该点至边线端点的距离来确定，如 A 点所示的组成为：油 60%，表面活性剂 40%。三角形内任意一点表示三元体系，其总组成由从该点出发的与三角形的三边分别平行的直线与边线的交点确定（相应的组分处于直线的右侧），如图中 B 点的组成为：油 20%，水 20%，表面活性剂 60%。边线上的任意一点与顶点的连线表示底边上两组分的配比保持不变的体系，如图中的 D 点，油/水比为 3：7，沿 DE 线从 D 到 E，体系的油/水比始终为 3：7。三角形的三个高分别表示其中两组分比例相等的体系。

图 10-24 中包含单相区和两相区，两相区中的连线称为连接线（tie line）。在两相区内，相对于某个总组成，如 C 点，体系分为共存的两相，其组成分别由连接线的端点所示，如图中的 N 和 F 两点。在单相区内，任意改变两个组分的比例，仍可保持单相，但在两相区，只能独立改变一个组分的比例。例如，通过改变表面活性剂的比例，可使一个相的组成从 N 变到 M，但两相中的另一相的组成也随之改变。图中 P 点称为褶点或临界点（plait point），两相组成越靠近 P 点，连接线越短，表明两相的组成越接近。

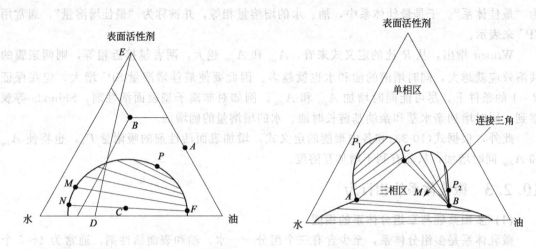

图 10-24　包含一个两相区的三元相图　　　　图 10-25　含有三相区的三元相图

图 10-24 中水-表面活性剂和油-表面活性剂二元体系为单相体系，因此表示这两个二元体系的两边称为互溶边，而油-水二元体系的互溶度有一定限制，中间出现不互溶区间。

图 10-25 表示出现三相区的三元相图。图中三角形 ABC 表示三相区，该三角形称为连接三角（tie triangle）。若总组成落在三相区内，例如 M 点，则体系分成共存的三相，等温等压下三相的组成分别由连接三角的三个顶点 A、B、C 所示。在三相区内改变体系的总组成，只能改变三相的相对量大小，不能改变组成。

由于三相区必须以两相区为边界，因此三相区的外围是三个两相区。如果二元体系是互溶的，则两相区将在三角形内结束，即两相区有褶点。图中油-水边为互溶间断边，没有褶点，因此只存在两个褶点 P_1 和 P_2。如果三条边都是互溶间断边，则所有的二相褶点消失。

图 10-24 和图 10-25 是高度理想化的三元相图，它们在实际体系中极少出现。实际体系的相图要复杂得多。例如图 10-26 为一个水-表面活性剂-醇三元体系的一般相图，其中醇既作为助表面活性剂，又作为油相。在这张相图中，有两个各向同性的单相区，即 O/W 和 W/O 微乳区，两个各向异性的单相区，即液晶区，四个三相区和八个两相区。W/O 微乳区

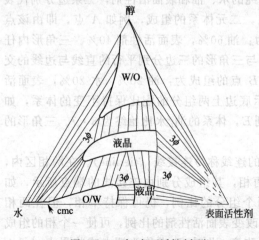

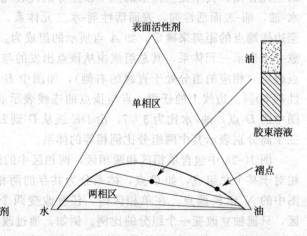

图 10-26　水-表面活性剂-醇　　　　　　图 10-27　典型的 Winsor Ⅰ型（S_1）体系相图
　　三元体系的一般相图

从水在醇中的真溶液延伸出来。其左边与含少量表面活性剂以及醇的稀水溶液平衡；其右边与固体表面活性剂相平衡；而在下端边界则与具有双折射的液晶相（被认为是层状结构）共存（在层状液晶与 W/O 微乳区之间还有另一个反六角束棒状胶团液晶区，即 M_2 相，为简化起见图中未画出）。O/W 微乳区从水角处伸出。当表面活性剂浓度低于 cmc 时，该单相区只是一个含极少量醇的表面活性剂水溶液。随着表面活性剂浓度的增加，醇的增溶量增加，该区域逐渐扩大，成为 O/W 微乳区。该微乳区域的右侧与另一个液晶相平衡，此液晶区为六角束棒状胶团结构，即 M_1 相；而在 O/W 微乳区的上面与层状液晶相平衡。在这些单相区之间是两相区和三相区。两相区中平衡的两相由连接线相连。在等温等压下，三相区（3ϕ）中的自由度为零，其组成固定，即为各连接三角的顶点。

更多实际体系的相图读者可参阅有关专著和文献。

(2) 微乳体系的类型——Winsor I～III 型

典型的微乳体系有三种类型。图 10-27 代表了第一类微乳体系的相图：两相区的褶点明显偏向相图中的油侧，两相区为下相微乳液和过量油相共存。过量油相中的表面活性剂含量相对于胶束相要小得多，而微乳相为典型的 S_1 结构。这种体系被称为 Winsor I 型体系，简称 I 型体系。

图 10-28 代表了第二类微乳体系的相图，其中两相区的褶点明显偏向于相图中的水侧，两相区为上相微乳液与过量水相共存，微乳液具有典型的 S_2 结构。这类体系被称为 Winsor II 型体系，简称 II 型体系。

图 10-29 代表了第三类微乳体系的相图：体系中出现了三相区，当体系的组成落在连接三角内（如 A 点）时，体系为中相微乳液与过量水相及过量油相成平衡。这样的体系被称为 Winsor III 型体系，简称 III 型体系。

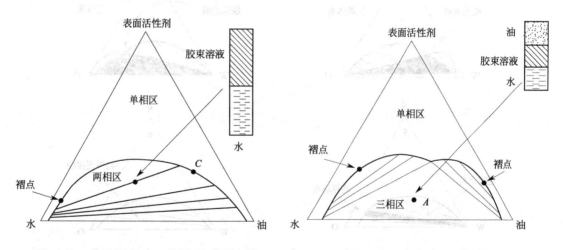

图 10-28　典型的 Winsor II 型(S_2)体系相图　　图 10-29　Winsor III 型体系相图

如果使该体系保持在所谓的最佳状态（中相微乳液中增溶等量的油和水），并增加表面活性剂和助表面活性剂的用量，则过量的油和水能被完全增溶，体系将变成单相微乳液，也称 Winsor IV 型体系。

(3) 三相区的出现及微乳类型的转变

I 型体系中，两相区褶点偏向油侧，表明表面活性剂的亲水性明显大于亲油性，因此在两相区表面活性剂大部分处于水相中。而在 II 型体系中则相反，在两相区，表面活性剂大部分存在于油相。正是这种不均匀分布决定了体系的类型。如果要改变体系的类型，就要改变表面活性剂在油/水两相中的分布，而改变的途径有多种，如改变盐度、温度、表面活性剂亲水基或亲油基结构、助表面活性剂结构以及油的结构等。

从Ⅰ型体系到Ⅱ型体系的演变可以通过Ⅲ型体系顺序发生，这就是所谓的Ⅰ→Ⅲ→Ⅱ转变，其核心是涉及三相区的出现。对Ⅰ型体系，当条件稍稍改变时，某个连接线可扩展为连接三角，其中一条边很短，表示两个相的组成很接近，如图10-30 1→2所示。扩展为连接三角的连接线称为临界连接线，扩展为一条短边的端点即为临界端点，于是新分出的一相其组成即与临界端点的组成几乎相同。这样在一条临界连接线发生了Ⅰ型到Ⅲ型的转变。伴随着这种转变所发生的一些现象称为临界现象，如临界乳光现象、超低界面张力、大范围浓度波动等。类似的，Ⅲ型体系在一个连接线终结而出现Ⅱ型体系，如图10-30 中5→6。图10-30示意了这种Ⅰ→Ⅲ→Ⅱ连续相转变。

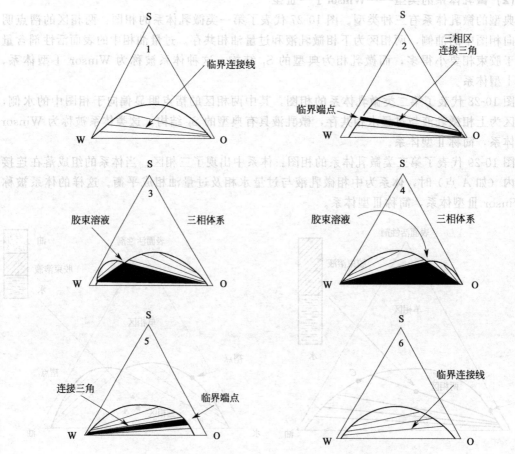

图10-30 微乳体系的Ⅰ→Ⅲ→Ⅱ连续转相示意图
1—Ⅰ型；2~5—Ⅲ型；6—Ⅱ型；S—表面活性剂；W—水；O—油

三相区的出现具有极重要的意义，因为它诞生了中相微乳液。我们把含有等体积油和水的特殊微乳体系称为"最佳体系"，相应的参数称为"最佳参数"，如最佳盐度、最佳温度等。显然，在低表面活性剂浓度下，中相微乳液的组成较之Ⅰ型和Ⅱ型体系更接近于最佳体系，因此含有等量油和水的中相微乳液也被称为最佳中相或最佳表面活性剂相，它们在微乳液中占据了重要地位。

导致Ⅰ→Ⅲ→Ⅱ连续相转变的一个常用方法是对离子型表面活性剂体系改变盐度。通常对一个含有等体积油和水的水-油-表面活性剂三元体系，随着含盐量的增加，体系可从Ⅰ型经过Ⅲ型变到Ⅱ型，相应的相图变化如图10-31所示，图中s*即为最佳盐度。此外，对非离子型表面活性剂体系改变温度，以及通过改变表面活性剂亲水基或亲油基结构、助表面活性剂结构以及油的结构等都可以导致Ⅰ→Ⅲ→Ⅱ连续相转变。

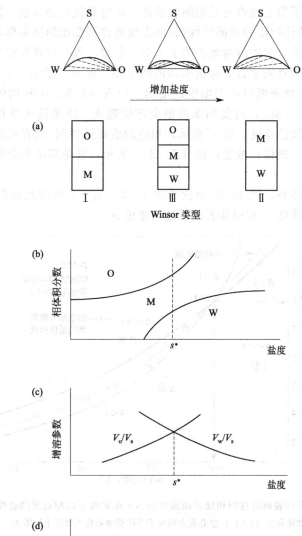

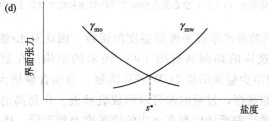

图 10-31　盐度变化导致的Ⅰ→Ⅲ→Ⅱ相转变（a）和相应的微乳体系性质变化（b）～（d）

M，W，O—分别代表微乳液、过量水和过量油；γ_{mo}—微乳液和过量油

相间的界面张力；γ_{mw}—微乳液和过量水相间的界面张力

以上简要地讨论了三元体系的相图和Ⅰ→Ⅲ→Ⅱ连续转相。对四元体系，需要用三维

空间的正四面体来表示完整的相图，而对五元以上的体系，则无法在三维空间表达其完整的相图。对这些体系，通常是将某两个或几个组分按一定比例合并，使总的组分数不超过三个，这种具有固定配比的混合物称为假想组分（pseudo-component），以区别于真正的单一组分。而含有一个或一个以上假想组分的三元相图即为拟三元相图。

（4）其他类型的相图

对多组分体系，除了用上述拟三元相图表示外，还有其他的表示法。图 10-32 即为其中的一种。它对固定水/油体积比和表面活性剂/助表面活性剂配比的体系作出了不同 $S+A$ 浓度下相边界与盐度的关系。图中清楚地表明了Ⅰ型、Ⅱ型、Ⅲ型以及Ⅳ型微乳区及其相应的 R 比，其中Ⅲ型区中的圆点表示含有等量水和油的中相，即相当于 $R=1$。在Ⅲ型区随着盐度的减小和表面活性剂/助表面活性剂浓度的增加，沿 $R=1$ 线，中相的体积不断扩大，直至三相区的消失点（$R=1$ 处），过量的水和油全部被耗光，体系进入单相微乳区（Ⅳ型）。该点所对应的盐度称为最佳盐度，以 s^* 表示，相应的表面活性剂/助表面活性剂浓度为形成单相微乳所需要的最低（最佳）浓度，以 $(S+A)^*$ 表示，它是双亲化合物增溶（溶解）能力的一个量度。

对不存在醇的三元体系，图 10-32 简化为图 10-33，$R=1$ 曲线从倾斜变成垂直于横坐标。相应地也得到最佳盐度 s^* 和最佳表面活性剂浓度 S^*。

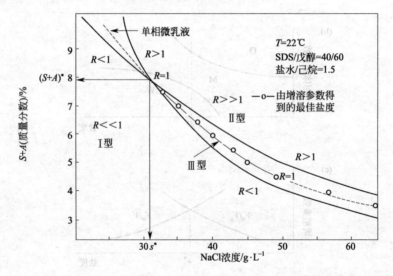

图 10-32　不同表面活性剂和助表面活性剂 $S+A$ 浓度下的相边界随盐度的变化

水/油体积比（1∶1）；空心圆点相应于等体积油和盐水增溶于胶团相

非离子型表面活性剂的亲水亲油平衡是温度的函数，因此对水-油-非离子体系，常研究温度对相行为的影响。这样的相图具有图 10-34 所示的结构。在靠近水的一边，低温下 NPE_9 主要溶于水相，增溶少量油形成 O/W 胶束溶液。当油含量增大时，形成两相区，O/W 型微乳液与过量的油相共存，过量的油可以形成乳状液。在稍高的温度下，增溶量增加，一般可达 $10\%\sim20\%$，然后表面活性剂在水中的溶解度突然下降，体系分成一个稀 O/W 胶束溶液和一个油相，其中增溶了一些水。

在靠近油的一边，情形正好相反。高温下表面活性剂溶于油相，并增溶水。随着温度的下降，突然分成一个稀 W/O 胶团溶液和一个增溶了一些油的水相。如果油、水量相当，随着温度的变化，可出现一个狭小的三相区，即一个富含表面活性剂、油和水的表面活性剂相

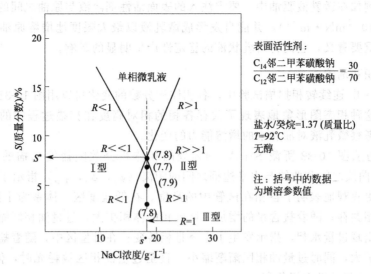

表面活性剂：
$$\frac{C_{14}邻二甲苯磺酸钠}{C_{12}邻二甲苯磺酸钠}=\frac{30}{70}$$

盐水/癸烷=1.37 (质量比)
$T=92℃$
无醇

注：括号中的数据
为增溶参数值

图 10-33　无醇体系不同表面活性剂浓度时相边界与盐度的关系

水/油体积比 1∶1；实心圆点代表等体积的油和水增溶于胶团相中

与含微量表面活性剂的水相和油相共存。表面活性剂相可以是双连续结构、层状胶束结构或其他结构。

使用非离子型表面活性剂时，往往无需助表面活性剂即可形成微乳液，它们对盐的敏感度大大低于离子型表面活性剂体系。但因为盐析效应，盐的存在将使表面活性剂在水中的浓度降低。因此增加盐浓度，体系的相行为和温度升高或增加表面活性剂的亲油性所导致的变化趋势相同。

此外，如图 10-31(b)所示的体系相体积分数的变化也是重要的相图之一，称为相态图。该图形象地表示了当体系某个参数变化时导致的体系各相体积分数的相对变化。如果在一系列试管中进行试验，则图中的曲线即反映了过量水/微乳液和微乳液/过量油界面位置或共存各相的相对高度的连续变化，从而可以求得最佳参数，如最佳盐度、最佳温度等。

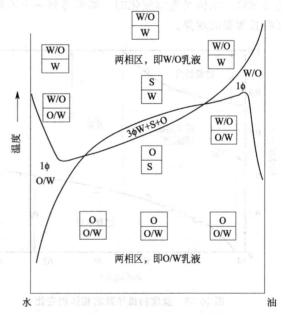

图 10-34　水-油-10%NPE₉ 体系的相行为随温度的变化(S 表示表面活性剂相)

10.2.4　相转变所伴随的物理化学性质变化

随着微乳体系类型的变化，或随着 Ⅰ→Ⅲ→Ⅱ 连续相转变的发生，微乳体系的一系列重要物理化学性质，如各相的体积分数、油和水的增溶量、界面张力等，皆呈现有规律的变化，如图 10-31(b)～(d)所示。其他一些性质如电导率、黏度、接触角等也有相应的变化。在这一系列性质中，增溶量和超低界面张力最值得注意，因为微乳体系的实际应用常常基于这两个特性。例如在微乳液驱油中，要求注入的表面活性剂溶液与原油之间的界面张力达到超低（$10^{-2} \sim 10^{-5}$ mN·m^{-1}），并能自发形成微乳液以最大限度地增溶原油。其他性质变化也有各自的重要意义，它们将对乳状液的稳定性产生明显的影响。

(1) 相体积和增溶

在 I→III→II 连续转相扫描试验中，各相体积分数的变化可以用图 10-31(b) 所示的相态图来表示。这种相态图形象地表现了共存各相的相对高度在扫描过程中的变化，极为直观，据此可以考察微乳液对油和水的增溶能力的变化。

图 10-35 为从图 10-32 所截 $S+A=4\%$ 处的相体积分数随盐度扫描的变化。在任一 NaCl 浓度下，曲线之间和曲线与水平边框之间的距离（ϕ_s，ϕ_o，ϕ_w）指示了各相体积的相对大小，或者更直观地表明了各相在试管中的高度。在低盐度区，体系为 I 型，S_1 结构微乳液与过量油相共存；随着盐含量的增加，微乳相的体积扩大，过量油相区缩小，至一定盐含量时，开始出现过量水相，指示发生了 I→III 相转变；在 III 型区中，随着盐度的增加，过量水相区渐渐扩大，同时过量油相区渐渐缩小，直至过量油相区被耗光时，体系转为 II 型，即 S_2 结构微乳液与过量水相共存。

图 10-35 所示的相体积变化是渐进的，而不是突跃的，尤其在 I→III 和 III→II 转变时。这表明微乳结构是连续变化的。如果考察一下不同类型微乳液对水或油的增溶，将发现一些有趣且重要的现象。

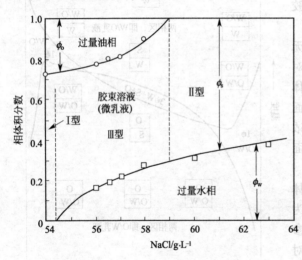

图 10-35 盐度扫描导致的相体积变化
油/水体积比=1:1，$S+A=4\%$（相应于图 10-32）

在胶束溶液或微乳液中，油和水都可以看作是"被增溶的"。表面活性剂/助表面活性剂则是共溶剂。若以 V_w 和 V_o 分别代表被增溶的水量和油量，则它们将取决于表面活性剂浓度。通常定义单位体积表面活性剂所增溶的水量或油量为增溶参数，以 SP_w 和 SP_o 表示：

$$SP_w = V_w / V_s \qquad (10\text{-}35)$$
$$SP_o = V_o / V_s \qquad (10\text{-}36)$$

式中，V_s 为表面活性剂的体积。助表面活性剂或其他助溶剂无论存在与否，计算增溶参数时一般都不计入。相应于图 10-35 所计算的增溶参数如图 10-36 所示。在 I 型区，水全部处于微乳相中而有过量油存在，随着盐度的增加，过量的油相减少，因此 SP_w 保持常数，而 SP_o 逐渐增加；进入 III 型区后，分出过量的水相，于是 SP_w 急剧下降，而 SP_o 继续上升，直至完成 III→II 转变，过量的油相被耗光，SP_o 不再变化，而 SP_w 继续减小。水相和油相的增溶参数曲线在 III 型区相交，交点处有 $SP_w = SP_o$，用 SP^* 来表示这一特征数值，即 $SP_o = SP_w = SP^*$。根据 R 比理论，这一位置相应于 $R=1$。于是 SP^* 是表征表面活性剂增溶能力大小的一个重要参数。相应的盐度称为最佳盐度。

以上所示的相体积分数图和增溶参数图是所谓的典型的或正常的相行为。但实际体系也可能出现所谓的反常相行为，例如中相微乳液区可能随盐度增加而减小直至消失等。

(2) 界面张力

图 10-31(d) 表明，伴随着盐度扫描出现Ⅰ→Ⅲ→Ⅱ转变时，体系的界面张力呈现有规律的变化。在Ⅰ型区，随着盐度的增加，胶团溶液与过量油相间的界面张力 γ_{mo} 逐渐下降，至Ⅰ-Ⅲ边界，出现过量水相后，相应地出现了过量水相与微乳液的界面张力 γ_{mw}。在Ⅲ型区，γ_{mo} 和 γ_{mw} 都达到超低（$10^{-4} \sim 10^{-2}$ mN·m^{-1}），并且随着盐度的增加，在Ⅱ型区，γ_{mw} 继续增加，而 γ_{mo} 消失。γ_{mo} 和 γ_{mw} 两曲线在最佳盐度处相交，即最佳盐度时，$\gamma_{mo}=\gamma_{mw}$，与最佳盐度时油和水的增溶参数相等相对应。不难看出，界面张力与增溶参数之间存在高度相关性：界面张力越低，增溶参数越高。这是中相微乳液应用于三次采油的最重要的性质。

对典型的非离子型表面活性剂体系进行温度扫描，也观察到了类似的超低界面张力现象。例如，水-十四烷（1：1）-$C_8H_{17}(OCH_2CH_2)_3OH$ 非离子体系对温度扫描时界面张力变化如图 10-37 所示。

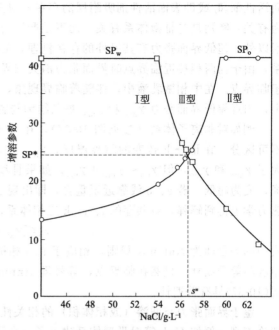

图 10-36　增溶参数随盐度扫描的变化（相应于图 10-34）

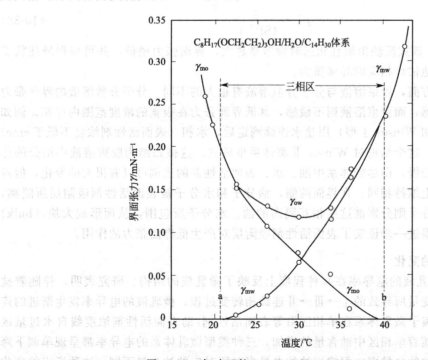

图 10-37　水-十四烷(1：1)-$C_8H_{17}(OCH_2CH_2)_3OH$
体系界面张力随温度扫描的变化

注：下角标 w、o、m 分别代表水、油、微乳液

迄今有关低界面张力的研究可分为两类，即表面活性剂浓度较低的两相体系和表面活性剂浓度较高的三相（Winsor Ⅲ型）体系。在这两种情况下，低界面张力的产生都归结于表面活性剂和/或助表面活性剂吸附层的存在。对三相体系的研究表明，超低界面张力与相行为有关，特别是与Ⅲ型体系有关，而不是严格的表面活性剂吸附的函数。这表明除了界面吸附以外，超低界面张力有其另外的存在机理，可以说植根于相行为的机理。对Ⅰ型和Ⅱ型体系，由于当两相接近临界点时界面张力消失（界面消失），因此可以认为超低界面张力起源于临界点。在中相微乳液中，伴随着临界现象，界面区变得相当弥散。于是在中相微乳体系中，出现超低界面张力 γ_{mo} 和 γ_{mw} 被归结为与临界现象相关的厚扩散界面区的存在。

例如对非离子体系（参见图10-37），在Ⅰ→Ⅲ转变的临界温度，$\gamma_{mw} \to 0$，γ_{mo} 与 γ_{ow} 不可区分。在Ⅲ→Ⅱ转变的临界温度，$\gamma_{mo} \to 0$，而 γ_{mw} 与 γ_{ow} 不可区分。在Ⅲ型区，γ_{ow} 大于 γ_{mw} 和 γ_{mo}，但 $\gamma_{ow} < \gamma_{mw} + \gamma_{mo}$。如果Ⅲ型区缩小（a、b线靠拢）则 γ_{ow} 将进一步下降，变为超低。若a、b线靠近至重叠，即出现三临界点现象，则 $\gamma_{ow} \to 0$。上述现象可以从热力学上得到解释，对共存的i、j、k三相体系，界面张力服从：

$$\gamma_{ij} \leqslant \gamma_{ki} + \gamma_{kj} \tag{10-37}$$

式中的等号即为 Antonov 规则，相应于i、j相被一薄层k相隔开，随着k相增大，即在三相区不等号成立。显然在临界点，等号即 Antonov 规则自然成立。对不同体系的研究表明式(10-37)具有普遍性。

鉴于界面张力与增溶（或相体积）的相关性，不少研究者提出了关联两者的经验公式或理论模型。例如 Huh 等对Ⅲ型体系建立了一个层模型，将界面张力与油/盐水界面上表面活性剂的表观厚度和增溶参数以及油、水的相体积相关联，对油、盐水体积相等并处于最佳状态（$SP_o = SP_w = SP^*$，$\gamma_{mo} = \gamma_{mw} = \gamma^*$）的体系得到：

$$\gamma^* = \frac{c}{(SP^*)^2} \tag{10-38}$$

式中，c 为一常数。该式反映出最佳状态时增溶量越大，界面张力越低，并可根据最佳状态时的增溶量来正确地估计相应的界面张力。

在低界面张力方面，胶束溶液与分子分散溶液有很大的不同。分子分散溶液的界面张力对体系的组成很敏感，而胶束溶液则不敏感，其低界面张力在很宽的浓度范围内存在。例如对一个两相体系（如 Winsor Ⅰ型）用盐水连续滴定后，水相（表面活性剂浓度不低于 cmc）界面张力维持不变。这个结论对 Winsor Ⅱ型体系也成立。这被归结为胶束溶液中组分的化学势随组成的变化较慢，即尽管体系中油、水、表面活性剂的比例可以有很大的变化，但各自的化学环境基本上维持相同。在界面两侧，油分子和水分子被表面活性剂吸附层所隔离，其他的油分子和水分子则分别被这些相互隔离的油、水分子所包围，从而形成大块（bulk）的油和水。这些结果进一步证实了表面活性剂吸附层对产生低界面张力的作用。

(3) 其他性质的变化

① 电导率　微乳液的电导率在某种程度上反映了微乳液的结构。研究表明，伴随着盐度扫描或改变其他变量所导致的Ⅰ→Ⅲ→Ⅱ连续相转变过程，微乳液的电导率发生渐进的连续变化。例如对阴离子微乳体系在单相区沿等表面活性剂/助表面活性剂浓度线自水过量区向油过量区扫描，随着单相区中油含量的增加，三种类型微乳体系的电导率都呈现单调下降的趋势，直至接近油的电导率，但接近油的电导率时所对应的油含量不同。这种渐进的变化与普通乳状液的电导率的突变有明显的区别。

对普通乳状液，O/W 型和 W/O 型具有明显的电导率差异：O/W 型乳状液因水为连续相，决定了它具有水的高电导特性；而 W/O 型乳状液则具有类似油的低电导特性；当发生相转变时，电导率有明显的突变，即不存在中间状态，因而常被用来指示乳状液的转相。但在微乳液中情形则不同，由于中相微乳液含大量的水和油，特别是最佳体系，油和水的增溶量相等，具有双连续结构，于是就出现了中间状态的电导率特征，并导致当发生 Ⅰ→Ⅲ 或 Ⅲ→Ⅱ 转变时，电导率表现为渐进的连续变化，而不是突变。

② 黏度　伴随着 Ⅰ→Ⅲ→Ⅱ 转变，体系黏度也呈现不连续变化。在三相区内黏度有最低点。而在 Ⅰ→Ⅲ 和 Ⅲ→Ⅱ 转变点，黏度有最高点。尽管 Ⅰ→Ⅲ→Ⅱ 转变过程中黏度的变化是不连续的，但各相黏度差异不是很大，一般最大值和最小值之间相差不超过 2～3 倍。在单相区，随着体系从 S_1 结构变到 S_2 结构，黏度几乎不显示明显的变化，这表明几乎所有的微结构都是类似于液体的并且是易变形的。但如果 Ⅰ→Ⅱ 转变经过液晶相（如 G 相），则黏度将有急剧增加。中相微乳液中的黏度最低点以及液晶相的高黏度将对普通乳状液的稳定性产生影响。

③ 普通乳状液的稳定性　非单相微乳体系如Ⅰ型、Ⅱ型或Ⅲ型体系是典型的多相共存体系，其中存在过量的水相或过量的油相。如果对这样的体系提供外力作用，如搅拌、均质、超声处理等，将能形成普通乳状液。

普通乳状液是热力学不稳定体系，因此微乳体系即使在机械作用下形成了普通乳状液，乳液液珠终将发生聚结，使体系还原为初始的微乳体系。但令人感兴趣的是这样形成的普通乳状液的稳定性与微乳体系的相行为有关。

如果将胶束相与过量的油相或水相相混合使形成乳状液，胶束相将成为连续相，而过量相将成为分散相，即使过量相的体积相对于胶团相较大，也仍然如此。这样形成的乳状液，其稳定性与微乳体系的相行为有关。相应于Ⅰ-Ⅲ边界和Ⅲ-Ⅱ边界，稳定性相对较高，而相应于Ⅲ型区的中心，稳定性最差。这似乎与 Ⅰ→Ⅲ→Ⅱ 转变过程中的黏度大小相对应。

乳状液的相分离涉及液珠的沉降、絮凝和聚结三个过程，其中任一过程的减缓都将有利于提高乳状液的稳定性。研究表明，在Ⅰ-Ⅲ 和 Ⅲ-Ⅱ 边界，乳状液的稳定性可归结为 Ⅰ-Ⅲ、Ⅲ-Ⅱ 边界体系黏度的增加以及两相密度差减小对沉降和絮凝的影响。而在三相区内乳状液最不稳定被归结为聚结速度的增加。胶束溶液中的溶胀的胶束（小颗粒）在乳状液分散相质点（大颗粒）之间"搭桥"，形成了一个通道，使得分散相可以通过这个通道运动或流动，从而使质点无需通过正常的膜破裂机理即能发生快速聚结。另一方面，液晶相的存在可导致形成非常稳定的乳状液。Shinoda 等将此归结为液晶结构在乳状液质点周围形成包皮，并通过连续相形成刚性的三维胶网结构。由于Ⅲ型体系和液晶体系同为 $R=1$ 体系，于是 $R=1$ 的体系既可能形成最稳定的乳状液，也可能形成最不稳定的乳状液，取决于界面的流动性。液晶体系界面是刚性的，而Ⅲ型微乳体系的界面则具有很高的柔性。加入适当的醇能使界面的柔性增加并导致液晶相转为微乳相。因而对形成液晶的体系加入中、短链醇，可导致普通乳状液稳定性的下降。其他增加界面柔性的因素，如温度、表面活性剂支链化等，也将促进相分离。

10.2.5　最佳状态

以上讨论了微乳体系的一系列物理化学性质随体系相行为的变化。如果把这些性质归纳一下，不难发现，它们都在一个特殊的体系状态达到极大值或极小值或某个特定值。这个特殊状态就是Ⅲ型体系或中相微乳液体系中油、水增溶量相等的状态，可表示为 $SP_o = SP_w = SP^*$。相应于这一状态，达到最大或最小或特定值的体系物理化学性质包括：

① 过量油相和过量水相之间的界面张力 γ_{ow} 达到最小值，微乳相与过量油相和与过量水相之间的界面张力相等，即 $\gamma_{mo} = \gamma_{mw}$。

② 表面活性剂对油和水的增溶能力相等。

③ 增溶等量油和水所需的表面活性剂量最小。

④ 普通乳状液的聚结速度最快，稳定性最低。

此外，相应于这一状态，其他许多性质也都是奇特的。为此这一特殊状态被定义为最佳状态，它相应于 $R=1$。

如果体系存在最佳状态，那么系统地改变一个变量而固定所有其他变量，就可以找到这一状态。根据最佳状态的定义，通常采用增溶量相等作为这一状态的标准，即 $SP_o = SP_w = SP^*$。但由于体系的一系列物化性质与此状态有良好的对应关系，因此也可以用这些物化性质指标作为标准，如油/水界面张力最低点，普通乳状液聚结速度最快点等。采用不同标准所得到的最佳变量值彼此相差不大，可以说在实验误差范围内是基本一致的。

用于寻找最佳状态的变量可以有很多，除了以上介绍的盐度和温度外，还有表面活性剂的结构和组成，油相的组成等。

以上简单介绍了微乳液的形成机理和相行为。在实际应用中，微乳体系研究的目标之一就是如何通过改变这些变量，获得所谓的最佳状态，即获得同时增溶了大量水和油的中相微乳液。限于篇幅，本章不能一一介绍相关方法，读者可参考有关的专著，如崔正刚、殷福珊编著的《微乳化技术和应用》等。

10.3 纳米乳液[1][2][3]

除了乳状液和微乳液之外，近年来又诞生了一类新型的乳状液，其平均质点粒径小于 500nm，一般在 100~200nm 左右，介于普通乳状液和微乳液之间，称为纳米乳液（nanoemulsion），也有称之为迷你乳液（miniemulsion）的。典型的纳米乳液包含油、水和表面活性剂，其中表面活性剂的加入量远高于普通乳状液，以确保能形成尺寸很小的液滴。此外，用低能法制备的纳米乳液中可能还包含助表面活性剂，主要是短链醇类，如乙醇、乙二醇、聚乙二醇、丙醇、丙二醇、甘油等。也有称其为助溶剂的。类似地，表面活性剂吸附于油/水界面，通过双电层的排斥作用和位阻排斥作用确保乳状液的稳定。由于纳米乳液在食品、化妆品以及药物传递等领域显得尤为重要，因此除了使用普通表面活性剂作乳化剂外，蛋白质和类酯（lipids）等也常常用作乳化剂。最常用的乳化剂包括十二烷基硫酸钠、Tween 系列、Span 系列、聚氧乙烯蓖麻油、脱氧胆酸钠、酪蛋白、β-乳球蛋白、多糖以及含 PEG 的嵌段聚合物等。

由于质点很小，纳米乳液中的油/水界面面积远大于普通乳状液，但它又不能自发形成，因此纳米乳液的制备远比普通乳状液和微乳液复杂。实际上，在过去的 20 多年中，纳米乳液的研究重点主要放在了制备方法上。目前制备方法大体上分为两大类，即高能法和低能法。高能法包括高压均质法（HPH）和超声法等，一般需要消耗巨大的能量（$10^8 \sim 10^{10}$ $W \cdot kg^{-1}$）。而低能法则借助于特定的体系性质来创造小质点而无需消耗大量的能量，比如相转变温度（PIT）法和乳状液转相点（EIP）法。近年来又出现了一些新的制备方法，例如油/水界面上的泡沫暴裂（bubble bursting）和蒸发熟化法（evaporative ripening）等，后

❶ A. Gupta, H. B. Eral, T. A. Hatton, et al. Soft Matter, 2016, 12: 2826-2841.

❷ J. S. Komaiko, D. J. McClements. Comprehensive Reviews in Food Science and Food Safety, 2016, 15: 331-352.

❸ Y. Singh, J. G. Meher, K. Raval, et al. J. Controlled Release, 2017, 252: 28-49.

面将分别进行详细的介绍。尽管纳米乳液液滴很小，但它与普通乳状液类似，属于动态稳定，也就是说只要给予足够长的时间，相分离必将发生。这些不稳定过程包括絮凝、聚结、Ostwald 熟化以及乳析等，其中 Ostwald 熟化是最主要的不稳定机制。为了获得稳定的纳米乳液，近年来人们也进行了很多探索，发明了捕获物种法（trapped species method）等新方法。表 10-3 给出了纳米乳液与普通乳状液和微乳液的比较。

表 10-3　普通乳状液、纳米乳液以及微乳液的比较

乳液类型	普通乳状液	纳米乳液	微乳液
微结构	50μm	50nm	
质点大小	1～100μm	20～500nm	10～100nm
形状	球状	球状	球状,层状
稳定性	热力学不稳定,弱动力学稳定	热力学不稳定,动力学稳定	热力学稳定
制备方法	高能和低能法	高能和低能法	低能法
多分散性	通常较高(>40%)	一般较低(<10%～20%)	一般很低(<10%)

纳米乳液具有广泛的应用。典型的应用领域包括药物传递、食品、化妆品、制药、复合材料合成等。

10.3.1　纳米乳液的形成

纳米乳液的形成通常需要两步，第一步先形成普通乳状液，质点较大，然后在第二步再降低液滴的尺寸，转变为纳米乳液。近几十年来，人们已经开发出各种方法，基本上可以分为两大类，即高能法和低能法。

在高能法中，假定界面张力为 $10\text{mN} \cdot \text{m}^{-1}$，连续相和分散相的黏度各为 $1\text{cP}(1\text{mPa} \cdot \text{s})$，密度分别为 $1000\text{kg} \cdot \text{m}^{-3}$，则根据流体力学计算，要获得 100nm 左右的液滴大小，输入的能量密度需要达到 $10^8 \sim 10^{10} \text{W} \cdot \text{kg}^{-1}$。目前能够满足这一要求的方法有高压均质（HPH）法和超声法。

低能法利用体系经过一个相转变（相应于组成或温度发生变化）或者经过一个低界面张力状态来获得较小的质点，所需能量密度要小得多，大约为 $10^3 \sim 10^5 \text{W} \cdot \text{kg}^{-1}$ 范围，通过一个简单的釜式搅拌即可满足。其主要是因为接近相转变点时，体系的界面张力可以降到 $10^{-1} \text{mN} \cdot \text{m}^{-1}$ 数量级，界面能的增加和 Laplace 压力差都显著下降。两种最常用的低能方法是相转变温度法（PIT）和乳状液转相点法（EIP），后者亦称相转变组成法（PIC）。图 10-38 汇总了制备 O/W 型纳米乳液的不同方法及相关机理，包括 HPH 法、超声法、EIP 和 PIT 法等。W/O 型纳米乳液也可以用类似的方法制备，只要把分散相和连续相交换一下。

如图 10-38 所示，用高能法制备 O/W 型纳米乳液时，第一步先制备一个粗乳液，可以通过将油、水和表面活性剂混合，在一个搅拌釜中通过充分搅拌完成。在第二步，用高压泵将粗乳液输送到一台高压均质机中，强行通过一个只有几个微米大小的狭窄间隙，在此，大液滴受到一个非常大的拉伸剪切压力而破碎。通常这种均质要进行好几遍，直至质点大小不再变化。而超声法则是利用高能震荡波导致湍流，使液滴破碎。类似地，超声法也要经过多次，直至液滴大小不再变化。

与高能法不同，低能法首先制备一个 W/O 型粗乳液，然后通过组成或者温度的变化，再转变成 O/W 型纳米乳液 [图 10-38(b)]。在 EIP 法中，首先在室温下制成 W/O 型粗乳液，然

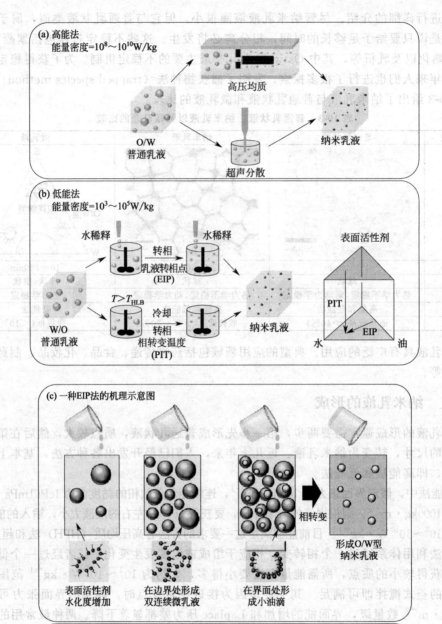

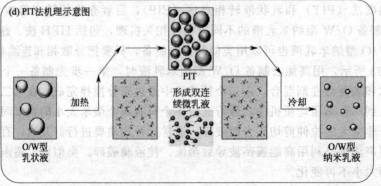

图 10-38　制备 O/W 型纳米乳液的高能法和低能法及相关机理示意图

后慢慢加水稀释。在稀释过程中，体系经过一个转相点，于是发生 W/O→O/W 型相转变［图 10-38(c)］。在这个相转变点，油/水界面张力非常低，因而无需很高的能量即可获得很小的液滴。而在 PIT 法中，在温度高于相转变温度（T_{HLB}）下制备 W/O 型粗乳液，然后当油-水-表面活性剂混合物冷却到室温时，需要经过一个相转变温度，于是乳液从 W/O 型转变为 O/W 型。与 EIP 方法一样，在接近转相点时，油/水界面张力很小，于是形成了小液滴［图 10-38(d)］，获得了大的比表面积，而仅需提供较低的能量。

低能法的优点是无需昂贵的设备，另一方面，EIP 法可以克服高压均质法或超声法可能导致的乳状液温度的升高，这对某些不耐温的体系尤其重要。低能法的不足之处在于，可供使用的油类和表面活性剂种类是有限的。例如研究表明，在食品行业中用中等烷基链长的三甘油酯容易做成纳米乳液，但用长链烷基三甘油酯则较为困难。使用合成表面活性剂如 Tween 和 Span 系列作乳化剂时，可以应用低能法，而使用磷脂、蛋白质、多糖等天然表面活性剂作乳化剂时，受它们的性能所限，就难以应用低能法。低能法的另一个不足是需要较高的表面活性剂浓度，这可能导致体系其他性能的变化以及成本上升。因此当生产量很大时，设备投资还是值得的，能够从降低表面活性剂用量中得到补偿。

制备纳米乳液的其他方法还有油/水界面上的气泡暴裂法、蒸发熟化法和微流体法等。气泡暴裂法的原理如图 10-39 所示，向含有表面活性剂的水相鼓入气泡，一旦气泡到达边界面［图 10-39(a)］，水相和界面之间的油膜慢慢排干，在油/水界面形成一个酒窝［图 10-39(c)］，它再成核，在水相产生一组细小的油滴［图 10-39(d)］。

利用蒸发熟化法可将高黏度油制成 O/W 型纳米乳液。先将高黏度油（分子量高）与一种挥发性油（分子量低）混合，通过高压均质机制成混合油乳状液，然后让油滴中的挥发性成分蒸发，油滴收缩，于是油相变得富含非挥发性成分（高分子量油）。

微流体法与高压均质法有类似之处，采用一种微流体仪，内部具有几何尺寸可变的微通道，将粗乳液用泵输送通过这种微通道，在通道上的狭窄咽喉处，液滴受到高速剪切从而破裂成更小的液滴。与高压均质法相似，使用这种方法也需要经过好几次才能使液滴达到所需要的尺寸。

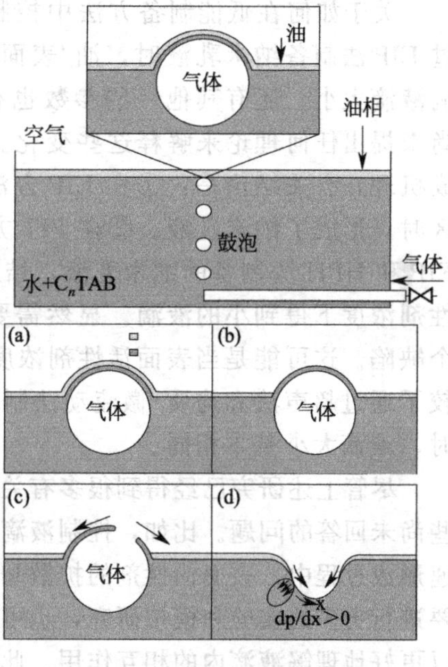

10.3.2 纳米乳液的液滴大小控制

在使用上述方法尤其是高能法制备纳米乳液的过程中，一个重要的方面是控制最终产品中液滴的尺寸。它们可能受到许多因素的影响，例如处理时间、相对黏度（μ_d/μ_c），表面活性剂浓度（[S]），表面活性剂链长（L）等。

有关纳米乳液的质点大小与实验条件的关系，Gupta 等给出如下相关性公式：

图 10-39　油/水界面气泡暴裂法制备纳米乳液原理图

$$We = C \cdot Oh^{0.4} \tag{10-39}$$

式中，We 为 Weber 常数，表示施加的剪切与界面剪切的比值，由 $\dfrac{\sqrt{\rho_c \mu_c \varepsilon d}}{\sigma}$ 给出；Oh 是 "Ohnesorge 数"，是黏性毛细破裂时间尺度（viscous capillary break time scale）与雷利破裂

时间尺度（Rayleigh break time scale）的比值，由 $\dfrac{\mu_d}{\sqrt{\rho_d \sigma d}}$ 给出；C 是一个常数，大约在 0 附近（0.1~1）。其他符号的物理意义为：ε 为输入的能量密度；σ 为界面张力，d 为液滴直径。根据这一相关性公式，可以粗略地得到纳米乳液的质点约为 100nm 左右。

Gupta 等认为，对纳米乳液，由于液珠较小，Oh 不是 $\ll 1$，而是在 1~100 范围，因此由 Hinze 提出的相关式 $We = C \cdot Oh$（针对 $Oh \ll 1$）需要进行修正。实验证明，式（10-39）所推测的尺度对大量的实验数据是适用的，包括高压均质机和超声装置。

对超声分散法的研究表明，纳米乳液液滴的大小随超声时间以及表面活性剂浓度和烷基链长而变化。随着超声时间的延长，液滴尺寸基本上达到一个常数。采用高压均质法结果类似，随着处理时间的增加，液滴大小趋向于一个定值。在所有情况下，液滴大小随超声时间或均质次数增加而呈指数形式衰减。这表明，在纳米乳液形成过程中，液滴破碎相对于聚结占据了主导地位。另一个现象是，经过一定时间（例如 20min）处理后，最后的液滴大小随表面活性剂浓度增加而减小，原因是界面张力减小，使得液滴更容易破碎。还有研究考察了相对黏度（μ_d / μ_c），即分散相和连续相的黏度之比对液滴大小的影响，例如，用微流动法制备 O/W 型纳米乳液，通过系统地添加了聚乙二醇（PEG）来增加连续相的黏度，则随着黏度比的上升，液滴尺寸增加了。因为当 μ_c 增加时，We 数增加了，而 Oh 数保持不变。但是增加表面活性剂的链长可以抑制这一相对黏度的影响。此外，还有研究专门考察了均质机的几何形状对液滴大小和分布的影响，所得结论是调整均质机/微振动器的几何形状可以更好地控制液滴大小分布。

关于如何在低能制备方法中控制纳米乳液的液滴大小也已有大量文献报道。例如通过 EIP 法制备纳米乳液时，油/表面活性剂浓度之比和添加剂/表面活性剂之比两者都影响液滴大小。还有其他一些参数也有影响。然而，这些结果大多数是经验性的，研究者尚未提出任何理论来解释这些变化。一些研究注重于观察使用低能方法时纳米乳液的形成机理，有关结论是：①在 EIP 方法中，随着稀释的进行，体系经过一个双连续微乳液区时，形成了纳米乳液。②在 PIT 方法中，初始相是双连续微乳液。还有研究比较了用 EIP 和 HPH 法制备的纳米乳液，结果发现，与 EIP 法相比，HPH 法可以在更低的表面活性剂浓度下得到小的液滴。显然需要较高表面活性剂浓度是低能方法制备纳米乳液的一个缺陷。这可能是当表面活性剂浓度较低时不能达到低界面张力的缘故。一些研究还比较了通过超声法和均质/微流动法制备的纳米乳液的液滴大小，结论是当输入的功率相当时，液滴大小基本相同。

尽管上述研究已经得到很多有关纳米乳液制备和质点大小方面的信息，但仍然存在着一些尚未回答的问题。比如，控制液滴大小分布的过程参数和物料性质参数有哪些？在液滴快速形成过程中，表面活性剂的扩散和吸附动力学起了什么作用？为了回答这些问题，未来需要进行更多的实验和模拟研究，也可以借助于先进的显微镜技术直接观察纳米液滴的形成，以更好地理解液滴内的相互作用。此外，未来研究还应关注低能方法的规模放大，以适应大规模生产和应用的需要。

10.3.3 纳米乳液的稳定性

纳米乳液虽然不是热力学稳定的，但与普通乳状液相比，纳米乳液具有优良的稳定性。下面将讨论纳米乳液不稳机理背后的理论基础和纳米乳液具有优良稳定性的原因，此外还涉及纳米乳液稳定性的控制方法等。

(1) 纳米乳液的不稳定机理

纳米乳液是动力学稳定的。因而若给予充分的时间，体系将分为不同的相。图 10-41 给出了典型的纳米乳液不稳定的过程，包括絮凝、聚结、Ostwald 熟化以及沉降/乳析，与普通乳状液的不稳定过程基本相同。

在絮凝过程中，由于引力作用，液滴相互靠近并作为一个整体运动。而在聚结过程中，液滴相互合并，形成一个较大的液滴。根据 DLVO 理论的预测，当液滴间的最大排斥势能（能垒）较低时，例如接近 0kT，液珠将相互靠近而落入一级极小位置，即不可逆絮凝状态。在这一位置，液珠相互接触，并趋向于聚结，因此很难区分在这一过程中乳状液中是发生了絮凝还是聚结。当然，由于液珠上有乳化剂的吸附层，位阻稳定作用增加了排斥能垒，进而提高了体系的絮凝稳定性和聚结稳定性。在纳米乳液中，位阻稳定作用要更强，因为乳化剂吸附层的厚度（约 10 nm）与液滴大小是相当的。

当液滴大小不同时，由于 Laplace 压力差（$p_L = 4\sigma/d$）的存在，小液滴中分散相的化学位高于大液滴，于是产生了从小液滴到大液滴的传质推动力，小液滴变小，而大液滴长大，即发生了 Ostwald 熟化（图 10-40）。由于分散相分子通过连续相进行传递时发生了传质，分散相在连续相中的溶解度是影响 Ostwald 熟化速率的关键因素。Lifishitz 和 Slyozov 建立了下列 Ostwald 熟化速度方程：

$$\overline{d}^3 = \overline{d}_0^3 + \frac{64\sigma C_\infty \nu^3 D}{9RT} t \tag{10-40}$$

式中，$\overline{d}_0$ 是初始平均直径；σ 是界面张力；C_∞ 是分散相在连续相中的溶解度；ν 是分散相的摩尔体积；D 是分散相在连续相中的扩散能力（diffusivity）；R 是理想气体常数；T 是体系温度。对式(10-40) 微分得到下列表达式：

$$\frac{\mathrm{d}}{\mathrm{d}t}(\overline{d}) \sim \frac{\omega_0}{\overline{d}^2} \tag{10-41}$$

$$\omega_0 = \frac{64\sigma C_\infty \nu^3 D}{27RT} t \tag{10-42}$$

式中，ω_0 是 Ostwald 熟化速率常数。方程(10-42) 表明 Ostwald 熟化与 $1/\overline{d}^2$ 成比例关系，液珠越小越显著。因此，与粗乳状液相比，纳米乳液中 Ostwald 熟化这一不稳定因素更加显著（容易发生），这一现象已经在实验中被观察到。

尽管分散相和连续相之间存在密度差，但由于质点较小（$d \approx 100\text{nm}$），因此，乳析现象在纳米乳液中并不严重，除非液滴由于 Ostwald 熟化、絮凝和聚结而增加到几个微米级别。

(2) 控制纳米颗粒的稳定性

图 10-41 汇总了有关控制纳米乳液不稳定性的研究结果。图 10-41(a) 列出了影响纳米乳液不稳定速度的各种参数。其中 Ost-

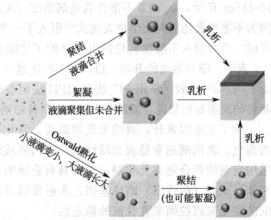

■ 图 10-40 纳米乳液的各种不稳定过程示意图

wald 熟化速率 ω_0 被认为服从化学反应动力学中的 Arrhenius 公式，即 $\omega_0 \propto \exp(-E/kT)$。这是由于溶解度和扩散性都取决于温度。如果提高连续相中的离子强度，则将显著减少双电层的厚度（Debye 长度），从而使排斥能垒降低，于是乳液发生絮凝/聚结的概率升高。多分散性显著影响 Ostwald 熟化的速率，因为多分散性越高，质点间的化学位差异就越大。而分散相在连续相中的溶解度也显著影响 Ostwald 熟化，因为高溶解度有利于分散相分子通过连续相进行运动。其他所列的参数例如成分化学、乳化剂浓度、添加剂浓度等也会改变不稳定的速率，因为它们能导致界面张力、液滴弹性、液滴间相互作用势能等性质发生变化。

图 10-41(b) 为用 PIT 法制备纳米乳液（油相为十六烷）时液滴大小（半径 r）随乳化剂（$C_{12}E_4$）浓度 [S] 和时间的变化。可见在不同浓度下，以 r^3 对 t 作图得到一条直线，表明 Ostwald 熟化是液滴增大的主要机理。不过，随着表面活性剂浓度的增加，不稳定速度也增加。这被认为是由于胶束的形成和 Gibbs 膜弹性的下降导致油的扩散速度增加所致。有关表面活性剂浓度对纳米乳液稳定性的影响已有很多研究，但所得结果没有一致性，因为对不同的体系，液滴间的相互作用是不同的。

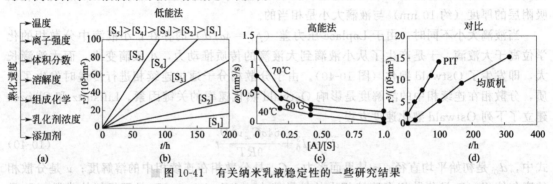

图 10-41　有关纳米乳液稳定性的一些研究结果

为了抑制 Ostwald 熟化效应，人们发明了一种所谓的捕获物种法（trapped species method），即将一个不溶性添加剂引入到纳米乳液的分散相中。如果由于 Ostwald 熟化导致小液滴缩小而大液滴长大，则小液滴中包含的这种不溶性添加剂的浓度将增加，导致渗透压增加，而大液滴中该物种的浓度将要下降，以伴随渗透压的下降。驱动物质从小液滴到大液滴的传质动力是 Laplace 压力，于是渗透压效应对抗了 Laplace 压力驱动力。在某一个点，两者相互抵消，传质推动力变得忽略不计。另一种不同的方法是将一种不溶性乳化剂加入连续相中，如图 10-41(c) 所示，ω_0 随着不溶性乳化剂浓度 [A] 的增加而减小。这一方法与捕获物种法相似，因为不溶性乳化剂向化学位表达式中引入了一个额外的补偿。但这一方法对后期的稳定性作用有限。因为加入不溶性乳化剂由于降低了位阻排斥效应而增加了絮凝/聚结的速率。图 10-41(c) 表明，随着温度的升高，Qstwald 熟化速率上升，因为分散相的溶解性和扩散性增加了。图 10-41(d) 比较了采用 PIT 法和 HPH 法制备的纳米乳液的稳定性。相对来说，使用 HPH 法制备的乳液要更稳定，原因是 HPH 法制备的纳米乳液多分散性变小。

除了上述因素外，对纳米乳液而言，乳化剂在纳米乳液的形成和稳定性方面扮演了重要的角色。乳化剂通常是表面活性剂、蛋白质或脂质体，可能会受到商业可供性限制。也可以采用定制的聚合物类乳化剂，它们具有合适的大小和亲油性，甚至可以包含光（例如改性偶氮苯）或盐（两性型）响应基团、多嵌段以及拓扑结构，这使得人们能够根据物理和化学组成的变化来调控纳米乳状液的稳定性。

10.3.4　纳米乳液的性质

因为纳米乳液具有一系列独特的性质，如小液滴、特别的稳定性、透明的外观以及可调的流变性等，这使得纳米乳液在诸如食品、化妆品、制药、药物传递以及材料合成等领域显示出巨大的应用潜力，如图 10-42 所示。

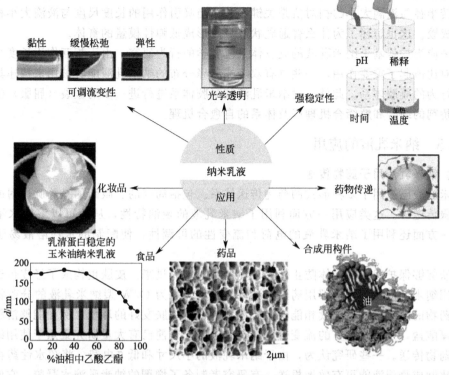

图 10-42 纳米乳液的各种性质和应用示意图

(1) 液滴大小和稳定性

纳米乳液的液滴直径在 100nm 级别，由于质点尺寸小于可见光的波长，纳米乳液外观通常是透明的（图 10-42）。但是通过控制纳米乳液的液滴大小，人们可以容易地调控其外观，例如从透明状变到奶白色。相应地，纳米乳液也能被调节到非常稳定，使相关产品的货架期达到几个月到几年不等。纳米乳液的另一项优点是，对稀释、温度、pH 值不像普通乳液那样敏感。这些性质使得纳米乳液在很多工业领域具有吸引力，包括食品和化妆品行业。

(2) 可调流变性

对纳米乳液，人们可以通过调节分散相的体积分数、液滴大小，以及通过加入盐和消耗剂（depletion agents）来调控纳米乳液的流变性。从流变学的观点来看，纳米乳液是特别令人感兴趣的，因为其膜弹性大致与一个未变形的液滴的 Laplace 压力在同一个数量级，因此它们比普通乳状液显示出更强的弹性。在化妆品行业，乳状液流变性的可调性常常决定了产品被顾客接受的程度。

研究表明，通过改变高压均质次数，能够使纳米乳液的外观从流体状变成慢松弛液，直至胶状体系。之所以发生这种不可逆的流动引起的增弹作用，是由于过量的液滴破裂导致纳米结构拥挤的结果。也可以通过加入盐或导致液滴成胶的消耗剂调节纳米乳液的流变响应性。还可以加入聚合物调节流变性，这种聚合物自身能缔合，或者能与纳米乳液滴缔合。例如，加入一种具有疏水终端的聚合物成胶剂，可以制成对温度响应的凝胶。相关的可逆现象被认为是聚合物与液滴之间的疏水作用随温度而变所致。当温度高于成胶点（T_g）时，具有两个疏水终端的聚合物分子在纳米液滴之间搭桥，构成网络结构。而当温度低于 T_g 时，疏水终端从纳米乳液液滴上脱离，体系返回到原始的透明和流动状态。研究表明，搭桥聚合物的旋转半径与液滴大小的相对值是关键参数。当吸引作用的长度尺度与液滴大小相当时即可强烈成胶。这也解释了为什么普通乳状液只能形成低弹性模量的膏体。

未来应当加强基于纳米乳液的凝胶体系流变学的行为研究。由于相互作用长度与液滴尺寸的相对比值起了重要作用，一些具有双峰或三峰分布的纳米乳液能够被用来构建具有更多流变学行为的凝胶体系。此外，对纳米乳液基凝胶体系进行进一步的破裂（屈服）研究可以探索搭桥剂的缔合和解缔合机理以及体系的自愈合机理。

10.3.5　纳米乳液的应用

(1) 纳米乳液用于药物传送

纳米乳液已被用于多种形式的药物传送体系。包括局部的、眼睛的、静脉注射的，鼻饲以及口服传送等。这类应用一方面利用了纳米乳液的亲油特性，从而可以溶解水不溶性药物；另一方面还利用了纳米乳液的电荷和流变性的可调性，使配制的水性溶液易于输送给病人。

皮肤能够保护我们的身体防止外界环境的影响，反过来，皮肤也构成了经皮传送药物的障碍。用纳米乳液配制的局部用药具有独特的优势，因为 O/W 型纳米乳液的分散相能够增加油性药物的溶解度，而连续相能够提供温和的、对皮肤友好的环境，例如能够溶解生物聚合物如藻酸盐，来调节配方的流变性、外观和组织。目前已有大量研究聚焦于使用纳米乳液供局部药物传送。一些研究认为，由于纳米乳液的小尺寸和低 ξ 电势，将疏水性药物制成纳米乳液比制成悬浮液能更有效地投送。有研究者制备了增稠的纳米乳液水凝胶，它们比常规水凝胶具有更高的渗透速度。研究者们还研究了纳米乳液用于其他方式的药物传送，例如眼部、静脉注射、鼻饲和口服等。在这些研究中，研究者将某种药物溶解到分散相中，然后对配方进行试验，检验在模拟真空条件下的生物药效率和传送效率，例如口服药物将要经过一个类似于小肠壁环境的抗吸附试验。此外，纳米乳液还被应用于超声影像剂，供定量分子成像和靶向治疗等目的。

(2) 纳米乳液用于食品工业

纳米乳液在食品工业中具有广泛的应用，例如可以用于设计智能食品，将一些由于水溶性低而无法加入的成分，例如一种极具健康价值、能使植物如胡萝卜显色的 β-胡萝卜素加入其中。已有研究者研究了含有 β-胡萝卜素的纳米乳液的液滴大小及其对温度、pH 以及表面活性剂类型的稳定性，还有用一种生物相容的乳化剂 β-乳球蛋白（β-lactoglbulin）来稳定包含 β-胡萝卜素的纳米乳液。研究者们还通过模拟（口腔、胃部和小肠环境）报道了这些纳米乳液的生物有效性（bioaccessibility）。迄今人们采用不同的乳化剂，运用不同的方法制备出 β-胡萝卜素纳米乳液，包括高压均质法、微流法、蒸发熟化法等。

另一种惯常加入纳米乳液中的成分是姜黄色素。该成分是一种抗炎剂，人们将其包入纳米乳液中，通过鼠耳发炎模型考察了纳米乳液的抗炎响应性，或者用模拟消化条件进行类似的探索。还有人研究了纳米乳液在促进食物消化方面的应用。这些研究表明，将姜黄素溶于油相配制的纳米乳液比直接服用姜黄素更容易消化，因为纳米乳液的类脂消化一步更易进行。此外，也有研究探索了用低能方法制备食用性纳米乳液及其稳定性。有兴趣的读者可以查阅相关文献。

(3) 纳米乳液作为合成材料构件

纳米乳液可以用于有机合成中从构建更复杂的材料。这里主要利用了纳米乳液的小尺寸和高表面积的特性，这使得人们能够较容易地用某些功能大分子来修饰一个液-液表面。例如，将疏水单体包裹在液滴中，通过乳液聚合就能得到聚合物材料。纳米乳状液已被广泛地用于聚合物合成。合成的新型聚合物材料包括带有小室的硅纳米球，其结构为水包二氧化硅-包油-包水，最里面的一相中包含了单个或多个水滴。有人采用光反应性表面活性剂制备纳米乳液，乳状液含有两亲物质，具备在光化学反应中作为反应物的能力。还有研究将磁性纳米颗粒引入到了 O/W 型纳米乳液的连续相中。有研究者使用光可治愈型聚合物添加剂设计了热响应型纳米乳液，一旦经过交联，复合水凝胶即转变为有机凝胶，具有很高的储存模数，它们能携带疏水性货物并释放它们。一种负载了模拟血红细胞的高氧含量纳米乳液的复合水凝胶也已制备出来，其中的疏水性物质可以通过扩散和凝胶基质消解两种方式自载有纳米乳液的复合水凝胶中控制释放。

(4) 纳米乳液用于结晶/制药行业

人们已经利用纳米乳液开发出一种制备大小可控的水难溶药物晶体的方法。例如通过软物质吸入的连续化过程，将晶体嵌入到一个聚合物基质中。这一方法避免了使用高能耗研磨法，也避免了形成不必要的晶型变种，后者是常规方法的缺点。研究者们将一种活性药物成分（API）溶解到纳米大小的苯甲醚液滴中，它们分散在含有藻酸盐（一种生物高分子）和 F68（一种生物相溶的高分子表面活性剂）的水介质中，然后交联连续相，使液滴被捕获在水凝胶中，所得到的软物质是一种复合水凝胶，再通过蒸发干燥形成晶体，如图 10-43(a)～(d) 所示。研究表明，该法可控制晶体大小在 $330\sim420\mathrm{nm}$，附载量最高可达 85%（体积比）。最终通过连续化的干燥工艺，可以将含有 API 和生物相容的聚合物藻酸盐的复合水凝胶做成药片，如图 10-43(e) 所示。

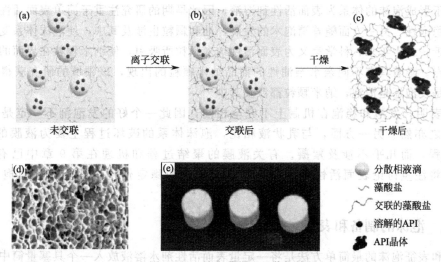

图 10-43　纳米乳液用于药物结晶

以上简单介绍了有关纳米乳液的基本知识。尽管有关纳米乳液的研究已经取得很大进展，但相应地也存在着许多挑战。例如，有关的制备方法目前大多限于实验室规模，工业级别的应用尚待实现，合理的放大程序（方法）有待广泛探索；在乳化剂方面，聚合物是否可以作为乳化剂用于制备稳定的纳米乳液也有待探索；在应用方面，尽管纳米乳液已广泛应用于药物传送、化妆品、食品以及制药等领域，但在许多其他领域如提高石油采收率以及组织工程等领域的潜在应用尚未被探索。有关纳米乳液的更多知识和信息，读者可以参阅有关专著和文献。

10.4 泡　沫

泡沫是一种气/液分散体系，即气体以微米至毫米级小气泡的形式分散在液体中。通常气体就是空气或氮气，但液体可以多种多样，如水、各种有机液体等。泡沫是热力学不稳定体系，但在发泡剂和稳泡剂如表面活性剂、聚合物或者胶体颗粒等存在下可以保持动态稳定。许多工业过程如泡沫浮选、泡沫分离、泡沫驱油、泡沫灭火、建筑以及日常生活如洗涤去污过程中，都要求能获得稳定的泡沫，而在另一些行业如造纸、制药、造漆、发酵以及烟囱清洗、蒸发蒸馏、真空分离等过程中，泡沫带来的是麻烦，因而消泡（defoaming）成为重大问题。

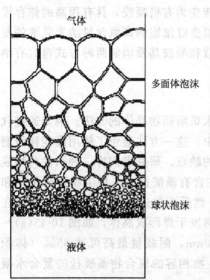

由于气体密度小，气泡一旦形成即上升至液面。通常靠近液面的小气泡呈球状，而大气泡呈多面体状，由于重力排泄作用，气泡间的连续液膜变得很薄，密度更低，因此处于泡沫的顶部，如图 10-44 所示。

纯液体不能起泡，即使是表面张力很低的纯有机液体也不例外。因此要形成泡沫必须要有发泡剂或稳泡剂

■ 图 10-44　典型泡沫结构示意图

存在。易于形成泡沫的体系为表面活性剂溶液，因此早期的研究注重于简单表面活性剂溶液的发泡和稳泡性。另一方面随着消泡术的发展，油和颗粒也涉及其中，使泡沫体系变得复杂起来，而近一二十年来，科学家又为表面活性纳米颗粒所吸引，使纳米颗粒在界面的行为研究成为热点。随着具有不同亲水亲油性的商品纳米颗粒的出现，该领域的研究获得快速发展，无论是发泡还是消泡，纳米颗粒都涉及其中。

实践表明，发泡和稳泡在机制上不完全相同，因此一个好的发泡剂不一定是好的稳泡剂，反之亦然。另一方面，与乳状液相比，泡沫体系的破坏过程主要为液膜的破裂，即聚结过程，而几乎不涉及絮凝。有关液膜的聚结过程和机理在第 9 章中已有阐述，因此本节将注重讨论表面活性剂和纳米颗粒对泡沫的稳定作用，以及有关消泡方面的新进展。

10.4.1　泡沫的制备和表征

制备和表征泡沫的最简单方法是将一定量表面活性剂水溶液放入一个具塞量筒中，盖上盖子，上下振摇一定次数，然后读取泡沫体积并观察泡沫体积随时间的变化。首次读取的泡沫体积可用于表征体系的发泡能力（foamability），而后者，例如 5min 或一定时间后的泡沫体积可以作为体系稳泡能力（foam stability）的表征。

测定表面活性剂体系发泡、稳泡能力的标准方法之一是采用罗氏（Ross）泡沫仪。恒温条件下在一个内径 50mm、高 1000mm、带夹套、管壁标有刻度的玻璃柱中，先放入 50mL 溶液，然后用一个外径约 45mm 的专用滴液管将 200mL 溶液自 900mm 高度沿玻璃柱中心冲下，测量最大泡沫高度作为发泡性的量度，再测量 5min 后或一定时间后的泡沫高度

作为稳泡性的量度。

另一方法是在类似的装置中从底部将空气或氮气以一定的速度或流量通入预先置于柱内的一定量溶液中，可以获得最大泡沫高度或体积（发泡性），然后停止鼓泡，观察泡沫高度或体积随时间的变化，例如可以将泡沫体积降至一半所需要的时间 $t_{1/2}$（半衰期）作为泡沫稳定性的量度。由于泡沫体积与表面活性剂浓度有关，通常当表面活性剂浓度低于某个临界值（发泡点）时没有泡沫产生，而高于此临界值后，泡沫体积将随表面活性剂浓度升高而增加，直至某一浓度（通常为 cmc）后达到一个平台，即不再增加，因此可以对表面活性剂浓度进行扫描，将获得最大泡沫体积的一半所需要的表面活性剂浓度 $c_{1/2}$ 作为表面活性剂发泡能力的量度。除此之外，还有各种实验方法可用于各种泡沫体系的表征。

为了从微观上理解发泡、稳泡以及消泡的机理，近年来不断有新的实验技术诞生，包括薄膜微干涉技术、显微观察技术、椭圆偏光法测量膜厚度技术、中子反射技术、毛细力天平技术、扫描电镜技术以及各种分光光度技术等。此外表面张力和动态表面张力测定，吸附、接触角、质点大小测定等也作为辅助技术被广泛采用。

10.4.2 表面活性剂的发泡、稳泡作用

(1) 表面活性剂的吸附与发泡作用

将表面活性剂溶液放在具塞量筒中振摇，可以发现，当表面活性剂浓度低于某个临界值（发泡点）时没有泡沫产生，而高于此临界值后，泡沫体积将随表面活性剂浓度升高而增加，直至某一浓度（通常为 cmc）后达到一个平台，即不再增加。泡沫形成时，气/液界面面积急剧增加，要使气泡保存下来，界面必须有表面活性剂吸附膜存在，因此表面活性剂的发泡能力与其平衡吸附能力和吸附速度有关。

表面活性剂的平衡吸附取决于表面活性剂的吸附自由能和浓度，前者通常与 cmc 相关，cmc 越小，一定浓度下的吸附趋势越强，吸附量较大。但低浓度下吸附量太小，不足以形成稳定泡沫的致密界面膜，而当浓度超过 cmc 后，吸附量不能再进一步增加。低浓度下表面活性剂的吸附速度是扩散控制的，即取决于浓度，但在较高浓度下，吸附接近饱和，吸附速度转为扩散-活化混合控制，即存在一个吸附活化能垒，这就解释了为什么会有发泡点和发泡平台。表面活性剂的分子量对吸附速度也有一定的影响，分子量过大导致吸附速度慢，发泡能力差，例如具有长烷基链和聚氧乙烯链的非离子型表面活性剂的发泡能力就不如具有中等链长的非离子型表面活性剂。

(2) 导致泡沫破裂的因素

泡沫体系是热力学不稳定体系，因此泡沫的破裂最终是不可避免的。导致泡沫破裂的原因主要有以下三个。

① 膜变薄 由于重力排泄作用，多面体泡沫之间的液膜很薄，并且层状液膜之间形成 120° 的 Plateau 边界（图 10-45），而弯曲界面又导致 Laplace 压力差，进而导致层状薄膜中的液体通过毛细排空进一步减少，如果没有表面活性剂的吸附，则液膜将变薄并快速破裂。

② 大小不均匀（引发 Ostwald 熟化） 一般

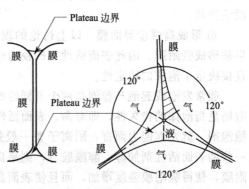

■ 图 10-45　泡沫中的 Plateau 边界

泡沫大小不均匀，于是存在 Laplace 压力差，小气泡中气体的压力大于大气泡中气体的压力，从而导致气体自小气泡通过液膜扩散进入大气泡，如果气体在液体中具有较大的溶解度，则将加剧这一过程。

③ 分离压力　泡沫一旦形成，重力排泄和毛细排空即自动发生。当膜厚度变薄至大约 100nm 后，胶体作用力，即分离压力 π（参见图 9-34）开始发挥作用并将决定膜的命运。分离压力 π 是液膜两边单位面积上的作用力，当 π 为正（排斥力）时，将阻碍液膜变薄，反之当 π 为负（吸引力）时，将加速液膜变薄。显然如果没有表面活性剂的吸附，只有范德华吸引作用导致的成分(负值)，则将加剧液膜变薄和破裂。

（3）表面活性剂的稳泡作用

当有表面活性剂存在时，由于表面活性剂在气/液界面的吸附，泡沫体系增加了一系列稳定因素。

① 降低表面张力　表面活性剂的吸附显著降低了气/液界面张力，使 Laplace 压力差降低，从而降低了排液的推动力，使排液速度降低，并抑制了 Ostwald 熟化。

② 产生表面张力梯度修复液膜　表面活性剂的吸附导致了 Gibbs 膜弹性或 Gibbs-Marangoni 效应（参见 9.4）。当液膜局部变薄时，局部表面张力变得比相邻部位要高，于是产生了表面张力梯度。这一梯度将驱使邻近部位吸附的表面活性剂携带着水化层一起向薄膜处迁移，以便恢复原来的表面张力。显然这一过程使薄膜得以修复，这是表面活性剂稳定泡沫的主要机制。由于这种修复作用基于表面活性剂的不饱和吸附，因此与表面活性剂浓度有关。低浓度下，Gibbs 膜弹性或 Gibbs-Marangoni 效应随表面活性剂浓度增加而增强，但在某一浓度（通常略小于 cmc）达到最大值。而当浓度大于 cmc 时，溶液中的表面活性剂分子能及时吸附到界面，恢复原来的表面张力，而无需临近区域吸附的表面活性剂分子的到来，于是 Gibbs 膜弹性和 Gibbs-Marangoni 效应减弱，不利于泡沫的稳定。

③ 改变分离压力　如果表面活性剂是离子型的，则吸附膜将带电，于是分离压力中增加了双电层排斥成分 π_e，并在大间距起作用；如果表面活性剂是非离子型的，则将导致位阻排斥效应 π_s，在小间距上起作用。两者的加和即为 π_R，从而使分离压力获得最大值，防止膜厚度减小至临界膜厚度，成为膜破裂的能障。

④ 增加表面黏度　与乳状液的稳定相类似，泡沫的稳定与表面黏度成正相关性。一些高分子物质如蛋白质能稳定泡沫，研究发现，这些体系具有较高的表面黏度。

⑤ 增加表面电荷　使用离子型表面活性剂时，由于气/液界面形成双电层，在大间距上即可阻止液膜的进一步变薄，有利于泡沫的稳定，而加入反离子则可压缩双电层，使排斥力减弱，从而不利于泡沫稳定。实验表明，离子型表面活性剂的发泡能力通常优于非离子型表面活性剂。

⑥ 形成高强度界面膜　以上讨论的现象都与表面活性剂的吸附有关，而吸附的直接结果是形成吸附膜。因此表面活性剂的稳泡作用本质上是吸附膜的形成所致，而吸附膜的强弱直接决定了泡沫的稳定性。

通常发泡或起泡与稳泡是两个不同的概念。发泡或起泡是指瞬间产生泡沫的能力，而稳泡则是指泡沫的持久性，即寿命。表面活性剂通常都是很好的发泡剂，但不一定都是很好的稳泡剂。就发泡能力而言，阴离子型一般强于非离子型，阴离子型中肥皂又强于 LAS，而一些助表面活性剂如醇、醇酰胺等，则是良好的稳泡剂，其作用机理是与发泡剂形成混合吸附膜，使得吸附膜强度增加，而且使表面黏度上升。通常在表面活性剂体系中加入醇能显著提高稳泡性，例如纯的 SDS 稳泡性并不好，但若加入月桂醇或月桂酰异丙醇胺就能大大提高稳泡性。这是因为醇分子插入表面活性剂分子之间，降低了表面活性剂离子头之间的排斥力，形成了排列紧密的混合膜。再如正、负离子型表面活性剂体系［如 $C_8H_{17}SO_4Na$/$C_8H_{17}N(CH_3)_3Br$］由于强相互作用形成高强度界面膜，使泡沫稳定性大大增加。因此与乳状液一样，混合表面活性剂体系往往具有较高的稳泡性。

10.4.3 胶体颗粒的稳泡作用

类似于稳定乳状液，双亲性胶体颗粒也可以吸附于气/液界面从而稳定泡沫。颗粒在气/液界面的位置取决于接触角 θ，因此 θ 的大小决定了界面的弯曲方向。当 $\theta<90°$ 时，界面凸向水一边，于是形成泡沫，即气体分散在水中。而当 $\theta>90°$ 时，界面凸向气体一边，于是可形成反相泡沫（inversed foam），即胶体颗粒包覆的微小水滴，也称为干水，如图 10-46 所示。作为表面活性纳米颗粒研究的一个里程碑，科学家已经用强疏水性纳米颗粒制备出了反向泡沫[1]，这种分散体系在许多技术领域有重要的应用价值。然而用普通表面活性剂则不可能制备出反向泡沫。

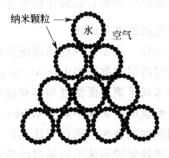

纳米颗粒 水 空气

图 10-46　纳米颗粒稳定的反向泡沫——干水

与 Pickering 乳状液类似，颗粒稳定的泡沫具有超稳定性。如果保持一定的湿度防止液膜中的水分蒸发，则颗粒稳定的泡沫可以保持数天至数周，而表面活性剂稳定的泡沫一般只能稳定数小时至数天。

与在油/水界面相比，相同颗粒在空气/水界面的接触角一般要小得多，这是因为大多数油类较易润湿颗粒。显然空气往往表现出比油类更强的疏水性，于是在乳状液体系中，通过提高颗粒表面的疏水性，很容易使胶体颗粒稳定的 Pickering 乳状液从 O/W 型转变为 W/O型，而要得到反相泡沫，颗粒表面的疏水性必须要大得多。例如对二氧化硅，需要通过表面硅烷化使表面硅羟基（SiOH）含量尽可能降低，例如<20%。

当颗粒与表面活性剂共存时，会出现复杂的情况，取决于颗粒的表面性质和表面活性剂的结构。两种情况下有利于提高发泡能力和泡沫稳定性。一种情形是在表面活性剂体系中加入亲水性颗粒，例如非离子表面活性剂与亲水性颗粒共存，或者离子型表面活性剂与带相同电荷的颗粒共存，则颗粒将分散在液膜中，不仅使液膜变厚，而且颗粒会阻碍液体的排泄，从而增强表面活性剂的稳泡作用。另一种情形是离子型表面活性剂与带相反电荷的颗粒共存，例如纳米二氧化硅（带负电荷）与阳离子表面活性剂共存，或者纳米碳酸钙（带正电荷）与阴离子表面活性剂共存，在发泡和稳泡方面均产生明显的协同效应。研究表明，在这类体系中，实际上发生了原位疏水化作用，即带相反电荷的

❶ B. P. Binks and R. Murakami, Nature materials, 2006, 5：865-869.

表面活性剂分子通过静电吸引吸附到颗粒表面，形成单分子层，使颗粒表面变得疏水，从而使颗粒能吸附到气/液界面稳定泡沫。由于所需要的表面活性剂浓度远小于其发泡点，而颗粒单独存在时亦无发泡能力，因此无论从颗粒的角度还是从表面活性剂的角度来看，体系都显示出协同效应。但当表面活性剂浓度超过 cmc 后，表面活性剂将在颗粒表面形成双层吸附，使颗粒表面又变得亲水，于是颗粒将脱离界面进入水相，泡沫转为由表面活性剂稳定，体系有可能演变成第一种情形，但由于表面活性剂浓度要高得多，Gibbs-Marangoni 效应明显减弱。

当在表面活性剂体系中加入疏水性颗粒时，往往观察到消泡现象，相关机理将在下节讨论。

10.4.4 消泡

类似于破乳，消泡也是某些行业的共性问题。研究表明，在泡沫体系中加入某些化学物质可以使泡沫破灭，这些物质被称为消泡剂。典型的消泡剂有表面活性剂、油以及疏水性胶体颗粒等，本节将简单介绍它们的作用原理。

(1) 表面活性剂的消泡作用

类似于破乳过程，表面活性剂的消泡作用主要是吸附在气/液界面，取代原有的表面活性剂吸附膜，通过减弱或摧毁 Gibbs-Marangoni 效应促使液膜破裂。

例如聚醚类非离子型表面活性剂本身起泡能力较差，它们通过吸附取代原有界面上的表面活性剂，使新形成的界面膜不具有 Gibbs-Marangoni 效应，从而起到消泡作用。此外，普通非离子型表面活性剂在浊点附近或浊点以上温度发泡能力消失而消泡能力增强，因此对非离子型表面活性剂稳定的泡沫可以通过改变温度达到消泡的目的，或者非离子型表面活性剂在较高温度下可以作为消泡剂使用。

不溶于水的高价金属皂，如脂肪酸的铝皂、钙皂、镁皂等，也是有效的消泡剂。例如在低泡洗涤剂中，常常加入少量高碳肥皂（脂肪酸钠盐）作为泡沫调节剂，它们在水中遇到钙、镁离子形成钙皂、镁皂，因而能降低合成洗涤剂的发泡和稳泡作用。但高价金属皂水溶性差，一般需要加润湿剂使其很好地分散于水中才具有高消泡效率。这些皂类有时也用作非水体系的消泡剂。

(2) 油类的消泡作用

经验表明，醇、脂肪酸、脂肪酸酯、酰胺、磷酸酯以及有机硅化合物如硅油等油类物质是优良的消泡剂。

油具有消泡作用的机理之一是它们能在界面铺展，从而取代原有吸附层而使泡沫破裂。为了达到这一目的，油本身应具备下列特性：

① 表面张力低　由铺展系数可知，液体表面张力越低，越易于铺展；

② 易于在表面铺展　铺展带走了邻近的表面层部分液体，使液膜变薄；

③ 铺展速度快　实验结果表明，铺展速度越快，消泡能力越强；

④ 吸附速度快　能从液体中快速吸附于界面，从而大大减弱 Gibbs 膜弹性。

乙醚、异戊醇、磷酸三丁酯以及硅油等即属于这类消泡剂。

研究表明，油要能发挥消泡作用，关键是要能出现在气/液界面，或者水的表面。例如当油以液滴的形式分散于表面活性剂溶液中时，其消泡效果要好于其被溶解或增溶于表面活性剂溶液中。进一步的研究表明，油滴在表面出现的条件是满足：

$$E = \gamma_{af} + \gamma_{of} - \gamma_{ao} > 0 \qquad (10\text{-}43)$$

式中，E 称为进入因子；γ_{af}、γ_{of} 和 γ_{ao} 分别为空气/发泡液，油/发泡液以及空气/油界面张力。如果铺展系数：

$$S = \gamma_{af} - \gamma_{of} - \gamma_{ao} \qquad (10\text{-}44)$$

也为正值，则油能铺展于泡沫膜的表面，形成双重膜。如果油的极性较大，表面活性剂在油/水界面的吸附量较小，于是形成了一个不对称的发泡液-油-空气膜。由于重力排泄增强，Gibbs 膜弹性或表面张力梯度减弱，以及原来的膜液体被挤出，发泡液-油-空气膜变成了纯粹由消泡油构成的膜，即发泡液膜迅速破裂。在这种情况下，消泡效率似乎随油的极性增加而提高，而非极性的油类如烷烃则不是好的消泡剂。

这种铺展-进入机理要求油的 E 值和 S 值都是正值。通常 $E>0$ 容易满足，但 $S>0$ 则较为苛刻。许多情况下，尽管开始有 $S>0$，但达到平衡时可能就变成 $S<0$，于是双重膜破裂成类似于透镜片状的液滴，称为"油镜"。然而这类油以及那些一开始就具有 $S<0$ 的油类物质往往也具有优良的消泡性能。另一方面，石油醚和橄榄油虽然能在表面活性剂溶液表面铺展，但却没有消泡效果，这表明 $S>0$ 不是油作为消泡剂的必要条件，而"油镜"具有另外的消泡机理。

参照疏水颗粒的搭桥-去润湿（bridging-dewetting）消泡机理（详见下文），Garret 提出，油镜在发泡液表面具有相同的作用机理，如图 10-47(a) 所示。在 $E>0$、$S<0$ 的情况下，油在发泡液表面形成油镜，如果下式被满足：

$$B = \gamma_{aw}^2 + \gamma_{ow}^2 - \gamma_{oa}^2 > 0 \qquad (10\text{-}45)$$

则油/水界面和空气/水界面之间的夹角 $\theta^* > 90°$。式中，B 定义为搭桥系数；γ_{aw}、γ_{ow} 和 γ_{oa} 分别为空气/水、油/水和油/空气界面张力。在这种情况下，油/空气界面上的 Laplace 压力差 Δp_{oa} 大于油/水界面上的 Laplace 压力差 Δp_{ow}，于是产生了一个不对称的毛细力，导致液膜中的液体加速排向油镜的两侧，如图 10-47(b) 所示。

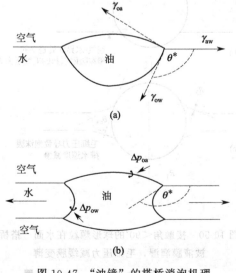

图 10-47　"油镜"的搭桥消泡机理
（a）油镜的形成和 θ^* 定义；（b）油镜在发泡膜之间搭桥

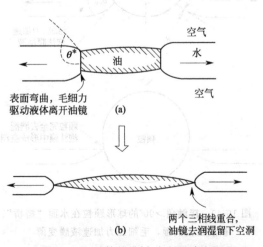

图 10-48　油镜的搭桥-去润湿消泡机理
（a）$\theta^* > 90°$，毛细力促进排水；（b）油滴拉长去润湿

如果空气/水表面不是平的，则当 $B>0$ 时 θ^* 就能大于 $90°$，毛细力也导致促进排水，如图 10-48 所示。在这种情况下，上层和下层的三相接触线互相趋近并最终重合，就好像油镜被发泡膜完全"去润湿"，而导致发泡膜出现空洞，有时也伴随油滴拉长，如图 10-48 所示。这就是油消泡的第二种机理：油镜搭桥-去润湿机理。研究表明，基于这一机理时，消泡效率与油滴的大小有关，似乎存在一个最佳尺寸，能使消泡效率达到最大值，而过小或过大的油滴都将降低消泡效率。

此外油还能通过其他机理发挥消泡作用。例如，如果在表面活性剂膜中增溶烃类，则将显著降低表面活性剂的发泡和稳泡性。这些烃分子会插入相邻的表面活性剂分子烷基链之间，对表面活性剂的吸附和横截面积没有什么影响，但可能改变单分子层的扩张黏度，使其从负值变到正值，从而改变表面黏弹性。而表面黏弹性与发泡和稳泡有关。

(3) 疏水性液体颗粒的消泡作用

胶体颗粒能够吸附在流体界面，其中颗粒表面的润湿性对颗粒在界面的行为起了决定性作用。在乳状液一节和上面已经提到，当颗粒具有双亲性质时，它们是优良的乳化剂和泡沫稳定剂。研究表明，如果颗粒具有强疏水性，则其易被油润湿，在泡沫体系中，这类颗粒将使泡沫失稳，因而具有消泡作用。

通过考察颗粒的润湿性与消泡能力和接触角的关系，Livshitz 和 Dudenkov 提出了疏水性颗粒消泡的搭桥-去润湿机理，如图 10-49 和图 10-50 所示。

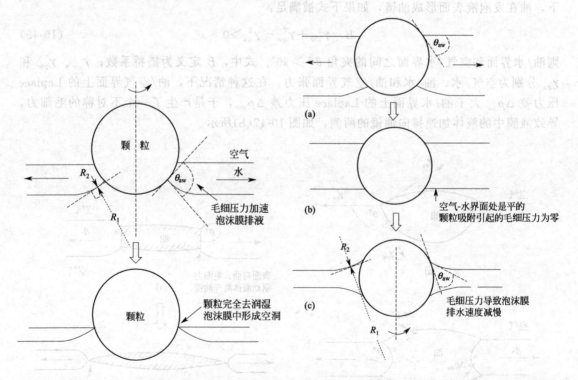

图 10-49　接触角$>90°$的球形颗粒在水面"搭桥"、被液膜去润湿，毛细压力加速液膜变薄　　图 10-50　接触角$<90°$的球形颗粒在水面"搭桥"、被液膜润湿，毛细压力减缓膜变薄

如果颗粒在界面的接触角$>90°$，颗粒在液膜表面搭桥时一对润湿周边就会在毛细力的作用下相互接近，于是液膜的排液速度加快，厚度减小，最终导致液膜破裂，如图

10-49 所示。与此相反，当颗粒的接触角＜90°时，颗粒将增加泡沫的稳定性，因为毛细力的方向相反，抑制了液膜的排液和变薄，如图 10-50 所示。这一机理意味着颗粒的消泡能力将随着颗粒疏水性或接触角的增加而增加。

在某些情况下，接触角小于 90°的颗粒也显示出消泡作用。这与上述机理并不矛盾，因为发泡是一个非平衡体系，应该考虑和关注动态接触角，通常动态接触角比平衡接触角要大。此外，颗粒的几何形状和表面粗糙度对其消泡能力有显著的影响。某些形状（如饼状）和某些特殊定向导致液膜破裂所需的颗粒的接触角可以小于 90°，粗糙颗粒在界面也有某些构型能使液膜破裂所需的颗粒的接触角小于 90°，但可能性相对较小，因为这些构型在能量上不利。

另一个重要因素是颗粒大小。要通过搭桥-去润湿机理消泡，颗粒大小必须与发泡膜的厚度尺寸相匹配。一般认为，液膜在破裂之前经过了两个阶段，液膜形成后首先通过重力排泄和毛细排泄达到某一厚度，然后发生了颗粒搭桥，随后通过去润湿致液膜破裂。即经过膜变薄和膜破裂两个阶段。

当颗粒较大时，搭桥后液膜较厚，需要挤出更多的液体才能导致膜破裂，因此破裂时间与颗粒大小成正比。研究表明，合适的颗粒直径为几个微米，并存在一个最佳颗粒大小使得总消泡时间最短。对大颗粒，消泡速度取决于膜破裂所需要的时间长短，而对小颗粒，消泡速度则取决于膜变薄所需的时间。于是对小颗粒，消泡速度的决定步骤是自然的液膜变薄，或者说在这种情况下，搭桥-去润湿致膜破裂是非常迅速的。而在大颗粒的情况下，破裂时间延长了，并且需要更大的接触角才能发挥消泡作用。另一方面，对给定数量的消泡剂，小颗粒意味着颗粒的数量增加，膜破裂的概率提高，于是将泡沫体积降至一定值所需的消泡剂质量与颗粒大小相关，小颗粒比大颗粒效率更高。

颗粒发挥搭桥-去润湿作用需要颗粒处于空气/水界面，即被泡沫捕获或收集。研究表明，捕获的效率强烈取决于颗粒表面的粗糙度，粗糙的表面表现出高捕获效率。如图 10-51 所示，在气泡上升过程中，并非所有的颗粒都能被气泡捕获，那些处于流体中，气泡半径不能触及的颗粒就没有机会遇到气泡。更重要的是，如果液膜吸附单层和颗粒均带有相同符号的电荷，则静电作用力将阻碍颗粒与气泡接触。颗粒在水介质中通常具有本征电荷，而离子型表面活性剂稳定的泡沫通常在气/液界面存在朝向水的双电层，当电荷同号时，在较大距离上即有排斥作用，从而降低颗粒被泡沫捕获的效率。另一方面，对相同的气泡和颗粒体系，表面粗糙的颗粒比表面平滑的颗粒更易于被捕获，一种解释是粗糙颗粒表面存有很多边缘和凸起，其中那些具有较小曲率的凸起减小了其接近气泡时的能障，如图 10-52 所示。于是与表面平滑的球形大颗粒相比，粗糙颗粒表面的凸起更易出现在气/液界面导致搭桥。在油-疏水颗粒协同消泡时，表面凸起的这种作用将更为关键。

(4) 小颗粒-油协同消泡作用

人们在研究中观察到，单独使用烃类不能消泡，但如果同时加入疏水性小颗粒，则消泡效率将大大提高。油-颗粒混合体系的消泡性能比任一单独体系都要好，表明油和颗粒之间有很强的协同效应。这种油-颗粒复合体系的消泡作用已被证明是普遍性的。对协同效应提出的解释包括：颗粒的存在可能抑制了油的增溶，增加了油的剪切黏度，改变了油的铺展系数；颗粒可能吸附表面活性剂从而导致局部液膜中表面活性剂快速消耗；还有油可能黏附在颗粒表面增加颗粒的接触角，或者油能完全润湿颗粒。然而尽管这些解释都有很好的实验基础，但忽略了关键一点，即它们都可以用很多例外予以驳倒。

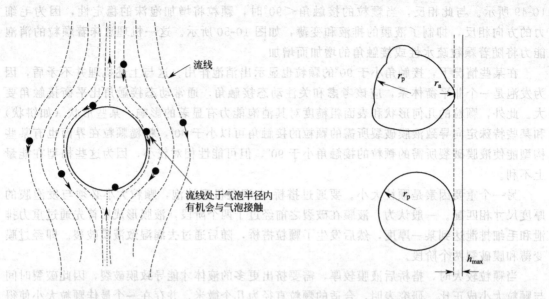

图 10-51　颗粒被上升的气泡捕获　　　　　　图 10-52　平滑球形颗粒和具有凸起
的球形颗粒趋近于空气/水界面

　　受到粗糙颗粒表面边缘和凸起有助于颗粒趋近于双电层，从而增加被气泡捕获的效率的启发，Garrett 提出了一个机理来解释油-颗粒的协同消泡效应：接触角＞90°的疏水性颗粒易于吸附于油-水界面，这样就形成了许多凸起，如图 10-53 所示。这些凸起的存在有利于克服油滴与气泡之间与长程静电排斥力有关的能障，使得油滴易于接近气泡，于是油滴被气泡捕获的效率大大提高了，或者说颗粒大大减小了油滴浮出的时间。于是颗粒能够出现在空气/水界面，引发液膜的毛细排泄，最终导致液膜破裂，如图 10-54 所示。或者油滴出现于气/液界面，导致液膜被"油镜"机理破裂，总体过程如图 10-55 所示。

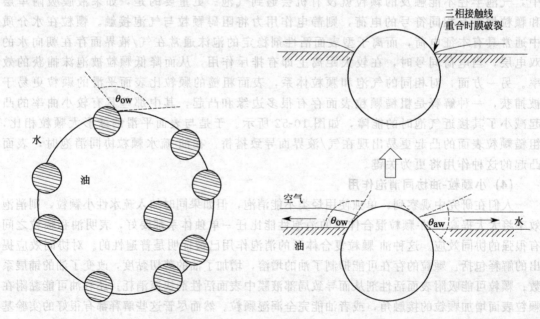

图 10-53　小颗粒吸附到油滴表面形成凸起　　　图 10-54　疏水性球状颗粒导致空气-水-油膜的破裂

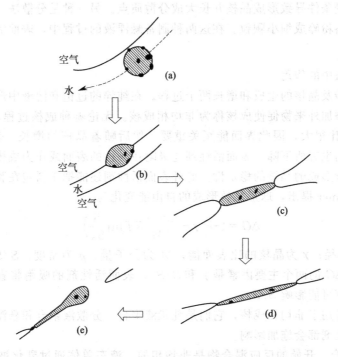

图 10-55　疏水颗粒-油混合消泡剂导致液膜破裂过程示意图

Garrett 提出的机理注重油与颗粒的协同效应。单独使用油时，由于被气泡捕获的效率低，因此油的消泡效率不高。另一方面，单独使用颗粒时，可能由于浓度或者颗粒大小不合适，消泡效率也不高。而油和颗粒的混合物则克服了这些缺点，形成有效的消泡体系。

10.5　悬　浮　液

悬浮液（suspension）是固/液分散体系，其中固体以很小的颗粒分散在液体中。许多工业产品如油漆、染料、墨水、化妆品，以及一些农产品、食品、杀虫剂、药物等的最终形式都是悬浮液。表面活性剂在悬浮液的制备和维持其稳定方面都起了重要作用。

根据分散质点大小，悬浮液有胶体悬浮液（质点大小为胶体范围）和粗悬浮液（直径大于 $1\mu m$）。类似于其他分散体系，分散质点间存在范德华引力作用，因此在存放过程中，两种悬浮液都将经历一系列物理化学变化，结果可能从原始质点形成次级质点，即各种聚集体，其中有结构紧密的聚集体，也有结构松弛、亚稳定的絮凝物以及附聚物等。

同其他分散体系一样，分散质点间的作用力在很大程度上取决于质点及其表面的性质。显然，表面活性剂与固体表面的结合或在其表面上的吸附将对悬浮液的稳定性产生较大的影响。有关分散体系的稳定性在第 9 章已有详细论述，本节将主要讨论表面活性剂在悬浮液制备和维持其稳定性方面的作用。

10.5.1　表面活性剂在悬浮液制备过程中的作用

悬浮液的制备一般有两种方法。一种是凝聚法，首先制成不溶物的分子（离子）分散体系，然后通过改变条件导致形成晶核并长大成分散质点。另一种是分散法，即通过机械或其他手段将大块物料粉碎成细小颗粒。在这两种制备悬浮液的过程中，表面活性剂都发挥了重要作用。

(1) 在凝聚法中的作用

凝聚法主要涉及晶核的生成和增长两个过程。在纯粹的过饱和溶液中形成晶核称为均相成核，反之通过添加外来物促使成核称为非均相成核。无论哪种成核过程，当晶核生成时，由于表面积/体积比很大，因此界面能至关重要。然后随着晶核的增长，表面积/体积比下降，界面能的作用也有所下降。表面活性剂能吸附在晶核的表面或作为成核中心，因而能控制成核过程以及所形成的晶核的稳定性。此外表面活性剂还能把物料包在胶束中成核。

Gibbs 和 Volmer 提出，球形晶核形成的自由能变化为：

$$\Delta G = 4\pi r^2 \gamma - \frac{4\pi r^3 \rho}{3M} RT \ln\left(\frac{S}{S_0}\right) \tag{10-46}$$

式中，r 为晶核半径；γ 为晶核的比表面能；M 为分子量；ρ 为密度；S/S_0 为相对过饱和度。显然，影响 ΔG 的两个主要因素是 γ 和 S/S_0。表面活性剂的吸附将直接影响 γ，而过饱和溶液中的胶束可能影响 S/S_0。

有三种过程可用于非均相成核，它们是乳状液聚合、分散液聚合和悬浮液聚合。每种成核过程中表面活性剂都会施加影响。

① 乳状液聚合　开始的反应混合物是非均相的。液态单体通过乳化被分散在非溶剂中（一般为水），用表面活性剂作为乳化剂，引发剂则溶于连续相（水）中，因此晶核在溶胀的胶束中形成。形成的颗粒数量和大小在很大程度上取决于所用表面活性剂的性质和浓度。

② 分散液聚合　开始的反应混合物是均相的，但聚合物一旦形成就将分离出来并以非均相状态继续反应。这一过程中通常加入表面活性剂或分散剂作为"保护剂"以控制聚合物质点的数量和体积。而最终分散体系的稳定性则取决于所用表面活性剂或分散剂的浓度。

保护剂的结构是专门设计的，一般是高分子表面活性剂或接枝聚合物，其结构包含不溶和可溶两部分。不溶部分附着于质点表面，起"锚接"作用，而可溶部分则伸展于介质中，当质点靠近时起到位阻稳定作用，因此保护剂的分子量大小须能满足形成有效分散体的一系列要求。接枝分散剂由于"锚接"部分的自缔合可能形成胶束，从而可能影响分散性能，但只要这种胶束溶液稳定，不出现沉淀，分散剂就是有效的。通常当"锚接"部分分子量为1000 左右时，可溶链部分应达 500～1000。

③ 悬浮液聚合　该过程的开始状态与乳状液聚合相类似，但引发剂不是溶于连续相而是溶于被乳化的单体颗粒中。因此单体颗粒逐步转变成不溶的聚合物颗粒，而在连续相中并无新颗粒形成。最终形成的是粗悬浮液（$>1\mu m$）。如同乳状液聚合，表面活性剂对控制颗粒数量、大小和稳定性起了关键作用。

(2) 在分散法中的应用

将已形成的固体制成悬浮液，通常采用分散法。分散是指将固体以细小颗粒分布在分散介质中的过程。然而分散法虽可得到相当部分的细颗粒（$<1\mu m$），但平均质点粒径通常会超出胶体范围（$>1\mu m$），因此得到的是宽分布的悬浮液。

分散过程涉及颗粒粉碎、固体粉末的润湿、聚集体或附聚物的破碎等问题，并要使最终形成的细小颗粒维持在分散状态。

① 颗粒粉碎　使大颗粒破碎以及使晶体质点变得更小都需要机械能的作用，而实现这一过程的粉碎或研磨是一个很复杂的过程。任何粉碎过程都涉及化学键的破裂和新表面的产

生，因此任何能促进化学键断裂的过程都将有利于颗粒尺寸的减小。关于表面能的降低是否有利于粉碎仍存有争论。一方面，在实际过程中，湿磨的能耗远远高于形成新表面所需的能量，难以证明表面能的降低有利于粉碎之说；但另一种观点则认为，表面能的降低能延迟已破碎颗粒表面之间的再连接并防止其附聚，从而有利于提高研磨效率。Rehbinder 及其同事提出，表面活性剂在固体表面结构缺陷处的吸附（降低了固体与介质间的界面能）可能有助于表面的变形或破坏，但这种效应尚无充分的实验证据。

另一方面，工业上有很多方法可以制取有机或无机物的粉状颗粒，如烘箱干燥，喷雾干燥，流化床干燥等，所得颗粒的形状和大小多种多样。通常干粉可以形成聚集体（晶面结合在一起）或附聚物（边角接触，结构疏松）。

② 粉末的润湿　粉末的润湿也就是其表面上的气体被液体取代的过程。完全润湿不仅要求取代固体表面上所有吸附的气体和污染物，而且还要取代卷入附聚体或多孔物质内部的空气。由于表面粗糙和不规则，许多粉末是孔径大小不一的多孔性物质。

固体的润湿通常用接触角来描述。根据润湿的三种类型，有三种润湿功：附着润湿功 W_a、浸入润湿功 W_i 和铺展润湿功 W_s。因此固体的分散功 W_d 是三种润湿功的总和：

$$W_d = W_a + W_i + W_s \tag{10-47}$$

代入 Young 方程和各种润湿功与界面张力的关系式（见第 1 章）得：

$$W_d = 3\gamma_{lg}\cos\theta \tag{10-48}$$

式中，θ 为液体在固体表面上的接触角；γ_{lg} 为液/气界面张力或液体的表面张力。显然当 $\theta < 90°$时，$W_d > 0$，粉末能自发分散。通常无机物颗粒属于高能表面，易于被液体润湿，而有机物颗粒则属于低能表面，存在润湿的临界表面张力，不易被水等具有较高表面张力的液体润湿。根据 Young 方程，γ_{lg} 和 γ_{sl} 的降低都有利于 θ 的减小。因此对低能表面，当有表面活性剂存在时，由于 γ_{lg} 和 γ_{sl} 的下降，θ 通常能显著下降，直至接近于零。而 θ 的减小导致 W_d 增加，有利于粉末的分散。

对多孔性粉末，液体能否润湿其内部，涉及液体能否穿透其内部通道。从毛细现象来考虑，迫使液体穿过半径为 R 的毛细管所需的压力为：

$$p = -\frac{2\gamma_{lg}\cos\theta}{R} = -\frac{2(\gamma_{sg} - \gamma_{sl})}{R} \tag{10-49}$$

上式表明，只要 $\theta < 90°$，穿透将是自动发生，因此 γ_{sl} 似乎应越小越好。但若 $\theta = 0$，压力与 γ_{lg} 成正比，又期望有较大的 γ_{lg}。对低能表面，γ_{lg} 和 γ_{sl} 通常都将受到加入表面活性剂的影响，但要找到能同时提供两种相反效应的表面活性剂是困难的。

实际过程中还应考虑穿透速度，穿透速度越快越好。而液体穿透多孔性粉末的速度可由 Washburn 方程(8-42) 获得：

$$\frac{dx}{dt} = \frac{R\gamma_{lg}\cos\theta}{4x\eta} \tag{10-50}$$

式中，x 为时间 t 时液体穿过的距离；η 为液体的黏度；R 为多孔性粉末的平均孔径。上式表明，穿透速度与 R、γ_{lg} 和 $\cos\theta$ 成正比，与黏度成反比。因此要保持快的穿透速度，应有较大的 γ_{lg} 和较小的 θ。但在表面活性剂体系中，这两者又是矛盾的。不过将粉末弄松（增大 R）总是有利于提高穿透速度。

③ 聚集体或附聚体的破碎　粉末颗粒的边角能连在一起形成附聚体。在附聚体中，质点之间的作用力较小，因此只需较小的能量就可使其分散。有时，液体穿透附聚体内的空隙通道就能提供足够的压力使其分散。如果这样能量尚不够，则可通过高剪切搅拌器来使附聚

体粉碎。

当粉末颗粒以晶面结合形成压紧的块状聚集体时，使其粉碎就需要更多的能量。一些通过沉淀形成的物质，通常会"胶合"在一起，必须通过机械手段才能将其粉碎。

10.5.2　表面活性剂在控制悬浮液稳定性方面的作用

作为固/液分散体系，胶态悬浮液的不稳定过程主要是絮凝和 Ostwald 熟化（对多分散体系）。然而对于粗悬浮液，即使从胶体稳定的角度看是稳定的，但由于质点较大，会出现沉淀以及相应的结块问题。这些都是要加以控制的。

(1) 控制质点的聚集

悬浮液中的颗粒是维持在原始的单个颗粒状态，还是相互结合形成次级颗粒如聚集体、附聚体，甚至结块，取决于质点间的相互作用。在实际过程中常常需要悬浮液处于各种不同的状态。例如，在用分散法或凝聚法制备悬浮液时，需要使形成的颗粒保持其原始状态，而聚集或附聚将给后续处理带来问题；另一方面，在某些情况下需要降低制备的悬浮液的稳定性，如为了防止粗悬浮液结块，需要使体系保持在一种弱絮凝状态，而要从悬浮液介质中分离出固体颗粒，则需要促使其聚集从而加速沉降和易于过滤。所有这些过程都可以通过使用各种表面活性剂来控制。

从机理上来讲，导致形成聚集体的因素主要是絮凝，而絮凝的起因是质点间的范德华引力作用。相应的对抗作用是表面活性剂吸附层的双电层排斥或位阻排斥作用。

在第 9 章已详细讨论了絮凝问题，即 DLVO 理论。根据这一理论，体系是否发生絮凝，取决于质点间吸引和排斥势能的相对大小。而表面活性剂对吸引和排斥势能都有影响。

任何质点间都存在吸引相互作用（范德华相互作用）。对球形质点，当质点间距离 D 相对于质点半径 R 较小，即 $D \ll R$ 时（参见图 9-23），其在介质中的吸引势能 W_A 可表示为：

$$W_A = -\frac{A_{212}R}{12D} \tag{10-51}$$

式中，A_{212} 为由式(9-174)表示的有效 Hamaker 常数（1 表示介质）。当表面存在表面活性剂吸附层时，吸附层将有一个与质点和介质皆不同的 Hamaker 常数 A_{33}，因而质点间的范德华相互作用又进一步发生了变化（参见 9.3.5 和图 9-25）。这种情况下 W_A 可表示为：

$$W_A = -12\left[(A_{22}^{1/2} - A_{33}^{1/2})^2\left(\frac{R+\delta}{R}\right) + (A_{33}^{1/2} - A_{11}^{1/2})^2\left(\frac{R}{D+2\delta}\right)\right.$$
$$\left. + \frac{4R(A_{22}^{1/2} - A_{33}^{1/2})(A_{33}^{1/2} - A_{11}^{1/2})(R+\delta)}{(D+\delta)(2R+\delta)}\right] \tag{10-52}$$

式中，δ 为表面活性剂吸附层的厚度；D 为吸附层表面之间的距离。显然，表面活性剂吸附层对 W_A 将产生影响，影响程度取决于 A_{11}，A_{22} 以及 A_{33} 的相对大小。对 $A_{11} > A_{22}$ 的情形（通常情形），当 $A_{33} > A_{22}$ 时，吸附层导致 W_A 减小；当 $A_{33} < A_{22}$ 时则导致 W_A 的增加。

质点间排斥势能来源于静电排斥和位阻排斥。前者由离子型表面活性剂的吸附（形成双电层）所产生，后者则是非离子或高分子表面活性剂的作用结果。

对离子型表面活性剂吸附层，当表面电势较低（$z\psi_0 < 25\text{mV}$）、质点半径相对于双电层厚度 κ^{-1} 较大（$\kappa R \gg 1$）以及质点间相互作用较弱（$\kappa D > 1$）时，应用 Debye-Hückel 近似，质点间静电排斥势能 [参见式(3-88)] 可表示为：

$$W_E = 2\pi R\varepsilon_0\varepsilon\psi_0^2\exp(-\kappa D)　\tag{10-53}$$

式中，表面电势 ψ_0 取决于单位面积上吸附的表面活性离子的数量。显然，ψ_0 越高，排斥力越大。另一方面，W_E 随 κ 增大（电解质浓度上升）而减小。

只要质点所带双电层同号，W_E 总是正的，因此能提高悬浮液的稳定性。反之当 W_E 为负时，异号双电层间的吸引作用将导致絮凝。例如将分别由阴、阳离子型表面活性剂稳定的悬浮液混合，体系将发生絮凝从而可进行固/液分离。

使用非离子型表面活性剂如聚氧乙烯型非离子型表面活性剂或高分子（聚合物）作为分散稳定剂时，不能产生双电层排斥作用，但它们在质点表面的吸附形成厚度为 δ 的吸附层，当此吸附层交叠时，将产生位阻（steric）排斥作用（参见 10.1.6）。

位阻排斥作用包括两个方面。第一项是由于吸附层交叠区内链节浓度的叠加导致溶剂的浓度相对减小，即交叠区内溶剂的化学势较吸附层其他区域的要小，于是产生了一个渗透压差，溶剂趋向于流向交叠区，迫使两质点分开。这一效应对位阻排斥作用的贡献通常称为渗透项或混合项，用 W_M 来表示。显然，一旦 $D<2\delta$，W_M 就立即起作用。另一项来源于进一步的交叠导致的链的压缩。由于可供链活动的空间体积减小，链的构型熵减小，从而导致产生排斥作用。这一效应称为体积限制项或弹性项，用 W_{VR} 来表示。于是总的位阻排斥势能为：

$$W_S = W_M + W_{VR}　\tag{10-54}$$

而质点间总的相互作用能为：

$$W_T = W_A + W_E + W_S　\tag{10-55}$$

应用于悬浮液体系，上式又可分为两种情况。当使用离子型表面活性剂时，W_S 几乎没有什么贡献，于是上式即还原为 DLVO 理论，势能-距离曲线如图 9-27 所示。三个特征参数——能垒 W_{max}、一级极小值 $(W_{min})_p$ 和二级极小值 $(W_{min})_s$ 的大小取决于表面电势（或 ζ 电势）、电解质浓度、质点大小以及 Hamaker 常数。根据这些参数的相对大小，悬浮液处于各种状态。例如，若 W_{max} 很大（$\gg kT$）且 $(W_{min})_s$ 较浅，就得到非絮凝悬浮液。当表面电势很高，电解质浓度较低时，即符合这种情况。另一方面，若 W_{max} 较小 [$<(5\sim10)kT$] 或不存在，悬浮液将发生絮凝或凝聚 [$(W_{min})_p$ 位置]。当没有什么表面活性剂吸附或电解质浓度较大时即为这种情形。第三种情形是，W_{max} 足够大（$>10kT$）而 $(W_{min})_s$ 也相当深 [$(1\sim5)kT$]，则悬浮液将处于弱絮凝状态 [$(W_{min})_s$ 位置附近]。例如质点大小不均匀的粗悬浮液在中等电解质浓度时，即为此种情形。处于这一状态的悬浮液可形成三维网状结构，经振动能流动，可用于防止结块。

另一种情况是有来自 W_S 的贡献。例如，使用非离子型表面活性剂或高分子时，当 $D>2\delta$ 时，W_S 没有贡献。但当 $D<2\delta$ 时，W_S 成为排斥势能的主要来源。因此尽管在较大距离（$D>2\delta$）时，质点间相互作用取决于 W_E 和 W_A，其中静电作用可能来自表面残余电荷引起的残余双电层，但当质点间距离较近时，静电作用就是次要的，W_T 主要取决于 W_A 和 W_S，如图 10-13 所示。这种情况下，曲线上只有一个最低点 W_{min}，其深度取决于吸附层的厚度，当然也与 Hamaker 常数和质点大小有关。只要 W_{min} 较浅，就能得到高度非絮凝悬浮液。另一方面，当 $D<2\delta$ 时，W_T 急剧上升，因此只要表面活性剂或聚合物强烈吸附，位阻稳定作用就是获得非絮凝体系的有效手段。

高分子稳定剂通常具有 A-B 型或 A-B-A 型结构，其中 B 链在介质中的溶解度很低，而对质点表面有很强的亲和力，因而能与表面"锚接"，而 A 链则被介质高度溶剂化，伸展于溶液中提供位阻障碍。需要注意的是，溶剂与链的相互作用将大大影响位阻效应。当溶剂对高分子是不良性溶剂时（$\chi > 0.5$），W_M 可转为吸引作用，在势能曲线上将出现一个很深的极小值，从而将可能导致悬浮液的灾难性絮凝。对聚氧乙烯型非离子型表面活性剂，电解质浓度和温度的变化都可以导致 χ 参数的变化，因此随着温度的升高或电解质浓度的增加，聚氧乙烯型非离子型表面活性剂稳定的水介质悬浮液将发生絮凝。

（2）控制悬浮液的沉积

当悬浮液的质点超出胶体范围时，由于重力的作用质点将发生沉降而沉积于容器的底部，形成排列紧密的黏土状沉积层。这样的"黏土"一般难以再分散。

从原理上讲，通过控制质点间相互作用是可以控制紧密沉积层形成的。例如，对离子型表面活性剂稳定的悬浮液，在第二极小处的弱絮凝状态就可以防止紧密沉积。对粗悬浮液，通过控制第二极小值的深度（如通过加入电解质）也可以导致弱絮凝。

对非离子型表面活性剂稳定的悬浮液，可以通过控制吸附层的厚度来防止紧密沉积。如图 10-13 所示，对给定的体系，W_{min} 取决于 δ 的大小，于是通过减小 δ 就可以使 W_{min} 加深而达到足以引起弱絮凝所需的数值。例如，对聚苯乙烯乳胶，当稳定剂聚乙烯醇的分子量从 43000 降至 8000 时（吸附层厚度从 38nm 降至 7nm），体系发生了弱絮凝，形成一种疏松的结构，从而可用于防止沉积。

尽管从原理上讲上述方法是可行的，但实际应用并非易事，往往需要同时控制一系列参数才行。由于这个原因，出现了其他一些更为实用的方法（这里不详细讨论），其基本原理是向连续介质中加入另一种能促使形成三维网状结构的物质。其中与本节相关的是使用表面活性剂的液晶相来防止悬浮液的沉积。液晶在一维（或二维）具有液态无序结构，而在其他维则有类似于晶体的有序结构。而这种混合结构使液晶成为非刚性流体，其流变参数处于晶体和液体之间。用于构建悬浮液的液晶属于高黏结构的六方晶相棒状胶束态，这样的体系因其各向异性而呈现出显著的黏弹性，在高剪切场合，随着胶束棒的交叠，溶液黏度明显上升，因而能控制质点的沉降。

（3）控制晶体生长

对多分散体系，质点的溶解度与其大小有关，即有 Kelvin 公式：

$$\ln \frac{S_2}{S_1} = \frac{2M\gamma}{RT\rho}\left(\frac{1}{r_1} - \frac{1}{r_2}\right) \tag{10-56}$$

式中，S_1 和 S_2 分别为半径为 r_1、r_2 的球形质点的溶解度；M、ρ、γ 分别为晶体的分子量、密度和比表面能。由于不同大小的颗粒具有不同的溶解度，多分散体系就易产生 Ostwald 熟化（参见 9.5），即大质点不断长大，小质点不断缩小。对悬浮液，Ostwald 熟化将导致质点大小分布的变化（变大和变宽），从而加速沉降，引起沉积结块。此外，质点增大对许多应用型悬浮液如药物、杀虫剂等是不希望的，因为药物的生物效能可能会受到影响。

通过分析 Ostwald 熟化过程可以看出表面活性剂在防止 Ostwald 熟化方面将能发挥作用。Ostwald 熟化过程主要包括两步。首先是溶质分子通过扩散到达大颗粒的表面，然后这些分子再结合到晶格结构中。对于第一步，虽然表面活性剂的存在不能改变晶体的固有溶解速度（从固体到邻层的溶解态），但表面活性剂通过影响溶质自边界层的输送而能够影响扩散过程，例如使溶解速度大大加快。另一方面，胶束能增溶某些溶质，而被增溶的溶质其扩散系数 D 将减慢；但增溶也将导致溶质的浓度梯度 $\partial c / \partial x$ 增加。由于溶质的通量 J 为 D 和 $\partial c / \partial x$ 的乘积 [式(9-71)]，因此总的结果取决于 D 和 $\partial c / \partial x$ 的相对大小。由于 D 与质点半径成反比，其变化不可能大于 10 倍（假定胶束体积不超过增溶物体积的 1000 倍），而 $\partial c / \partial x$ 则可能因增溶而增加几个数量级，因此总的结果将是通量增加。这样，胶束增溶的结果可能是加快了扩散和输送，从而促进了晶体的增长。

对 Ostwald 熟化的第二步，表面活性剂也有影响。通过在晶体表面吸附，表面活性剂能大大改变其比表面能，并使得溶质难以到达表面。如表面活性剂倾向于强烈吸附于晶体的一个或多个晶面（如通过静电吸附作用，阴、阳离子型表面活性剂分别吸附在正、负电荷晶面），则在这些晶面上，晶体的增长就不可能发生，于是晶体的增长只能发生在其他非吸附面或未被表面活性剂完全覆盖的部位，并导致晶型发生变化。

上述分析表明，如果选择恰当，表面活性剂可用于抑制悬浮液中的晶体生长和控制晶形。

10.5.3　表面活性剂对悬浮液流动性的影响

一般来说，不论连续介质是牛顿型流体还是非牛顿型流体，悬浮液通常显示出非牛顿型流变性质，只有在分散相浓度很低时，才有可能表现为牛顿型流体。例如，在牛顿型流体介质中，由于质点间相互作用，悬浮的刚性球将产生显著的非牛顿应力。另一方面，在非牛顿流体介质中，颗粒的存在将加剧介质的非牛顿性质。对于水悬浮液或非水介质悬浮液，不论体系的胶体稳定性如何，体系的流变性取决于分散相的体积分数（它控制质点间相互作用的程度）、流动单元的大小和质点间相互作用。大多数应用型悬浮液显示出复杂的流变行为，从简单的类似于液体的黏性、塑性、弹性性质到混合的黏弹性性质都有。再就是当分散相体积分数超过一个临界值（对非球形质点约为 0.4）时，在高剪切速度时，可能出现剪切变厚或膨胀区。下面将讨论表面活性剂对悬浮液流变性质的一些影响。

根据 Einstein 黏度定律，吸附层对分散相体积分数的影响将直接影响体系的黏度。考虑一个最简单的体系：硬球质点分散体系，所有的相互作用相对于布朗运动很弱，于是在 ϕ 很低时，悬浮液的相对黏度 η_r 相当低，然后随着 ϕ 的增加而缓慢增加，直到接近所谓的"填密"（packing）分数 ϕ_p 时，η_r 急剧上升，如图 10-56 所示。这种情形下 η_r 与 ϕ 的关系可用 Douherty-Krieger 方程表示：

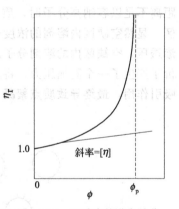

$$\eta_r = \left(1 - \frac{\phi}{\phi_p}\right)^{-[\eta]\phi_p} \tag{10-57}$$

式中，$[\eta]$ 为本征黏度，其值为 2.5～3.0。

图 10-56　悬浮液的黏度随分散相体积分数的变化

假定某个悬浮液质点半径 $R = 100nm$，$\phi = 0.45$。在无表面活性剂存在时能保持稳定，则其 η_r 将较低，悬浮液能流动。若加入表面活性剂形成一个厚度 $\delta = 10nm$ 的吸附层，则质点的流体力学体积分数变为 $\phi_h = \phi(1 + \delta/R)^3 = 0.45 \times 1.1^3 = 0.6$，这一数值可能就达到或超过了所谓的"填密"分数，如果质点仍为硬球，则体系的黏度将达到很高的数值。所以从简单的几何效应可以表明表面活性剂吸附层能引起质点流体力学体积增大，从而使体系黏度增加。

在第 9 章讨论稀分散体的黏度时，着重介绍了 Einstein 公式。从图 10-56 可见，当 ϕ 很小时，η_r 随 ϕ 呈线性变化，其斜率 $[\eta]$ 为 2.5～3.0，而按 Einstein 公式，相应的斜率为 2.5。因此 ϕ 很低时，悬浮液的黏度符合 Einstein 公式。在讨论 Einstein 公式的偏差时，曾指出小质点由于溶剂化而使黏度产生正偏差，即溶剂化使质点的流体力学半径大于实际半径，因而体系的黏度大于按实际体积分数（干基）计算的黏度。在悬浮液体系中加入表面活性剂，其在界面的吸附层通常也是溶剂化的，因此将导致质点流体力学半径增大，从而使体系的黏度增加。

表面活性剂的另一个影响是吸附层的存在改变了原有的质点间的相互作用。即使在 $\phi <$ ϕ_p 时，表面活性剂吸附层也可能互相穿透而导致位阻排斥，因此使悬浮液显示出显著的黏弹性。对许多实际悬浮液体系的研究表明，在 ϕ 较高时，由于位阻阻碍作用，弹性效应占优势。

离子型表面活性剂吸附层通过长程双电层排斥作用也影响悬浮液的流变性。在低电解质浓度时，尤其对低 ϕ 值和小质点，也可能显示黏弹性。

对不稳定悬浮液，无论是弱絮凝的或强絮凝的，离子型或非离子型表面活性剂都可影响其流变性质。有些场合，由于触变，弱絮凝体系表现为假塑性体系，具有可测量的屈服值，在流动曲线上出现滞后。而强絮凝体系虽也表现为假塑性，但具有一个显著的屈服值。将分别用阴、阳离子表面活性剂稳定的悬浮液混合，或者向非离子表面活性剂稳定的悬浮液中加入电解质，都可以导致强(不可逆)絮凝，而使悬浮液变成假塑性体系。

10.5.4 空缺絮凝作用

虽然高分子（聚合物）对胶体具有稳定作用，但在一定条件下，也会导致体系发生絮凝。其中一种絮凝系由非吸附性自由高分子在浓度较高时引起，称为排空絮凝（depletion flocculation）。

与小分子相比，高分子在溶液中占有的空间要大得多。当胶体质点相互接近，至质点间距离不足以容纳高分子时，质点之间的空间内高分子的浓度将显著减小，形成所谓的空缺区。显然空缺区内溶剂的浓度升高了，偏离了平衡值，于是在空缺区和溶液体相之间产生了渗透压，空缺区内的溶剂分子趋向于流出该区域。这一效应导致质点间距离进一步缩小，等价于产生了一个附加压力，将质点间空间进一步压缩，或者等价于给质点施加了一个附加的吸引作用，最终导致质点絮凝，如图 10-57 所示。

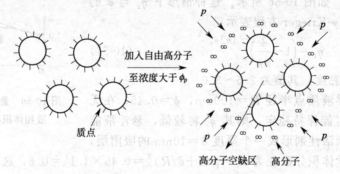

图 10-57　高分子引起的空缺絮凝作用示意图

通常这种空缺絮凝作用只有当溶液中高分子浓度高于某个临界值 ϕ_p 时才会发生，因为当质点接近到形成空缺区域时，胶体体系先要经历从高分子均匀分布到非均匀分布的变化。这在热力学上是一个能量升高过程，只有当高分子浓度足够高时才能得到补偿。此外当溶液中高分子浓度很高时，这一作用足以使胶体保持稳定，称为空缺稳定作用（depletion stabilization）。显然空缺絮凝和空缺稳定作用都只在溶液中高分子浓度很高时才能发生，而产生空缺稳定作用所要求的高分子浓度更高。

对表面活性剂稳定的固/液分散体系，当表面活性浓度大于 cmc 时，由于胶束的形成，类似地会产生胶束空缺絮凝作用。由于胶束的尺寸较单体分子大得多，与高分子接近，因此当质点接近至内部空间不足以容纳胶束时，胶束被排出，形成空缺区，由此导致空缺区与溶液体相产生一个渗透压，溶剂分子从空缺区流出，导致絮凝，如图10-58 所示。

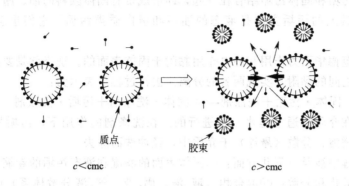

$c<$cmc $\qquad$ $c>$cmc

图 10-58　胶束引起的空缺絮凝示意图

对带电的极性颗粒，如果使用带相反电荷的离子型表面活性剂作为分散剂，则表面活性剂分子将首先通过静电作用吸附到固/液界面，以头基朝向颗粒表面，烷基链朝向水，于是颗粒表面的电荷被中和，表面活性剂在固/液界面形成单分子层，使颗粒表面变得疏水。由于没有静电排斥作用，疏水性质点之间将发生絮凝。当表面活性剂浓度接近 cmc 时，在颗粒/水界面能发生双层吸附或半胶束吸附，形成双电层，使颗粒表面又变得亲水，颗粒转而分散。当表面活性剂浓度进一步增加时，则可能发生胶束空缺絮凝。因此，体系的稳定性与表面活性剂的浓度密切相关。

研究表明，上述高分子或表面活性剂胶束引起的空缺絮凝同样存在于乳状液体系。

10.6　洗　涤　去　污

洗涤去污是表面活性剂的一个最重要的应用领域。即使在工业发达国家，用作各种洗涤剂的表面活性剂仍占表面活性剂总产量的 40％左右。而洗涤去污本身是涉及润湿、乳化、发泡、分散、增溶等胶体与界面化学现象的综合过程。

总体而言，洗涤去污的过程相当复杂，不仅涉及以表面活性剂为核心的胶体与界面化学，而且涉及机械和流体力学作用，有关洗涤去污过程的机理尚不十分清楚。

简单地讲，洗涤去污是指自浸在某种介质(通常为水)中的固体表面上去除污垢的过程。在此过程中，表面活性剂通常会吸附到固体基底和污垢表面，从而减弱污垢与固体表面的黏附力，然后借助于机械和水流作用，使污垢从固体表面上分离并被乳化、分散、增溶在介质中，经冲洗而除去。在日常生活中常常需要清洗的固体有：衣物、餐具、餐桌、地板、卫生间以及人体皮肤(洗澡)等。研究表明，无论去污机理如何，表面活性剂在基底和污垢表面的吸附是去污作用的基础。本节将简介洗涤去污的基本过程，重点讨论表面活性剂的吸附对去污过程的影响。

10.6.1 去污机理

(1) 去污的基本过程

污垢是极其复杂的混合物，就衣物上的污垢而言，其来源主要有：①人体分泌物（主要是皮脂）；②大气中的灰尘；③工业及民间的各种有机、无机污染物。通常可将污垢分为液体污垢和固体污垢两大类。前者以各种油脂为主，也称油污，后者为炭黑和各种无机物。更多的场合是液体污垢和固体污垢结合在一起，即形成带有固体颜料的油、脂污染混合物。另一方面餐桌、餐具上的污垢主要是液态的油污和蛋白质类污垢，它们也会出现在儿童衣物上。

污垢是通过范德华引力作用和静电作用黏附于固体表面的。洗涤就是要通过表面活性剂的作用减弱两者之间的黏附，实现两者的分离。去污过程可表示为：

$$固体·污垢 + 洗涤剂 \rightleftharpoons 固体·洗涤剂 + 污垢·洗涤剂$$

整个过程是在介质（通常是水）中进行的。在洗涤剂的作用下，污垢从固体表面上分离，并被乳化，增溶、分散（悬浮）于介质中，经冲洗而除去。

污垢去除过程中涉及以下几方面：①固体表面的润湿和液态污垢的卷缩；②表面活性剂对污垢的增溶、乳化和分散；③混合相（液/液、固/液、气/液分散体系）的形成等。在洗涤过程中从固体表面脱离的污垢仍有可能再次沉积到固体表面，尤其在多循环洗涤过程中。因此洗涤剂必须具有良好的抗污垢再沉积能力。

(2) 液体污垢的去除

一般的人造纤维如聚丙烯，聚酯，聚丙烯腈等以及未经脱脂处理的天然纤维（原棉、原毛等）属于低能表面，其表面都具有憎水性，即不易被水所润湿。因此油污易于附着于这些物质表面，并形成铺展的油膜，如图10-59(a)所示。

去污过程的第一步是纤维表面被水润湿。尽管这些表面的润湿临界表面张力一般都不低于$30mN·m^{-1}$，即不易被水所润湿，但它们易被表面活性剂溶液所润湿。而经过脱脂处理的棉、毛等天然纤维本身就具有良好的水润湿性。

去污过程的第二步是油污自纤维表面上的脱离。这是通过所谓的"卷缩"机理来实现的。由于洗涤剂水溶液优先润湿纤维表面，相应地，油污在表面的接触角将增大，油污自铺展的薄膜状卷缩成油珠，最后被液流冲离表面，如图10-59(b)所示。

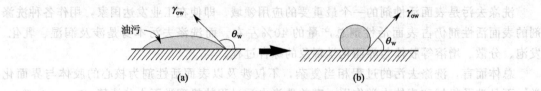

图10-59 去除油污的"卷缩"机理

(a) 固体表面的铺展油膜；(b) 油膜在表面活性剂溶液中"卷缩"

根据黏附功的定义，油污和水在固体表面上的黏附功W_{so}和W_{sw}分别为：

$$W_{so} = \gamma_s + \gamma_o - \gamma_{so} \tag{10-58}$$

$$W_{sw} = \gamma_s + \gamma_w - \gamma_{sw} \tag{10-59}$$

式中，γ_s、γ_w和γ_o分别为固体、水溶液和油污的表面张力；γ_{sw}和γ_{so}分别为固体与水溶液和油污的界面张力。将两式相减并与Young方程结合得：

$$A_{sw} - A_{so} = \gamma_{so} - \gamma_{sw} = \gamma_{wo} \cos\theta_w \qquad (10\text{-}60)$$

式中，γ_{wo} 为油/水界面张力；A_{sw} 和 A_{so} 分别为水溶液和油在固体表面的黏附张力；θ_w 为水在固体表面的接触角。

当 $\theta_w \rightarrow 0$ 时，油污就被卷离。因此上式表明，决定油污能否被卷离的重要参数是两种液体的黏附张力，而不是简单的黏附功。当 θ_w 为零时，油污与表面的接触角为 180°，油污可自发地脱离固体表面；当 $\theta_w < 90°$ 时，油污也能通过液流的冲击脱离固体表面，如图 10-60(a) 所示；但当 $\theta_w > 90°$ 时（油污的接触角 $\theta_o < 90°$），即使有液流的冲击，也仍有部分油污残留于固体表面，如图 10-60(b) 所示。除去残余油污将需更浓的表面活性剂溶液和/或更强的机械作用。

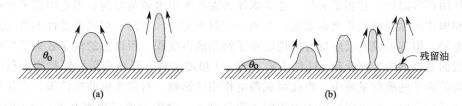

图 10-60　接触角与油污去除率的关系

(a) 油污的接触角大于 90°，能全部去除；(b) 油污的接触角小于 90°，不能全部去除

(3) 固体污垢的去除

与液体污垢不同，固体污垢（颗粒状）仅有很小的部位与表面接触和黏附，也不能扩大成一大片。使固体颗粒在固体表面上黏附的主要作用力是范德华引力，而静电引力则相对较弱，并且它只加速空气中灰尘在固体表面的黏附速度，并不增加黏附强度。与在干燥空气中相比，颗粒在潮湿的空气中黏附强度增加，而在水中黏附强度则大大减弱。通常黏附强度随时间增加而增强。

固体污垢的去除在于污垢颗粒和固体表面都能被水润湿，从而减弱颗粒的黏附，使其被水流冲走。而能否实现这种润湿取决于表面活性剂在颗粒和固体表面的吸附。

在第 1 章已介绍过，铺展是润湿的最高条件，即如果液体能在固体表面铺展，则其必能润湿此固体。于是由铺展系数：

$$S_{w/s} = \gamma_s - \gamma_{sw} - \gamma_w \qquad (10\text{-}61)$$

可知，要使 $S_{w/s}$ 大于零，只要降低 γ_{sw} 和 γ_w 即可。除了经脱脂处理的天然纤维，一般人造纤维都是低能表面，即 γ_s 较小。所以纯水难以在其上铺展。但在表面活性剂水溶液中，由于表面活性剂在固/液和气/液界面的吸附，γ_{sw} 和 γ_w 都将大大下降。于是 $S_{w/s}$ 可能变得大于零。

再看颗粒在液体中的黏附功：

$$W_a = \gamma_{s1\text{-}w} + \gamma_{s2\text{-}w} - \gamma_{s1\text{-}s2} \qquad (10\text{-}62)$$

式中下标 1 和 2 分别代表固体和污垢颗粒。当有表面活性剂存在时，$\gamma_{s1\text{-}w}$ 和 $\gamma_{s2\text{-}w}$ 皆因表面活性剂的吸附而降低，即黏附功变小，因而使污垢颗粒易于自表面除去。

另一方面，表面活性剂在固/液界面的吸附可增加固体的表面电势。如果固体和污垢颗粒的表面电势符号相同，则静电排斥力有利于污垢的去除和防止再沉积。固体污垢去除的难易还与污垢颗粒的大小有关。大颗粒受到的水流冲击力大，易于去除，而小颗粒受到的冲击力小，难以除去。因此对颗粒的除去，机械作用显得特别重要。

10.6.2　吸附对去污作用的影响

(1) 与去污有关的吸附概况

前已述及，表面活性剂在固体表面及疏水污垢表面的吸附是去污的基础。如果纤维表面和污垢都不吸附表面活性剂，就不能达到去污的目的。另一个重要的因素是吸附的方式。对去污有利的吸附方式是亲水基朝向水的物理吸附，即表面活性剂分子通过其疏水基与纤维内疏水基的相互作用而产生的吸附。反之，如果表面活性剂分子以疏水基朝向水，则将有利于油污的黏附。因此后一种吸附方式是不期望的。

由于一般的纤维在水介质中都带负电荷，因此阴离子型和非离子型表面活性剂分子是通过疏水作用而吸附的，有利于去污。通常固体污垢在水中也带负电荷，因此阴离子的吸附使得纤维和固体污垢表面的负电荷增加，有利于减弱黏附力。非离子型表面活性剂的吸附不改变表面电势，但其形成的吸附层有效地防止了污垢的再沉积，所以总的洗涤效果是好的。阴离子型表面活性剂的吸附受到 pH 的影响。当 pH 值增加时，纤维和污垢颗粒表面负电荷增加，使得阴离子的吸附量减小。由此可见静电作用的影响。对带负电荷的纤维，当使用阳离子型表面活性剂时，静电吸引成为吸附的主要推动力，吸附形成以疏水基朝向水中的单层，一方面减弱了纤维表面的水润湿性，另一方面使纤维表面的负电势降低或消除，因而有利于油污的黏附而不利于洗涤，甚至比纯水的洗涤效果还差。这就是阳离子型表面活性剂一般不用作洗涤剂的原因。

表面活性剂在纤维表面的吸附是一个比较慢的过程，在洗涤过程中常常难以达到静态平衡。在充分搅动的洗衣机中，决定吸附速度的步骤是表面活性剂向纺织物纤维和污垢表面的扩散。而扩散速度与表面活性剂分子的大小和结构有关。

(2) 单组分体系中的吸附

单一表面活性剂在固/液界面的吸附量和吸附速度随表面活性剂浓度增加而增加。当浓度超过 cmc 后，吸附平衡值达到一个最大值。在形成胶束后，胶束也可能吸附，但胶束与单体具有不同的扩散系数。通常用平均表观扩散系数作为吸附动力学的一个有用量度。显然，温度升高，扩散系数增加。

表面活性剂的疏水基是决定吸附量大小的主要因素。通常，在疏水性基底上的平衡吸附量随表面活性剂链长的增加而增加，但疏水基链长的增加将导致表面活性剂扩散系数减小。

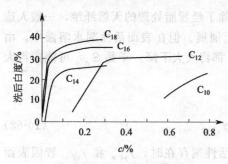

■ 图 10-61　烷基链长对烷基硫酸钠去污力的影响

当链长相同时，疏水基团的支链化使得平均表观扩散系数增大，因而吸附速度增大。但支链化使疏水基的憎水性下降，在固体表面上的吸附量也随之下降。实验结果表明，随支链化程度的增加，表面活性剂的润湿性提高，但去污力呈下降趋势。而在一定的链长范围内，去污力随表面活性剂链长的增加而增加（图 10-61）。这表明在去污过程中，表面活性剂的平衡吸附量起支配作用，而在润湿过程中，吸附速度占支配地位。

当表面活性剂的疏水基相同时，其亲水基的亲水性强弱也将影响表面活性剂在纤维和污垢表面的吸附。例如对含有高岭土的污垢，疏水基相同的烷基硫酸钠较脂肪酸甲酯磺酸钠有更好的去污力。研究表明，它们在疏水固体表面上的吸附是相同的，但脂肪酸甲酯磺酸钠在高岭土上的吸附明显不如烷基硫酸钠。对不含高岭土的污垢，两者的洗涤效果相同。这表明洗涤效果与表面活性剂在污垢表面上的吸附有关。

因此对两种单组分表面活性剂，如果它们在织物纤维表面和污垢表面具有大致相同的吸附能力，则可粗略地预计其洗涤效果也相同。在污垢或织物纤维表面上吸附能力差的，洗涤效果也差。如果疏水基完全相同，则洗涤效果就取决于亲水基，亲水性增加，吸附和洗涤作用皆降低。

(3) 多组分体系中的吸附

① 阴离子/非离子混合物　由于协同效应，混合表面活性剂的吸附往往不同于单一表面活性剂的吸附。例如，在炭/水界面，1∶1 阴离子/非离子混合物中非离子的吸附能力比阴离子要强；而在浓度很低时，混合体系中阴离子的吸附比相同浓度下单一体系中阴离子的吸附要强，表明混合促进了吸附。这是由于非离子型表面活性剂的存在降低了阴离子头基之间的静电排斥力，因此促进了阴离子的吸附。在浓度较高时，吸附的阴离子型表面活性剂逐步被非离子置换。如果有电解质存在，则其将促进阴离子的吸附而使这种置换得到缓解。因此可以预料，在纤维上非离子将优先吸附。在低浓度时，阴离子/非离子混合物能引起洗涤效率的提高。

② 阴离子/阳离子混合物　含无机反离子的单一阳离子的吸附是不利于去污的。如果反离子为有机离子。则此阳离子型表面活性剂的表面活性将随有机反离子的增大而增大（cmc 降低）。用等摩尔含无机反离子的阴离子型和阳离子型表面活性剂相混合，结果与使用单一含有机反离子的所谓阴-阳离子型表面活性剂的效果完全相同。在低浓度时，它们是电离的，表面活性阴离子和表面活性阳离子易产生等摩尔的吸附层和胶束。由于电荷被中和，吸附层和胶束都具有非离子的性质，不存在双电层。显然这种等摩尔混合物的水溶性将显著降低，随着表面活性剂浓度的增加易出现沉淀或发生相分离。实验表明，使用非等摩尔混合物，既可以避免出现沉淀或相分离，又可以促进吸附。因此在以阴离子型表面活性剂为主的洗涤剂中加入少量阳离子，有可能导致吸附量增加，进而导致吸附膜铺展压力的增加，提高去污力。为此建议在洗涤剂尤其是预洗洗涤剂中掺入少量阳离子表面活性剂。

③ 无机电解质　影响阴离子型表面活性剂性能的是无机电解质中的正离子。含一价正离子的无机电解质如 $NaCl$、Na_2SO_4 等能降低阴离子型表面活性剂头基之间的静电排斥力，促进表面活性剂的吸附，从而可增加对无 Ca^{2+} 体系的洗涤效率，如图 10-62 和图 10-63 所示。

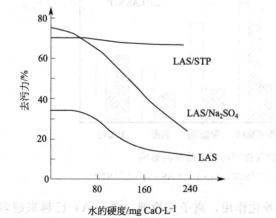

图 10-62　无机电解质（Na_2SO_4）、三聚磷酸钠
(STP) 和水硬度对 LAS 去污力的影响
LAS：$0.5g \cdot L^{-1}$；Na_2SO_4：$1.5g \cdot L^{-1}$；
STP：$1.5g \cdot L^{-1}$；洗涤温度：30℃

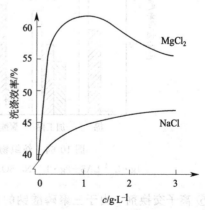

图 10-63　反离子对洗涤效率的影响
表面活性剂：正十四烷基硫酸钠（$5 \times 10^{-3} mol \cdot L^{-1}$）；纺织物纤维：聚酯/
棉花；洗涤温度：60℃

Ca^{2+} 是使水变硬的主要离子。在 Ca^{2+} 存在下，一般阴离子表面活性剂的溶解度会有显著下降，从而降低了体系中实际表面活性剂的浓度。Ca^{2+} 能大大地压缩双电层，削弱污垢与纤维之间的静电排斥力，从而对去污产生有害的影响。因此随着水硬度的增加，洗涤效率明显下降。

通常，大多数阴离子表面活性剂，如洗涤剂中最常用的直链烷基苯磺酸钠（LAS）等，都易受 Ca^{2+} 的不良影响。改善的方法是加入螯合剂，除掉多余的 Ca^{2+}，从而保证表面活性剂的良好的去污效率（图 10-62）。

Mg^{2+} 也降低阴离子表面活性剂的溶解度，但其压缩双电层的能力处于 Ca^{2+} 和 Na^+ 之间，并且不像 Ca^{2+} 那样产生有害的性质。当 Mg^{2+} 浓度较低时，它起着类似于 Na^+ 的作用，促进去污力的提高，如图 10-63 所示。因此如果洗涤液中保留部分原生的 Mg^{2+}（有时可达 $0.9 \sim 1.1\,mmol \cdot L^{-1}$），可对洗涤效率产生正的影响。

④ 多价螯合剂　最常用的多价螯合剂是三聚磷酸钠（STP）。在亲水性表面上，多价螯合剂本身具有强吸附能力，能置换出被吸附的阴离子表面活性剂。对疏水性表面，它们作为电解质又能促进表面活性剂的吸附。因此多价螯合剂与表面活性剂形成理想的互补作用。

当吸附剂中含有高价阳离子（特别是 Ca^{2+}）时，多价螯合剂会强烈吸附。在纤维表面和污垢中，一般高价阳离子总是存在的，多为无机盐如碳酸钙等。通常污垢组分和纤维是通过阳离子桥键（化学方式）相连接的，而多价螯合剂能打破盐型桥键，使一部分阳离子被络合，以配合物的形式进入到溶液中。因此多价螯合剂对污垢组分具有溶解、分散、去除作用，被称为无机洗涤剂。

如图 10-64 所示，LAS 对原棉几乎无去污作用，而 STP 却有相当的去污力。对精加工的棉花，STP 还是比单独使用 LAS 要好。对亲水性的聚酰胺和聚丙烯腈合成纤维，洗涤效率特别高，只是对疏水性纤维如聚酯/棉花，STP 的效果才不再优于 LAS，但仍有明显的去污能力。对非常疏水的聚烯烃，LAS 的去污效率比 STP 高得多。对绝大多数纤维，STP 与 LAS 混合都显示出突出的互补作用。

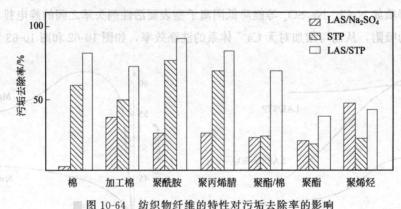

图 10-64　纺织物纤维的特性对污垢去除率的影响

$1g \cdot L^{-1}\ LAS + 2g \cdot L^{-1}\ Na_2SO_4,\ 2g \cdot L^{-1}\ STP,\ 1g \cdot L^{-1}\ LAS + 1g \cdot L^{-1}\ STP$

⑤ 离子交换剂　由于三聚磷酸钠的富营养化作用，离子交换剂（沸石 A）已越来越多地被用于洗涤剂配方中，代替或部分代替三聚磷酸钠。它通过离子交换原理，对溶解的污垢、胶态颜料污垢和难溶盐特别是引起水变硬的物质有结合能力，并且对环境没有危害作用。

在洗涤剂溶液中，沸石 A 具有特殊的表面结构，因此尽管其本身是多孔性物质，但对表面活性剂并不产生明显的吸附。对不同的纺织物纤维，含沸石 A 和含 STP 的洗涤剂对 Ca^{2+} 的螯合能力相当，洗涤能力也相当。但沸石 A 对 Mg^{2+} 的交换特别慢，因 Mg^{2+} 具有较大的水化外壳。因此沸石 A 除 Ca^{2+} 较完全，而除 Mg^{2+} 不完全。这样在含沸石 A 的洗涤剂溶液中，可保持相当的 Mg^{2+}，从而能产生有利于洗涤的正效应，这已被实验所证实。

10.6.3 影响去污作用的其他因素

(1) 增溶作用

液体油污自纤维表面卷缩分离后，可以被增溶于表面活性剂胶束中。由于增溶体系是热力学稳定体系，油污不可能再沉积到纤维表面，从而大大提高了洗涤效果。

在一般的洗涤过程中，当表面活性剂浓度低于 cmc 时，去污作用随浓度增加而增加，但当浓度大于 cmc 时，就基本不再增加。这表明，增溶作用在洗涤去污过程中并不是主要的。然而，对非离子型表面活性剂，曾观察到浓度在 cmc 以上时，油污的去除率明显地随浓度增加而增加，因此对非离子型表面活性剂作为主表面活性剂的洗涤剂，增溶作用可能是去除油污的主要因素。此外，在局部使用高浓度洗涤剂的情形中，如用肥皂洗手、洗脸，以及洗衣领、衣袖等易脏部位时，增溶作用也可能是去除表面油污的主要因素。

(2) 乳化和发泡作用

通常洗涤过程中表面活性剂的浓度略超 cmc，因此液体油污自纤维表面卷缩脱离后将首先被乳化悬浮于洗涤液中。洗涤剂中的表面活性剂都具有较高的表面活性，能在油污质点表面形成一定强度的界面膜，使油污/水乳状液稳定，因而不易再沉积到纤维表面上。

早期所使用的洗涤剂通常都具有较强的发泡能力，而且在洗涤过程中人们也发现具有强发泡能力的新鲜洗涤剂溶液在洗涤过后发泡能力大大减弱，因此人们往往把发泡能力与洗涤作用相联系。但实际上，发泡能力与洗涤作用之间并无必然的关联，如现行的洗衣机用洗涤剂多是低泡甚至无泡型的。但这并不完全否定发泡对去污作用的有利影响。在某些场合如擦洗地毯、清洗玻璃表面等，泡沫可将尘土污垢带走。高泡型洗涤剂在洗涤过后不再发泡是由于脂肪类油污对洗涤剂的起泡能力有抑制作用，因此发泡与否可作为这种洗涤剂是否继续有效的标志。

(3) 抗再沉积

在阐述去污机理时已表明，污垢自纤维表面脱离是一个可逆过程，它可以再沉积到纤维表面，特别是在多循环洗涤中。这种再沉积现象往往是影响洗涤作用的重要因素。

乳化、增溶无疑可防止污垢的再沉积，但一般在洗涤剂配方中仍需加入抗再沉积剂如羧甲基纤维素钠 (CMC)。CMC 是一种高分子电解质，易于吸附于固体污垢表面，增加表面电荷密度，从而增加其分散稳定性。再者，CMC 也能吸附于纤维表面，因而还具有去除污垢的助洗作用。

在洗涤剂的配方中还有许多无机和有机组分。有关它们的作用，读者可参考有关的专著。

从以上论述足以表明，洗涤去污过程是一个极其复杂的过程，任何简单的、单一的机理都难以全面地解释之。

思 考 题

1. 乳状液的定义是什么？
2. 乳状液的类型受哪些因素影响或控制？
3. 有哪几大类乳化剂？它们稳定乳状液的机理如何？
4. 什么是选择乳化剂的 HLB 法和 PIT 法？
5. HLB、HLB 值以及 HLB 温度之间的联系和区别是什么？
6. 传统的破乳方法有哪些？
7. 物理化学破乳的机理有哪些？
8. 什么是微乳液？
9. 微乳液的形成机理有哪些？
10. 什么是微乳液的最佳状态？
11. 微乳液有哪些重要应用？
12. 什么是纳米乳液？
13. 纳米乳液的制备方法有哪些？
14. 纳米乳液有哪些重要应用？
15. 乳状液、纳米乳液和微乳液的联系和区别是什么？
16. 去污涉及哪些现象或过程？
17. 污垢的种类有哪些？各有哪些特征？
18. 什么是去除油污的卷缩机理？
19. 表面活性剂吸附对去污有哪些影响？
20. 在去污过程中，单组分表面活性剂和多组分表面活性剂的吸附有何不同特征？
21. 无机盐对去污过程有什么影响？
22. 三聚磷酸钠在去污过程中的作用是怎样的？
23. 三聚磷酸钠用作洗涤助剂对环境有什么副作用？
24. 离子交换剂与三聚磷酸盐的区别是什么？

第 11 章

表面活性剂在传统领域和高新技术领域中的作用原理

表面活性剂具有润湿、乳化、分散、增溶、发泡消泡、渗透、洗涤、抗静电、杀菌等一系列优越性能，在传统的民用领域如洗涤剂、化妆品、个人卫生用品等以及工业和技术领域如纺织、食品、医药和农药、油漆和涂料、建筑、矿物浮选、能源、制浆造纸、制革等行业具有广泛的应用。近年来，高新技术的发展日新月异，而表面活性剂以其独特的功能在纳米技术、环境保护；新材料、生命科学等高技术领域成为不可或缺的产品。本章将简要介绍表面活性剂在相关应用领域的作用原理。

11.1 表面活性剂在个人用品中的作用原理

11.1.1 洗涤剂

洗涤剂是指由表面活性剂、助洗剂和辅助剂等配制而成的用于去除物体表面污垢、达到清洁、保洁目的的日用化学品。目前民用领域常用的洗涤剂主要包括用于清洁衣物的洗衣粉、织物柔软剂，用于清洁餐具、果蔬的洗涤灵、洗洁精，用于厨房、厕所清洁的去油净、洁厕灵等几大类。表面活性剂是洗涤剂的主要成分，因此洗涤剂与表面活性剂一样，除了具有优良的洗涤去污能力外，还具有良好的润湿、发泡、乳化、分散、增溶能力。因此在某种程度上，"洗涤剂"和"表面活性剂"可以通用，并且常以配方中表面活性剂含量的高低来衡量洗涤剂的优劣。早期的洗涤剂往往采用单一表面活性剂，如烷基苯磺酸钠，但目前洗涤剂中一般都采用复配表面活性剂，例如阴离子/阴离子复配或阴离子/非离子复配。由于混合表面活性剂之间的协同效应，有时在较低的表面活性剂含量下洗涤剂也具有良好的洗涤去污能力。

上一章已经简单介绍了洗涤去污的过程和相关机理。其核心是通过表面活性剂的物理化学作用和机械及水流作用，使污垢和被清洁的物体表面分离并被水流带走。其中表面活性剂在污垢和基质表面的吸附是关键，并由此导致下列一系列的基本作用。

(1) 渗透润湿作用

在洗涤过程中，表面活性剂分子能够吸附到物品和污垢表面，降低了介质（一般为水）和物品表面以及介质和污垢表面间的界面张力，使介质能够渗透到物品和污垢表面之间，并渗透到物品内部。这种作用称为洗涤剂的润湿渗透作用。洗涤液对洗涤物品的湿润是洗涤的先决条件，如果洗涤液不能较好地湿润物品，就没有很好的洗涤去污作用。洗涤液的润湿渗透作用既降低了物品表面和污垢表面间的吸引作用，也降低了污垢微粒间的吸引作用，当加以适当外力时，可使污垢破碎成细小粒子并分散在介质中。

(2) 乳化分散作用

在洗涤过程中，借助于表面活性剂的物理化学作用和机械搅拌作用，油污被乳化形成了O/W 型乳状液。大多数性能优良的洗涤剂水溶液，均具有较低的表面张力和油/水界面张力。在降低界面张力的同时，表面活性剂在油/水界面形成了有一定强度的界面膜，能防止油珠的聚集，有利于乳状液的稳定，使油污点不易再沉积于物品表面。较低的界面张力有利于液体污垢的乳化，因此有利于液体污垢的清除。当然，洗涤过程中液体污垢并不是直接溶于介质中，而是在表面活性剂的作用下，首先"卷缩"，随后在水流作用下脱离物品表面并被乳化，悬浮于介质中。

(3) 增溶作用

当表面活性剂浓度高于临界胶束浓度（cmc）时，在溶液中形成胶束。一些在水介质中不溶或微溶的物质将会扩散到胶束中，从而使其在介质中的溶解度显著增加，这种作用称为胶束的增溶作用。除了乳化之外，胶束对油污的增溶，可能是自固体表面去除液体污垢的另一个主要途径。非极性油污一般增溶于胶束的非极性内核；而极性油污则根据其极性大小及分子结构而可能增溶于胶束外壳的极性基团区域；对双亲性油污，油污分子的极性基将"锚"于胶束表面，而非极性碳氢链则插入胶束内核中。

研究表明，当表面活性剂浓度大于 cmc 后，去污力的增加很有限，因此增溶作用在洗涤过程中并不是影响洗涤效果的主要因素。但在局部洗涤过程中（如衣物局部抹上肥皂或其他洗涤剂搓洗，以及用香皂洗脸、洗手等），洗涤剂用量大，表面活性剂浓度很高，此时油污在胶束中的增溶作用将是油污去除的主要机理。

(4) 发泡作用

洗涤剂降低了介质/空气之间的界面张力，使空气能够分散在介质中而形成气泡。同时表面活性剂又在气泡表面形成一层坚固的定向排列膜，保持泡沫的稳定，这就是发泡、稳泡作用。泡沫虽然和洗涤作用没有相应的直接关系，但它能吸附已分散的污垢使之聚集在泡沫中，并把污垢带到介质溶液的表面。但在工业洗涤过程或家庭洗衣机洗涤过程中，泡沫的出现给人的感觉是没有漂洗干净，需要增加漂洗次数，因此机洗往往采用低泡型的洗涤剂。

11.1.2 化妆品

化妆品是指通过涂擦、喷洒或者其他类似的方法，散布于人体表面任何部位（皮肤、毛发、指甲、口唇），以达到清洁、消除不良气味、护肤、美容和修饰目的的日用化学品。化妆品是由基质和辅料组成的混合物，基质是组成化妆品的主体，是具有主要功能的物质，一般为油脂、蜡、粉类、胶质类、溶剂类（水、醇、酯、酮等）。辅料为赋予化妆品成型、稳定或色香和其他特定作用的物质，通常为表面活性剂、香料和香精、色素、防腐剂、抗氧化剂、生化制品及其他添加剂（保湿剂、收敛剂、特殊功效添加剂）等。表面活性剂在化妆品中起着多种重要作用，包括在制备中起乳化、分散、增溶等作用；在使用中起发泡、洗涤等作用。化妆品的种类形态甚多，但其生产和使用均利用了表面活性剂的优越性能。例如，利用表面活性剂的乳化性能制取膏霜、乳液，利用其增溶性能对化妆水的香料、油分、药剂等进行增溶，利用其分散性能对日用美容化妆品的颜料进行分散。

(1) 乳化分散作用

乳化按连续相是水相还是油相可分为水包油（O/W）型与油包水（W/O）型两种基本形式。易溶于水的乳化剂通常形成 O/W 乳状液，易溶于油的乳化剂通常形成 W/O 乳状液。化妆品虽有多种剂型，但以乳液型的居多。在化妆品中，表面活性剂主要用于膏霜类美容护肤产品。这类产品属于乳化体，都是利用表面活性剂的乳化性能将完全不相溶的油相和水相乳化混合成稳定性的混合体。除了常见的 O/W 型与 W/O 型乳化体系以外，两种互不相溶的油相也可以形成 O/O 型乳化体。例如，无水润肤霜就是以甘油作为分散相、矿物油作为连续相制备而成的乳化体。防晒化妆品中所用的表面活性剂主要是吐温、甘油脂肪酸酯、卵磷脂等非离子型表面活性剂，主要起乳化作用。在面膜中使用的表面活性剂主要起乳化、分散等作用，它能降低面膜与皮肤的接触角，利于面膜在皮肤上紧密贴合。

在生产美容化妆品时常采用表面活性剂作为分散剂，例如用于分散滑石粉、云母、二氧化钛、炭黑等无机颜料和酞菁蓝等有机颜料，提高粉体的分散度。用作分散剂的表面活性剂有硬脂酸皂、脂肪醇聚氧乙烯醚、失水山梨醇脂肪酸酯、二烷基磺化琥珀酸盐、脂肪醇聚氧乙烯醚磷酸盐等。

(2) 润湿作用

表面活性剂在膏霜乳液类化妆品中的另一个作用是润湿。当产品涂抹在皮肤上的时候，利用表面活性剂的润湿作用改变液滴与皮肤之间的接触角，降低界面张力，促使液滴向四周扩散，使产品能够顺利地在皮肤表面铺展开来，形成均匀的油膜、水膜，防止或延缓液滴的聚结或聚凝，以保护皮肤。

(3) 增溶作用

在制备化妆水、生发油、生发养发剂等化妆品时，表面活性剂主要发挥了增溶作用。这类增溶型化妆品中，油性成分包括香料、油脂、油溶性维生素等，它们呈透明溶解状。由于结构和极性不同，它们各自增溶的情形亦不同。用作增溶剂的表面活性剂一般具有较高的亲水性，如聚氧乙烯硬化蓖麻油、聚氧乙烯蓖麻油、脂肪醇聚氧乙烯醚、脂肪醇聚氧乙烯-聚氧丙烯醚、聚氧乙烯失水山梨醇脂肪酸酯、聚甘油脂肪酸酯、植物甾醇聚氧乙烯醚等。对特定体系必须选用适宜的表面活性剂作为增溶剂。例如化妆水中的香料、油分和药剂等可用烷基聚氧乙烯醚来增溶，而聚氧乙烯烷基酚基醚可以用来增溶沐浴露和洗面奶等化妆品中的油性成分。此外通过增溶作用还会使香料的气味、药剂的性能、防腐杀菌剂的效果发生改变。

11.1.3 个人卫生用品

个人卫生用品主要包括天然个人卫生用品和化学合成个人卫生用品，这里所指的是化学合成的个人卫生用品，主要包括洗发香波、肥皂、香皂、洗面奶、洗手液、沐浴露、牙膏以及女性卫生专用品等。

洗发香波的主要成分为表面活性剂和添加剂，其中表面活性剂主要起去污和发泡等作用，添加剂则赋予香波各种性能和作用。脂肪醇聚氧乙烯醚硫酸盐，如钠、铵和镁盐以及单乙醇铵盐和三乙醇铵盐等阴离子型表面活性剂，具有优良的发泡性能和良好的去污能力，并且刺激性小，生物降解性好，是主表面活性剂。非离子型表面活性剂、阳离子型表面活性剂及两性型表面活性剂在香波中起辅助作用。非离子型表面活性剂主要作为增溶剂和分散剂，可增溶和分散水不溶性软化剂、油脂、香精和药物等，还可改善阴离子型表面活性剂对皮肤的刺激性，调节香波的黏度、稠度、稳定泡沫等。阳离子型表面活性剂能在头发表面吸附，形成保护膜，赋予头发光滑性和光泽，使头发易梳理，并能降低静电荷。两性型表面活性剂与皮肤和头发有良好的亲和吸附性能，又非常温和，还具有一定的杀菌作用，可与其他类型表面活性剂复配，主要用作增溶剂、降低阴离子型表面活性剂刺激性的添加剂以及杀菌剂。

牙膏是一种不溶性摩擦剂颗粒在具有三维聚合网络结构的液体润湿剂中的悬浮体系。其主要成分有：黏合剂、润湿剂、表面活性剂、香精和颜料、甜味剂和防腐剂等。表面活性剂在牙膏中主要起洗涤和发泡的作用。表面活性剂能降低污垢和食物碎屑在牙齿表面的附着力，并能渗透到污垢和食物碎屑中，将其分散成细小颗粒，形成乳化体，经牙刷摩擦而从牙齿表面脱落下来，随漱口水吐出。常用的表面活性剂有十二烷基硫酸钠、月桂酰甲胺乙酸钠、月桂醇磺乙酸钠、甘油单月桂酸酯磺酸钠等。在漱口剂中表面活性剂起增溶香精油、杀菌和发泡等作用。

11.2 工业和技术领域中表面活性剂的作用原理

表面活性剂在现代工业中用途极为广泛，几乎无处不在，因此有"工业味精"之美誉。纺织、食品、医药与农药、油漆与涂料、建筑、矿物浮选、能源、化学、制浆造纸、制革、电子等工业领域是使用表面活性剂的大户，而环境保护、新材料、纳米材料、生命科学等高新技术领域也离不开表面活性剂。

11.2.1 纺织工业

纺织行业是工业表面活性剂的最大用户之一。绝大多数纺织助剂中都含有表面活性剂。例如纤维制品的整个印染加工过程，基本上都在水相系统中进行，因此常遇到液-固、液-气、气-固三种界面现象，这就为表面活性剂提供了充分的用武之地。纺织助剂的使用大体分为两种情况。一是对纺织材料的处理，目的是提高工作效率或使加工过程顺利进行，而在后续工序中还需把它除去，如纺丝油剂、上浆剂及洗净剂等。二是使助剂机械地沉积在纺织材料上，或与之发生化学结合，产生较持久的功能效果，如纺织用的印染后整理剂，防皱整理剂，拒水、拒油整理及阻燃整理剂等。其中表面活性剂主要用作渗透剂、乳化剂、消泡剂、柔软剂、匀染剂、抗静电剂和洗涤剂，因而所起的作用主要是洗涤、润湿、乳化、消泡、匀染和抗静电等。

(1) 洗涤作用

原棉纤维表面附有蜡、果胶、色素等许多杂质，染色前应予洗净。通过用表面活性剂进行洗涤，可以使得从织物上被洗涤下来的油污杂质分散在洗液中，不再重返纤维表面上。常用的洗涤剂有阴离子型、非离子型、阳离子型等。肥皂、烷基苯磺酸钠、胰加邦 T（净洗剂209）、雷米邦 A、净洗剂 LS 等为阴离子型洗涤剂。阳离子型洗涤剂相对使用得较少，其洗涤作用大小与疏水基的长度有关。例如，碳氢链较短的十二烷基吡啶氯化物，在低浓度下洗涤效果欠佳，不仅不能洗去纤维上的油污反而易使油污黏附在纤维上（产生自憎），只有在高浓度下（形成双层吸附）才有洗涤作用；而十八烷基吡啶氯化物在浓度很小时，即具有明显的洗涤作用（cmc 小，低浓度下即可形成双层吸附）。

（2）渗透润湿作用

棉纤维原料用碱液煮炼时需要加入少量表面活性剂，以提高煮炼液对纤维的润湿、渗透，促使煮炼易于进行。通常采用非离子型表面活性剂，可使浆料及平滑剂迅速渗入纤维内部。对疏水性合成纤维，纯水的表面张力往往远高于其润湿的临界表面张力，故纯水不能润湿合成纤维。但借助于表面活性剂降低水的表面张力，使之小于纤维的润湿临界表面张力，即可润湿合成纤维。合成纤维油剂应用于纺丝工序时为铺展润湿，即让油剂乳液或液体以薄膜状覆盖于纤维表面。而在后牵伸工序，只需满足浸入润湿即可。

（3）乳化作用

合成纤维油剂通常是借助乳化剂把平滑剂、抗静电剂等分散于水中，形成稳定的 O/W 型乳液而用于纺丝工序中的。合成纤维纺丝油剂中各种组分能否充分有效地发挥各自的作用，与使用的乳化剂密切相关。

（4）消泡作用

在纺织品的染色、印花等工艺过程中，由于气泡的滞留，导致成品布上存在斑痕、疵点，严重影响着产品的质量，因此需要消除这些过程中产生的泡沫。一般非离子型表面活性剂的发泡性较差，特别是聚醚类非离子型表面活性剂发泡性更差，因此可以用作消泡剂。这些表面活性剂在溶液中吸附于溶液表面，并且迅速铺展开，取代了界面上原有的泡沫稳定剂，促使泡沫层液膜变薄，从而使泡沫破裂。这类表面活性剂在液体表面的铺展速度越快，其消泡效果越好。失水山梨醇脂肪酸酯以及聚醚型非离子型表面活性剂均可以用作消泡剂。此外，有机硅改性的非离子型表面活性剂在纺织工业中亦可以用作消泡剂、整理剂。

（5）抗静电作用

纤维尤其是合成纤维易产生静电，易于吸附灰尘等污垢，因此需要进行抗静电整理。用于纤维的抗静电剂主要为阳离子型和两性型表面活性剂。抗静电的机理主要是防止纤维织物表面受到摩擦时产生静电和使已经产生的表面电荷逸散两个方面。防止摩擦带电与表面活性剂的结构有密切关系；而表面电荷的逸散与表面活性剂在纤维织物上的吸附量和吸湿性有关。

阳离子型表面活性剂很容易通过自身所带的正电荷吸附到带负电荷的纤维表面，从而可以中和纤维的表面电荷；另一方面，由于阳离子型表面活性剂以带正电荷的季铵离子吸附于纤维表面，而以疏水的碳氢链向外构型吸附于纤维表面，在纤维表面形成一层以碳氢链组成的定向排列的吸附膜，这层吸附膜能有效地降低纤维表面在摩擦中产生的摩擦力，使摩擦带电现象减弱。对于极性低疏水性强的合成纤维，阳离子型表面活性剂以其疏水的碳氢链通过范德华力吸附于纤维表面，而以极性的季铵离子朝外，使纤维表面覆盖一层亲水的极性基，这不仅增加了纤维表面的导电性，而且还会增加其表面的湿度，有利于由摩擦产生的静电逸散，起到抗静电作用。两性型表面活性剂与阳离子型表面活性剂一样带有正电荷，因此也能吸附在负电荷的纤维表面，中和静电荷，其疏水基也有降低摩擦力的作用，并且与阳离子表面活性剂相比，在其分子结构中还多一个阴离子基团，因此能更好地增加湿度和电荷逸散作用。因此两性型表面活性剂是性能良好的抗静电剂，只是价格偏高。

11.2.2 食品工业

表面活性剂在食品工业中的使用主要有两种形式：一种是作为添加剂添加入食品原料或半成品中，起到调节、改善食品功能特性的作用；另一种是作为辅助剂，在食品生产加工过程中使用，尽量不在最终产品中存留，因此要求其最终含量越低越好。例如，面包、饮料、巧克力、冰淇淋、人造奶油的生产中要使用表面活性剂作为乳化剂；饮料、罐头、果酱的生产中要添加各类增稠剂、稳定剂；食品生产、制糖和发酵过程中需要用表面活性剂作为消泡剂；食品加工中为防止物料的粘连要使用脱模剂、防粘剂；水果蔬菜储存时需要加入保鲜剂，以封闭水果蔬菜的气孔，减缓新陈代谢，保持新鲜度和营养成分不流失。通常，表面活性剂在食品工业用作乳化剂、增稠稳定剂、发泡剂、消泡剂等，相应的作用是乳化作用、增稠作用、发泡和消泡作用等。

(1) 乳化作用

食品主要是由类脂化合物（主要是油脂）、蛋白质和碳水化合物等组成，其中油脂不溶于水，会与其他组分发生相分离。食品乳化剂能改善乳化体各构成相之间的界面张力，使之形成均匀、稳定的分散体或乳化体，从而改善食品组织结构，提高食品品质和保存性能。当表面活性剂在水溶液中的浓度大于 cmc 时，还能使油脂增溶于胶束中。此外，表面活性剂还将与食品中的成分发生相互作用，起到特定功效。

蛋白质是具有一定特征结构的大分子，通常表面活性剂不与蛋白质肽链中的肽键发生作用，而与固定在多肽链上的氨基酸侧链发生疏水结合、氢键结合或静电结合。具体结合方式与侧链的极性、乳化剂种类以及是否带有电荷和体系的 pH 值等因素有关。非极性蛋白质侧链基团与表面活性剂中的烃链相互作用产生疏水结合，条件是有水存在。疏水结合中表面活性剂烃链固定于蛋白质上，而极性头基则结合在粒子表面。极性侧链不带电荷的蛋白质与表面活性剂的亲水部分发生氢键作用，而表面活性剂的烃链则结合在粒子表面。侧链带电荷的蛋白质与带相反电荷的离子型表面活性剂则会产生静电吸引作用。

碳水化合物主要包括单糖、双糖、低聚糖、多糖和糖苷，表面活性剂与碳水化合物的作用方式主要为疏水作用和氢键作用。单糖和低聚糖水溶性好，无疏水层，因此不与表面活性剂发生疏水作用。淀粉属多糖类，在食品工业中占有特殊的重要地位。其中直链淀粉在水中形成 α-螺旋结构，内部可以发生疏水作用。表面活性剂烷基链随其亲水基进入 α-螺旋结构内，与其发生疏水结合，形成复合物或配合物。在面包、糕点等烘烤食品中，就是利用表面活性剂与直链淀粉、蛋白质的相互作用和结合，形成复合物，来达到防老化、软化等效果的。

(2) 增稠作用

在食品加工过程中，往往需要提高食品的黏度或形成凝胶，以保证乳化体系的稳定，这就需要加入增稠剂。它们属于亲水性高分子化合物，一般是微生物胶质和多肽类动物胶等高分子表面活性剂，亦称黏度调节剂、胶凝剂和乳化稳定剂等。增稠稳定剂在食品加工中主要起稳定食品"型"的作用，如胶凝作用、增稠作用、保水作用等。食品胶是果酱、果冻、蜜饯、软糖和仿生食品等的胶凝剂和赋形剂，可提高静置状态下食品的黏稠度，使加工食品的组织趋于更稳定的状态。食品胶的成膜性使之具有保水防透气作用，可用于食品保鲜。

(3) 发泡消泡作用

食品中的泡沫是气体分散在液态或半固态物料中的分散体系。稳定的泡沫直径从 $1\mu m$

到数厘米，由有弹性的液体膜或半固体膜分隔开来。为使食品中的泡沫稳定柔顺，需要加入表面活性剂作为发泡稳泡剂。常用的有合成表面活性剂（如蔗糖脂肪酸酯）、蛋白质类（明胶、卵蛋白、大豆蛋白等）、纤维素衍生物（甲基纤维素、羧甲基纤维素等）、植物胶类（阿拉伯胶）、固体粉末（香料粉、可可粉）等。其中蛋白质在液/气界面变性，可以凝结成一层皮，形成十分牢固的薄膜，起到稳泡作用。固体粉末则能聚集于气泡表面增加表面黏度和泡沫稳定性。

另一方面，在食品加工如搅拌、浓缩、发酵等过程中，可能产生大量气泡而影响正常操作的进行，必须加入消泡剂使之及时消除或抑制气泡的产生。表面活性剂作为消泡剂能取代在气/液界面吸附的稳泡剂，破坏 Gibbs-Marangoni 效应，促使液体从泡沫中流失直至达到破裂点而发生破裂，缩短泡沫的寿命。

11.2.3 医药和农药

表面活性剂在医药和农药中所起的重要作用，主要表现在它对原药的润湿、分散、乳化、增溶等方面。

(1) 润湿渗透作用

药物通常为有机物，不溶于水。在药物辅料中添加亲水性的表面活性剂，表面活性剂分子将吸附于药物粒子表面，形成定向排列的吸附层，降低界面自由能，从而有效地改变药物粒子表面的润湿性质，使难溶性的药物粒子表面易被水分润湿，还可以加速药物的溶出。

农药加工和应用中使用表面活性剂，不仅能改善药液在植物叶面的润湿性（降低表面张力和接触角），增加药液对叶面的亲和力，而且还能增强药液对植物体内的渗透能力。大多数的作物茎叶表面和害虫体表常有一层疏水性很强的蜡质层，水很难湿润，而且大多数化学农药本身亦难溶或不溶于水。通过表面活性剂的润湿作用，可以使药液喷洒到靶标上能完全湿润、铺展，不会流失，从而充分发挥药剂的防治效果。

(2) 分散作用

软膏剂是细微粉末状药物与基质配合而成的半固体外用涂覆制剂。软膏剂中常常加入表面活性剂作为渗透剂，使药物分散细致，乳化皮脂腺分泌物，降低表面张力，使药物和皮肤组织接触更加紧密，增加主药对皮肤的渗透性，提高吸收率。

表面活性剂作为分散剂，可保持混悬剂物理稳定性。混悬剂是指难溶性固体药物以微粒形式分散在液体介质中所形成的非均相分散体系，许多疏水性药物如硫黄、甾醇类不易被水润湿，加之微粒表面吸附空气，给制备混悬剂带来困难。使用适量表面活性剂作为润湿剂，表面活性剂分子将附着在微粒表面，增加其亲水性，从而保证微粒有较好的分散效果。表面活性剂还在两相界面形成溶剂化膜，使颗粒表面带相同电荷，从而通过静电排斥作用增加混悬剂的稳定性；同时它还能降低混悬剂微粒和溶剂间的界面张力，以利于疏水性药物的润湿和分散；并且能防止药物晶型的转变。

一些难溶于水的固体或膏状物类农药通过表面活性剂的分散作用形成水分散液或悬浮液，即药物以细小微粒均匀地分散于水中或其他液体中。对不同性状的原药可以制成不同的分散体系，如液-液、固-固、固-液、气-气等多种分散体系。分散相的颗粒与分散介质的界面张力越接近 0，分散体系越稳定。例如微乳剂就是将液态农药制成 O/W 型微乳液，或者将固态农药溶于有机溶剂再制成 O/W 型微乳液。使用时这种微乳剂能容易地分散在水中，形成稳定的分散体系，原因在于分散相的颗粒很小，而分散相与分散介质的界面张力非常低，一般只有 $10^{-4} \sim 10^{-2} \mathrm{mN \cdot m^{-1}}$。根据 DLVO 理论，分散的农药颗粒之间存在排斥力和吸引力，当斥力大于引力时农药分散体系就稳定，反之当引力大于斥力时，体系就发生聚沉。表面活性剂在农药微粒表面吸附能显著增加质点间的排斥作用，从而增加分散体系的稳定性。当农药微粒吸附离子型表面活性剂时，颗粒表面形成双电层，从而产生双电层的排斥作用；当农药微粒表面上吸附非离子或高分子表面活性剂时，将形成一定厚度的保护膜，通过位阻排斥作用阻碍微粒相互接近，进而阻碍它们的聚集。

(3) 乳化作用

软膏基质主要有油脂性基质和乳剂基质两类。乳剂基质又可分为油包水（W/O）型和水包油（O/W）型。表面活性剂在软膏剂中主要作为乳化剂，起乳化作用。它还能作为吸收促进剂，增加软膏基质的吸水性，从而加速皮肤对药物的吸收。表面活性剂在栓剂中不仅是良好的乳化剂，还能促进药物在黏膜内的吸收，增加药物的生物利用度和药物的生物膜透过性。

大多数的农药原药或有机溶剂都不溶于水，即使经过激烈搅拌，产生很小的微滴分散于水中，所得到的乳状液也是一个很不稳定的体系，一旦静置下来，油和水即会明显地分层。这样的乳状液并无实用价值，但加入表面活性剂后，其亲水基朝着水相，亲油基朝着油相，在两相界面上定向排列，降低界面张力，形成界面膜，即能阻止油滴的聚结，提高农药乳状液的稳定性，从而具有实用价值。目前许多农药是制成乳油使用，即将原药和表面活性剂（多为非离子型）溶于有机溶剂，使用时将其加入水中，能自发乳化形成稳定的 O/W 型乳状液供喷洒。为了减少有机溶剂的使用，可以直接将农药制成高浓度的 O/W 型乳状液或微乳液，使用时用水稀释即可。这些体系都广泛依赖于表面活性剂，称为农药乳化剂。

11.2.4 涂料

表面活性剂作为助剂已经成为涂料中不可缺少的重要组成部分，加入极少量就可以大幅提高涂料漆膜的质量。表面活性剂可以在涂料加工过程中提高研磨效率，避免产生结皮，消除泡沫；在储存过程中防止颜料凝聚和霉变；在施工过程中防止流挂；在涂膜过程中提高附着力；在成膜过程中增加光泽，防止浮色发花、缩孔；在应用过程中使涂层防霉、防污、防静电。因此表面活性剂在涂料中有多重作用，包括乳化、润湿、分散、消泡等。

阴离子型和阳离子型表面活性剂在涂料中都有应用，但两性离子型表面活性剂在涂料工业中很少使用，因为它们不能在聚合物粒子上产生静电荷。非离子型表面活性剂在水性树脂涂料和乳化漆中常与阴离子型表面活性剂复配使用。它们在各个粒子周围产生位阻排斥效应，从而有助于防止沉淀和絮凝。涂料组分中常常使用阴离子型表面活性剂长链脂肪酸铵盐，因为加热时氨被释出，留下对水不敏感的表面活性剂。带二价离子如钙、钡、镁离子的阴离子型表面活性剂在涂料配方中很少使用。阳离子型表面活性剂适用于使颜料分散，并具有杀菌作用，在电泳涂料中作为颜料研磨助剂和流动调节助剂。

(1) 乳化作用

涂料多为高分子物质，工业上常常通过乳液聚合来制备。乳液聚合是指在乳化剂的作用和机械搅拌下，将单体分散在水中形成乳状液，再进行聚合反应。乳液聚合体系一般需要四种成分：水、单体、表面活性剂和引发剂。其中表面活性剂起着重要作用：①降低体系界面张力，有利于使单体分散成细小液滴；②表面活性剂分子会吸附在单体液滴表面形成保护层，使乳液稳定；③表面活性剂在系统中的浓度应大于其临界胶束浓度 cmc，以保证形成胶束，这些胶束内部能增溶一部分单体，另有极小部分单体则以分子分散状态同表面活性剂分子一起溶解在水相中，其余大部分（90%以上）单体则在机械搅拌作用下形成液滴，被表面活性剂吸附膜所稳定。

乳液聚合中使用的表面活性剂的数量和种类对聚合物的稳定性、洁净度、粒径、黏度、润湿能力等性能均有影响。表面活性剂的用量不足（浓度低于 cmc），表面活性剂的 HLB 值不适当，或者表面活性剂的电荷不适当等，都会导致聚合物胶凝或使反应器内的物料完全固化。制造涂料用聚合物时通常配合使用阴离子和非离子混合型表面活性剂，仅用非离子型表面活性剂制备的水性聚合物有沉淀或絮凝倾向，不过非离子型表面活性剂可以提供剪切稳定性。

(2) 润湿作用

表面活性剂在涂料工业中的另一项重要作用是润湿作用，用以改善颜料的润湿性和底材表面的润湿性。大多数涂料都含有颜料、填料等固体粒子，这些粒子的分散依赖于其表面被水有效润湿。在含颜料的水中添加表面活性剂就能降低固/液界面间的界面张力，从而使水能润湿颜料粒子。通常当表面活性剂的亲水基处于疏水性链的中央时，该表面活性剂具有极强的润湿性，如双二乙基己基琥珀酸酯磺酸钠（Aerosol-OT）和炔二醇系表面活性剂（Surfynol 104)等都是很有效的润湿剂。润湿剂加入研磨料中可改善分散过程的效率和质量，加入涂料中可改善对底材的润湿性。但是，这类表面活性剂的用量应尽可能低，以避免水敏性和起泡等问题。

(3) 分散作用

颜料分散在涂料制备过程中是十分重要的一步。颜料分散得好坏对涂料的许多性能都有很大的影响，例如它不仅影响涂料的储藏稳定性，而且还影响漆膜的颜色、光泽及耐久性。如果一种涂料中的颜料分散得不好，在涂料的储藏过程中颜料就会不断地凝聚，施工后的漆膜就会呈现颜色偏离和发花等色泽不均的弊病。如果颜料的分散容易进行，而且每次都能得到分散程度较一致的颜料色散体(色浆)，则这种涂料在生产和使用时，颜色的重现性较好。借助于某些表面活性剂可以改善颜料在颜料系统中的润湿性，增强分散体系的稳定作用。这种表面活性剂能强烈地吸附在颜料表面，因而能改变颜料的表面性能，使颜料的润湿分散过程容易进行。

分散作用机理主要为：①形成双电层，离子型表面活性剂被吸附在颜料质点表面，形成带电层，此电层又吸附介质中的反离子形成双电层，使颜料颗粒相互排斥；②物理屏蔽，表面活性剂能将颜料颗粒表面包围起来，阻止颗粒相互接触，不会发生聚结；③氢键作用，通过氢键的作用，使周围的水分子产生定向排列，依靠氢键作用，在颜料颗粒附近形成附加的缓冲层，使涂料体系的黏度升高，有利于颜料分散稳定；④偶极作用，在电场的作用下，非离子表面活性剂分子内部的正负电荷中心发生偏移，成为偶极分子，偶极分子的一端沿着颜料颗粒表面定向排列，另一端朝向液相，从而阻止颜料颗粒之间的接触，起到保护胶粒的稳定作用。

(4) 消泡作用

在水性涂料生产及使用过程中常会产生气泡，为了控制生产和涂刷过程中所产生的泡沫，必须添加消泡剂。由于发泡剂多数具有烷基，消泡剂也必须具有部分烷基，使得消泡剂与泡沫表面的活性物质有一定的亲和力。另外，消泡剂的表面张力一定要低于发泡液的表面张力，只有这样消泡剂微粒才能够在泡膜上浸入及铺展。

(5) 调节流动性

为了改善涂料在使用过程中的流平性和流挂性，常需要加入表面活性剂作为流动性能调节剂，并使涂料具有牛顿型流体或触变性流体的特征。触变性涂料具有无流坠、易涂刷，在储藏时减少或完全消除颜料沉淀现象的特点。

表面活性剂的作用机理为：①浓缩作用，乳胶粒子吸附表面活性剂分子而产生软凝聚（弱絮凝），从而使粒子的布朗运动受阻；②增敏和安定作用，表面活性剂用量少时，它被胶粒表面吸附，胶粒表面电位降低，发生软凝聚，体系的安定性降低，即增敏作用，当表面活性剂用量增加时，它在胶粒表面形成被覆状态（双层吸附或半胶束吸附），体系又趋于安定，从而起到保护作用；③结构黏性作用，利用表面活性剂中的亲水和疏水基团，使体系形成网络结构，从而起到增稠作用。

11.2.5 建筑业

建筑业也是表面活性剂的大用户之一。表面活性剂在建筑业主要用于以下几个方面：①作为混凝土外加剂应用在混凝土中，用来改善混凝土的各种性能，满足建筑业对混凝土的一些特殊要求；②在脱模剂和混凝土养护中的应用；③在建筑涂料中的应用；④在沥青乳液中用作乳化剂。

(1) 分散作用

表面活性剂在混凝土中大量用作减水剂。作为减水剂的表面活性剂能在不同程度上对水泥颗粒起分散作用，使水泥遇水后不易凝聚成块，也有利于水泥石微细结构的生长，不同程度地改变水泥石的孔分布情况。在水泥加水搅拌时，吸附有表面活性剂的水泥粒子周围有较厚的水化层，使粒子分散，凝聚结构较难形成。由于水泥颗粒间的分散较好，导致因凝聚而包裹自由水的概率降低，使得水泥的用水量相对减少。由于水泥粒子周围吸附有较厚的水化层，也使得水泥颗粒间比较润滑。

(2) 发泡和稳泡作用

混凝土中加入表面活性剂作为引气剂，能将机械搅拌过程中卷入液相中的空气，稳定在混凝土拌和物中，成为混凝土中的气泡，形成加气混凝土。这些气泡多汇集于混凝土毛细管的通道上，对混凝土内毛细管有切断、封闭的作用，可以对混凝土内由于水分结冰而产生的膨胀压力起到缓冲作用，从而改善混凝土拌和物的和易性以及硬化混凝土的抗冻性，提高硬化混凝土的耐久性。同时，含引气剂的混凝土，其毛细管孔径变小，管内液体的蒸汽压明显降低，在较小的静水压力下已难以通过毛细管而渗漏过去，减少了毛细渗水，提高了混凝土的抗渗性。

(3) 乳化作用

沥青是重要的筑路材料之一。在制备沥青乳液过程中，通常是将沥青加热熔融后加入表面活性剂，并在机械搅拌作用下以细小的微粒分散于水溶液中，形成稳定的水包油型沥青乳液。在这一过程中，表面活性剂起乳化作用。使用沥青乳液时，不需要加温，可以在常温状态下进行喷洒、贯入与拌和摊铺，铺筑各种结构路面的面层和基层；也可以用作透层油、黏层油和旧路面的养护。用阴离子型表面活性剂稳定的沥青乳液的粒子带有负电荷，只有铺洒于干燥的石料上才能破乳，使沥青与石料黏附在一起。如果使用阳离子型表面活性剂作为乳化剂，沥青乳液的粒子带有正电荷，与带负电荷的石料接触瞬间就发生破乳，从而使沥青牢固地黏附在石料表面上。因此作为沥青乳化剂，阳离子优于阴离子。

另外，在钢筋混凝土工程中，为了保护模板，将含脱模剂的乳状液涂于模板上，干燥后形成牢固均匀的薄膜，极易脱模。在混凝土施工中断时，将含表面活性剂的乳液涂于湿的混凝土表面，乳液能迅速破乳，形成很薄的疏水性防护膜，防止水分蒸发。

11.2.6 矿物浮选

采矿业是国民经济的基础工业之一。为了提高有效物含量，去除不必要的杂质，对开采的矿石需要进行所谓的选矿。在选矿方法中，利用矿物表面疏水-亲水性的差别通过泡沫浮选从矿浆中浮出矿物的富集过程，叫做浮选，而浮选剂主要就是表面活性剂。这里表面活性剂的作用是调整矿物表面的疏水性，即作为捕收剂，此外还用作发泡剂和调整剂。

(1) 吸附分散作用

自然界中除煤、石墨、硫黄、滑石和辉钼矿等矿物颗粒表面疏水、具有天然的可浮性（附着于泡沫上升）外，大多数矿物均是亲水的，金矿物也是如此。亲水性矿石通常吸附表面活性剂，在界面形成单分子层，以亲油基朝向水，可以降低其亲水性，提高亲油性，从而使之可浮。这种物质通常称之为捕收剂。另外由于表面活性剂的吸附，进而对矿物粒子有一定的分散作用。捕收剂在矿物表面的吸附机理主要有两类：一类是矿物颗粒表面和捕收剂离子间有某种键合作用，如浮选硫化矿石所用的磺原酸盐和浮选钙盐矿石或赤铁矿石等所用的油酸；另一类是捕收剂离子与矿石颗粒表面具有相反电荷时，依靠静电相互作用而使捕收剂吸附在矿物表面，如浮选氧化矿和硅酸盐矿所用的胺类或烷基硫酸盐等。

(2) 起泡作用

浮选过程中需要产生大量泡沫，因此需要加入发泡剂。发泡剂的存在使得矿浆经搅拌产生大量气泡，于是磨细的矿石中那些表面疏水的颗粒就易于黏附于气泡，随之上浮，而那些不与气泡黏附的矿物则留在矿浆中，达到矿物分离或富集的目的。在浮选时加入发泡剂，还能够防止气泡的聚并，延长气泡在矿浆表面存在的时间。吸附了捕收剂的矿物颗粒由于表面的疏水性，就会向气泡的气-液界面迁移，与气泡发生"锁合"效应，即矿物颗粒表面的捕收剂会以疏水的碳氢链插入气泡内，同时发泡剂也可以吸附在固-液界面上进入捕收剂形成的膜内。也就是说在"锁合"过程中，由发泡剂吸附在气-液界面上形成的单分子膜和捕收剂吸附在固-液界面上的单分子膜可以互相穿透形成的固-液-气三相的稳定接触，将矿物颗粒黏附在气泡上。这样在浮选过程中气泡就可以依靠浮力把矿物颗粒带到水面上，达到选矿的目的。

11.2.7 能源工业

石油开采中通过常规的一次（自喷）和二次采油（注水驱）一般只能采出总储量的30%～40%，60%左右的残余油被圈捕在地层多孔介质中。由于Laplace压力差，这些被分割的油滴在水驱压力下难以通过细小的通道，称为咽喉孔道。因此如果没有新的技术，这些残余油将长眠地下。水驱后采用任何非常规技术采油被称为三次采油，也叫强化采油（EOR）。三次采油主要分为四类：热法、微生物法、混相驱油法和化学驱油法。其中化学驱油法有单纯的碱水驱和聚合物驱、复合型的表面活性剂-碱-聚合物三元复合驱、表面活性剂-聚合物二元复合驱以及微乳液驱和泡沫驱等。除了碱水驱和聚合物驱外，其他化学驱都要使用表面活性剂，其基本作用是降低油/水界面张力和Laplace压力差，使圈捕于岩石孔隙中的残余油滴启动。此外表面活性剂在原油开采中还作为堵水剂、降黏剂、降凝剂、油井清蜡剂、防蜡剂以及原油破乳剂等。

能源工业使用表面活性剂的另一个领域是水煤浆制备。水煤浆是一种新型的煤基流体燃料，是由大约70%的煤、30%的水和少量化学添加剂组成的固/液分散体系，属热力学不稳定体系。在水煤浆中表面活性剂主要用作分散剂。

从机理上来讲，三次采油和水煤浆行业主要是利用了表面活性剂的吸附、增溶、分散、润湿、乳化、发泡等作用。

(1) 吸附、润湿和乳化作用

在三次采油技术中，表面活性剂提高原油采收率的原因在于：①它能吸附于原油/水界面，降低原油/水溶液之间的界面张力（降至 $0.01\text{mN} \cdot \text{m}^{-1}$ 以下）；②使油层原油发生自乳化；③改变油/水溶液间的界面流变性；④吸附在岩石表面，改变岩石表面的润湿性，使之变得亲水，以便于原油被泵入岩层中的水置换出来。此外，通过改变岩层的润湿性质，还可能产生更大的孔隙，便于原油流出。提高原油采收率与界面张力降低密切相关。界面张力减小，可使残存于被水润湿的孔隙中的油珠易于溢出。当有表面活性剂存在时，其在油/水界面穿越相界面的扩散可以引起界面扰动，导致原油的自发乳化，形成细小的油珠，以利于从岩层孔隙中流出。乳状液的稳定性与油/水界面形成的黏弹性膜强度有关。油滴从多孔岩层中流出时，须多次变形，即多次改变油/水界面面积。而高界面黏度将阻碍界面变形。所以为提高原油流出速度，需要加入适当的表面活性剂，在油珠表面形成具有恰当流变学性质的界面膜。

表面活性剂驱油方式可分为活性水驱和胶束/微乳液驱。活性水驱属于稀浓度表面活性剂体系（<0.5%），其驱油机理如下：①低界面张力机理。表面活性剂吸附在油/水界面上，降低油/水界面张力和 Laplace 压力差，增加了毛管数，从而减少了油珠通过狭小孔道移动时界面变形所需的功，降低原油的流动阻力。②润湿反转机理。在驱油过程中，部分表面活性剂吸附在岩石/水界面，改变了岩石的表明润湿性。例如如果表面活性剂的亲水基与岩石有强相互作用，如发生化学反应或静电吸引作用，则吸附时亲水基将朝向岩石表面而烷基链朝向水。这一构型将使岩石表面变得亲油。反之如果表面活性剂的烷基链吸附到岩石表面，将使岩石表面由亲油变为亲水。通过使岩石表面变得亲水，可使油水的相对渗透率向有利于油流动的方向改变。③乳化机理。驱油用的表面活性剂的 HLB 值一般在7~18，它在油/水界面上的吸附可稳定水包油乳状液。被乳化的油珠在向前移动过程中不易重新黏附于水润湿的岩石表面，提高了洗油效率。④提高表面电荷密度机理。当驱油用表面活性剂为阴离子型时，它在油珠和地层表面上的吸附，可提高表面的电荷密度，增加油珠与地层表面之间的静电斥力，使油珠易为驱动介质带走。⑤聚并形成油带机理。当被圈捕的油滴被驱动向前移动时，可发生相互碰撞，如果碰撞的能量能克服它们之间的静电排斥作用时，油滴就可能聚并，形成油带，从生产井采出。胶束/微乳液驱中表面活性剂的浓度相对较高，体系中含有大量的表面活性剂胶束。胶束/微乳液驱除了具有活性水驱全部的作用机理外，还有胶束或微乳液对原油的增溶作用，从而进一步提高了胶束的驱油效率。微乳液体系通常要加入醇（助表面活性剂）以及盐调节表面活性剂的亲水亲油平衡，从而使表面活性剂最大限度地吸附在油/水界面上，获得超低界面张力，尤其中相微乳液对油具有最大的增溶能力，具有极高的驱油效率。但由于表面活性剂的浓度也很高（2%~5%），在经济效益上可能不如低浓度活性水驱。

(2) 发泡作用

泡沫驱油是近年来发展的一种新技术。泡沫的低密度和高黏度两个特性使得泡沫在多孔介质内具有独特的渗流特性，同时具有低界面张力特性，其驱油效果比水大，因此有助于提高驱油效率。表面活性剂是最常用的发泡剂，通过适当的配方可以获得丰富稳定的泡沫。

(3) 分散作用

水煤浆中常用表面活性剂作为分散剂。其分散作用机理主要有以下几点：①提高煤颗粒表面的亲水性。在水煤浆中加入表面活性剂，由于煤颗粒的表面是疏水的，表面活性剂分子通过其疏水基与煤表面的疏水基结合，形成以亲水基朝向水的吸附单层。这种定向排列方式把水分子吸附在煤粒的表面，变疏水性为亲水性并形成一层水化膜，使煤粒相互隔开，从而减少煤粒间的絮凝作用，有利于降低体系的黏度。②增强颗粒间的静电斥力。使用离子型分散剂还能提高煤粒的表面电势，从而导致双电层的排斥作用，对煤粒分散悬浮起到稳定作用。③空间位阻效应。非离子型表面活性剂吸附在煤粒表面可以通过空间位阻效应防止体系发生絮凝。即使是离子型分散剂，也能产生较强的空间位阻效应。由于存在双电层，相当多的反离子排列在粒子周围，而这些离子是水化的，即周围结合了许多水分子，相当于在颗粒周围形成了较厚的水化膜。水化膜中水分子和体相中的"自由水分子"不同，因受到电场作用而呈定向排列。当颗粒相互靠近时，水化膜受到挤压而产生变形，但静电作用则力图恢复原来的定向，这样就使水化膜表现出一定的弹性，提供类似于空间位阻的稳定作用。

11.2.8 电子工业和金属加工业

表面活性剂在微电子工业中的应用越来越广泛，主要用作电子元件的清洗剂、电镀行业中的润湿剂和消泡剂、电子元件焊接过程中的辅助剂或增效剂（提高焊接程度和焊接效果）、硅材料切片、磨片、抛光及清洗工艺中的辅助材料等。在金属加工行业表面活性剂广泛用作清洗剂和防腐剂。

(1) 洗涤作用

在电子元件和金属制品的制作、使用过程中，一些微小颗粒、油污等易黏附在电子元件/金属部件的表面，给后续加工带来麻烦，因此需要进行清洗。一般采用含有特定表面活性剂的水基清洗剂，以除去污物。其中，水基金属清洗剂的作用原理是：①表面活性剂分子在含有油污的金属表面铺展，通过润湿、渗透作用，使油污在金属表面的附着力减弱；②借助于机械搅拌、振动、刷洗、超声波、加热等机械和物理方法，加速油污脱离金属表面；③油污进入洗涤液中后，被表面活性剂乳化、分散，悬浮于其中或增溶于胶束中，防止油污再次附着于金属表面。

(2) 润湿作用

金属材料按预定规格进行切削、磨削加工时，为减轻工具与加工件之间的摩擦、增加润滑性和带走由于摩擦而产生的热量，需要在工具与金属材料之间注入润滑冷却液，简称切削液。金属切削液必须具有良好的润滑、冷却、洗涤、防锈、防腐等性能。其主要成分为矿物油、表面活性剂、防锈添加剂等。在水溶性切削液中，表面活性剂用作乳化剂、润湿剂、洗净剂等；在乳化型、部分可溶型切削液中，矿物油为底油，表面活性剂主要起乳化剂的作用；在化学溶解型切削液中，表面活性剂主要用于降低表面张力，增加润湿性能。另外在硅片切割过程中，加入含表面活性剂的切削液在刀具与被切入的硅片之间形成润滑膜，将摩擦表面隔开，使硅片表面与刀具间的摩擦转化为具有较低抗剪切强度的润滑膜分子间的内摩擦，从而降低摩擦阻力和能源消耗，减小了损伤、应力与微裂，降低了切点温度，提高了切削速率，延长了刀具寿命。

(3) 渗透分散作用

作为电子元件的原料，硅片在磨片过程中需要使用含表面活性剂的磨削液。借助于表面活性剂的良好分散悬浮作用和渗透作用，磨削液能渗透到磨料微粒之下，在磨粒的高强度摩擦后，能容易地去除破损层，又不致伤害工件表面，提高了工作效率，减少了磨料之间的摩擦，从而减少了不必要的缺陷和破坏，使电子器件的精度和优越性大大提高。研磨过程中固体颗粒团块受到机械力作用时，会产生微裂缝，但它很容易通过自身分子力的作用而愈合。当分散介质有表面活性剂存在时，表面活性剂分子会进入裂缝中，吸附在固体界面上，产生一种"劈楔作用"。这使得微裂缝不但无法愈合，而且越来越深和扩大，最后使它分裂成碎块，因此在相同条件下会提高研磨效率。表面活性剂吸附在固/液界面上，还能大大降低了颗粒的表面自由能，减少了它们相互聚结的趋势。另外由于表面活性剂的吸附，使固体表面吸附层增厚，形成空间位垒，从而阻碍颗粒相互靠拢，并使新的表面一旦裸露即与磨料接触，提高传质效率，使研磨效率大大提高。

在硅衬底抛光中，含表面活性剂的抛光液亦有良好的渗透和分散作用。表面活性剂的加入可以提高传质速率、提高硅片平整度、降低表面张力、降低损伤层厚度，还可以优先吸附，在衬底表面形成易清洗的物理吸附表面。

11.2.9 化学工业

表面活性剂在化学化工领域有着广泛的应用。如在分析化学中起增溶、增稳、增敏、催化、分散、乳化、分离富集以及提高抗干扰性和选择性等各种作用；在物理化学中用作催化剂、胶体制备的稳定剂；在无机化学中用于无机合成中的离子交换剂和液-液萃取；在高分子化学中用于乳液聚合；在塑料、橡胶中广泛用作乳化剂、分散剂、增塑剂、抗静电剂、润滑剂、稳泡剂、增稠剂、凝聚剂、消泡剂等。

(1) 乳化作用

乳液聚合在塑料工业和橡胶工业中占据重要地位。在橡胶、塑料制备过程中，由于单体、引发剂、溶剂（水）以及其他一些相关组分之间很难互溶，因而通常添加合适的表面活性剂作为乳化剂，使体系形成乳状液。乳化剂在乳液聚合中起着特殊的作用：①降低体系界面张力，有利于使单体分散成细小液滴；②乳化剂分子会吸附在单体液滴表面形成保护层，使乳液稳定；③当乳化剂浓度大于 cmc 时，乳化剂分子便形成胶束，部分单体可增溶于胶束中，形成溶胀的胶束。聚合物单体聚合后形成细小粒子，在乳化剂的作用下稳定分散于介质中，最终形成一定浓度的聚合物乳液，成为合格产品。

(2) 分散作用

一般聚合物单体在溶剂中不溶解，而加入表面活性剂可使聚合物单体在溶剂中分散。在塑料制品中使用表面活性剂时，表面活性剂分子将插入到聚合物大分子之间，增大大分子之间的距离，遮蔽聚合物的极性基，使相邻聚合物分子的极性基不发生作用，即削弱了分子间的作用力。使用增塑剂时，其极性基团与聚合物分子的极性基团发生偶合作用，破坏原来聚合物分子间的极性联结，从而削弱其作用力，起到增塑作用。

(3) 起泡和消泡作用

表面活性剂常用于分析化学中作为浮选剂，在泡沫塑料制备中作为发泡剂，在橡胶和塑料聚合胶乳制备中作为消泡剂。这里主要利用了表面活性剂的发泡和消泡作用。

浮选分离技术就是在一定条件下向试液鼓入空气或氮气产生气泡，将溶液中存在的欲分离富集的微量组分（分子、离子、胶体或固体颗粒）吸附在气泡上，随气泡浮到液面，然后收集起来，从而达到分离和富集的目的。要使欲分离富集的组分吸附在气泡上，必须加入表面活性剂作为浮选剂，称为捕集剂。它们往往是与欲分离富集的组分带相反电荷的表面活性剂，由于吸附导致表面疏水，从而能被气泡捕获，富集于浮选液面。离子也可以与带异电荷的表面活性剂形成可溶性的离子缔合物或配合物，吸附和浓集在气泡上而获得分离富集，这一方法称为泡沫分离法。

制备泡沫塑料时，需要采用发泡剂，使聚合物中产生大量稳定和大小均匀的气泡。如果泡孔增长在某一阶段不能被及时中断，则一些泡孔可以增长到非常大，使形成泡孔壁的材料达到破裂极限，最终泡孔相互串通，致使整个泡沫结构瘫塌。或者导致所有的气体从泡孔中缓慢地扩散到大气中，泡孔中气体压力逐渐衰减。因此在制造泡沫塑料过程中，必须加入稳泡剂，控制泡孔的增长和稳定。

（4）抗静电作用

近代塑料加工业不断高速发展，塑料制品的应用遍及工业和我们日常生活的各个方面。但塑料及其制品易因摩擦而产生静电，并且由于电阻很高，形成的静电不易消去，所产生的静电有很大危害。例如，如果塑料制品带静电，不仅制品易吸附尘埃，影响制品的透明性及表面洁净和美观，而且还影响制品的使用性能。在塑料生产加工过程中，产生的静电更大，静电压常常会高达几千甚至几万伏，能直接影响到生产的正常进行和产品质量。例如在薄膜包装机的包装过程中，静电作用可使薄膜吸附在金属部件上，使操作难以进行。因此一般情况下要加入抗静电剂，它能够降低塑料的表面电阻，适度增加导电性，从而防止制品上积聚静电。一些表面活性剂是优良的抗静电剂，这是由于表面活性剂的疏水基能通过范德华引力作用吸附在塑料的表面，在塑料表面形成以极性基伸向外的定向吸附膜，而吸附膜中的亲水基很容易吸附环境中的微量水分，从而形成单分子的导电层。当抗静电剂为离子型化合物时，就能起到离子导电的作用。非离子型抗静电剂虽与导电性没有直接关系，但它具有吸湿作用，吸湿的结果除利用了水的导电性外，还使得塑料中所含的微量电解质有了离子化的场所，从而间接地降低了表面电阻，加速了电荷的逸散。另一方面，由于在塑料的表面有了抗静电剂的分子层和吸附的水分，因此当发生摩擦时，摩擦间隙中的介电常数同空气的介电常数相比明显提高，从而削弱了间隙中的电场强度，减少了电荷的产生。

（5）增稠和絮凝作用

增稠作用和絮凝作用主要出现在橡胶材料制备中。例如浸渍法制备厚壁制品和制造织物制胶制品等橡胶产品时不希望胶乳有很高的流动性，需要增加其黏度，以适应各种加工工艺的要求。一般是加入高分子表面活性剂，增加配合胶乳的黏度，减少其流动性，改进加工性能。原理是因为表面活性剂分子量较大、含有官能团较多、对溶剂吸附较强，因而使体系的黏度增大，起到了一定的增稠作用。而对于絮凝作用，主要是表面活性剂加入后吸附在胶粒表面，可以通过相反电荷间的吸引作用，造成胶粒絮凝结块。

（6）胶束催化作用

表面活性剂在溶液中形成胶束后，使介质的性质发生很大改变，必然会对其中发生的化学反应速率有明显的影响。它既可对反应产生催化作用，也可起抑制作用。如十六烷基三甲基溴化铵胶束的存在对酯的碱性水解起催化作用，而十二烷基硫酸钠胶束则对上述反应起抑制作用。胶束催化的原理如下：①介质效应。由于胶束可提供从高度极性的水环境和电性到几乎完全非极性的似烃反应环境，可以为反应提供最适宜的极性环境。因此，对极性的反应体系，胶束的这种作用可使反应粒子浓集，加大碰撞频率并使反应加速。②接近效应。胶束能增溶原本不易溶于反应介质中的反应物，离子型胶束还会吸引具有相反电性的反应物或排斥相同电性的反应物。若为吸引作用，则胶束表面附近反应物的浓度大于水相中的浓度，因此，反应速率增加。上面所说的十六烷基三甲基溴化铵和十二烷基硫酸钠胶束对酯碱性水解的不同催化效果主要是由于胶束所带电荷不同所致。前者带正电，在增溶羧酸酯的同时吸引羟基到胶束附近，故有催化作用；而后者虽也增溶羧酸酯，但带负电荷，对羟基有排斥作用，结果使二者不易发生反应而产生抑制作用。

11.2.10　制浆造纸工业

制浆过程主要是从木材中将木素、半纤维素、树脂、色素以及灰分等尽量地与纤维素分开。表面活性剂的用途在于能促进杂质分离，提纯纤维素。表面活性剂在制浆造纸中的主要作用有加速蒸煮渗透、洗涤、抗静电、柔软、润湿、分散、乳化、脱墨等。

(1) 润湿渗透作用

渗透的前提是润湿。表面活性剂可以通过单层吸附使带相反电荷的高能表面拒水、抗粘，而通过多层吸附又能使高能表面更加亲水。表面活性剂通过降低固/液界面张力增大润湿性。通过表面活性剂的润湿作用，可以加速蒸煮助剂和其他助剂的渗透及均匀分散。

(2) 柔软作用

表面活性剂能在纤维表面形成疏水基向外的反向吸附，降低纤维物质的动、静摩擦系数，从而获得平滑柔软的手感。柔软润滑的效果可以用静摩擦系数和动摩擦系数的差值来表示，差值越小，柔软作用越强。纸纤维表面带负电荷，因此用阳离子或两性离子表面活性剂效果较好。

(3) 抗静电作用

在特殊纸的加工生产中有时会遇到静电问题。用表面活性剂处理纸后，通过正向吸附在材料表面形成疏水基朝向纤维、亲水基伸向空间的吸附层，产生亲水性外表面，使得纤维的离子导电性和吸湿导电性增加，表面电阻下降，从而防止了静电积累。

(4) 分散作用

造纸过程中，纤维、填料和一些助剂等都是水不溶性物质，它们在水溶液中有自行聚集的趋势。这样就难以得到性能均匀、强度理想的纸张。表面活性剂可以使悬浮液中分散的固体粒子被液相载体充分润湿和均匀分散，并使体系的分离、聚集和固体微粒的沉降速度降至最低，以维持悬浮液最大的动力学稳定性。分散作用主要表现在：①表面活性剂通过静电作用在亲水粒子表面形成反向吸附层增大油溶性，或通过疏水作用在亲油粒子表面形成正向吸附层增大水溶性；②单分子膜形成空间位阻，阻止了分散微粒的聚并；③加大离子型表面活性剂的浓度，在反向吸附层上形成第二层带电吸附层，使分散粒子因电性排斥而分散。

(5) 消泡作用

造纸原料在备料、蒸煮、洗选、漂白、打浆等过程中，除原料切碎和纸张干燥工序以外，其余都是在水中进行的。由于造纸原料中的胶质物、皂类物质的存在，在制浆造纸的各个工段都会产生泡沫，并且对各工序都有不同程度的危害；特别是造纸工段到处都能见到泡沫，排放的废水中更是漂浮着大量泡沫，所以消泡技术在制浆造纸中应用广泛。消泡剂在气泡膜表面的吸附取代了原有的泡沫稳定剂，而新形成的气泡膜不具有 Gibbs-Marangoni 效应，当液膜变薄、受到外力冲击时易于破裂，因而产生消泡作用。

11.2.11　制革工业

表面活性剂在皮革生产的各个工序中所起的主要作用有：增溶、乳化、润湿、渗透、起泡、消泡、洗涤、匀染和固色等。制革中所用的表面活性剂主要是阴离子型和非离子型，近年来阳离子型、两性、高分子表面活性剂的应用也日益增多。

(1) 润湿渗透作用

在干皮浸水软化过程中，加入的表面活性剂对干皮含有的油脂具有亲和力，易于接近皮革，促进胶原蛋白的溶解，从而开辟了化学成分通向皮子内部的"通道"。同时提高了水对干皮的润湿渗透性，缩短了干皮的浸水时间，使干皮软化、纤维网络尽可能疏松。

(2) 乳化作用

浸灰又称碱膨胀，是皮革生产中的一个必要步骤，即让生皮在碱溶液（氢氧化钙、硫化钠、氢氧化钠等）中进一步充水，以去掉生皮上的毛（脱毛），除去胶原纤维间的蛋白质、脂肪和其他杂质，并使纤维松散和分离。在裸皮浸灰过程中，为缩短浸灰时间，减少胶原的损失，提高成革的质量，常加入非离子型表面活性剂（如乳化剂 OP-7 等）。通过降低表面张力，一方面可加快药剂向皮内的渗透，使皮内纤维间质溶出，胶原纤维间的氢键等交联键被破坏，胶原纤维得到分散，浮于灰液之中；另一方面可使油脂被乳化。浸酸（使裸皮 pH 值降低到 1.5～2.0）过程中加入表面活性剂可使生皮进一步脱脂，帮助酸液渗透和分散，缩短浸酸时间。在裸皮脱脂过程中，通过表面活性剂对油脂的乳化作用使得油脂易于脱除。在皮革加脂过程中，表面活性剂的加入有助于油脂的乳化，以便于在胶原纤维表面形成单分子层油膜并为皮革纤维所吸收。

(3) 分散、增溶作用

染色过程中加入表面活性剂可以使染料分子尽可能以分子水平分散，缓慢地与皮革接触（缓染效应），或可以使已上染的染料由深色部位向浅色部位移动（移染效应），容易渗入革内，与胶原纤维发生化学及物理作用，达到匀染的效果。在皮革匀染过程中，表面活性剂还可用作染料分散剂或增溶剂。在用作分散剂时，一般是将其配制成 1% 的溶液，pH 值调至 6～8 左右，使之具有最佳扩散能力，将聚集的固体染料分散。当所用表面活性剂浓度达到 cmc 时，染料被增溶，色牢度也最好。皮革涂饰过程中，表面活性剂的作用是分散、改善流平性、增塑等。在纤维间填充的聚合物（聚氨酯、丙烯酸树脂等）除了物理吸附和缠结外，还可以化学键结合，加强层间黏合力。同时，表面活性剂的增溶作用亦十分重要，一般应用聚合物的微乳液作为填充剂，这样可以使填充剂以较快的速度渗入到所要求的部位。

11.2.12　环境保护

目前表面活性剂在环境保护中的应用大致可分为以下几方面：①作为药剂用于三废处理，如作为混凝剂、浮选剂、乳化剂、分散剂等；②作为增溶剂、吸附剂广泛用于土壤修复；③作为缓蚀剂、阻垢剂、杀菌(灭藻)剂用于工业冷却水处理。因而其主要作用是：分散絮凝作用、吸附作用、润湿作用、起泡作用、乳化作用、增溶作用等。

(1) 分散絮凝作用

为使废水中的悬浮固体、胶体物质以及一些溶解物从废水中分离出来，常添加高分子表面活性剂或常规表面活性剂来进行处理。高分子表面活性剂分子具有一些功能基团，能强烈吸附于悬浮固体、胶体物质表面，而表面活性剂分子之间还存在相互缔合作用（导致絮凝）。对带负（正）电荷的胶粒体系，分别投入阳（阴）离子表面活性剂后，由于电荷被中和，扩散层和双电层变薄、ζ电位降低，当ζ电位降低到某一程度，以致胶粒间的排斥作用能小于胶粒布朗运动的动能时，悬浮体和胶体的稳定性受到破坏，质点相互黏结、聚集成较大的絮凝体而沉淀、分离，达到净化废水的目的。这类表面活性剂通常称为絮凝剂。

从结构上来说，能作为混凝剂的高分子表面活性剂必须有荷电基团，或者有能与悬浮粒子形成氢键的基团，其分子链长要适度，分子量以 $10^4 \sim 10^7$ 为宜，最好不含支链结构。阳离子型高分子絮凝剂可以与水中带负电荷的微粒起电荷中和及吸附架桥作用，从而使体系中的微粒脱稳、絮凝，达到除浊脱色的效果。因此它们常用于染色、造纸、食品、水产加工及发酵等含有机污染物的工业废水处理。阴离子型高分子混凝剂中常用的为羧酸盐类，如各种不同水解度的聚丙烯酸钠和部分水解聚丙烯酰胺。前者多用于食品、水产加工等含蛋白质的废水处理，后者适用于含无机质多的中性、碱性悬浮液，如来自炼铁高炉、铝加工、造纸等行业的废水处理。非离子型高分子絮凝剂是通过其高分子长链在细小颗粒或油珠上的吸附架桥使它们缠在一起，常用于油田污水、含泥沙量大的江河水、铝加工废水等的处理。

(2) 起泡作用

为了使废水中的乳化油、微小悬浮颗粒等浮选出来，往往向废水中通入空气，以产生高度分散的微小气泡从水中析出，成为黏附乳化油、微小悬浮颗粒等疏水性污染物的载体。这些污染物随泡沫富集到水面，形成泡沫-气、水-颗粒二相混合体，通过收集泡沫达到分离杂质、净化废水的目的。作为起泡剂的表面活性剂可降低气/液界面张力和自由能、分散空气、防止气泡兼并、导致形成大量稳定的气泡。利用形成的泡沫对不同物质具有不同的吸附能力这一特性来分离物质。同时，当表面活性剂的极性基被吸附在亲水性悬浮颗粒表面后，其非极性基则朝向水中，这样就可以使亲水性物质转化成疏水性物质，提高可浮性。

(3) 润湿作用

煤燃烧所产生的主要污染物为 SO_2、NO_x 和烟尘，如何有效地使燃煤烟气脱硫除尘是环境治理的重点研究课题。烟气脱硫方法很多，其中湿法烟气脱硫具有技术成熟、工艺简单、运行稳定和脱硫效率高等优点，是目前国际上烟气净化的主要技术。在湿法除尘过程中，含尘气体与液体接触的程度对除尘效果有较大的影响。悬浮于气体中的 $5\mu m$ 以下（特别是 $1\mu m$ 以下）的尘粒和水滴表面均附着一层气膜，很难被水润湿而使处理效果降低。在石灰喷淋液中加入表面活性剂，可以降低溶液的表面张力，改善其润湿性，因而可有效提高除尘效果，并且对脱硫剂的成分和酸碱度影响较小。湿法烟气脱硫工艺中，石灰浆液吸收 SO_2 的速率受液膜和气膜共同控制，两相界面间存在一定的界面张力，根据物理化学理论，如果减小界面张力，可以降低体系的自由能，有利于 SO_2 在水溶液中的吸收反应的进行，即提高了水对 SO_2 的吸收效率，使得更多的 SO_2 溶解在喷淋的浆液中，从而提高了脱硫效率。

在煤层注水预湿除尘过程中，将表面活性剂加入预注水中，可提高水对煤层的润湿能力，缩短润湿时间。此外还能增大水在煤层的毛细裂缝中渗透时的毛细管力，使渗透作用加强，同时对煤层瓦斯中原先不溶于水的某些烃类有机物具有增溶作用，可有效降低瓦斯的压力。

(4) 乳化作用

目前利用由表面活性剂、有机溶剂流动载体组成的油相液膜广泛地用于处理废水，特别是回收废水中的一些有用物质。液膜是存在于两种液体之间，并与它们互不相溶的液态膜相。表面活性剂作为乳化剂，定向排列于油/水界面，可降低界面张力、稳定膜型。废水处理中采用油相液膜，从水相中分离金属阳离子、无机阴离子、有机物及悬浮物等。液膜的稳定性、渗透性均与表面活性剂的种类和性质有关。常用于液膜分离技术的表面活性剂有Span系列、多胺系列、甘油酯类以及烷基聚氧乙烯醚类等。

(5) 增溶作用

土壤修复是环境保护的一种重要方法，其最主要的目的就是除去土壤中的有机污染物。由于绝大多数有机污染物仅微溶于水，因此有机污染物在迁移过程中通过滞留、溶解、挥发等过程污染土壤、水体和空气。土壤修复的方法之一是化学淋洗，即借助能促进土壤环境中污染物溶解或迁移的溶剂，通过压力将其注入被污染的土层中，然后把含有污染物的液体再从土层中抽提出来进行处理，达到从土壤中分离出污染物的目的。利用表面活性剂增效修复（简称 SER）去除地下含水层中的非水相液体以及土壤颗粒物上的污染物的研究，已经成为环境和土壤化学领域中的研究热点。表面活性剂溶液能有效地将有机污染物从受污染的土壤中解吸出来。由于表面活性剂减小了界面张力，因此可以将阻塞在土壤孔隙中的有机污染物分散，并通过溶液本身将其洗脱出来，当使用的表面活性剂浓度较大时，通过表面活性剂胶束对有机污染物的增溶，可将其从土壤中解吸出来。另外，在土壤修复过程中，利用表面活性剂的吸附和增溶，增强截留有机污染物，同时投加微生物菌种降解有机污染物，可以进一步提高土壤修复和净化地下水的效率。

11.2.13 生命科学

(1) 仿生作用

在适当的条件下，表面活性剂形成的单分子层可以转移到固体基质上，并且保持其定向排列的分子层结构。这就是由著名表面化学家 Langmuir 和他的学生 Blodgett 女士首创的膜转移技术，称之为 LB 膜技术。最近 20 年中利用此技术进行分子组装，成为高新科学技术发展中的一个热点。LB 膜技术在科学研究上具有重要意义，其中利用人工控制分子排列方式组建各种特性的分子聚集体具有广泛的应用前景：①LB 膜技术可用于制备有序蛋白质超分子和制备纳米微粒；②研究仿生膜中各组分间的相互作用，分子面积和分子结构；③测定高分子的分子量和水透过单分子膜的蒸发速度；④在药物制剂中利用 LB 膜制备纳米制剂、靶向制剂；⑤LB 膜可以作为生物标记物，检测癌症；⑥单分子层膜和多分子层膜与天然存在的生物酶有许多相似之处。

(2) 消毒杀菌作用

细菌的表面由细胞组成，通常带负电荷。而细胞壁又有多层结构，由蛋白磷脂质、细胞质组成。阳离子型表面活性剂特别是分子结构中带苄基的季铵盐具有较强的杀菌性，它可以选择性地吸附到带负电荷的菌体上，在细菌表面形成高浓度的离子团而直接影响细菌细胞的正常功能，损坏控制细胞渗透性的原生质膜，使之干枯或充胀死亡。另外，吸附在细菌表面的阳离子表面活性剂还能通过渗透扩散作用，穿过表面进入细胞膜，完成半渗透作用，再进一步穿入细胞内部，使细胞内菌钝化，破坏细胞壁内的某种酶，与蛋白质发生反应从而影响微生物的正常代谢过程，最终导致微生物死亡。两性表面活性剂由于具有阳离子基团也具有较好的杀菌作用，尤其当存在其他蛋白质或重金属离子的场合，某些两性型表面活性剂的杀菌能力将超过阳离子型表面活性剂，特别是在与阴离子型表面活性剂复配时，更显示出两性型表面活性剂的优越性。

长链烷基二甲基苄基溴化铵、十六烷基三甲基溴化铵等阳离子型和两性型表面活性剂如烷基咪唑啉季铵盐等均具有很好的杀菌作用。它们通常可与非离子型、两性型等表面活性剂复配，用于食品、医疗卫生、餐饮等行业作为杀菌洗涤剂和消毒剂。

11.3 表面活性剂与纳米技术

纳米尺度的范围是 $1\sim100nm$。相同物质当尺度减小至纳米级别时，其表面性质、电子和光学性质将显著不同于大尺度物质，例如显示出独特的催化性能、量子尺寸效应等，进而在纳米催化、燃料电池、半导体、生物医学、靶向药物、微电子器件等技术领域具有重要的应用价值。

纳米科学和技术是一门综合性的学科，涉及物理学、化学、生物学、应用数学以及诸多工程领域，是研究纳米尺度材料的现象及其操控的一门学科。纳米技术是当今发展最快的技术领域之一，是很多高新技术的基础。

纳米尺度范围显然属于胶体范畴。从胶体化学的角度看，纳米材料的一个显著特征是比表面积巨大。这对纳米催化可能是有利的，因为可以提供更多的活性位点；但另一方面，与普通胶体分散体系一样，巨大的比表面积不利于纳米粒子的稳定，常常会促进纳米粒子的团聚。而在制备纳米材料时，只有实现了对纳米材料微结构的有效控制，才有可能将其更有效地应用于相关的高科技领域，如作为微电子器件等。因此，纳米材料的形貌控制成为当前材料科学研究的前沿与热点。

表面活性剂具有双亲性质，能够吸附在固体表面，从而显著降低纳米粒子的界面能和改变纳米粒子的表面性质，例如在纳米微粒表面之间形成一个"桥"起偶联作用，而其长分子链的位阻效应可避免纳米粒子的团聚，从而有利于纳米粒子及相关体系的稳定。另一方面，表面活性剂能在溶液中自组装形成胶束、反胶束、囊泡、微乳液、液晶等结构。这些有序聚集体的大小或聚集分子层的厚度皆属于纳米级别，可以提供形成"量子尺寸效应"超细微粒的适合场所与条件，而且分子聚集体本身也可能有类似的"量子尺寸效应"。这使得表面活性剂可以作为模板剂，在多孔材料和纳米材料的合成以及材料加工中发挥重要作用。本节将简单介绍表面活性剂在纳米技术中的应用原理，重点包括在纳米材料制备、纳米材料分散以及纳米材料表面修饰等方面的应用。

11.3.1 表面活性剂与纳米材料的制备

(1) 表面活性剂的作用原理

纳米结构材料的制备是所有纳米技术的基础，而表面活性剂可以直接或间接辅助纳米粒子的合成，其中一些表面活性物质甚至可以直接被组装成纳米结构的一部分。由于许多纳米材料的应用都是以分散液的形式进行的，因此纳米材料分散液的稳定性就显得尤为重要，而表面活性剂恰恰是高效分散剂，可以直接用于提高分散液的稳定性。此外，表面活性剂还能通过在纳米粒子表面的吸附改变纳米粒子的表面性质，如亲（疏）水性、电性以及其他相关性质。具体而言，在纳米材料制备方面，表面活性剂具有以下几个方面的作用：

① 控制纳米微粒的大小和形貌　表面活性剂的分子结构特点决定了其在溶液中能够形成胶团，而胶团的大小和胶团的数目是可以通过控制表面活性剂浓度或结构来决定的。一般，常规表面活性剂形成的胶团直径为 $10\sim100nm$，而胶团本身就是一个微型反应器，如果纳米粒子在胶团内部生成，则胶团的尺寸和形貌就限定了所形成的产物的大小和形状。因此，通过选择不同结构和性质的表面活性剂，控制胶团的结构和大小，可以制备出尺寸和形态可控的纳米微粒。由此可见，表面活性剂在纳米微粒材料合成或制备中有决定性的影响。一些纳米金属氧化物，如氧化铁、氧化钛等的合成都可以采用表面活性剂来控制微粒的尺寸和形态。

② 改善纳米微粒的表面性能　通常，纳米微粒表面有很多电荷或官能团，其表面能很高。由于表面能具有自动缩小的趋势，因此纳米微粒形成后，往往具有团聚的趋势。表面活性剂分子可以通过在固体表面的吸附或通过亲水基团与固体表面基团发生化学反应而降低固体的表面能，或者改变纳米微粒表面的亲水-亲油平衡，从而对纳米微粒表面进行改性。例如，通过亲水基团与表面基团结合，生成新的结构，赋予纳米微粒表面新的活性；通过表面活性剂吸附降低纳米微粒的表面能，使纳米微粒处于稳定状态；而表面活性剂的长烷基链可以在微粒表面形成空间位阻，防止纳米微粒团聚，由此改善纳米微粒在不同介质中的分散性、纳米粒子表面的反应性以及纳米粒子的表面结构等。

③ 控制纳米材料的结构　表面活性剂分子的双亲结构决定了表面活性剂分子能够在溶液表面定向排列。利用表面活性剂的这一特性，可以选择特定结构的表面活性剂，设计特殊的制备方法，得到理想的纳米结构材料。例如，采用可聚合表面活性剂在溶液中形成定向排列的胶束，然后引发聚合，可以得到与原始胶团结构一样的纳米结构材料。这一方法被用来合成药物载体或包覆膜，例如质脂体、核壳药物载体等。

(2) 表面活性剂胶团作为纳米反应器制备纳米材料

① 表面活性剂胶团和纳米反应器　众所周知，随着溶液中表面活性剂浓度升高至超过临界胶束浓度（cmc）时，单分子表面活性剂会自组装形成聚集体，即胶束或胶团。对特定的表面活性剂溶液，胶团的数目、大小在一定条件下是热力学稳定的。一般情况下，胶团的尺寸为 $1\sim100nm$。水溶液中的胶束称为正向胶束，反之油溶性表面活性剂在非极性介质中也能形成结构相反的胶束，称为反胶束或逆向胶束。

胶束的一个重要特性是具有增溶性质。水相或极性溶剂中的正向胶束能够增溶原本不溶于水的非极性物质。反之，非极性介质中的反向胶束能够增溶极性物质。当增溶量较多时，胶束发生溶胀，转变为微乳液体系，而微乳液也是热力学稳定体系，质点大小基本上为单分散，液滴直径在 $10\sim100nm$。所以，利用表面活性剂胶束或者微乳液体系，通过控制胶团或微乳液滴的尺寸和形状能够得到粒径在 $10\sim100nm$ 内的理想纳米材料。

图 11-1 给出了胶团作为微反应器合成纳米材料的原理示意图。在图 11-1(a) 中，反应物 A 增溶于胶束中，反应物 B 起先存在于介质中。随着反应物 B 不断地进入胶团，A 和 B 在胶团内部进行反应，生成产物 C。产物 C 在结构上可能是晶体、无定形物的沉淀等，它们可以是金属氧化物、非金属氧化物、纯金属、复合物、高分子化合物等。随着反应的进行，胶团尺寸并不会变大，因而限定了产物颗粒的大小。因此，所合成的微粒尺寸大小是可调可

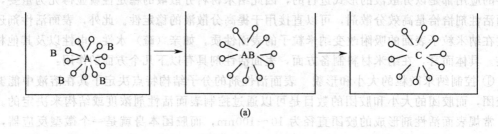

图 11-1 两种胶团微反应器模型

控的。这一反应原理是合成纳米材料所用的沉淀法、共沉淀法、界面法、相转移法等的基础。

在图 11-1(b) 中，反应物 A 和反应物 B 分别处于不同的胶团中，分别称为 A 胶团和 B 胶团。当 A 胶团和 B 胶团接触时，A 或 B 溶入对方胶团中并进行反应，生成产物 C，最后形成含有 C 的胶团，称为 C 胶团。C 胶团的大小一般不会因为 AB 的结合而增大，但是，C 胶团同时含有 AB 胶团的成分，即 C 胶团实际上是混合胶团。这一反应原理是微乳法、溶胶凝胶法等的基础。

图 11-1 中(a) 和(b) 两种方法的反应机理略有不同，但实质上都是利用表面活性剂形成的胶团或者微乳液滴作为微型反应器，用以控制纳米微粒的大小。同时，调整表面活性剂的结构、性质或者微乳液的性质可以控制纳米微粒的大小、形状、粒径分布以及分散性等物理指标。

微乳液滴作为微反应器是更加常用的方法。微乳液有 O/W 型和 W/O 型，因此可以根据生成物的性质选择反应介质。通常生成无机纳米粒子选用 W/O 型微乳液，反之合成有机纳米粒子选择 O/W 型微乳液。图 11-2 给出了微乳液滴作为微反应器的原理图。类似于胶束微反应器，可以采取多种方案，例如用分别包含反应物 A 和反应物 B 的两种微乳液滴混合，混合后的 W/O 型微乳中的水滴不断地碰撞、聚结和破裂，使得所含溶质不断交换，溶质 A 和 B 反应形成沉淀 [图 11-2(a)]。碰撞过程取决于水滴在连续介质（油）中的扩散，而交换过程取决于当水滴互相靠近时表面活性剂尾部的相互吸引作用以及界面的刚性大小。

A 和 B 的反应完全限制在分散的水滴中。实现反应的先决条件是两个水滴通过聚结而交换试剂。如果化学反应速度快，则总反应速率很可能为液滴聚结速率所控制。一方面，如果液滴的刚性较大，则聚结速率较低，因而可能导致较慢的沉淀速率；另一方面，如果水滴具有良好的柔性界面，则将加速沉淀速率。于是通过提高微乳液滴的界面柔性，可以使微乳中的反应速率提高一个数量级。通常，相对于胶团而言，由于添加了助表面活性剂，微乳液滴具有较好的柔性。研究表明，微乳体系中油和醇的分子结构以及水相的离子强度均能显著影响界面的刚性和反应动力学。

也可以在一种微乳液中以液体或气体的方式加入还原剂或沉淀剂来合成纳米粒子，如图

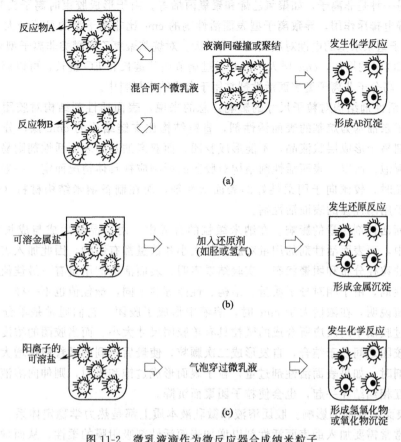

图 11-2 微乳液滴作为微反应器合成纳米粒子

(a) 用两个微乳液；(b) 向微乳液中加入还原剂；(c) 将气体鼓入微乳液

11-2 中(b)和(c)所示。(b)图表示在含金属盐的微乳液中加入肼或氢气这样的还原剂生成金属纳米粒子；(c)图表示将 O_2、NH_3 或 CO_2 等气体通入含有可溶性阳离子盐的微乳液中，生成氧化物、氢氧化物或碳酸盐（沉淀）纳米粒子。在过去的几十年中，研究者们利用这些技术合成了众多的纳米粒子，包括：单分散的金属 Pt、Pd、Ph 和 Ir 的颗粒（3~5nm），Pt/Pd 双金属颗粒，胶态金，胶态半导体颗粒硫化镉以及硒化镉颗粒等。

同样，采用表面活性剂组成的正胶团，也可有效地限定胶团中有机粒子的大小和反应微环境，提供纳米级反应空间。在这方面最典型的应用是微乳液聚合，单体分子增溶在胶团中，聚合反应限制在胶束内部进行。而合成纳米粒子时，一种有机反应物增溶于胶束内部，其他反应物分布于水相中，两者在胶束界面发生反应。

② 影响纳米反应器尺寸的因素

（a）表面活性剂分子结构的影响

i. 亲油基链长的影响：在纳米微粒合成中，选择合适的表面活性剂是制备的关键。在不同的反应相中，表面活性剂的状态是不一样的，随着亲油基链长增加，形成胶团的 cmc 降低，溶液中胶团数量增大，胶团半径变小，胶团间质量交换变得更容易，使胶团内的反应易于进行。

ii. 分子链柔性的影响：亲油基分子链柔性增加，有利于降低表面活性剂的 cmc，从而有利于在溶液中形成胶团。对于非离子型表面活性剂，如聚氧乙烯烷基醚，随烷基链长增加，cmc 降低，胶团半径降低，质量交换容易，有利于生成粒度小的纳米颗粒。

iii. 亲水基性质的影响：表面活性剂亲水基有两种：一种是离子，包括阴离子、阳离子和两性离子；另一种是非离子，如聚氧乙烯和聚氧丙烯等。由于形成胶束时离子头基相互靠近，产生较强的静电排斥作用，导致离子型表面活性剂的 cmc 比非离子型的显著增大（1~2 个数量级），但离子型亲水基的电性对胶团的影响不大。对烷基聚氧乙烯醚类非离子型表面活性剂，随着分子中 EO 链的增加，cmc 增大，因此通过调节烷基链长和 EO 链长，可以调控 cmc 值的大小。所以，高分子非离子型表面活性剂常用于合成纳米材料中。

iv. 表面活性剂结构对粒子尺寸的影响：总的来说，表面活性剂结构对胶团尺寸的影响很复杂。对于亲油基为烷基的表面活性剂，直链结构比支链结构的 cmc 低，分子链刚性强的表面活性剂易于形成层状液晶，不能形成胶团；而双亲油基的表面活性剂则易于形成具有双层结构的囊泡。所以，表面活性剂结构对胶团的影响应视具体情况而定。一般情况下，在合成纳米微粒时，较倾向于用柔性好的表面活性剂，而在制备纳米结构材料（例如介孔材料）时倾向于用刚性强的表面活性剂。

(b) 表面活性剂用量的影响。在纳米微粒的合成中，由于晶核生成与成长发生在表面活性剂胶团中，而表面活性剂的用量对胶团的大小和数量都有影响，因此加入表面活性剂可以改变材料的粒径分布和团聚状态。实验结果表明，表面活性剂用量有一最佳值，但对于不同的表面活性剂，由于相对分子质量、结构、性能等的不同，最佳值也不一样。表面活性剂用量的最佳值说明，在浓度大于 cmc 时，溶液中形成了胶团，它们通常是单分布的球状胶团，因此通过胶团中的反应所合成的微粒具有单胶团尺寸大小。而当胶团的浓度过大，达到过饱和时，胶团之间易于结合，自发形成二次颗粒，使最后得到的微粒粒径增大。使用高分子表面活性剂时，如果表面活性剂过量，粒子表面形成过饱和吸附，则伸向溶液中的长链大分子可能会互相纠结在一起，也会使粒子团聚而沉降。

(c) 助表面活性剂的影响。胶团溶液和微乳液本质上都是热力学稳定体系。两者的区别在于微乳液常常需要加入助表面活性剂以增加表面活性剂吸附膜的柔性，从而增溶更多的油和水。相对而言，胶束的增溶量是有限的。因此从尺寸来讲，微乳液滴的尺寸一般比胶束的尺寸要大些。

助表面活性剂一般为结构与表面活性剂稍有不同的同类有机物，例如脂肪醇、脂肪酸、脂肪胺等，其链长与表面活性剂相当。对离子型表面活性剂，这些助表面活性剂的加入，降低了表面活性剂头基之间的静电排斥力，使胶团更易形成，因而使胶团半径变小，有助于得到粒度更小的纳米粒子。在微乳液中，通常用中、短链醇作助表面活性剂，通过增加界面膜的柔性，使微乳液更易形成。微乳液滴有一定的大小，表面活性剂浓度、分子结构、助表面活性剂以及增溶量的大小都会影响液滴的大小。

(d) 助剂的影响。在表面活性剂胶团形成的纳米微型反应器的合成中，加入助剂可以代替吸附在胶体周围的水，破坏胶体之间的"架桥效应"，阻止胶体质点的团聚，有利于胶体的分散。

例如，在溶胶干燥过程中，胶体与溶液的最后分离阶段，由于表面张力作用，颗粒相互靠近，最后紧密地聚集在一起，此时残留在颗粒周围的微量水就会通过氢键把颗粒连接在一起，形成硬团聚，而且液相中的残留杂质、无机盐等也会形成盐桥，引起粉体硬团聚。如果加入或采用一些表面张力低的溶剂，例如 C_2~C_4 的醇类，就能有效防止硬团聚。使用表面张力比水低的乙醇可以彻底清除杂质离子，并以它的醇基取代水的氢键形成软团聚，避免了粉体硬团聚，从而保证较小的粉体粒径。

(e) 分散介质的影响。纳米粒子的特异性能表现为表面效应和体积效应，因此很大程度上受粒径大小的影响。而粒径的大小、团聚及分散性等又受反应物浓度、反应时间和温度、干燥条件等因素的影响。因此，在制备和后处理纳米微粒过程中，如果处理不好，例如发生粒子间的团聚，形成二次粒子，使粒径变大，则可能使粒子失去纳米微粒所具备的功能。

如何克服微粒的团聚现象无疑是保持其性能的关键。根据渗透在凝胶中的液体是一连续相，可被另一种完全不同的液体所取代的理论，向沉淀中加入一定量的表面张力较小的溶剂，使固体粒子分散在液体中，得到一个均匀的分散体系，可使分散后的原生粒子保持稳定，防止发生团聚。这种通过溶剂置换改变超细微粒的分散程度，减少超细粒子间的团聚，是最常用的有效方法之一。

分散介质的极性会影响纳米颗粒的团聚。对于极性强的水溶液合成，无机颗粒表面有极性强的基团，易于和溶剂形成氢键或吸附，因此，在干燥处理时，容易形成二次回聚；而弱极性或非极性溶剂不会与微粒表面基团形成氢键或吸附，所以不容易形成团聚。

（f）pH 值的影响。胶团中的反应过程也是晶粒成核生长过程，因此纳米颗粒的反应成核易于受 pH 值的影响。在生成物具有 OH^- 的反应中，pH 值升高，反应体系中 OH^- 浓度提高，将导致胶粒生长加速，促进溶胶发生快速聚沉，易使颗粒团聚，而且反应体系中残存的物质也易被包覆在沉淀中，影响纯度和粒子尺寸大小。例如，合成 TiO_2、Al_2O_3、SiO_2 等颗粒时，pH 较高时，得到的颗粒尺寸增大。因此，pH 值应视具体反应而定，一般在 9～10 之间较好。

（g）温度的影响。温度对表面活性剂胶团中合成纳米微粒的影响应视具体反应性质而定。一般在沉淀反应中，温度升高，粒径变小，对某些表面活性剂体系，这可能是温度升高导致表面活性剂的 cmc 减小所致，而反应速度会增加。而对于溶胶凝胶法，温度升高反应速度加快，容易生成凝胶结块，形成多次团聚，所以不利于制备纳米级微粒。

③ 防止纳米颗粒团聚

（a）空间位阻效应。通过微反应器合成的纳米颗粒最终可能以粉体材料成型。在这一过程中，原生颗粒往往会发生团聚，形成所谓的二次颗粒（不规则团聚体）。因此，怎样防止一次颗粒团聚生成二次颗粒，是纳米粉体制备过程中需要注意的问题。在胶团微反应器中，产物晶核随反应进行而渐渐长大，一些颗粒的表面会带有电荷，此时加入相反电荷助剂可通过库仑作用有效地平衡胶体微粒的表面电荷，在颗粒表面形成吸附层，从而抑制团聚的发生，使粉体的团聚体尺寸变小。以乙醇取代水制备胶体粒子时，添加少量表面活性剂，就可有效阻止团聚的发生。它的反团聚作用也主要是在胶体粒子形成及干燥阶段。在胶体粒子的形成阶段，表面活性剂吸附在胶体粒子表面，亲水基朝外，憎水基朝里，包在胶粒的表面，形成空间阻挡层，使颗粒之间的团聚不易发生。而在干燥过程中，随着水的脱附，胶粒周围水层中的表面活性剂分子的定向发生变化，它们以疏水基朝向空气相，亲水基朝向水中，形成单分子膜，降低了水与空气的接触面，表面张力急剧下降，使胶体颗粒与颗粒之间不易靠近，从而起到分散的作用，防止团聚的发生。如图 11-3 所示。

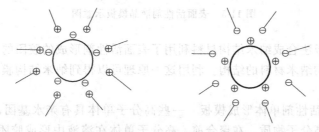

图 11-3　纳米微粒外表面吸附层和空间位阻效应

（b）降低表面能。表面活性剂形成胶团，内部反应终止后，表面活性剂在产物外表包覆，形成低表面能的单分散颗粒，由于表面活性剂的存在，纳米颗粒表面张力降低，表面能小，使颗粒之间无法重新团聚形成二次颗粒。并且表面活性剂外露一端的基团，在纳米微粒分散和与其他材料复合时，起到亲和剂的作用。

(c) 静电作用。在水溶液中，离子型表面活性剂胶团的外表面形成了双电层，当两个胶团相互靠近时，双电层将产生排斥作用，导致体系中的胶团之间相互排斥，无法靠近，使每一个胶团成为独立的反应器。此外，表面活性剂的静电效应也被用于纳米颗粒的表面修饰和粉体分散。

(3) 表面活性剂胶束作为软模板制备介孔材料

① 表面活性剂形成纳米结构模板　表面活性剂的亲水亲油结构使得表面活性剂分子在溶液表面或界面和溶液内部可以进行有序的排列，而采用不同的控制方法可以得到不同的分子排列，如图 11-4 所示。在表面活性剂浓度大于 cmc 时，表面活性剂形成胶团，随着表面活性剂浓度逐渐提高，表面活性剂形成的胶团形状和状态也逐渐变化，一般开始为球状胶团，然后为棒状胶团，最后变为层状胶团，即形成所谓的液晶。

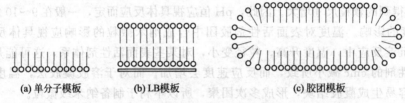

(a) 单分子模板　　　　　(b) LB模板　　　　　(c) 胶团模板

图 11-4　表面活性剂形成的各种模板示意图

大多数表面活性剂能形成溶致液晶，而液晶的最大特点是分子定向排列。因此，表面活性剂在溶液中达到一定浓度时，形成的定向排列结构可作为纳米结构的模板，如图 11-5 所示。在模板上进行化学合成就可以得到纳米结构材料，而通过控制溶液中的表面活性剂浓度，可以得到不同分子排列状态的模板。因此，通过调节表面活性剂浓度，可以合成和制备不同结构的纳米结构材料。

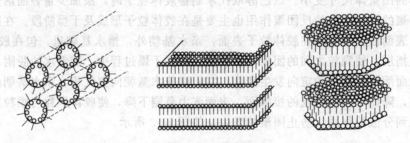

图 11-5　表面活性剂液晶模板示意图

表面活性剂模板法合成纳米结构材料利用了表面活性剂形成的胶团的不同形状。显然模板性质不同，会影响纳米材料的结构。利用这一原理可以得到纳米结构膜、纳米阵列和纳米杂化材料等。

② 可聚合表面活性剂单体形成模板　一些高分子单体具有亲水基团，可以聚合成具有表面活性剂结构的高分子物质。在聚合前，高分子单体在溶液中形成胶团或有序单分子层，然后通过聚合得到和单体形成的形状一样的聚合物，如图 11-6 所示。这里单体本身就是模板。利用高分子表面活性剂单体的这一特性，可以合成许多纳米结构材料，例如 LB 膜、亲

水单分子膜、无机-有机杂化纳米结构材料、有机-有机纳米结构材料等。

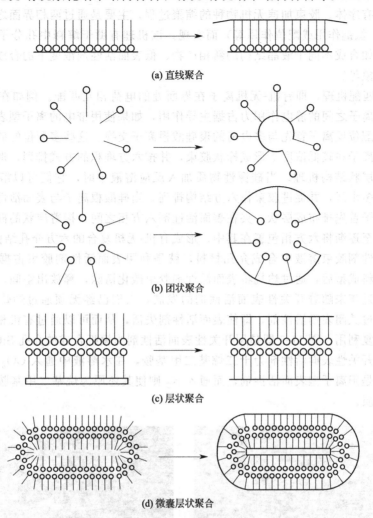

(a) 直线聚合

(b) 团状聚合

(c) 层状聚合

(d) 微囊层状聚合

图 11-6　可聚合表面活性剂定向聚合示意图

③ 表面活性剂胶束软模板制备介孔材料　所谓介孔材料是指孔径介于 $2\sim50nm$ 的一类多孔材料，它们不仅具有极高的比表面积，而且孔道结构规则有序，孔径分布窄、孔径大小连续可调等特点。这样的介孔材料不仅在大分子吸附、分离，尤其是催化反应中能发挥巨大作用，而且其有序孔道中可以装入具有纳米尺度的均匀稳定的"客体"材料，成为"主客体材料"，有望在电极材料、光电器件、微电子技术、化学传感器、非线性光学材料等领域得到广泛的应用。

利用表面活性剂聚集体作模板制备介孔材料，就是利用表面活性剂分子的立体几何效应和自组装效应，通过表面活性剂分子极性端与无机物种之间的相互作用，使无机物种在模板上堆砌、缩合，从而得到具有不同介观结构的材料。

关于介孔材料的合成机理，比较有代表性的有如下 4 种：

(a) 液晶模板机理。该机理认为，表面活性剂在水溶液中先形成球状胶束，随着浓度的增大，再形成棒状胶束，乃至形成有序排列的六方液晶结构。而溶解在溶剂中的无机单体分子或低聚物沉积在胶束棒之间的空隙间，缩合固化构成孔壁。

(b) 协同作用机理。该机理认为，表面活性剂胶束和无机物种之间存在显著的相互作用，表现为胶束能够加速无机物种的缩聚过程和缩聚反应，该过程反过来又促进了胶束形成类液晶相结构有序体。胶束加速无机物种的缩聚过程，主要是通过两相界面之间的相互作用（如静电作用、氢键作用或配位作用等）而实现。该机理有助于解释中孔分子筛合成中的诸多实验现象，如合成不同于液晶结构的新相产物、低表面活性剂浓度下的合成以及合成过程中的相转变现象等。

（c）电荷匹配机理。即有机-无机离子在界面处的电荷相互匹配。例如在硅基介孔材料合成过程中，离子之间的静电作用力占据主导作用，如果使用带电的离子型表面活性剂，则表面活性剂的配位反离子首先与多电荷的聚硅酸根离子交换。这些多配位的硅酸根离子可以与表面活性剂离子在较低浓度下形成棒状胶束，并按六方堆积的方式排列，形成介孔结构。

（d）折叠层状结构机理。当硅源性物质加入反应溶液中时，它们可以溶解在表面活性剂胶束周围的多水区，并促进胶束作六方结构排列。当硅酸根离子与表面活性剂的比例较低时，硅酸根离子首先排布成层状，夹在表面活性剂六方相之间，接着层状的硅酸根离子开始发生褶皱，直至逐渐将六方相包裹在其中，形成有机-无机复合的六方介孔结构。

在表面活性剂胶束溶液中合成介孔材料，就是利用表面活性剂胶束占据一定的空间位置，然后待材料成型后，通过灼烧将表面活性剂胶束碳化清除，释放出空间，得到有序排列的介孔材料。近年来随着开关性表面活性剂的发展，人们已经无须通过灼烧清除表面活性剂，而可以通过关闭表面活性剂，即使表面活性剂失活，从而可以通过有机相萃取分离出表面活性剂并重复利用。图 11-7 即是用开关性表面活性剂为模板合成的介孔 SiO_2 纳米材料的电镜图。这种开关性表面活性剂为十二烷基二甲基胺，在水溶液中通入 CO_2 时，它们转变为碳酸氢盐，是阳离子型表面活性剂，而通入 N_2 则使其还原为烷基二甲基胺，成为不带电荷的油溶性物质。

(a)   (b)

图 11-7   用开关型表面活性剂为模板合成的介孔 SiO_2 纳米材料

(a) 扫描电镜（SEM）图；(b) 透射电镜（TEM）图

(4) 表面活性剂与纳米复合材料的制备

① 表面活性剂在纳米复合材料制备中的作用原理   纳米复合材料是指由两种或两种以上材料复合而成的纳米结构材料。无论形式、性能如何变化，结构上主要有两种，即纳米粉体与基体材料的直接复合和纳米粉体前驱体与聚合物通过反应复合。因此，改善纳米复合材料性能的根本方法是使纳米材料与基体材料完全"熔为一体"，即尽可能消除界面，改善纳米材料与基体材料的界面状态，使纳米材料的优越性能充分发挥出来。在这方面，表面活性剂能够起到下列几方面的作用。

（a）偶联作用。利用表面活性剂在固体表面的吸附，降低无机纳米粉体的界面能，并促进纳米粉体与基体材料互相结合。具体作用原理如下：

i. 表面活性剂能够吸附在无机固体表面，降低界面能。通常无机纳米材料表面是带电荷的，于是表面活性剂会以亲水基朝向固体表面，以亲油基朝向聚合物，从而增加无机纳米材料与聚合物的界面相容性。

ii. 表面活性剂的亲水基团可以与固体表面发生反应，从而形成单分子层吸附，以亲油基面向聚合物，增加界面相容性。

iii. 表面活性剂分子的烷基链在固体表面成为空间位阻，能够有效防止无机纳米颗粒之间的再团聚，同时增加无机/有机界面相容性。

总而言之，表面活性剂在无机和有机界面之间架起了一座"桥"，改善了无机-有机物之间的相容性。

（b）活化作用。表面活性剂分子通过吸附、静电吸引或化学成键在纳米微粒表面形成单分子层，使纳米微粒的表面性能发生了极大的改变。当朝向微粒外面的表面活性剂烷基链中含有反应基团时，在与聚合物的复合中，这些官能团可能与聚合物中的官能团发生反应，从而实现两种材料间的融合。表面活性剂对纳米微粒的这一作用称为活化作用。由此可见，在复合材料制备中，表面活性剂对无机纳米微粒具有活化作用。此外通过活化处理，还能实现纳米微粒的表面修饰和改性等。

（c）分散作用。纳米复合材料的制备很多是采用湿法进行合成或复合处理的，因此，在这一过程中，表面活性剂的作用得以充分发挥，起到加溶、乳化和分散作用。具体作用原理如下：

i. 表面活性剂的吸附降低了无机-有机物界面张力，改善了液体的流动性，使反应物之间更均匀一致。

ii. 表面活性剂在无机-有机溶液体系中，通过相似相溶原理，形成了桥梁作用。表面活性剂的两亲性使之能够在无机-有机物之间进行双头搭桥，减小界面。

iii. 表面活性剂的增溶特性增加了有机物在胶团中的溶解度，通过与无机物的相互渗透，增加了界面间的致密性。

表面活性剂在制备纳米复合材料中的作用，主要体现在促进材料的复合方面。因此，表面活性剂选择要以复合材料组分的性质和加工方法、工艺为基础。在选定表面活性剂后，再设计合适的工艺路线，以充分利用表面活性剂的"桥梁"作用。

② 表面活性剂与无机纳米复合材料　在无机纳米粉体与无机粉体或无机材料的复合过程中，由于无机相材料之间的静电作用、范德华力和其他分子间作用力彼此相近，因此，在进行复合时，界面能小，界面排斥力也小，界面之间相容性好，一般不存在相分离问题，所以，常用非离子型表面活性剂进行处理。例如，陶瓷釉料中加入纳米粉体时（一般为功能性纳米粉体，如抗菌剂、抗静电剂、远红外材料等），纳米粉体需要在陶瓷粉体中均匀分散，为防止颗粒大的粉体沉淀，需要加入一定量的表面活性剂使之悬浮，这时的表面活性剂主要起到分散作用。纳米功能陶瓷之一的抗菌陶瓷，其抗菌性主要体现在陶瓷的表面，因此，纳米抗菌剂只需加在陶瓷釉料中就可以发挥作用，而目前普通的釉料为块状或粉体，所以，纳米抗菌剂与釉料的复合，仍采用传统的球磨方法即可。

③ 表面活性剂与无机/有机杂化纳米复合材料　一些嵌段高分子由于组分性质的不同，在凝聚态时会形成一定的相分离微区，在溶液中则会形成胶束。这种微区和胶束的尺度在纳米大小，它们像表面活性剂在溶液中的胶束一样，可以增溶一些与它们性质相近的物质。如果将其作为反应场所，在其中反应，则可以生成纳米颗粒。例如根据此原理，可以利用聚苯

乙烯-聚(2-乙烯吡啶)(PS-*b*-P2VP)的嵌段共聚物，在聚(2-乙烯吡啶)链段的胶束中合成 PPy-Au 的纳米复合粒子。首先用 $HAuCl_4$ 处理 PS-*b*-P2VP 的甲苯溶液，使 $HAuCl_4$ 在嵌段共聚物的 P2VP 胶束中增溶，然后加入吡咯，吡咯扩散到胶束中，遇 $HAuCl_4$ 而被氧化成聚吡咯，同时 $HAuCl_4$ 被还原成 Au，从而原位生成 PPy-Au 的纳米复合材料。由于反应场所是纳米尺寸大小，生成的 PPy-Au 的纳米复合材料受到 P2VP 的保护而不能团聚，从而保证纳米复合材料 PPy-Au 本身也是纳米尺寸。用这种合成方法，由于嵌段共聚物的存在，对纳米复合材料的胶体粒子的性质不可避免地带来一些影响，此时的表面活性剂主要起到偶联作用，它相当于一个无机-有机之间的桥梁。

11.3.2 表面活性剂与纳米材料的分散

(1) 固体粒子的润湿

在许多场合，纳米材料是以分散液的形式使用的，因此纳米材料在介质中的分散和稳定是极为重要的。要使固体粒子分散于介质中，固体粒子能够被介质润湿是最基本的条件，而最常用的分散介质是水。在此过程中，表面活性剂可以起到两个作用：一是表面活性剂在水的表面定向吸附，以亲水基伸入水相、疏水基朝向空气定向排列，使水的表面张力降低；二是以疏水链吸附于疏水性固体粒子表面，以亲水基伸入水相，在固-液界面定向排列，使固/液界面张力降低。从而降低液体在固体表面的接触角，有利于液体在固体表面铺展。因此，在水介质中加入表面活性剂，往往容易实现对疏水性固体粒子的完全润湿。

(2) 粒子团的分散或碎裂

一些纳米粉体材料中，颗粒之间存在团聚现象，而在分散过程中，希望这些粒子团能够分散或碎裂。这一过程涉及粒子团内部的固-固界面的分离。在固体粒子团中往往存在一些缝隙，另外粒子晶体由于应力作用也会使晶体造成微缝隙，而粒子团的碎裂就发生在这些地方。

对于表面带负电荷的粒子，在固体表面电势不是很强的条件下，阴离子型表面活性剂可通过范德华力克服静电排斥力或者通过镶嵌方式被吸附于缝隙的表面，表面因带同种电荷使排斥力增强，加之渗透水产生的渗透压的共同作用，使微粒间的结合强度降低，降低了固体粒子或粒子团碎裂所需的机械功，从而使粒子团被碎裂或使粒子碎裂成更小的晶体，并逐步分散在液体介质中。这一作用也应用于无机-有机材料的杂化中。

非离子型表面活性剂也能通过范德华力被吸附于缝隙壁上，但由于非离子型表面活性剂不带电荷，不能产生静电排斥力，但能产生位阻排斥作用及渗透水化力，使粒子团中微裂缝间的结合强度下降，有利于粒子团碎裂。

阳离子型表面活性剂可以通过静电吸引力吸附于缝隙壁上，但吸附状态不同于阴离子型表面活性剂和非离子型表面活性剂。它们是以阳离子头基吸附于缝隙壁带负电荷的位置上，而将疏水基伸入水相，这样使得缝隙壁的亲水性下降，接触角增大，导致毛细管力为负，阻止液体的渗透，所以阳离子型表面活性剂不宜用于表面带负电荷的固体粒子的分散。

(3) 阻止固体微粒的重新聚集

固体微粒一旦分散在液体中，得到的是一个均匀的分散体系，但稳定与否则要取决于各自分散的固体微粒能否重新聚集形成凝聚物。由于表面活性剂吸附在固体微粒的表面上，增加了防止微粒重新聚集的能量，并且所添加的表面活性剂降低了固-液界面的界面张力，因此，增加了分散体系的稳定性。

（4）促进和改善纳米粉体在水介质中的分散

对于非极性固体粒子，由于固体表面的疏水性，它们在水中基本上不分散，加入表面活性剂，可以通过范德华作用力吸附到非极性固体的表面，从而改善其表面的润湿性，易于被水润湿。对于表面带电荷的纳米粒子，由于静电斥力，使得带相同电荷的离子型表面活性剂不易被吸附于带电的质点表面，但弱离子型表面活性剂与质点间的范德华力较强，能够克服静电斥力，通过特性吸附聚集于质点表面，此时会使质点表面的 ζ 电势的绝对值升高，使带电质点在水中更加稳定。

如果使用与质点表面带有相反电荷的离子型表面活性剂，则在表面活性剂浓度较低时，质点表面电荷会被中和，使静电斥力消除，进而导致发生絮凝。但当表面活性剂浓度较高时，在电中性粒子的表面会再吸附第二层表面活性剂离子，此时固体颗粒又重新带有电荷，静电斥力又使固体微粒重新被分散，如图 11-8 所示。氧化铁粒子由于吸附了溶液中的 Fe^{3+} 而带电，由于粒子间存在静电斥力而稳定分散于水溶液中。当加入适量的阴离子型表面活性剂后，表面活性剂通过静电吸引作用而吸附于带电氧化铁粒子表面，并将表面电荷中和，使氧化铁粒子凝聚或通过疏水链的疏水吸附桥连而絮凝。电荷被中和后的氧化铁粒子在离子型表面活剂浓度较高时，可通过疏水链的作用再吸附一层离子型表面活性剂，这一层表面活性剂的排列方向相反，其离子头伸入水相，使氧化铁离子重新带电，又可稳定分散于水溶液中。另外也可通过疏水作用吸附一层非离子型表面活性剂。非离子型表面活性剂的聚氧乙烯基团进入水相，形成较厚的水化膜，起到空间位阻作用。利用这一原理，既可以在纳米粉体合成中成功分离出产品，也可以在纳米粉体应用中使其具有良好的分散稳定性。

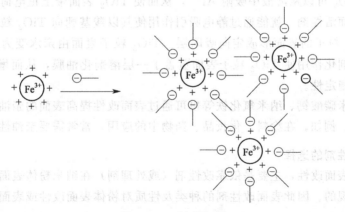

图 11-8　Fe^{3+} 的絮凝

对于非极性固体粒子在水中的分散，分散剂一般都是亲水性较强的表面活性剂，此外，疏水链多为较长的碳链或呈平面结构，如带有苯环或萘环。这种平面结构的亲油部分易于吸附于具有低能表面的有机固体粒子表面，而以亲水基伸入水相，将原来亲油的低能表面转变为亲水的表面。如果使用离子型表面活性剂，还可使固体粒子在相互接近时产生静电斥力，从而使固体粒子分散。使用亲水的非离子型表面活性剂时，可以通过柔顺的聚氧乙烯链形成的水化膜来阻止固体粒子的絮凝，从而确保固体微粒的分散稳定。

(5) 促进和改善纳米粉体在有机介质中的分散

纳米粉体的一个重要应用是用于有机介质中作为增强剂，例如将纳米 SiO_2、纳米碳酸钙、纳米炭黑等分散于塑料、橡胶、胶黏剂等有机介质中。为了满足这个要求，必须使无机纳米颗粒的表面性质从亲水变为亲油，一方面促进其在有机介质中的分散，另一方面提高无机纳米颗粒与有机介质的相容性，或者增强两者之间的结合力。而这一过程涉及无机纳米颗粒的表面改性或者表面修饰，具体内容将在下节中论述。

11.3.3 表面活性剂与纳米材料的表面修饰和改性

质点在有机介质中的分散主要是靠空间位阻产生熵斥力来实现的。对于无机质点，往往需要通过表面改性，将原来亲水的表面变为亲油的表面，从而提高其在有机介质中的分散稳定性。例如，纳米钛白粉（TiO_2）的表面改性可用图 11-9 来说明。

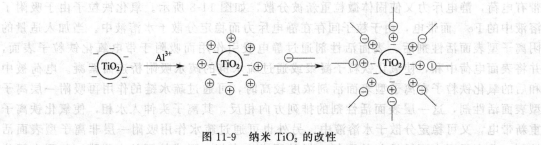

图 11-9　纳米 TiO_2 的改性

TiO_2 的等电点为 pH＝5.8，为了使其表面能在 pH 值高于等电点时带正电荷，可采用在钛白浆液中加入铝盐或偏铝酸钠，再以碱或酸中和使析出的水合 Al_2O_3 覆盖在钛白粉颗粒上。由于 Al_2O_3 可以从溶液中吸附 Al^{3+}，从而使 TiO_2 表面带上正电荷，然后再加入羧酸型阴离子型表面活性剂，就能通过静电吸引作用使其以羧基朝向 TiO_2 粒子表面，以疏水链向外，在 TiO_2 粒子的表面形成定向吸附层。TiO_2 粒子表面由亲水变为亲油，疏水链在有机介质中的溶剂化作用使 TiO_2 粒子表面覆盖了一层溶剂化油膜，从而增加了 TiO_2 在有机介质中的分散稳定性。

此外，像纳米碳酸钙、纳米氧化铁等也可通过表面改性提高表面的亲油性而使其稳定分散于有机介质中。例如，在涂料、化妆品、药物中的应用，常常需要亲油性的纳米粉体。

(1) 表面改性剂的选择

纳米粉体的表面改性，主要是依靠改性剂（或处理剂）在纳米粉体表面的吸附、反应包覆或成膜等来实现的。因此表面改性剂的种类及性质对粉体表面改性或表面处理的效果具有决定性的作用。

纳米粉体的表面处理往往都有其特定的应用背景或应用领域，因此，选用表面改性剂必须考虑被处理物料的应用对象。例如，用于高聚物复合材料、塑料及橡胶中的无机物填料的表面处理时，所选用的表面改性剂既要能够与纳米微粒表面吸附或反应、覆盖于颗粒表面，又要与有机高聚物有较强的化学键合作用，或分子链极性相近。从分子结构上看，用于纳米微粒表面改性的改性剂，应该是一种具有以下性能之一的化合物：①能在纳米微粒表面吸附；②能与纳米微粒表面的官能团结合；③与有机高聚物相容性好并具有结合能力。

纳米粉体表面改性涉及的应用领域很多，可用作表面改性剂的物质也很多，但不外乎水性改性剂或油性改性剂两大类。对于塑料、橡胶、胶黏剂等高分子材料及涂料中应用无机纳米粉体时所采用的表面改性剂，相关的选择原则或标准如下：

① 在一定条件下，尽量选用能提高粒子间能垒的分散剂，增大粒子间的排斥作用，使粒子充分分散。

② 对于氧化物和氢氧化物及含有氧化基团的物料，在选用分散剂时，应注意体系 pH 值对物料分散性的影响，根据 pH 值的范围来确定合适的分散剂。

③ 在粒子能垒很低的情况下，应考虑使用高分子分散剂或非离子型分散剂，利用位阻效应，实现物料的均匀分散。

④ 应尽量选用用量小、分散性能高的分散剂，这样既减少了分散剂对分散产品的污染，又减少了后续处理。

⑤ 当单一分散剂无法达到理想的分散效果时，可采用复配分散剂来实现。

(2) 表面改性剂的类型

① 偶联剂　偶联剂是具有两性结构的化合物，按其化学结构可分为硅烷类、钛酸酯类、锆铝酸盐及配合物等几种。其分子中的一部分基团可与粉体表面的各种官能团反应，形成强有力的化学键；另一部分基团则可以与有机高聚物发生某些化学反应或物理缠结，从而将两种性质差异很大的材料牢固地结合起来，使纳米微粒和有机高聚物分子之间产生具有特殊功能的"分子桥"。

偶联剂适用于各种不同的有机高聚物和纳米微粒的复合材料体系。用偶联剂进行表面处理后的纳米微粒，抑制了体系"相"的分离，增大了填充量，并可较好地保持分散均匀，从而改善制品的综合性能，特别是拉伸强度、冲击强度、柔韧性和挠曲强度等。

高分子有机硅又称硅油或硅表面活性剂，是以硅氧键链为骨架，硅原子上存在有机基团的一类聚合物。其无机骨架有很高的结构稳定性和使有机侧基呈低表面取向的柔曲性。覆盖于骨架外的有机基团则决定了其分子的表面活性和其他功能。绝大多数有机硅都有低表面能的侧基，特别是烷基中表面能最低的甲基。有机硅除了用作无机纳米粉体的表面改性剂外，还因其化学稳定性、透过性、不与药物发生反应以及良好的生物相容性而成为最早用于药物包膜的高分子材料。

② 表面活性剂　高级脂肪酸及其盐、醇类、胺类及酯类等表面活性剂也是主要的表面改性（处理）剂之一。其分子的一端为长链烷基，结构与聚合物分子结构相近，特别是与聚烯烃分子结构近似，因而和聚烯烃等有机物有较好的相容性。分子的另一端为羧基、醚基、氨基等极性基团，可与纳米微粒表面发生物理化学吸附或化学反应，覆盖于填料粒子表面。因此，用高级脂肪酸及其盐等表面活性剂处理纳米微粒类似于偶联剂的作用，可提高纳米微粒与聚合物分子的亲和性，改善制品的综合性能。

早期的无机类纳米粉体（如氧化铁红、铁黑、铁黄）的表面改性通常采用高级脂肪酸及其盐。最常见的是硬脂酸及其盐，例如硬脂酸锌就是最典型的一种表面改性剂。因为这类物质的分子结构中，一端为长链烷基，另一端是羧基及其金属盐，它们可与无机纳米粉体表面的官能团发生化学反应。其作用机理与偶联剂十分相似。

近年来，使用有机金属对纳米微粒表面进行修饰和改性已得到广泛研究。这些研究包括有不同金属有机盐在纳米微粒表面的吸附量，纳米微粒制备中有机金属表面活性剂使用量对纳米微粒表面活性的影响，不同有机链长对表面活性剂 cmc 的影响以及对所合成的纳米微粒粒径和粒径分布的影响等。

③ 不饱和有机酸　带有双键的不饱和有机酸对含有碱金属离子的纳米微粒进行表面处理效果较好。不饱和有机酸由于价格便宜，来源广泛，处理效果好，是一种新型的表面处

理剂。

④ 高分子表面活性剂　有机聚合物与有机高聚物的基质具有相同或相似的分子结构，如聚丙烯和聚乙烯蜡，用作纳米微粒的表面改性剂，在聚烯烃类复合材料中得到广泛应用。

一种称为超分散剂的高分子物质是一种新型的聚合物分散助剂，主要用于提高纳米微粒在油性介质，如油、涂料、陶瓷原料及塑料等中的分散度。超分散剂的相对分子量一般在2000到几万之间，其分子结构一般含有性能不同的两个部分，其中一部分为锚固基团，可通过离子对、氢键、范德华引力等作用以单点或多点的形式紧密地结合在颗粒表面上，另一部分具有一定长度的聚合物链。当吸附或覆盖了超分散剂的颗粒相互靠近时，由于溶剂化链的空间障碍而使颗粒相互弹开，从而实现微粒在油性介质中的分散和稳定。

丙烯酸树脂是甲基丙烯酸共聚物和甲基丙烯酸酯共聚物的统称。它无生理毒性，物理化学性质稳定；能形成坚韧连续的薄膜，且包膜后的剂型对光、热、湿度稳定；易于服用，无味、无臭、无色，与主药无相互作用；渗透性和溶解性好，且包膜过程不易黏结。因此，丙烯酸树脂常用作药品的包膜材料。

11.3.4　新型纳米技术与纳米材料举例

近年来，随着纳米技术的发展，一些新型纳米技术和纳米材料不断涌现，引发了广泛的技术创新和技术革新。本小节将介绍几个具有特色的例子。

(1) 纳米发动机

发动机的作用是做功，因此纳米技术人员试图制造纳米发动机，将化学能转变为功。它们不仅涉及利用普通的化学能，也可能涉及开发和利用生物化学能。

在常规化学方法中，功或运动是通过将两种不同的化学物质混合来实现的。例如，在铜表面沉积纳米尺度的锡岛，当锡岛沿着铜表面自发地移动时，就形成了一个自我推进的纳米结构。铜与锡形成合金是一个放热过程，这一放热过程产生了运动。

一种具有催化作用的纳米发动机利用液体/空气界面张力梯度运转，它由一个在过氧化氢溶液中的铂/金纳米棒构成，如图11-10所示。根据观察，铂/金纳米棒的运动速度可以与鞭毛细菌相媲美，所做的运动是非布朗运动，以铂那一端向前移动。这两种金属中，铂可以分解过氧化氢产生氧气，而金则不能。

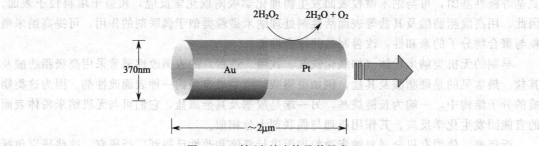

图 11-10　铂/金纳米棒及其尺度

在乙醇-水介质中进行的实验表明，推进运动涉及气/液界面的界面张力、棒的长度和横截面积以及氧气产生的速度。由棒轴向力引起的运动速率与析氧速率（相对于单位面积的杆表面）和液/气界面张力的乘积呈线性关系。用不同类型的表面活性剂可以得到类似的马达，但界面张力可以在很大的范围内变化。例如使用浓度为 $1\sim10\mathrm{mmol\cdot L^{-1}}$ 的十二烷基硫酸钠（SDS），使其在癸烷/水界面上形成吸附单分子层，用相同的纳米棒进行实验，观察到伴随着化学反应产生的热波动，控制着纳米棒整体的扩散系数，其随表面活性剂（SDS）的加入而变慢。因为SDS在油/水界面形成了吸附单分子层，表现出较高的界面黏度，由此减慢了该纳米棒在界面上的运动速度。

另一种纳米发动机是对pH响应的化学机械脉动纳米凝胶系统。在这个系统里，SDS稳定的聚电解质如丙烯酸酯的水凝胶纳米粒子随着pH的变化发生振荡（膨大和缩小）反应，并由此产生运动。在较宽的pH、离子强度和温度范围内，稳定性良好的凝胶纳米粒子，对pH刺激有明显的响应，通过测定流体力学半径证明其体积可以膨胀12倍。

此外还有利用磁性纳米粒子构建的纳米发动机，例如由阴离子型表面活性剂通过静电作用稳定的和由聚合物如丙烯酸及其衍生物通过位阻作用稳定的氧化铁的铁磁流体，它们已经在动态磁场中获得应用。相关原理是，通过磁性纳米粒子的运动在一个预设的几何排列的线圈中产生电流。磁性纳米粒子运动的方向取决于外加磁场强度，当其低于某个临界磁场强度时，磁性纳米粒子的运动方向与外加磁场方向相反，反之亦然。这个临界磁场是频率、磁性粒子的浓度以及流体动力黏度的函数。在这些条件下引起的转矩表现为黏度变化并导致铁磁流体纳米粒子转动。

(2) 纳米器件

纳米器件也是近年来的研究热点。纳米器件需要通过微电子技术工程师所用的一系列技术来制造。其中广泛涉及表面活性剂的使用。例如，在微芯片上进行纳米制图（纳米平板印刷术中）时，需要用到的"墨水"可能是一种用乳液和微乳液制备的含有金属的聚合物乳胶纳米粒子，它们需要借助于表面活性剂如SDS的作用而稳定。当利用扫描探针显微镜绘图或者用某种材料在另一种材料的表面创建纳米结构和图案时，表面活性剂提高了"蘸水笔"纳米平板印刷术（DPN）的效率。例如使用聚氧乙烯型非离子型表面活性剂，能增强墨水在部分疏水的基质表面上的润湿性。就像将普通的黑色打印墨水打印在纤维素纸张上一样，可以借助于显微镜探针将硫醇包覆的磁性氧化铁粒子（可用作磁性存储介质）和蛋白质及核酸（对免疫测定、蛋白质组学和生物芯片的筛选有潜在应用）以图案的形式沉积到固体表面上。

另一种情形是，用纳米平板印刷术将生物分子直接刻写到表面上。例如利用蘸笔纳米刻写，将马来酰亚胺-PEO_2-生物素刻写到用巯基硅烷功能化的玻璃基板上。使用的表面活性剂为生物相容的非离子型表面活性剂聚氧乙烯(20)山梨醇单月桂酸酯，将其溶解在pH值为7.2～7.4的磷酸盐缓冲液中，浓度在0～0.1%（体积分数）之间变化。这里利用了生物素-蛋白质链霉亲和素复合物的高亲和度缔合常数（约$10^{15}L \cdot mol^{-1}$）的优势。刻写能力可以通过控制相对湿度、针尖-基底接触力、扫描速度和温度等来调整。

(3) 纳米管

纳米管是近年来的研究热点之一，其中研究得最多的是碳纳米管，包括单壁碳纳米管和多壁碳纳米管。碳纳米管在催化、药物包覆等领域具有重要的应用价值，同时也是合成新型高强度材料的基础。例如由一氧化碳和十二烷基硫酸锂表面活性剂通过凝聚纺丝过程合成的单壁碳纳米管（SWNTs），用于制备聚乙烯醇凝胶纤维，可以转变成长度为100m，直径约为50μm的纳米管复合纤维。该纤维的强度是迄今已知任何天然或合成有机纤维中最高的，例如与相同质量和长度的钢丝相比，硬度和强度是后者的2倍，韧性则是后者的20倍。同时该材料的韧性是防弹背心中使用的Kevlar纤维的17倍，比蜘蛛丝的韧性还要高4倍以上。

（4）纳米技术与药物传送

靶向给药是一些重大疾病特别是癌症治疗过程中采用的新技术，其原理是将药物包裹在纳米粒子中，然后选择性地释放到指定的部位，优点是可以显著减轻药物对健康细胞和器官的副作用。这些纳米粒子一般是可生物降解的聚合物，常常通过表面活性剂分子来稳定。它们在生物体液中和储存过程中具有高度的稳定性。使用表面活性剂还能控制纳米粒子的粒径大小、粒径分布、形态、表面化学、表面疏水性、表面电荷、药物包封效率，药物的体外释放，以及载药粒子和细胞膜之间的相互作用等，以便进一步提高药物的功效。表面活性剂胶束和类似的自组装体本身业已被用作潜在的药物载体。

（5）纳米洗涤剂

将表面活性剂分子例如烷基苯磺酸盐洗涤剂涂覆在一个内核颗粒如碳酸钙粒子上，可以用于发动机油配方中作清洁剂，用于改善燃油效率和发动机的有效无故障运行，如图 11-11 所示。事实上，许多两亲结构分子都可以包覆在碳酸钙颗粒表面，例如拥有亲水和疏水基团的杯芳烃基和苯基衍生物等。这种纳米洗涤剂功能和作用包括：①中和酸；②高温清洁作用；③抗氧化；④防锈。

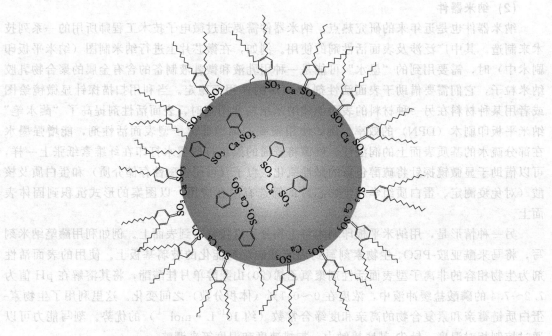

图 11-11　烷基苯磺酸盐表面活性剂包覆在纳米碳酸钙颗粒表面构成纳米洗涤剂示意图

有关新型纳米技术与纳米材料的研究目前方兴未艾，成果不胜枚举。读者可以参考有关专著或者浏览原始文献以进行进一步了解。

参 考 文 献

[1] 赵国玺. 表面活性剂物理化学. 修订版. 北京：北京大学出版社，1991.

[2] Tadros Th F. Surfactants. London：Academic Press，1984.

[3] Chattoraj D K. Adsorption and Gibbs Surface Excess. New York：Plenum Press，1984.

[4] Israelachvili J N. Intermolecular and Surface Forces. London：Academic Press，1992.

[5] Rosen M J. Surfactants and Interfacial Phenomena. 2nd. New York：John Wiley & Sons，1989.

[6] Rosen M J. Surfactants and Interfacial Phenomena. 3rd. Hoboken：John Wiley & Sons，2004.

[7] Bourrel M，Schechter R S. Microemulsions and Related Systems. New York：Marcel Dekker，1988.

[8] Hiemenz P C（ed.）. 胶体与表面化学原理. 周祖康，马季铭译. 北京：北京大学出版社，1986.

[9] Lucassen-Reynders E H（ed.）. 表面活性剂作用的物理化学. 朱步瑶等译. 北京：中国轻工业出版社，1988.

[10] 沈钟，王果庭. 胶体与表面化学. 北京：化学工业出版社，2004.

[11] Vold R D，Vold M J. Colloid and Interface Chemistry. London：Addison-Wesley Publishing Company，1983.

[12] Hunter R J. Introduction to Modern Colloid Science. Oxford：Oxford University Press，1993.

[13] Mittal K L. Solution Chemistry of Surfactants. New York：Plenum Press，1979.

[14] Becher P. Encyclopedia of Emulsion Technology：Vol 1，Basic Theory. New York：Marcel Dekker，1983.

[15] Scamehorn J F. Phenomena in Mixed Surfactant Systems. American Chemical Society，Washington，DC，1986.

[16] van Oss C J. Interfacial Forces in Aqueous Media. New York：Marcel Dekker，1994.

[17] Attwood D，Florence A T. Surfactant Systems：Their Chemistry，Pharmacy and Biology. London：Chapman and Hall，1983.

[18] Völz H G. Industrial Color Testing. Weinheim：Wiley-VCH Verlag GmbH，2001.

[19] Tadros Th F. Applied Surfactants：Principles and Applications. Weinheim：Wiley-VCH Verlag GmbH & Co. KGaA，2005.

[20] Fable J. Surfactant in Consumer Products. Heidelberg：Springer-Verlag，1987.

[21] Prud'homme R K，Khan S A. Foaming：Theory，Measurement and Applications. Surfactant Science Series，Vol. 57. New York：Marcel Dekker，1996.

[22] Garett P R. Defoaming：Theory and Industrial Applications. Surfactant Science Series，Vol. 45. New York：Marcel Dekker，1993.

[23] Binks B P，Horozov T S. Colloidal Particles at Liquid Interfaces. Cambridge：Cambridge University Press：2006.

[24] 朱步瑶，赵振国. 界面化学基础. 北京：化学工业出版社，1996.

[25] 顾惕人，朱步瑶，李外郎，马季铭，戴乐蓉，程虎民. 表面化学. 北京：科学出版社，1999.

[26] 郑树亮，黑恩成. 应用胶体化学. 上海：华东理工大学出版社，1996.

[27] 程传煊. 表面物理化学. 北京：科学技术文献出版社，1995.

[28] 侯万国，孙德军，张春光. 应用胶体化学. 北京：科学出版社，1998.

[29] 崔正刚，殷福珊. 微乳化技术及应用. 北京：中国轻工业出版社，1999.

[30] 徐燕莉. 表面活性剂的功能. 北京：化学工业出版社，2000.

[31] 梁梦兰. 表面活性剂和洗涤剂——制备 性质 应用. 北京：科学技术文献出版社，1990.

[32] 袁平海. 表面活性剂原理与应用配方. 南昌：江西科学技术出版社，2005.

[33] 刘程. 表面活性剂应用大全. 北京：北京工业大学出版社，1992.

[34] 张光华. 表面活性剂在造纸中的应用技术. 北京：中国轻工业出版社，2001.

[35] 白金泉，包余泉. 表面活性剂在洗涤工业中的应用. 北京：化学工业出版社，2003.

[36] 钟振声，章莉娟. 表面活性剂在化妆品中的应用. 北京：化学工业出版社，2003.

[37] 康万利，董喜贵. 表面活性剂在油田中的应用. 北京：化学工业出版社，2005.

[38] 沈一丁. 表面活性剂在皮革工业中的应用. 北京：化学工业出版社，2003.

[39] 康万利，董喜贵. 三次采油化学原理. 北京：化学工业出版社，1997.

[40] 李干佐，郭荣. 微乳液理论及其应用. 北京：石油工业出版社，1995.

[41] 邱文革，陈树森. 表面活性剂在金属加工中的应用. 北京：化学工业出版社，2003.

[42] 王军，杨许召. 表面活性剂新应用. 北京：化学工业出版社，2009.

[43] 王军，杨许召，里刚森. 功能性表面活性剂制备与应用. 北京：化学工业出版社，2009.

[44] 钟静芬. 表面活性剂在药学中的应用. 北京：人民卫生出版社，1999.

[45] 李玲. 表面活性剂与纳米技术. 北京：化学工业出版社，2004.

[46] Milton J. Rosen，Joy F. Kunjappu. 表面活性剂和界面现象. 崔正刚，蒋建中等译. 北京：化学工业出版社，2015.

[47] 肖进新，赵振国，表面活性剂应用技术，北京：化学工业出版社，2018.

附 录

I Du Noüy 环法测定表面张力校正因子 f 数值表

R^3/V	$R/r=30$	32	34	36	38	40	42	44	46	48	50	52	54	56	58	60	65	70	75	80
0.30	1.012	1.018	1.024	1.029	1.034	1.038	1.042	1.046	1.049	1.052	1.054									
0.31	1.006	1.013	1.018	1.024	1.028	1.033	1.039	1.041	1.044	1.046	1.049									
0.32	1.001	1.008	1.012	1.019	1.023	1.028	1.033	1.035	1.039	1.041	1.045									
0.33	0.9959	1.003	1.008	1.014	1.018	1.023	1.028	1.030	1.035	1.036	1.040									
0.34	0.9913	0.998	1.003	1.010	1.014	1.019	1.023	1.026	1.031	1.032	1.036									
0.35	0.9865	0.993	0.999	1.006	1.008	1.015	1.019	1.022	1.026	1.027	1.031									
0.36	0.9824	0.989	0.995	1.002	1.005	1.010	1.015	1.018	1.022	1.024	1.027									
0.37	0.9781	0.985	0.991	0.998	1.001	1.006	1.011	1.014	1.018	1.020	1.023									
0.38	0.9743	0.981	0.987	0.995	0.998	1.003	1.007	1.010	1.015	1.017	1.020									
0.39	0.9707	0.977	0.983	0.991	0.994	0.9988	1.004	1.007	1.011	1.013	1.017									
0.40	0.9672	0.974	0.980	0.986	0.991	0.9959	1.000	1.004	1.008	1.010	1.013	1.016	1.018	1.020	1.021	1.022				
0.41	0.9636	0.970	0.976	0.983	0.987	0.9922	0.997	1.001	1.005	1.007	1.010	1.013	1.015	1.017	1.019	1.019				
0.42	0.9605	0.968	0.973	0.980	0.984	0.9892	0.994	0.998	1.002	1.004	1.007	1.010	1.013	1.014	1.016	1.017				
0.43	0.9577	0.964	0.970	0.977	0.981	0.9863	0.991	0.995	0.999	1.001	1.005	1.007	1.010	1.011	1.014	1.014				
0.44	0.9546	0.961	0.967	0.974	0.979	0.9833	0.988	0.992	0.997	0.998	1.002	1.005	1.007	1.009	1.011	1.011				
0.45	0.9521	0.959	0.965	0.971	0.976	0.9809	0.986	0.990	0.993	0.996	0.9993	1.002	1.004	1.006	1.009	1.009				
0.46	0.9491	0.956	0.962	0.969	0.973	0.9779	0.983	0.987	0.991	0.994	0.9968	1.000	1.002	1.004	1.006	1.007				
0.47	0.9467	0.954	0.960	0.966	0.971	0.9757	0.980	0.985	0.988	0.992	0.9945	0.998	1.000	1.002	1.004	1.005				
0.48	0.9443	0.951	0.957	0.963	0.968	0.9732	0.978	0.983	0.986	0.989	0.9922	0.995	0.997	0.999	1.002	1.003				
0.49	0.9419	0.949	0.955	0.961	0.966	0.9710	0.976	0.981	0.984	0.987	0.9899	0.993	0.995	0.997	1.000	1.001				
0.50	0.9402	0.946	0.952	0.959	0.964	0.9687	0.973	0.978	0.981	0.985	0.9876	0.991	0.993	0.995	0.997	0.9984				
0.51	0.9378	0.944	0.950	0.956	0.961	0.9665	0.971	0.976	0.979	0.983	0.9856	0.989	0.991	0.993	0.995	0.9965				
0.52	0.9354	0.942	0.948	0.954	0.959	0.9645	0.969	0.974	0.977	0.981	0.9836	0.987	0.989	0.991	0.994	0.9945				

R^3/V	$R/r=30$	32	34	36	38	40	42	44	46	48	50	52	54	56	58	60	65	70	75	80
0.53	0.9337	0.940	0.946	0.952	0.957	0.9625	0.967	0.972	0.975	0.979	0.9815	0.985	0.987	0.990	0.992	0.9929				
0.54	0.9315	0.938	0.944	0.950	0.955	0.9603	0.965	0.970	0.974	0.977	0.9797	0.983	0.986	0.988	0.990	0.9909				
0.55	0.9298	0.936	0.942	0.948	0.953	0.9585	0.964	0.968	0.972	0.975	0.9779	0.981	0.984	0.986	0.988	0.9892				
0.56	0.9281	0.934	0.940	0.946	0.951	0.9567	0.962	0.966	0.970	0.974	0.9763	0.980	0.982	0.984	0.986	0.9878				
0.57	0.9262	0.932	0.939	0.944	0.949	0.9550	0.960	0.964	0.968	0.972	0.9745	0.978	0.980	0.983	0.984	0.9861				
0.58	0.9247	0.930	0.938	0.942	0.947	0.9532	0.958	0.963	0.966	0.970	0.9730	0.976	0.979	0.981	0.982	0.9842				
0.59	0.9230	0.929	0.935	0.940	0.946	0.9515	0.956	0.961	0.965	0.968	0.9714	0.975	0.977	0.979	0.981	0.9827				
0.60	0.9215	0.927	0.933	0.939	0.944	0.9497	0.954	0.959	0.963	0.967	0.9701	0.973	0.976	0.978	0.979	0.9813				
0.62	0.9184	0.924	0.930	0.936	0.941	0.9467	0.951	0.956	0.960	0.964	0.9669	0.970	0.973	0.975	0.976	0.9784				
0.64	0.9150	0.921	0.927	0.932	0.938	0.9439	0.948	0.953	0.957	0.961	0.9643	0.968	0.970	0.972	0.973	0.9754				
0.66	0.9121	0.918	0.925	0.930	0.935	0.9408	0.946	0.950	0.954	0.959	0.9614	0.965	0.967	0.969	0.971	0.9728				
0.68	0.9093	0.915	0.921	0.927	0.932	0.9382	0.943	0.948	0.951	0.956	0.9590	0.963	0.965	0.967	0.968	0.9703				
0.70	0.9064	0.912	0.919	0.924	0.929	0.9352	0.940	0.945	0.949	0.953	0.9563	0.960	0.962	0.964	0.966	0.9678				
0.72	0.9037	0.910	0.916	0.921	0.927	0.9328	0.937	0.943	0.946	0.951	0.9542	0.957	0.960	0.9622	0.964	0.9656				
0.74	0.9012	0.907	0.913	0.919	0.924	0.9303	0.935	0.940	0.944	0.949	0.9519	0.955	0.958	0.960	0.962	0.9636				
0.76	0.8987	0.905	0.911	0.916	0.922	0.9277	0.933	0.938	0.942	0.947	0.9495	0.953	0.956	0.958	0.960	0.9616				
0.78	0.8964	0.902	0.908	0.914	0.920	0.9258	0.930	0.936	0.939	0.944	0.9475	0.951	0.954	0.956	0.958	0.9598				
0.80	0.8937	0.900	0.906	0.912	0.918	0.9230	0.928	0.933	0.937	0.942	0.9454	0.949	0.952	0.954	0.956	0.9581				
0.82	0.8917	0.898	0.904	0.909	0.915	0.9211	0.926	0.931	0.935	0.940	0.9436	0.947	0.950	0.952	0.954	0.9563				
0.84	0.8894	0.895	0.902	0.907	0.913	0.9190	0.924	0.929	0.933	0.938	0.9419	0.946	0.949	0.951	0.953	0.9548				
0.86	0.8874	0.893	0.900	0.905	0.911	0.9171	0.922	0.927	0.932	0.936	0.9402	0.944	0.947	0.949	0.951	0.9534				
0.88	0.8853	0.891	0.898	0.903	0.909	0.9152	0.921	0.926	0.930	9.936	0.9384	0.942	0.945	0.947	0.950	0.9517				
0.90	0.8831	0.889	0.896	0.902	0.907	0.9131	0.919	0.924	0.9228	0.933	0.9367	0.940	0.943	0.946	0.948	0.9504				
0.92	0.8809	0.887	0.894	0.900	0.905	0.9114	0.917	0.922	0.926	0.931	0.9350	0.939	0.942	0.945	0.947	0.9489				
0.94	0.8791	0.885	0.892	0.898	0.904	0.9097	0.915	0.920	0.925	0.929	0.9333	0.937	0.940	0.943	0.945	0.9476				
0.96	0.8770	0.883	0.890	0.896	0.902	0.9074	0.914	0.919	0.9223	0.928	0.9320	0.936	0.939	0.942	0.944	0.9462				
0.98	0.8754	0.882	0.888	0.894	0.900	0.9064	0.912	0.917	0.922	0.926	0.9305	0.934	0.937	0.940	0.943	0.9452				

R^3/V	$R/r=30$	32	34	36	38	40	42	44	46	48	50	52	54	56	58	60	65	70	75	80
1.00	0.8734	0.880	0.886	0.892	0.899	0.9047	0.910	0.916	0.920	0.925	0.9290	0.933	0.936	0.939	0.941	0.9438				
1.05	0.8688	0.875	0.882	0.888	0.895	0.9007	0.906	0.912	0.916	0.921	0.9253	0.929	0.932	0.936	0.938	0.9408				
1.10	0.8644	0.871	0.878	0.885	0.891	0.8970	0.903	0.908	0.913	0.917	0.9217	0.925	0.929	0.933	0.935	0.9378				
1.15	0.8602	0.867	0.875	0.881	0.888	0.8937	0.900	0.905	0.910	0.914	0.9183	0.922	0.926	0.930	0.933	0.9352				
1.20	0.8561	0.864	0.871	0.878	0.885	0.8904	0.897	0.902	0.907	0.911	0.9154	0.920	0.923	0.927	0.930	0.9324				
1.25	0.8521	0.860	0.868	0.875	0.882	0.8874	0.893	0.899	0.904	0.908	0.9125	0.916	0.920	0.924	0.927	0.9300				
1.30	0.8484	0.856	0.864	0.871	0.879	0.8845	0.891	0.896	0.901	0.905	0.9097	0.914	0.917	0.921	0.925	0.9277				
1.35	0.8451	0.853	0.861	0.869	0.876	0.8819	0.888	0.893	0.898	0.903	0.9068	0.911	0.915	0.919	0.922	0.9253				
1.40	0.8420	0.850	0.858	0.866	0.873	0.8794	0.885	0.891	0.896	0.900	0.9043	0.909	0.913	0.916	0.920	0.9232				
1.45	0.8387	0.847	0.855	0.863	0.871	0.8764	0.883	0.888	0.893	0.898	0.9014	0.906	0.910	0.914	0.918	0.9207				
1.50	0.8356	0.844	0.853	0.861	0.868	0.8744	0.881	0.886	0.891	0.895	0.8995	0.904	0.908	0.912	0.916	0.9190				
1.55	0.8327	0.841	0.850	0.858	0.866	0.8722	0.878	0.883	0.888	0.893	0.8970	0.901	0.906	0.910	0.914	0.9171	0.922	0.928	0.933	0.9382
1.60	0.8297	0.839	0.848	0.856	0.863	0.8700	0.876	0.881	0.886	0.891	0.8947	0.899	0.904	0.908	0.912	0.9152	0.921	0.927	0.931	0.9365
1.65	0.8272	0.836	0.845	0.853	0.861	0.8678	0.874	0.879	0.884	0.889	0.8927	0.897	0.902	0.906	0.910	0.9133	0.919	0.925	0.930	0.9354
1.70	0.8245	0.834	0.843	0.851	0.859	0.8658	0.872	0.877	0.882	0.886	0.8906	0.895	0.900	0.904	0.909	0.9116	0.918	0.924	0.929	0.9341
1.75	0.8217	0.831	0.840	0.849	0.857	0.8638	0.870	0.875	0.880	0.884	0.8886	0.893	0.898	0.902	0.907	0.9097	0.916	0.922	0.9227	0.9328
1.80	0.8194	0.829	0.838	0.847	0.855	0.8618	0.868	0.873	0.878	0.882	0.8867	0.891	0.896	0.900	0.905	0.9080	0.915	0.921	0.926	0.9317
1.85	0.8168	0.827	0.836	0.845	0.853	0.8596	0.866	0.871	0.876	0.881	0.8849	0.889	0.895	0.899	0.903	0.9066	0.913	0.919	0.925	0.9305
1.90	0.8143	0.824	0.834	0.843	0.851	0.8578	0.864	0.869	0.874	0.879	0.8831	0.888	0.893	0.897	0.902	0.9047	0.912	0.918	0.923	0.9291
1.95	0.8119	0.822	0.832	0.841	0.849	0.8559	0.862	0.867	0.872	0.877	0.8815	0.886	0.891	0.895	0.900	0.9034	0.910	0.917	0.922	0.9281
2.00	0.8098	0.820	0.8322	0.839	0.847	0.8539	0.860	0.865	0.870	0.875	0.8798	0.884	0.890	0.893	0.899	0.9016	0.908	0.914	0.920	0.9274
2.10	0.8056	0.816	0.826	0.835	0.843	0.8502	0.856	0.862	0.867	0.872	0.8768	0.881	0.886	0.890	0.895	0.89	0.905	0.911	0.917	0.9247
2.20	0.8015	0.812	0.822	0.831	0.839	0.8464	0.853	0.858	0.864	0.869	0.8738	0.879	0.883	0.887	0.892	0.89	0.903	0.909	0.915	0.9226
2.30	0.7976	0.808	0.818	0.828	0.835	0.8428	0.849	0.855	0.861	0.8666	0.8710	0.876	0.880	0.884	0.890	0.89	0.900	0.907	0.913	0.9206
2.40	0.7936	0.804	0.814	0.824	0.832	0.8393	0.846	0.852	0.857	0.863	0.8680	0.873	0.878	0.882	0.887	0.89	0.898	0.904	0.910	0.9185
2.50	0.7898	0.800	0.811	0.820	0.828	0.8360	0.843	0.849	0.854	0.860	0.8651	0.870	0.875	0.879	0.884	0.88	0.895	0.902	0.908	0.9166
2.60	0.7861	0.797	0.807	0.817	0.825	0.8325	0.840	0.846	0.851	0.857	0.8624	0.868	0.872	0.877	0.882	0.88				0.9145

R^3/V	$R/r=30$	32	34	36	38	40	42	44	46	48	50	52	54	56	58	60	65	70	75	80
2.70	0.7824	0.793	0.803	0.813	0.822	0.8291	0.836	0.843	0.848	0.854	0.8598	0.865	0.870	0.874	0.880	0.88	0.893	0.900	0.906	0.9126
2.80	0.7788	0.790	0.800	0.810	0.818	0.8260	0.834	0.840	0.846	0.842	0.8570	0.862	0.867	0.872	0.877	0.88	0.891	0.898	0.904	0.9107
2.90	0.7752	0.786	0.796	0.806	0.815	0.8230	0.831	0.837	0.843	0.849	0.8545	0.860	0.865	0.870	0.875	0.87	0.889	0.896	0.902	0.9089
3.00	0.7716	0.783	0.793	0.803	0.812	0.8200	0.828	0.834	0.841	0.846	0.8521	0.858	0.863	0.868	0.873	0.87	0.887	0.894	0.900	0.9068
3.10	0.7677	0.779	0.790	0.800	0.809	0.8170	0.825	0.832	0.838	0.844	0.8494	0.855	0.860	0.866	0.871	0.87	0.885	0.892	0.899	0.9049
3.20	0.7644	0.776	0.787	0.797	0.806	0.8140	0.822	0.829	0.835	0.842	0.8472	0.853	0.858	0.864	0.869	0.87	0.883	0.890	0.897	0.9030
3.30	0.7610	0.772	0.783	0.793	0.803	0.8113	0.820	0.827	0.833	0.840	0.8440	0.851	0.856	0.862	0.866	0.87	0.881	0.888	0.895	0.9012
3.40	0.7572	0.769	0.780	0.790	0.800	0.8083	0.817	0.824	0.831	0.837	0.8424	0.849	0.854	0.860	0.864	0.86	0.879	0.886	0.893	0.8993
3.50	0.7542	0.766	0.777	0.788	0.798	0.8057	0.814	0.822	0.829	0.835	0.8404	0.847	0.852	0.858	0.862	0.86	0.877	0.884	0.892	0.8974
3.60						0.8063					0.8407	0.847	0.852	0.858	0.860	0.86				
3.75						0.8002					0.8357	0.8422	0.848	0.853	0.858	0.86				
4.00						0.7945					0.8311	0.837	0.843	0.849	0.854	0.85				
4.25						0.7890					0.8267	0.833	0.839	0.845	0.850	0.85				
4.50						0.7838					0.8225	0.829	0.835	0.841	0.847	0.85				
4.75						0.7787					0.8185	0.8225	0.832	0.838	0.843	0.84				
5.00						0.7738					0.8147	0.822	0.828	0.834	0.840	0.84				
5.25						0.7691					0.8109	0.818	0.825	0.831	0.837	0.84				
5.50						0.7645					0.8073	0.815	0.821	0.828	0.834	0.83				
5.75						0.7599					0.8038	0.811	0.818	0.825	0.830	0.83				
6.00						0.7555					0.8003	0.808	0.815	0.821	0.827	0.83				
6.25						0.7511					0.7969	0.805	0.812	0.818	0.825	0.83				
6.50						0.7468					0.7936	0.801	0.808	0.815	0.822	0.82				
6.75						0.7426					0.7903	0.798	0.806	0.813	0.819	0.82				
7.00						0.7384					0.7871	0.795	0.803	0.810	0.816	0.82				
7.25						0.7343					0.7839	0.792	0.800	0.807	0.813	0.81				
7.50						0.7302					0.7807	0.789	0.797	0.804	0.811	0.81				

Ⅱ 滴体积法测定表面张力校正因子 F 数值表

V/R^3	F	V/R^3	F	V/R^3	F	V/R^3	F	V/R^3	F
37.04	0.2198	13.31	0.2354	6.177	0.2495	3.370	0.2592	2.028	0.2650
36.32	0.2200	13.03	0.2358	6.110	0.2497	3.325	0.2594	2.013	0.2651
35.25	0.2203	12.84	0.2361	6.010	0.2500	3.295	0.2595	1.990	0.2652
34.56	0.2206	12.58	0.2364	5.945	0.2502	3.252	0.2597	1.975	0.2652
33.57	0.2210	12.40	0.2367	5.850	0.2505	3.223	0.2598	1.953	0.2652
32.93	0.2212	12.15	0.2371	5.787	0.2507	3.180	0.2600	1.939	0.2652
31.99	0.2216	11.98	0.2373	5.694	0.2510	3.152	0.2601	1.917	0.2654
31.39	0.2218	11.74	0.2377	5.634	0.2512	3.111	0.2603	1.903	0.2654
30.53	0.2222	11.58	0.2379	5.544	0.2515	3.084	0.2604	1.882	0.2655
29.95	0.2225	11.35	0.2383	5.486	0.2517	3.044	0.2606	1.868	0.2655
29.13	0.2229	11.20	0.2385	5.400	0.2519	3.018	0.2607	1.847	0.2655
28.60	0.2231	10.97	0.2389	5.343	0.2521	2.979	0.2609	1.834	0.2656
27.83	0.2236	10.83	0.2391	5.260	0.2524	2.953	0.2611	1.813	0.2656
27.33	0.2238	10.62	0.2395	5.206	0.2526	2.915	0.2612	1.800	0.2656
26.60	0.2242	10.48	0.2398	5.125	0.2529	2.891	0.2613	1.781	0.2657
26.13	0.2244	10.27	0.2401	5.073	0.2530	2.854	0.2615	1.768	0.2657
25.44	0.2248	10.14	0.2403	4.995	0.2533	2.830	0.2616	1.758	0.2657
25.00	0.2250	9.95	0.2407	4.944	0.2535	2.794	0.2618	1.749	0.2657
24.35	0.2254	9.82	0.2410	4.869	0.2538	2.771	0.2619	...	...
23.93	0.2257	9.63	0.2413	4.820	0.2539	2.736	0.2621	1.705	0.2657
23.32	0.2261	9.51	0.2415	4.747	0.2541	2.713	0.2622	1.687	0.2658
22.93	0.2263	9.33	0.2419	4.700	0.2542	2.680	0.2623	1.687	0.2658
22.35	0.2267	9.21	0.2422	4.630	0.2545	2.657	0.2624	...	...
21.98	0.2270	9.04	0.2425	4.584	0.2546	2.624	0.2626	1.534	0.2658
21.43	0.2274	8.93	0.2427	4.516	0.2549	2.603	0.2627	1.519	0.2657
21.08	0.2276	8.77	0.2431	4.471	0.2550	2.571	0.2628	...	...
20.56	0.2280	8.66	0.2433	4.406	0.2553	2.550	0.2629	1.457	0.2657
20.23	0.2283	8.50	0.2436	4.363	0.2554	2.518	0.2631	1.443	0.2656
19.74	0.2287	8.40	0.2439	4.299	0.2556	2.498	0.2632	1.433	0.2656
19.43	0.2290	8.25	0.2442	4.257	0.2557	2.468	0.2633	1.418	0.2655
18.96	0.2294	8.15	0.2444	4.196	0.2560	2.448	0.2634	1.395	0.2654
18.66	0.2296	8.00	0.2447	4.156	0.2561	2.418	0.2635	1.380	0.2652
18.22	0.2300	7.905	0.2449	4.096	0.2564	2.399	0.2636	1.372	0.2649
17.94	0.2303	7.765	0.2453	4.057	0.2566	2.370	0.2637	1.349	0.2648
17.52	0.2307	7.673	0.2455	4.00	0.2568	2.352	0.2638	1.327	0.2647
17.25	0.2309	7.539	0.2458	3.961	0.2569	2.324	0.2639	1.305	0.2646
16.86	0.2313	7.451	0.2460	3.906	0.2571	2.305	0.2640	1.284	0.2645
16.60	0.2316	7.330	0.2464	3.869	0.2573	2.278	0.2641	1.255	0.2644
16.23	0.2320	7.236	0.2466	3.805	0.2575	2.260	0.2642	1.243	0.2643
15.98	0.2323	7.112	0.2469	3.779	0.2576	2.234	0.2643	1.223	0.2642
15.63	0.2326	7.031	0.2471	3.727	0.2578	2.216	0.2644	1.216	0.2641
15.39	0.2329	6.911	0.2474	3.692	0.2579	2.190	0.2645	1.204	0.2640
15.05	0.2333	6.832	0.2476	3.641	0.2581	2.173	0.2645	1.180	0.2639
14.83	0.2336	6.717	0.2480	3.608	0.2583	2.148	0.2646	1.177	0.2638
14.51	0.2339	6.641	0.2482	3.559	0.2585	2.132	0.2647	1.167	0.2637
14.30	0.2342	6.530	0.2485	3.526	0.2586	2.107	0.2648	1.148	0.2635
13.99	0.2346	6.458	0.2457	3.478	0.2588	2.091	0.2648	1.130	0.2632
13.79	0.2348	6.351	0.2490	3.447	0.2589	2.067	0.2649	1.113	0.2629
13.50	0.2352	6.281	0.2492	3.400	0.2591	2.052	0.2649	1.096	0.2625

V/R^3	F	V/R^3	F	V/R^3	F	V/R^3	F	V/R^3	F
1.079	0.2622	0.9286	0.2589	0.8056	0.2551	0.7020	0.2506	0.6165	0.2454
1.072	0.2621	0.9232	0.2587	0.8005	0.2549	0.6986	0.2504	0.6133	0.2453
1.062	0.2619	0.9151	0.2585	0.7940	0.2547	0.6931	0.2501	0.6086	0.2449
1.056	0.2618	0.9098	0.2584	0.7894	0.2545	0.6894	0.2499	0.6055	0.2446
1.046	0.2616	0.9019	0.2582	0.7836	0.2543	0.6842	0.2496	0.6016	0.2443
1.040	0.2614	0.9967	0.2580	0.7786	0.2541	0.6803	0.2495	0.5979	0.2440
1.006	0.2613	0.8890	0.2578	0.7720	0.2538	0.6750	0.2491	0.5934	0.2437
1.024	0.2611	0.8839	0.2577	0.7679	0.2536	0.6714	0.2489	0.5904	0.2435
1.015	0.2609	0.8763	0.2575	0.7611	0.2534	0.6662	0.2486	0.5864	0.2431
1.009	0.2609	0.8713	0.2573	0.7575	0.2532	0.6627	0.2484	0.5831	0.2429
1.000	0.2606	0.8638	0.2571	0.7513	0.2529	0.6575	0.2481	0.5787	0.2426
0.994	0.2604	0.8589	0.2569	0.7472	0.2527	0.6541	0.2479	0.5440	0.2428
0.952	0.2602	0.8516	0.2567	0.7412	0.2525	0.6488	0.2476	0.5120	0.2440
0.993	0.2601	0.8468	0.2565	0.7372	0.2523	0.6457	0.2474	0.4552	0.2486
0.9706	0.2599	0.8395	0.2563	0.7311	0.2520	0.6401	0.2470	0.4064	0.2555
0.9648	0.2597	0.8349	0.2562	0.7273	0.2518	0.6374	0.2468	0.3644	0.2638
0.9564	0.2595	0.8275	0.2559	0.7214	0.2516	0.6336	0.2465	0.3280	0.2722
0.9507	0.2594	0.8232	0.2557	0.7175	0.2514	0.6292	0.2463	0.2963	0.2806
0.9423	0.2592	0.8163	0.2555	0.7116	0.2511	0.6244	0.2460	0.2685	0.2888
0.9368	0.2591	0.8117	0.2553	0.7080	0.2509	0.6212	0.2457	0.2441	0.2974

Ⅲ 滴外形法测定表面张力不同 S 值时的 $1/H$ 表

S	0	1	2	3	4	5	6	7	8	9
0.30	7.09837	7.03966	6.98161	6.92421	6.86746	6.81135	6.75586	6.70099	6.46672	6.59306
0.31	6.53988	6.48748	6.43556	6.38421	6.33341	6.28317	6.23347	6.18431	6.13567	6.08756
0.32	6.03997	5.99288	5.49629	5.90019	5.85459	5.80946	5.76481	5.72063	5.67690	5.63364
0.33	5.59082	5.54845	5.50651	5.46501	5.42393	5.38327	5.34303	5.30320	5.26377	5.22474
0.34	5.18611	5.14786	5.11000	5.07252	5.03542	4.99868	4.96231	4.92629	4.89061	4.85527
0.35	4.82029	4.78564	4.75134	4.71737	4.68374	4.65043	4.61745	4.58479	4.55245	4.52042
0.36	4.48870	4.45729	4.42617	4.39536	4.36484	4.33461	4.30467	4.27501	4.24564	4.21654
0.37	4.18771	4.15916	4.13087	4.10285	4.07509	4.04759	4.02034	3.99334	3.96660	3.94010
0.38	3.91384	3.88786	3.86212	3.83661	3.81133	3.78627	3.76143	3.73682	3.71242	3.68824
0.39	3.66427	3.64051	3.61969	3.59362	3.57047	3.54752	3.52478	3.50223	3.47987	3.45770
0.40	3.43572	3.41393	3.39232	3.37089	3.34965	3.32858	3.30769	3.28698	3.26643	3.24606
0.41	3.22582	3.20576	3.18587	3.16614	3.14657	3.12717	3.10794	3.08886	3.06994	3.05118
0.42	3.03258	3.01413	2.99583	2.97769	2.95969	2.49184	2.92415	2.90659	2.88918	2.87192
0.43	2.85479	2.83781	2.82097	2.80426	2.78769	2.77125	2.75496	2.73880	2.72277	2.70687
0.44	2.69110	2.67545	2.65992	2.64452	2.62924	2.61408	2.59904	2.58412	2.56932	2.55463
0.45	2.54005	2.52559	2.51124	2.49700	2.48287	2.46885	2.45494	2.44114	2.42743	2.41384
0.46	2.40034	2.38695	2.37366	2.36047	2.34738	2.33439	2.32150	2.30870	2.29600	2.28339
0.47	2.27088	2.25846	2.24613	2.23390	2.22176	2.20970	2.19773	2.18586	2.17407	2.16236
0.48	2.15074	2.13921	2.12275	2.11640	2.10511	2.09391	2.08279	2.07175	2.06079	2.04991
0.49	2.03910	2.02838	2.01173	2.00715	1.99666	1.98623	1.97588	1.96561	1.95540	1.94527
0.50	1.93521	1.92522	1.91530	1.90545	1.89567	1.88596	1.87632	1.86674	1.85723	1.84778
0.51	1.83840	1.82909	1.81984	1.81065	1.80153	1.79247	1.78347	1.77453	1.76565	1.75683
0.52	1.74808	1.73938	1.73074	1.72216	1.71364	1.70517	1.69676	1.68841	1.68012	1.67188
0.53	1.66369	1.65556	1.64748	1.63946	1.63149	1.62357	1.61571	1.60790	1.60014	1.59242
0.54	1.58477	1.57716	1.56960	1.56209	1.55462	1.54721	1.53985	1.53253	1.52526	1.51804

S	0	1	2	3	4	5	6	7	8	9
0.55	1.51086	1.50373	1.49665	1.48961	1.48262	1.47567	1.46876	1.46190	1.45509	1.44831
0.56	1.44158	1.43486	1.42825	1.42164	1.41508	1.40856	1.40208	1.39564	1.38924	1.38288
0.57	1.37656	1.37028	1.36404	1.35784	1.35168	1.34555	1.33946	1.33341	1.32740	1.32142
0.58	1.31549	1.30958	1.30372	1.29788	1.29209	1.28633	1.28060	1.27491	1.26926	1.26364
0.59	1.25805	1.25250	1.24698	1.24149	1.23603	1.23061	1.22522	1.21987	1.21454	1.20925
0.60	1.20399	1.19875	1.19356	1.18839	1.18325	1.17814	1.17306	1.16801	1.16300	1.15801
0.61	1.15305	1.14812	1.14322	1.13834	1.13350	1.12868	1.13389	1.11913	1.11440	1.10969
0.62	1.10501	1.10036	1.09574	1.09114	1.08656	1.08202	1.07750	1.07300	1.06853	1.06409
0.63	1.05967	1.05528	1.05091	1.04657	1.04225	1.03796	1.03368	1.02944	1.02522	1.02102
0.64	1.01684	1.01269	1.00856	1.00446	1.00370	0.99631	0.99227	0.98826	0.98427	0.98029
0.65	0.97635	0.97242	0.96851	0.96463	0.96077	0.95692	0.95310	0.94930	0.94552	0.94176
0.66	0.93828	0.93454	0.93082	0.92712	0.92345	0.91979	0.91616	0.91255	0.90895	0.90535
0.67	0.90183	0.89830	0.89474	0.89129	0.88782	0.88436	0.88092	0.87751	0.87411	0.87073
0.68	0.86737	0.86403	0.86070	0.85739	0.85410	0.85083	0.84758	0.84434	0.84112	0.83792
0.69	0.83473	0.83165	0.82841	0.82527	0.82215	0.81905	0.81596	0.81289	0.80986	0.80676
0.70	0.80376	0.80075	0.79776	0.79478	0.79182	0.78870	0.78594	0.78302	0.78011	0.77722
0.71	0.77435	0.77149	0.76864	0.76581	0.76300	0.76019	0.75741	0.75463	0.75187	0.74912
0.72	0.74639	0.74367	0.74097	0.73828	0.73560	0.73293	0.73028	0.72764	0.72505	0.72240
0.73	0.71980	0.71722	0.71464	0.71208	0.70953	0.70700	0.70447	0.70196	0.69946	0.69697
0.74	0.69449	0.69202	0.68957	0.68713	0.68470	0.68228	0.67988	0.67748	0.67510	0.67273
0.75	0.67037	0.66803	0.66569	0.66337	0.66105	0.65875	0.65646	0.65418	0.65191	0.64965
0.76	0.64740	0.64516	0.64294	0.64072	0.63851	0.63632	0.63413	0.63195	0.62979	0.62763
0.77	0.62549	0.62335	0.62122	0.61911	0.61700	0.61490	0.61281	0.61047	0.60867	0.60661
0.78	0.60457	0.60253	0.60050	0.69848	0.59647	0.59447	0.59248	0.59049	0.58852	0.58656
0.79	0.58460	0.58265	0.58072	0.57879	0.57687	0.57496	0.57305	0.57116	0.56927	0.56739
0.80	0.56553	0.56366	0.56181	0.55997	0.55813	0.55630	0.55448	0.55266	0.55086	0.54906
0.81	0.54727	0.54549	0.54371	0.54195	0.54019	0.53844	0.53669	0.53496	0.53323	0.53151
0.82	0.52979	0.52808	0.52638	0.52469	0.52300	0.52132	0.51965	0.51799	0.51636	0.51469
0.83	0.51305	0.51142	0.50970	0.50817	0.50656	0.50496	0.50336	0.50176	0.50018	0.49860
0.84	0.49703	0.49546	0.49390	0.49234	0.49090	0.48926	0.48772	0.48619	0.48467	0.48316
0.85	0.48165	0.48015	0.47865	0.47716	0.47567	0.47420	0.47272	0.47126	0.46980	0.46834
0.86	0.46690	0.46545	0.46402	0.46259	0.46116	0.45974	0.45833	0.45692	0.45552	0.45412
0.87	0.45273	0.45137	0.44996	0.44858	0.44721	0.44584	0.44448	0.44313	0.44178	0.44044
0.88	0.43910	0.43777	0.43644	0.43512	0.43380	0.43249	0.43118	0.42988	0.42858	0.42729
0.89	0.42600	0.42471	0.42344	0.42216	0.42089	0.41963	0.41837	0.41712	0.41587	0.41462
0.90	0.41338	0.41214	0.41091	0.40968	0.40846	0.40724	0.40602	0.40481	0.40360	0.40240
0.91	0.40121	0.40001	0.39882	0.39764	0.39646	0.39528	0.39411	0.39294	0.39117	0.39061
0.92	0.38946	0.38831	0.38716	0.38601	0.38487	0.38374	0.38260	0.38147	0.38035	0.37922
0.93	0.37810	0.37699	0.37588	0.37477	0.37366	0.37256	0.37146	0.37037	0.36928	0.36819
0.94	0.36711	0.36602	0.36494	0.36387	0.36280	0.36173	0.36066	0.35960	0.35854	0.35748
0.95	0.35643	0.35535	0.35433	0.35328	0.35244	0.35120	0.35015	0.34913	0.34809	0.34706
0.96	0.34604	0.34501	0.34399	0.34297	0.34195	0.34093	0.33992	0.33890	0.33789	0.33688
0.97	0.33588	0.33487	0.33387	0.33287	0.33186	0.33086	0.32987	0.32887	0.32787	0.32688
0.98	0.32588	0.32489	0.32389	0.32290	0.32191	0.32095	0.31992	0.31893	0.31794	0.31695
0.99	0.31595	0.31496	0.31396	0.31296	0.31196	0.31095	0.30994	0.30893	0.30792	0.30690
1.00	0.30588	0.30484	0.30381	0.30276	—	—	—	—	—	—

IV 一些表面活性剂的饱和吸附量（Γ^∞）、分子截面积（a^∞）、pc_{20}、cmc/c_{20} 以及 π_{cmc} 值

化　合　物	温度/℃	$\Gamma/10^{-10}/\text{mol·cm}^{-2}$	a^∞/nm^2	pc_{20}	cmc/c_{20}	$\pi_{cmc}/\text{mN·m}^{-1}$
阴离子型						
$C_{10}H_{21}OCH_2COO^-Na^+$ (0.1mol·L⁻¹ NaCl,pH=10.5)	30	5.4	0.31	3.2	4.9	40
$C_{11}H_{23}CON(CH_3)CH_2COO^-Na^+$ (pH=10.5)	30	2.1	0.81	2.5	3.5	33
$C_{11}H_{23}CON(CH_3)CH_2COO^-Na^+$ (0.1mol·L⁻¹ NaCl,pH=10.5)	30	2.9	0.58	3.3	6.5	32
$C_{11}H_{23}CON(C_4H_9)CH_2COO^-Na^+$	25	1.55	1.07	3.62	9.3	37
$C_{11}H_{23}CON(C_4H_9)CH_2COO^-Na^+$ (硬水 $I=6.6\times10^{-3}\text{mol·L}^{-1}$)	25	2.9	0.57	4.76	28.8	44
$C_{11}H_{23}CON(CH_3)CH_2CH_2COO^-Na^+$ (pH=10.5)	30	1.6	1.04	2.7	3.7	31
$C_{11}H_{23}CON(CH_3)CH_2CH_2COO^-Na^+$ (0.1mol·L⁻¹ NaCl,pH=10.5)	30	2.5	0.66	3.4	6.9	32
$C_{13}H_{27}CON(C_3H_7)CH_2COO^-Na^+$	25	1.58	1.05	4.3	12	39
$C_{13}H_{27}CON(C_3H_7)CH_2COO^-Na^+$ (硬水 $I=6.6\times10^{-3}\text{mol·L}^{-1}$)	25	3.5	0.47	5.28	14.1	43
$C_{10}H_{21}SO_3^-Na^+$	10	3.37	0.49	1.7	2.4	33
$C_{10}H_{21}SO_3^-Na^+$	25	3.22	0.52	1.69	2.1	31
$C_{10}H_{21}SO_3^-Na^+$	40	3.05	0.54	1.66	1.8	29
$C_{10}H_{21}SO_3^-Na^+$ (0.1mol·L⁻¹ NaCl)	25	3.85	0.43	2.29	4.1	32
$C_{10}H_{21}SO_3^-Na^+$ (0.5mol·L⁻¹ NaCl)	25	4.24	0.41	2.87	5.4	37
$C_{12}H_{25}SO_3^-Na^+$	25	2.93	0.57	2.36	2.8	33
$C_{12}H_{25}SO_3^-Na^+$	60	2.5	0.66	2.14	1.92	29
$C_{12}H_{25}SO_3^-Na^+$ (硬水 $I=6.6\times10^{-3}\text{mol·L}^{-1}$)	25	2.34	0.71	—	9.97	36
$C_{12}H_{25}SO_3^-Na^+$ (0.1mol·L⁻¹ NaCl)	25	3.76	0.44	3.38	5.9	36
$C_{12}H_{25}SO_3^-Na^+$ (0.5mol·L⁻¹ NaCl)	40	3.55	0.47	3.30	6.8	39
$C_{12}H_{25}SO_3^-K^+$	25	3.4	0.49	2.43	2.38	34
$C_{16}H_{33}SO_3^-K^+$	60	2.8	0.58	3.35	2.4	33
$C_8H_{17}SO_4^-Na^+$ (庚烷-水)	50	2.3	0.72	1.61	4.0	39
$C_{10}H_{21}SO_4^-Na^+$ (庚烷-水)	27	2.9	0.57	1.89	2.56	32
$C_{10}H_{21}SO_4^-Na^+$ (庚烷-水)	50	3.05	0.54	2.11	4.4	39
支链 $C_{12}H_{25}SO_4^-Na^+$	25	1.7	0.95	2.9	11.3	40
支链 $C_{12}H_{25}SO_4^-Na^+$ (0.1mol·L⁻¹ NaCl)	25	3.3	0.50	3.6	15.2	43
$C_{12}H_{25}SO_4^-Na^+$	25	3.16	0.53	2.51	2.6	32
$C_{12}H_{25}SO_4^-Na^+$ (0.1mol·L⁻¹ NaCl)	25	4.03	0.41	3.67	6.0	38
$C_{12}H_{25}SO_4^-Na^+$ (水-辛烷)	25	3.32	0.50	2.76	4.7	42.8
$C_{12}H_{25}SO_4^-Na^+$ (水-十七烷)	25	3.32	0.50	2.75	4.8	42.6

化 合 物	温度/℃	$\Gamma/10^{-10}/\text{mol}\cdot\text{cm}^{-2}$	a^∞/nm^2	pc_{20}	cmc/c_{20}	$\pi_{cmc}/\text{mN}\cdot\text{m}^{-1}$
$C_{12}H_{25}SO_4^-Na^+$ (水-环己烷)	25	3.1	0.54	2.82	4.9	43.2
$C_{12}H_{25}SO_4^-Na^+$ (水-苯)	25	2.33	0.71	2.57	2.2	29.1
$C_{12}H_{25}SO_4^-Na^+$ (水-1-己烯)	25	2.51	0.66	2.41	1.5	25.8
$C_{12}H_{25}SO_4^-Na^+$	60	2.65	0.63	2.24	1.74	28
$C_{14}H_{29}SO_4^-Na^+$	25	3.0	0.56	3.11	2.6	37.2
$C_{14}H_{29}SO_4^-Na^+$ (庚烷-水)	50	3.2	0.52	3.31	4.5	43
$C_{16}H_{33}SO_4^-Na^+$	60	3.3	0.50	—	2.5	35
$C_{16}H_{33}SO_4^-Na^+$ (庚烷-水)	50	3.05	0.54	3.89	5.0	43.5
$C_{18}H_{37}SO_4^-Na^+$ (庚烷-水)	50	2.5	0.66	—	5.0	44
$C_{20}H_{41}OCH_2CH_2SO_3^-Na^+$	25	3.22	0.52	2.1	2.0	30.8
$C_{10}H_{21}OCH_2CH_2SO_3^-Na^+$ (0.1mol·L⁻¹ NaCl)	25	3.85	0.43	2.93	4.5	34.7
$C_{10}H_{21}OCH_2CH_2SO_3^-Na^+$ (0.5mol·L⁻¹ NaCl)	25	4.3	0.39	—	7.1	39
$C_{12}H_{25}OC_2H_4SO_4^-Na^+$	25	2.92	0.57	2.75	2.6	32.8
$C_{12}H_{25}OC_2H_4SO_4^-Na^+$ (硬水 $I=6.6\times10^{-3}\text{mol}\cdot\text{L}^{-1}$)①	25	3.59	0.46	—	10.2	40.8
$C_{12}H_{25}OC_2H_4SO_4^-Na^+$ (0.1mol·L⁻¹ NaCl)	25	3.73	0.44	4.07	7.3	38.6
$C_{12}H_{25}OC_2H_4SO_4^-Na^+$ (0.5mol·L⁻¹ NaCl)	25	4.4	0.38	—	8.3	42.4
$C_{12}H_{25}(OC_2H_4)_2SO_4^-Na^+$	10	2.76	0.60	2.96	2.8	32.6
$C_{12}H_{25}(OC_2H_4)_2SO_4^-Na^+$	25	2.62	0.63	2.92	2.5	30.6
$C_{12}H_{25}(OC_2H_4)_2SO_4^-Na^+$	40	2.5	0.66	2.86	2.0	28.6
$C_{12}H_{25}(OC_2H_4)_2SO_4^-Na^+$ (硬水 $I=6.6\times10^{-3}\text{mol}\cdot\text{L}^{-1}$)①	25	3.24	0.51	—	11.5	39
$C_{12}H_{25}(OC_2H_4)_2SO_4^-Na^+$ (0.1mol·L⁻¹ NaCl)	25	3.46	0.48	4.36	6.7	36.5
$C_{12}H_{25}(OC_2H_4)_2SO_4^-Na^+$ (0.5mol·L⁻¹ NaCl)	25	3.8	0.44	—	10.0	40.2
$C_4H_9OC_{12}H_{24}SO_4^-Na^+$	25	1.13	1.47	2.77	4.2	28
$C_{14}H_{29}OC_2H_4SO_4^-Na^+$	25	2.1	0.66	3.92	8.8	40
$C_{14}H_{29}OC_2H_4SO_4^-Na^+$ (硬水 $I=6.6\times10^{-3}\text{mol}\cdot\text{L}^{-1}$)①	25	3.91	0.42	—	7.9	40
$C_4H_9CH(C_2H_5)CH_2OOCCH(SO_3^-Na^+)CH_2COOCH_2CH(C_2H_5)C_4H_9$(硬水 $I=6.6\times10^{-3}\text{mol}\cdot\text{L}^{-1}$)①	25	2.28	0.73	2.3	151	47
$C_{11}H_{23}CON(CH_3)CH_2CH_2SO_3^-Na^+$ (pH=10.5)	30	2.2	0.77	2.3	2.0	27.2
$C_{11}H_{23}CON(CH_3)CH_2CH_2SO_3^-Na^+$ (0.1mol·L⁻¹ NaCl, pH=10.5)	30	3.0	0.56	3.6	5.5	31.7
$C_8H_{17}C_6H_4SO_3^-Na^+$	70	2.6	0.64	—	1.36	24.7
$p\text{-}C_9H_{19}C_6H_4SO_3^-Na^+$	75	1.8	0.92	—	1.3	23
$C_{10}H_{21}C_6H_4SO_3^-Na^+$	70	3.2	0.52	—	1.33	25.4

化合物	温度/℃	$\Gamma/10^{-10}\,mol\cdot cm^{-2}$	a^{∞}/nm^2	pc_{20}	cmc/c_{20}	$\pi_{cmc}/mN\cdot m^{-1}$
$p\text{-}C_{10}H_{21}C_6H_4SO_3^-Na^+$	75	2.1	0.79	2.52	1.4	23.5
$C_{11}H_{23}\text{-}2\text{-}C_6H_4SO_3^-Na^+$（硬水 $I=6.6\times10^{-3}\,mol\cdot L^{-1}$）①	30	3.69	0.45	4.6	9.7	40
1,3,5,7-四甲基(正辛基)-1-苯基-p-磺酸钠	75	2.4	0.69	—	2.5	32
$C_{12}H_{25}\text{-}2\text{-}C_6H_4SO_3^-Na^+$（硬水 $I=6.6\times10^{-3}\,mol\cdot L^{-1}$）①	30	4.16	0.399	4.9	5.0	35.6
$C_{12}H_{25}\text{-}4\text{-}C_6H_4SO_3^-Na^+$（硬水 $I=6.6\times10^{-3}\,mol\cdot L^{-1}$）①	30	3.44	0.483	4.9	17.4	43.8
$p\text{-}C_6H_{13}CH(C_4H_9)CH_2C_6H_4SO_3^-Na^+$	75	2.85	0.58	—	3.2	35
$p\text{-}C_6H_{13}CH(C_5H_{11})C_6H_4SO_3^-Na^+$	75	2.1	0.79	—	>1.7	>26
$C_{12}H_{25}\text{-}6\text{-}C_6H_4SO_3^-Na^+$（硬水 $I=6.6\times10^{-3}\,mol\cdot L^{-1}$）①	30	3.15	0.527	4.9	21.5	44.5
$C_{12}H_{25}C_6H_4SO_3^-Na^+$	70	3.7	0.45	3.1	1.33	25.8
$C_{12}H_{25}C_6H_4SO_3^-Na^+$（0.1mol·L^{-1} NaCl）	25	3.6	0.46	4.9	11.6	41.9
$p\text{-}C_{12}H_{25}C_6H_4SO_3^-Na^+$	75	3.2	0.52	3.14	1.6	24
$C_{13}H_{27}\text{-}2\text{-}C_6H_4SO_3^-Na^+$（硬水 $I=6.6\times10^{-3}\,mol\cdot L^{-1}$）①	30	4.05	0.41	5.5	3.1	30.7
$C_{13}H_{27}\text{-}5\text{-}C_6H_4SO_3^-Na^+$（硬水 $I=6.6\times10^{-3}\,mol\cdot L^{-1}$）①	30	3.58	0.46	5.3	15.8	44.1
$C_{13}H_{27}\text{-}5\text{-}C_6H_4SO_3^-Na^+$	30	2.15	0.772	4.0	7.6	39
$C_{14}H_{29}C_6H_4SO_3^-Na^+$	70	2.7	0.62	—	1.53	26.5
$p\text{-}C_{14}H_{29}C_6H_4SO_3^-Na^+$	70	2.7	0.61	3.64	1.6	24.5
$C_{16}H_{33}C_6H_4SO_3^-Na^+$	70	1.9	0.87	4.2	1.93	27.8
$C_{16}H_{33}\text{-}8\text{-}C_6H_4SO_3^-Na^+$	45	1.61	1.03	5.45	14.4	42.5
$n\text{-}C_7F_{15}COO^-Na^+$	25	4.0	0.42	2.50	9.4	47.4
$n\text{-}C_7F_{15}COO^-K^+$	25	3.9	0.43	2.57	9.3	51.4
$(CF_3)_2CF(CF_2)_4COO^-Na^+$	25	3.8	0.44	—	11.2	51
$n\text{-}C_7F_{15}SO_3^-Li^+$	25	3.0	0.55	—	10.0	42.2
$C_4F_9CH_2OOCCH_2CH(SO_3^-Na^+)OOCCH_2C_4F_9$	30	3.0	0.55	—	—	53.5
阳离子型						
$C_{10}H_{21}N(CH_3)_3^+Br^-$（0.1mol·L^{-1} NaCl）	25	3.39	0.49	1.8	2.7	30.4
$C_{12}H_{25}N(CH_3)_3^+Br^-$（硬水 $I=6.6\times10^{-3}\,mol\cdot L^{-1}$）①	25	2.72	0.61	—	3.99	33.9
$C_{12}H_{25}N(CH_3)_3^+Cl^-$（0.1mol·L^{-1} NaCl）	25	4.39	0.38	2.71	2.95	31.5
$C_{14}H_{29}N(CH_3)_3^+Br^-$	30	2.7	0.61	—	2.1	31
$C_{14}H_{29}N(CH_3)_3^+Br^-$（硬水 $I=6.6\times10^{-3}\,mol\cdot L^{-1}$）①	25	3.18	0.52	—	6.45	34.5
$C_{14}H_{29}N(C_3H_7)_3^+Br^-$	30	1.9	0.89	—	2.4	29
$C_{16}H_{33}N(CH_3)_3^+Cl^-$（0.1mol·L^{-1} NaCl）	25	3.6	0.46	5.0	10.0	38

续表

化合物	温度/℃	$\Gamma/10^{-10}/\text{mol}\cdot\text{cm}^{-2}$	a^{∞}/nm^2	pc_{20}	cmc/c_{20}	$\pi_{\text{cmc}}/\text{mN}\cdot\text{m}^{-1}$
$C_{10}H_{21}Pyr^{+}Br^{-}$[2]	25	2.01	0.83	1.82	3.97	31.7
$C_{12}H_{25}Pyr^{+}Br^{-}$[2]	10	3.5	0.47	—	2.7	34.6
$C_{12}H_{25}Pyr^{+}Br^{-}$[2]	25	3.3	0.50	2.33	2.5	32.9
$C_{12}H_{25}Pyr^{+}Br^{-}$[2]	40	3.2	0.52	—	2.1	30.8
$C_{12}H_{25}Pyr^{+}Br^{-}$[2]$(0.1\text{mol}\cdot L^{-1}\text{NaBr})$	25	3.5	0.48	3.4	6.9	35.2
$C_{12}H_{25}Pyr^{+}Cl^{-}$[2]	10	2.7	0.61	2.12	2.3	39.6
$C_{12}H_{25}Pyr^{+}Cl^{-}$[2]	25	2.7	0.62	2.1	2.0	28.3
$C_{12}H_{25}Pyr^{+}Cl^{-}$[2]	40	2.6	0.63	2.07	1.8	26.9
$C_{12}H_{25}Pyr^{+}Cl^{-}$[2]$(0.1\text{mol}\cdot L^{-1}\text{NaCl})$	25	3.0	0.55	2.98	4.6	30.4
$C_{14}H_{29}Pyr^{+}Cl^{-}$[2]	30	2.75	0.60	2.94	2.2	31
$C_{12}N^{+}H_2CH_2CH_2OHCl^{-}$	25	1.93	0.86	2.19	7.0	31[1]
$C_{12}N^{+}H(CH_2CH_2OH)_2Cl^{-}$	25	2.49	0.67	2.31	7.3	32[2]
$C_{12}N^{+}(CH_2CH_2OH)_3Cl^{-}$	25	2.91	0.57	2.34	5.6	34

阴-阳离子盐型

化合物	温度/℃	$\Gamma/10^{-10}/\text{mol}\cdot\text{cm}^{-2}$	a^{∞}/nm^2	pc_{20}	cmc/c_{20}	$\pi_{\text{cmc}}/\text{mN}\cdot\text{m}^{-1}$
$CH_3SO_4^{-}\cdot{}^{+}N(CH_3)_3C_{12}H_{25}$	25	2.70[17]	0.61	2.32	2.7	33.5
$C_2H_5SO_4^{-}\cdot{}^{+}N(CH_3)_3C_{12}H_{25}$	25	2.85[17]	0.58	2.57	3.4	37.5
$C_{12}H_{25}SO_4^{-}\cdot{}^{+}N(CH_3)_3C_2H_5$	25	2.63[17]	0.63	3.04	2.7	33.0
$C_4H_9SO_4^{-}\cdot{}^{+}N(CH_3)_3C_{10}H_{21}$	25	2.50[17]	0.66	2.57	7.0	44.2
$C_{10}H_{21}SO_4^{-}\cdot{}^{+}N(CH_3)_3C_4H_9$	25	2.85[17]	0.58	2.57	3.4	37.5
$C_6H_{13}SO_4^{-}\cdot{}^{+}N(CH_3)_3C_8H_{17}$	25	2.53[17]	0.66	2.57	10.4	49.8
$C_8H_{17}SO_4^{-}\cdot{}^{+}N(CH_3)_3C_6H_{13}$	25	2.50[17]	0.66	2.57	7.0	44.2
$C_4H_9SO_4^{-}\cdot{}^{+}N(CH_3)_3C_{12}H_{25}$	25	2.67[17]	0.62	3.02	5.3	42.0
$C_6H_{13}SO_4^{-}\cdot{}^{+}N(CH_3)_3C_{12}H_{25}$	25	2.58[17]	0.64	3.70	10.0	49.5
$C_8H_{17}SO_4^{-}\cdot{}^{+}N(CH_3)_3C_{12}H_{25}$	25	2.72[17]	0.61	4.27	9.6	50.5
$C_{10}H_{21}SO_4^{-}\cdot C_{10}H_{21}N(CH_3)_3^{+}$	25	2.9[17]	0.57	—	9.1	50
$C_{12}H_{25}SO_4^{-}\cdot{}^{+}N(CH_3)_3C_{12}H_{25}$	25	2.74[17]	0.61	5.32	9.6	50.8
$C_{12}H_{25}SO_4^{-}\cdot{}^{+}HON(CH_3)_2C_{12}H_{25}$	25	2.14[17]	0.78	5.66	13.6	48.5

非离子型

化合物	温度/℃	$\Gamma/10^{-10}/\text{mol}\cdot\text{cm}^{-2}$	a^{∞}/nm^2	pc_{20}	cmc/c_{20}	$\pi_{\text{cmc}}/\text{mN}\cdot\text{m}^{-1}$
$C_8H_{17}CHOHCH_2OH$	25	5.1	0.33	3.63	9.6	48.6
$C_8H_{17}CHOHCH_2CH_2OH$	25	5.3	0.32	3.59	8.9	48.4

续表

化 合 物	温度/℃	$\Gamma/10^{-10}/\text{mol}\cdot\text{cm}^{-2}$	a^{∞}/nm^2	pc_{20}	cmc/c_{20}	$\pi_{cmc}/\text{mN}\cdot\text{m}^{-1}$
$C_{10}H_{21}CHOHCH_2OH$	25	6.3	0.26	—	6.5	49.3④
$C_{10}H_{21}CHOHCH_2CH_2OH$	25	5.8	0.29	—	6.8	48.3④
$C_{12}H_{25}CHOHCH_2CH_2OH$	25	5.1	0.33	5.77	7.7	45.5
癸基-β-D-葡萄糖苷(0.1mol·L^{-1}NaCl,pH=9)	25	4.18	0.40	3.76	11.1	44.2
癸基-β-D-麦芽糖苷(0.5mol·L^{-1}NaCl,pH=9)	25	3.37	0.49	3.52	6.5	35.7
十二烷基-β-D-麦芽糖苷(0.1mol·L^{-1}NaCl,pH=9)	25	3.67	0.45	4.64	7.1	37.3
$C_6H_{13}(OC_2H_4)_6OH$	25	2.7	0.62	2.48	21.5	40
$C_8H_{17}OCH_2CH_2OH$	25	5.2	0.32	3.17	7.2	45
$C_8H_{17}(OC_2H_4)_5OH$(0.1mol·L^{-1}NaCl)	25	3.46	0.48	3.16	8.4	38.3
$C_{10}H_{21}(OC_2H_4)_6OH$	25	3.0	0.55	4.27	17	42
$C_{10}H_{21}(OC_2H_4)_6OH$(硬水 $I=6.6\times10^{-3}$mol·L^{-1})④	25	2.83	0.587	4.27	16.2	39.4
$C_{10}H_{21}(OC_2H_4)_8OH$	25	2.38	0.70	4.2	16.7	36.4
$C_{12}H_{25}(OC_2H_4)_3OH$	25	3.98	0.42	5.34	11.4	44.1
$C_{12}H_{25}(OC_2H_4)_4OH$	25	3.63	0.46	5.34	13.7	43.4
$C_{12}H_{25}(OC_2H_4)_4OH$(水-十六烷)	25	3.16	0.526	—	16.8⑤	52.1
$C_{12}H_{25}(OC_2H_4)_5OH$	25	3.31	0.50	5.37	15.0	41.5
$C_{12}H_{25}(OC_2H_4)_5OH$(0.1mol·L^{-1}NaCl)	25	3.31	0.50	5.46	18.5	41.5
$C_{12}H_{25}(OC_2H_4)_6OH$	25	3.21	0.52	—	9.6	41
$C_{12}H_{25}(OC_2H_4)_6OH$(硬水 $I=6.6\times10^{-3}$mol·L^{-1})④	10	3.19	0.52	5.27	12.8	40.2
$C_{12}H_{25}(OC_2H_4)_7OH$	25	2.85	0.58	5.15	14.9	38.3
$C_{12}H_{25}(OC_2H_4)_8OH$	40	2.56	0.65	5.05	17.5	37.4
$C_{12}H_{25}(OC_2H_4)_8OH$(水-十六烷)	25	2.52	0.66	5.2	17.3	37.2
$C_{12}H_{25}(OC_2H_4)_8OH$(水-十六烷)	40	2.46	0.67	5.22	15.4	37.3
$C_{12}H_{25}(OC_2H_4)_8OH$(水-庚烷)	25	2.64	0.63	5.24	17.5⑤	48.7
$C_{12}H_{25}(OC_2H_4)_9OH$	25	2.62	0.636	5.27	18.6⑤	48.5
$C_{12}H_{25}(OC_2H_4)_{12}OH$	23	2.3	0.72	—	17.0	36
6-支链-$C_{13}H_{27}(OC_2H_4)_3OH$(0.1mol·L^{-1}NaCl)	23	1.9	0.87	—	11.8	32
$C_{13}H_{27}(OC_2H_4)_3OH$(0.1mol·L^{-1}NaCl)	25	2.87	0.58	5.16	35.7	45.5
$C_{13}H_{27}(OC_2H_4)_8OH$	25	3.89	0.42	—	8.8	40.9
	25	2.78	0.60	5.62	11.3	36.7

化 合 物	温度/℃	$\Gamma/10^{-10}/mol \cdot cm^{-2}$	a^{∞}/nm^2	pc_{20}	cmc/c_{20}	$\pi_{cmc}/mN \cdot m^{-1}$
$C_{14}H_{29}(OC_2H_4)_6OH$(硬水 $I=6.6\times10^{-3}mol \cdot L^{-1}$)①	25	3.34	0.50	—	10.5	39.6
$C_{14}H_{29}(OC_2H_4)_8OH$	25	3.43	0.48	6.02	8.4	38
$C_{14}H_{29}(OC_2H_4)_8OH$(硬水 $I=6.6\times10^{-3}mol \cdot L^{-1}$)①	25	2.67	0.622	6.14	13.8	37.1
$C_{15}H_{31}(OC_2H_4)_8OH$	25	3.59	0.46	6.31	7.1	37.4
$C_{16}H_{33}(OC_2H_4)_6OH$	25	4.4	0.38	6.8	6.3	40
$C_{16}H_{33}(OC_2H_4)_6OH$(硬水 $I=6.6\times10^{-3}mol \cdot L^{-1}$)①	25	3.23	0.514	6.78	12.7	40.1
$C_{16}H_{33}(OC_2H_4)_7OH$	25	3.8	0.44	—	8.3	39
$C_{16}H_{33}(OC_2H_4)_9OH$	25	3.1	0.53	—	7.8	36
$C_{16}H_{33}(OC_2H_4)_{12}OH$	25	2.3	0.72	—	8.5	33
$C_{16}H_{33}(OC_2H_4)_{15}OH$	25	2.05	0.81	—	8.9	32
$C_{16}H_{33}(OC_2H_4)_{21}OH$	25	1.4	1.19	—	8.0	27
$p\text{-}t\text{-}C_8H_{17}C_6H_4(OC_2H_4)_7OH$	25	2.9	0.58	4.93	22.9	42
$p\text{-}t\text{-}C_8H_{17}C_6H_4(OC_2H_4)_8OH$	25	2.6	0.64	4.89	21.4	40
$p\text{-}t\text{-}C_8H_{17}C_6H_4(OC_2H_4)_9OH$	25	2.5	0.66	4.8	18.6	38.5
$p\text{-}t\text{-}C_8H_{17}C_6H_4(OC_2H_4)_{10}OH$	25	2.2	0.745	4.72	17.4	37
$C_9H_{19}C_6H_4(OC_2H_4)_{10}OH$②	25	2.95	0.56	—	13.5	41
$C_9H_{19}C_6H_4(OC_2H_4)_{15}OH$②	25	2.4	0.69	—	12.9	35.5
$C_9H_{19}C_6H_4(OC_2H_4)_{30}OH$②	25	1.9	0.87	—	12.3	31
$C_{11}H_{23}CON(CH_2CH_2OH)_2$	25	3.75	0.44	4.38	6.3	37.1
$C_{10}H_{21}CON(CH_3)CH_2(CHOH)_4CH_2OH$($0.1mol \cdot L^{-1}$ NaCl)	25	3.80	0.44	3.8	10.5	41.4
$C_{11}H_{23}CONH(C_2H_4O)_4H$	23	3.4	0.49	—	—	41.3
$C_{11}H_{23}CON(CH_3)CH_2CHOHCH_2OH$($0.1mol \cdot L^{-1}$ NaCl)	25	4.34	0.38	4.64	10.9	46.2
$C_{11}H_{23}CON(CH_3)CH_2(CHOH)_3CH_2OH$($0.1mol \cdot L^{-1}$ NaCl)	25	4.29	0.39	4.47	9.8	44.7
$C_{11}H_{23}CON(CH_3)CH_2(CHOH)_4CH_2OH$($0.1mol \cdot L^{-1}$ NaCl)	25	4.10	0.405	4.4	8.7	42.3
$C_{12}H_{25}CON(CH_3)CH_2(CHOH)_4CH_2OH$($0.1mol \cdot L^{-1}$ NaCl)	25	4.60	0.36	5.02	7.8	43.9
$C_{13}H_{27}CON(CH_3)CH_2(CHOH)_4CH_2OH$($0.1mol \cdot L^{-1}$ NaCl)	25	4.68	0.355	5.43	4.0	36
$C_{10}H_{21}N(CH_3)CO(CHOH)_4CH_2OH$	20	3.96	0.42	3.6	5.2	36.1
$C_{12}H_{25}N(CH_3)CO(CHOH)_4CH_2OH$	20	3.99	0.42	4.78	8.8	37.6
$C_{14}H_{29}N(CH_3)CO(CHOH)_4CH_2OH$	20	3.97	0.42	5.55	8.5	37.8
$C_{16}H_{33}N(CH_3)CO(CHOH)_4CH_2OH$	20	3.65	0.45	6.11	10.1	38.5

化合物	温度/℃	$\Gamma/10^{-10}/mol \cdot cm^{-2}$	a^{∞}/nm^2	pc_{20}	cmc/c_{20}	$\pi_{cmc}/mN \cdot m^{-1}$
$C_{18}H_{37}N(CH_3)CO(CHOH)_4CH_2OH$	20	3.97	0.42	6.46	8.1	39.7
$C_6F_{13}C_2H_4SC_2H_4(OC_2H_4)_2OH$	25	4.74	0.35	—	—	54
$C_6F_{13}C_2H_4SC_2H_4(OC_2H_4)_3OH$	25	4.46	0.37	—	—	53.4
$C_6F_{13}C_2H_4SC_2H_4(OC_2H_4)_5OH$	25	3.56	0.46	—	—	54
$C_6F_{13}C_2H_4SC_2H_4(OC_2H_4)_7OH$	25	3.19	0.52	—	—	51
$(CH_3)_3SiO[Si(CH_3)_2O]_2Si(CH_3)_3CH_2(C_2H_4O)_{8.2}CH_3$	25	3.4	0.49	—	37	50
$(CH_3)_3SiO[Si(CH_3)_2O]_3Si(CH_3)_3CH_2(C_2H_4O)_{8.2}CH_3$	25	4.2	0.40	—	19.5	51
$(CH_3)_3SiO[Si(CH_3)_2O]_3Si(CH_3)_3CH_2(C_2H_4O)_{12.8}CH_3$	25	4.2	0.40	—	17.4	50.5
$(CH_3)_3SiO[Si(CH_3)_2O]_9Si(CH_3)_3CH_2(C_2H_4O)_{17.3}CH_3$	25	3.6	0.46	—	11.8	42
两性型						
$C_{10}H_{21}N^+(CH_3)_2CH_2COO^-$	23	4.15	0.40	2.59	7.0	39.7
$C_{12}H_{25}N^+(CH_3)_2CH_2COO^-$	23	3.75	0.44	—	6.5	36.5
$C_{14}H_{29}N^+(CH_3)_2CH_2COO^-$	23	3.53	0.47	4.62	7.5	37.5
$C_{16}H_{33}N^+(CH_3)_2CH_2COO^-$	23	4.13	0.40	5.54	6.9	39.7
$C_{10}H_{21}CH(Pyr^+)COO^-$ ②	25	3.59	0.46	2.87	3.90	32.1
$C_{12}H_{25}CH(Pyr^+)COO^-$ ②	25	3.57	0.46	3.98	5.66	35
$C_{14}H_{29}CH(Pyr^+)COO^-$ ②	40	3.40	0.49	4.92	6.16	36
$C_{10}H_{21}N^+(CH_2C_6H_5)(CH_3)CH_2COO^-$	25	2.91	0.57	3.36	12.0	38
$C_{12}H_{25}N^+(CH_2C_6H_5)(CH_3)CH_2COO^-$	25	2.86	0.58	4.42	14.4	39
$C_{12}H_{25}N^+(CH_2C_6H_5)(CH_3)CH_2COO^-$ （0.1mol·L⁻¹ NaCl,pH=5.7）	25	3.13	0.53	4.6	15.1	39.9
$C_{12}H_{25}N^+(CH_2C_6H_5)(CH_3)CH_2COO^-$ （水-庚烷）	25	2.76	0.60	—	—	48.4
$C_{12}H_{25}N^+(CH_2C_6H_5)(CH_3)CH_2COO^-$ （水-十六烷）	25	2.90	0.57	—	—	48.6
$C_{12}H_{25}N^+(CH_2C_6H_5)(CH_3)CH_2COO^-$ （水-甲苯）	25	2.51	0.66	—	—	35.8
$C_{10}H_{21}N^+(CH_2C_6H_5)(CH_3)CH_2CH_2SO_3^-$	40	2.72	0.61	3.34	11.0	33.8

① I 为离子强度。

② Pyr⁺ 为吡啶盐。

③ 由于每个分子中有两个烷基链，单位面积上的疏水基数目是 Γ^{∞} 的两倍。

④ 低于 Krafft 点，过饱和溶液。

⑤ cmc/c_{30} 值。

⑥ 亲水基为非均一的，但通过分子蒸馏使聚氧乙烯链的分布减小了。

V 一些表面活性剂的临界胶束浓度（cmc）值

化 合 物	溶 剂	温度 /℃	cmc /mol·L^{-1}
阴离子型			
$C_{10}H_{21}OCH_2COO^-Na^+$	$H_2O+0.1mol·L^{-1}NaCl, pH=10.5$	30	$2.8×10^{-3}$
$C_{12}H_{25}COO^-K^+$	$H_2O, pH=10.5$	30	$1.2×10^{-2}$
$C_9H_{19}CONHCH_2COO^-Na^+$	H_2O	40	$3.8×10^{-2}$
$C_{11}H_{23}CONHCH_2COO^-Na^+$	H_2O	40	$1.0×10^{-2}$
$C_{11}H_{23}CONHCH_2COO^-Na^+$	$H_2O+0.1mol·L^{-1}NaOH$	45	$3.7×10^{-3}$
$C_{11}H_{23}CON(CH_3)CH_2COO^-Na^+$	$H_2O, pH=10.5$	30	$1.0×10^{-2}$
$C_{11}H_{23}CON(CH_3)CH_2COO^-Na^+$	$H_2O+0.1mol·L^{-1}NaCl, pH=10.5$	30	$3.5×10^{-3}$
$C_{11}H_{23}CON(CH_3)CH_2CH_2COO^-Na^+$	$H_2O, pH=10.5$	30	$7.6×10^{-3}$
$C_{11}H_{23}CON(CH_3)CH_2CH_2COO^-Na^+$	$H_2O+0.1mol·L^{-1}NaCl, pH=10.5$	30	$2.7×10^{-3}$
$C_{11}H_{23}CONHCH(CH_3)COO^-Na^+$	$H_2O+0.1mol·L^{-1}NaOH$	45	$3.3×10^{-3}$
$C_{11}H_{23}CONHCH(C_2H_5)COO^-Na^+$	$H_2O+0.1mol·L^{-1}NaOH$	45	$2.1×10^{-3}$
$C_{11}H_{23}CONHCH[CH(CH_3)_2]COO^-Na^+$	$H_2O+0.1mol·L^{-1}NaOH$	45	$1.4×10^{-3}$
$C_{11}H_{23}CONHCH[CH_2CH(CH_3)_2]COO^-Na^+$	$H_2O+0.1mol·L^{-1}NaOH$	45	$5.8×10^{-4}$
$C_{13}H_{27}CONHCH_2COO^-Na^+$	H_2O	40	$4.2×10^{-3}$
$C_{15}H_{31}CONHCH[CH(CH_3)_2]COO^-Na^+$	H_2O	25	$1.9×10^{-3}$
$C_{15}H_{31}CONHCH[CH_2CH(CH_3)_2]COO^-Na^+$	H_2O	25	$1.5×10^{-3}$
$C_8H_{17}SO_3^-Na^+$	H_2O	40	$1.6×10^{-1}$
$C_{10}H_{21}SO_3^-Na^+$	H_2O	10	$4.8×10^{-2}$
$C_{10}H_{21}SO_3^-Na^+$	H_2O	25	$4.3×10^{-2}$
$C_{10}H_{21}SO_3^-Na^+$	H_2O	40	$4.0×10^{-2}$
$C_{10}H_{21}SO_3^-Na^+$	$H_2O+0.1mol·L^{-1}NaCl$	10	$2.6×10^{-2}$
$C_{10}H_{21}SO_3^-Na^+$	$H_2O+0.1mol·L^{-1}NaCl$	25	$2.1×10^{-2}$
$C_{10}H_{21}SO_3^-Na^+$	$H_2O+0.1mol·L^{-1}NaCl$	40	$1.8×10^{-2}$
$C_{10}H_{21}SO_3^-Na^+$	$H_2O+0.5mol·L^{-1}NaCl$	10	$7.9×10^{-3}$
$C_{10}H_{21}SO_3^-Na^+$	$H_2O+0.5mol·L^{-1}NaCl$	25	$7.3×10^{-3}$
$C_{10}H_{21}SO_3^-Na^+$	$H_2O+0.5mol·L^{-1}NaCl$	40	$6.5×10^{-3}$
$C_{12}H_{25}SO_3^-Na^+$	H_2O	25	$1.24×10^{-2}$
$C_{12}H_{25}SO_3^-Na^+$	H_2O	40	$1.14×10^{-2}$
$C_{12}H_{25}SO_3^-Na^+$	$H_2O+0.1mol·L^{-1}NaCl$	25	$2.5×10^{-3}$
$C_{12}H_{25}SO_3^-Na^+$	$H_2O+0.1mol·L^{-1}NaCl$	40	$2.4×10^{-3}$
$C_{12}H_{25}SO_3^-Na^+$	$H_2O+0.5mol·L^{-1}NaCl$	40	$7.9×10^{-3}$
$C_{12}H_{25}SO_3^-Li^+$	H_2O	25	$1.1×10^{-2}$
$C_{12}H_{25}SO_3^-NH_4^+$	H_2O	25	$8.9×10^{-3}$
$C_{12}H_{25}SO_3^-K^+$	H_2O	25	$9.3×10^{-3}$
$C_{14}H_{29}SO_3^-Na^+$	H_2O	40	$2.5×10^{-3}$
$C_{16}H_{33}SO_3^-Na^+$	H_2O	50	$7.0×10^{-4}$
$C_8H_{17}SO_4^-Na^+$	H_2O	40	$1.4×10^{-1}$
$C_{10}H_{21}SO_4^-Na^+$	H_2O	40	$3.3×10^{-2}$
$C_{11}H_{23}SO_4^-Na^+$	H_2O	21	$1.6×10^{-2}$
$C_{12}H_{25}SO_4^-Na^+$（支链）	H_2O	25	$1.42×10^{-2}$
$C_{12}H_{25}SO_4^-Na^+$（支链）	$0.1mol·L^{-1}NaCl$	25	$3.8×10^{-3}$
$C_{12}H_{25}SO_4^-Na^+$	H_2O	25	$8.2×10^{-3}$
$C_{12}H_{25}SO_4^-Na^+$	H_2O	40	$8.6×10^{-3}$
$C_{12}H_{25}SO_4^-Na^+$	硬水($I=6.6×10^{-3}mol·L^{-1}$)[①②]	25	$>1.58×10^{-3}$
$C_{12}H_{25}SO_4^-Na^+$	$H_2O+0.1mol·L^{-1}NaCl$	21	$5.6×10^{-3}$
$C_{12}H_{25}SO_4^-Na^+$	$H_2O+0.3mol·L^{-1}NaCl$	21	$3.2×10^{-3}$
$C_{12}H_{25}SO_4^-Na^+$	$H_2O+0.1mol·L^{-1}NaCl$	25	$1.62×10^{-3}$

化 合 物	溶 剂	温度 /℃	cmc /mol·L^{-1}
$C_{12}H_{25}SO_4^- Na^+$	$H_2O+0.2mol·L^{-1}$ NaCl	25	$8.3×10^{-4}$
$C_{12}H_{25}SO_4^- Na^+$	$H_2O+0.4mol·L^{-1}$ NaCl	25	$5.2×10^{-4}$
$C_{12}H_{25}SO_4^- Na^+$	$H_2O+0.3mol·L^{-1}$ 尿素	25	$9.0×10^{-3}$
$C_{12}H_{25}SO_4^- Na^+$	H_2O-环己烷	25	$7.4×10^{-3}$
$C_{12}H_{25}SO_4^- Na^+$	H_2O-辛烷	25	$8.1×10^{-3}$
$C_{12}H_{25}SO_4^- Na^+$	H_2O-癸烷	25	$8.5×10^{-3}$
$C_{12}H_{25}SO_4^- Na^+$	H_2O-十七烷	25	$8.5×10^{-3}$
$C_{12}H_{25}SO_4^- Na^+$	H_2O-环己烷	25	$7.9×10^{-3}$
$C_{12}H_{25}SO_4^- Na^+$	H_2O-四氯化碳	25	$6.8×10^{-3}$
$C_{12}H_{25}SO_4^- Na^+$	H_2O-苯	25	$6.0×10^{-3}$
$C_{12}H_{25}SO_4^- Na^+$	$H_2O+0.1mol·L^{-1}$ NaCl-庚烷	20	$1.4×10^{-3}$
$C_{12}H_{25}SO_4^- Na^+$	$H_2O+0.1mol·L^{-1}$ NaCl-乙苯	20	$1.1×10^{-3}$
$C_{12}H_{25}SO_4^- Na^+$	$H_2O+0.1mol·L^{-1}$ NaCl-乙酸乙酯	20	$1.8×10^{-3}$
$C_{12}H_{25}SO_4^- Li^+$	H_2O	25	$8.9×10^{-3}$
$C_{12}H_{25}SO_4^- K^+$	H_2O	40	$7.8×10^{-3}$
$(C_{12}H_{25}SO_4^-)_2 Ca^{2+}$	H_2O	70	$3.4×10^{-3}$
$C_{12}H_{25}SO_4^- N(CH_3)_4^+$	H_2O	25	$5.5×10^{-3}$
$C_{12}H_{25}SO_4^- N(C_2H_5)_4^+$	H_2O	30	$4.5×10^{-3}$
$C_{12}H_{25}SO_4^- N(C_3H_7)_4^+$	H_2O	25	$2.2×10^{-3}$
$C_{12}H_{25}SO_4^- N(C_4H_9)_4^+$	H_2O	30	$1.3×10^{-3}$
$C_{13}H_{27}SO_4^- Na^+$	H_2O	40	$4.3×10^{-3}$
$C_{14}H_{29}SO_4^- Na^+$	H_2O	25	$2.1×10^{-3}$
$C_{14}H_{29}SO_4^- Na^+$	H_2O	40	$2.2×10^{-3}$
$C_{15}H_{31}SO_4^- Na^+$	H_2O	40	$1.2×10^{-3}$
$C_{16}H_{33}SO_4^- Na^+$	H_2O	40	$5.8×10^{-4}$
$C_{13}H_{27}CH(CH_3)CH_2SO_4^- Na^+$	H_2O	40	$8.0×10^{-4}$
$C_{12}H_{25}CH(C_2H_5)CH_2SO_4^- Na^+$	H_2O	40	$9.0×10^{-4}$
$C_{11}H_{23}CH(C_3H_7)CH_2SO_4^- Na^+$	H_2O	40	$1.1×10^{-3}$
$C_{10}H_{21}CH(C_4H_9)CH_2SO_4^- Na^+$	H_2O	40	$1.5×10^{-3}$
$C_9H_{19}CH(C_5H_{11})CH_2SO_4^- Na^+$	H_2O	40	$2.0×10^{-3}$
$C_8H_{17}CH(C_6H_{13})CH_2SO_4^- Na^+$	H_2O	40	$2.3×10^{-3}$
$C_7H_{15}CH(C_7H_{15})CH_2SO_4^- Na^+$	H_2O	40	$3.0×10^{-3}$
$C_{12}H_{25}CH(SO_4^- Na^+)C_3H_7$	H_2O	40	$1.7×10^{-3}$
$C_{10}H_{21}CH(SO_4^- Na^+)C_5H_{11}$	H_2O	40	$2.4×10^{-3}$
$C_8H_{17}CH(SO_4^- Na^+)C_7H_{15}$	H_2O	40	$4.3×10^{-3}$
$C_{18}H_{37}SO_4^- Na^+$	H_2O	50	$2.3×10^{-4}$
$C_{10}H_{21}OC_2H_4SO_3^- Na^+$	H_2O	25	$1.6×10^{-2}$
$C_{10}H_{21}OC_2H_4SO_3^- Na^+$	$H_2O+0.1mol·L^{-1}$ NaCl	25	$5.5×10^{-3}$
$C_{10}H_{21}OC_2H_4SO_3^- Na^+$	$H_2O+0.5mol·L^{-1}$ NaCl	25	$2.0×10^{-3}$
$C_{12}H_{25}OC_2H_4SO_4^- Na^+$	H_2O	25	$3.9×10^{-3}$
$C_{12}H_{25}OC_2H_4SO_4^- Na^+$	硬水($I=6.6×10^{-3}mol·L^{-1}$)①②	25	$8.1×10^{-4}$
$C_{12}H_{25}OC_2H_4SO_4^- Na^+$	$H_2O+0.1mol·L^{-1}$ NaCl	25	$4.3×10^{-4}$
$C_{12}H_{25}OC_2H_4SO_4^- Na^+$	$H_2O+0.5mol·L^{-1}$ NaCl	25	$1.3×10^{-4}$
$C_{12}H_{25}(OC_2H_4)_2SO_4^- Na^+$	H_2O	10	$3.1×10^{-3}$
$C_{12}H_{25}(OC_2H_4)_2SO_4^- Na^+$	H_2O	25	$2.9×10^{-3}$
$C_{12}H_{25}(OC_2H_4)_2SO_4^- Na^+$	H_2O	40	$2.8×10^{-3}$
$C_{12}H_{25}(OC_2H_4)_2SO_4^- Na^+$	硬水($I=6.6×10^{-3}mol·L^{-1}$)①②	25	$5.5×10^{-4}$
$C_{12}H_{25}(OC_2H_4)_2SO_4^- Na^+$	$H_2O+0.1mol·L^{-1}$ NaCl	10	$3.2×10^{-4}$
$C_{12}H_{25}(OC_2H_4)_2SO_4^- Na^+$	$H_2O+0.1mol·L^{-1}$ NaCl	25	$2.9×10^{-4}$

化 合 物	溶 剂	温度/℃	cmc/mol·L^{-1}
$C_{12}H_{25}(OC_2H_4)_2SO_4^-Na^+$	$H_2O+0.1mol·L^{-1}$ NaCl	40	$2.8×10^{-4}$
$C_{12}H_{25}(OC_2H_4)_2SO_4^-Na^+$	$H_2O+0.5mol·L^{-1}$ NaCl	10	$1.1×10^{-4}$
$C_{12}H_{25}(OC_2H_4)_2SO_4^-Na^+$	$H_2O+0.5mol·L^{-1}$ NaCl	25	$1.0×10^{-4}$
$C_{12}H_{25}(OC_2H_4)_2SO_4^-Na^+$	$H_2O+0.5mol·L^{-1}$ NaCl	40	$1.0×10^{-4}$
$C_{12}H_{25}(OC_2H_4)_3SO_4^-Na^+$	H_2O	50	$2.0×10^{-3}$
$C_{12}H_{25}(OC_2H_4)_4SO_4^-Na^+$	H_2O	50	$1.3×10^{-3}$
$C_{16}H_{33}(OC_2H_4)_5SO_4^-Na^+$	H_2O	25	$2.5×10^{-5}$
$C_8H_{17}CH(C_6H_{13})CH_2(OC_2H_4)_5SO_4^-Na^+$	H_2O	25	$8.6×10^{-5}$
$C_6H_{13}OOCCH_2SO_3^-Na^+$	H_2O	25	$1.7×10^{-1}$
$C_8H_{17}OOCCH_2SO_3^-Na^+$	H_2O	25	$6.6×10^{-2}$
$C_{10}H_{21}OOCCH_2SO_3^-Na^+$	H_2O	25	$2.2×10^{-2}$
$C_8H_{17}OOC(CH_2)_2SO_3^-Na^+$	H_2O	30	$4.6×10^{-2}$
$C_{10}H_{21}OOC(CH_2)_2SO_3^-Na^+$	H_2O	30	$1.1×10^{-2}$
$C_{12}H_{25}OOC(CH_2)_2SO_3^-Na^+$	H_2O	30	$2.2×10^{-3}$
$C_{14}H_{29}OOC(CH_2)_2SO_3^-Na^+$	H_2O	40	$9×10^{-4}$
$C_4H_9OOCCH_2CH(SO_3^-Na^+)COOC_4H_9$	H_2O	25	$2.0×10^{-1}$
$C_5H_{11}OOCH_2(SO_3^-Na^+)COOC_5H_{11}$	H_2O	25	$5.3×10^{-2}$
$C_6H_{13}OOCH_2CH(SO_3^-Na^+)COOC_6H_{13}$	H_2O	25	$1.4×10^{-2}$
$C_4H_9CH(C_2H_5)CH_2OOCCH_2CH(SO_3^-Na^+)COOCH_2CH(C_2H_5)C_4H_9$	H_2O	25	$2.5×10^{-3}$
$C_8H_{17}OOCCH_2CH(SO_3^-Na^+)COOC_8H_{17}$	H_2O	25	$9.1×10^{-4}$
$C_{12}H_{25}CH(SO_3^-Na^+)COOCH_3$	H_2O	13	$2.8×10^{-3}$
$C_{12}H_{25}CH(SO_3^-Na^+)COOC_2H_5$	H_2O	25	$2.3×10^{-3}$
$C_{12}H_{25}CH(SO_3^-Na^+)COOC_4H_9$	H_2O	25	$1.4×10^{-3}$
$C_{14}H_{29}CH(SO_3^-Na^+)COOCH_3$	H_2O	23	$7.3×10^{-4}$
$C_{16}H_{33}CH(SO_3^-Na^+)COOCH_3$	H_2O	33	$1.8×10^{-3}$
$C_{11}H_{23}CON(CH_3)CH_2CH_2SO_3^-Na^+$	$H_2O,pH=10.5$	30	$8.9×10^{-3}$
$C_{11}H_{23}CON(CH_3)CH_2CH_2SO_3^-Na^+$	$H_2O+0.1mol·L^{-1}$ NaCl,$pH=10.5$	30	$1.6×10^{-3}$
$C_{12}H_{25}NHCOCH_2SO_4^-Na^+$	H_2O	35	$5.2×10^{-3}$
$C_{12}H_{25}NHCO(CH_2)_3SO_4^-Na^+$	H_2O	35	$4.4×10^{-3}$
$p\text{-}C_8H_{17}C_6H_4SO_3^-Na^+$	H_2O	35	$1.5×10^{-2}$
$p\text{-}C_{10}H_{21}C_6H_4SO_3^-Na^+$	H_2O	50	$3.1×10^{-3}$
$C_{10}H_{21}\text{-}2\text{-}C_6H_4SO_3^-Na^+$	H_2O	30	$4.6×10^{-3}$
$C_{10}H_{21}\text{-}3\text{-}C_6H_4SO_3^-Na^+$	H_2O	30	$6.1×10^{-3}$
$C_{10}H_{21}\text{-}5\text{-}C_6H_4SO_3^-Na^+$	H_2O	30	$8.2×10^{-3}$
$C_{11}H_{23}\text{-}2\text{-}C_6H_4SO_3^-Na^+$	H_2O	35	$2.5×10^{-3}$
$C_{11}H_{23}\text{-}2\text{-}C_6H_4SO_3^-Na^+$	硬水($I=6.6×10^{-3}mol·L^{-1}$)[②]	30	$2.5×10^{-4}$
$p\text{-}C_{12}H_{25}C_6H_4SO_3^-Na^+$	H_2O	60	$1.2×10^{-3}$
$C_{12}H_{25}C_6H_4SO_3^-Na^+$	$H_2O+0.1mol·L^{-1}$ NaCl	25	$1.6×10^{-4}$
$C_{12}H_{25}\text{-}2\text{-}C_6H_4SO_3^-Na^+$	H_2O	30	$1.2×10^{-3}$
$C_{12}H_{25}\text{-}2\text{-}C_6H_4SO_3^-Na^+$	硬水($I=6.6×10^{-3}mol·L^{-1}$)[②]	30	$6.3×10^{-5}$
$C_{12}H_{25}\text{-}3\text{-}C_6H_4SO_3^-Na^+$	H_2O	30	$2.4×10^{-3}$
$C_{12}H_{25}\text{-}5\text{-}C_6H_4SO_3^-Na^+$	H_2O	30	$3.2×10^{-3}$
$C_{12}H_{25}\text{-}5\text{-}C_6H_4SO_3^-Na^+$	硬水($I=6.6×10^{-3}mol·L^{-1}$)[②]	30	$4.6×10^{-4}$
$C_{13}H_{27}\text{-}2\text{-}C_6H_4SO_3^-Na^+$	H_2O	35	$7.2×10^{-4}$
$C_{13}H_{27}\text{-}2\text{-}C_6H_4SO_3^-Na^+$	硬水($I=6.6×10^{-3}mol·L^{-1}$)[②]	30	$1.1×10^{-5}$
$C_{13}H_{27}\text{-}5\text{-}C_6H_4SO_3^-Na^+$	H_2O	30	$7.6×10^{-4}$
$C_{13}H_{27}\text{-}5\text{-}C_6H_4SO_3^-Na^+$	硬水($I=6.6×10^{-3}mol·L^{-1}$)[②]	30	$8.3×10^{-5}$
$C_{16}H_{33}\text{-}7\text{-}C_6H_4SO_3^-Na^+$	H_2O	45	$5.1×10^{-5}$
$C_{16}H_{33}\text{-}7\text{-}C_6H_4SO_3^-Na^+$	$H_2O+0.051mol·L^{-1}$ NaCl	45	$3.2×10^{-6}$

化 合 物	溶 剂	温度 /℃	cmc /mol·L^{-1}
含氟阴离子型			
$C_7F_{15}COO^-K^+$	H_2O	25	$2.9×10^{-2}$
$C_7F_{15}COO^-Na^+$	H_2O	25	$3.0×10^{-2}$
$C_7F_{15}COO^-Li^+$	H_2O	25	$3.3×10^{-2}$
$(CF_3)_2CF(CF_2)_4COO^-Na^+$	H_2O	25	$3.0×10^{-2}$
$C_8F_{17}COO^-Na^+$	H_2O	35	$1.1×10^{-2}$
$C_8F_{17}COO^-Li^+$	H_2O	25	$4.9×10^{-3}$
$C_8F_{17}SO_3^-Li^+$	H_2O	25	$6.3×10^{-3}$
$C_4F_9CH_2OOCCH(SO_3^-Na^+)CH_2COOCH_2C_4F_9$	H_2O	30	$1.6×10^{-3}$
阳离子型			
$C_8H_{17}N^+(CH_3)_3Br^-$	H_2O	25	$1.4×10^{-1}$
$C_{10}H_{21}N^+(CH_3)_3Br^-$	H_2O	25	$6.8×10^{-2}$
$C_{10}H_{21}N^+(CH_3)_3Br^-$	$H_2O+0.1mol·L^{-1}NaCl$	25	$4.3×10^{-2}$
$C_{10}H_{21}N^+(CH_3)_3Cl^-$	H_2O	25	$6.8×10^{-2}$
$C_{12}H_{25}N^+(CH_3)_3Br^-$	H_2O	25	$1.6×10^{-2}$
$C_{12}H_{25}N^+(CH_3)_3Br^-$	硬水$(I=6.6×10^{-3}mol·L^{-1})$[②]	25	$1.3×10^{-2}$
$C_{12}H_{25}N^+(CH_3)_3Br^-$	$H_2O+0.01mol·L^{-1}NaBr$	25	$1.2×10^{-2}$
$C_{12}H_{25}N^+(CH_3)_3Br^-$	$H_2O+0.1mol·L^{-1}NaBr$	25	$4.2×10^{-3}$
$C_{12}H_{25}N^+(CH_3)_3Br^-$	$H_2O+0.5mol·L^{-1}NaBr$	31.5	$1.9×10^{-3}$
$C_{12}H_{25}N^+(CH_3)_3Cl^-$	H_2O	25	$2.0×10^{-2}$
$C_{12}H_{25}N^+(CH_3)_3Cl^-$	$H_2O+0.1mol·L^{-1}NaCl$	25	$5.76×10^{-3}$
$C_{12}H_{25}N^+(CH_3)_3Cl^-$	$H_2O+0.5mol·L^{-1}NaCl$	31.5	$3.8×10^{-3}$
$C_{12}H_{25}N^+(CH_3)_3F^-$	$H_2O+0.5mol·L^{-1}NaF$	31.5	$8.4×10^{-3}$
$C_{12}H_{25}N^+(CH_3)_3NO_3^-$	$H_2O+0.5mol·L^{-1}NaNO_3$	31.5	$8×10^{-4}$
$C_{14}H_{29}N^+(CH_3)_3Br^-$	H_2O	25	$3.6×10^{-3}$
$C_{14}H_{29}N^+(CH_3)_3Br^-$	硬水$(I=6.6×10^{-3}mol·L^{-1})$[②]	25	$2.45×10^{-3}$
$C_{14}H_{29}N^+(CH_3)_3Br^-$	H_2O	40	$4.2×10^{-3}$
$C_{14}H_{29}N^+(CH_3)_3Br^-$	H_2O	60	$5.5×10^{-3}$
$C_{14}H_{29}N^+(CH_3)_3Cl^-$	H_2O	25	$4.5×10^{-3}$
$C_{16}H_{33}N^+(CH_3)_3Br^-$	H_2O	25	$9.8×10^{-4}$
$C_{16}H_{33}N^+(CH_3)_3Br^-$	$H_2O+0.001mol·L^{-1}KCl$	30	$5×10^{-4}$
$C_{16}H_{33}N^+(CH_3)_3Cl^-$	H_2O	30	$1.3×10^{-3}$
$C_{18}H_{37}N^+(CH_3)_3Br^-$	H_2O	40	$3.4×10^{-4}$
$C_{10}H_{21}Pyr^+Br^-$[③]	H_2O	25	$4.4×10^{-2}$
$C_{11}H_{23}Pyr^+Br^-$[③]	H_2O	25	$2.1×10^{-2}$
$C_{12}H_{25}Pyr^+Br^-$[③]	H_2O	10	$1.17×10^{-2}$
$C_{12}H_{25}Pyr^+Br^-$[③]	H_2O	25	$1.14×10^{-2}$
$C_{12}H_{25}Pyr^+Br^-$[③]	H_2O	40	$1.12×10^{-2}$
$C_{12}H_{25}Pyr^+Br^-$[③]	$H_2O+0.1mol·L^{-1}NaBr$	10	$2.75×10^{-3}$
$C_{12}H_{25}Pyr^+Br^-$[③]	$H_2O+0.1mol·L^{-1}NaBr$	25	$2.75×10^{-3}$
$C_{12}H_{25}Pyr^+Br^-$[③]	$H_2O+0.1mol·L^{-1}NaBr$	40	$2.85×10^{-3}$
$C_{12}H_{25}Pyr^+Br^-$[③]	$H_2O+0.5mol·L^{-1}NaBr$	10	$1.07×10^{-3}$
$C_{12}H_{25}Pyr^+Br^-$[③]	$H_2O+0.5mol·L^{-1}NaBr$	25	$1.08×10^{-3}$
$C_{12}H_{25}Pyr^+Br^-$[③]	$H_2O+0.5mol·L^{-1}NaBr$	40	$1.16×10^{-3}$
$C_{12}H_{25}Pyr^+Cl^-$[③]	H_2O	10	$1.75×10^{-2}$
$C_{12}H_{25}Pyr^+Cl^-$[③]	H_2O	25	$1.7×10^{-2}$
$C_{12}H_{25}Pyr^+Cl^-$[③]	H_2O	40	$1.7×10^{-2}$
$C_{12}H_{25}Pyr^+Cl^-$[③]	$H_2O+0.1mol·L^{-1}NaCl$	10	$5.5×10^{-3}$
$C_{12}H_{25}Pyr^+Cl^-$[③]	$H_2O+0.1mol·L^{-1}NaCl$	25	$4.8×10^{-3}$

化 合 物	溶 剂	温度 /℃	cmc /mol·L^{-1}
$C_{12}H_{25}Pyr^+Cl^-$③	$H_2O+0.1mol\cdot L^{-1}$ NaCl	40	4.5×10^{-3}
$C_{12}H_{25}Pyr^+Cl^-$③	$H_2O+0.5mol\cdot L^{-1}$ NaCl	10	1.9×10^{-3}
$C_{12}H_{25}Pyr^+Cl^-$③	$H_2O+0.5mol\cdot L^{-1}$ NaCl	25	1.78×10^{-3}
$C_{12}H_{25}Pyr^+Cl^-$③	$H_2O+0.5mol\cdot L^{-1}$ NaCl	40	1.78×10^{-3}
$C_{12}H_{25}Pyr^+I^-$③	H_2O	25	5.3×10^{-3}
$C_{13}H_{27}Pyr^+Br^-$③	H_2O	25	5.3×10^{-3}
$C_{14}H_{29}Pyr^+Br^-$③	H_2O	25	2.7×10^{-3}
$C_{14}H_{29}Pyr^+Cl^-$③	H_2O	25	3.5×10^{-3}
$C_{14}H_{29}Pyr^+Cl^-$③	$H_2O+0.1mol\cdot L^{-1}$ NaCl	25	4×10^{-4}
$C_{15}H_{31}Pyr^+Br^-$③	H_2O	25	1.3×10^{-3}
$C_{16}H_{33}Pyr^+Br^-$③	H_2O	25	6.4×10^{-4}
$C_{16}H_{33}Pyr+Cl^-$③	H_2O	25	9.0×10^{-4}
$C_{18}H_{37}Pyr^+Cl^-$②	H_2O	25	2.4×10^{-4}
$C_{12}H_{25}N^+(C_2H_5)(CH_3)_2Br^-$	H_2O	25	1.4×10^{-2}
$C_{12}H_{25}N^+(C_4H_9)(CH_3)_2Br^-$	H_2O	25	7.5×10^{-3}
$C_{12}H_{25}N^+(C_6H_{13})(CH_3)_2Br^-$	H_2O	25	3.1×10^{-3}
$C_{12}H_{25}N^+(C_8H_{17})(CH_3)_3Br^-$	H_2O	25	1.1×10^{-3}
$C_{14}H_{29}N^+(C_2H_5)_3Br^-$	H_2O	25	3.1×10^{-3}
$C_{14}H_{29}N^+(C_3H_7)_3Br^-$	H_2O	25	2.1×10^{-3}
$C_{14}H_{29}N^+(C_4H_9)_3Br^-$	H_2O	25	1.2×10^{-3}
$C_{10}H_{21}N^+(CH_2C_6H_5)(CH_3)_2Cl^-$	H_2O	25	3.9×10^{-2}
$C_{12}H_{25}N^+(CH_2C_6H_5)(CH_3)_2Cl^-$	H_2O	25	8.8×10^{-3}
$C_{14}H_{29}N^+(CH_2C_6H_5)(CH_3)_2Cl^-$	H_2O	25	2.0×10^{-3}
$C_{12}H_{25}NH_2{}^+CH_2CH_2OH^-Cl^-$	H_2O	25	4.5×10^{-2}
$C_{12}H_{25}N^+H(CH_2CH_2OH)_2Cl^-$	H_2O	25	3.6×10^{-2}
$C_{12}H_{25}N^+(CH_2CH_2OH)_3Cl^-$	H_2O	25	2.5×10^{-2}
$(C_{10}H_{21})_2N^+(CH_3)_2Br^-$	H_2O	25	1.85×10^{-3}
$(C_{12}H_{25})_2N^+(CH_3)_2Br^-$	H_2O	25	1.76×10^{-4}
阴-阳离子盐型			
$C_6H_{13}SO_4^-\cdot{}^+N(CH_3)_3C_6H_{13}$	H_2O	25	1.1×10^{-1}
$C_6H_{13}SO_4^-\cdot{}^+N(CH_3)_3C_8H_{17}$	H_2O	25	2.9×10^{-2}
$C_8H_{17}SO_4^-\cdot{}^+N(CH_3)_3C_6H_{13}$	H_2O	25	1.9×10^{-2}
$C_4H_9SO_4^-\cdot{}^+N(CH_3)_3C_{10}H_{21}$	H_2O	25	1.9×10^{-2}
$CH_3SO_4^-\cdot{}^+N(CH_3)_3C_{12}H_{25}$	H_2O	25	1.3×10^{-2}
$C_2H_5SO_4^-\cdot{}^+N(CH_3)_3C_{12}H_{25}$	H_2O	25	9.3×10^{-3}
$C_{10}H_{21}SO_4^-\cdot{}^+N(CH_3)_3C_4H_9$	H_2O	25	9.3×10^{-3}
$C_8H_{17}SO_4^-\cdot{}^+N(CH_3)_3C_8H_{17}$	H_2O	25	7.5×10^{-3}
$C_4H_9SO_4^-\cdot{}^+N(CH_3)_3C_{12}H_{25}$	H_2O	25	5.0×10^{-3}
$C_6H_{13}SO_4^-\cdot{}^+N(CH_3)_3C_{12}H_{25}$	H_2O	25	2.0×10^{-3}
$C_{10}H_{21}SO_4^-\cdot{}^+N(CH_3)_3C_{12}H_{25}$	H_2O	25	4.6×10^{-4}
$C_8H_{17}SO_4^-\cdot{}^+N(CH_3)_3C_{12}H_{25}$	H_2O	25	5.2×10^{-4}
$C_{12}H_{25}SO_4^-\cdot{}^+N(CH_3)_3C_{12}H_{25}$	H_2O	25	4.6×10^{-5}
两性型			
$C_8H_{17}N^+(CH_3)_2CH_2COO^-$	H_2O	27	2.5×10^{-1}
$C_{10}H_{21}N^+(CH_3)_2CH_2COO^-$	H_2O	23	1.8×10^{-2}
$C_{12}H_{25}N^+(CH_3)_2CH_2COO^-$	H_2O	25	2.0×10^{-3}
$C_{12}H_{25}N^+(CH_3)_2CH_2COO^-$	$H_2O+0.1mol\cdot L^{-1}$ NaCl	25	1.6×10^{-3}
$C_{14}H_{29}N^+(CH_3)_2CH_2COO^-$	H_2O	25	2.2×10^{-4}
$C_{16}H_{33}N^+(CH_3)_2CH_2COO^-$	H_2O	23	2.0×10^{-5}

化 合 物	溶 剂	温度 /℃	cmc /mol·L^{-1}
$C_{12}H_{25}N^+(CH_3)_2(CH_2)_3COO^-$	H_2O	25	4.6×10^{-3}
$C_{12}H_{25}N^+(CH_3)_2(CH_2)_5COO^-$	H_2O	25	2.6×10^{-3}
$C_{12}H_{25}N^+(CH_3)_2(CH_2)_7COO^-$	H_2O	25	1.5×10^{-3}
$C_8H_{17}CH(COO^-)N^+(CH_3)_3$	H_2O	27	9.7×10^{-2}
$C_8H_{17}CH(COO^-)N^+(CH_3)_3$	H_2O	60	8.6×10^{-2}
$C_{10}H_{21}CH(COO^-)N^+(CH_3)_3$	H_2O	27	1.3×10^{-2}
$C_{12}H_{25}CH(COO^-)N^+(CH_3)_3$	H_2O	27	1.3×10^{-3}
p-$C_{12}H_{25}Pyr^+COO^-$ ③	H_2O	50	1.9×10^{-3}
m-$C_{12}H_{25}Pyr^+COO^-$ ③	H_2O	50	1.5×10^{-3}
$C_{10}H_{21}CH(Pyr^+)COO^-$ ③	H_2O	25	5.2×10^{-3}
$C_{12}H_{25}CH(Pyr^+)COO^-$ ③	H_2O	25	6.0×10^{-4}
$C_{14}H_{29}CH(Pyr^+)COO^-$ ③	H_2O	40	7.4×10^{-5}
$C_{10}H_{21}N^+(CH_3)(CH_2C_6H_5)CH_2COO^-$	$H_2O,pH=5.5\sim5.9$	25	5.3×10^{-3}
$C_{10}H_{21}N^+(CH_3)(CH_2C_6H_5)CH_2COO^-$	$H_2O,pH=5.5\sim5.9$	40	4.4×10^{-3}
$C_{12}H_{25}N^+(CH_3)(CH_2C_6H_5)CH_2COO^-$	$H_2O,pH=5.5\sim5.9$	25	5.5×10^{-4}
$C_{12}H_{25}N^+(CH_3)(CH_2C_6H_5)CH_2COO^-$	$H_2O+0.1mol·L^{-1}NaCl,pH=5.7$	25	4.2×10^{-4}
$C_{12}H_{25}N^+(CH_3)(CH_2C_6H_5)CH_2COO^-$	H_2O-环己烷	25	3.7×10^{-4}
$C_{12}H_{25}N^+(CH_3)(CH_2C_6H_5)CH_2COO^-$	H_2O-异辛烷	25	4.2×10^{-4}
$C_{12}H_{25}N^+(CH_3)(CH_2C_6H_5)CH_2COO^-$	H_2O-庚烷	25	4.4×10^{-4}
$C_{12}H_{25}N^+(CH_3)(CH_2C_6H_5)CH_2COO^-$	H_2O-十二烷	25	4.9×10^{-4}
$C_{12}H_{25}N^+(CH_3)(CH_2C_6H_5)CH_2COO^-$	H_2O-七甲基壬烷	25	5.0×10^{-4}
$C_{12}H_{25}N^+(CH_3)(CH_2C_6H_5)CH_2COO^-$	H_2O-十六烷	25	5.3×10^{-4}
$C_{12}H_{25}N^+(CH_3)(CH_2C_6H_5)CH_2COO^-$	H_2O-甲苯	25	1.9×10^{-4}
$C_{12}H_{25}N^+(CH_3)(CH_2C_6H_5)CH_2COO^-$	$H_2O+0.1mol·L^{-1}NaBr,pH=5.9$	25	3.8×10^{-4}
$C_{10}H_{21}N^+(CH_3)(CH_2C_6H_5)CH_2CH_2SO_3^-$	$H_2O,pH=5.5\sim5.9$	40	4.6×10^{-3}
$C_{12}H_{25}N^+(CH_3)_2(CH_2)_3CH_2SO_3^-$	H_2O	25	3.0×10^{-3}
$C_{12}H_{25}N^+(CH_3)_2(CH_2)_3CH_2SO_3^-$	$H_2O+0.1mol·L^{-1}NaCl$	25	2.6×10^{-3}
$C_{14}H_{29}N^+(CH_3)_2(CH_2)_3CH_2SO_3^-$	H_2O	25	3.2×10^{-4}
$C_{12}H_{25}N(CH_3)_2O$	H_2O	27	2.1×10^{-3}
非离子型			
$C_8H_{17}CHOHCH_2OH$	H_2O	25	2.3×10^{-3}
$C_8H_{17}CHOHCH_2CH_2OH$	H_2O	25	2.3×10^{-3}
$C_{10}H_{21}CHOHCH_2OH$	H_2O	25	1.8×10^{-4} ③
$C_{12}H_{25}CHOHCH_2CH_2OH$	H_2O	25	1.3×10^{-5}
n-辛基-β-D-葡萄糖苷	H_2O	25	2.5×10^{-2}
n-癸基-α-D-葡萄糖苷	H_2O	25	8.5×10^{-4}
n-癸基-β-D-葡萄糖苷	H_2O	25	2.2×10^{-3}
n-癸基-β-D-葡萄糖苷	$H_2O+0.1mol·L^{-1}NaCl,pH=9$	25	1.9×10^{-3}
n-十二烷基-α-D-葡萄糖苷	H_2O	60	7.2×10^{-5}
十二烷基-β-D-葡萄糖苷	H_2O	25	1.9×10^{-4}
癸基-β-D-麦芽糖苷	H_2O	25	2.0×10^{-3}
癸基-β-D-麦芽糖苷	$H_2O+0.1mol·L^{-1}NaCl,pH=9$	25	1.9×10^{-3}
十二烷基-α-D-麦芽糖苷	H_2O	20	1.5×10^{-4}
十二烷基-β-D-麦芽糖苷	H_2O	25	1.5×10^{-4}
十二烷基-β-D-麦芽糖苷	$H_2O+0.1mol·L^{-1}NaCl,pH=9$	25	1.6×10^{-4}
$C_{12.5}H_{26}$-烷基葡萄糖苷(聚合度1.3)④	H_2O	25	1.9×10^{-4}
十四烷基-α-D-麦芽糖苷	H_2O	20	2.2×10^{-5}
十四烷基-β-D-麦芽糖苷	H_2O	20	1.5×10^{-5}
n-$C_4H_9(OC_2H_4)_6OH$	H_2O	20	8.0×10^{-1}

化 合 物	溶 剂	温度 /℃	cmc /mol·L^{-1}
n-$C_4H_9(OC_2H_4)_6OH$	H_2O	40	7.1×10^{-1}
$(CH_3)_2CHCH_2(OC_2H_4)_6OH$	H_2O	20	9.1×10^{-1}
$(CH_3)_2CHCH_2(OC_2H_4)_6OH$	H_2O	40	8.5×10^{-1}
n-$C_6H_{13}(OC_2H_4)_6OH$	H_2O	20	7.4×10^{-2}
n-$C_6H_{13}(OC_2H_4)_6OH$	H_2O	40	5.2×10^{-2}
$(C_2H_5)_2CHCH_2(OC_2H_4)_6OH$	H_2O	20	1.0×10^{-1}
$(C_2H_5)_2CHCH_2(OC_2H_4)_6OH$	H_2O	40	8.7×10^{-2}
$C_8H_{17}OC_2H_4OH$	H_2O	25	4.9×10^{-3}
$C_8H_{17}(OC_2H_4)_3OH$	H_2O	25	7.5×10^{-3}
$C_8H_{17}(OC_2H_4)_5OH$	H_2O	25	9.2×10^{-3}
$C_8H_{17}(OC_2H_4)_5OH$	$0.1mol·L^{-1}$ NaCl	25	5.8×10^{-3}
$C_8H_{17}(OC_2H_4)_6OH$	H_2O	25	9.9×10^{-3}
$(C_3H_7)_2CHCH_2(OC_2H_4)_6OH$	H_2O	20	2.3×10^{-2}
$C_{10}H_{21}(OC_2H_4)_4OH$	H_2O	25	6.8×10^{-4}
$C_{10}H_{21}(OC_2H_4)_5OH$	H_2O	25	7.6×10^{-4}
$C_{10}H_{21}(OC_2H_4)_6OH$	H_2O	25	9.0×10^{-4}
$C_{10}H_{21}(OC_2H_4)_6OH$	硬水($I=6.6\times10^{-3}mol·L^{-1}$)[②]	25	8.7×10^{-4}
$C_{10}H_{21}(OC_2H_4)_8OH$	H_2O	15	1.4×10^{-3}
$C_{10}H_{21}(OC_2H_4)_8OH$	H_2O	25	1.0×10^{-3}
$C_{10}H_{21}(OC_2H_4)_8OH$	H_2O	40	7.6×10^{-4}
$(C_4H_9)_2CHCH_2(OC_2H_4)_6OH$	H_2O	20	3.1×10^{-3}
$(C_4H_9)_2CHCH_2(OC_2H_4)_9OH$	H_2O	20	3.2×10^{-3}
$C_{11}H_{23}(OC_2H_4)_8OH$	H_2O	15	4.0×10^{-3}
$C_{11}H_{23}(OC_2H_4)_8OH$	H_2O	25	3.0×10^{-3}
$C_{11}H_{23}(OC_2H_4)_8OH$	H_2O	40	2.3×10^{-3}
$C_{12}H_{25}(OC_2H_4)_2OH$	H_2O	10	3.8×10^{-5}
$C_{12}H_{25}(OC_2H_4)_2OH$	H_2O	25	3.3×10^{-5}
$C_{12}H_{25}(OC_2H_4)_2OH$	H_2O	40	3.2×10^{-5}
$C_{12}H_{25}(OC_2H_4)_3OH$	H_2O	10	6.3×10^{-5}
$C_{12}H_{25}(OC_2H_4)_3OH$	H_2O	25	5.2×10^{-5}
$C_{12}H_{25}(OC_2H_4)_3OH$	H_2O	40	5.6×10^{-5}
$C_{12}H_{25}(OC_2H_4)_4OH$	H_2O	10	8.2×10^{-5}
$C_{12}H_{25}(OC_2H_4)_4OH$	H_2O	25	6.4×10^{-5}
$C_{12}H_{25}(OC_2H_4)_4OH$	H_2O	40	5.9×10^{-5}
$C_{12}H_{25}(OC_2H_4)_4OH$	硬水($I=6.6\times10^{-3}mol·L^{-1}$)[②]	25	4.8×10^{-5}
$C_{12}H_{25}(OC_2H_4)_5OH$	H_2O	10	9.0×10^{-5}
$C_{12}H_{25}(OC_2H_4)_5OH$	H_2O	25	6.4×10^{-5}
$C_{12}H_{25}(OC_2H_4)_5OH$	H_2O	40	5.9×10^{-5}
$C_{12}H_{25}(OC_2H_4)_5OH$	$H_2O+0.1mol·L^{-1}$ NaCl	25	6.4×10^{-5}
$C_{12}H_{25}(OC_2H_4)_5OH$	$H_2O+0.1mol·L^{-1}$ NaCl	40	5.9×10^{-5}
$C_{12}H_{25}(OC_2H_4)_6OH$	H_2O	20	8.7×10^{-5}
$C_{12}H_{25}(OC_2H_4)_6OH$	硬水($I=6.6\times10^{-3}mol·L^{-1}$)[②]	25	6.9×10^{-5}

化 合 物	溶 剂	温度/℃	cmc/mol·L^{-1}
$C_{12}H_{25}(OC_2H_4)_7OH$	H_2O	10	$12.1×10^{-5}$
$C_{12}H_{25}(OC_2H_4)_7OH$	H_2O	25	$8.2×10^{-5}$
$C_{12}H_{25}(OC_2H_4)_7OH$	H_2O	40	$7.3×10^{-5}$
$C_{12}H_{25}(OC_2H_4)_7OH$	$H_2O+0.1mol·L^{-1}$ NaCl	25	$7.9×10^{-5}$
$C_{12}H_{25}(OC_2H_4)_8OH$	H_2O	10	$1.56×10^{-4}$
$C_{12}H_{25}(OC_2H_4)_8OH$	H_2O	25	$1.09×10^{-4}$
$C_{12}H_{25}(OC_2H_4)_8OH$	H_2O	40	$9.3×10^{-5}$
$C_{12}H_{25}(OC_2H_4)_8OH$	H_2O-环己烷	25	$1.01×10^{-4}$
$C_{12}H_{25}(OC_2H_4)_8OH$	H_2O-庚烷	25	$0.99×10^{-4}$
$C_{12}H_{25}(OC_2H_4)_8OH$	H_2O-十六烷	25	$1.02×10^{-4}$
$C_{12}H_{25}(OC_2H_4)_9OH$	H_2O	23	$1.0×10^{-4}$
$C_{12}H_{25}(OC_2H_4)_{12}OH$	H_2O	23	$1.40×10^{-4}$
6-支链 $C_{13}H_{27}(OC_2H_4)_5OH$	H_2O	25	$2.8×10^{-4}$
6-支链 $C_{13}H_{27}(OC_2H_4)_5OH$	H_2O	40	$2.1×10^{-4}$
$C_{13}H_{27}(OC_2H_4)_5OH$	H_2O	25	$4.9×10^{-5}$
$C_{13}H_{27}(OC_2H_4)_5OH$	$H_2O+0.1mol·L^{-1}$ NaCl	25	$2.1×10^{-5}$
$C_{13}H_{27}(OC_2H_4)_8OH$	H_2O	15	$3.2×10^{-5}$
$C_{13}H_{27}(OC_2H_4)_8OH$	H_2O	25	$2.7×10^{-5}$
$C_{13}H_{27}(OC_2H_4)_8OH$	H_2O	40	$2.0×10^{-5}$
$C_{14}H_{29}(OC_2H_4)_6OH$	H_2O	25	$1.0×10^{-5}$
$C_{14}H_{29}(OC_2H_4)_6OH$	硬水$(I=6.6×10^{-3}mol·L^{-1})$[②]	25	$6.9×10^{-5}$
$C_{14}H_{29}(OC_2H_4)_8OH$	H_2O	15	$1.1×10^{-5}$
$C_{14}H_{29}(OC_2H_4)_8OH$	H_2O	25	$9.0×10^{-6}$
$C_{14}H_{29}(OC_2H_4)_8OH$	H_2O	40	$7.2×10^{-6}$
$C_{14}H_{29}(OC_2H_4)_8OH$	硬水$(I=6.6×10^{-3}mol·L^{-1})$[②]	25	$1.0×10^{-5}$
$C_{15}H_{31}(OC_2H_4)_8OH$	H_2O	15	$4.1×10^{-6}$
$C_{15}H_{31}(OC_2H_4)_8OH$	H_2O	25	$3.5×10^{-6}$
$C_{15}H_{31}(OC_2H_4)_8OH$	H_2O	40	$3.0×10^{-6}$
$C_{16}H_{33}(OC_2H_4)_6OH$	H_2O	25	$1.66×10^{-6}$
$C_{16}H_{33}(OC_2H_4)_6OH$	硬水$(I=6.6×10^{-3}mol·L^{-1})$[②]	25	$2.1×10^{-6}$
$C_{16}H_{33}(OC_2H_4)_7OH$	H_2O	25	$1.7×10^{-6}$
$C_{16}H_{33}(OC_2H_4)_9OH$	H_2O	25	$2.1×10^{-6}$
$C_{16}H_{33}(OC_2H_4)_{12}OH$	H_2O	25	$2.3×10^{-6}$
$C_{16}H_{33}(OC_2H_4)_{15}OH$	H_2O	25	$3.1×10^{-6}$
$C_{16}H_{33}(OC_2H_4)_{21}OH$	H_2O	25	$3.9×10^{-6}$
$p\text{-}t\text{-}C_8H_{17}C_6H_4O(C_2H_4O)_2H$	H_2O	25	$1.3×10^{-4}$
$p\text{-}t\text{-}C_8H_{17}C_6H_4O(C_2H_4O)_3H$	H_2O	25	$9.7×10^{-5}$
$p\text{-}t\text{-}C_8H_{17}C_6H_4O(C_2H_4O)_4H$	H_2O	25	$1.3×10^{-4}$
$p\text{-}t\text{-}C_8H_{17}C_6H_4O(C_2H_4O)_5H$	H_2O	25	$1.5×10^{-4}$
$p\text{-}t\text{-}C_8H_{17}C_6H_4O(C_2H_4O)_6H$	H_2O	25	$2.1×10^{-4}$
$p\text{-}t\text{-}C_8H_{17}C_6H_4O(C_2H_4O)_7H$	H_2O	25	$2.5×10^{-4}$
$p\text{-}t\text{-}C_8H_{17}C_6H_4O(C_2H_4O)_8H$	H_2O	25	$2.8×10^{-4}$
$p\text{-}t\text{-}C_8H_{17}C_6H_4O(C_2H_4O)_9H$	H_2O	25	$3.0×10^{-4}$
$p\text{-}t\text{-}C_8H_{17}C_6H_4O(C_2H_4O)_{10}H$	H_2O	25	$3.3×10^{-4}$
$p\text{-}C_9H_{19}C_6H_4(OC_2H_4)_8OH$	H_2O	—	$1.3×10^{-4}$
$C_9H_{19}C_6H_4(OC_2H_4)_{10}OH$[⑤]	H_2O	25	$7.5×10^{-5}$

化 合 物	溶 剂	温度 /℃	cmc /mol·L^{-1}
$C_9H_{19}C_6H_4(OC_2H_4)_{10}OH$⑤	$H_2O+3mol·L^{-1}$ 尿素	25	$1.0×10^{-4}$
$C_9H_{19}C_6H_4(OC_2H_4)_{10}OH$⑤	$H_2O+6mol·L^{-1}$ 尿素	25	$2.4×10^{-4}$
$C_9H_{19}C_6H_4(OC_2H_4)_{10}OH$⑤	$H_2O+3mol·L^{-1}$ 胍氯	25	$1.4×10^{-4}$
$C_9H_{19}C_6H_4(OC_2H_4)_{10}OH$⑤	$H_2O+1.5mol·L^{-1}$ 二氧六环	25	$1.0×10^{-4}$
$C_9H_{19}C_6H_4(OC_2H_4)_{10}OH$⑤	$H_2O+3mol·L^{-1}$ 二氧六环	25	$1.8×10^{-4}$
$C_9H_{19}C_6H_4(OC_2H_4)_{31}OH$⑤	H_2O	25	$1.8×10^{-4}$
$C_9H_{19}C_6H_4(OC_2H_4)_{31}OH$⑤	$H_2O+3mol·L^{-1}$ 尿素	25	$3.5×10^{-4}$
$C_9H_{19}C_6H_4(OC_2H_4)_{31}OH$⑤	$H_2O+3mol·L^{-1}$ 尿素	25	$7.4×10^{-4}$
$C_9H_{19}C_6H_4(OC_2H_4)_{31}OH$⑤	$H_2O+3mol·L^{-1}$ 胍氯	25	$4.3×10^{-4}$
$C_9H_{19}C_6H_4(OC_2H_4)_{31}OH$⑤	$H_2O+3mol·L^{-1}$ 二氧六环	25	$5.7×10^{-4}$
$C_6H_{13}[OCH_2CH(CH_3)]_2(OC_2H_4)_{9.9}OH$	H_2O	20	$4.7×10^{-2}$
$C_6H_{13}[OCH_2CH(CH_3)]_3(OC_2H_4)_{9.7}OH$	H_2O	20	$3.2×10^{-2}$
$C_6H_{13}[OCH_2CH(CH_3)]_4(OC_2H_4)_{9.9}OH$	H_2O	20	$1.9×10^{-2}$
$C_7H_{15}[OCH_2CH(CH_3)]_3(OC_2H_4)_{9.7}OH$	H_2O	20	$1.1×10^{-2}$
蔗糖单月桂酸酯	H_2O	25	$3.4×10^{-4}$
蔗糖单油酸酯	H_2O	25	$5.1×10^{-6}$
$C_{11}H_{23}CON(C_2H_4OH)_2$	H_2O	25	$2.64×10^{-4}$
$C_{15}H_{31}CON(C_2H_4OH)_2$	H_2O	35	$1.15×10^{-5}$
$C_{11}H_{23}CONH(C_2H_4O)_4H$	H_2O	23	$5.0×10^{-4}$
$C_{10}H_{21}CON(CH_3)(CHOH)_4CH_2OH$	$H_2O+0.1mol·L^{-1}$ NaCl	25	$1.58×10^{-3}$
$C_{11}H_{23}CON(CH_3)CH_2CHOHCH_2OH$	$H_2O+0.1mol·L^{-1}$ NaCl	25	$2.34×10^{-4}$
$C_{11}H_{23}CON(CH_3)CH_2(CHOH)_3CH_2OH$	$H_2O+0.1mol·L^{-1}$ NaCl	25	$3.31×10^{-4}$
$C_{11}H_{23}CON(CH_3)CH_2(CHOH)_4CH_2OH$	$H_2O+0.1mol·L^{-1}$ NaCl	25	$3.47×10^{-4}$
$C_{12}H_{25}CON(CH_3)CH_2(CHOH)_4CH_2OH$	$H_2O+0.1mol·L^{-1}$ NaCl	25	$7.76×10^{-5}$
$C_{13}H_{27}CON(CH_3)CH_2(CHOH)_4CH_2OH$	$H_2O+0.1mol·L^{-1}$ NaCl	25	$1.48×10^{-5}$
$C_{10}H_{21}N(CH_3)CO(CHOH)_4CH_2OH$	H_2O	20	$1.29×10^{-3}$
$C_{12}H_{25}N(CH_3)CO(CHOH)_4CH_2OH$	H_2O	20	$1.46×10^{-4}$
$C_{14}H_{29}N(CH_3)CO(CHOH)_4CH_2OH$	H_2O	20	$2.36×10^{-5}$
$C_{16}H_{33}N(CH_3)CO(CHOH)_4CH_2OH$	H_2O	20	$7.74×10^{-6}$
$C_{18}H_{37}N(CH_3)CO(CHOH)_4CH_2OH$	H_2O	20	$2.85×10^{-6}$
氟取代非离子型			
$C_6F_{13}CH_2CH_2(OC_2H_4)_{11.5}OH$	H_2O	20	$4.5×10^{-4}$
$C_6F_{13}CH_2CH_2(OC_2H_4)_{14}OH$	H_2O	20	$6.1×10^{-4}$
$C_8F_{17}CH_2CH_2N(C_2H_4OH)_2$	H_2O	20	$1.6×10^{-4}$
$C_6F_{13}C_2H_4SC_2H_4(OC_2H_4)_2OH$	H_2O	25	$2.5×10^{-3}$
$C_6F_{13}C_2H_4SC_2H_4(OC_2H_4)_3OH$	H_2O	25	$2.8×10^{-3}$
$C_6F_{13}C_2H_4SC_2H_4(OC_2H_4)_5OH$	H_2O	25	$3.7×10^{-3}$
$C_6F_{13}C_2H_4SC_2H_4(OC_2H_4)_7OH$	H_2O	25	$4.8×10^{-3}$
硅氧烷基非离子型			
$(CH_3)_3SiOSi(CH_3)[CH_2(C_2H_4O)_5H]OSi(CH_3)_3$	H_2O	23±2	$7.9×10^{-5}$
$(CH_3)_3SiOSi(CH_3)[CH_2(C_2H_4O)_9H]OSi(CH_3)_3$	H_2O	23±2	$1.0×10^{-4}$
$(CH_3)_3SiOSi(CH_3)[CH_2(C_2H_4O)_{13}H]OSi(CH_3)_3$	H_2O	23±2	$6.3×10^{-4}$

① 低于 Krafft 点过饱和溶液。

② I 为离子强度。

③ Pyr$^+$ 为吡啶盐。

④ 商品表面活性剂。

⑤ 亲水基为非均匀的，但通过分子蒸馏减小了聚氧乙烯链的分布，亲油基相当于 $C_{10.5}$ 直链烷基。

Ⅵ 一些表面活性剂的胶束聚集数

化 合 物	溶 剂	温度/℃	聚集数
阴离子			
$C_8H_{17}SO_3^-Na^+$	H_2O	23	25
$(C_8H_{17}SO_3^-)_2Mg^{2+}$	H_2O	23	51
$C_{10}H_{21}SO_3^-Na^+$	H_2O	30	40
$(C_{10}H_{21}SO_3^-)_2Mg^{2+}$	H_2O	60	103
$C_{12}H_{25}SO_3^-Na^+$	H_2O	40	54
$(C_{12}H_{25}SO_3^-)_2Mg^{2+}$	H_2O	60	107
$C_{14}H_{29}SO_3^-Na^+$	H_2O	60	80
$C_{14}H_{29}SO_3^-Na^+$	$0.01mol \cdot L^{-1}$ NaCl	23	138
$C_{10}H_{21}SO_4^-Na^+$	H_2O	23	50
$C_{12}H_{25}SO_4^-Na^+$	H_2O	25	80
$C_{12}H_{25}SO_4^-Na^+$	$0.1mol \cdot L^{-1}$ NaCl	25	112
$C_{12}H_{25}SO_4^-Na^+$	$0.2mol \cdot L^{-1}$ NaCl	25	118
$C_{12}H_{25}SO_4^-Na^+$	$0.4mol \cdot L^{-1}$ NaCl	25	126
$C_6H_{13}OOCCH_2SO_3Na$	H_2O	25	16
$C_8H_{17}OOCCH_2SO_3Na$	H_2O	25	37,42
$C_{10}H_{21}OOCCH_2SO_3Na$	H_2O	25	69,71
$C_6H_{13}OOCCH_2CH(SO_3Na)COOC_6H_{13}$	H_2O	25	30,36
$C_8H_{17}OOCCH_2CH(SO_3Na)COOC_8H_{17}$	H_2O	25	59,56
$C_{10}H_{21}$-1-$PhSO_3^-Na^+$	$H_2O(c=0.05mol \cdot L^{-1})$	25	60
$C_{10}H_{21}$-1-$PhSO_3^-Na^+$	$0.1mol \cdot L^{-1}$ NaCl$(c=0.05mol \cdot L^{-1})$	25	78
p-C_{10}-5-$PhSO_3^-Na^+$	$H_2O(c=0.05mol \cdot L^{-1})$	25	47
p-C_{10}-5-$PhSO_3^-Na^+$	$H_2O(c=0.1mol \cdot L^{-1})$	25	76
p-C_{10}-5-$PhSO_3^-Na^+$	$0.1mol \cdot L^{-1}$ NaCl$(c=0.1mol \cdot L^{-1})$	25	81
p-C_{12}-3-$PhSO_3^-Na^+$	$H_2O(c=0.05mol \cdot L^{-1})$	25	77
阳离子			
$C_{10}H_{21}N^+(CH_3)_3Br^-$	H_2O	20	39
$C_{10}H_{21}N^+(CH_3)_3Cl^-$	H_2O	25	36
$C_{12}H_{25}N^+(CH_3)_3Br^-$	$H_2O(c=0.04mol \cdot L^{-1})$	25	42
$C_{12}H_{25}N^+(CH_3)_3Br^-$	$H_2O(c=0.10mol \cdot L^{-1})$	25	69
$C_{12}H_{25}N^+(CH_3)_3Br^-$	$0.02mol \cdot L^{-1}$ KBr$(c=0.04mol \cdot L^{-1})$	25	49
$C_{12}H_{25}N^+(CH_3)_3Br^-$	$0.08mol \cdot L^{-1}$ KBr$(c=0.04mol \cdot L^{-1})$	25	59
$C_{12}H_{25}N^+(CH_3)_3Cl^-$	H_2O	25	50
$[C_{12}H_{25}N^+(CH_3)_3]_2SO_4^{2-}$	H_2O	23	65
$C_{14}H_{29}N^+(CH_3)_3Br^-$	$H_2O(c=0.105mol \cdot L^{-1})$	5	131
$C_{14}H_{29}N^+(CH_3)_3Br^-$	$H_2O(c=0.105mol \cdot L^{-1})$	10	122
$C_{14}H_{29}N^+(CH_3)_3Br^-$	$H_2O(c=0.105mol \cdot L^{-1})$	20	106
$C_{14}H_{29}N^+(CH_3)_3Br^-$	$H_2O(c=0.105mol \cdot L^{-1})$	40	88
$C_{14}H_{29}N^+(CH_3)_3Br^-$	$H_2O(c=0.105mol \cdot L^{-1})$	60	74
$C_{14}H_{29}N^+(CH_3)_3Br^-$	$H_2O(c=0.105mol \cdot L^{-1})$	80	73
$C_{14}H_{29}N^+(C_2H_5)_3Br^-$	H_2O	20	55
$C_{14}H_{29}N^+(C_4H_9)_3Br^-$	H_2O	20	35

化 合 物	溶 剂	温度/℃	聚集数
$C_{16}H_{33}N^+(CH_3)_3Br^-$	$H_2O(c=0.0005mol \cdot L^{-1})$	25	44
$C_{16}H_{33}N^+(CH_3)_3Br^-$	$H_2O(c=0.021mol \cdot L^{-1})$	25	75
$C_{16}H_{33}N^+(CH_3)_3Br^-$	$0.1mol \cdot L^{-1}$ $KBr(c=0.005mol \cdot L^{-1})$	25	57
$C_{16}H_{33}N^+(CH_3)_3Br^-$	$0.1mol \cdot L^{-1}$ $KBr(c=0.021mol \cdot L^{-1})$	25	71
两性			
$C_8H_{17}N^+(CH_3)_2CH_2COO^-$	H_2O	21	24
$C_8H_{17}CH(COO^-)N^+(CH_3)_3$	H_2O	21	31
$C_{12}H_{25}N^+(CH_3)_2CH_2COO^-$	H_2O	25	80~85
$C_{12}H_{25}N^+(CH_3)_2(CH_2)_3COO^-$	H_2O	25	55~56
$C_{12}H_{25}N^+(CH_3)_2(CH_2)_5COO^-$	H_2O	25	39~43
$C_{12}H_{25}N^+(CH_3)_2(CH_2)_3SO_3^-$	H_2O	25	59~67
阴离子-阳离子盐			
$C_8H_{17}NH_3^+C_2H_5COO^-$	C_6H_6	30	5±1
$C_8H_{17}NH_3^+C_2H_5COO^-$	CCl_4	30	3±1
$C_8H_{17}NH_3^+C_3H_7COO^-$	C_6H_6	30	3±1
$C_8H_{17}NH_3^+C_3H_7COO^-$	CCl_4	30	4±1
$C_8H_{17}NH_3^+C_5H_{11}COO^-$	C_6H_6	30	3±1
$C_8H_{17}NH_3^+C_5H_{11}COO^-$	CCl_4	30	5±1
$C_8H_{17}NH_3^+C_8H_{17}COO^-$	C_6H_6	30	3±1
$C_8H_{17}NH_3^+C_8H_{17}COO^-$	CCl_4	30	5±1
$C_8H_{17}NH_3^+C_{11}H_{23}COO^-$	C_6H_6	30	7±1
$C_8H_{17}NH_3^+C_{13}H_{27}COO^-$	C_6H_6	30	3±1
$C_8H_{17}NH_3^+C_{13}H_{27}COO^-$	CCl_4	30	3±1
$C_4H_9NH_3^+C_2H_5COO^-$	C_6H_6	—	4
$C_4H_9NH_3^+C_2H_5COO^-$	CCl_4	—	3
$C_6H_{13}NH_3^+C_2H_5COO^-$	C_6H_6	—	7
$C_6H_{13}NH_3^+C_2H_5COO^-$	CCl_4	—	7
$C_8H_{17}NH_3^+C_2H_5COO^-$	C_6H_6	—	5
$C_8H_{17}NH_3^+C_2H_5COO^-$	CCl_4	—	5
$C_{10}H_{21}NH_3^+C_2H_5COO^-$	C_6H_6	—	5
$C_{10}H_{21}NH_3^+C_2H_5COO^-$	CCl_4	—	4
非离子			
$C_8H_{17}O(C_2H_4O)_6H$	H_2O	18	30
$C_8H_{17}O(C_2H_4O)_6H$	H_2O	30	41
$C_{10}H_{21}O(C_2H_4O)_8CH_3$	$H_2O+4.9\%$正癸烷	30	105
$C_{10}H_{21}O(C_2H_4O)_8CH_3$	$H_2O+3.4\%$正癸醇	30	89
$C_{10}H_{21}O(C_2H_4O)_8CH_3$	$H_2O+8.5\%$正癸醇	30	109
$C_{10}H_{21}O(C_2H_4O)_{11}CH_3$	H_2O	30	65
α—癸酸甘油酯	C_6H_6	—	42
α-甘油月桂酸酯	C_6H_6	—	73
α-豆蔻酸甘油酯	C_6H_6	—	86
α-单棕榈酸甘油酯	C_6H_6	—	15
α-甘油硬脂酸酯	C_6H_6	—	11
蔗糖月桂酸酯	H_2O	0~60	52
蔗糖油酸酯	H_2O	0~60	99

化学名称	CAS 登记号	类型	HLB 值
油酸	112-80-1	非离子	1.0
羊毛脂醇	61788-49-6	非离子	1.0
乙酰化蔗糖二酯		非离子	1.0
乙二醇二硬脂酸酯	627-83-8	非离子	1.3
乙酰化甘油单酯		非离子	1.5
失水山梨醇三油酸酯	26266-58-6	非离子	1.8
甘油二油酸酯	25637-84-7	非离子	1.8
失水山梨醇三硬脂酸酯(Span 65)	26658-19-5	非离子	2.1
乙二醇脂肪酸酯		非离子	2.7
乙二醇单硬脂酸酯	111-60-4	非离子	2.9
蔗糖二硬脂酸酯	27195-16-0	非离子	3.0
十聚甘油十油酸酯	11094-60-3	非离子	3.0
丙二醇脂肪酸酯		非离子	3.4
丙二醇单硬脂酸酯	1323-39-3	非离子	3.4
甘油单油酸酯	25496-72-4	非离子	3.4
二甘油倍半油酸酯		非离子	3.5
失水山梨醇倍半油酸酯	8007-43-0	非离子	3.7
甘油单硬脂酸酯	31566-31-1	非离子	3.8
乙酰化单甘油(硬脂酸)酯		非离子	3.8
十聚甘油八油酸酯	66734-10-9	非离子	4.0
二乙二醇单硬脂酸酯	106-11-6	非离子	4.3
失水山梨醇单油酸酯(Span 80)	1333-68-2	非离子	4.3
丙二醇单月桂酸酯	10108-22-2	非离子	4.5
高分子量脂肪胺混合物		阳离子	4.5
壬基苯酚聚氧乙烯(1.5)醚	9016-45-9	非离子	4.6
失水山梨醇单硬脂酸酯(Span 60)	1338-41-6	非离子	4.7
油醇聚氧乙烯(2)醚	25190-05-0	非离子	4.9
十八醇聚氧乙烯(2)醚	9005-00-9	非离子	4.9
聚氧乙烯山梨醇蜂蜡衍生物		非离子	5.0
聚乙二醇 200 二硬脂酸酯	9005-08-7	非离子	5.0
硬脂酰乳酸钙	5793-94-2	阴离子	5.1
二乙二醇脂肪酸酯		非离子	5.1
甘油单月桂酸酯	27215-38-9	非离子	5.2
辛醇聚氧乙烯(2)醚	27252-75-1	非离子	5.3
邻硬脂基乳酸钠	18200-72-1	阴离子	5.7
十聚甘油四油酸酯		非离子	6.0
二乙二醇月桂酸酯		非离子	6.1
聚乙二醇 300 二月桂酸酯	9005-02-1	非离子	6.3
失水山梨醇棕榈酸单酯(Span 40)	26266-57-9	非离子	6.7
N,N-二甲基硬脂酰胺	3886-90-6	非离子	7.0
聚乙二醇 400 二硬脂酸酯	9005-08-7	非离子	7.2
高分子混合胺			7.5
羊毛脂醇聚氧乙烯(5)醚	61790-91-8	非离子	7.7
直链醇聚乙二醇醚		非离子	7.7

化学名称	CAS 登记号	类型	HLB 值
四乙二醇单硬脂酸酯		非离子	7.7
辛基酚聚氧乙烯醚	9002-93-1	非离子	7.8
大豆卵磷脂	8020-84-6	非离子	8.0
二乙酰化酒石酸单甘油酸酯		非离子	8.0
硬脂酸聚氧乙烯(4)单酯	9004-99-3	非离子	8.0
聚氧丙烯硬脂酸酯		非离子	8.0
硬脂酰乳酸钠	18200-72-1	阴离子	8.3
失水山梨醇单月桂酸酯	1338-43-8	非离子	8.6
壬基酚聚氧乙烯(4)醚	9016-45-9	非离子	8.9
十二烷基苯磺酸钙	26264-06-2	阴离子	9
羊毛脂脂肪酸异丙基酯		非离子	9.0
十三烷醇聚氧乙烯(4)醚	24938-91-8	非离子	9.3
月桂醇聚氧乙烯(4)醚	9002-92-0	非离子	9.5
聚氧丙烯/聚氧乙烯缩合物		非离子	9.5
失水山梨糖醇聚氧乙烯单硬脂酸酯(吐温 61)		非离子	9.6
失水山梨醇聚氧乙烯(5)单油酸酯	9005-65-6	非离子	10.0
山梨醇聚氧乙烯(40)六油酸酯	9011-29-4	非离子	10.2
聚乙二醇 400 二月桂酸酯	9005-02-1	非离子	10.4
壬基酚聚氧乙烯(5)醚	9016-45-9	非离子	10.5
失水山梨醇聚氧乙烯(20)醚三硬脂酸酯	9005-71-4	非离子	10.5
聚氧丙烯/聚氧乙烯缩合物	9003-11-6	非离子	10.6
壬基酚聚氧乙烯(6)醚	9016-45-9	非离子	10.9
甘油单硬脂酸酯自乳化物	31566-31-1	阴离子	11.0
聚氧乙烯(20)羊毛脂(醚及酯)		非离子	11.0
失水山梨醇聚氧乙烯(20)三油酸酯	9005-70-3	非离子	11.0
硬脂酸聚氧乙烯(8)单酯	9004-99-3	非离子	11.1
山梨醇聚氧乙烯(50)六油酸酯	9011-29-4	非离子	11.4
十三醇聚氧乙烯(6)醚	24938-91-8	非离子	11.4
聚乙二醇 400 单油酸酯		非离子	11.4
聚乙二醇 400 单硬脂酸酯	9004-99-3	非离子	11.7
烷基芳基磺酸盐		阴离子	11.7
油酸三乙醇胺皂	2717-15-9	阴离子	12
壬基酚聚氧乙烯(8)醚	9016-45-9	非离子	12.3
十八醇聚氧乙烯(10)醚	9005-00-9	非离子	12.4
十三醇聚氧乙烯(8)醚	24938-91-8	非离子	12.7
聚氧丙烯/聚氧乙烯缩合物		非离子	12.7
月桂酸聚氧乙烯(8)单酯	9004-81-3	非离子	12.8
烷基酚聚氧乙烯醚(Igepal CA-630)		非离子	12.8
十六醇聚氧乙烯(10)醚	9004-95-9	非离子	12.9
乙酰化聚氧乙烯(10)羊毛脂		非离子	13.0
甘油单硬脂酸酯聚氧乙烯(20)醚	53195-79-2	非离子	13.1
聚乙二醇 400 单月桂酸酯	9004-81-3	非离子	13.1
羊毛脂醇聚氧乙烯(16)醚	61790-81-6	非离子	13.2
失水山梨醇聚氧乙烯(4)单月桂酸酯	9005-64-5	非离子	13.3
聚氧乙烯蓖麻油(Altas G-1792)		非离子	13.3
壬基酚聚氧乙烯(10)醚	9016-45-9	非离子	13.3
妥尔油脂肪酸聚氧乙烯(15)酯		非离子	13.4
辛基酚聚氧乙烯(10)醚	9002-93-1	非离子	13.6

化学名称	CAS 登记号	类型	HLB 值
聚乙二醇 600 单硬脂酸酯	9004-99-3	非离子	13.6
聚氧丙烯/聚氧乙烯缩合物		非离子	13.8
叔胺：聚氧乙烯脂肪胺		阳离子	13.9
胆固醇聚氧乙烯(24)醚	27321-96-6	非离子	14.0
壬基酚聚氧乙烯(14)醚	9016-45-9	非离子	14.4
月桂醇聚氧乙烯(12)醚	9002-92-0	非离子	14.5
失水山梨醇聚氧乙烯(20)单硬脂酸酯	9005-67-8	非离子	14.9
蔗糖单月桂酸酯	25339-99-5	非离子	15.0
失水山梨醇聚氧乙烯(20)单油酸酯	9005-65-6	非离子	15.0
羊毛脂醇聚氧乙烯(16)醚	8051-96-5	非离子	15.0
乙酰化聚氧乙烯(9)羊毛脂	68784-35-0	非离子	15.0
十八醇聚氧乙烯(20)醚	9005-00-9	非离子	15.3
油醇聚氧乙烯(20)醚	25190-05-0	非离子	15.3
聚乙二醇 1000 单油酸酯	9004-96-0	非离子	15.4
聚氧乙烯(20)牛脂胺	61790-82-7	阳离子	15.5
失水山梨醇聚氧乙烯(20)单棕榈酸酯	9005-66-7	非离子	15.6
十六醇聚氧乙烯(20)醚	9004-95-9	非离子	15.7
丙二醇聚氧乙烯(25)单硬脂酸酯	37231-60-0	非离子	16.0
壬基酚聚氧乙烯(20)醚	9016-45-9	非离子	16.0
聚乙二醇 1000 单月桂酸酯	9004-81-3	非离子	16.5
聚氧丙烯/聚氧乙烯缩合物		非离子	16.8
聚氧乙烯(20)去水山梨糖醇单月桂酸酯	9005-64-5	非离子	16.9
月桂醇聚氧乙烯(23)醚	9002-92-0	非离子	16.9
硬脂酸聚氧乙烯(40)单酯	9004-99-3	非离子	16.9
羊毛脂聚氧乙烯(50)醚及酯	61790-81-6	非离子	17.0
大豆甾醇聚氧乙烯(25)醚	68648-64-6	非离子	17.0
壬基酚聚氧乙烯(30)醚	9016-45-9	非离子	17.1
聚乙二醇 4000 二硬脂酸酯	9005-08-7	非离子	17.3
硬脂酸聚氧乙烯(50)单酯	9004-99-3	非离子	17.9
油酸钠	143-91-1	阴离子	18.0
聚氧乙烯(70)二壬基酚醚	9014-93-1	非离子	18.0
聚氧乙烯(20)蓖麻油(醚,酯)	61791-12-6	非离子	18.1
聚氧丙烯/聚氧乙烯缩合物		非离子	18.7
油酸钾	143-18-0	阴离子	20
N-十六烷基-N-乙基吗啉乙基硫酸盐	78-21-7	阳离子	30
十二烷基硫酸铵	2235-54-3	阴离子	31
十二烷基硫酸三乙醇胺	139-96-8	阴离子	34
烷基硫酸钠		阴离子	40
聚醚(Pluronic)L31		非离子	3.5
聚醚(Pluronic)L61		非离子	3
聚醚(Pluronic)L81		非离子	2
聚醚(Pluronic)L42		非离子	8
聚醚(Pluronic)L62		非离子	7
聚醚(Pluronic)L72		非离子	6.5
聚醚(Pluronic)L63		非离子	11
聚醚(Pluronic)L64		非离子	15
聚醚(Pluronic)F68		非离子	29
聚醚(Pluronic)F88		非离子	24
聚醚(Pluronic)F108		非离子	27
聚醚(Pluronic)L35		非离子	18.5

Ⅷ 乳化油相所需要的 HLB 值

化 合 物	CAS 登记号	HLB 值
	O/W 乳状液	
苯乙酮	98-86-2	14
苯甲酮		14
二聚酸	61788-89-4	14
苯二甲酸二乙酯		15
异硬脂酸	2724-58-5	15~16
月桂酸	143-07-7	16
亚油酸	60-33-3	16
油酸	112-80-11	17
蓖麻油酸	141-22-0	16
十六醇	36653-82-4	16,11~12
癸醇	25339-17-7	15
异癸醇	25339-17-7	14
月桂醇	112-53-8	14
油醇	143-28-2	14
十八醇	112-92-5	15~16
十三醇	112-70-9	14
十二醇		14
Arlamol E	25231-24-4	7
蜂蜡	8012-89-3	9
苯	71-43-2	15
二甲基硅油	9016-00-6	9
乙基苯胺	103-69-5	13
苯甲酸乙酯	93-89-0	13
蒽酮	1196-79-5	12
肉豆蔻酸异丙酯	110-27-0	12
棕榈酸异丙酯	142-91-6	12
煤油	8008-20-6	12
无水羊毛脂	8006-54-1	12
猪油	61789-99-9	5
十二胺	124-22-1	12
鲱鱼油	8002-50-4	12
甲基苯基硅油	42557-10-8	7
甲基硅油	9076-37-3	11
硅油		10.5
芳香类矿物油	8012-95-1	12
石蜡类矿物油	8012-95-1	10
Mineral Spirits	8030-30-6	14
水貂油	8023-74-3	9
硝基苯	98-53-3	13
苄腈	100-47-0	14
溴苯	108-86-1	13
硬脂酸丁酯	123-95-5	11
四氯化碳	56-23-5	16
棕榈蜡	8015-86-9	15
蓖麻油	8001-79-4	14
地蜡		8
氯化石蜡	8029-39-8	12~14
氯苯	108-90-7	13

化 合 物	CAS登记号	HLB值
可可黄油		6
玉米油	8001-30-7	8
棉籽油	8001-29-4	6
环己烷	110-82-7	15
十氢化萘	91-17-8	15
癸酸乙酯	112-30-1	11
二乙基苯胺	91-66-7	14
邻苯二甲酸二异辛酯	27554-26-3	13
二异丙基苯	25321-09-9	13
壬基苯酚	25154-52-3	14
邻二氯苯	95-50-1	13
棕榈油		7
石蜡	8002-74-2	10
黄凡士林	8009-03-8	7～8
石脑油	8030-30-6	14
松木油	8002-09-3	16
聚乙烯蜡	9002-88-4	15
四聚丙烯	9003-97-0	14
菜籽油	8002-13-9	7
红花油		7
大豆油		6
苯乙烯	100-42-5	15
牛脂	61789-97-7	6
甲苯	108-88-3	15
三氯三氟乙烷	76-13-1	14
磷酸三(邻)甲苯酯	1330-78-1	17
二甲苯	1330-20-7	14
W/O 乳状液		
汽油		7
煤油	8008-20-6	6
矿物油		6
十八醇	112-92-5	7
芳烃矿物油		4
烷烃矿物油		4
羊毛脂		8
石蜡		4
矿脂		4

Ⅸ 常用物理化学常数和单位换算表

基本常数

常 数	符 号	SI 制	CGS 制
阿伏伽德罗(Avogadro)常数	N_0	$6.022 \times 10^{23} mol^{-1}$	$6.022 \times 10^{23} mol^{-1}$
玻尔兹曼(Boltzman)常数	k	$1.381 \times 10^{-23} J \cdot K^{-1}$	$1.381 \times 10^{-16} erg \cdot deg^{-1}$
摩尔气体常数	$R = N_0 k$	$8.314 J \cdot K^{-1} \cdot mol^{-1}$	$8.314 \times 10^7 erg \cdot mol^{-1} \cdot deg^{-1}$
电子电量	$-e$	$1.602 \times 10^{-19} C$	$4.803 \times 10^{-10} esu$
法拉第(Faraday)常数	$F = N_0 e$	$9.649 \times 10^4 C \cdot mol^{-1}$	$9.649 \times 10^4 C \cdot mol^{-1}$
普朗克(Planck)常数	h	$6.626 \times 10^{-34} J \cdot s$	$6.626 \times 10^{-27} erg \cdot s$

常　数	符　号	SI 制	CGS 制
真空的介电常数	ε_0	$8.854\times10^{-12}C^2\cdot J^{-1}\cdot m^{-1}$	1
重力常数	G	$6.670\times10^{-11}Nm^2\cdot kg^{-2}$	$6.670\times10^{-8}g^{-1}\cdot cm^3\cdot s^{-2}$
真空中的光速	c	$2.998\times10^8m\cdot s^{-1}$	$2.998\times10^{10}cm\cdot s^{-1}$

CGS 制转换成 SI 制

$1Å=10^{-10}m=10^{-8}cm=10^{-4}\mu m=10^{-1}nm$

$1L=10^{-3}m^3=1\ dm^3$

$1erg=10^{-7}J$

$1cal=4.184J$

$1kcal\cdot mol^{-1}=4.184kJ\cdot mol^{-1}$

$1kT=4.114\times10^{-14}erg=4.114\times10^{-21}J$（298K，约 25℃）

$\quad\ =4.045\times10^{-14}erg=4.045\times10^{-21}J$（295K，约 20℃）

$1kT$ per molecule($1kT$/分子)$=0.592kcal\cdot mol^{-1}=2.478kJ\cdot mol^{-1}$（298K）

$1eV=1.602\times10^{-12}erg=1.602\times10^{-19}J$

$1eV$ per molecule($1eV$/分子)$=23.06kcal\cdot mol^{-1}=96.48kJ\cdot mol^{-1}$

$1dyne=10^{-5}N$

$1dyne\cdot cm^{-1}=1erg\cdot cm^{-2}=1mN\cdot m^{-1}=1mJ\cdot m^{-2}$（表面张力的单位）

$1dyne\cdot cm^{-2}=10^{-1}Pa$（$N\cdot m^{-2}$）

$1atm=1.013\times10^6\ dyne\cdot cm^{-2}=1.013bar=1.013\times10^5Pa$（$N\cdot m^{-2}$）

$1mmHg=1.316\times10^{-3}\ atm=133.3Pa$（$N\cdot m^{-2}$）

$0℃=273.15K$（水的三相点）

$1esu$(静电单位)$=3.336\times10^{-10}C$（库仑）

$1P$(泊)$=1g\cdot cm^{-1}\cdot s^{-1}=10^{-1}kg\cdot m^{-1}\cdot s^{-1}=10^{-1}N\cdot s\cdot m^{-2}$（黏度单位）

$1Stokes(St)=10^{-4}m^2\cdot s^{-1}$（运动黏度单位，黏度/密度）

$1Debye(D)=10^{-18}esu\cdot cm=3.336\times10^{-30}C\cdot m$（电偶极矩单位）

SI 制转换成 CGS 制

$1nm=10^{-9}m=10Å=10^{-7}cm$

$1J=10^7erg=0.239cal=6.242\times10^{-18}eV$

$1kJ\cdot mol^{-1}=0.239kcal\cdot mol^{-1}$

$1N=10^5dyne$

$1Pa=1N\cdot m^{-2}=9.872\times10^{-6}atm=10dyne\cdot cm^{-2}$

$1bar=10^5N\cdot m^{-2}=10^5Pa=0.9868atm=750.06mmHg$